21 世纪高职高专规划教材

高等职业教育规划教材编委会专家审定

机械设计基础

（上册）

主　编　周伏玲　李　进　王晓红

副主编　张建美　汪海滨　汪广贤　史晓艳　李　颖

北京邮电大学出版社
www.buptpress.com

内容简介

本书是根据职业教育的实际需求，结合实际生产、管理和服务，以为一线培养专门技术人才为特点，结合示范院校建设项目以及作者多年来从事企业技术工作经验和一线教学经验，采用最新的国家标准编写而成的。本书以职业岗位技能需求为目标，以注重应用能力培养为理念进行编写。全书以工作任务为导向设置课程体系，共分为五个模块，下设18个项目，36个任务。各任务内容紧扣教学目的与要求，结合生产实际，项目与任务的设计注意难易梯度，易于不同层次的学生理解与吸收，每一任务均按照任务引入、任务分析、知识链接、任务实施、探索与发现、知识拓展的顺序编写，将任务教学法与实践相结合，知识分布均衡，便于教师教学和学生高效率、系统地学习理论知识与技能。本书可满足各类职业院校学生学习的需要，注重与工程实践相结合，以提高学生分析问题和解决问题的能力。

本书可作为高职高专院校机械类、机电类、自动化类等专业的机械设计基础课程的教材，也可作为应用型本科、成人教育、自学考试、中职学校、培训班的教材，还可作为企业工程技术人员的参考书。

图书在版编目(CIP)数据

机械设计基础 ：全2册 / 周伏玲，李进，王晓红主编. --北京：北京邮电大学出版社，2014.10(2017.7重印)
ISBN 978-7-5635-4139-3

Ⅰ. ①机… Ⅱ. ①周… ②李… ③王… Ⅲ. ①机械设计—高等职业教育—教材 Ⅳ. ①TH122

中国版本图书馆CIP数据核字(2014)第201508号

书　　名：机械设计基础(上册)
责任著作者：周伏玲　李　进　王晓红　主编
责 任 编 辑：张珊珊
出 版 发 行：北京邮电大学出版社
社　　址：北京市海淀区西土城路10号(邮编：100876)
发　行　部：电话：010-62282185　传真：010-62283578
E-mail：publish@bupt.edu.cn
经　　销：各地新华书店
印　　刷：北京鑫丰华彩印有限公司
开　　本：787 mm×1 092 mm　1/16
印　　张：21
字　　数：548千字
版　　次：2014年10月第1版　2017年7月第2次印刷

ISBN 978-7-5635-4139-3　　定价（上、下册）：66.00元
本册定价：44.00元

前　言

随着我国经济日新月异地高效发展，机械化生产规模也随之日益扩大，机械行业中的各企业、各生产部门亟需大量的工程技术人员和大量的有技术含量的技术工人。而要想成为企业之支柱，国家之栋梁，他们必须具备一定的机械基础知识。因为在工作中，机械行业从业者们不可避免地会经常接触各种类型的通用机械和专用机械，而机械设计基础恰好是专业技术与基础理论的结合点，因此，机械设计基础是高等工科院校、职业院校等重要的技术基础课程。它综合运用了理论力学、材料力学、金属工艺学、金属材料及热处理、公差及技术测量以及机械制图等先修课程的知识，有效地解决了通用机械零件的设计问题，可以作为工程技术人员的基本训练，并为学生进一步学习专业课程打下良好的技术基础。

高等职业教育及中等职业教育作为职业教育的一种类型，是职业教育的重要组成部分，是以培养具有一定理论知识和较强实践能力、面向基层、面向生产、面向管理与服务一线职业岗位的实用型、技能型专门人才为目的的职业教育。因此，它的课程要在必需、够用的理论知识基础上进行知识的学习和技能的训练。本书充分汲取了职业教育在培养应用型技术人才方面的经验和成果，以及作者多年来从事企业技术工作经验和一线教学经验，以“必需、够用”为度，精选教学内容，简化理论与公式，加强理论与实际的联系，突出应用性，充分体现了职业教学的特点。

本书以职业岗位技能需求为目标，以“掌握基础，深化内容，理实结合，培养能力”为宗旨，以注重应用能力培养为理念进行编写。全书以工作任务为导向设置课程体系，共分为五个模块：模块一认识机器；模块二常用机构；模块三常用机械传动；模块四常用机械零部件；模块五减速器的设计。五大模块下设 18 个项目，36 个任务。各任务内容紧扣教学目的与要求，职能分明，结构清晰，结合生产实际，项目与任务的设计注意难易梯度，易于不同层次的读者理解与吸收，有助于读者对知识的掌握和运用。每一任务均按照任务引入、任务分析、知识链接、任务实施、探索与发现、知识拓展的顺序编写，形成了以任务为主线，以工程实际中的设备、机构、零件为载体的课程体系；对原有的知识体系进行了大胆的诠释，依照项目学习重构教学体系，将所需知识融入各个项目学习中，做到“用什么，学什么，学什么，实践什么”的教学理念，做到理论服务于实践又高于实践的教学要求。本书将任务教学法与实践相结合,知识分布均衡,便于教师教学和学生高效率、系统地学习理论知识与技能。便于提高学生分析问题和解决问题的能力,培养学生的设计能力和创新思维能力以及团队协作能力。

在这本教材编写的过程中,得到了大连市技师学院领导的大力支持、帮助与鼓励,正是在他们的鼎力相助与关心下,才有了本书的诞生。李进院长和王晓红院长在百忙之中亲自组织了本书的编写工作,并给予了技术指导,在此谨向院领导们表示崇高的敬意与衷心的感谢!同时还要向长期以来一直默默给予我们支持、理解与关心的老师们说声谢谢!

参加本书编写的有:周伏玲(模块二的项目二、三;模块三的项目十、十一、十二;模块四的项目十三、十四;模块五),张建美(模块一;模块二的项目四;模块三的项目六、七、八;模块四的项目十五、十六、十七),史晓艳(模块二的项目五),李颖(模块三的项目九),汪海滨参与编写(模块二的项目四;模块四的项目十五、十六、十七),汪广贤参与编写(模块二的项目二;模块三的项目十一、十二)。本书由周伏玲、李进、王晓红任主编,张建美、汪海滨、汪广贤、史晓艳、李颖任副主编。

本书作者还编写了《机械设计基础习题册》、《机械设计基础实训工作页》两本教材,这三本书之间相互关联,自成体系,可以满足机械设计课程的各种需要。

由于编者的水平和时间有限,以及经验不足,尽管为此我们付出了艰辛努力,然而漏误或不当之处在所难免,敬请同行及广大读者不吝批评指正,多给我们提出宝贵意见,以便本书日臻完善。

编者

目　　录

模块一　认识机器

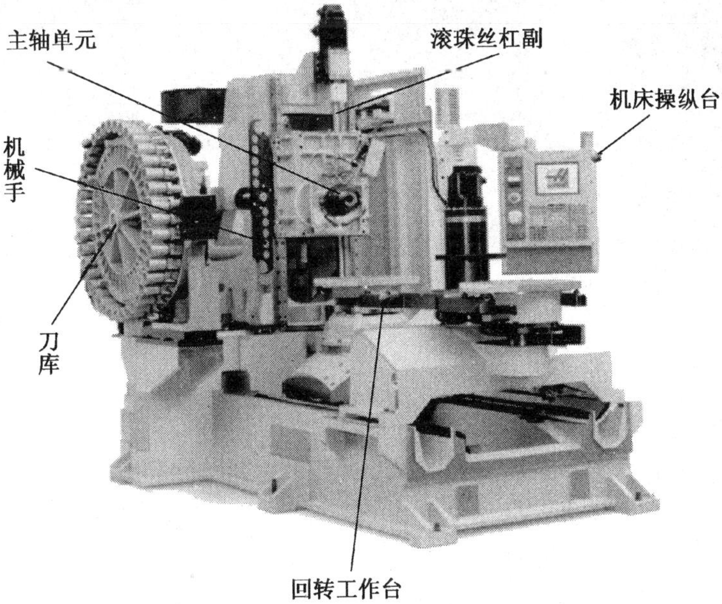

项目一　认识机器

任务目标

1. 掌握零件、构件、机构、机器、机械及机器组成的概念。
2. 了解机器设计应满足的基本要求及一般程序。

重点难点

1. 掌握零件、构件、机构、机器、机械及机器组成的概念。
2. 正确分析机器中零件、构件等的基本区别和机器的组成。

任务引入

实际生产中我们使用着各式各样的机器，如图 1-1-1(a)所示为单缸内燃机，它是机器中的一种。其运动过程为首先由气缸 1 中的内燃气体推动活塞 2 作往复移动，带动连杆 5 使曲柄 6 转动，将燃气产生的热能转变为曲轴转动的机械能，曲柄 6 带动同轴上的齿轮 9，齿轮 9 将动力传送到齿轮 10，齿轮 10 使同轴上的进气凸轮 11 转动，再由进气凸轮 11 推动进气推杆 12，使进气阀 4 开启和关闭，可燃混合气体定时进入气缸供燃烧；排气凸轮 7 推动排气推杆 8 使排气阀 3 关闭和开启，废气排出。内燃机周而复始地循环这一过程，它是一种常用的动力源。

内燃机是一部机器，它与机械有什么关系？它与零件、部件、机构之间的关系又如何呢？从机器功能的角度出发，机器由哪些部分组成？

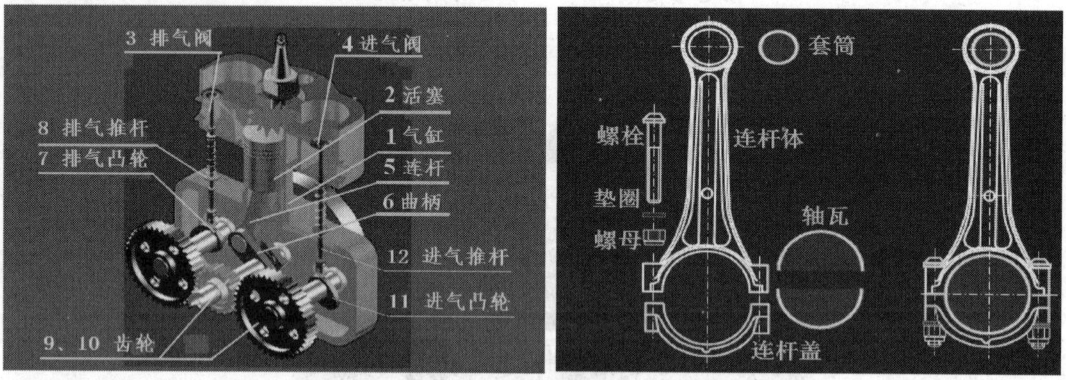

(a) 单缸内燃机示意图　　(b) 连杆及其上的零件示意图

图 1-1-1　单缸内燃机

任务分析

机器是人们用来进行生产劳动的工具。在日常生活和生产实践活动中，经常用到各种各样的机器，例如洗衣机、缝纫机、内燃机、汽车、各种机床等。尽管这些机器的种类繁多，构造和用途差别很大，但它们都有着共同特点：都是人为的多种实物组合体；组成机器的各实物间具有确定的相对运动；能够代替或减轻人的劳动，去完成机械功或转换机械能。凡具备以上三个特征的实物组合就称为机器。

当仅对组成机器的各实物之间的相对运动关系进行分析而不考虑其功用时，通常把这些具有确定相对运动的实物组合体称为机构。在实际中，通常把机器和机构统称为机械。

本项目就是从机器入手，弄明白机械、机器、机构、构件、零件的概念、组成、特性等，明确它们之间的关系；认真分析机器中重要部分的功能，了解它们如何共同配合工作完成机器的总任务，即能较正确地找出组成部分。

知识链接

知识架构

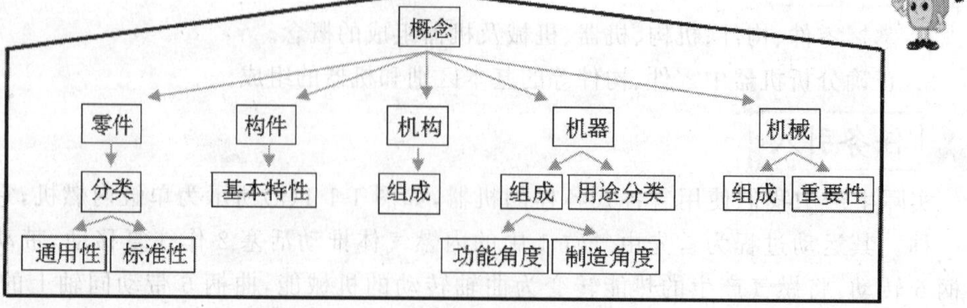

一、零件

1. 零件的基本概念

从制造加工的角度来看，机器是由若干零件组装而成的。而比较复杂的机器又是先由一些零件组装成部件，再由部件和另一些零件所组成的。如图 1-1-1(a)所示的内燃机，主要由气缸 1、活塞 2、排气阀 3、进气阀 4、连杆 5、曲柄 6、齿轮 9 和 10、排气凸轮 7、排气推杆 8、进气凸轮 11、进气推杆 12 等组成。可见，**零件是机器的最小制造单元，而部件则是机器的装配单元。**

零件是制造的最基本单元，是不可拆卸的单元体。例如：图 1-1-2 中的连杆体、连杆盖、轴瓦和螺钉、垫片、定位销等都是零件。它们可以装配组成为单缸内燃机中的连杆构件。

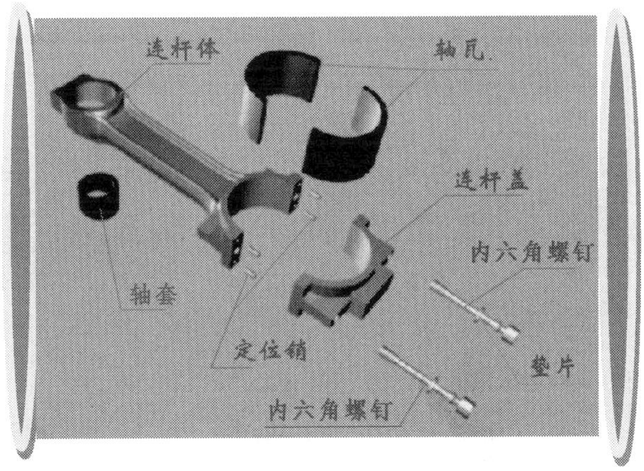

图 1-1-2 连杆上的零件

2. 零件的分类

零件可按通用性、标准性等进行分类，具体如表 1-1-1 所示。

表 1-1-1 零件的分类

分类	零件类别及特点	图例
通用性	通用零件 各种机械中普遍使用的零件，如右图依次为齿轮、轴承、轴、弹簧、螺栓、螺母、键等	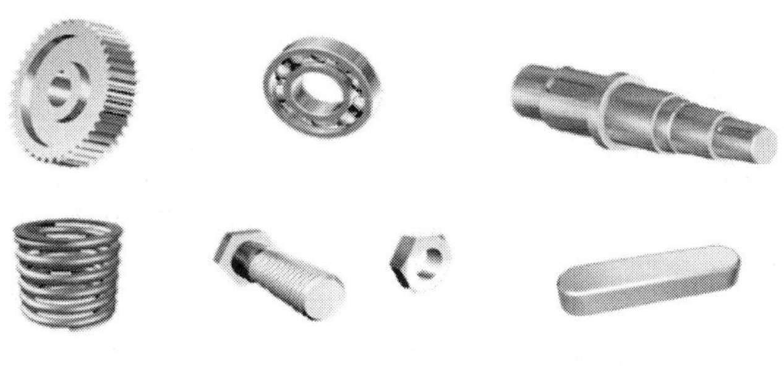
	专用零件 只在一定类型机械中使用的零件，如曲轴、自行车上的零件等	 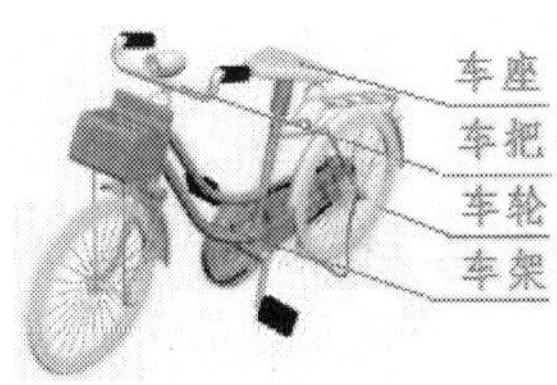

续 表

分类	零件类别及特点	图例
标准性	标准零件 其尺寸、材料、结构、性能等已经标准化和系列化的零件。一般不需要自己制造的零件。如弹簧、螺栓、键、滚动轴承等	      
	非标准零件 其尺寸、材料、结构、性能未全部达到标准化和系列化，一般需要自己制造的零件。如齿轮、轴、凸轮等	 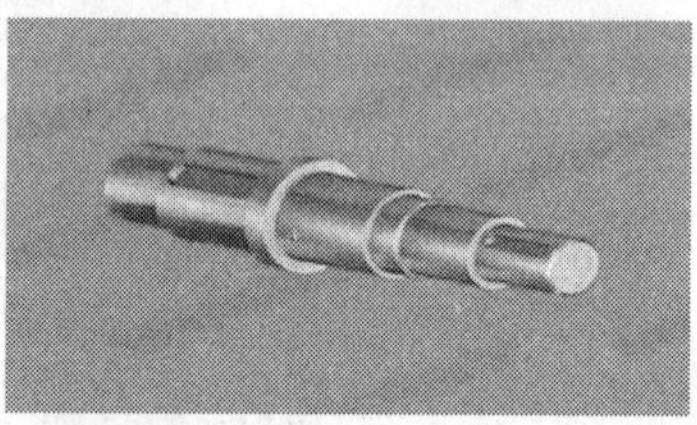 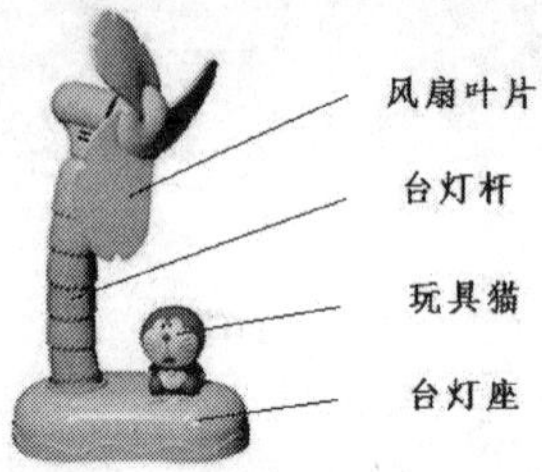 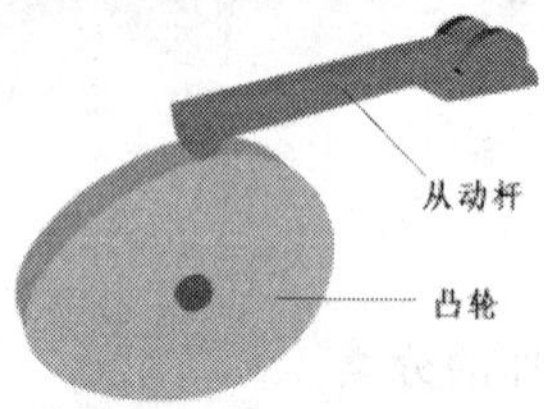

在实际生产中，由若干零件装配在一起所组成的具有独立功能的部分，称为**部件**。为简便起见，在不致引起误解的时候，一般不再细分，用“零件”一词泛指零件和部件。如图 1-1-3、图 1-1-4 所示的“零件”为滚动轴承和联轴器。

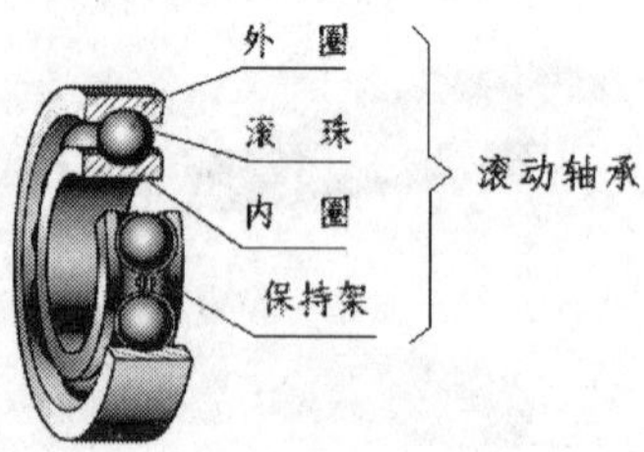

图 1-1-3　滚动轴承

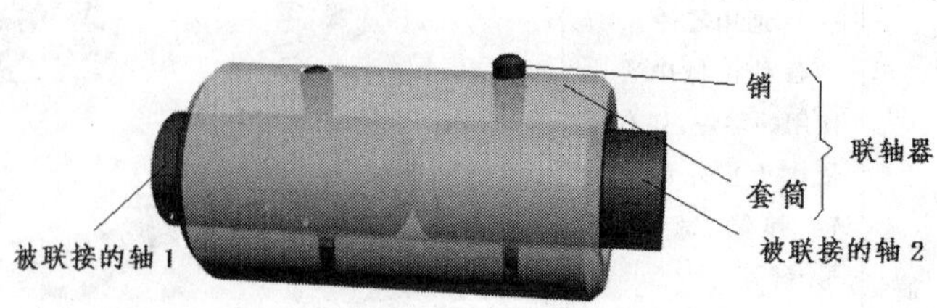

图 1-1-4　联轴器

二、构件

1. 构件的基本概念

从机械实现预期功能的角度来看，组成机器的一些零件之间没有相对运动，因此，由一个零件或多个零件装配成一体且能独立运动的单元体称为**构件**。构件可以是一个单独的零件，也可以由几个零件刚性地联结在一起组成。如图 1-1-5 所示的曲轴是一个零件，但是能独立运动，也称为构件。如图 1-1-1(b)所示的内燃机中的连杆 5 就是由单独加工的连杆体、连杆盖、轴套、螺栓、螺母、轴瓦等零件装配而成的构件，由此可见，**构件是不可分割的运动单元，且是运动的最基本单元。**

图 1-1-5　曲轴

2. 构件的特性

组成单一构件的零件之间没有相对运动，是一个运动的整体。如连杆构件中的连杆体、连杆盖、轴瓦和螺栓等零件之间没有相对运动，这些零件是装配的基本单元体。

三、机构

1. 机构的基本概念

机构由多个构件组成，各构件之间具有确定的相对运动，完成运动的传递和转换。如图 1-1-1所示的单缸内燃机中的曲柄滑块机构把活塞的往复移动转变成曲柄的旋转运动，如图 1-1-6所示；然后再传递给齿轮，齿轮机构实现曲轴和凸轮之间的转速变化，如图 1-1-7 所示；凸轮机构把凸轮轴的转动转换成推杆的往复移动，使气门开关，如图 1-1-8 所示。

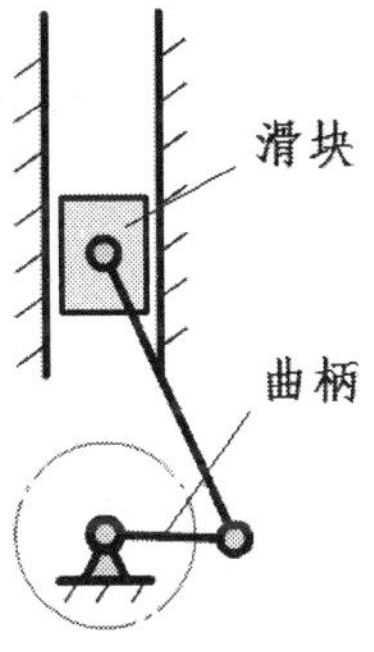

图 1-1-6　曲柄滑块机构

图 1-1-7　齿轮机构

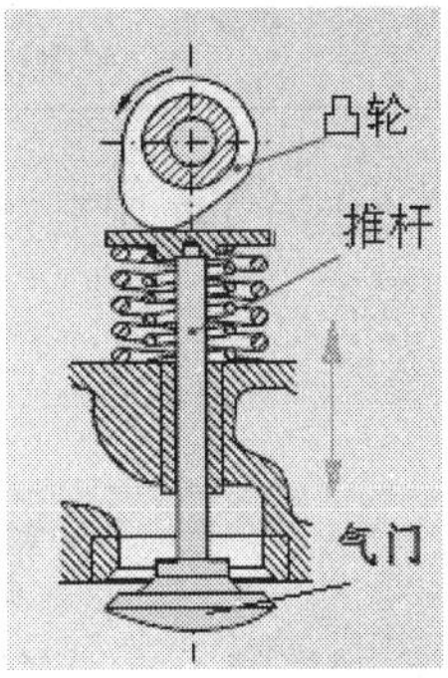

图 1-1-8　凸轮机构

2. 机构的组成

机构按所起作用的不同，由主动件(原动件)、从动件和机架组成。主动件是带动其他构件运动的构件。例如内燃机中的滑块是主动件。从动件是随着主动件的运动而运动的构件。例如被滑块带动旋转的曲柄，曲柄相对于滑块是从动件。主动件和从动件可能是一个或几个活动构件。机架是固定件，支承着活动构件，只有一个。

四、机器

1. 机器的基本概念

从运动的角度看，机器由一个或多个构件组成，构件之间具有确定的相对运动。如内燃机的各机构间具有确定的相对运动。这种性能与机构相同，不同之处是内燃机还能够将热能转化成机械能，因此，它是机器。机器能够变换或传递能量、物料与信息。如发电机能将机械能转化为电能；运输机可以改变物体在空间的位置；金属切削机床能改变工件的尺寸和形状；计算机可以变换信息等。

因此,机器的明确概念是:**机器是构件的组合,构件之间具有确定的相对运动,能够代替或减轻人类的劳动,能够做有用的机械功或实现能量转换。**

2. 机器的组成

① 从功能的角度看组成

机器一般由以下几部分组成,如表 1-1-2 所示。

表 1-1-2 机器的组成

组成	功能	位置
动力部分	将其他能量变换为机械能,是驱动整机完成预定功能的动力源。如:电动机、内燃机	机器的始端
传动部分	把原动机的运动和动力转变为工作部分运动和动力。即将原动机输出的运动和动力传递给执行机构。机械传动如:金属切削机床的带传动、齿轮传动、螺旋传动机构等。此外还包含液压传动、气动传动、电气传动等	原动机构和执行机构之间
执行部分	直接完成工作任务的机构。其功能是利用机械能去变换或传递能量、物料、信号。如:起重机的吊钩、汽车的车轮等	机器的终端
控制系统	控制机器的其他组成部分,随时实现或终止机器的各种预定动作的部分。如:计算机的键盘、鼠标、开关等	机器的适当位置
支撑及辅助部分	支撑作用如:车床的床身、底座、摩托车的车架、洗衣机的罩壳等 辅助功能如:金属切削机床的照明、润滑油、输送铁屑等装置	机器的适当位置

如图 1-1-9 所示为轿车的主要组成部分。

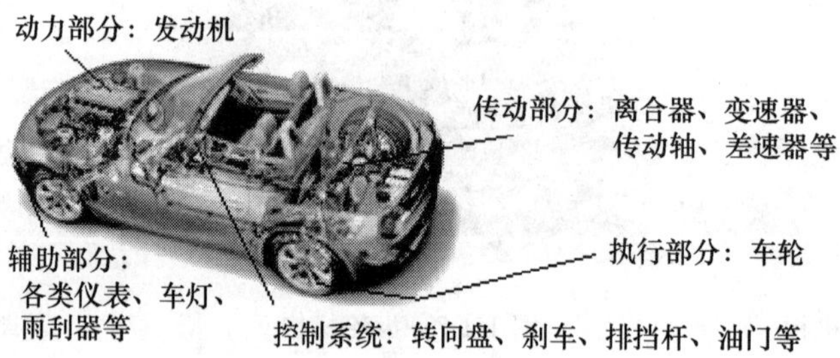

图 1-1-9 轿车的基本组成

从功能角度看机器各组成部分的关系,如图 1-1-10 所示。

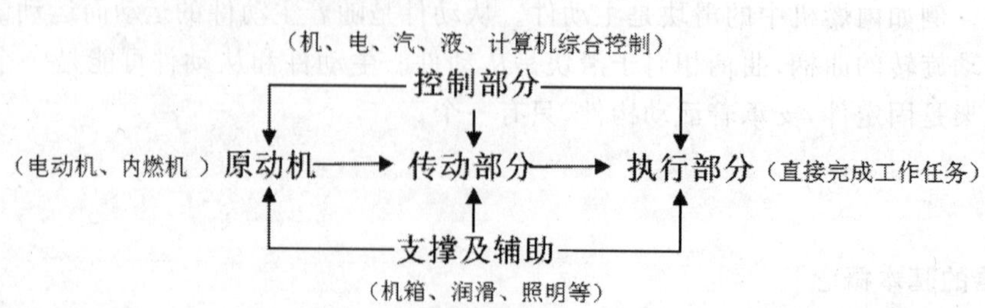

图 1-1-10 机器各组成部分间的关系

② 从制造的角度看组成

机器是由若干个零件组成,有时为了装配方便,先将各组协同工作的零件分别装配成相对独立的组合体,再装配成整机,这种组合体常称为部件或组件,例如:车床主轴箱、尾座、滚动轴承、自行车脚蹬等，从这个角度看，机器是由零件、部件组成，如图 1-1-11 所示为车床的主要组成部分。

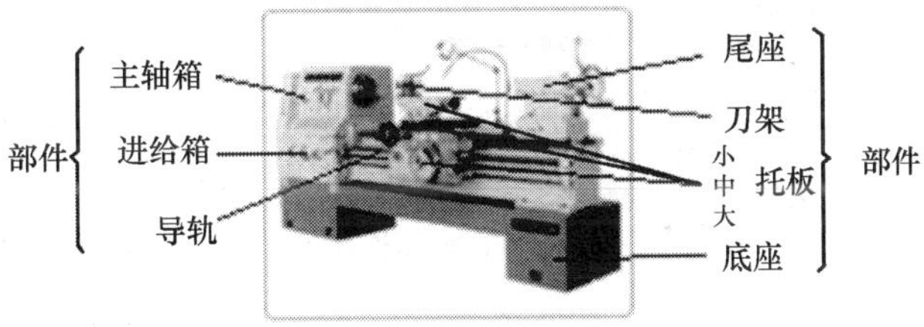

图 1-1-11　车床的主要组成部件

3. 机器的特征

(1)由多个构件组成；(2)各构件间具有确定的相对运动；(3)能够完成有效的机械功或变换机械能。

机构具有机器的前两个特征。

4. 机器的分类

从用途的角度对机器进行分类，如表 1-1-3 所示。

表 1-1-3　机器的用途分类

分类	图示
发动机	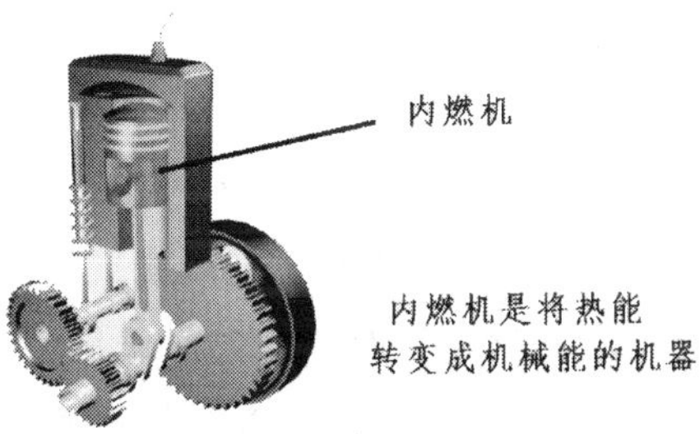 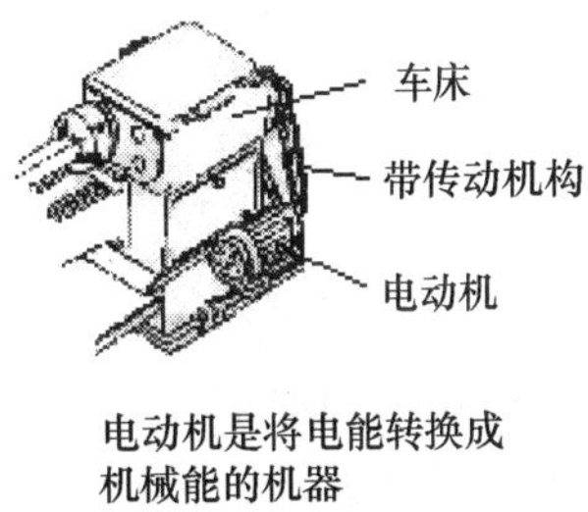
工作机	 机床是用机械能来改变被加工物料的位置、形状、性能、尺寸和状态的机器  计算机是能够变换信息的机器

五、机械的含义

从运动学的角度看，机器和机构没有区别。一般地，机器与机构统称为机械。如图 1-1-12 所示为破碎机。如图 1-1-13 所示为机械组成的运动学认识。

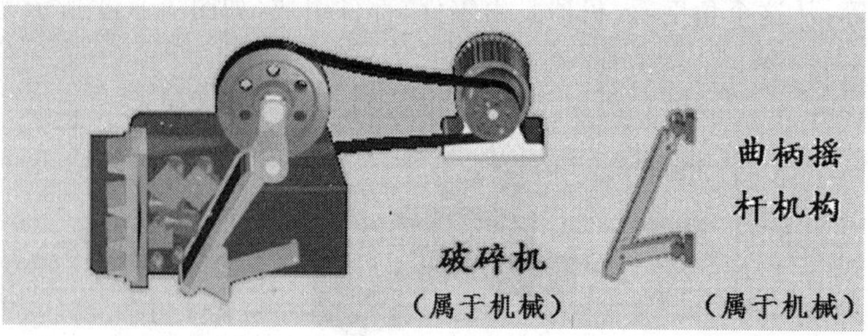

图 1-1-12　破碎机

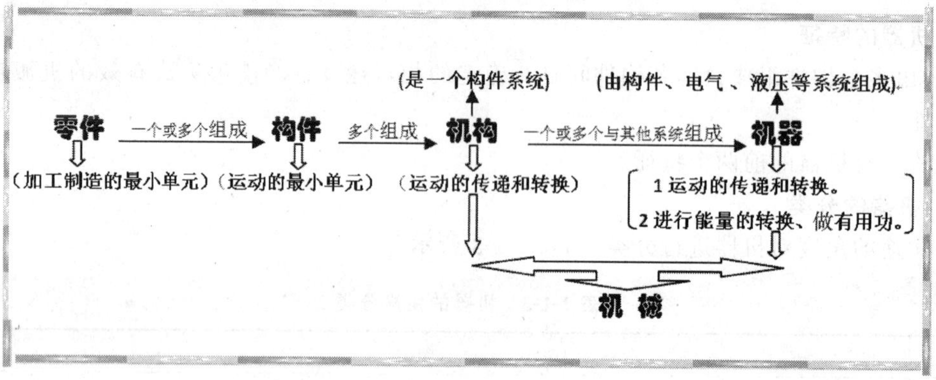

图 1-1-13　机械组成的运动学认识

六、机器设计应满足的基本要求及一般程序

机器设计是指规划和设计实现预期功能的新机器或改进原有机器的性能。一部机器的质量基本取决于机器设计的质量。制造过程的本质在于实现设计时所规定的质量。因此,机器的设计阶段是决定机器好坏的关键。实际上,机械产品构成竞争力的大部分要素都是由产品的设计阶段确定的。

1. 机器设计应满足的基本要求

不同的机器其功能和外形都不相同,但它们设计的基本要求大体是相同的,机器应满足的基本要求可以归纳为以下 4 方面。

(1) 功能要求

满足机器预定的工作要求,如机器工作部分的运动形式、速度、运动精度和平稳性、需要传递的功率,以及某些使用上的特殊要求(如高温、防潮等)。

(2) 安全可靠性要求

① 使整个技术系统和零件在规定的外载荷和规定的工作时间内,能正常工作而不发生断裂、过度变形、过度磨损、不丧失稳定性。

② 能实现对操作人员的防护,保证人身安全和身体健康。

③ 对于技术系统的周围环境和人不致造成危害和污染,同时要保证机器对环境的适应性。

(3) 经济性要求

在产品整个设计周期中，必须把产品设计、销售及制造三方面作为一个系统工程来考虑，用价值工程理论指导产品设计，正确使用材料，采用合理的结构尺寸和工艺，以降低产品的成本。设计机械系统和零部件时，应尽可能标准化、通用化、系列化，以提高设计质量、降低制造成本。

(4) 其他要求

机械系统外形美观，便于操作和维修。此外还必须考虑有些机械由于工作环境和要求不同，而对设计提出某些特殊要求，如食品卫生条件、耐腐蚀、高精度要求等。

2. 机器设计的一般过程

机械设计就是建立满足功能要求的技术系统的创造过程。机械设计的一般过程如图 1-1-14所示。

(1) 明确设计任务

产品设计是一项为实现预定目标的有目的的活动，因此正确地确定设计目标或任务是设计的基础。明确设计任务包括定出技术系统的总体目标和各项具体的技术要求，这是设计、优化、评价、决策的依据。

明确设计任务包括分析所设计机械系统的用途、功能、各种技术经济性能指标和参数范围、预期的成本范围等，并对同类或相近产品的技术经济指标、同类产品的不完善性、用户的意见和要求、目前的技术水平以及发展趋势等进行认真的调查研究、收集材料，以进一步完善设计任务。

(2) 总体设计

机械系统总体设计根据机器要求进行功能设计研究。总体设计包括确定工作部分的运动和阻力，选择原动机的种类和功率，选择传动系统，机械系统的运动和动力计算，确定各级传动比和各轴的转速、转矩和功率。总体设计时要考虑到机械的操作、维修、安装、外廓尺寸等要求，确定机械系统各主要部件之间的相对位置关系及相对运动关系，人-机-环境之间的合理关系。总体设计对机械系统的制造和使用都有很大的影响，为此，常需做出几个方案加以分析、比较，通过优化求解得出最佳方案。

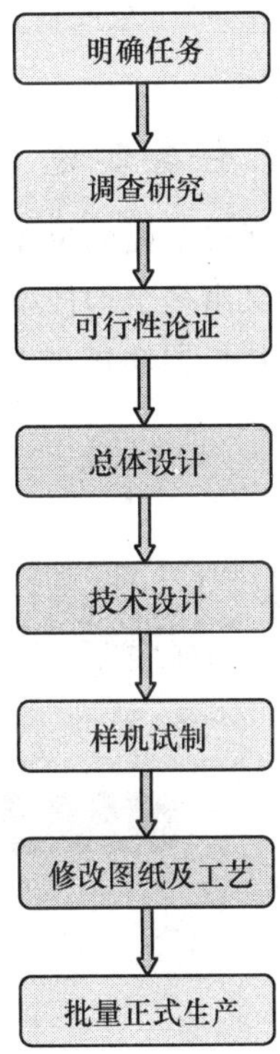

图 1-1-14　机械设计过程

(3) 技术设计

技术设计又称结构设计。其任务是根据总体设计的要求，确定机械系统各零部件的材料、形状、数量、空间相互位置、尺寸、加工和装配，并进行必要的强度、刚度、可靠性设计，若有几种方案时，需进行评价决策，最后选择最优方案。技术设计时还要考虑加工条件、现有材料、各种标准零部件、相近机器的通用件。技术设计是保证质量、提高可靠性、降低成本的重要工作。技术设计还需绘制总装配图、部件装配图、编制设计说明书等。技术设计是从定性到定量、从抽象到具体、从粗略到详细的设计过程。

(4) 样机试制

样机试制阶段是通过样机制造、样机试验，检查机械系统的功能及整机、零部件的强度、刚度、运转精度、振动稳定性、噪声等方面的性能，随时检查及修正设计图纸，以便更好地满足设计要求。

(5) 批量正式生产

批量正式生产阶段是根据样机试验、使用、测试、鉴定所暴露的问题,进一步修正设计,以保证完成系统功能,同时验证各工艺的正确性,以提高生产率、降低成本、提高经济效益。

产品设计过程是智力活动过程,它体现了设计人员的创新思维活动,设计过程是逐步逼近解答方案、逐步完善的过程。设计过程中还应注意以下几方面。

① 设计过程要有全局观点,不能只考虑设计本身的问题,而要把设计看成一个系统,处理人-机-环境之间的关系。

② 善于运用创造性思维和方法,注意考虑多方案解答,避免解答的局限性。

③ 设计和各阶段应有明确的目标,注意各阶段的评价和优选,以求出既满足功能要求又有最大实现可能的方案。

④ 要注意反馈及必要的工作循环。解决问题要由抽象到具体,由局部到全面,由不确定到确定。

任务实施

通过上面的论述,机器与机构统称为机械。一部机器由一个或多个机构与其他系统组成;机构又由多个构件组成;构件又由一个或多个零件组成。

从机器功能的角度出发,各部机器的组成部分大致相同,如图 1-1-15 所示为洗衣机的组成。

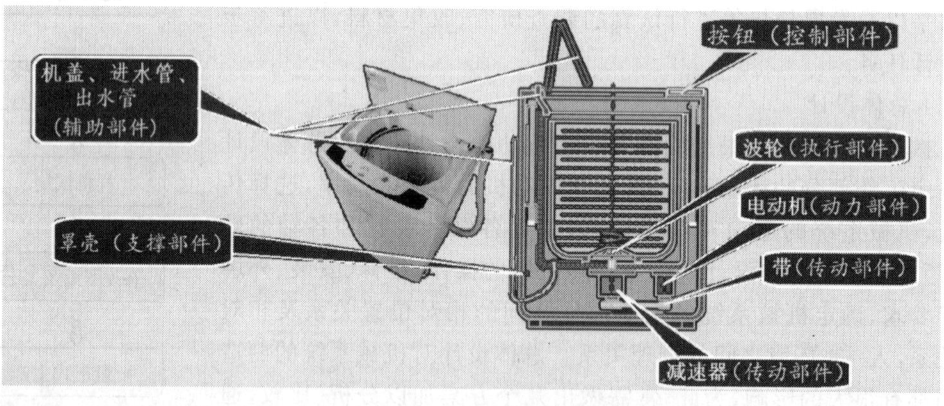

图 1-1-15　洗衣机的组成

洗衣机主要由控制部件(按钮)使动力部件(电动机)运动;带动传动部件(减速器、带传动);驱动执行部件(波轮)旋转,搅动水及需要洗涤的物品;辅助部件也起到不容忽视的作用(水管进出水,机盖起安全、制动作用);支撑部件支撑着全体零件和部件,保证机器的正常工作。

探索与发现

1. 请指出图 1-1-16 中的(a)、(b)、(c)、(d)哪个是零件、构件、机构或机器?

2. 知道了“机器是构件的组合;构件之间具有确定的相对运动;能够做有用的机械功或实现能量转换”,机器离我们远吗?细想一想,机器就在我们周围,如图 1-1-17 中给出的各种机器。你还知道哪些机器呢?

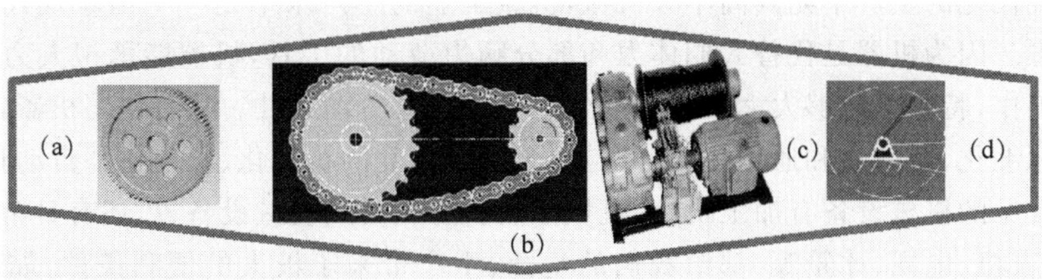

图 1-1-16　机器、机构、构件、零件的辨析

图 1-1-17　常见的机器

知识拓展

机器的发展历史简述

一、机器的产生

机器是人类祖先在长期的生活和生产劳动探索中逐渐产生的。机器是人类进行生产以减轻体力劳动、提高生产率的主要生产劳动工具，它是伴随着生产力的不断发展而日趋完善的。机器是人类社会生产力发展的重要标志，是人类文明的产物，是衡量一个国家工业发展和现代化程度的重要标志。

我国古代的劳动人民在机械方面已有许多杰出的发明创造。最古老的机器形式有杠杆（如图 1-1-18 所示）、水车、风车、手工纺织机等。你还知道其他古老形式的机器吗？

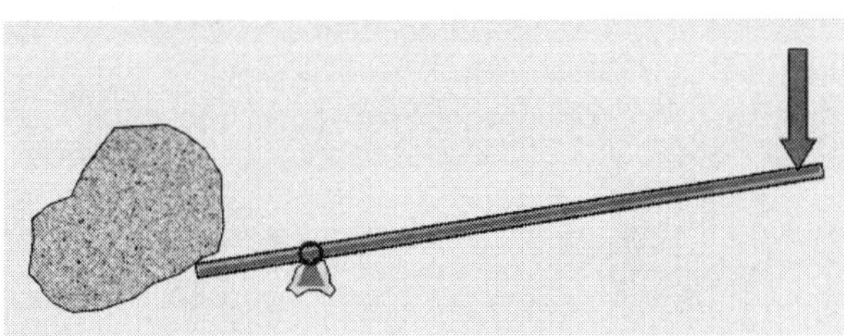

图 1-1-18　杠杆敲石

二、机械的发展简况

18 世纪，蒸汽机的发明促进了欧洲机械工业的发展，原动机的出现标志着机械工业的质的飞跃。各门力学学科的发展为机械的设计制作奠定了科学基础，使机械工业得到了迅猛的

发展。在现代化的生产中尤其离不开机械,机械工业的生产水平是一个国家现代化建设水平的重要标志。因为机器是代替人们体力和部分脑力劳动的工具,机器能承担人力所不能或不便进行的工作,特别是能够大大提高劳动生产率和改善劳动条件。只有使用机器,才能便于实现产品的标准化、系列化和通用化,尤其是便于实现高度的机械化、电气化和自动化。

我们常见的机械设备有加工机床、机械手、机器人、日用机械设备等,还有日常生活中常用的风扇、洗衣机、电视、冰箱等,都给我们的生活、生产带来了极大的便利条件,如图 1-1-19 所示为常见的机器。

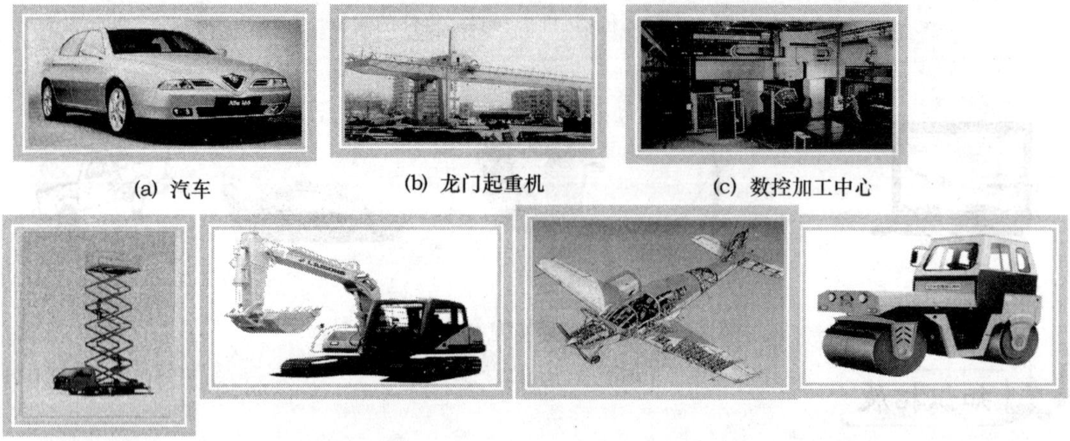

(a) 汽车　(b) 龙门起重机　(c) 数控加工中心

(d) 高空作业车　(e) 工程机械　(f) 飞机　(g) 压路机

图 1-1-19　生活、生产中常用的机器示例

模块二　常用机构

常用机构主要包括平面连杆机构、凸轮机构、齿轮机构和间歇运动机构等。常用机构的基本功用是变换运动形式，例如：曲柄连杆机构可将回转运动变换为往复直线运动；凸轮机构、槽轮机构可将匀速转动变换为非匀速运动、间歇运动；齿轮机构依靠轮齿齿廓直接接触来传递空间任意两轴间的运动和动力等。

项目二　绘制内燃机机构运动简图

任务目标

1. 掌握平面机构的组成、运动副的概念及分类。
2. 掌握平面机构运动简图的绘制方法。
3. 掌握平面机构的自由度计算及机构具有确定运动的条件。
4. 理解平面机构的自由度计算注意事项。

重点难点

1. 机构运动简图的绘制。
2. 机构具有确定运动的条件及机构的自由度计算。

任务引入

如图 2-2-1 所示为内燃机的示意图，在上一项目中，我们已基本了解了内燃机的主要零部件及其工作原理，也知道了内燃机由一些机构组成，那么这些机构中的每个构件又是以何种方式与其他构件相互连接的呢？这么复杂的机器或机构，如何才能清晰地表现出它的组成及运动原理呢?

任务分析

如图 2-2-1 所示,内燃机是由活塞 2、连杆 5、曲轴 6 与气缸体 1 组成的曲柄滑块机构;同曲轴固联的齿轮 10,同凸轮轴 7 固联的齿轮 9 与气缸体组成齿轮机构;凸轮 7、进气阀顶杆 8 与气缸体组成凸轮机构。气缸体 1 作为固定件,是机架;燃气推动下的活塞 2 是原动件;其余构件都是从动件。各机构中的构件之间是靠一定的连接传递运动和力的。在本项目中将介绍自由度、铰链、约束条件和运动副、运动链等概念;介绍运动副的分类;以颚式破碎机为例子导入运动简图,介绍用简单的符号和图形表示机器的组成和传动原理,最后完成本次项目。

图 2-2-1　内燃机示意图

知识链接

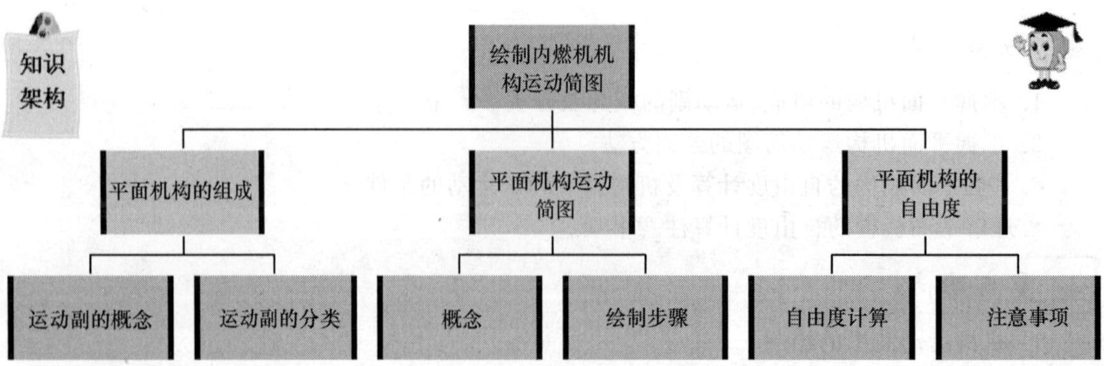

一、平面机构的组成

我们已知道,机构是由具有确定相对运动的构件组合而成。为了传递运动和动力,机构各构件之间应具有确定的相对运动。若机构中所有构件的运动部分均在同一平面或相互平行的平面中运动,则称该机构为平面机构。

1. 运动副的概念

机构是由具有确定相对运动的若干构件组成的,且机构的每个构件都以一定的方式与其他构件相互连接,但这种连接又不是固定连接,而是能产生相对运动的活动连接。这种两个构件之间直接接触并能产生一定相对运动的活动连接称为**运动副**。例如图 2-2-1 中轴与轴承的连接,活塞 2 与汽缸 1 的连接、传动齿轮 9 和 10 两个轮齿啮合形成的连接等,都构成了运动副。我们日常所见的门窗活叶、导轨式抽屉等均为运动副。

两构件参与接触而构成运动副的部分(点、线、面)称为运动副元素。

对运动副的理解要把握以下三点:(1) 运动副由两个构件组成;(2) 运动副是一种连接,两构件直接接触;(3) 组成运动副的两个构件之间有相对运动。

2. 运动副的分类

两构件只能在同一平面做相对运动的运动副称为平面运动副。两构件组成的运动副,不外乎是通过点、线或面来实现的。根据运动副元素的不同,平面运动副可分为低副和高副。

(1) 低副

两构件之间通过面与面接触而组成的运动副称为**低副**。两构件组成低副时引入了两个约束条件,也就失去了两个自由度,只剩下一个自由度,即移动或转动。因此,根据组成平面低副的两构件之间相对运动的性质,低副又可分为移动副和转动副,如图 2-2-2 所示。

两个构件铰接成运动副后,两构件间只能产生相对转动的运动副称为**转动副**,也称铰链或回转副,如铰链、轴与轴承等,如图 2-2-2(a)、图 2-2-2(b)所示。两构件间只能产生相对移动的运动副称为**移动副**,也称为棱柱副,如汽缸与活塞、滑块与导轨等。如图 2-2-2(c)所示为车床刀架与导轨构成的移动副;如图 2-2-2(d)所示,一根四棱柱体 1 穿入另一构件 2 大小合适的方孔内,两构件就只能沿轴线 x 做相对移动,称之为移动副。我们日常所见的门窗活叶、折叠椅等均为转动副;推拉门、导轨式抽屉等为移动副。

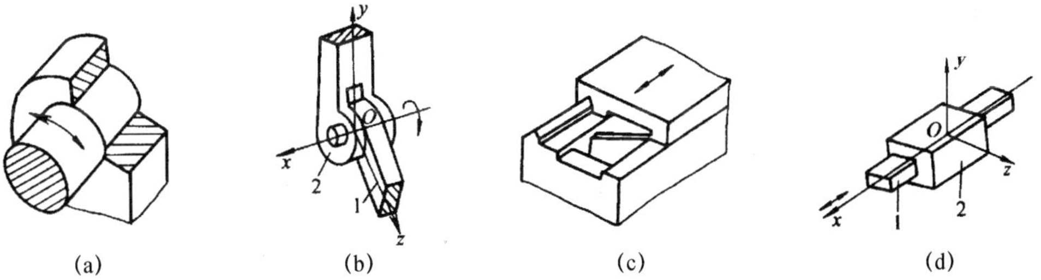

(a)　(b)　(c)　(d)

图 2-2-2　平面低副

(2) 高副

两构件以点或线的形式相接触而组成的运动副称为**高副**,如齿轮副、凸轮副等。如图 2-2-3(a) 所示的火车轮 1 与钢轨 2;如图 2-2-3(b) 所示的凸轮机构的凸轮 1 与从动件 2;如图 2-2-3(c) 所示的两相互啮合的轮齿等分别在接触处 A 组成了高副。两构件组成平面高副时,只引入 1 个约束条件。

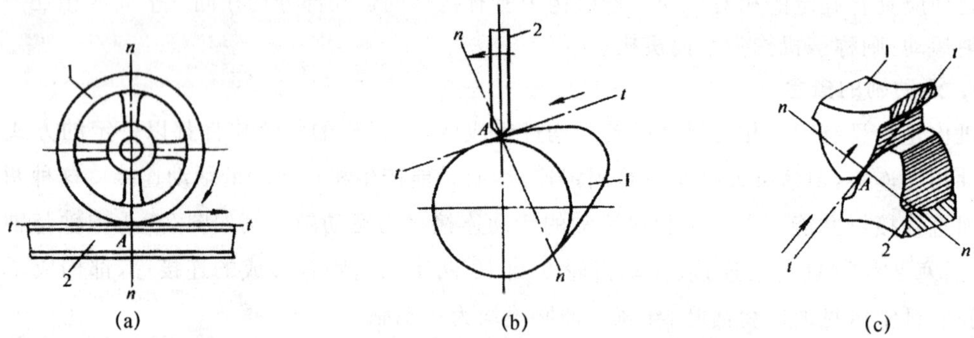

图 2-2-3　平面高副

除上述平面运动副之外,机械中经常见到的还有如图 2-2-4(a)所示的球面副和如图 2-2-4(b)所示的螺旋副。这些运动副能使两构件作空间运动,故属于空间运动副。因此,根据组成运动副的两构件的相对运动是平面运动还是空间运动,分为平面运动副或空间运动副。

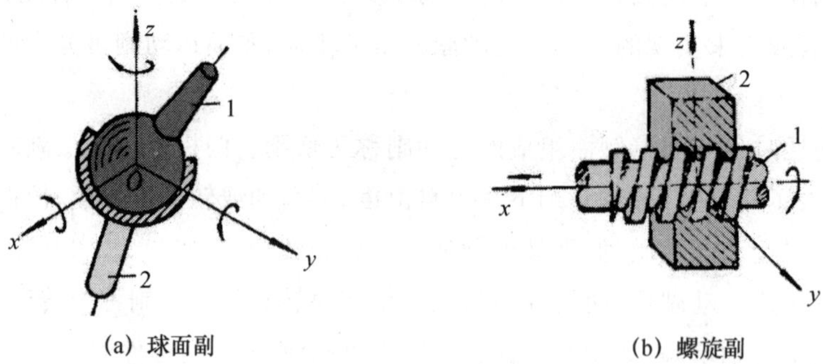

图 2-2-4　空间运动副

3. 运动链

若干构件通过运动副连接构成的系统称为运动链。各构件构成封闭形式的运动链称为闭式运动链,简称闭链,如图 2-2-5(a)所示;各构件不能构成封闭形式的运动链称为开式运动链,简称开链,如图 2-2-5(b)所示。

图 2-2-5　运动链

二、平面机构运动简图

1. 机构运动简图的概念

机构各构件的相对运动由原动件有规律的运动及机构中各运动副的类型、相互位置等因素决定,与构件外形、截面尺寸、固联方式等因素无关。在研究机构的运动特性时,为了使问题简化，只考虑与运动有关的运动副的数目、类型及相对位置，不考虑构件和运动副的实际结构和材料等与运动无关的因素，仅用简单的线条和规定符号来表示构件和运动副的类型，并按一定的比例确定各运动副的相对位置及与运动有关的尺寸，这种表示机构的组成和各构件间真实运动关系的简单图形称为**机构运动简图**。

只是为了表示机构的结构组成及运动原理而不严格按比例绘制的机构运动简图，通常称为机构示意图。

2. 平面机构运动简图的绘制

绘制平面机构运动简图可按如图 2-2-6 所示的步骤进行。

(1) 观察机构的运动情况，分析机构的具体组成，确定机架、原动件和从动件。机架即固定件，任何一个机构中必定只有一个构件为机架；原动件也称主动件，即运动规律为已知的构件，通常是驱动力所作用的构件；从动件中还有工作构件和其他构件之分，工作构件是指直接执行生产任务或最后输出运动的构件。

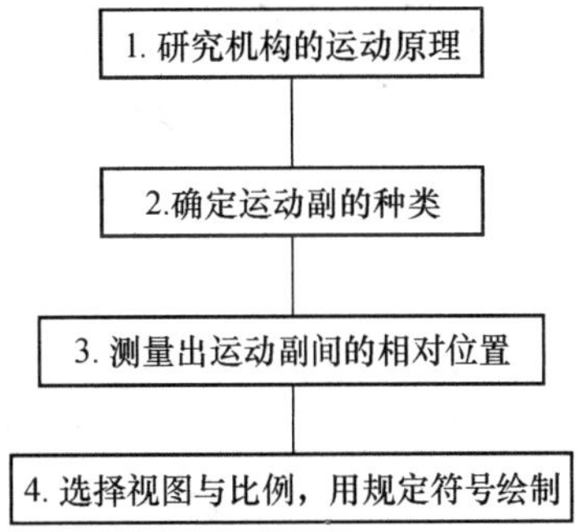

图 2-2-6　平面机构运动简图的绘制步骤

(2) 由原动件开始，按照运动的传递顺序，分析各构件之间相对运动的性质，根据相连两构件间的相对运动性质和运动副元素情况，确定运动副的类型和数目。

(3) 合理选择视图平面，应选择能较好表示运动关系的平面为视图平面。

(4) 根据机构实际尺寸和图纸大小确定适当的长度比例尺 μ_l，按照各运动副间的距离和相对位置，以与机构运动平面平行的平面为投影面，用规定的线条和符号绘制机构运动简图。

$$\mu_l=\frac{\text{实际尺寸(m)}}{\text{图样尺寸(mm)}} \tag{2-2-1}$$

(5)各转动中心标以大写的英文字母，各构件标以阿拉伯字母，机构的原动件以箭头标明。

常用构件和运动副的简图符号在国家标准 GB4460—84 中已有规定，表 2-2-1 给出了最常用的构件和运动副的简图符号。常用机构运动简图符号如表 2-2-2 所示。

表 2-2-1　常用构件和运动副简图符号

名称		简图符号	名称		简图符号
构件	轴、杆		机架	基本符号	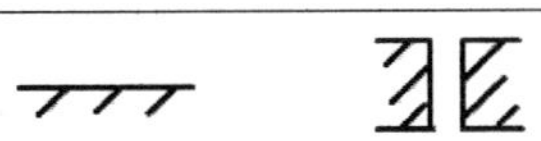
	同一构件	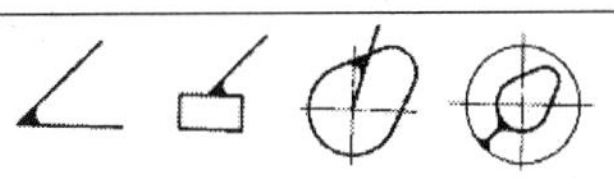		机架是转动副的一部分	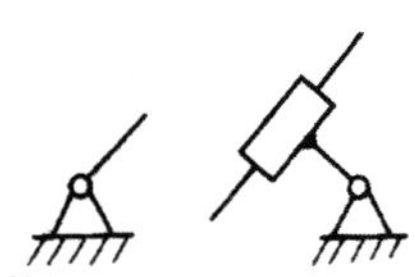
	二副元素构件	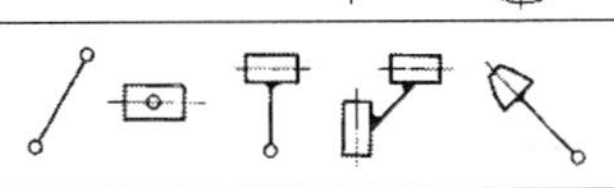			
	三副元素构件	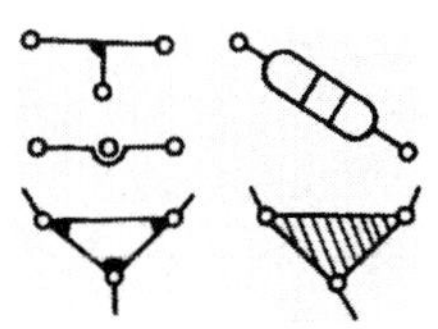		机架是移动副的一部分	

续表

<table>
<tr><th colspan="3">名称</th><th>简图符号</th><th colspan="3">名称</th><th>简图符号</th></tr>
<tr><td>构件</td><td colspan="2">构件的永久连接</td><td>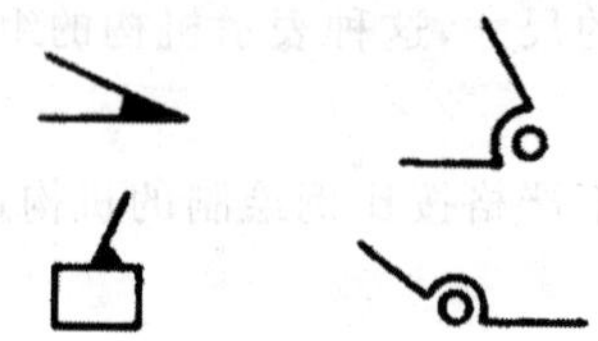</td><td rowspan="3">平面高副</td><td rowspan="3">齿轮副</td><td>外啮合</td><td>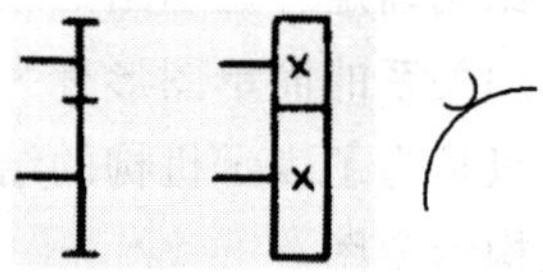</td></tr>
<tr><td rowspan="2">平面低副</td><td rowspan="2">转动副</td><td>固定铰链</td><td>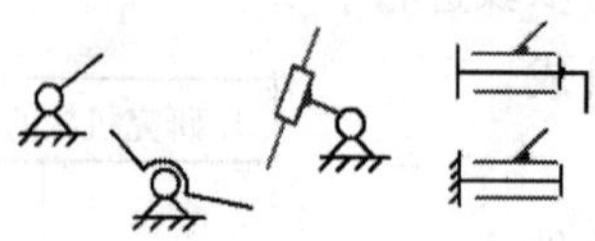</td><td rowspan="2">内啮合</td><td rowspan="2">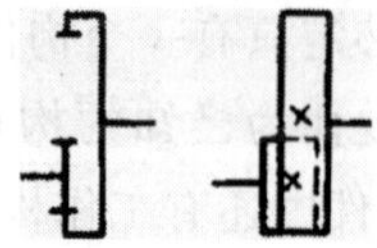</td></tr>
<tr><td>活动铰链</td><td>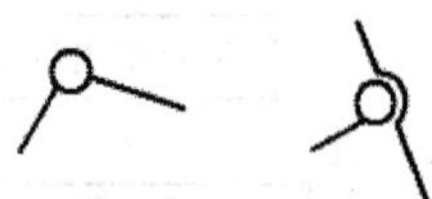</td></tr>
<tr><td rowspan="2">平面低副</td><td rowspan="2">移动副</td><td>与机架组成的移动副</td><td>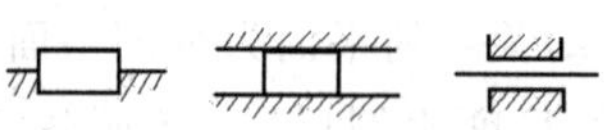</td><td rowspan="2">平面高副</td><td colspan="2" rowspan="2">凸轮副</td><td rowspan="2">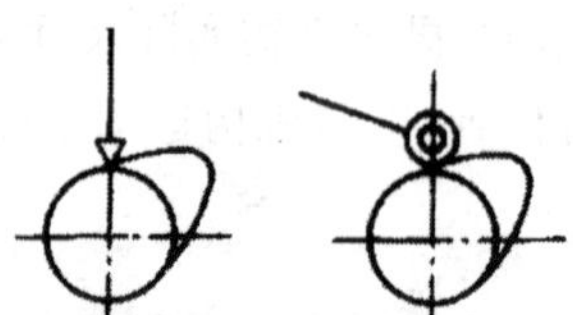</td></tr>
<tr><td>两活动构件组成的移动副</td><td>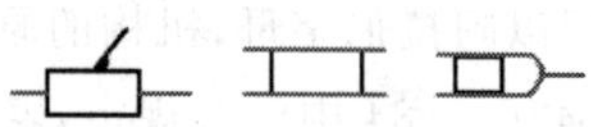</td></tr>
<tr><td>空间运动副</td><td colspan="2">球面副</td><td>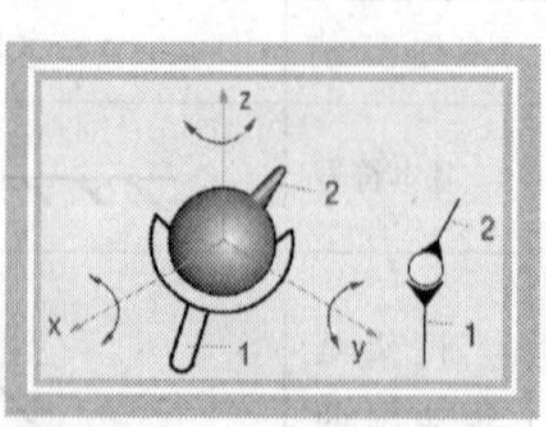</td><td>空间运动副</td><td colspan="2">螺旋副</td><td>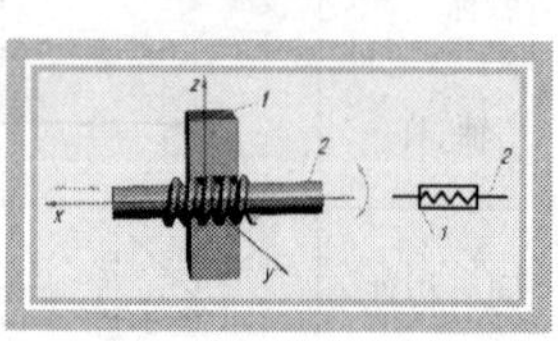</td></tr>
</table>

注:1. 一个构件具有多个转动副时,应在两条线交叉处涂黑,或在其内画上斜线。

2. 画高副时,凸轮、滚子在接触处画全部轮廓,齿轮只画节圆。

3. 不要忘了原动件画箭头表示运动方向,机架上画剖面线。

表 2-2-2　常用机构运动简图符号

<table>
<tr><td>摩擦轮传动
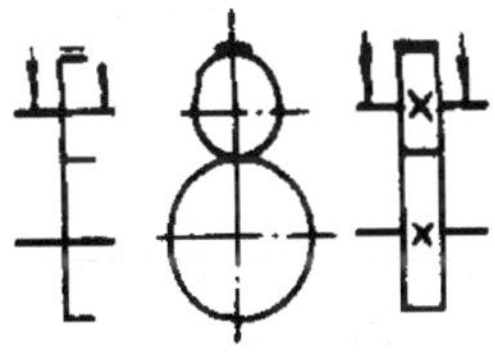</td><td>凸轮传动
</td></tr>
<tr><td>外啮合圆柱齿轮传动
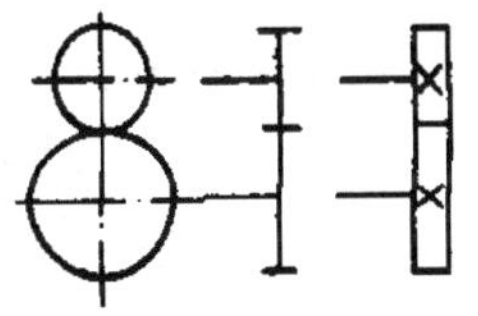</td><td>槽轮机构
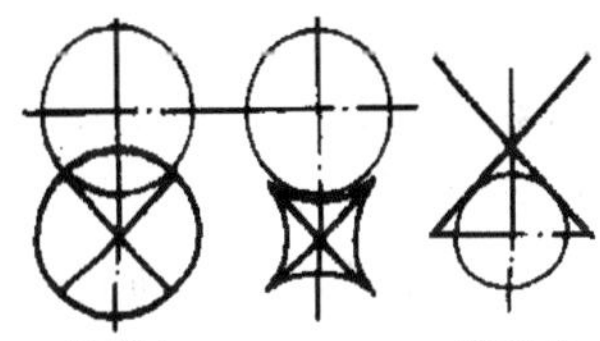
外啮合　　内啮合</td></tr>
<tr><td>内啮合圆柱齿轮传动
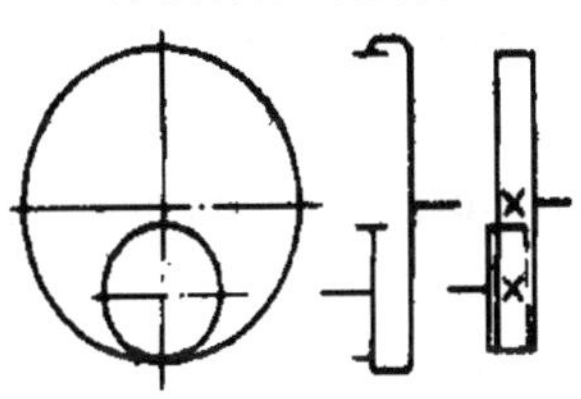</td><td>棘轮机构
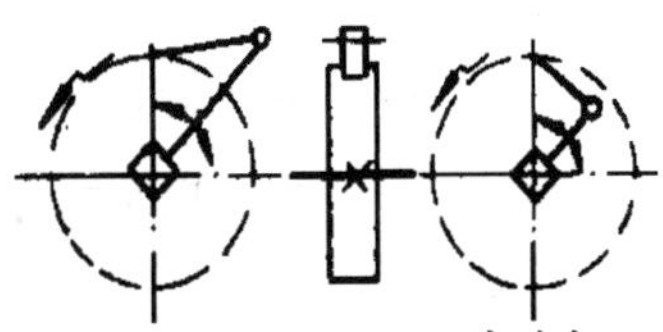
外啮合　　内啮合</td></tr>
<tr><td>在支架上的电机
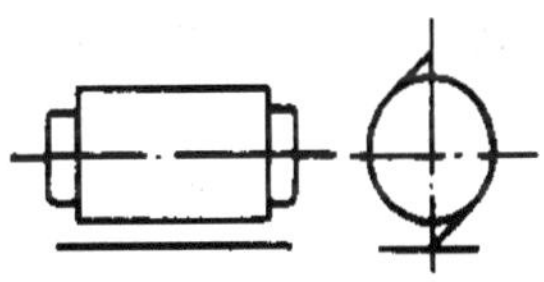</td><td>齿轮齿条传动
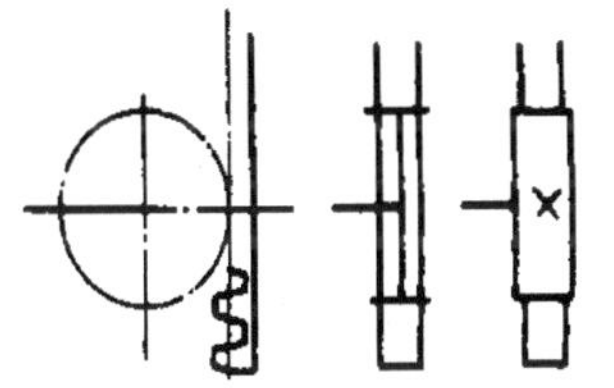</td></tr>
<tr><td>带传动
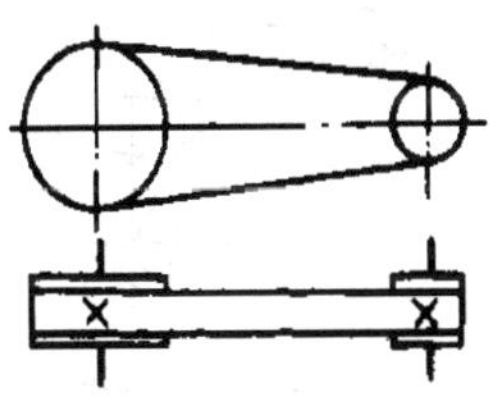</td><td>圆锥齿轮传动
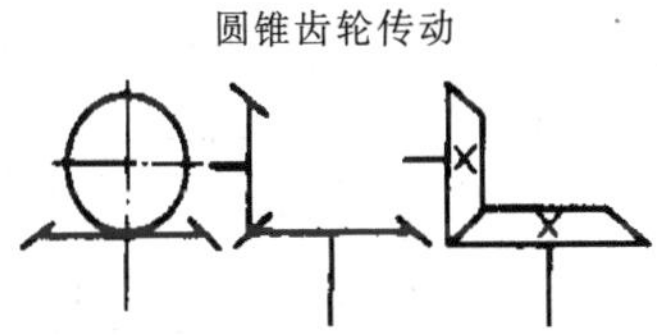</td></tr>
<tr><td>链传动
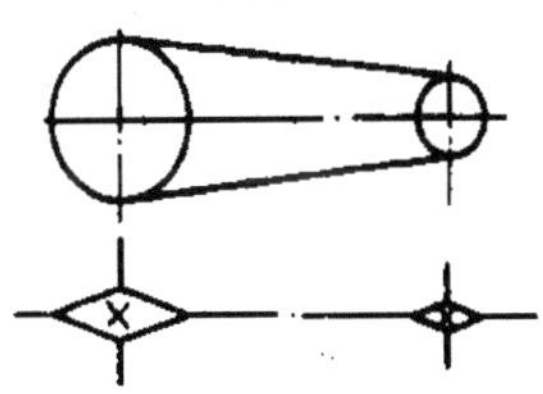</td><td>圆柱蜗杆传动
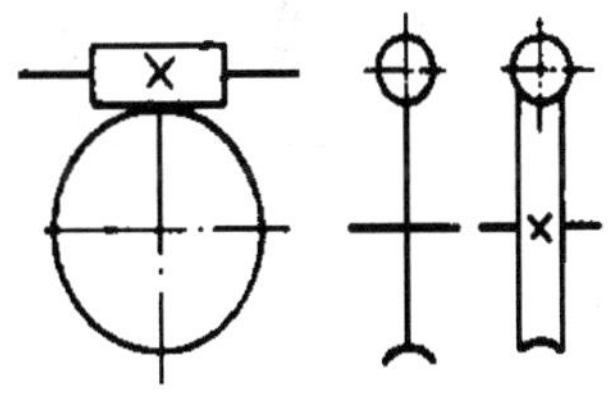</td></tr>
</table>

3. 机构运动简图应满足的条件

(1) 构件数目与实际相同。

(2) 运动副的性质、数目与实际相符。

(3) 运动副之间的相对位置以及构件尺寸与实际机构成比例。

下面通过两个实例说明运动简图的绘制过程。

【例 2-2-1】 如图 2-2-7(a)所示为牛头刨床执行机构的结构图,试绘制机构运动简图。

解:(1) 机构分析。牛头刨床执行机构由大齿轮 2、机架 7、滑块 3、导杆 4、摇块 5 和滑枕 6 共 6 个构件组成,转动的大齿轮为原动件,移动的滑枕 6 为工作构件。

(2) 确定运动副类型。原动件大齿轮 2 用轴通过轴承与机架 7 铰接成转动副 z_1;滑块 3 通过销子与大齿轮铰接成转动副 z_2;滑块 3 与导杆 4 用导轨连接为面接触成移动副 y_1;摇块 5 与机架铰接成转动副 z_3;摇块 5 与导杆 4 用导轨连接,成移动副 y_2;导杆 4 与滑枕 6 铰接成转动副 z_4;滑枕 6 与机架 7 用导轨连接以面接触成移动副 y_3。这里有 4 个转动副和 3 个移动副,共 7 个运动副。

(3) 测量主要尺寸,计算长度比例和图示长度。经测量得:滑枕 6 的导轨到摇块中心的高度 $l_h=1\,000$ mm,大齿轮 2 的中心高 $l_{h1}=540$ mm,滑块销 3 的回转半径 $r_x=240$ mm。设图样最大尺寸为 60 mm,则长度比例尺如下:

$$\mu_1=l_h/60=1\,000\text{ mm}/60\text{ mm}=16.7\approx 20\text{ mm/mm}=0.02\text{ m/mm}$$

$$h=h_1/\mu_1=1/0.02=50\text{ mm}$$

$$h_1=l_{h1}/\mu_1=0.54/0.02=27\text{ mm}$$

$$r=l_r/\mu_l=0.24/0.02=12\text{ mm}$$

(4) 绘制机构运动简图。①按各运动副间的图示距离和相对位置,选择适当的瞬时位置,用规定的符号表示各运动副;②用直线将同一构件上的运动副连接起来,并标上件号、铰点名和原动件的运动方向,即得所求的机构运动简图。如图 2-2-7(b)所示。

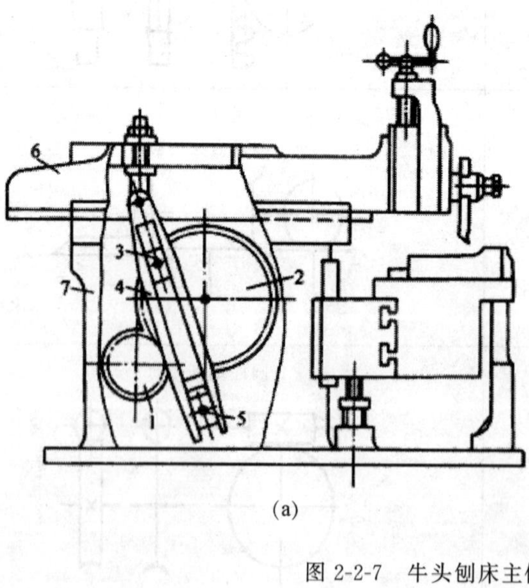

(a)

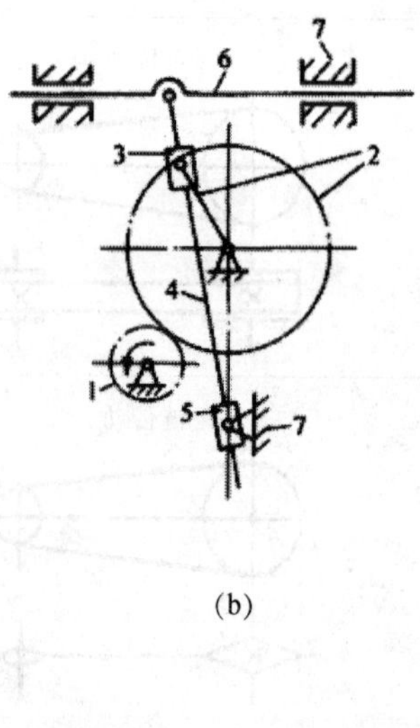

(b)

图 2-2-7 牛头刨床主体运动机构

【例 2-2-2】 图 2-2-8(a)为反铲挖掘机工作装置的结构简图,请画出它的运动简图。

解:(1) 机构分析。机构由转台 1、动臂 2、动臂缸筒 3 及活塞杆 4、斗杆缸筒 5 及活塞杆 6、斗杆 7、转斗缸筒 8 及活塞杆 9、铲斗 10 共 10 个构件组成。三个液压缸为原动件,分别驱动动臂 2 绕 A 点转动、斗杆 7 绕 F 点转动、铲斗 10 绕 I 点转动;铲斗 10 为工作构件。

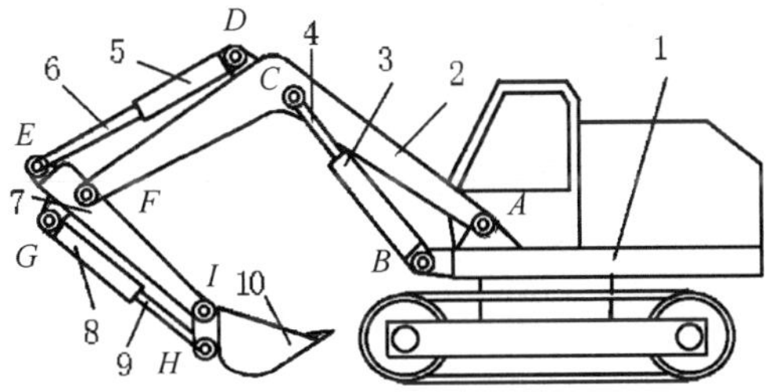

(a)

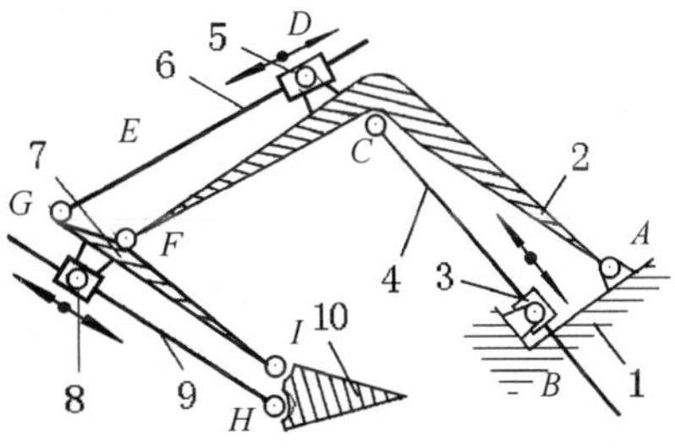

(b)

图 2-2-8 反铲液压挖掘机工作装置

(2) 确定运动副类型。有 A、B、C、D、E、F、G、H、I 共 9 个转动副,3 个液压缸构成 3 个移动副。

(3) 测量主要尺寸,计算长度比例和图示长度。经测量得 $L_{AC}=1.8$ m、$L_{AF}=3.3$ m、$L_{CF}=1.7$ m、$L_{FI}=1.4$ m。设图样最大尺寸为 60 mm,则长度比例尺 $\mu_1=l_{max}/60=(3.3+1.4)/60\approx 0.08$ m/mm。计算各杆长度:$AF=3.3/0.08\approx 41$ mm,$AC=1.8/0.08=22.5$ mm

$$CF=1.7/0.08\approx 21 \text{ mm}, \quad FI=1.4/0.08=17.5 \text{ mm}$$

(4) 绘制机构运动简图。①按各运动副间的图示距离和相对位置,选择适当的瞬时位置,用规定的符号表示各运动副;B、D、G、H 等各点的位置对主体运动影响不大,其位置可适当选取;②用直线将同一构件上的运动副连接起来,并标上件号、铰点名和原动件的运动方向,即得所求的机构运动简图。如图 2-2-8(b)所示。

三、平面机构的自由度

1. 自由度与约束

(1) 自由度含义:构件相对于参考系具有的独立运动参数的数目,用 F 表示。

一个作平面运动的自由的构件有 3 种独立运动,如图 2-2-9(a)所示,即在 xOy 坐标系中,构件 S 可随其上任一点 A 沿 x 轴、y 轴方向移动和绕 A 点转动,也即一个作平面运动的自由构件 S 具有 3 个自由度。

综上所述,构件具有的独立运动的数目,称为构件的自由度。无约束下一个作平面运动的自由的构件有 3 个自由度,一个自由构件在空间具有 6 个自由度,如图 2-2-9(b)所示。

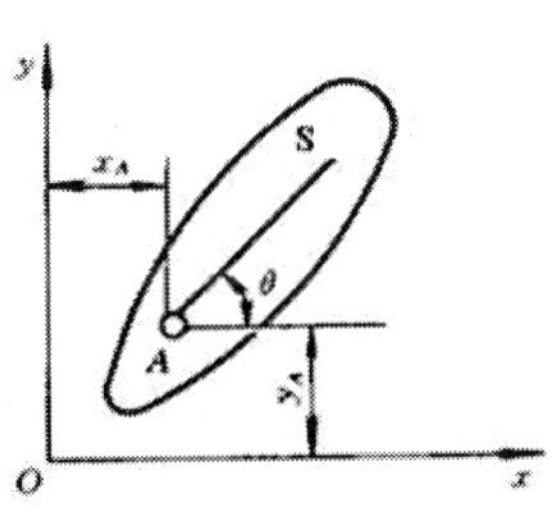

(a) 平面自由度

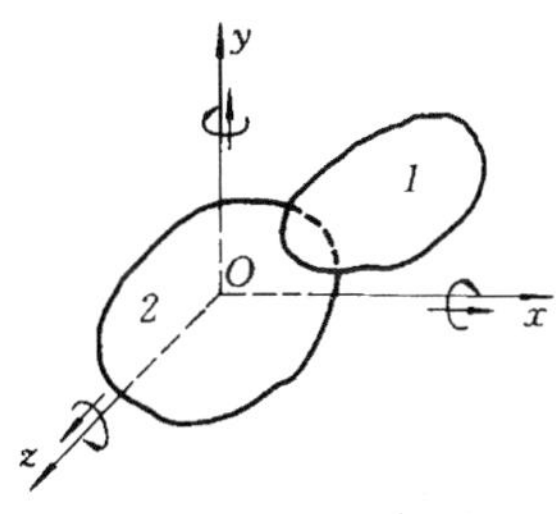

(b) 空间自由度

图 2-2-9 自由构件的自由度

(2) 约束含义:两个构件以运动副连接后,相对运动受到的限制,用 S 表示。

(3) 机构的自由度

低副中,转动副只能在一个平面内相对转动,移动副只能沿某一轴线方向移动。因此,一个低副引入两个约束,即减少两个自由度。如图 2-2-10 所示。

对于高副,彼此间的相对运动是沿接触处的切线方向的移动和在平面内的相对转动。所以,一个高副引入一个约束,即减少一个自由度。如图 2-2-11 所示。

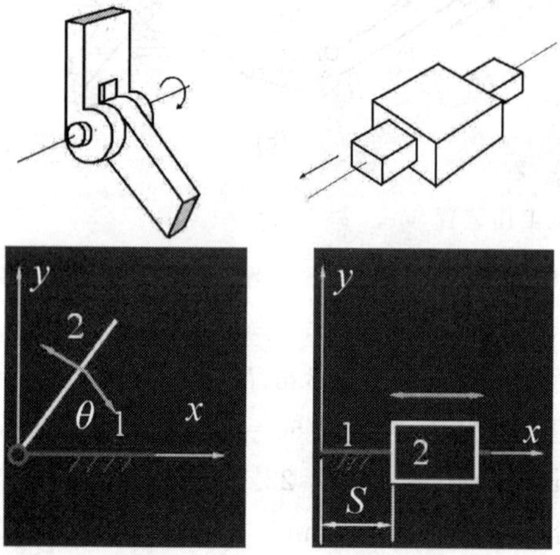

(a) 转动　(b) 移动

图 2-2-10　低副自由度

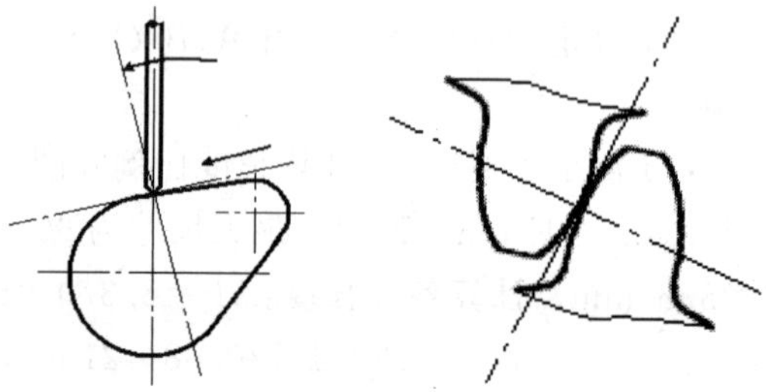

(a) 凸轮副　(b) 齿轮副

图 2-2-11　高副自由度

2. 机构具有确定运动的条件

(1) 机构运动确定的条件

只有机构自由度大于零,机构才有可能运动。因为机构的自由度即是机构所具有的独立运动的数目,所以只有给机构输入的独立运动数目与机构自由度数目相等,机构才能有确定的运动。

机构要进行运动变换和力的传递就必须具有确定的运动,因为一个原动件只能提供一个独立运动参数,所以,机构具有确定运动的条件就是机构的原动件的数目应等于机构的自由度数目。即,机构有多少个自由度,就应该给机构多少个原动件。

机构的自由度=机构的原动件数

(2) 运动链的自由度 F 与原动件数目的关系

① 对于自由度 $F\leqslant 0$ 的结构,构件组合在一起形成刚性结构,各构件之间没有相对运动,故不能构成机构,而是刚性桁架,如图 2-2-12 所示。

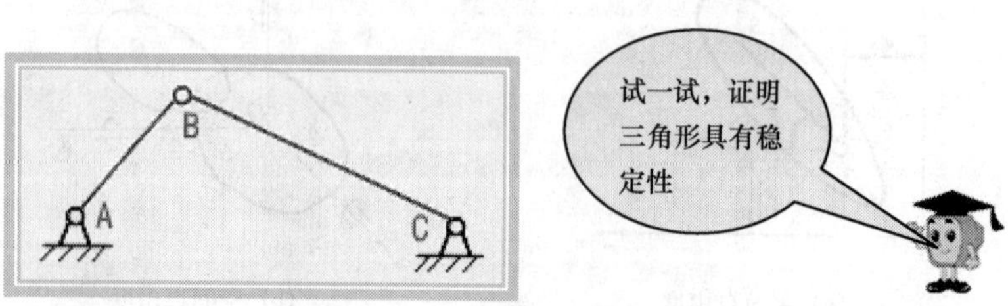

图 2-2-12　机构自由度为零实例

② 自由度 $F>0$ 时，$\begin{cases} F>\text{原动件数目：机构运动不确定。} \\ F=\text{原动件数目：运动确定；} \\ F<\text{原动件数目：机构将在强度最薄弱处破坏，运动不相容，破坏了机构；} \end{cases}$

因此，机械设计时必须考虑其机构是否满足机构具有确定运动的条件。

如果机构中原动件数目小于自由度 F，则机构的运动不确定，首先沿阻力最小的方向运动，如图 2-2-13 所示为五杆铰链系统，具有 5 个构件，构成 5 个转动副，其自由度为 $F=3\times4-2\times5=2$，如果只给定构件 1 的运动规律，则构件 2、3、4 的运动规律并不确定。当给定了构件 1 和 4 的运动规律，各构件的运动就得到确定。

如果机构中原动件数目大于自由度 F，则将导致机构中最薄弱的构件或运动副可能被损坏，如图 2-2-14 所示为铰链四杆系统，具有 4 个构件形成 4 个转动副，其自由度为 $F=3\times3-2\times4=1$，当给定构件 1 的运动规律时，各构件的运动已确定。如果同时给定构件 1 和 2 的运动规律，则系统无法运动。由此可见，机构具有确定运动的条件为：机构的原动件数目 W 等于机构的自由度数目 F，即 $W=F>0$

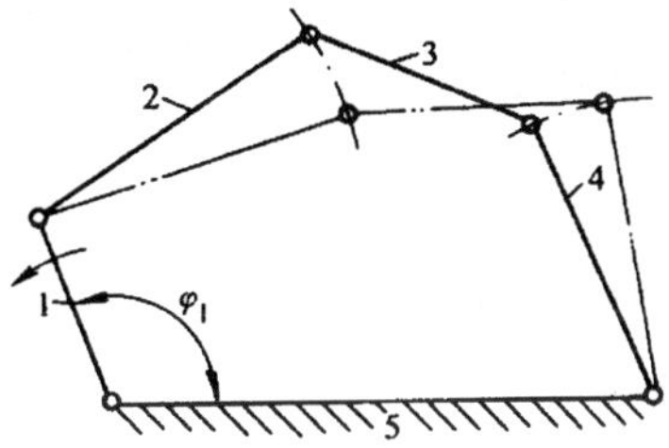

图 2-2-13　原动件数小于自由度数

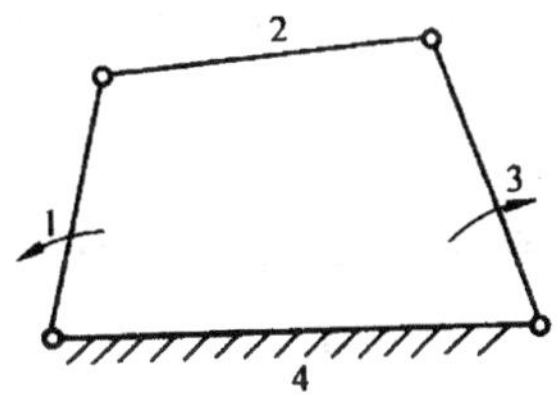

图 2-2-14　原动件数大于自由度数

3. 平面机构自由度的计算

设一个平面机构由 N 个构件组成，其中必定有 1 个构件为机架，其活动构件数为 $n=N-1$。这些构件在未组合成运动副之前共有 $3\times n$ 个自由度，在连接成运动副之后便引入了约束，减少了自由度。设机构共有 P_L 个低副、P_H 个高副，因为在平面机构中每个低副和高副分别限制 2 个和 1 个自由度，因此，共引入了 $2P_L+P_H$ 个约束，即减少了 $2P_L+P_H$ 个自由度。用 F 表示机构的自由度数，故平面机构的自由度为：

$$F=3n-2P_L-P_H \tag{2-2-2}$$

提示：n 是活动构件数量，不包括机架。

例如图 2-2-7(b)所示，牛头刨床执行机构共有 6 个构件，组成 7 个低副和 0 个高副，活动构件为 $n=5$，则该机构的自由度为 $F=3\times5-2\times7=1$。

又例如图 2-2-8(b)所示，挖掘机工作装置，共有 10 个构件，活动构件为 $n=9$ 个，连接成 9 个转动副、3 个移动副，则该机构的自由度为 $F=3\times9-2\times12=3$。

【例 2-2-3】 如图 2-2-15 所示为抽水唧筒，试绘制其机构运动简图，并分析该机构是否有确定的运动。

解：(1) 机构分析。抽水唧筒中，手柄摇杆 1、连杆 2、活塞杆 3 为活动件，抽水唧筒 4 为固定件。

(2) 确定运动副类型。其中 1 与 2、2 与 3 和 1 与 4 分别在 A、B、C 处构成转动副；3 与 4 在 A 处构成移动副。

(3) 测量主要尺寸,计算长度比例和图示长度,略。

(4) 绘制机构运动简图。如图 2-2-15(b)所示。

(5) 如图 2-2-15(b)所示,该机构的活动件数 $n=3$,低副数 $P_L=4$,高副数 $P_H=0$,则自由度数 $F=3n-2P_L-P_H=3\times3-2\times4-0=1$,原动件数=1,即,$F$=原动件数=1,所以,该机构具有确定的运动。

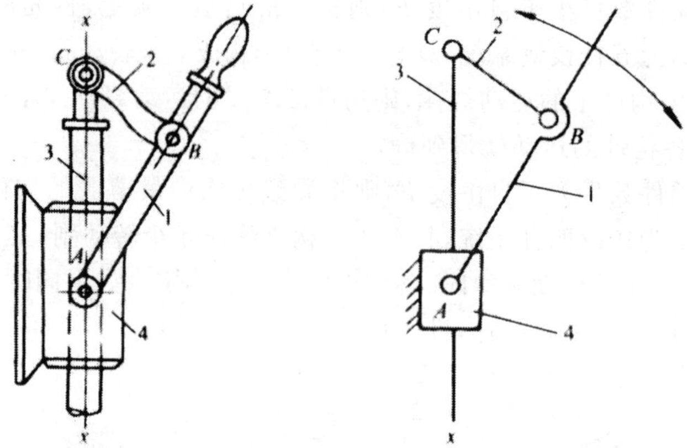

(a) 抽水唧筒示意图　　(b) 抽水唧筒机构运动简图

图 2-2-15　抽水唧筒

4. 计算平面机构自由度的注意事项

在计算平面机构的自由度时,应注意如下三种特殊情况。

(1) 复合铰链

三个或更多的构件在同一处连接成同轴线的 2 个或更多个转动副,就构成了复合铰链,计算自由度时应按 2 个或更多个转动副计算。图 2-2-16(a)所示为一个剪板机六构件机构,其中构件 6 为机架,构件 1 为原动件。请注意 B 点处是由 2、3、4 三构件构成的两个同轴转动副,如图 2-2-16(b)、图 2-2-16(c)所示。

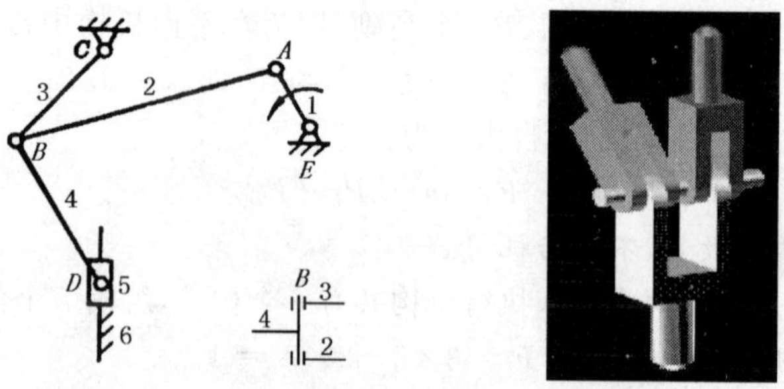

(a)　(b)　(c)

图 2-2-16　剪板机机构复合铰链

其中,构件 4 与构件 2 铰接构成转动副 Z_{42}、与构件 3 铰接构成转动副 Z_{43},两转动副均绕轴线 B 转动。这个复合铰链计算自由度时应按 2 个转动副计算。如果有 m 个构件以复合铰链相连接,则构成的转动副数目应为 $m-1$ 个。在计算机构自由度时,应注意分析是否存在复合铰链。复合铰链常见的场合,如表 2-2-3 所示。

表 2-2-3　复合铰链常见场合

图示	运动副类型	图示	运动副类型
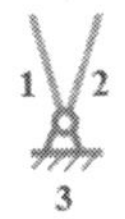	杆 1、2 与机架 3 形成两个转动副	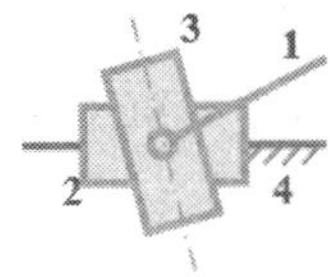	杆 1、滑块 2 与滑块 3 形成两个转动副
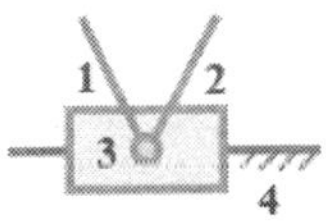	杆 1、2 与滑块 3 形成两个转动副	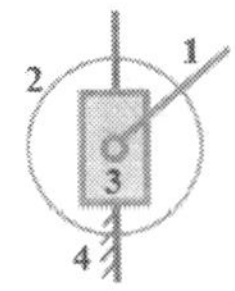	杆 1、滑块 3 与齿轮 2 形成两个转动副
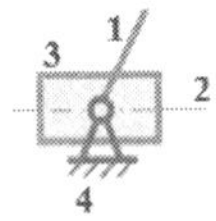	杆 1、滑块 2 与机架 4 形成两个转动副		齿轮 1、滑块 2 与机架 3 形成两个转动副

(2) 局部自由度

在有的机构中为了其他一些非运动的原因，设置了附加构件，这种附加构件的运动是完全独立的，对整个构件的运动毫无影响，我们把这种对整个构件的运动毫无影响的独立运动自由度称为局部自由度。在计算机构自由度时局部自由度应略去不计。

注意：“略去不计”指计算中不计入，并非实际拆除。

如图 2-2-17(a)所示为凸轮机构，随着主动件凸轮 1 的顺时针转动，从动件 3 做上下往复运动，为了减少摩擦和磨损，在凸轮 1 和从动杆 3 之间加入滚子 2，应该注意到无论滚子 2 是否绕 A 点转动，都不改变从动杆 3 的运动，因而滚子 2 绕 A 点的转动属于局部自由度，如图 2-2-17(b)所示，可将滚子 2 与凸轮 1 按“焊死”处理，计算机构自由度时应将滚子和从动杆看成一个构件。因此，该机构自由度数为 $F = 3n - 2P_L - P_H = 3\times2-2\times2-1=1$。又如图 2-2-17(c)所示为滚动轴承的结构示意图，为减少摩擦，在轴承的内外圈之间加入了滚动体 3，但是滚动体是否滚动对轴的运动毫无影响，滚动体的滚动属于局部自由度，计算机构自由度时可将内圈 1、外圈 2、滚动体 3 看成一个整体。

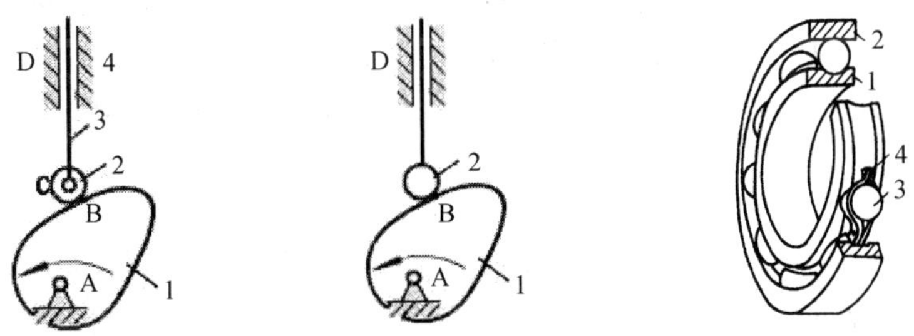

(a)　　(b)　　(c)

图 2-2-17　局部自由度

(3) 虚约束

虚约束是指机构中与其他约束重复，对机构不产生新的约束作用的约束。计算机构自由由

度时,应将虚约束除去不计。虚约束经常出现的场合有:

① 两构件间在同一轴线上形成多处具有相同作用的转动副。如图 2-2-18(a)、图 2-2-18(b)所示,轮轴 2 与机架 1 在 A、B 两处形成转动副,其实两个构件只能构成一个运动副,这里应按一个运动副计算自由度。然而,虚约束不能因为在计算自由度时略去不计而拆除,虚约束在图 2-2-18 中起到增强支承刚度的作用。

(a) (b)

图 2-2-18 两构件在同一轴线上组成多个转动副的虚约束

② 两构件组成多个导路平行或重合的移动副。如图 2-2-19(a)所示,在液压缸的缸筒 2 与活塞 1、缸盖 3 与活塞杆 4 两处构成移动副,实际上缸筒 2 与缸盖 3、活塞 1 与活塞杆 4 是两两固连的,只有两个构件而并非四个构件,此两个构件也只能构成一个移动副。同理,图 2-2-19(b)D 与 D'处、图 2-2-19(c)两个导路平行的移动副,也只能按一个移动副计算。

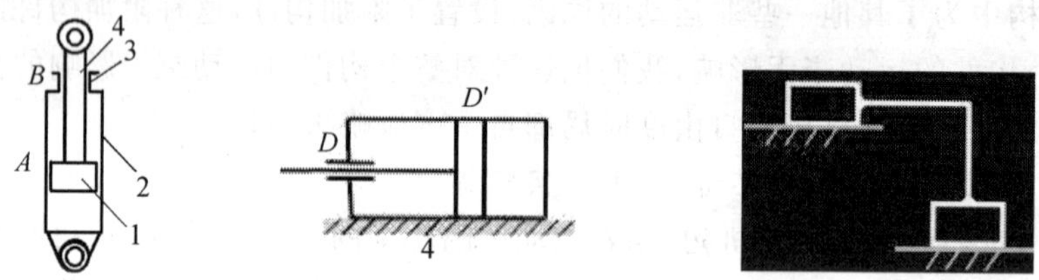

(a) (b) (c)

图 2-2-19 两构件组成多个导路平行或重合的移动副的虚约束

③ 两构件上连接点的运动轨迹重合,如平行四边形机构、火车轮、椭圆仪等。例如图 2-2-20(a)所示是火车头驱动轮联动装置示意图,它形成一个平行四边形机构,其机构运动简图如图 2-2-20(b)所示,其中构件 E、F 存在与否并不影响平行四边形 $ABCD$ 的运动,即构件 3 和转动副 E、F 引入的是虚约束,起重复限制运动的作用,在计算自由度时应除去不计,如图 2-2-20(c)所示。进一步可以肯定地说,三构件 AB、CD、EF 中缺省其中任意一个,均对余下的机构运动不产生影响,实际上是因为此三构件的动端点的运动轨迹均与构件 BC 上对应点的运动轨迹重合。应该指出,AB、CD、EF 三构件是互相平行的,否则就形成不了虚约束,机构就会出现过约束而不能运动。

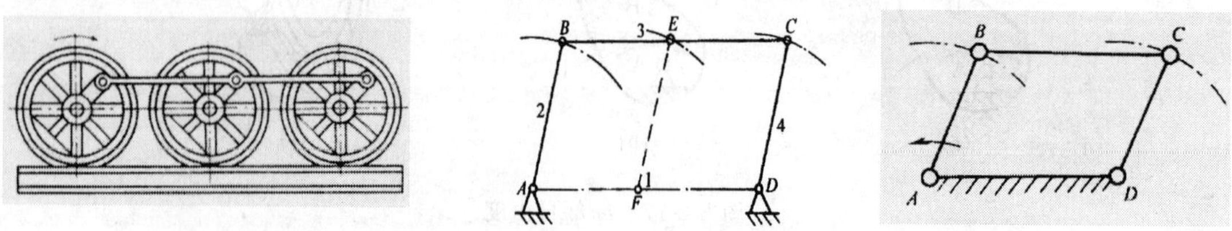

(a) 机车车轮联动装置 (b) (c)

图 2-2-20 两构件上连接点运动轨迹重合的虚约束

④ 机构中具有对运动起相同作用的对称部分。如图 2-2-21(a)所示为一对称的齿轮减速装置，从运动的角度看，运动由齿轮 1 输入，只要经齿轮 2、3 就可以从齿轮 4 输出了。但是为使输入、输出轴免受径向力，即从力学的角度考虑，加入了齿轮 6、7。未引入对称结构时，机构由 4 个构件、3 个转动副、2 个高副组成，自由度为 $F=3n-2P_L-P_H=3\times(4-1)-2\times3-2=1$。引入对称结构后，如果不将虚约束去除，则机构由 5 个构件、4 个转动副、4 个高副组成，自由度为 $F=3n-2P_L-P_H=3\times(5-1)-2\times4-4=0$，这显然是错误的。又如图 2-2-21(b)所示为行星轮系，从运动关系看，只需一个行星轮就能满足运动要求，其余行星轮及其所引入的高副均为虚约束，应除去不计。

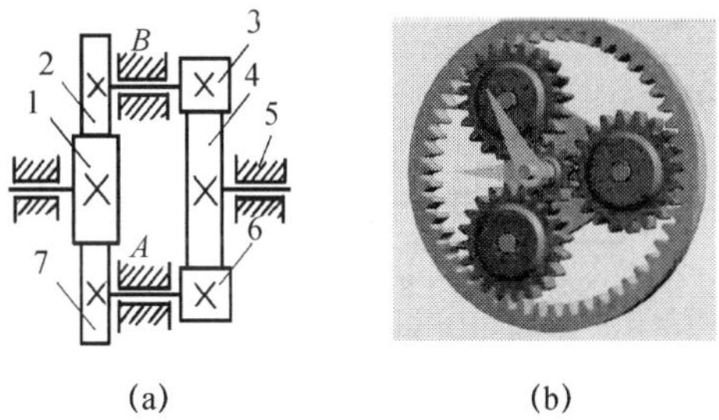

图 2-2-21　对称结构引入的虚约束

⑤ 两构件某两点间的距离始终不变，将此两点用构件和运动副连接会带进虚约束。如图 2-2-22(a)所示，机构由 4 个活动构件、6 个转动副组成，自由度为 $F=3n-2P_L-P_H=3\times4-2\times6=0$，这显然是错误的。而将虚约束去除，则机构由 3 个活动构件、4 个转动副组成，自由度为 $F=3n-2P_L-P_H=3\times3-2\times4=1$，机构具有确定的运动。

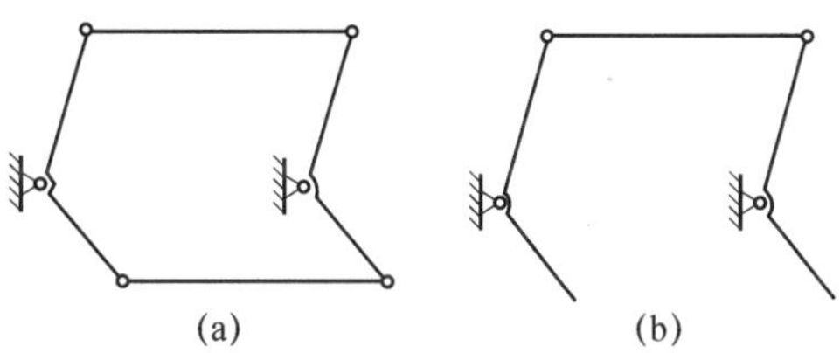

图 2-2-22　两构件某两点间的距离始终不变的虚约束

⑥ 两构件构成高副，两处接触，且法线重合，如图 2-2-23 所示。需引起注意的是法线不重合时，则变成实际约束。如图 2-2-23(c)所示为等宽凸轮，在上下两处接触，且法线重合，构成虚约束，在计算自由度时应去除一个高副。

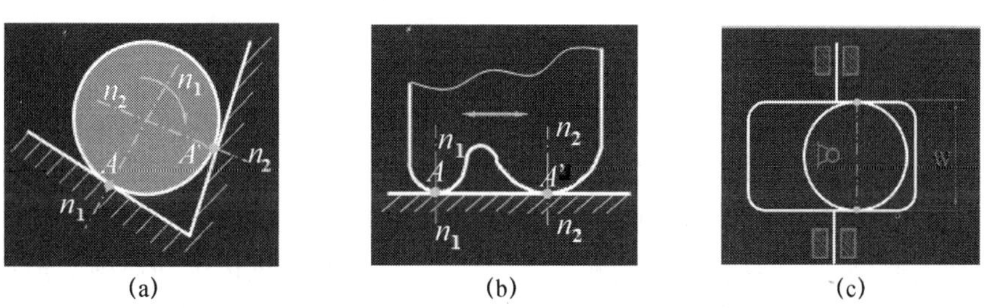

图 2-2-23　两构件构成高副，两处接触，且法线重合

虚约束不影响机构的运动，具有如下作用：①改善构件的受力情况，如多个行星轮；②增加

机构的刚度,如轴与轴承、机床导轨;③使机构运动顺利,避免运动不确定,如车轮。因而,虚约束在结构设计中被广泛使用。必须指出,只有在特定的几何条件下才能构成虚约束,如果加工误差太大,满足不了这些特定的几何条件,虚约束就会成为实际约束,从而使机构失去运动的可能性。

【例 2-2-4】 计算如图 2-2-24 所示筛料机构的自由度,判断该机构是否具有确定的运动。

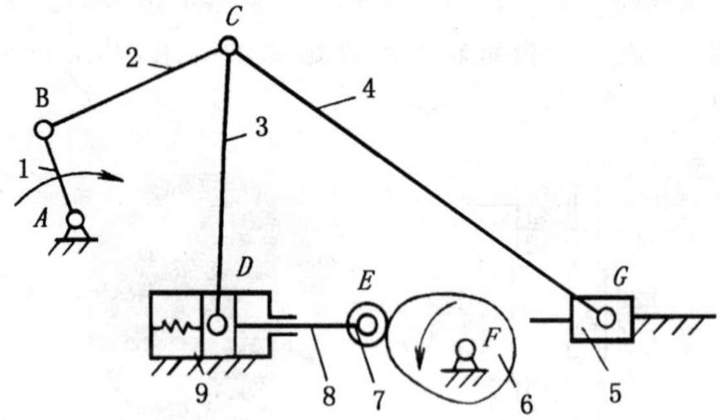

图 2-2-24　筛料机构

解:(1) 工作原理分析。机构中标有箭头的凸轮 6 和曲轴 1 作为原动件分别绕 F 点和 A 点转动,迫使工作构件 5 带动筛子抖动筛料。

(2) 处理特殊情况。

① 2、3、4 三构件在 C 点组成复合铰链,此处有两个转动副;

② 滚子 7 绕 E 点的转动为局部自由度,可看成滚子 7 与活塞杆 8 焊接在一起;

③ 8 和 9 两构件形成两处移动副,其中有一处是虚约束。

(3)计算机构自由度。机构有 7 个活动构件,7 个转动副、2 个移动副、1 个高副,即 $n=7$,$P_L=9$,$P_H=1$,按式(2-2-2)计算得

$$F = 3n-2P_L-P_H=3\times7-2\times9-1=2$$

经对机构进行分析和计算知机构的原动件数目 $W=2$、自由度数目 $F=2$,因为有 $W=F=2$,所以该料筛机构具有确定的运动。

任务实施

(1) 机构分析。如图 2-2-1 所示,内燃机是由气缸体 1、活塞 2、排气阀 3、进气阀 4、连杆 5、曲轴 6、凸轮轴 7、进气阀顶杆 8、齿轮 9、齿轮 10 等组成。其中活塞连杆组的组成如图 2-2-25 所示。

(2) 确定运动副类型。各构件之间的连接方式如下:

9 和 10 齿轮啮合,构成高副;凸轮 7 和推杆 8 之间构成高副;凸轮 7(齿轮 9)和气缸体构成转动副;曲轴(齿轮 10)和气缸体 1 之间构成转动副;推杆 8 和气缸体 1 之间构成移动副;活塞 2 和气缸体 1 之间构成移动副。活塞 2 和连杆 5 小头,连杆 5 和曲轴 6,构成转动副。

(3) 测量主要尺寸,计算长度比例和图示长度,即可绘制出机构运动简图。最后标出原动件的转动方向。

(4) 绘制机构运动简图。如图 2-2-26 所示。

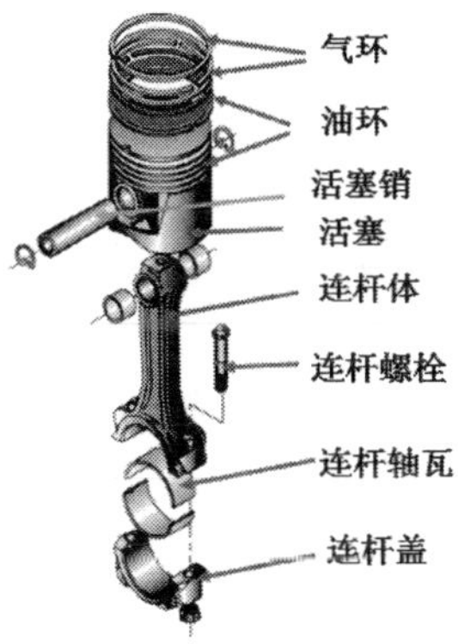

图 2-2-25　活塞连杆组

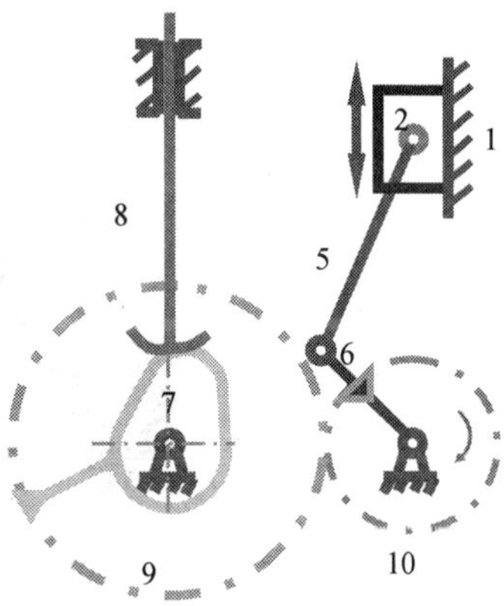

图 2-2-26　内燃机机构运动简图

探索与发现

1. 如图 2-2-27 所示为活塞泵中的平面机构，试完成下列任务：

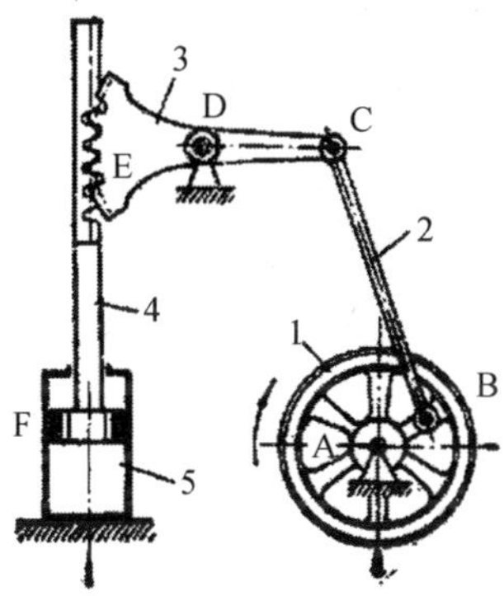

图 2-2-27　活塞泵中的平面机构

① 分析并绘制该机构的运动简图。

② 计算该机构的自由度。

③ 判断该机构是否具有确定的运动。

项目三　牛头刨床平面连杆机构

任务目标

1. 掌握铰链四杆机构的基本类型、特点和应用。

2. 与生产实践相结合，了解四杆机构的演化形式。

3. 掌握铰链四杆机构的主要特性在工程实际中的应用，正确理解曲柄存在的条件、急回特性、传动角、压力角等含义并运用于实践。

4. 能熟练综合地运用给定的四杆机构的行程速比系数 K 和连杆位置的运动条件，用图解法设计铰链四杆机构。

BS6065型牛头刨床

重点难点

1. 判断四杆机构是否存在曲柄的条件及四杆机构类型的判别。

2. 深刻理解铰链四杆机构的主要特性,并能作图求出四杆机构的极限位置、最小传动角和死点位置。

3. 用图解法设计平面连杆机构。

任务一　认识平面连杆机构

任务引入

如图 2-3-1(a)所示为牛头刨床进给机构局部结构图,图 2-3-1(b)为牛头刨床进给机构运动简图。此进给机构采用了哪种类型的运动机构呢?牛头刨床又是如何实现进给运动的呢?如图 2-3-1(c)所示为牛头刨床的外形图,试绘制刨削运动的机构运动简图,牛头刨床又是如何实现刨削运动的呢?

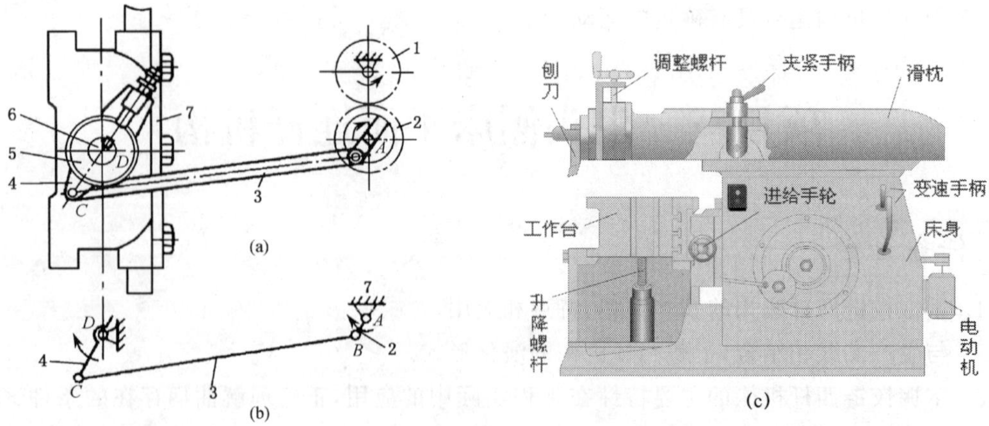

1—主动齿轮;2—从动齿轮;3—连杆;4—摇杆(棘爪);5—棘轮;6—丝杠;7—机架

图 2-3-1　牛头刨床

任务分析

除了如图 2-3-1 所示的牛头刨床示意图外，常见的牛头刨床还有如图 2-3-2 所示的简易牛头刨床，根据牛头刨床工作过程，结合实际操作，要搞清牛头刨床的运动特性，就必须了解其运动构件的组成、机构的类型以及运动情况。

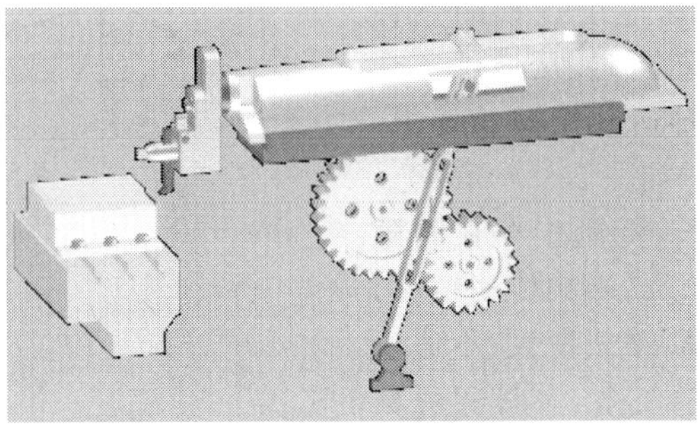

图 2-3-2　简易牛头刨床

在如图 2-3-1(b)所示的进给机构运动简图中，齿轮 2、连杆 3、棘爪 4 和机架 7 四个构件通过铰链连接而构成了平面连杆机构。

平面连杆机构的应用非常广泛，在日常生活和生产中经常遇到各种形式的连杆机构，尽管它们的外形千变万化，但经分析、演化，都可归为少数几种基本类型，所以在学习过程中，对四杆机构的基本形式及其演化这部分内容要特别注意。

知识链接

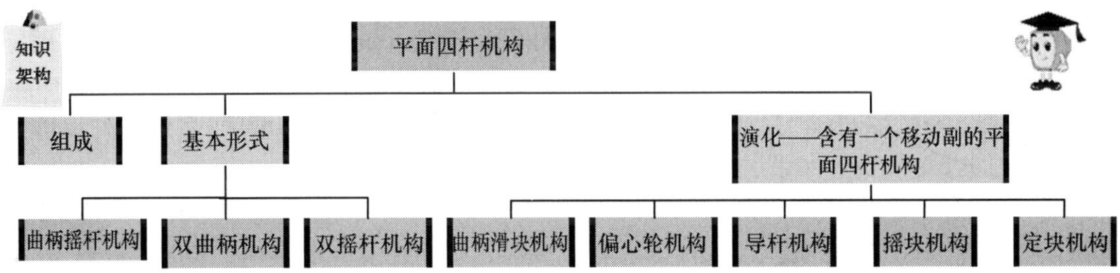

一、认识平面连杆机构

1. 平面连杆机构含义

如图 2-3-1(b)所示的牛头刨床进给机构运动简图表明，这种构件间由一些刚性构件用转动副或移动副相互连接而组成的，且所有构件在同一平面内运动的机构称为**平面连杆机构**。因构件形状多呈杆状，所以称为连杆机构。由四个构件通过低副(转动副或移动副)连接而成的平面连杆机构，则称为**平面四杆机构**。它是平面连杆机构中最常见的形式，也是组成多杆机构的基础。

由转动副连接四个构件而形成的机构，称为**铰链四杆机构**。铰链四杆机构中的运动副是低副，因此铰链四杆机构是低副机构。

2. 平面连杆机构作用

平面连杆机构可实现运动的更换和传递动力。

3. 平面连杆机构特点

(1) 优点:①能够进行多种运动形式的转换;②连杆机构为低副机构,运动副为面接触,压强小,承载能力大,耐冲击,便于润滑,磨损小,使用寿命较长;③运动副元素的几何形状多为平面或圆柱面,构件形状简单,便于加工制造,工作可靠;④在主动件等速连续运动的条件下,当各构件的相对长度不同时,从动件实现多种形式的运动,满足多种运动规律的要求,得到各种复杂的运动轨迹(如图 2-3-3 所示)。

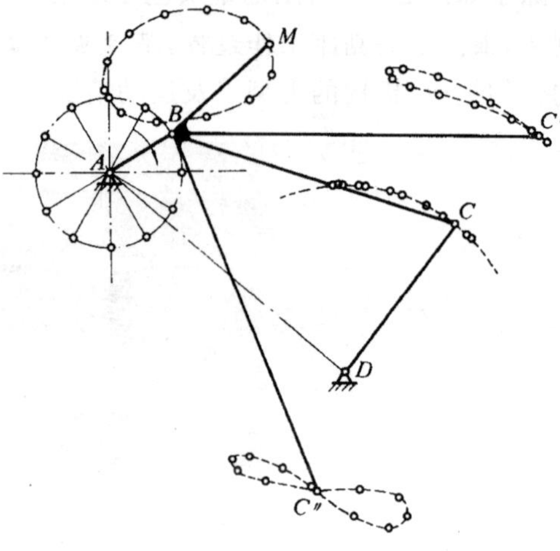

图 2-3-3 平面连杆机构的运动轨迹示例

(2) 缺点:①运动链长,低副中存在间隙会引起运动误差,积累误差大,影响传动精度,效率低;②惯性力不好平衡,动载荷大,不适于高速传动;③设计计算比较复杂,不易实现精确的复杂运动规律,一般只能近似满足运动规律的要求。

4. 平面连杆机构应用

这类机构常应用于金属加工机床、起重运输机械、采矿机械、农业机械、包装机械、印刷机械、纺织机械、交通运输机械和仪表等。如:牛头刨床中的导杆机构,活塞式发动机和空气压缩机中的曲柄滑块机构,包装机中的执行机构,破碎机等。

二、铰链四杆机构的组成

1. 机架:在铰链四杆机构中,固定不动的构件称为机架。如图 2-3-4 所示的 AD 构件固定不动,因此 AD 是机架。

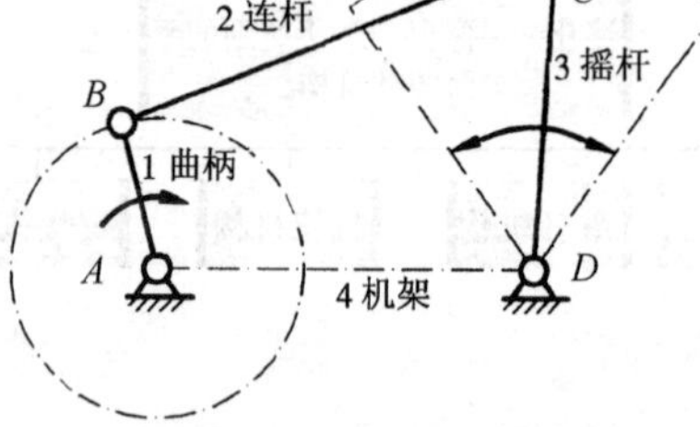

图 2-3-4 铰链四杆机构

2. 连架杆:在铰链四杆机构中,与机架相连的构件称为连架杆。

① 曲柄:能作整周回转运动的连架杆称为曲柄。

② 摇杆:只能在一定角度范围内(小于 360°)摆动的连架杆称为摇杆。

如图 2-3-4 所示的 AB、CD 两构件与机架组成转动副,称为连架杆。AB 杆能绕自身的回转中心 A 作整周回转,因此是曲柄;CD 杆不能作整周回转,只能在一定角度范围内摆动,因此是摇杆。

3. 连杆:在铰链四杆机构中,与机架不相连接的构件称为连杆。或者说,连接两连架杆的活动构件,称为连杆。如图 2-3-4 所示的 BC 杆与机架相对,为连杆。

4. 运动特点:①原动件的运动经过不与机架直接相连的中间构件传递到从动件上;②原动件可以是曲柄也可以是摇杆,也即是将转动转化为摆动或将摆动转化为转动。

三、铰链四杆机构的基本形式

根据两根连架杆运动形式的不同,铰链四杆机构可分为以下三种基本形式:曲柄摇杆机构、双曲柄机构、双摇杆机构。

1. 曲柄摇杆机构

（1）定义：在铰链四杆机构中，若两个连架杆中，一个为曲柄，另一个为摇杆，则此铰链四杆机构称为曲柄摇杆机构。通常曲柄 AB 为原动件，并作匀速整周转动；而摇杆 CD 为从动件，作变速往复摆动，BC 连杆作平面运动，机架 AD 固定不动，如图 2-3-4 所示。

（2）运动形式

① 曲柄为主动件，变整周连续转动为摇杆的往复运动。例如：雷达天线俯仰角摆动机构。

② 摇杆为主动件，变往复摆动为整周连续转动。例如：缝纫机的驱动机构。

（3）应用实例分析：如表 2-3-1 所示。

表 2-3-1　曲柄摇杆机构应用实例与运动特点分析

应用实例名称	图例	机构运动简图	运动特点分析
雷达天线俯仰角调节机构	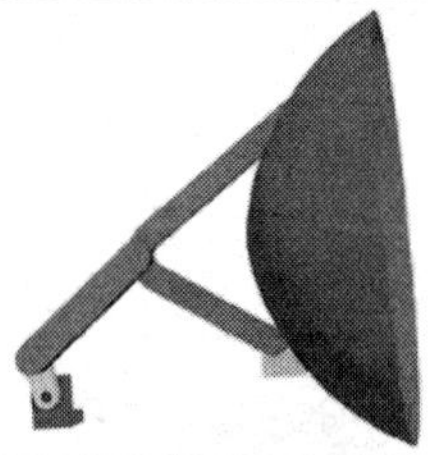	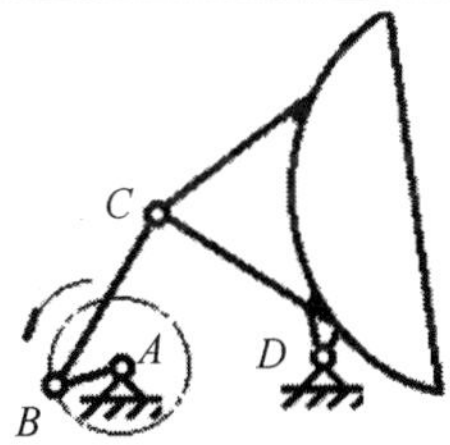	雷达天线俯仰角的曲柄摇杆机构中，曲柄 AB 缓慢地匀速转动，通过连杆 BC，使摇杆 CD 上的天线在一定角度范围内摆动，以调整天线俯仰角的大小
缝纫机的踏板机构		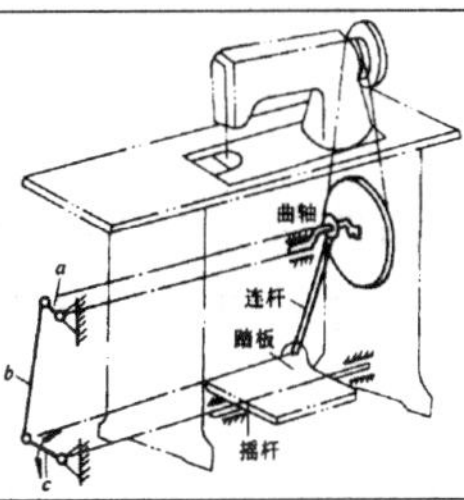	缝纫机的踏板机构中，摇杆 c 踏板通过人的脚所进行的往复摆动为主运动，通过连杆 b 使从动件曲柄 a 作整周回转运动
搅拌机		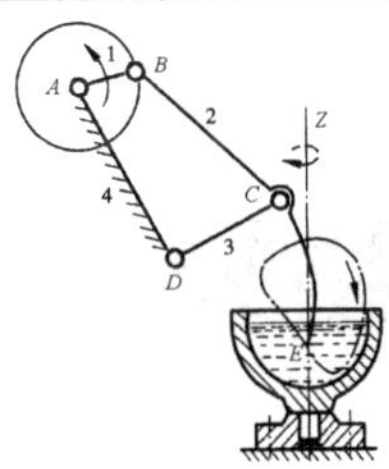	搅拌机中主动轴 AB 连续回转时，通过连杆 BC 使从动摇杆 CD 往复摇动，从而完成搅拌动作
碾磨机	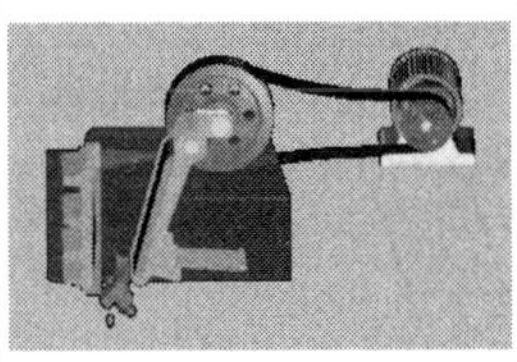	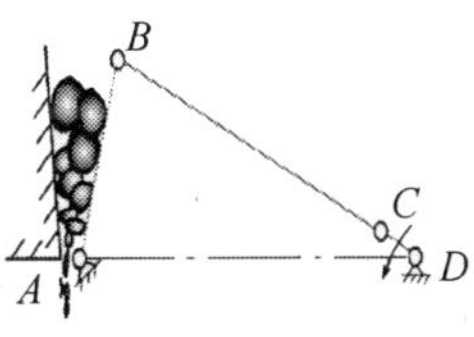	电动机带动小带轮旋转，从而带动大带轮旋转，于是曲柄 CD 的运动通过连杆 CB 带动摇杆 AB 运动，从而实现碾磨

除了表 2-3-1 中所列的实例之外，图 2-3-1 中的牛头刨床进给机构、脚踏式脱粒机、汽车的刮雨刷、飞剪机、抓片机、水稻插秧机的秧爪运动机构等都是生活与生产中常见的曲柄摇杆机构。

2. 双曲柄机构

（1）定义

在铰链四杆机构中，若两连架杆均为曲柄，则称为双曲柄机构。在双曲柄机构中，如果两曲柄的长度不相等，主动曲柄等速回转一周，从动曲柄变速回转一周，如惯性筛（见表 2-3-2）。

如图 2-3-5 所示,曲柄 AB 为原动件,并作匀速整周转动;而另一个曲柄 CD 为从动件,作变速周期性转动,BC 连杆作平面运动,机架 AD 固定不动。

(2) 运动特性

① 主动件等速旋转一周,从动件变速旋转一周。

② 有时,从动曲柄的角速度 $\omega_{从}>$主动曲柄的角速度 $\omega_{主}$,有时 $\omega_{从}<\omega_{主}$。

(3)特例

① 平行四边形机构(又称平行双曲柄机构)

Ⅰ. 定义:指相对两杆平行且相等、两曲柄转向相同的双曲柄机构。

在双曲柄机构中,用得较多的是平行双曲柄机构,或称平行四边形机构,如图 2-3-6 所示,这种机构的对边长度相等($AB=CD$,$BC=AD$),组成平行四边形。当杆 AB 等角速转动时,杆 CD 也以相同角速度同向转动,连杆 BC 则作平移运动。

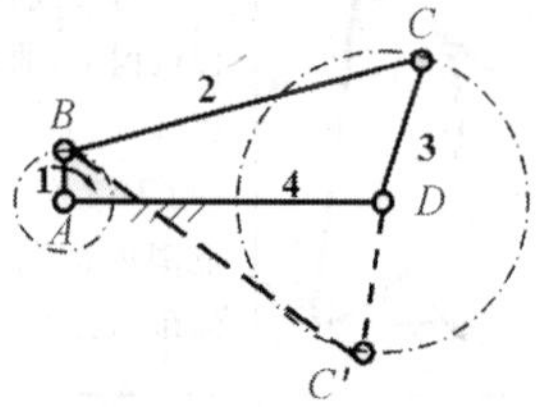

图 2-3-5 双曲柄机构

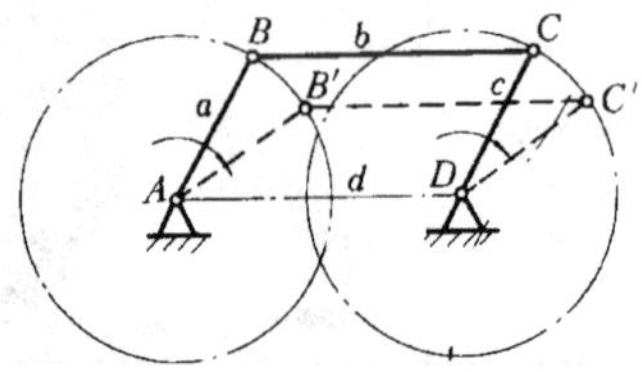

图 2-3-6 平行四边形机构

Ⅱ. 运动特性:等传动比;两曲柄等速(或不等速)同向转动;连杆作平动。

Ⅲ. 应用实例:摄影台的升降机构、蒸汽机车的车轮联动机构、播种机料斗机构、插床机构等。如表 2-3-2 所示。

表 2-3-2 双曲柄机构应用实例与运动特点分析

应用实例名称	图例	机构运动简图	运动特点分析
振动筛(惯性筛)机构		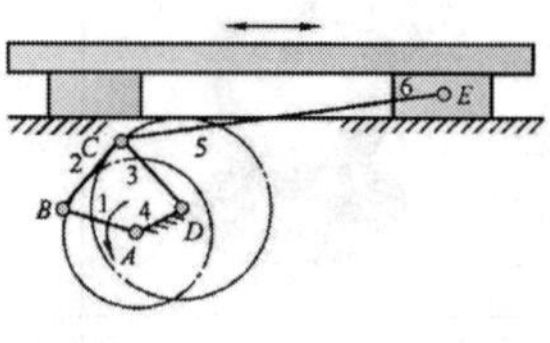	当主动件曲柄 AB 作等角速度回转一周时,从动件曲柄 CD 作变角速度回转一周,通过构件 CE 使筛子 6 产生变速直线往复运动,靠物料的惯性来筛选
摄影台升降机构	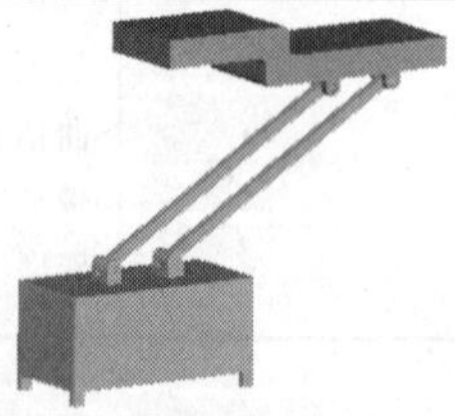	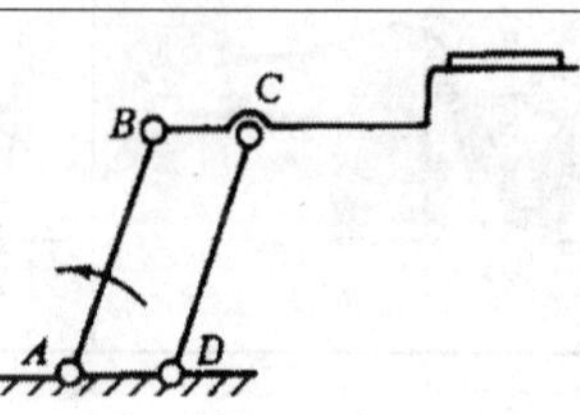	摄影台升降机构为平行双曲柄机构,当曲柄 AB 等速旋转时,曲柄 CD 也作等速旋转运动,连杆 BC 与机架 AD 平行相等,工作台始终保持水平状态
播种机料斗机构	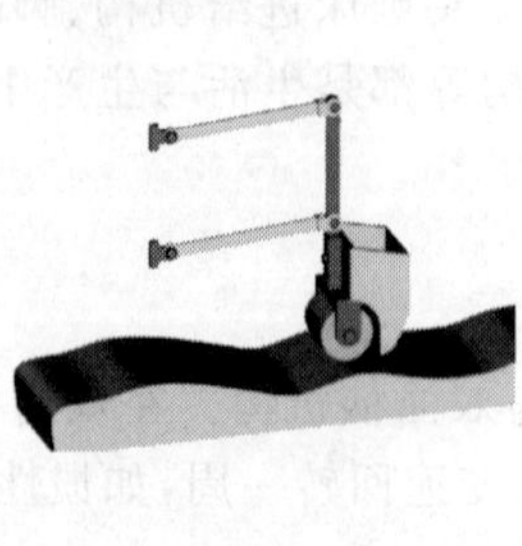	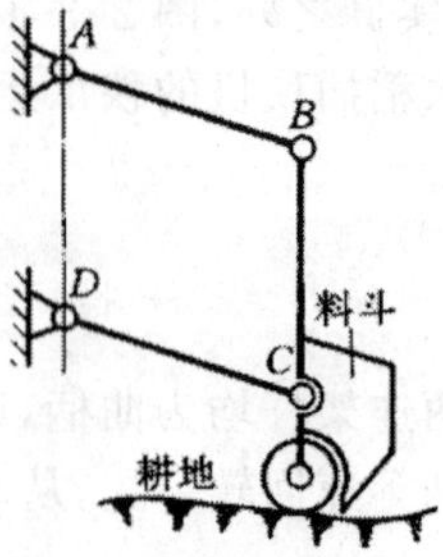	运动特性见平行四边形机构的定义及其运动特性

续 表

应用实例名称	图例	机构运动简图	运动特点分析
汽车门启闭机构		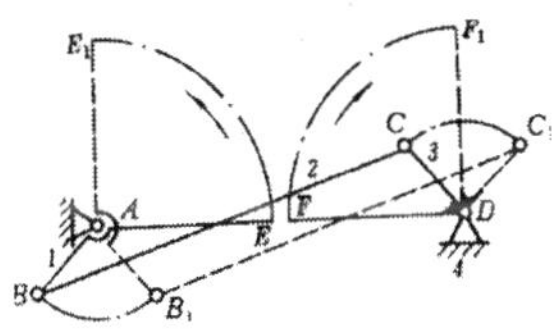	汽车门启闭机构是利用反向双曲柄中两曲柄的转向相反、角速度不相同的特性。当主动曲柄 AB 转动时，通过连杆 BC 使从动曲柄 CD 朝相反方向转动，从而保证两扇车门同时开启或关闭

Ⅳ. 平行四边形机构的缺陷与改进措施

（ⅰ）缺陷

如图 2-3-7 所示为蒸汽机车的车轮联动机构，它是平行双曲柄机构，在运动过程中，主动曲柄 AB 每回转一周，两曲柄（AB 和 EF）与连杆 BE 出现两次共线，此时会产生从动曲柄 EF 运动不确定现象，即主动曲柄 AB 回转方向不变，而从动曲柄 EF 可以顺时针方向回转，也可能逆时针方向回转，而使机构变成反向平行双曲柄机构，导致机构不能正常传动。

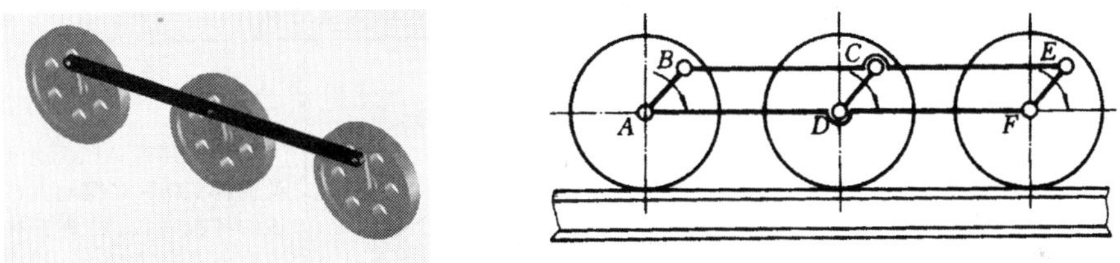

(a) 实例图　　(b) 机构运动简图

图 2-3-7　蒸汽机车的车轮联动机构

（ⅱ）改进措施

a. 利用从动曲柄本身的质量或附加一转动惯性大的飞轮，依靠其惯性作用来导向；b. 增设辅助构件；c. 采用多组机构的错列。如图 2-3-7 所示，增加 CD 构件及车轮可改进从动曲柄 EF 运动不确定性。

② 反平行四边形机构

Ⅰ. 定义

指两相对杆长相等但不平行，两曲柄转向相反的双曲柄机构，称为反平行四边形机构，又称逆平行四边形机构。如图 2-3-8 所示，这种机构的对边长度相等（$AB=CD$，$BC=AD$），但不平行。当杆 AB 杆等角速转动时，杆 CD 反向转动。

Ⅱ. 运动特性

（ⅰ）两曲柄等长，连杆与机架等长。（ⅱ）两曲柄转向相反，角速度相同（或不等）。

Ⅲ. 应用实例

如公共汽车车门启闭机构（见表 2-3-2）、单盘秤机构、天秤等。

3. 双摇杆机构

(1) 定义

两连架杆均为摇杆的铰链四杆机构称为双摇杆机构。

(2) 运动特性

① 两摇杆可以分别为主动件。

② 当连杆与摇杆共线时，机构处于死点位置。

③ 传动变速运动。

(3) 特例

等腰梯形机构:指两摇杆长相等的双摇杆机构,如轮式车辆的前轮转向机构(见表 2-3-3)。

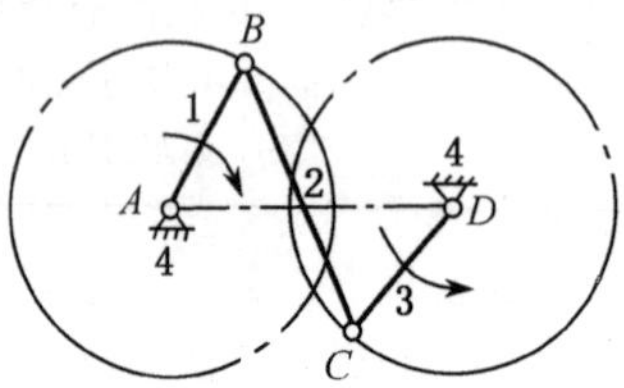

图 2-3-8　反平行四边形机构

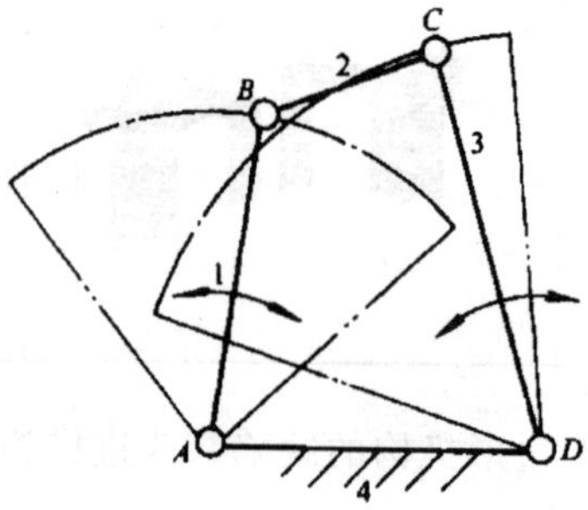

图 2-3-9　双摇杆机构

(4) 应用

如表 2-3-3 所示。除此之外还有炉门开启机构、飞机起落架等机构。

表 2-3-3　双摇杆机构应用实例与运动特点分析

应用实例名称	图例	机构运动简图	运动特点分析
鹤式起重机重物平移机构	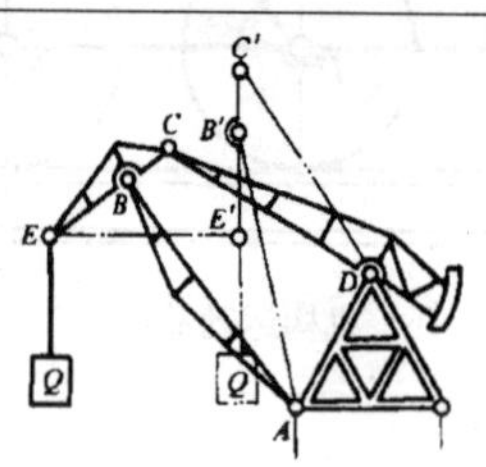	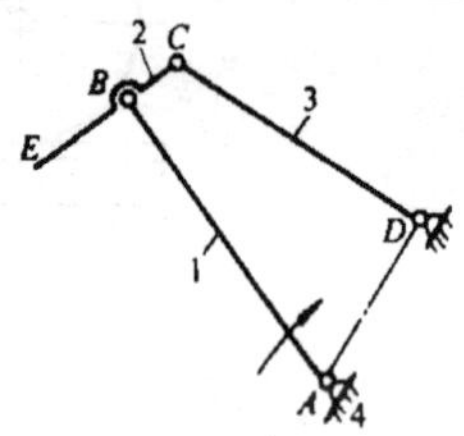	当主动摇杆 AB 摆动到 AB' 时,从动摇杆 CD 随之摆动到 $C'D$,选用合适的杆长参数,可使悬挂点 E 的轨迹近似为水平直线,以免被吊重物作不必要的上下运动而造成不必要的功耗
轮式车辆的前轮转向机构		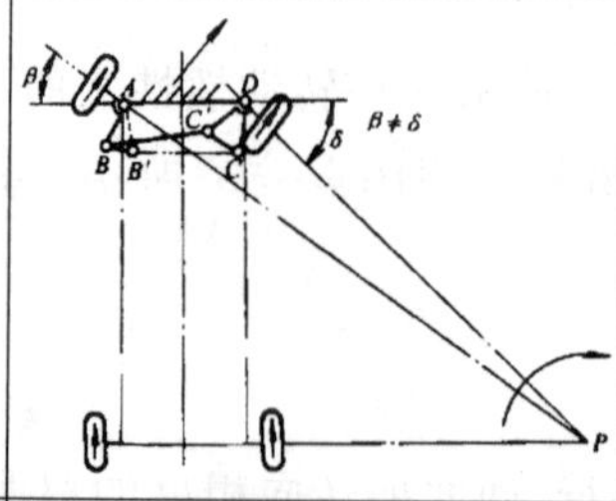	该机构两摇杆长度相等,因此为等腰梯形机构。车子转弯时,与前轮轴固联的两个摇杆的摆角为 δ 和 β,如果在任意位置都能使两前轮轴线的交点 P 落在后轴线的延长线上,则当整个车身绕 P 点转动时,四个车轮都能在地面上纯滚动,避免轮胎因滑动而损伤。等腰梯形机构就能近似地满足这一要求
风扇摇头机构		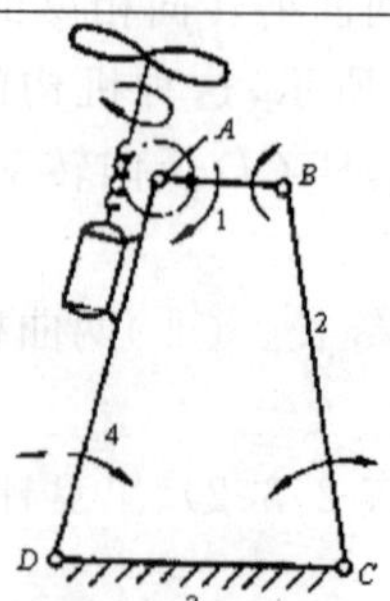	电动机固定在摇杆 4 上,铰链 A 处装有一个与连杆 1 固结成一体的蜗轮,蜗轮与电动机轴上的蜗杆相啮合。电动机转动时,通过蜗杆和蜗轮迫使连杆 1 绕 A 点做整周旋转。当主动件连杆 AB 转动时,带动两从动摇杆 AD 和 BC 做往复摆动,从而实现了风扇的摇头动作

四、铰链四杆机构的演化

平面连杆机构的基本形式为平面铰链四杆机构,如前所述,它有曲柄摇杆机构、双曲柄机构和双摇杆机构三种形式。平面铰链四杆机构的类型取决于组成机构的各杆长关系和对机架的选择。在生产实践中广泛采用的其他形式的四杆机构都可看成是在它的基础上通过演化而成的。演化的方式通常采用移动副取代转动副、变更机架、变更杆长和扩大转动副等途径。

将平面铰链四杆机构中的一个或两个转动副演化为移动副，就演变出新型的平面连杆机构：如曲柄滑块机构、导杆机构等。

1．曲柄滑块机构

（1）演化过程

移动副可以认为是转动副的一种特殊情况，即转动中心位于垂直于移动副导路的无限远处的一个转动副（图 2-3-10）。曲柄滑块机构就是用移动副取代曲柄摇杆机构中的转动副而演化得到的。如图 2-3-10(a)、(b)所示的曲柄摇杆机构，铰链中心 C 的轨迹为以 D 为圆心和以 R 为半径的圆弧。若 R 增至无穷大，则如图 2-3-10(c)、(d)所示，C 点轨迹变成直线。于是摇杆 CD 演化为直线运动的滑块 C，转动副 D 演化为移动副。

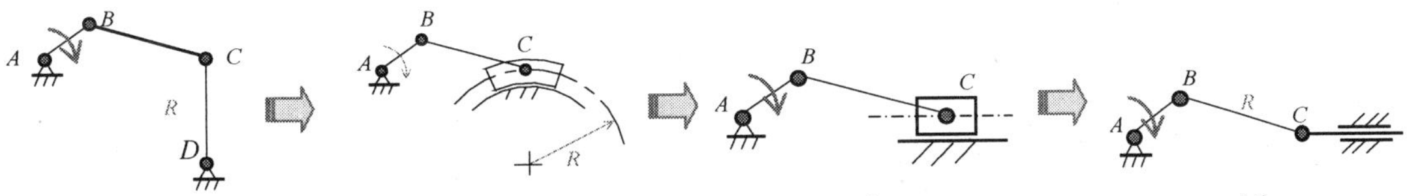

(a)　(b)　(c)　(d)

图 2-3-10　曲柄滑块机构的演化过程

（2）定义

一个连架杆为曲柄(AB)，而另一连架杆为相对机架作往复移动的滑块 3，这样的平面四杆机构称为曲柄滑块机构，如图 2-3-11 所示，它是由曲柄摇杆机构演化而来的，如飞机发动机内部结构。

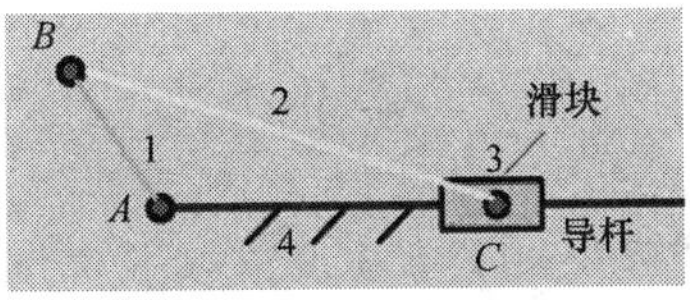

(a) 曲柄滑块运动简图

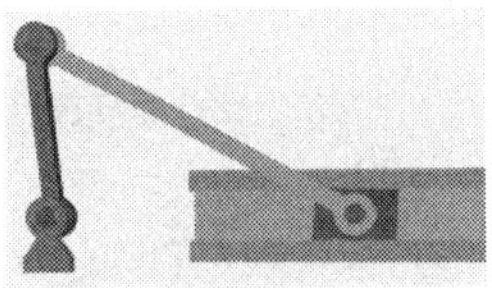
(b) 曲柄滑块示意图

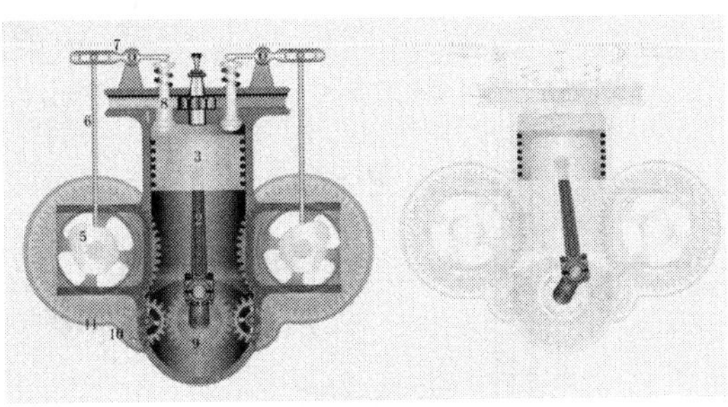
(c) 飞机发动机内部结构图

图 2-3-11　曲柄滑块机构实例

（3）运动形式

Ⅰ. 曲柄为主动件，变整周连续转动为滑块往复直线运动。

Ⅱ.滑块为主动件,变往复直线运动为曲柄整周连续转动。

(4) 演化形式和类型

① 改变构件的形状和运动尺寸

Ⅰ.铰链四杆机构中一个转动副转化为移动副

由图 2-3-12 可知,由曲柄摇杆机构改变摇杆为滑块,可得曲线导轨曲柄滑块机构;将摇杆尺寸放大到无穷大,可得偏心曲柄滑块机构,当偏心距 $e=0$ 时,可得对心曲柄滑块机构。

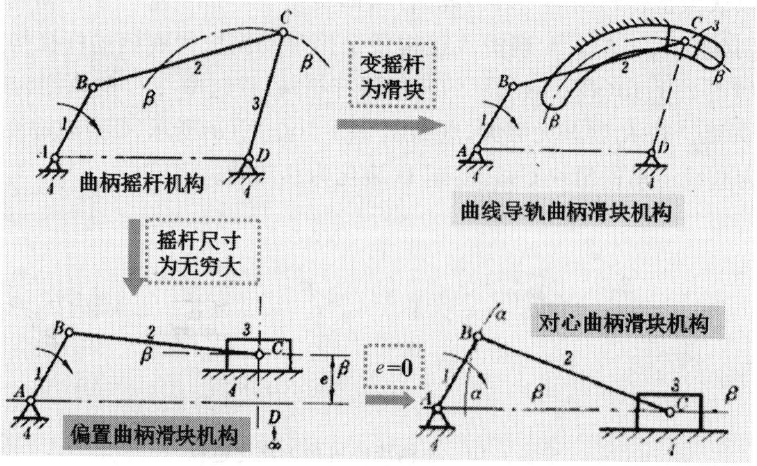

图 2-3-12 曲柄摇杆机构的演化形式与演化类型(一个移动副)

Ⅱ. 铰链四杆机构中两个转动副转化为移动副

由图 2-3-13 可知,由曲柄滑块机构改变连杆为滑块,可得双滑块机构;将连杆尺寸放大到无穷大,可得正弦机构。

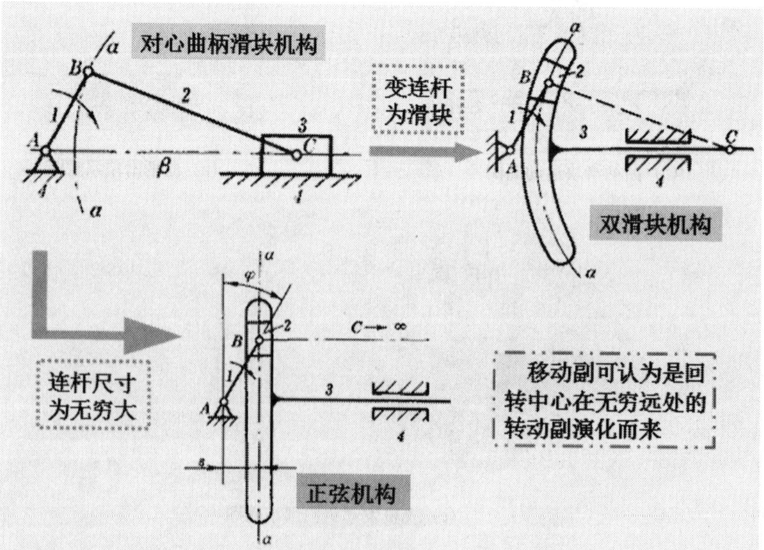

图 2-3-13 曲柄滑块机构的演化形式与演化类型(两个移动副)

② 改变运动副的尺寸——偏心轮机构

Ⅰ. 偏心轮机构的演化

在曲柄摇杆、曲柄滑块或其他带有曲柄的机构中，如果曲柄很短，当在曲柄两端各有一个轴承时，则加工和装配工艺困难，同时还影响构件的强度。因此，在这种情况下，往往采用如图2-3-14(a)所示的偏心轮机构。当曲柄AB的尺寸较小时，由于结构需要，常将曲柄做成几何中心与回转中心不重合的圆盘，称此圆盘为偏心轮，这样的机构称为**偏心轮机构**。几何中心与回转中心间的距离称为偏心距。偏心距长度e等于曲柄长l_{AB}。显然，偏心轮机构的运动性质与原来的曲柄摇杆机构或曲柄滑块机构一样。可见偏心轮机构是转动副B的销钉半径逐渐扩大直至超过了曲柄长度l_{AB}演化而成的，如图2-3-15(a)、图2-3-15(b)、图2-3-15(c)所示。

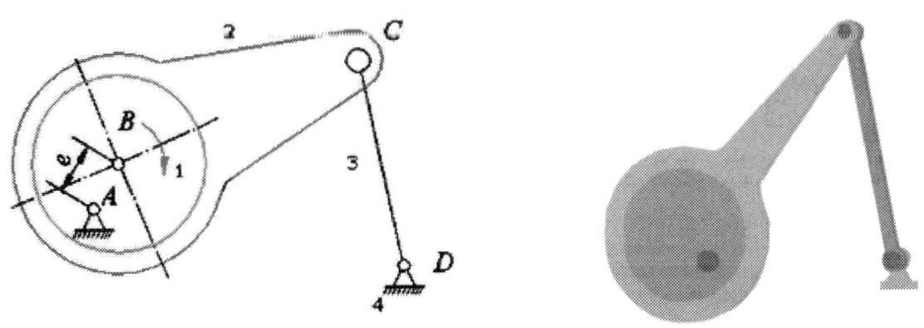

图2-3-14　偏心轮机构

Ⅱ. 生产中的应用

在实际生产中，当传递力较大，滑块行程又较小，曲柄也就很短，以至于曲柄两端很难安装铰销时，往往采用偏心轮机构，也即是用一个回转中心与几何中心不相重合的偏心轮代替曲柄，连杆的一端有大圆环套在偏心轮上，如图2-3-14(b)所示。

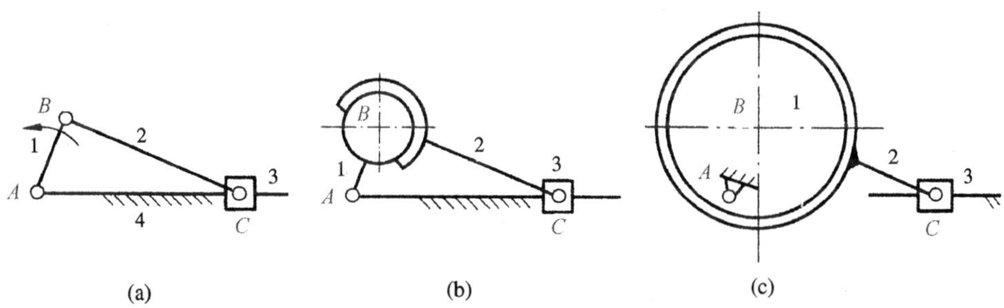

图2-3-15　偏心轮机构的演化过程

如图2-3-16所示的曲轴为偏心轮的另一种结构形式，它是内燃机重要的零部件。由于偏心轮机构中偏心轮的两支承距离较小而偏心部分粗大，刚度和强度均较好，可承受较大的力和冲击载荷，因此在生产中得到广泛的应用。

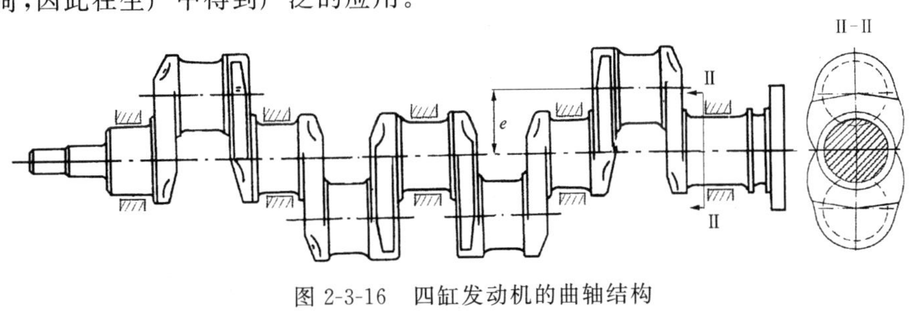

图2-3-16　四缸发动机的曲轴结构

(5) 应用

曲柄滑块机构广泛应用于活塞式内燃机、空气压缩机、牛头刨床、冲床、剪床、自动送料机构、测量仪表机构、锯管机构等机械中。如表 2-3-4 所示。

表 2-3-4　曲柄滑块应用实例与运动特点分析

应用实例名称	图例	机构运动简图	运动特点分析
小型刨床		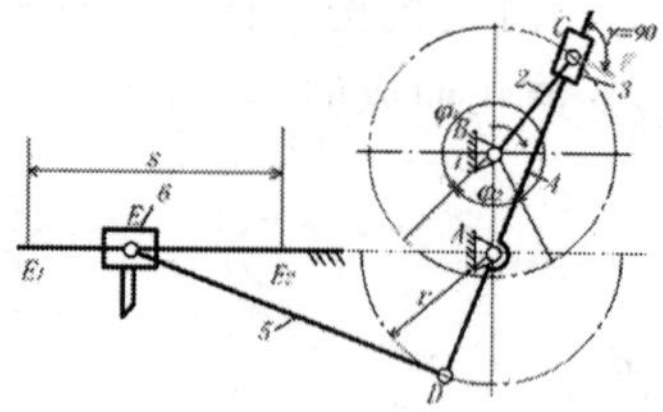	滑杆(即曲柄)的运动带动刨刀的往复直线运动,从而完成对工件表面的加工
冲床或压力机冲压机构	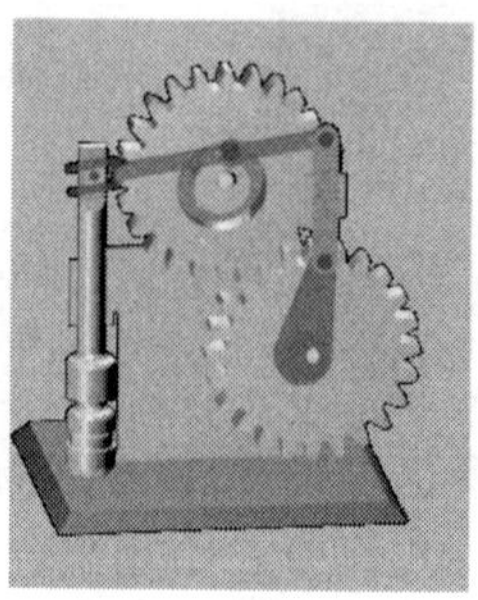	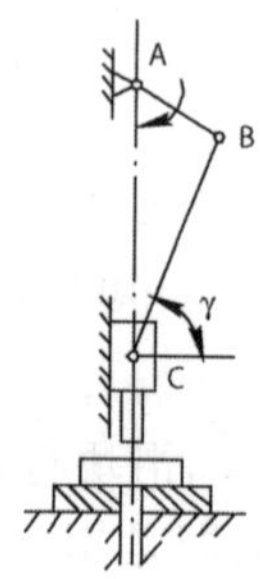	曲柄 AB 的旋转运动转换成冲压头(即滑块)的上下往复直线运动,完成对工件的压力加工
内燃机汽缸	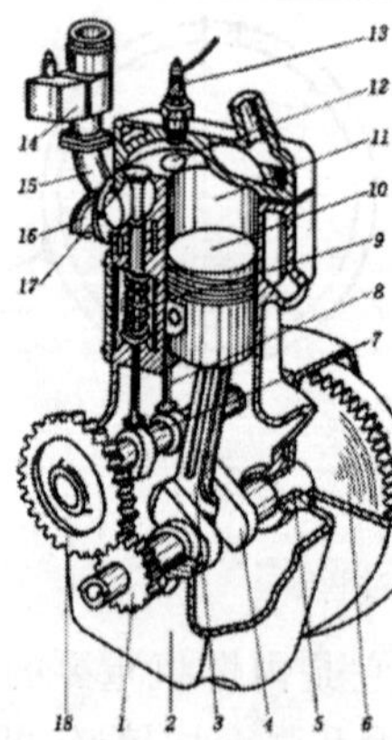	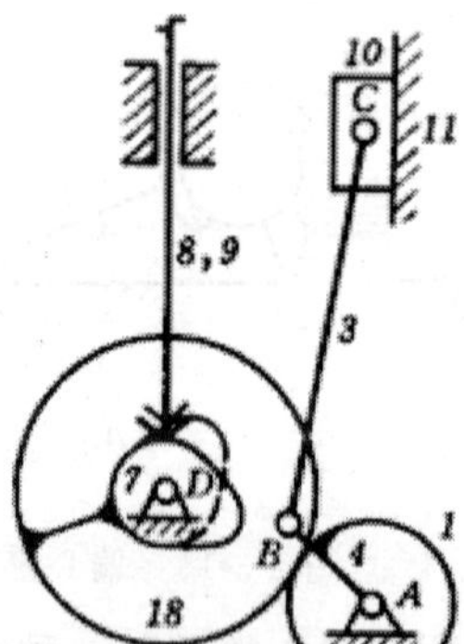	内燃机工作时,活塞 10 在汽缸内上下运动,通过连杆 3 带动曲柄 4 转动

2. 导杆机构

对一个曲柄摇杆机构变更机架,该机构可以演化为双曲柄机构、双摇杆机构。同样,对曲柄滑块机构变更机架,该机构可以演化为导杆机构。

机构中与滑块组成移动副的构件称为导杆。连架杆中至少有一个构件为导杆的平面四杆机构称为**导杆机构**。导杆机构可以看成通过选取曲柄滑块机构中不同构件作为机架演化而成。

如图 2-3-17 所示,如果取杆 AC 为固定件,即可得到转动导杆机构和摆动导杆机构。也即是,当杆的长度 $L_{AC}<L_{AB}$ 时,为**转动导杆机构**,主动件 AB 和导杆 CB 均可做整周回转,其

中，主动件 AB 绕 A 点做整周回转，导杆 CB 绕 C 点整周回转。当杆的长度 $L_{AC}>L_{AB}$ 时，为**摆动导杆机构**，主动件 AB 绕 A 点作整周回转时，从动件导杆 CB 只能绕 C 点做往复摆动。如果取杆 AB 为固定件时，则可得到**曲柄摇块机构**（简称摇块机构）。此时，杆 AC 是绕 A 点转动的曲柄，而滑块则成为绕 B 点往复摆动的摇块。如果将滑块作为机架，则得到**移动导杆机构——定块机构**，也即是活动导杆 CB 在固定滑块中移动。

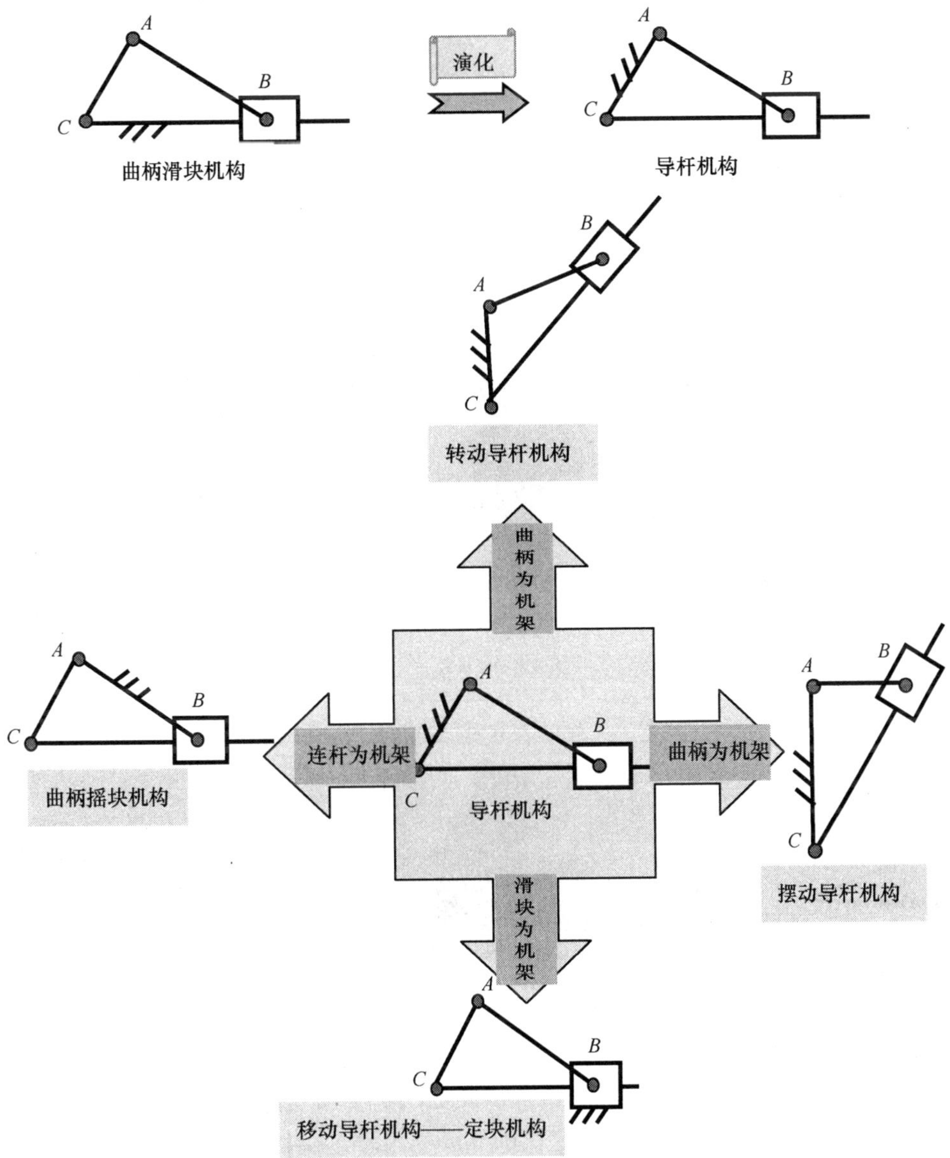

图 2-3-17　导杆机构的演化形式

表 2-3-5 给出了曲柄滑块机构选取不同构件为机架时所得到的各种导杆机构的应用实例。

表 2-3-5　导杆机构的类型、应用实例与运动特点分析

机构名称	组成	应用实例与名称	机构运动简图	运动特点
转动导杆机构 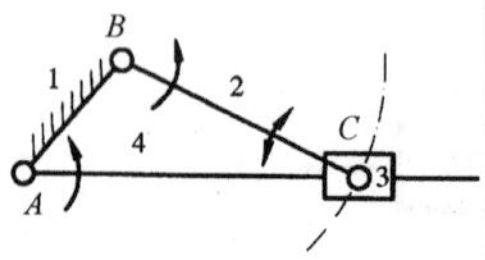	曲柄、导杆、滑块、机架(即以曲柄滑块机构中的曲柄为机架)	 小型刨床导杆机构	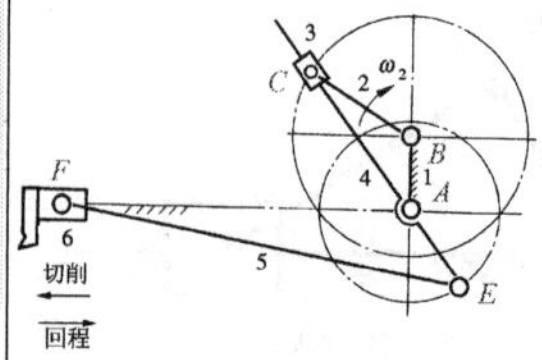	电动机通过带传动使小齿轮带动大齿轮(曲柄)转动,大齿轮 2 的侧面利用销轴装有滑块 3,当滑块 3 随大齿轮转动时,导杆 4 做整周转动,使刀架 6 做往复直线移动,从而刀架 6 上的刨刀产生刨削动作(机架长度小于曲柄长度)
摆动导杆机构 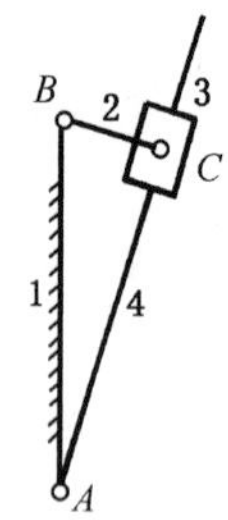		 牛头刨床导杆机构	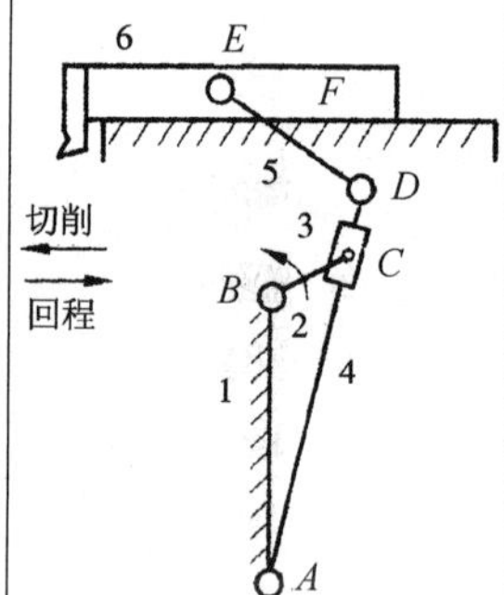	主动曲柄 BC 作等速回转,从动件导杆 AC 往复摆动,带动滑枕(件 6)做往复直线运动从而完成切削(机架长度大于曲柄长度)
摇块机构 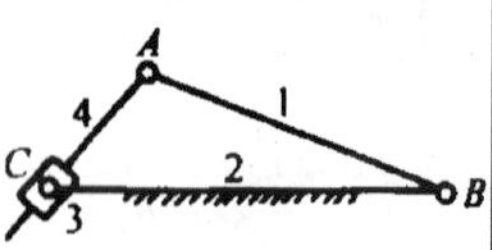	曲柄、导杆、摇块、机架(即以曲柄滑块机构中的连杆为机架)	 卡车车厢自动翻转卸料机构	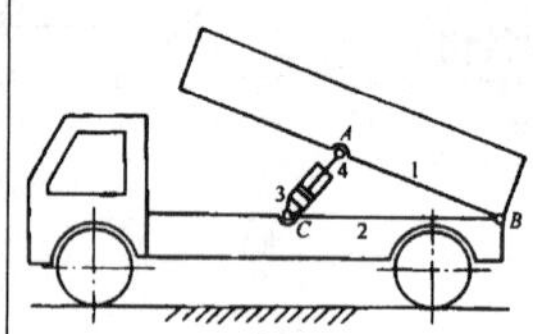	利用液压缸(摇块 3)的油压推动活塞(杆 4)运动,迫使车厢(杆 1)绕 B 点翻转,物料便自动卸下
定块机构 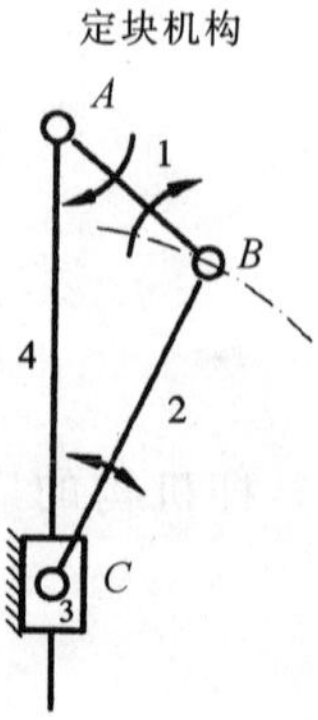	曲柄、摇杆、导杆、机架(即以曲柄滑块机构中的滑块为机架)	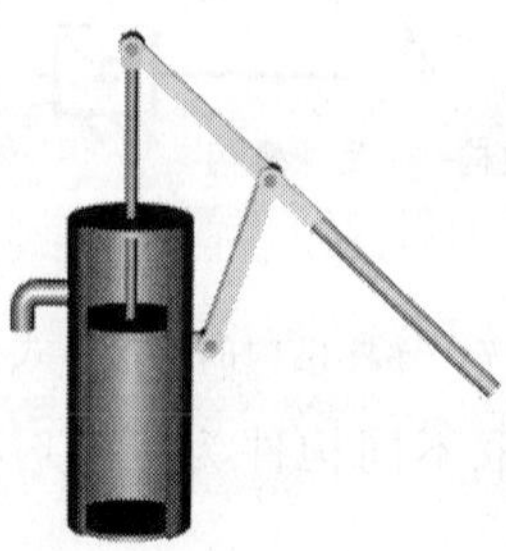 手动抽水机	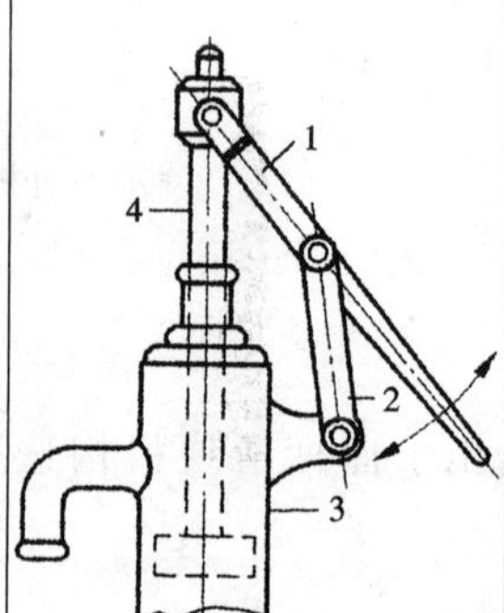	扳动手柄(杆 1),可以使活塞杆(杆 4)在筒(滑块 3)内上下移动,从而完成抽水动作

任务实施

通过上述知识的学习，我们可以知道图 2-3-1(a)、图 2-3-1(b)所示的牛头刨床进给机构采用了铰链四杆机构中的曲柄摇杆机构。当主动齿轮 1 旋转时，通过与从动轮 2(即曲柄 2)的啮合，带动曲柄做整周运动，通过连杆 3 带动摇杆 4(即棘爪 4)做往复摆动运动，再通过棘爪与棘轮 5 的间歇运动，从而带动丝杠的运动，实现牛头刨床进给工作。

如图 2-3-1(c)所示的牛头刨床的运动简图及运动特性分析如表 2-3-6 所示。

表 2-3-6　牛头刨床的运动特性分析

步　骤	机构运动简图	分析与结论
1. 绘制机构运动简图	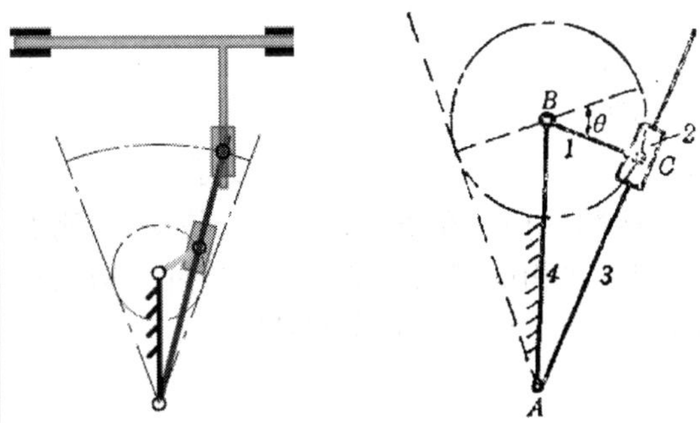	依据牛头刨床的工作原理
2. 分析刨削运动		该机构是以 AB 为机架、曲柄 BC 为主动件做整周回转运动，通过滑块 2 带动导杆 AC 往复摆动，从而带动滑枕作左右往复直线运动，实现刨削加工。 该机构中 $L_{AB}>L_{BC}$，故，机构为摆动导杆机构
3. 机构的运动特性		牛头刨床刨削过程中，刨削工作行程比空行程的时间多，刨削工作速度小于空行程时的速度，该机构具有急回特性（详见任务二）

探索与发现

1. 探索：铰链四杆机构可以通过哪几种方式演变成其他形式的四杆机构？试说明曲柄摇块机构是如何演化而来的。

2. 发现：通过学习我们知道牛头刨床身上处处有四杆机构，你能发现这些四杆机构都在哪里吗？它们都属于哪些类型？又是如何实现运动的？

任务二　认识平面连杆机构的工作特性

任务引入

如图 2-3-18(a)所示为牛头刨床实物图，在实践中若仔细观察，你会发现刨刀的运动不仅是往复的直线运动，而且刨刀切削时的切削速度和退刀时的回程速度是不同的。为什么会产生这种现象？为了解释这一现象，人们往往剖析它的运动特性，由任务一的学习我们也知道如图 2-3-18(b)、图 2-3-18(c)所示的牛头刨床主体机构为摆动导杆机构，曲柄 AB 作等速回转，从动件导杆 BC 往复摆动，从而带动滑枕做往复直线运动完成切削。然而从已学过的摆动导杆机构运动特性中并不能完全给我们揭开谜底，并且又给我们带来了新的问题，即是不是只有摆动导杆才有这样的现象？

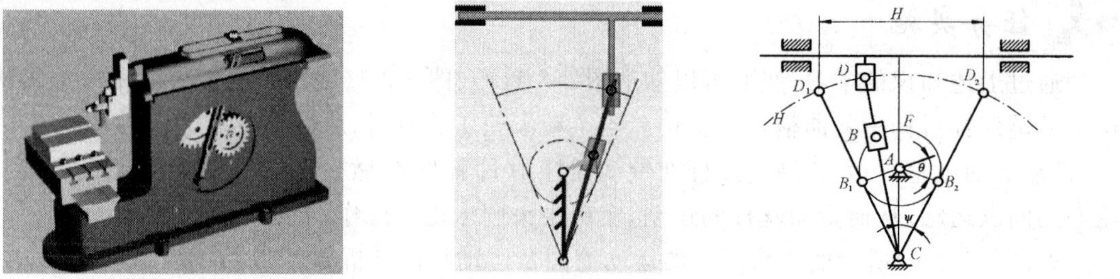

(a) (b) (c)

图 2-3-18 牛头刨床

任务分析

由图 2-3-1(c)、图 2-3-2 及图 2-3-18 我们不难看出，牛头刨床由床身、导杆、曲柄(即齿轮)、滑块和滑枕等构件组成。当滑枕左行时，刨刀进行切削，要求滑枕的运动速度较低且平稳，以提高切削质量。滑枕右行时，刨刀返回不工作，要求滑枕的运动速度较高，以便缩短时间，提高工作效率。为了实现这一高质高效的生产目标，让我们一起在任务二中探秘。在任务二中要求掌握平面铰链四杆机构的曲柄存在条件、压力角、传动角、死点、行程速比系数等基本概念，是分析和设计平面铰链四杆机构的基础。学会铰链四杆机构三种基本类型的判别方法；掌握急回特性的特点和应用；了解死点位置的利用和排除。

知识链接

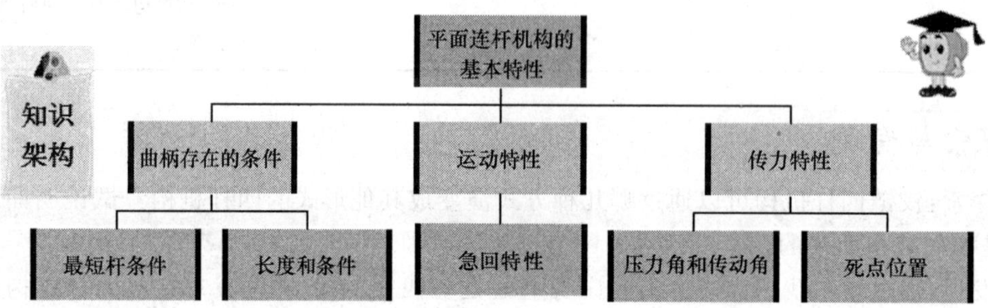

一、铰链四杆机构存在曲柄的条件

铰链四杆机构的三种基本形式，区别在于有无曲柄和有几个曲柄。而四个杆相对长度对机构有无曲柄起着决定的影响。

1. 存在曲柄的条件

由图 2-3-19 可知，在铰链四杆机构中，AB 为曲柄、BC 为连杆、CD 为摇杆、AD 为机架。

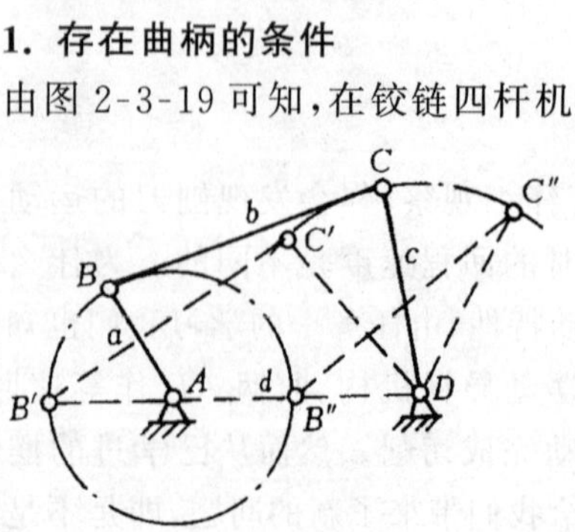

图 2-3-19 曲柄存在条件

各杆长度分别为 a、b、c、d。

在$\triangle B'C'D$ 中 $a+d\leqslant b+c$

在$\triangle B''C''D$ 中 $d-a+c\geqslant b\Rightarrow d+c\geqslant b+a$

$d-a+b\geqslant c\Rightarrow d+b\geqslant c+a$

上式两两相加得 $a\leqslant c$ $a\leqslant d$ $a\leqslant b$

通过上述分析，得出铰链四杆机构存在曲柄的条件：

(1) 连架杆和机架中必有一杆为最短杆(简称

最短杆条件）；

（2）最短杆与最长杆长度之和小于或等于其余两杆长度之和（简称**长度和条件**），这是曲柄存在的必要条件。即：$L_{min}+L_{max}\leqslant$**其余两杆之和**。

2. 铰链四杆机构类型的判断

在满足了存在曲柄的第二个条件后，由于曲柄相对于机架和连杆均能作整周回转运动，所以机架和连杆相对于曲柄也能作整周回转运动，若取最短杆为机架，就有两个曲柄存在。因此通过上述分析，可得出如下结论。

（1）在铰链四杆机构中，若满足最短杆与最长杆的长度之和小于或等于其余两杆长度之和，则根据机架选取的不同，有下列三种情况：

① 连架杆之一是最短杆时，则最短杆为曲柄，另一连架杆为摇杆，此机构为曲柄摇杆机构，如图 2-3-20(a)、图 2-3-20(b)所示；

② 机架是最短杆时，则两连架杆均为曲柄，此机构为双曲柄机构，如图 2-3-20(c)所示；

③ 连杆是最短杆时，则两连架杆均为摇杆，此机构为双摇杆机构，如图 2-3-20(d)所示。

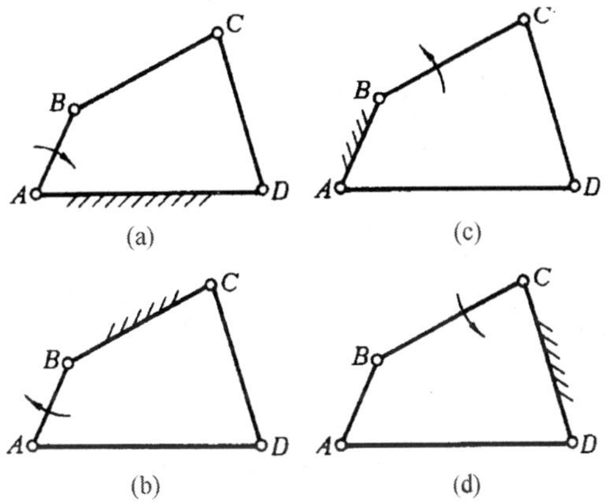

图 2-3-20　铰链四杆机构类型的判别

（2）在铰链四杆机构中，若满足最短杆与最长杆的长度之和大于其余两杆长度之和，则不论取哪一杆为机架，都没有曲柄存在，均为双摇杆机构。

总结：判断铰链四杆机构基本类型的方法如图 2-3-21 所示。

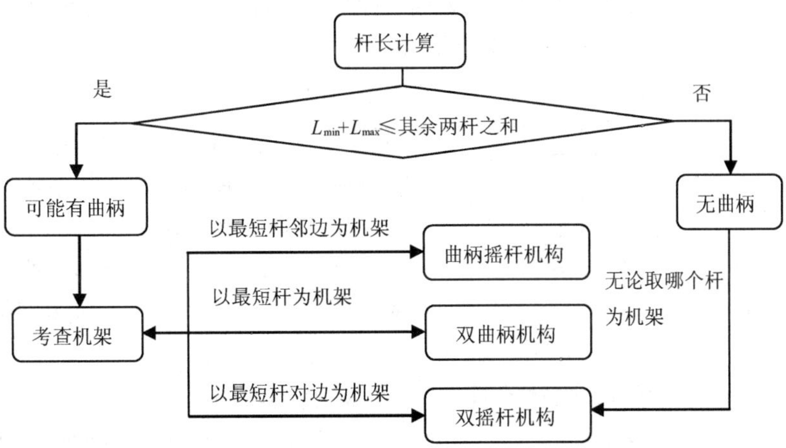

图 2-3-21　判别铰链四杆机构基本类型的方法

【例 2-3-1】 如图 2-3-22 所示为脚踏式人力脱粒机。已知，$l_{AB}=60\text{ mm}$，$l_{BC}=350\text{ mm}$，$l_{CD}=150\text{ mm}$，$l_{AD}=400\text{ mm}$。该机构属于何种类型的机构？

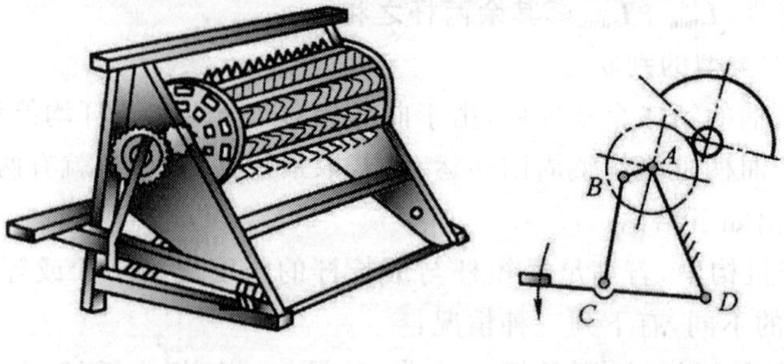

(a) 实例图　　(b) 运动简图

图 2-3-22　脚踏式人力脱粒机

解：由已知条件可知，该机构最短杆是连架杆之一的 AB 杆（$L_{min}=l_{AB}=60\text{ mm}$），最长杆是机架 AD 杆（$L_{max}=l_{AD}=400\text{ mm}$），满足最短杆条件。

又因为

$$l_{AB}+l_{AD}<l_{BC}+l_{CD}$$

即

$$60+400<350+150$$

所以满足长度和条件。

综上所述，满足曲柄存在条件，且最短杆 AB 为曲柄，CD 是摇杆，所以此机构属于曲柄摇杆机构。

二、平面四杆机构的运动特性——急回特性

四杆机构的基本特性是四杆机构在运转过程所表现出来的运动特性和传力特性。运动特性主要表现为：摇杆的极限位置和摆角；曲柄的极位夹角；急回特性。传力特性主要表现为：压力角和传动角；死点位置（以曲柄摇杆机构为例）。

1. 摇杆的极限位置和摆角

在曲柄摇杆机构中（如图 2-3-23 所示），原动件 AB 为曲柄，等角速度转动，通过连杆 BC 带动从动件（摇杆）CD 往复摆动，在运转过程中，曲柄每转一周，有两次和连杆重合，此时摇杆所处的两位置 C_1D 和 C_2D 称为摇杆的**极限位置**（简称**极位**）；其所夹的角度（$\angle C_1DC_2$）称为摇杆的**摆角**（也即是**最大摆角**），用 ψ 表示。

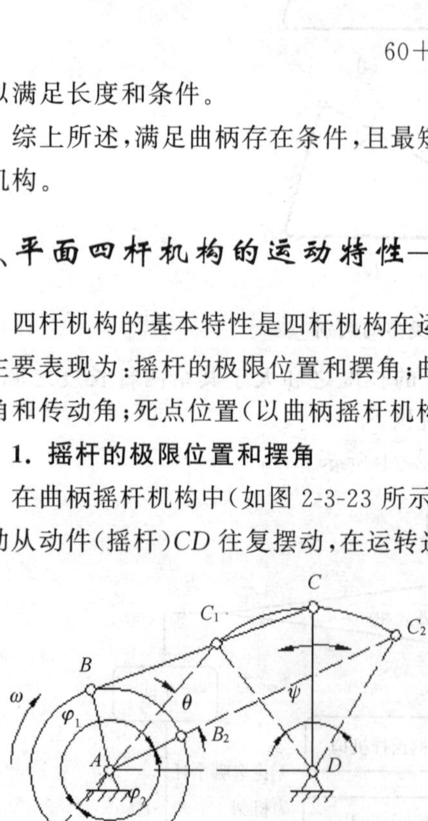

图 2-3-23　曲柄摇杆机构的急回特性分析

2. 曲柄的极位夹角

当摇杆处于两极限位置时，所对应的曲柄两位置 AB_1 和 AB_2 所夹的锐角称为极位夹角，用 θ 表示。

3. 急回特性

当曲柄摇杆机构中的曲柄按如图 2-3-23 所示顺时针开始旋转时，该机构中各运动参数变化如表 2-3-7 所示。

表 2-3-7　曲柄摇杆机构急回特性分析

图例	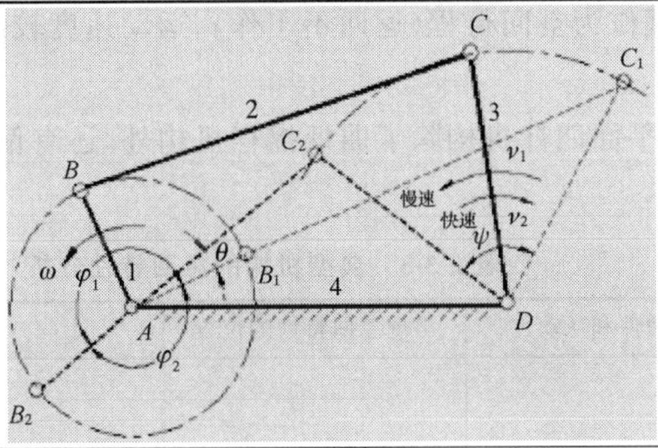			
杆件名称	曲柄 AB		摇杆 CD	
运动过程	工作行程：AB_1 转到 AB_2	空回行程：AB_2 转到 AB_1	工作行程：C_1D 转到 C_2D	空回行程：C_2D 转到 C_1D
时间	$t_1=\frac{\varphi_1}{\omega_1}$	$t_2=\frac{\varphi_2}{\omega_1}$	t_1	t_2
行程	$\varphi_1=180°+\theta$ （AB 转过的角度）	$\varphi_2=180°-\theta$ （AB 转过的角度）	ψ	ψ
速度	ω_1（转速）	ω_1	$v_1=\frac{\overline{C_1C_2}}{t_1}$	$v_2=\frac{\overline{C_2C_1}}{t_2}$
对比	$\varphi_1>\varphi_2$		$t_1>t_2$ $v_1<v_2$	
备注	t_1、v_1——曲柄逆时针从 AB_1 转到 AB_2、摇杆从 C_1D 转到 C_2D 所需的时间、平均速度 t_2、v_2——曲柄逆时针从 AB_2 转到 AB_1、摇杆从 C_2D 转到 C_1D 所需的时间、平均速度			

由上表分析可知，原动件曲柄 AB 做匀速转动而从动件摇杆 CD 做往复运动的机构，从动件正行程和反行程的平均速度不相等，因此，这种返回行程速度大于工作行程速度的特性，叫作机构的**急回特性**。急回特性反映的是从动件往复运动所需时间不等的性质。

空回程平均速度 v_2 与工作行程平均速度 v_1 之比称为**急回特性系数**（又称行程速度变化系数），用 K 表示。

$$K=\frac{v_2}{v_1}=\frac{\overline{C_2C_1}/t_2}{\overline{C_1C_2}/t_1}=\frac{t_1}{t_2}=\frac{\varphi_1}{\varphi_2}=\frac{180°+\theta}{180°-\theta} \tag{2-3-1}$$

或

$$\theta=180°\frac{K-1}{K+1} \tag{2-3-2}$$

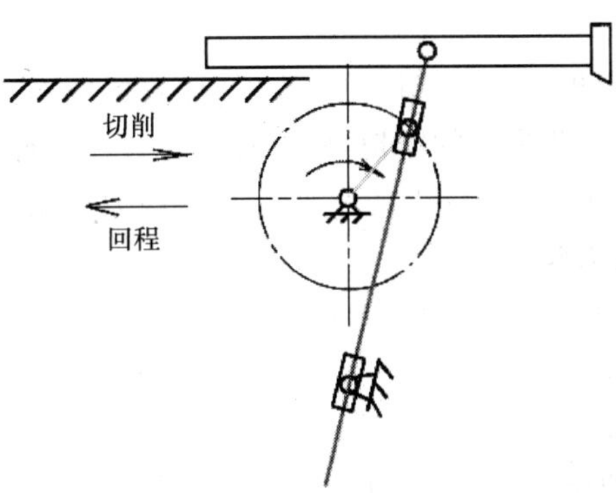

图 2-3-24　刨床的切削运动

机构有无急回特性，取决于急回特性系数 K。$K>1$ 时，机构有急回特性，且 K 越大，机构急回特性越明显，也就是从动件回程愈快；$K\leqslant 1$ 时，机构无急回特性。由式(2-3-2)可以看出，急回特性系数 K 与极位夹角 θ 有关，$\theta=0°$，$K=1$，机构无急回特性；$\theta>0°$，需使 $K>1$，机构有急回特性，且 θ 角愈大，K 值愈大，急回运动性质愈显著，因此，极位夹角 θ 表示了急回程度的大小。

如图 2-3-24 所示为刨床的切削运动，在生产中,人们利用机构的急回特性,将慢行程作为工作行程,运动速度 v_1 较低且平稳,以提高和保证工作质量;快行程作为空回行程(返回不工作),运动速度较高,以便缩短时间,从而提高生产效率。

具有急回特性的平面四杆机构除了曲柄摇杆机构外,还有偏置曲柄滑块机构、摆动导杆机构等,如表 2-3-8 所示。

表 2-3-8 典型机构的急回特性分析

机构名称	主动件和从动件	出现急回特性的位置	机构运动简图
曲柄摇杆机构	曲柄为主动件 摇杆为从动件	曲柄与连杆两次共线 $\theta \neq 0°$	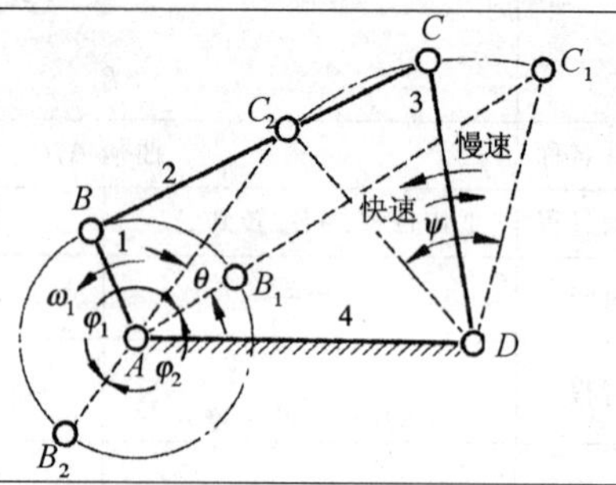
偏置曲柄滑块机构	曲柄为主动件 滑块为从动件	曲柄与连杆两次共线 $\theta \neq 0°$	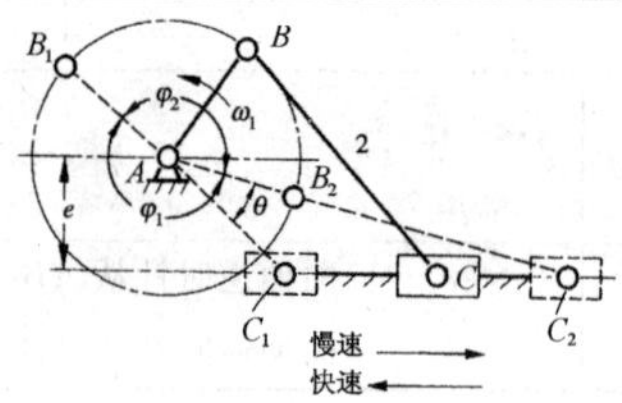
摆动导杆机构	曲柄为主动件 导杆为从动件	在导杆两极限位置 $\theta = \psi$	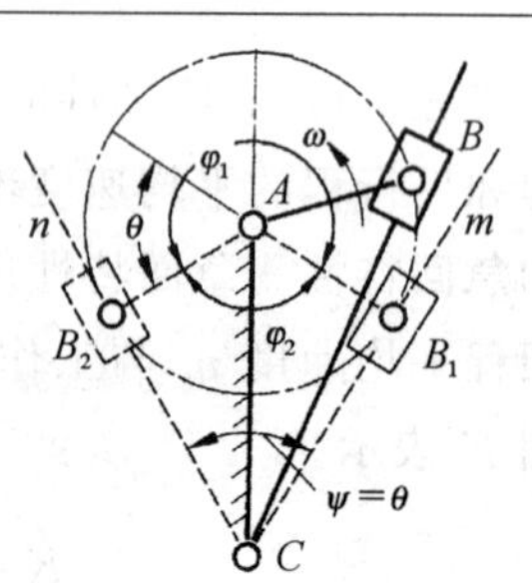

三、平面四杆机构的传力特性——死点位置

1. 压力角和传动角

在生产中,不仅要求连杆机构能实现预定的运动规律,而且希望运转轻便,效率较高。如图 2-3-25 所示的曲柄摇杆机构,如不计各杆质量和运动副中的摩擦,则连杆 BC 为二力杆,它作用于从动摇杆 CD 上的力 F 是沿 BC 方向的。作用在从动件上的驱动力 F 与该力作用点绝对速度 v_c 之间所夹的锐角 α 称为机构在该位置的**压力角**。

将传动力沿从动件受力点速度方向和垂直于受力点速度方向分解为:

$$F_t = F\cos\alpha$$

$$F_n = F\sin\alpha$$

式中,F_t 是使从动件转动的有效分力;F_n 是仅对转动副 C 产生附加径向压力的有害分力。这说明压力角 α 越小,有效分力 F_t 就越大,对机构的传动越有利;而压力角越大,会使转动副中

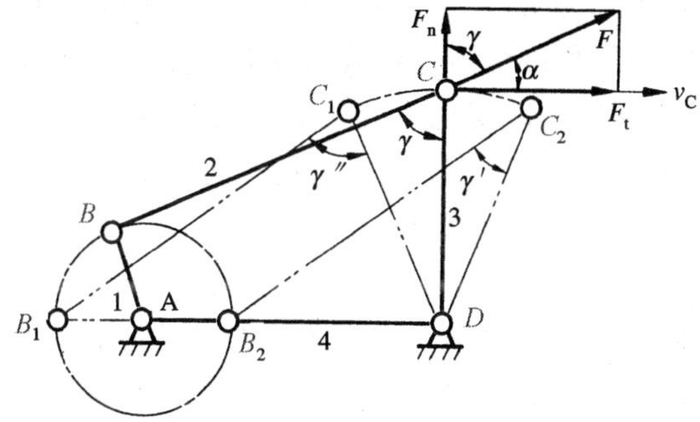

图 2-3-25　压力角和传动角

的有害分力 F_n 增大，磨损加剧，降低机构的传动效率。因此，压力角 α 可作为判断机构传动性能的标志。

在连杆设计中，为了度量方便，习惯用压力角 α 的余角 γ（即连杆和从动摇杆之间所夹的锐角）来判断传力性能，γ 称为**传动角**。因 $\gamma=90°-\alpha$，所以压力角 α 越小，传动角 γ 越大，机构传力性能越好；反之，α 越大，γ 越小，机构传力越费劲，传动效率越低。由此可见，**压力角和传动角是反映机构传力性能的重要指标。**

机构运转时，传动角是变化的，为了保证机构的传力性能良好，必须规定最小传动角 γ_{min}。对于一般机械，通常取 $\gamma_{min}\geqslant 40°$；对于颚式破碎机、冲床等大功率机械，最小传动角 γ_{min} 应当取大一些，可取 $\gamma_{min}\geqslant 50°$；对于小功率的控制机构和仪表，$\gamma_{min}$ 可略小于 40°。确定最小传动角 γ_{min} 位置的方法如表 2-3-9 所示。

表 2-3-9　确定最小传动角 γ_{min} 的位置

机构名称	主动件和从动件	最小传动角 γ_{min} 的位置	机构运动简图
曲柄摇杆机构	曲柄为主动件 摇杆为从动件	曲柄与机架两次共线时，连杆与摇杆之间所夹锐角（提示：设曲柄摇杆机构中连杆夹角为 δ，则：当 $\delta\leqslant 90°$ 时，$\gamma_{min}=\delta_{min}$；当 $\delta>90°$ 时，$\gamma_{min}=180°-\delta_{max}$）	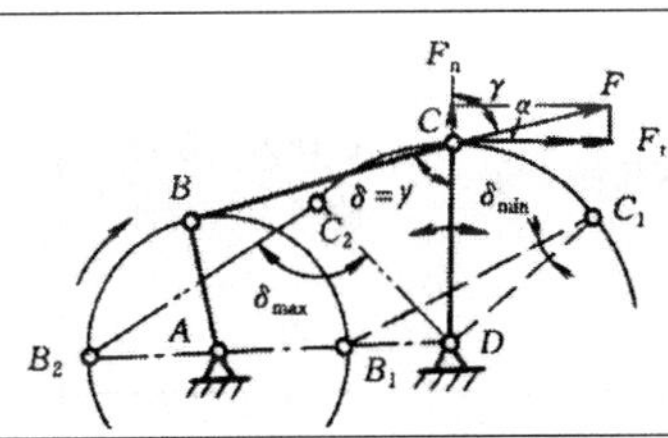
偏置曲柄滑块机构	曲柄为主动件 滑块为从动件	曲柄垂直于滑槽中心线位置时，曲柄与连杆之间所夹的锐角（当主动件为曲柄时，最小传动角出现在曲柄与机架垂直的位置）	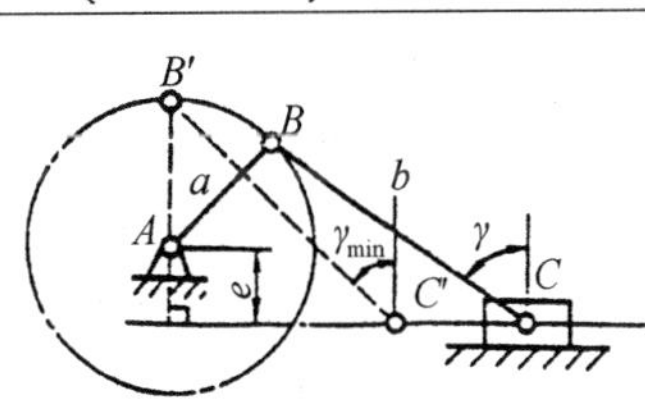
摆动导杆机构	曲柄为主动件 导杆为从动件	在导杆两极限位置时： 压力角 $\alpha=0°$ 传动角 $\gamma=90°$ （由于在任何位置时主动曲柄通过滑块传给从动件的力的方向与从动杆上受力点的速度方向始终一致，因此传动角始终等于 90°）	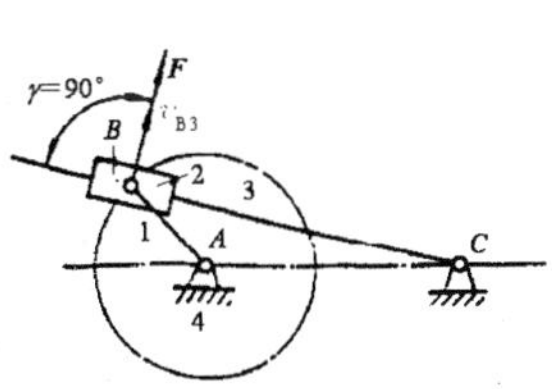

温馨提示:对照表 2-3-8,看准谁是主动件和从动件,谁与谁两次共线,不要混淆概念。

要注意的是,机构的压力角和传动角是对从动件而言的。在机构的运动过程中,压力角和传动角的大小是随着从动件的位置的变化而变化的,曲柄 AB 转到与机架 AD 共线的两个位置 AB_1 和 AB_2 时,传动角将出现极值 γ' 和 γ''。比较这两个位置的传动角,其值较小者即为最小传动角,如图 2-3-25 所示,$\gamma'<\gamma''$,所以,$\gamma_{min}=\gamma'$。

2. 死点位置

在曲柄摇杆机构中(如图 2-3-26 所示),当摇杆 CD 为主动件,曲柄 AB 为从动件时,在连杆 BC 与从动件曲柄 AB 处于共线位置时,主动摇杆通过连杆传给从动曲柄的作用力 F 通过曲柄的转动中心,这时无论连杆 BC 给从动件曲柄 AB 的力 F 多么大,回转力矩均为零,出现使曲柄 AB 不动的"顶死"现象或运动方向不确定现象,机构所处的这种位置称为**死点位置**。在死点位置时,连杆 BC 与曲柄 AB 之间的传动角 $\gamma=0°$,压力角 $\alpha=90°$。四杆机构中有无死点位置,取决于从动件是否与连杆共线。例如,对曲柄摇杆机构而言,当曲柄为原动件时,摇杆与连杆无共线位置,不出现死点。当摇杆为原动件时,曲柄与连杆共线位置的位置为死点位置。

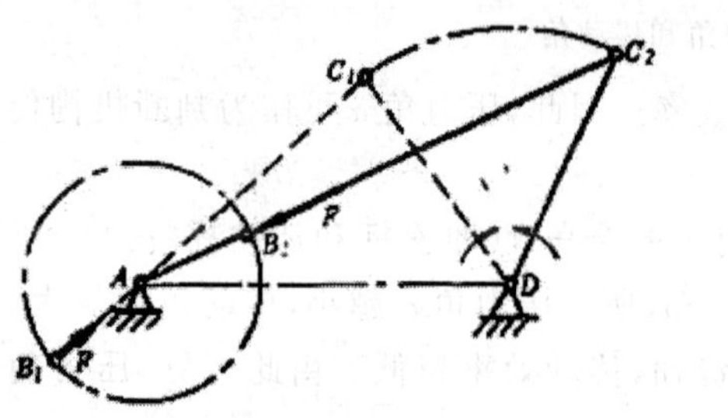

图 2-3-26　曲柄摇杆机构的死点位置

常见的机构死点位置如表 2-3-10 所示。

表 2-3-10　常见机构的死点位置分析

机构名称	主动件和从动件	出现急回特性的位置	机构运动简图
曲柄摇杆机构	摇杆为主动件 曲柄为从动件	曲柄与连杆两次共线	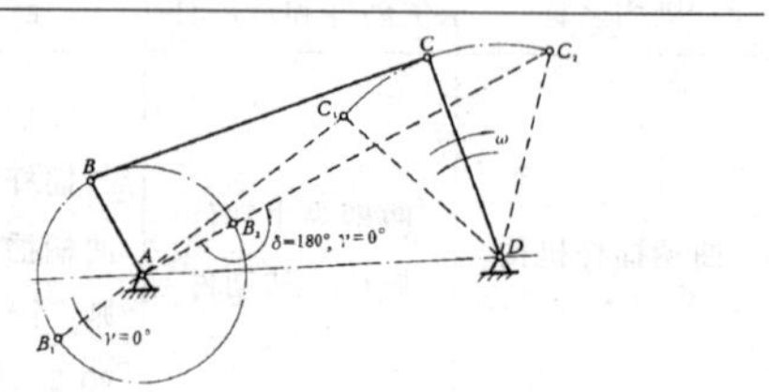
曲柄滑块机构	滑块为主动件 曲柄为从动件	曲柄与连杆两次共线	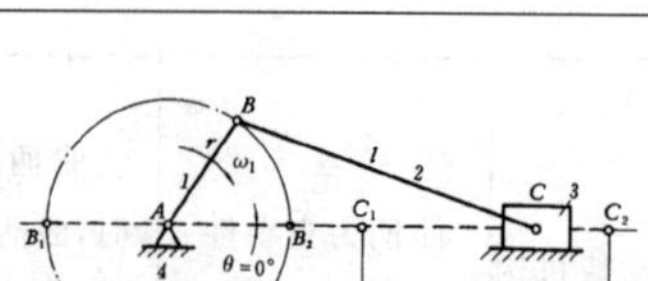
摆动导杆机构	曲柄为主动件 导杆为从动件	在导杆两极限位置 压力角 $\alpha=0°$ 传动角 $\gamma=90°$	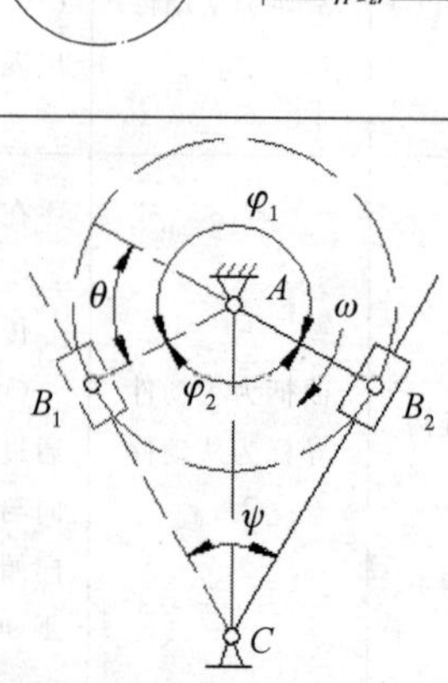

对于传动机构,设计时必须考虑机构顺利通过死点位置的问题,如利用构件的惯性作用,使机构通过死点。工程上有时也利用死点位置提高机构工作的可靠性。死点位置的应用详见表 2-3-11。

表 2-3-11　死点位置的应用

优劣评估	特点分析	整改措施	图例	应用实例分析
不利之处	主动摇杆通过连杆传给从动曲柄的作用力通过曲柄的转动中心,这时无论连杆给从动曲柄的力多么大,回转力矩均为零,出现使曲柄不动的"顶死"现象或运动方向不确定现象,对于连续运转的机器存在死点位置是极其不利的	1. 在从动曲柄上施加外力或安装飞轮以增加惯性,利用从动件的惯性顺利地通过死点位置	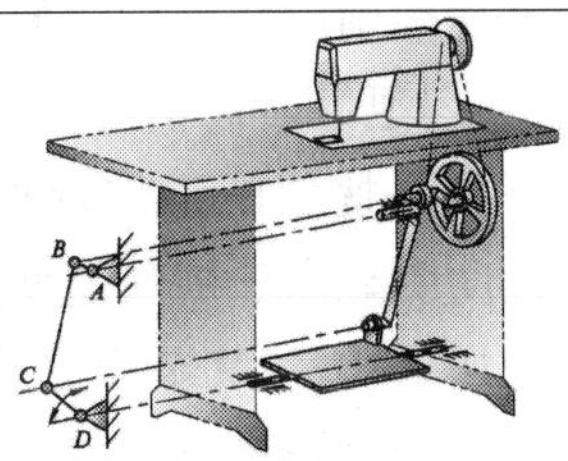 缝纫机的脚踏机构	踏板 CD 做往复摆动时,连杆 BC 与曲轴在两处出现共线,即处于死点位置,致使曲轴 AB 不转或出现倒转现象。踏板机构中大带轮就相当于飞轮,利用惯性通过死点
		2. 采用相同机构错位排列的方式,使左右两机构的死点位置互相错开以便顺利地通过死点位置	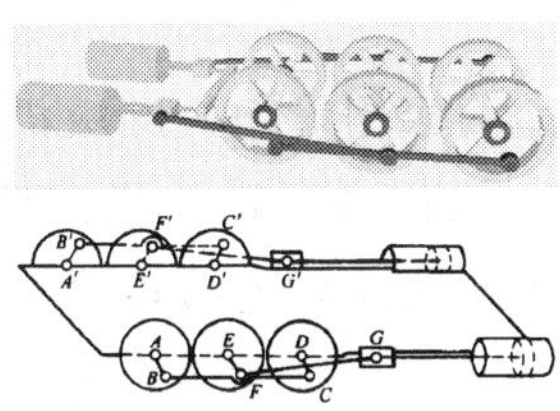 火车车轮联动装置	在运动过程中,主动曲柄 AB 每回转一周,两曲柄(AB 和 CD)与连杆 BC 出现两次共线,此时会产生从动曲柄 CD 运动不确定现象,导致机构不能正常传动。增加 EF 构件及车轮可改进从动曲柄 CD 运动不确定性
优势所在	凡事都有两面性,机构的死点位置并非总是起消极作用的。在工程上,有时恰恰利用了"无论连杆给从动曲柄的力多大,回转力矩均为零,出现使曲柄不动的'顶死'现象"进行工作,实现工作要求		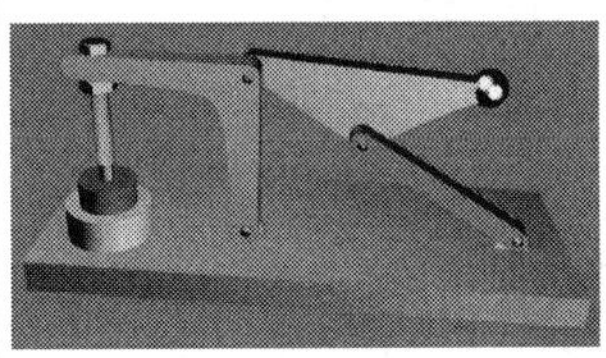 钻床连杆式快速夹具 ——工件夹紧机构 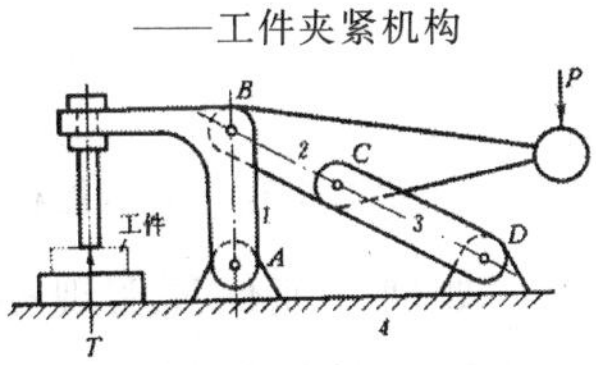	当工件被夹具夹紧后,四杆机构的各铰链中心 B、C、D 处于同一条直线上,从连杆 2 传递给杆 3 的力,通过回转中心 D,此回转力矩为零,不能使杆 3 转动,即使工件反力很大,也不能使机构反转,因此夹紧牢固可靠,外力去掉后仍能夹紧工件,从而保证在钻削加工时工件不会松脱。若要机构脱离死点位置,须向上扳动手柄,方可能松开工件
			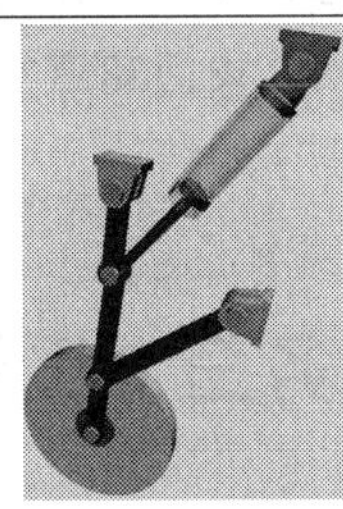 飞机起落架收放机构 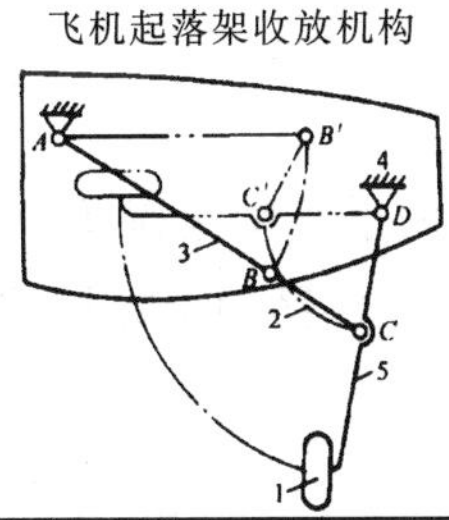	当飞机着陆时机轮放下,虽然机轮 1 受力很大,但 AB 杆与 BC 杆共线,机构处在死点位置,地面对机轮的力不会使 AB 杆转动,从而提高了起落架的工作可靠性,使降落安全平稳

任务实施

由图 2-3-18(b)、图 2-3-18(c)牛头刨床主体机构可知，当曲柄 AB(即齿轮)匀速转动一周时，通过曲柄滑块机构带动牛头刨床的滑枕运动一个来回，滑枕完成一次切削和一次退刀运动。在这一循环过程中，滑枕刨削时曲柄转过的角度大于 180°(对应滑块 B 从 B_2 到 B_1 大弧的弧长大于半圆)，而滑枕回程退刀时曲柄转过的角度小于 180°(对应滑块 B 从 B_1 到 B_2 小弧的弧长小于半圆)。由此可见滑枕刨削工作行程所用的时间比空回行程所用的时间长，换言之，也即是牛头刨床退刀速度明显高于刨削速度。牛头刨床刨削工作利用了摆动导杆机构的急回特性，既保证了工件的加工质量，又节省了非工作时间，提高了劳动生产率。除了摆动导杆机构外，曲柄摇杆机构、偏心曲柄滑块机构等也具有这种急回特性。

探索与发现

1. 如图 2-3-27(a)所示为家用缝纫机踏板机构，图 2-3-27(b)为其机构运动简图和结构实例图。缝纫机传动路线为：操作者踩踏踏板使摇杆 CD(原动件)往复摆动→连杆 BC→曲柄 AB(从动件)→带动带轮使机头主轴连续转动。

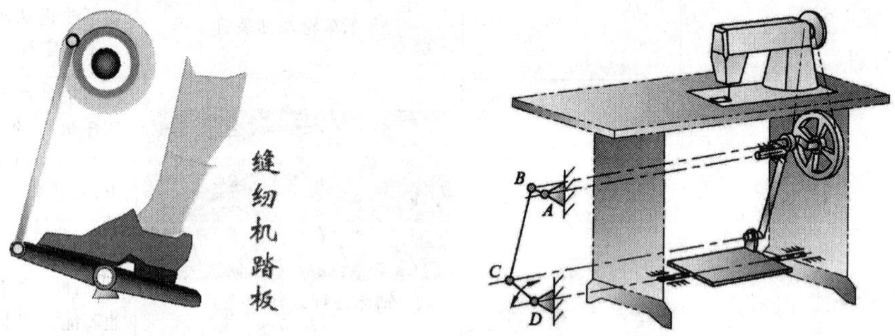

(a)　　　　　　　　　　　　(b)

图 2-3-27　曲柄摇杆机构的死点位置

探索：(1)各构件的长度如何才能保证实现相关的运动？

(2)该机构在工作时，出现卡死现象如何处理？

2. 发现：通过任务二的学习，我们知道了偏心曲柄滑块具有急回特性，那么对心曲柄滑块是否也有急回特性呢？试论证你的结论。

任务三　设计铰链四杆机构

任务引入

在如图 2-3-28(b)所示的牛头刨床摆动导杆机构中，已知机架 AC 的长度 $l_{AC}=300$ mm，行程速度变化系数 $k=2$，试设计此摆动导杆机构。

(a) 牛头刨床实物图

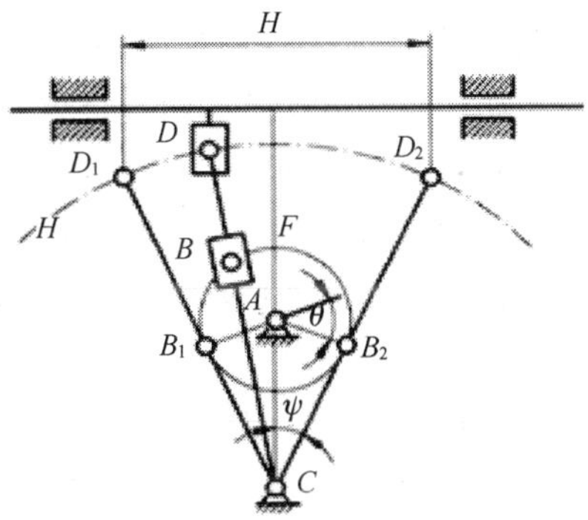

(b) 牛头刨床摆动导杆机构

图 2-3-28　牛头刨床

任务分析

平面四杆机构的设计是本项目的一个难点。不同的设计任务和设计要求，应采用不同的设计方法。平面四杆机构运动设计的基本问题是：根据机构工作要求，结合附加限定条件，确定绘制机构运动简图所必需的参数，包括各构件的长度尺寸及运动副之间相对位置。

图解法设计平面四杆机构，具有几何关系清晰的特点，图解法直观，易理解，常用于解决给定位置的设计任务，但精度较低，可以满足一般设计要求。

针对本次任务要求，若想设计任务中的牛头刨床的摆动导杆机构，就必须确定机构中各构件的受力情况及其运动特性，可以采用图解法解决问题。

知识链接

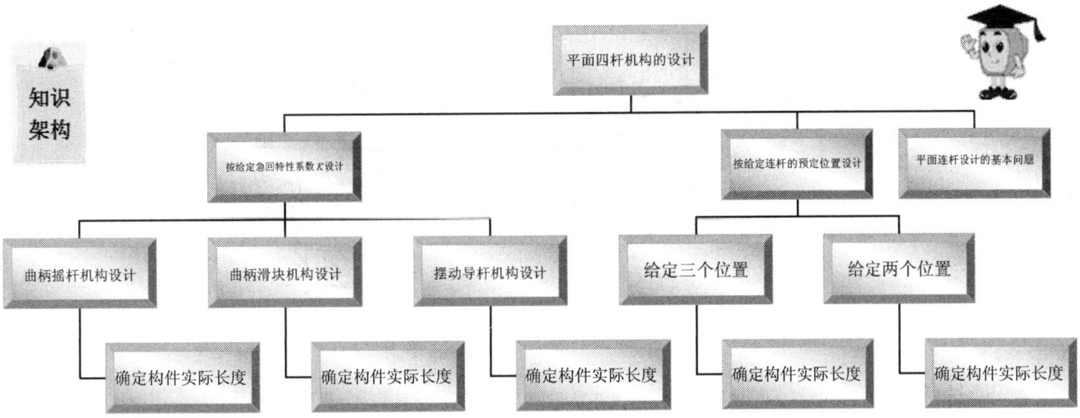

一、平面连杆设计的基本问题

1. 基本任务

① 根据给定的设计要求选定机构形式；②确定各构件尺寸，并要满足结构条件、动力条件和运动连续条件等。

2. 三大类基本命题

(1) 满足预定运动的规律要求

① 连杆能够占据某些给定位置。

② 要求两连架杆的转角能够满足预定的对应位置关系，如车门开闭机构(图 2-3-29)，设计时要求两连架杆的转角应大小相等，方向相反，以实现车门的起闭。

③ 要求在原动件运动规律一定的条件下，从动件能够准确地或近似地满足预定的运动规律要求。

(2) 满足预定的连杆位置要求——又称为刚体导引问题

要求连杆能依次占据一系列的预定位置。如铸造用翻箱机构、飞机起落架机构等，如图 2-3-30 所示。

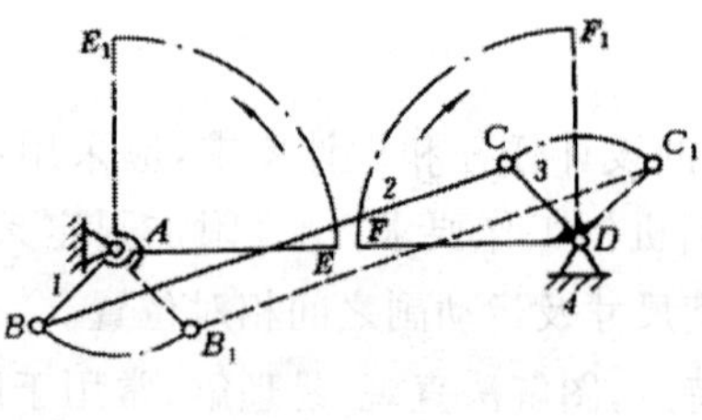

图 2-3-29　满足预定运动的规律要求

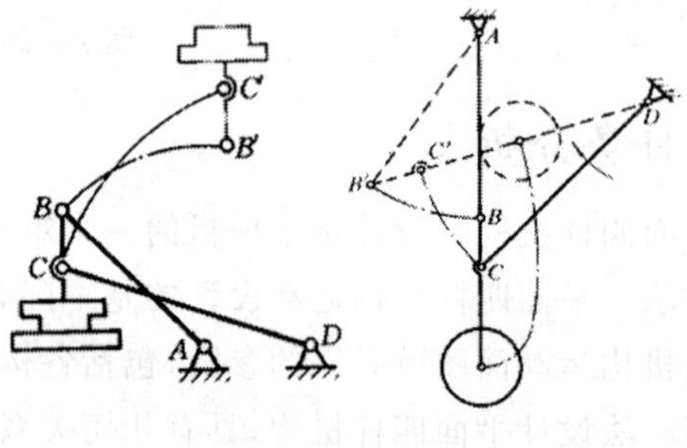

图 2-3-30　满足预定的连杆位置要求

(3) 满足预定的轨迹要求

要求机构运动过程中，连杆上某些点能实现预定的轨迹要求，如鹤式起重机、搅拌机机构等，如图 2-3-31 所示。

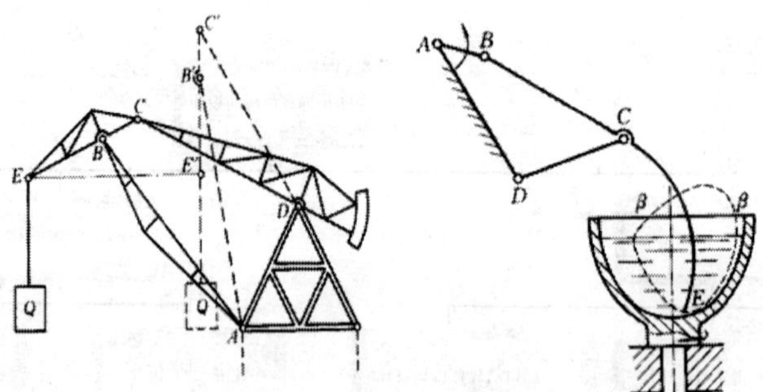

图 2-3-31　满足预定的轨迹要求

3. 设计方法

常用的设计方法有解析法、图解法和实验法。本次任务仅介绍图解法设计平面连杆机构。

(1) 图解法：利用几何作图原理求解；图解法比较简明易懂，求解快，手工绘图精度稍差；但计算机绘图已完全解决这一问题，其精度远远满足工程需要。

(2) 解析法：利用和构建设计参数间的函数关系求解；可以使设计呈参数化，精度高，但比较繁杂，如今利用计算机(CAD)也使得解析法变得轻松和容易。

(3) 实验法：利用试凑和连杆曲线图谱等方法求解；实验法直观、迅速，可近似达到要求，常用作设计的预选(详见〈知识拓展〉)。

4. 设计类型

(1) 位置设计:按照给定的急回特性系数 K 或者从动件的位置要求设计机构。

(2) 运动轨迹设计:按照给定点的轨迹设计机构。

二、按给定的急回特性系数K设计平面四杆机构

1. 曲柄摇杆机构的设计

通过给定的急回特性系数 K,就可计算出极位夹角 θ,同时按行程速度变化系数 K 设计曲柄摇杆机构时,往往还要已知曲柄机构中的摇杆 L_{CD} 的长度及摇杆摆角 ψ 的大小。知道了这些已知参数,如何用作图法设计曲柄摇杆机构呢?认真分析曲柄摇杆机构的特点,不难看出设计的实质是确定铰链中心 A 点的位置,定出其他三杆的尺寸 L_{AB}、L_{BC} 和 L_{AD}。图解法设计曲柄摇杆机构的步骤如表 2-3-12 所示。

表 2-3-12　曲柄摇杆机构的设计步骤(图解法)

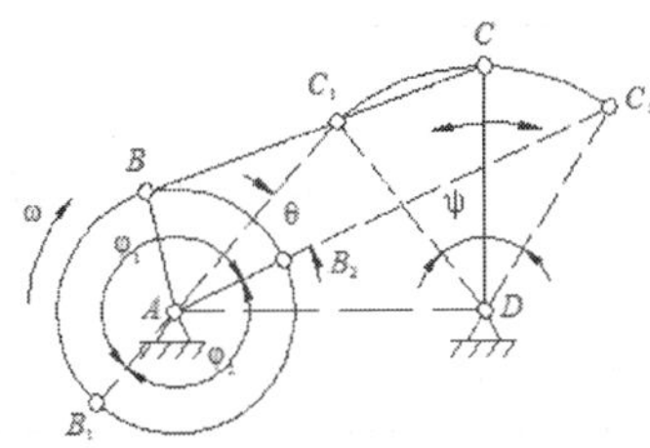

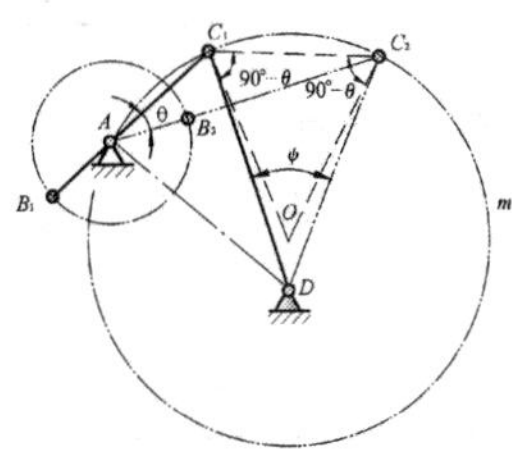

设计步骤		设计计算过程
1. 机构情况分析		在已知 L_{CD}、ψ 的情况下,只要确定铰链 A 点的位置,在量得 AC_1 和 AC_2 长度后就可确定曲柄的长度 L_{AB} 和连杆长度 L_{BC},因极限位置处曲柄与连杆共线,因此,$L_{AB}=(L_{AC2}-L_{AC1})/2$,$L_{BC}=(L_{AC2}+L_{AC1})/2$,$L_{AD}$ 长度可直接量得 由于 A 点是极位夹角的顶点,即$\angle C_1AC_2=\theta$,如过 A、C_1、C_2 三点作一辅助圆,则该圆上任取一点为 A 点,$\angle C_1AC_2=\theta$,$\angle C_1OC_2=2\theta$,极易求得点 O
2. 作图步骤	(1) 计算极位夹角 θ	$\theta=180°\dfrac{K-1}{K+1}$
	(2) 作摇杆的极限位置	选择合适的比例尺 μ_1,根据 L_{CD} 及 ψ 作出 C_1D、C_2D 两极限位置 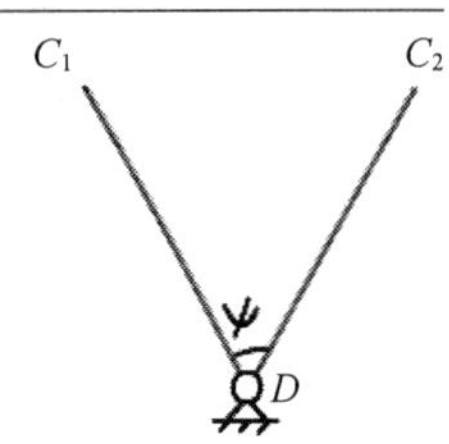
	(3) 作辅助圆	连接 C_1、C_2,并作与 C_1C_2 成 $(90°-\theta)$ 角的两直线,其交点 O 即为圆心点,以 O 点为圆心作辅助圆 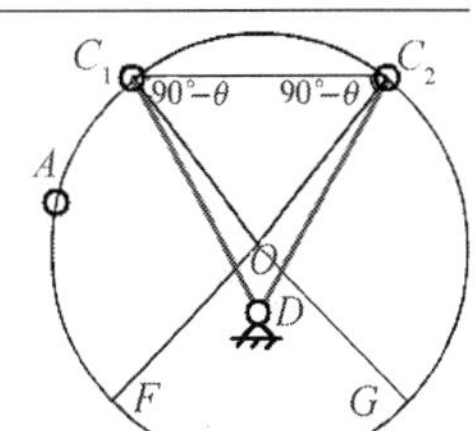

续表

设计步骤		设计计算过程
2. 作图步骤	(4)确定曲柄、连杆长度	在辅助圆上任取一点作为铰链中心 A，连接 AC_1、AC_2，测量 L_{AC1}、L_{AC2} 长度，通过比例尺 μ_1 求实际长度，根据上式求出 L_{AB}、L_{BC} 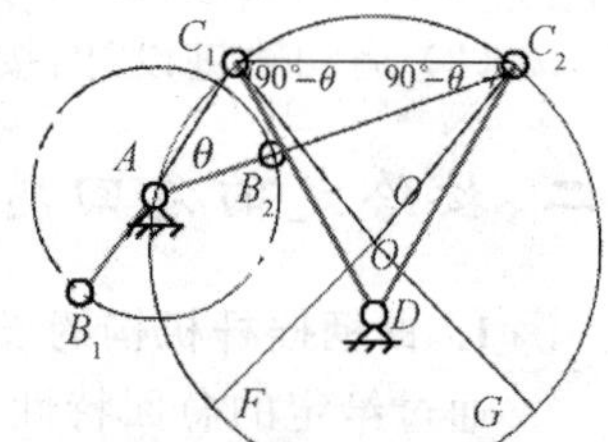 $L_{AB}=\mu_1\cdot\dfrac{L_{AC_2}-L_{AC_1}}{2}$ $L_{BC}=\mu_1\cdot\dfrac{L_{AC_2}+L_{AC_1}}{2}$
	(5)其他杆长度	机架 L_{AD} 长度可直接测量，通过比例尺 μ_1 求 AD 实际长度
3. 其他情况分析		由于 A 点是辅助圆上的任意一点，所以实际有无穷多解，如能给一些如曲柄长度 L_{AB}、机架长度 L_{AD} 等，则可能有唯一解。实际设计时多数有辅助条件，如实在没有也可根据情况确定

2. 曲柄滑块机构的设计

已知条件：急回特性系数 K、滑块行程 H、偏心距 e，用图解法设计曲柄滑块机构的步骤如表 2-3-13 所示。

表 2-3-13 曲柄滑块机构的设计步骤(图解法)

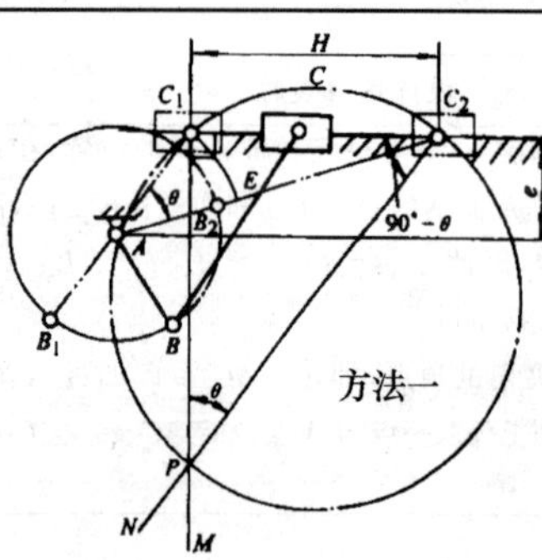

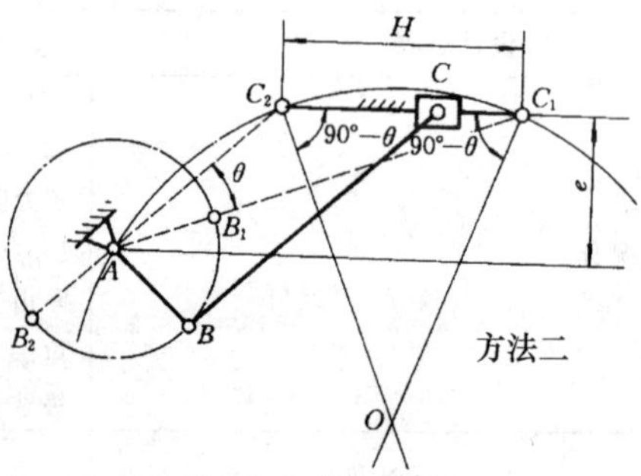

设计步骤		设计计算过程
1. 机构情况分析		在已知 H、e 的情况下，只要确定铰链 A 点的位置，在量得 AC_1 和 AC_2 长度后就可确定曲柄的长度 L_{AB}，因极限位置处曲柄与连杆共线，因此，$L_{AB}=(L_{AC2}-L_{AC1})/2$，$L_{BC}=L_{AC2}-L_{AB}$ 由于 A 点是极位夹角的顶点，即 $\angle C_1AC_2=\theta$，如过 A、C_1、C_2 三点作一辅助圆，且在该圆上任取一点为 A 点，$\angle C_1AC_2=\theta$，因 A 点到 C_1C_2 的距离为 e，A 点可定
2. 作图步骤	(1)计算极位夹角 θ	$\theta=180°\dfrac{K-1}{K+1}$
	(2) 作滑块的极限位置	选择合适的比例尺 μ_1，作直线 $C_1C_2=\dfrac{H}{\mu_1}$，且 C_1、C_2 作为滑块的两极限位置
	(3) 作辅助圆	连接 C_1、C_2，并作与 C_1C_2 成 $(90°-\theta)$ 角的直线 PC_2，且过 C_1 点作直线 $PC_1\perp C_1C_2$，直线 PC_2 与 PC_1 相交于点 P，过三点 C_1、C_2、P 作辅助圆

续表

设计步骤		设计计算过程
2.作图步骤	(4) 确定 A 点位置	作一直线与直线 C_1C_2 平行，并使其间的距离等于偏心距 e，则此直线与辅助圆的交点即为曲柄的轴心 A 的位置
	(5) 确定曲柄、连杆长度	连接 AC_1、AC_2，测量 L_{AC1}、L_{AC2} 长度，通过比例尺 μ_1 求实际长度，根据上式求出 L_{AB}、L_{BC}
	(6) 画滑块	画出滑块，完成设计
方法二		(1)、(2)步骤同上；(3)步骤同曲柄摇杆机构设计步骤(3)；(4)、(5)、(6)步骤同上

3. 摆动导杆机构的设计

已知条件：急回特性系数 K、机架长度 L_{AC}，用图解法设计摆动导杆机构的步骤如表 2-3-14所示。

表 2-3-14　摆动导杆机构的设计步骤(图解法)

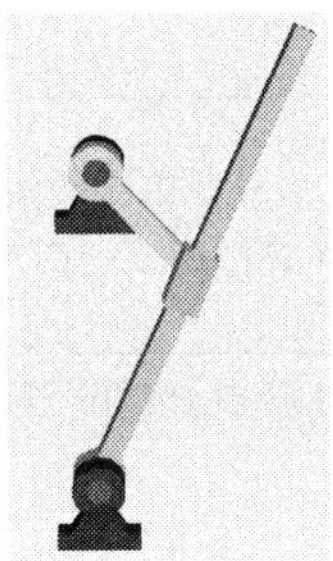

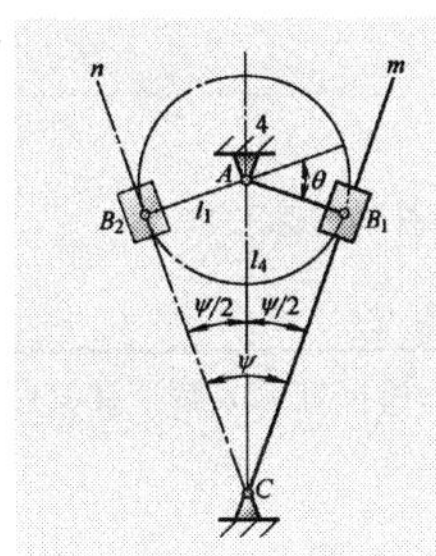

设计步骤		设计计算过程
1.机构情况分析		设计的关键：分析极位夹角 θ 与摆角 ψ 的关系 摆动导杆机构的极位夹角 θ 与导杆的摆角 ψ 相等，设计摆动导杆机构就是确定曲柄长度 L_{AB}
2.作图步骤	(1)计算极位夹角 θ	$\theta=180°\dfrac{K-1}{K+1}$
	(2)作导杆的两极限位置	任选一点为固定铰链 C 点的中心，按 $\psi=\theta$ 作导杆的两极限位置 C_m、C_n，使 $\angle mC_n=\psi=\theta$
	(3)确定 A 点位置	选择合适的比例尺 μ_1，作摆角 ψ 的平分线，并在其上取 $CA=L_{AC}/\mu_1$，得曲柄回转中心 A 点
	(4)确定曲柄 AB 长度	过点 A 作 C_m、C_n 的垂线 AB_1、AB_2，测量 AB_1、AB_2 长度，通过比例尺 μ_1 求实际长度 $L_{AB}=\mu_1$、$\cdot AB_1$
	(5)画滑块	画出滑块，完成设计

提示：不要忘了按比例换算实际尺寸。

三、按给定连杆位置设计四杆机构

1. 给定连杆的两个位置

已知铰链四杆机构中连杆 B_1C_1、B_2C_2 的两个位置，用图解法设计铰链四杆机构的步骤如表 2-3-15 所示。

表 2-3-15　给定连杆的两个位置设计铰链四杆机构的步骤(图解法)

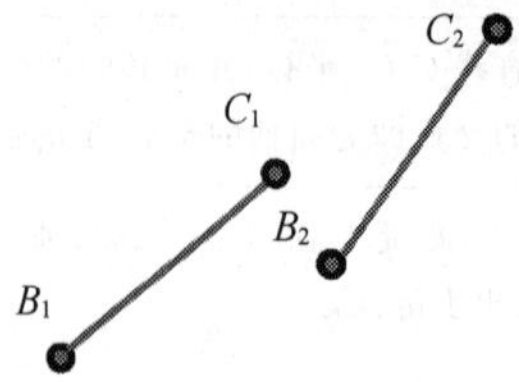

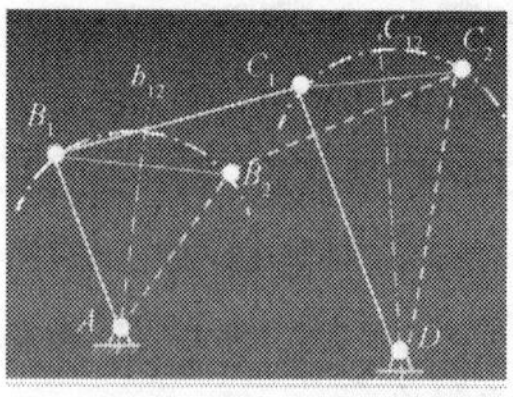

设计步骤		设计计算过程
1. 机构情况分析		铰链 B 和 C 位置已知,固定铰链 A 和 D 未知。铰链 B 和 C 轨迹为圆弧,其圆心分别为点 A 和 D。A 和 D 分别在 B_1B_2 和 C_1C_2 的垂直平分线上
2. 作图步骤	(1)选定长度比例尺 μ_1	绘出连杆的两个位置 B_1C_1、B_2C_2
	(2) 确定铰链中心点 A、D	连接 B_1B_2、C_1C_2,分别作线段 B_1B_2 和 CC_2 的垂直平分线 b_{12} 和 c_{12},分别在 b_{12} 和 c_{12} 上任意取 A、D 两点,A、D 两点即是两个连架杆的固定铰链中心。连接 AB_1、C_1D、B_1C_1、AD,则 AB_1C_1D 即为所求的四杆机构
	(3)计算各杆的实际长度	测量 AB_1、C_1D、AD,根据比例尺 μ_1 计算 L_{AB1}、L_{C1D}、L_{AD} 的长度,即 $L_{AB1}=\mu_1 \cdot AB_1$;$L_{C1D}=\mu_1 \cdot C_1D$;$L_{AD}=\mu_1 \cdot AD$

注:由于 A 和 D 可任意选取,所以有无穷解。在实际设计中可根据其他辅助条件,例如限制最小传动角或者 A、D 的安装位置来确定铰链 A、D 的安装位置。

2. 给定连杆的三个位置

已知铰链四杆机构中连杆 B_1C_1、B_2C_2、B_3C_3 的三个位置,用图解法设计铰链四杆机构的步骤如表 2-3-16 所示。

表 2-3-16　给定连杆的三个位置设计铰链四杆机构的步骤(图解法)

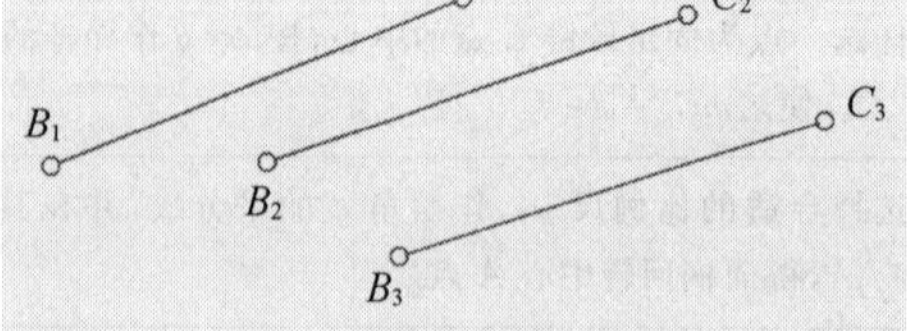

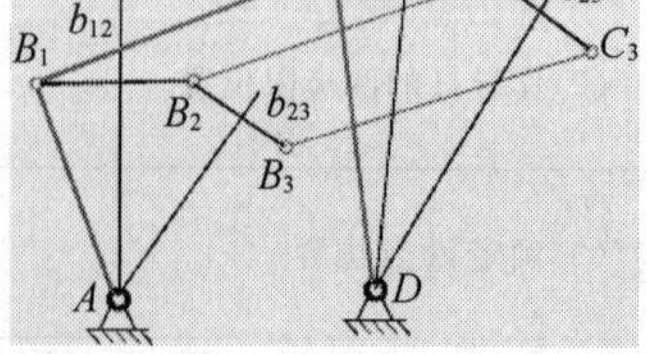

设计步骤	设计计算过程
1. 选定长度比例尺 μ_1	绘出连杆的三个位置 B_1C_1、B_2C_2、B_3C_3
2. 确定铰链中心点 A、D	由于连杆上的铰链中心 B 和 C 的轨迹分别为一圆弧。而同时经过三点 B_1、B_2、B_3(或 C_1、C_2、C_3)的圆只有一个,因此连架杆的固定铰链中心 A(或 D)的位置只有一个确定的解答,即连接 B_1B_2、B_2B_3,则它们的垂直平分线 b_{12} 和 b_{23} 交于点 A;同理 C_1C_2、C_2C_3 的垂直平分线 c_{12} 和 c_{23} 交于点 D。A、D 两点即是两个连架杆固定铰链中心。连接 AB_1、C_1D、B_1C_1、AD,则 AB_1C_1D 即为所求的四杆机构在某一个瞬时位置的机构运动简图
3. 计算各杆的实际长度	测量 AB_1、C_1D、AD,根据比例尺 μ_1 计算 L_{AB1}、L_{C1D}、L_{AD} 的长度,即,$L_{AB1}=\mu_1 \cdot AB_1$;$L_{C1D}=\mu_1 \cdot C_1D$;$L_{AD}=\mu_1 \cdot AD$

通过以上几例，初步说明了用图解法进行平面四杆机构设计的原理、步骤和方法。生产中虽然要求平面连杆机构实现的运动规律是多种多样的，给定的设计条件也不同，但设计思路和步骤基本相同，不外乎是：首先将已知几何条件画在图纸上；其次借鉴并分析现有类似机构，将机构的运动条件转化为平面几何关系，并找到它的图解条件和步骤；然后根据辅助条件，即机构的传动条件或机构在整台机器中所允许的空间位置等来确定各杆长度。

任务实施

如图 2-3-28(b)所示的牛头刨床摆动导杆机构的设计步骤如表 2-3-17 所示。

表 2-3-17　牛头刨床摆动导杆机构的设计步骤

<table>
<tr><th colspan="2">已知条件</th><th>牛头刨床摆动导杆机构运动简图</th></tr>
<tr><td colspan="2">已知机架 AC 的长度 $l_{AC}=300$ mm，急回特性系数 $K=2$，试设计此摆动导杆机构</td><td>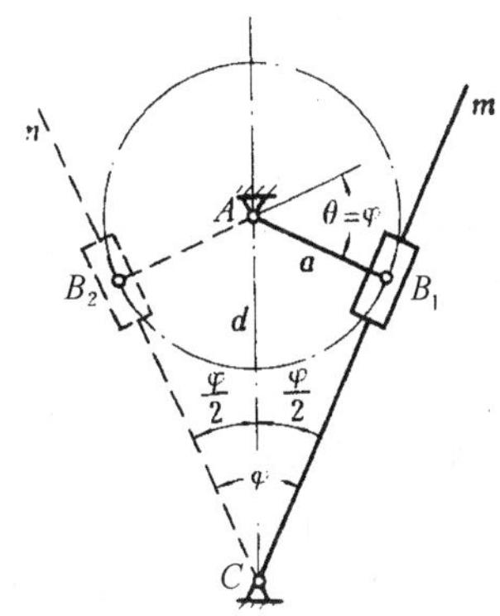
</td></tr>
<tr><th colspan="2">设计步骤</th><th>设计计算过程</th></tr>
<tr><td colspan="2">1. 机构分析</td><td>摆动导杆机构的极位夹角 θ 与导杆的摆角 ψ 相等，设计摆动导杆机构就是确定曲柄长度 L_{AB}</td></tr>
<tr><td rowspan="5">2. 设计步骤</td><td>(1) 计算极位夹角 θ 和摆角 ψ</td><td>$\theta=180°\dfrac{K-1}{K+1}=180°\times\dfrac{2-1}{2+1}=60°, \psi=\theta=60°$</td></tr>
<tr><td>(2) 作导杆的两极限位置</td><td>任选一点为固定铰链 C 点的中心，按 $\psi=60°$ 作导杆的两极限位置 C_m、C_n，使 $\angle mC_n=60°$</td></tr>
<tr><td>(3) 确定 A 点位置</td><td>选择合适的比例尺 $\mu_1=1:10$，作摆角 ψ 的平分线，并在其上取 $CA=L_{AC}/\mu_1=300/10=30$ mm，得曲柄回转中心 A 点</td></tr>
<tr><td>(4) 确定曲柄 AB 长度</td><td>过点 A 作 C_m、C_n 的垂线 AB_1、AB_2，测量 AB_1 的长度，通过比例尺 μ_1 求实际长度 $L_{AB}=\mu_1\cdot AB_1$</td></tr>
<tr><td>(5) 画滑块</td><td>画出滑块，完成设计</td></tr>
</table>

探索与发现

1. 表 2-3-12 给出了一种曲柄摇杆机构的设计步骤，你能否根据表 2-3-13 给出的曲柄滑块机构的设计步骤设计出第二种曲柄摇杆机构的方法。

2. 如图 2-3-32 所示为一加热炉炉门开启机构，其为铰链四杆机构，已知炉门的两个位置及两个活动铰链的中心矩，试设计加热炉炉门开启机构。

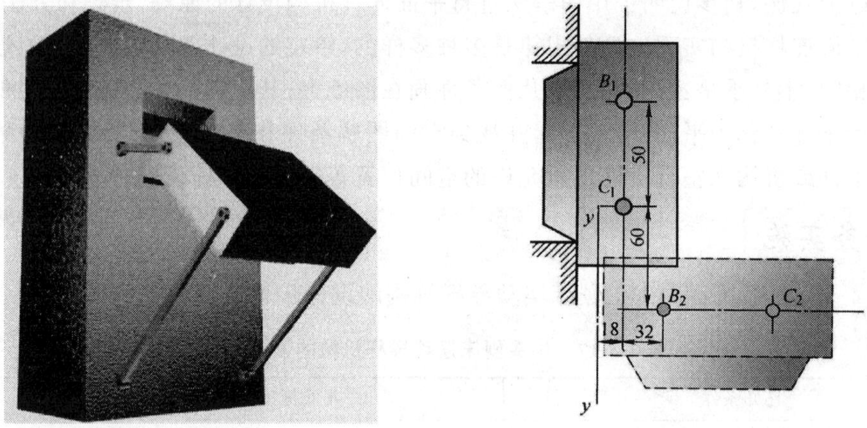

(a) 实例图　　　　(b) 给定连杆的位置

图 2-3-32　加热炉炉门开启机构

知识拓展

实验法设计四杆机构

1. 按两连架杆对应角位移设计四杆机构

当设计要求两连架杆的对应位置为三个或三个以下时,我们可以用解析法或图解法来设计四杆机构(这在理论上是可以解释的),但当要求两连架杆的对应位置为四个或四个以上时,就不能用上述方法求解了,只能用实验法(试凑法或几何覆盖法)来设计了。因此,对于运动要求比较复杂的四杆机构的设计问题,特别是对于按照给定轨迹设计四杆机构的问题,用实验法设计有时显得简便可靠。如,已知条件:两连架杆的七个对应位置,其对应转角为:ϕ_{12}、ϕ_{23}、ϕ_{34}、ϕ_{45}、ϕ_{56}、ϕ_{67}和 ψ_{12}、ψ_{23}、ψ_{34}、ψ_{45}、ψ_{56}、ψ_{67}。

设计步骤(如图 2-3-33 所示)如下。

① 在图纸上任选一点 A 作为连架杆 L 的回转中心,并任选 L_1 作为该连架杆的长度,按给定的 ϕ_{12}、ϕ_{23}、ϕ_{34}、ϕ_{45}、ϕ_{56}、ϕ_{67}作出长度的七个位置 AB_1、AB_2、AB_3、AB_4、AB_5、AB_6、AB_7。

② 选取适当长度 L_2 作为连杆的长度,分别以 B_1、B_2、B_3、B_4、B_5、B_6、B_7 为圆心,L_2 为半径作圆弧 K_1、K_2、K_3、K_4、K_5、K_6、K_7。

③ 选一透明纸,并在其上面任选一点 D 作为另一连架杆的回转中心,按 ψ_{12}、ψ_{23}、ψ_{34}、ψ_{45}、ψ_{56}、ψ_{67}作出另一连架杆的七个对应位置,DD_1、DD_2、DD_3、DD_4、DD_5、DD_6、DD_7;再以 D 为圆心,以该连架杆可能的长度为半径作一系列的同心圆。

④ 将画好的透明纸覆盖在上面的图纸上,进行试凑,当圆弧 K_1、K_2、K_3、K_4、K_5、K_6、K_7和透明纸上的连架杆对应位置 DD_1、DD_2、DD_3、DD_4、DD_5、DD_6、DD_7 的交点 C_1、C_2、C_3、C_4、C_5、C_6、C_7 均落在以 D 为圆心的同一圆弧上时,则连接 $ABCD$ 即为所设计的机构。

若交点 C_1、C_2、C_3、C_4、C_5、C_6、C_7 不能都同时落在以 D 为圆心的同一圆弧上时,要重新选定连杆长度 L_2,重复②、③、④步骤,直到交点 C_1、C_2、C_3、C_4、C_5、C_6、C_7 均落在以 D 为圆心的同一圆弧上为止。

2. 按预定的运动轨迹设计四杆机构

四杆机构在运动时,连杆作平面运动,连杆上任一点的轨迹为一封闭曲线,这些曲线称为连杆曲线。由于连杆运动是平面复合运动，而平面连杆曲线是高阶曲线，所以设计四杆机构使其连杆上某点实现给定的任意轨迹是十分复杂的。连杆曲线的形状随点在连杆上的位置和各构件的相对尺寸的不同而不同，它们的形状各异。为了便于设计，工程上常常利用事先编就的图谱，即从图谱中的某一曲线直接查出该四杆机构各杆的尺寸，这种实验方法称为图谱法。例如，如图 2-3-34 所示，已知原动件 AB 长度及中心 A 和连杆上一点 M，要求设计四杆机构使 M 沿预定轨迹运动。若想设计此四杆机构，用图解法与解析法显然有些捉襟见肘，用曲线图谱法就很易得出。

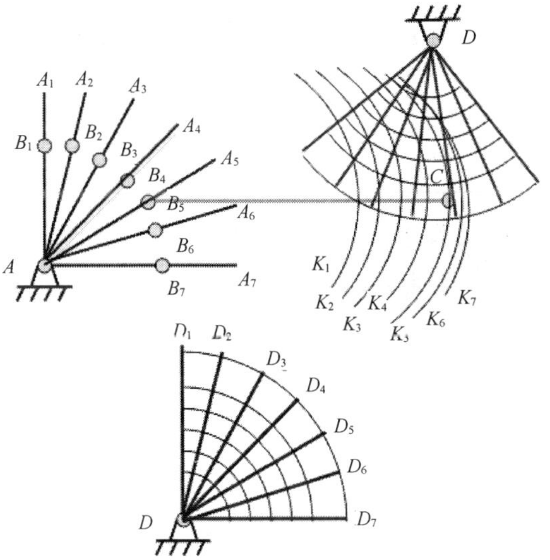

图 2-3-33　实验法设计四杆机构

如图 2-3-35 所示为一描绘连杆曲线的连杆曲线仪模型。设原动件 AB 的长度为 1 单位长度，其余各构件相对 AB 的长度做成可调的。连杆 BC 上固定的一块不透明的薄板，板上钻有一定数量的小孔作为连杆平面上不同点的位置，当机构曲柄转动时，板上的每个孔的运动轨迹就是一条连杆曲线。为了把这些曲线记录下来，可利用光束照射的办法把这些曲线印在感光纸上。这样就得到了一组连杆曲线。依次改变杆 AD、BC 和 CD 相对于杆 AB 的长度，可作出许多组连杆曲线，将它们顺序整理编排成册，即成连杆曲线图谱。如图 2-3-36 所示为《四连杆机构分析图谱》[10] 中的一张。若要求实现某一给定的轨迹，可先从图谱中查出形状与要求实现的轨迹相似的连杆曲线及描绘该连杆曲线的四杆机构中各杆长度的比值，然后用缩放仪求出图谱中的连杆曲线和所要求的轨迹之间相差的倍数，则可求得四杆机构各杆的真实尺寸。由连杆曲线上的小圆圈与铰链 B、C 的相对位置，即可确定描绘轨迹之点在连杆上的位置。

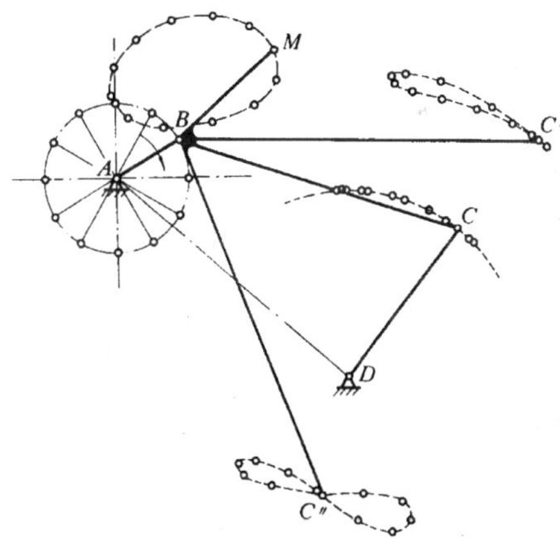

图 2-3-34　四杆机构连杆某点轨迹运动

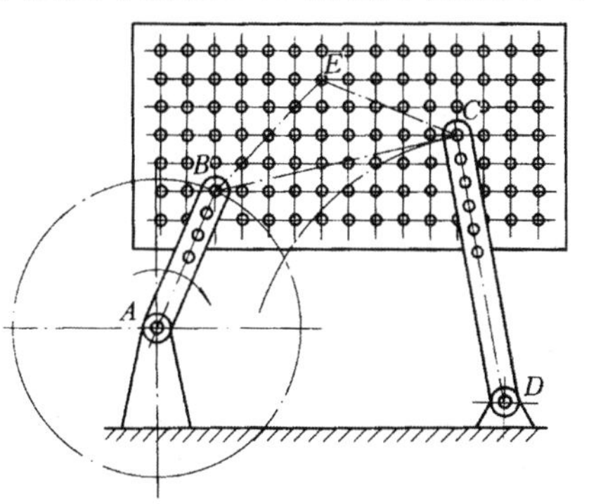

图 2-3-35　连杆曲线仪模型

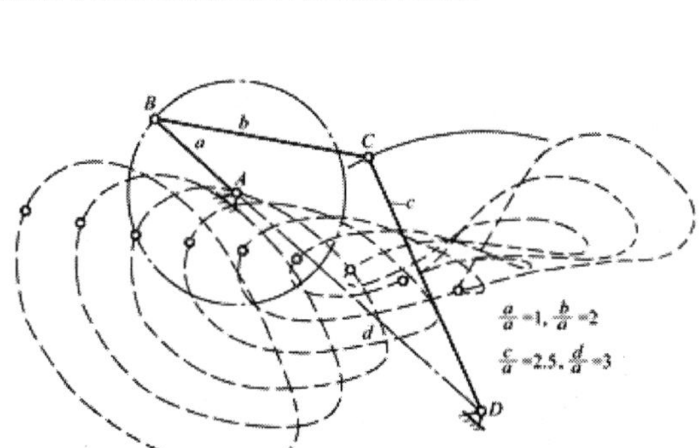

图 2-3-36　四杆机构连杆曲线运动轨迹

项目四　分析内燃机凸轮轴配气机构的运动

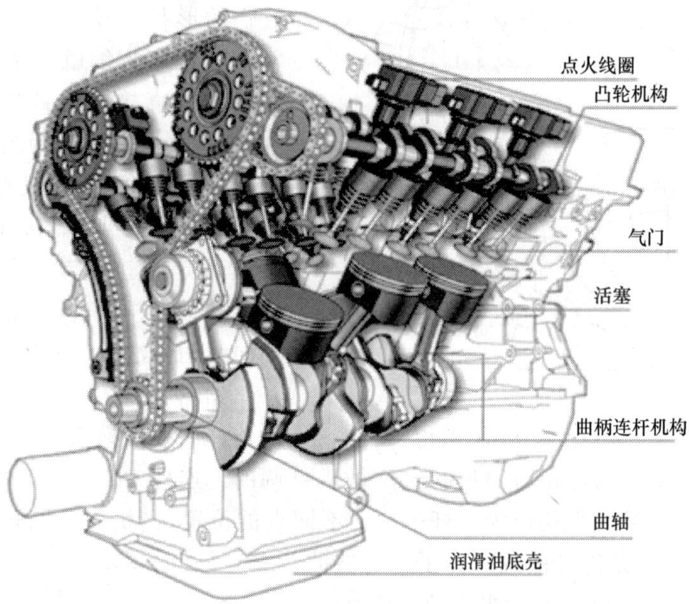

任务目标

1. 熟悉凸轮及从动件的概念、分类、材料、热处理方式并掌握其特点及应用。

2. 熟悉凸轮机构的组成;掌握其特性、运动原理及应用。

3. 明确凸轮机构的工作过程、运动的基本概念和基本参数。

4. 了解凸轮的结构、从动件的几种基本常用的运动规律。

5. 熟悉盘形凸轮机构几个基本参数的确定;掌握移动从动件盘形凸轮轮廓的设计方法,正确绘制凸轮轮廓曲线。

重点难点

1. 熟悉凸轮的几种分类;掌握各分类的特点及应用。

2. 熟悉凸轮机构的组成;掌握其特性、运动原理及应用。

3. 掌握凸轮运动的基本概念和基本参数,能够正确应用。

4. 正确采用图解法对盘形凸轮轮廓进行设计,并熟练运用反转法原理进行绘图操作。

任务一　认识凸轮机构

任务引入

如图 2-4-1 所示为内燃机的配气机构。在内燃机(如图 2-2-1 所示)工作时,需要定时打开和关闭气门,保证内燃机气缸完成进气和排气过程。那么在此工作过程中,凸轮机构如何实现这一功能呢？除了在内燃机中有此应用，在日常生产、生活中，凸轮机构又有哪些常见的种类？主要应用于何种场合呢？

任务分析

现代机械中，为了保证机器中从动件具有复杂的运动规律或从动件的位移；速度、加速度严格按照一定的规律变化；或原动件连续运动，从动件间歇运动时，采用凸轮机构比较简便。

如图 2-4-1 所示，在内燃机配气机构中，凸轮 1 为盘形主动凸轮，作等速回转运动。凸轮与从动件摇臂 2 左端上的滚轮接触，带动摇臂围绕其轴心上下摆动，摇臂右端使气阀杆 3 往复移动，完成进气和排气的动作。弹簧使气阀组件紧贴凸轮的轮廓曲面。气阀开启或闭合时间的长短及运动的速度和加速度的变化规律，则取决于凸轮廓曲线的形状。

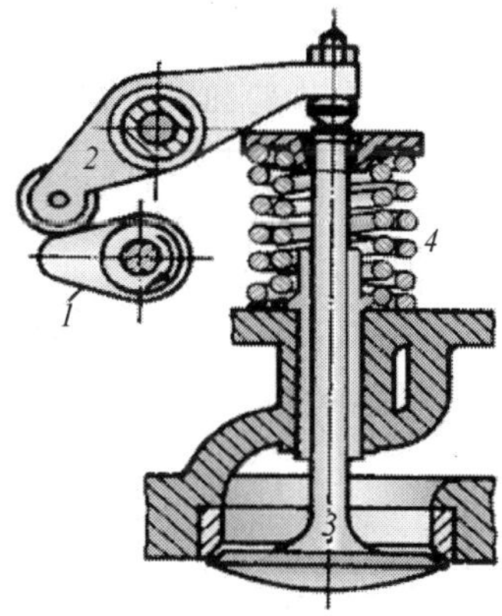

图 2-4-1　内燃机配气机构

随着工业自动化程度的不断提高，凸轮机构的应用也日益广泛。因此，本项目将从讨论凸轮机构的特点和应用入手，介绍凸轮机构的分类，从动件常用的运动规律，凸轮轮廓设计及凸轮机构设计的几个基本问题。

知识链接

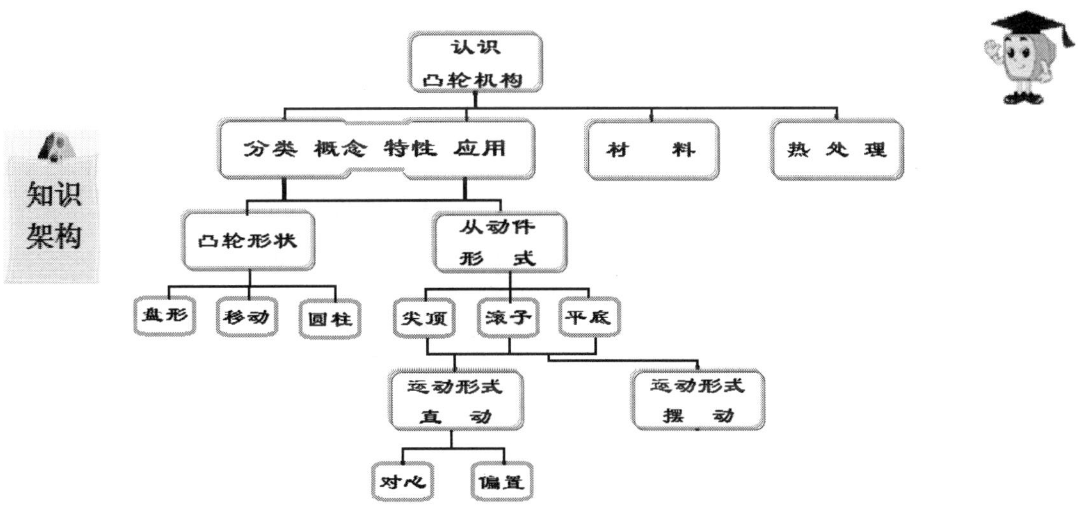

凸轮是一种具有曲线轮廓或凹槽的构件，它与从动件通过高副接触，使从动件获得连续或不连续的任意预期运动。

一、凸轮机构的应用与构成

1. 凸轮机构的应用

在自动机械中，广泛应用着各种凸轮机构，它的作用主要是将凸轮（主动件）的连续转动转化为从动件的往复移动或摆动。例如：

(1) 如图 2-4-2 所示,为单张纸胶印机中用于输送纸张的分纸吸嘴机构,当凸轮 1 连续转动时,从动件(分纸吸嘴 3)上下往复移动。当吸嘴下降到接近纸堆表面时,旋转气阀控制吸嘴吸气,从而吸住纸堆最上面的一张纸;当凸轮继续转动时,吸嘴带纸上升并将纸交给递纸吸嘴,如此反复,完成纸张的逐张分离。

(2)如图 2-4-3 所示,为一自动车床的进刀机构。当具有曲线凹槽的圆柱凸轮 1 做等速回转时,其曲线凹槽的侧面与从动件 2 上的滚子 4 接触并经滚子 4 驱使从动件 2 绕 A 点做往复摆动,通过扇形齿轮和固定在刀架 3 上的齿条的啮合,控制刀架 3 做进刀或退刀运动。刀架的进刀和退刀的运动规律取决于凸轮 1 上的凹槽曲线的形状。

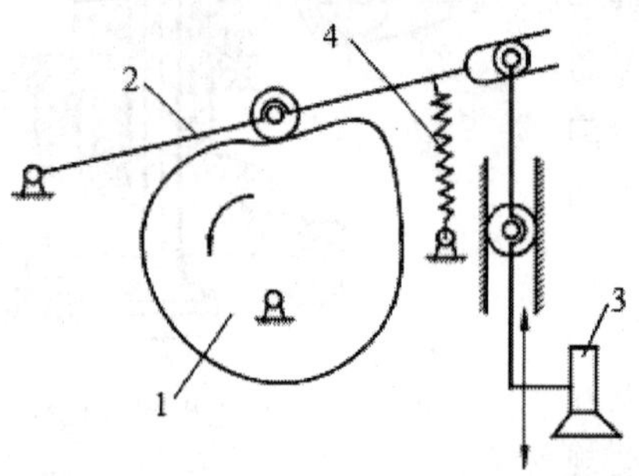

1—凸轮; 2—从动摆臂; 3—分纸吸嘴; 4—弹簧

图 2-4-2　胶印机分纸吸嘴机构

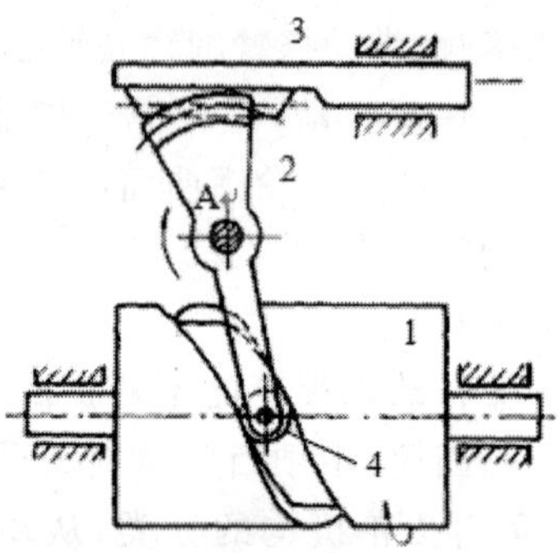

1—圆柱凸轮; 2—从动件; 3—刀架; 4—滚子

图 2-4-3　进刀机构

2. 凸轮机构的组成

从以上实例可以看出,含有凸轮的机构为凸轮机构,被凸轮推动的构件为从动件。凸轮机构主要由凸轮、从动件和机架三个基本构件组成,如图 2-4-4 所示。

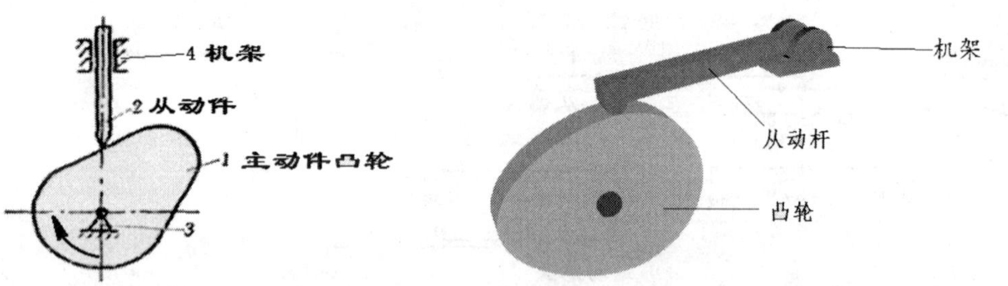

(a) 示意图　　(b) 实例图

图 2-4-4　凸轮机构的组成

3. 凸轮机构的功能与特点

(1) 凸轮机构具有传动、导向和控制等功能。当它作为传动机构时可以产生复杂的运动规律;当它作为导向机构时,则可以使执行机构的动作端产生复杂的运动轨迹;当它作为控制机构时,可以控制执行机构的工作循环。通常凸轮做匀速转动。当凸轮做匀速转动时,从动件的运动规律(指位移、速度、加速度与凸轮转角(或时间)之间的函数关系)取决于凸轮的轮廓曲线形状。反之,按机器执行件的工作要求给定从动件的运动规律以后,合理地设计出凸轮的曲线轮廓,是凸轮设计的重要内容。

(2) 凸轮机构还具有如下优点:高速时平稳性好,重复精度高,运动特性良好,机构的构件少，结构紧凑体积小，刚性大，周期控制简单，可靠性好，寿命长。其主要缺点是：由于凸轮与从动件间为高副接触，易于磨损，因而凸轮机构多用于传递动力不大的自动机械、仪表、控制机构及调节机构中。

综上所述，凸轮机构在机械工程领域中有着广泛的应用，特别在印刷机、包装机械、纺织机以及各种自动机中应用更加普遍。

二、凸轮机构的分类

凸轮机构的种类很多，通常从以下几个方面进行分类：凸轮的形状、从动件的端部形式、维持从动件与凸轮的高副接触的锁合方式及从动件的运动形式等。

1. 按凸轮的形状分类

凸轮机构按凸轮的形状不同可分为盘形凸轮机构、移动凸轮机构和圆柱凸轮机构等。其各自的特点及应用如表 2-4-1 所示。

表 2-4-1　按凸轮形状进行的分类及各自的特性及应用

序号	分类	含义	图例	图解机构、特性和应用
1	盘形凸轮	在直径方向轮廓尺寸变化的凸轮称为盘形凸轮。盘形构件绕其轴线旋转	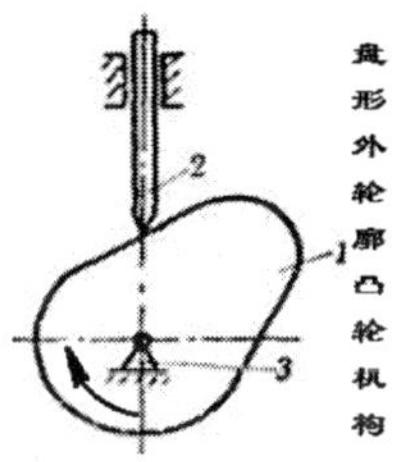(a) 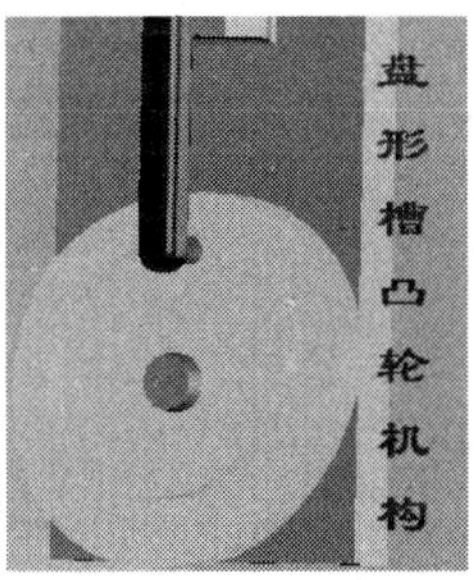(b)	图示为凸轮 1 绕其轴线圆周旋转，迫使导杆 2 沿其机架上下直线运动。在这种凸轮机构中，凸轮是一个绕定轴转动且具有变曲率半径的盘形构件，当凸轮定轴回转时，从动件在垂直于凸轮轴线的平面内运动，这是一种平面凸轮机构。结构简单，是凸轮中最基本的形式。 为避免从动件运动范围太大，导致凸轮直径尺寸变化过大，凸轮机构一般应用在从动件行程或摆动较小的场合
2	移动凸轮	当盘形凸轮的回转中心趋于无穷远，凸轮相对机架做直线运动时，转动的盘形凸轮变成了移动凸轮	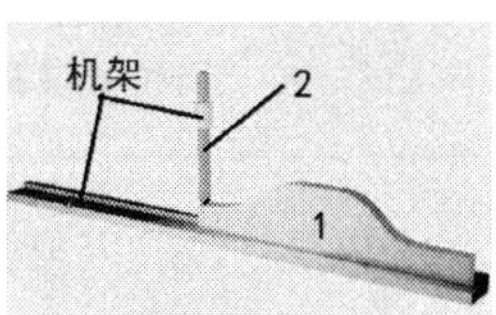(a) 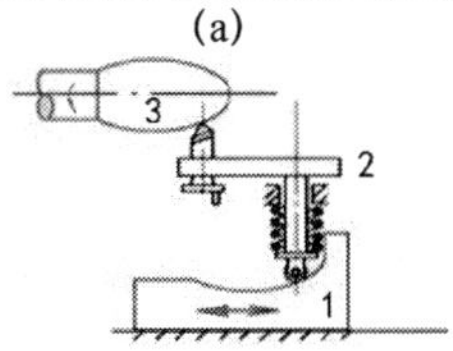(b)	图(a)为靠模仿形机械中的移动凸轮。移动凸轮 1 沿着机架槽左右移动，达到迫使从动件 2 在其机架中不断变换速度、上下移动的目的。图(b)为自动车床走刀机构。凸轮 1 往复运动，带动从动件 2 上的车刀上下移动，工件 3 一边绕轴心旋转，一边左右移动。弹簧则起到保证从动件上的滚轮时刻靠紧凸轮 1 运动。 从上述两例中，我们可以知道，当盘形凸轮的回转中心趋于无穷远时，就演化为移动凸轮。在移动凸轮机构中，凸轮一般做往复直线运动，大型超市的循环电梯台阶的自动上升和下降等均是通过移动凸轮进行控制的

续 表

序号	分类	含义	图例	图解机构、特性和应用
3	圆柱凸轮	轮廓曲线位于圆柱面或圆柱端部并绕其轴线旋转的凸轮为圆柱凸轮	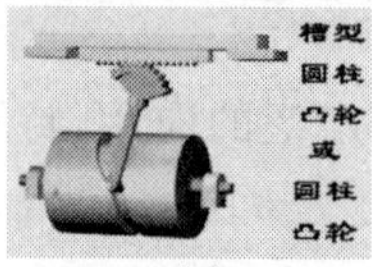 (a) 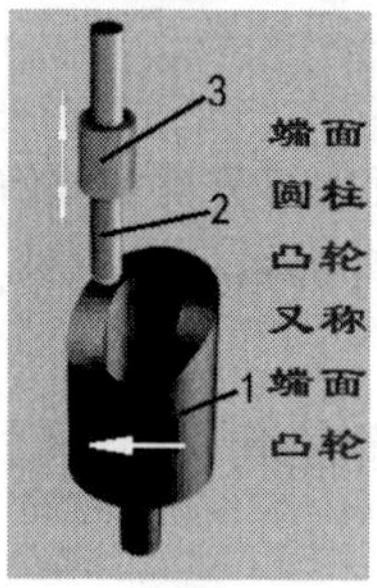 (b)	图(a)是自动车床走刀机构。圆柱凸轮等角速回转,使从动件绕其轴心按运动规律摆动,通过齿轮齿条机构使刀具完成快速接近工件、等速直线进刀、快速退回等运动。 图(b)为端面凸轮机构。凸轮 1 绕其轴线圆周旋转;导杆 2 在支架 3 中上下移动。 从上述两例可知,圆柱凸轮的从动件能够利用直径较小的圆柱体获得较大的运动范围,而且当圆柱凸轮等速回转时,从动件在平行于凸轮轴线的平面内运动。 在这种凸轮机构中,圆柱凸轮可以看成将移动凸轮卷在圆柱体上而得到的凸轮。由于凸轮和从动件的运动平面不平行,因而这是一种空间凸轮机构

2. 按从动件的端部形式分类

按照从动件的端部形式的不同可以分为尖顶从动件、滚子从动件和平底从动件凸轮机构。凸轮机构按从动件的形式分类如表 2-4-2 所示。

表 2-4-2 按从动件的形式分类及各自的特性及应用

序号	分类	(从动件)运动形式图例		特性及应用
		直动(做往复直线运动)	摆动(做往复摆动)	
1	尖顶从动件	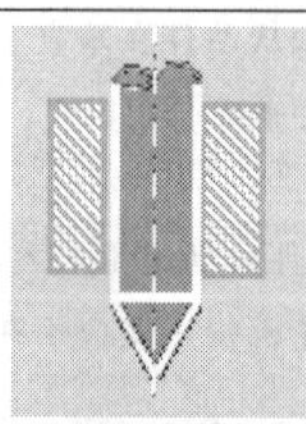	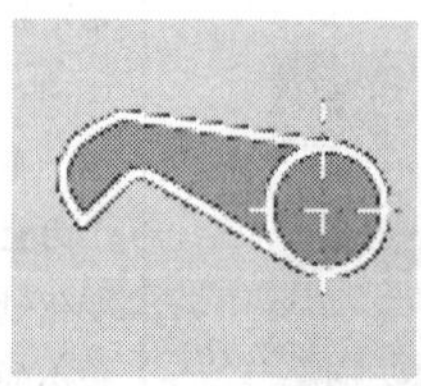	凸轮机构的从动件为尖顶,结构简单。能准确地与任意形状的凸轮轮廓相接触,从而实现复杂的运动规律。 但由于尖顶处易磨损,故多用于轻载、速度低、传动灵敏的场合中,如:仪器、仪表机构等
2	滚子从动件	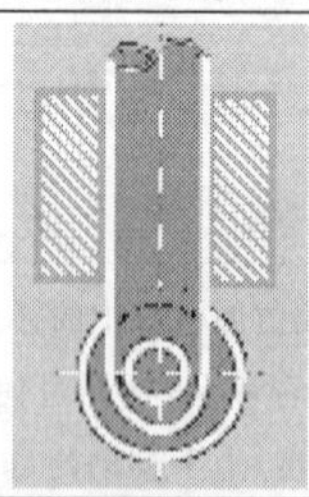	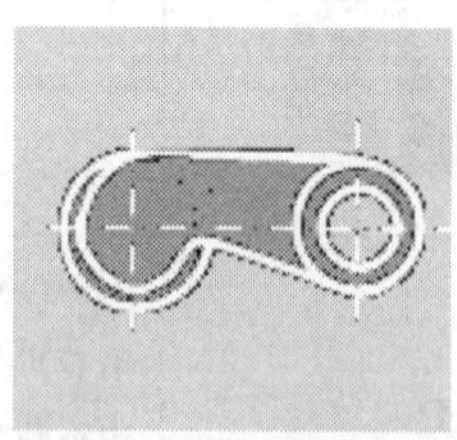	为了克服尖顶从动件凸轮机构的缺点,可在尖顶处安装滚子,将滑动摩擦变为滚动摩擦使其耐磨损,摩擦力小,寿命长,从而可以承受较大的载荷,是应用最为广泛的一种凸轮机构。滚子与轴有间隙,宜于低、中速和重载的凸轮机构
3	平底从动件	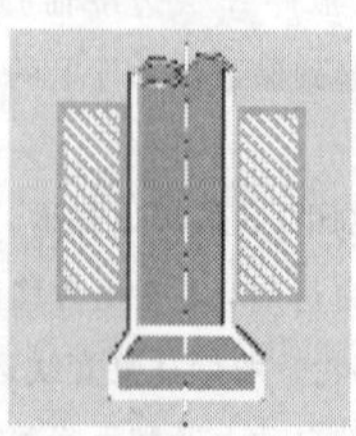	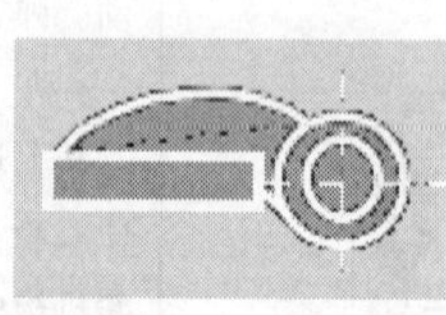	这种凸轮机构的从动件与凸轮轮廓表面接触的端面为平面。因而不能用于具有内凹轮廓的凸轮。 这种凸轮机构的特点是受力比较平稳(不计摩擦时,凸轮对平底从动件的作用力垂直于平底),因接触处成楔形间隙,容易形成楔形油膜,有利于润滑、磨损少、平稳、承载力大。所以,常用于高速凸轮机构的场合。 其缺点是该形式的从动件不能与具有内凹轮廓的凸轮相接触,运动规律受一定限制

3. 按维持高副接触的锁合方式分类

在凸轮机构的工作过程中，必须保证凸轮与从动件一直保持接触。常把保持凸轮与从动件接触的方式称为封闭方式或锁合方式，主要分为力封闭和形封闭两种。

(1) 力封闭的凸轮机构。这种凸轮机构利用从动件的重力或其他外力(常为弹簧力)来保持凸轮和从动件始终接触，又称为力锁合。如图 2-4-2 所示的胶印机分纸吸嘴机构。

(2) 形封闭的凸轮机构。形封闭的凸轮机构依靠高副元素本身的几何形状使从动件与凸轮始终保持接触，又称为形锁合。常有以下几种形式。

① 沟槽凸轮机构。如图 2-4-3 所示的圆柱凸轮、表 2-4-3 所示的沟槽凸轮，利用圆柱或圆盘上的沟槽保证从动件的滚子与凸轮始终接触。这种锁合方式最简单，且从动件的运动规律不受限制。其缺点是增大了凸轮的尺寸和重量，且不能采用平底从动件的形式。

② 等宽、等径凸轮机构。如表 2-4-3 所示，等宽凸轮机构的从动件具有相对位置不变的两个平底，而等径凸轮机构的从动件上则装有轴心相对位置不变的两个滚子，它们与凸轮轮廓同时保持接触。这种凸轮机构的尺寸比沟槽凸轮小，但从动件可以实现的运动规律受到了限制。

③ 共轭凸轮机构。如表 2-4-3 所示的共轭凸轮机构由安装在同一根轴上的两个凸轮控制一个从动件，一个凸轮控制从动件逆时针摆动，另一个凸轮则驱动从动件顺时针摆回。共轭凸轮机构可用于高精度传动，如现代印刷机中的下摆式前规机构、下摆式递纸机构(如图 2-4-5 所示)等均采用共轭凸轮驱动。其缺点是结构比较复杂，制造和安装精度要求较高。

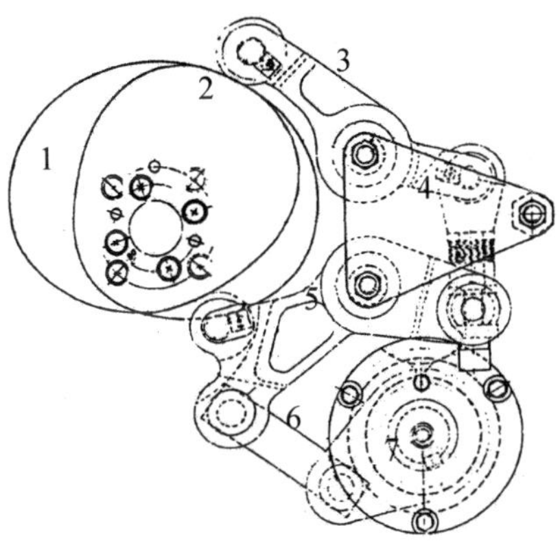

1—主凸轮；2—副凸轮；3—主动摆臂；
4—固定墙板；5—主动摆臂；6—连杆；7—递纸牙摆臂

图 2-4-5　下摆式递纸机构

表 2-4-3　形封闭凸轮机构

类型	沟槽凸轮	等宽凸轮	等径凸轮	共轭凸轮
图例		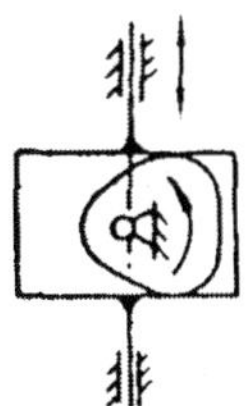	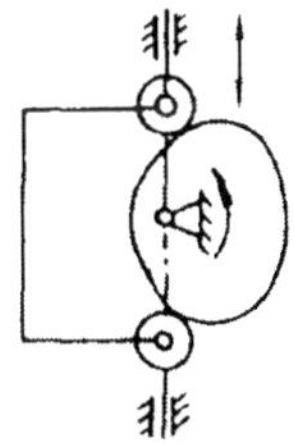	

4. 按从动件导路中心线和凸轮的回转中心的关系分类

从动件做往复直线运动，称为直动从动件凸轮机构，如图 2-4-6、图 2-4-7 所示。从动件做往复摆动，则称为摆动从动件凸轮机构，如图 2-4-2、图 2-4-3 所示。在直动从动件盘形凸轮机构中，若从动件往复运动的轨迹线通过凸轮的回转中心，称为对心直动从动件盘形凸轮机构，如图 2-4-6 所示。反之，则称为偏置直动从动件盘形凸轮机构，如图 2-4-7 所示，偏置的距离称为偏距，用 e 表示。

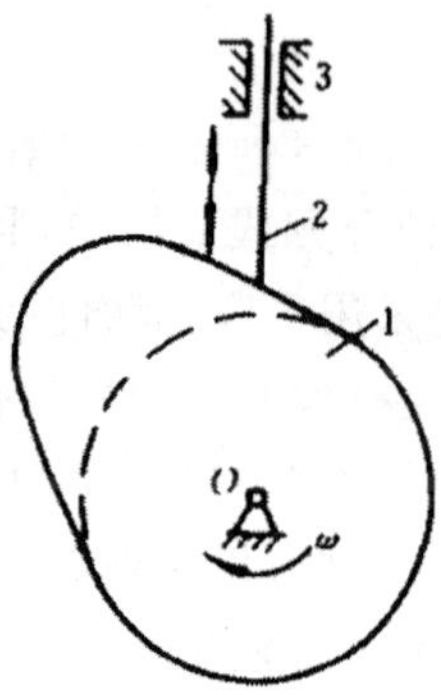

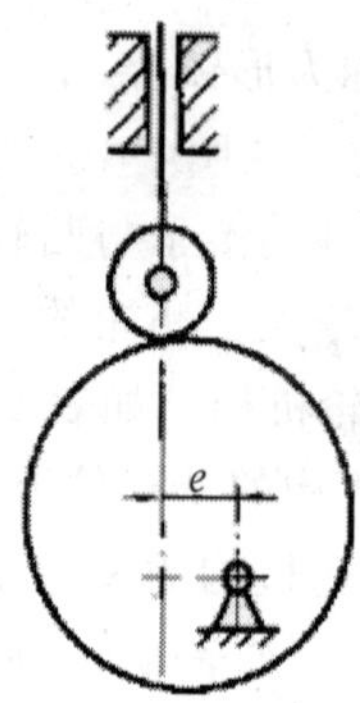

图 2-4-6　对心直动从动件盘形凸轮机构　　2-4-7　偏置直动从动件盘形凸轮机构

上述介绍了常见的凸轮机构的类型，为了便于设计选型，表 2-4-4 汇总了不同类型的凸轮和从动件组合而成的凸轮机构。

表 2-4-4　凸轮机构的类型汇总

类型	图例		
盘形凸轮机构	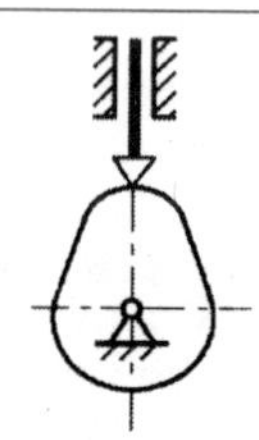 尖顶对心直动从动件	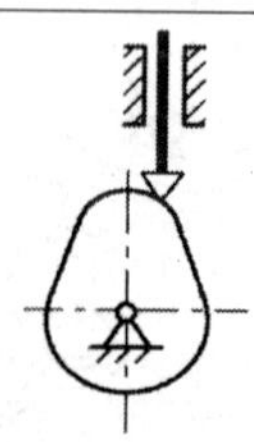 尖顶偏置直动从动件	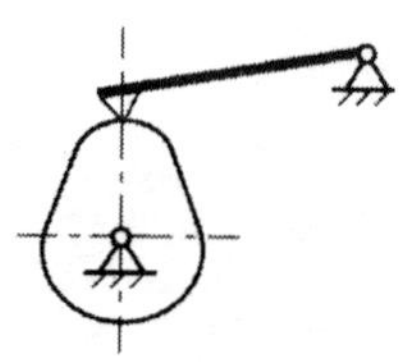 尖顶摆动从动件
	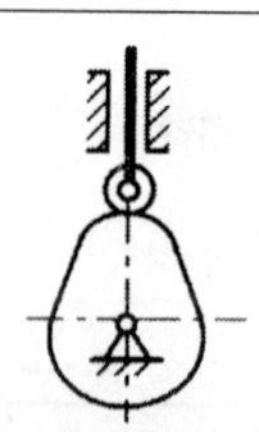 滚子对心直动从动件	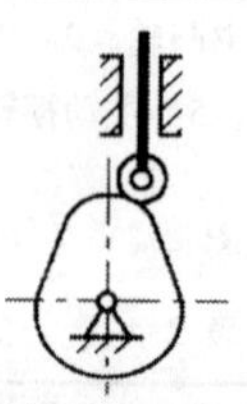 滚子偏置直动从动件	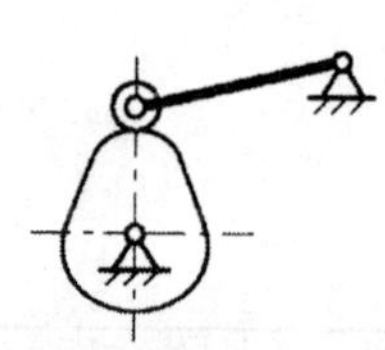 滚子摆动从动件
	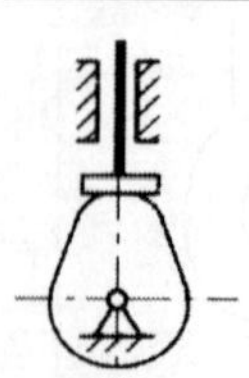 平底对心直动从动件	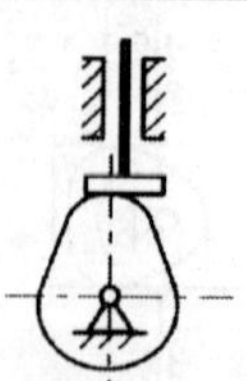 平底偏置直动从动件	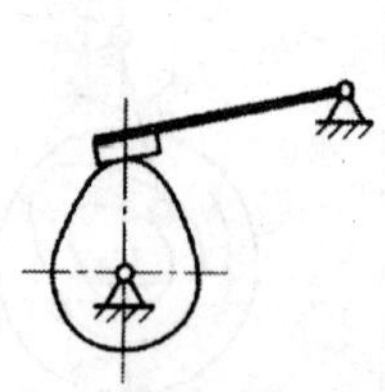 平底摆动从动件

续表

类型	图例		
圆柱凸轮机构	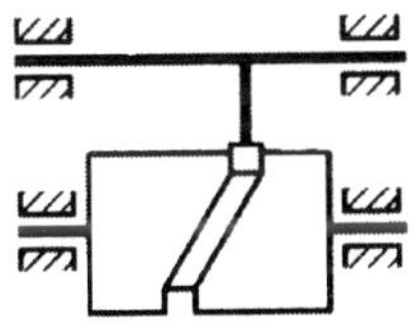 直动从动件	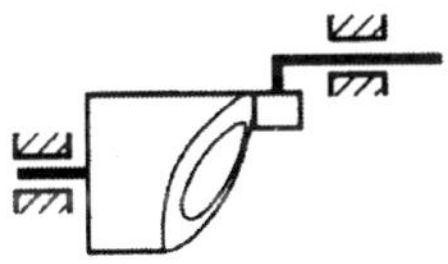 直动从动件	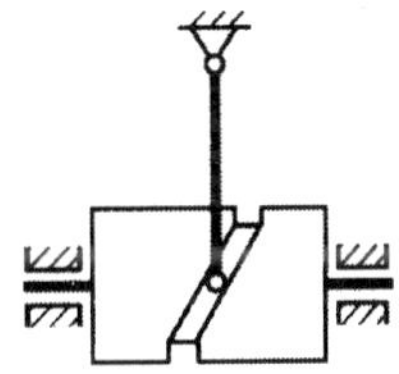 摆动从动件
移动凸轮机构	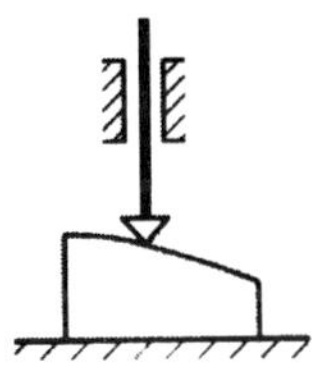 尖顶直动从动件	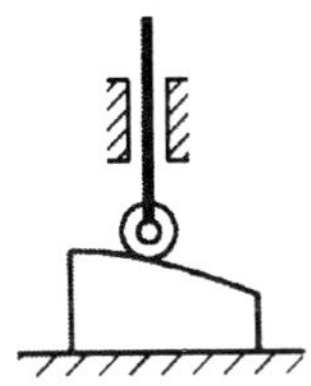 滚子直动从动件	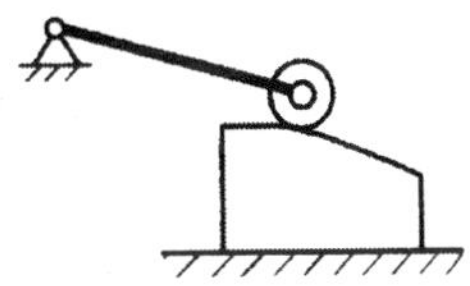 滚子摆动从动件
锁合方式	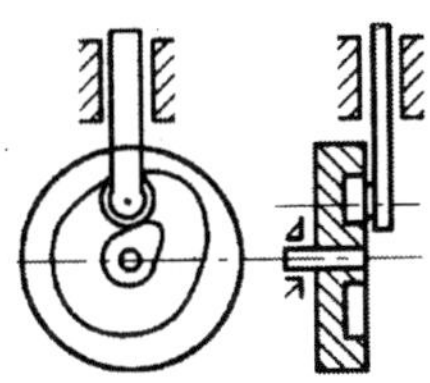 形锁合		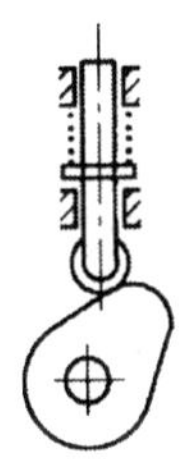 力锁合

三、凸轮材料与热处理

选用凸轮材料的时候，应根据凸轮机构所受的冲击载荷和磨损决定，如表 2-4-5 所示。

表 2-4-5　凸轮材料与热处理

类型	材料	热处理	使用状况
凸轮	45、40Cr	52～58HRC	通常状况
	15、20Cr	56～62HRC，渗碳深度 0.8～1.5 mm	要求更高
	可进行渗氮处理的钢材	氮化处理 60～67HRC	
	优质球墨铸铁、45	45 钢调质处理	轻载时
滚子	20Cr、18CrMoTi　淬火 56～62HRC　** 或采用滚动轴承		

四、凸轮的结构

凸轮常采用的结构如图 2-4-8 所示，当基圆半径较小、不满足式 $r_0 \geq 1.8r+(7\sim10)$ mm 时（r_0 为凸轮基圆半径，r 为轴的半径），凸轮与轴作成一体，称为凸轮轴，如图 2-4-8(a)所示；当凸轮基圆半径与轴尺寸相差很大时，应将凸轮与轴分开制造。凸轮与轴可采用键连接、销连接等如图 2-4-8(b)、图 2-4-8(c)所示。

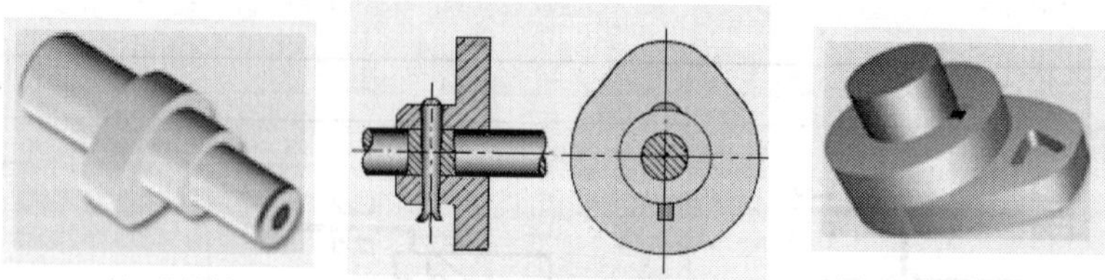

(a) 凸轮轴　(b) 凸轮与轴销连接　(c) 凸轮与轴键连接

图 2-4-8　凸轮的结构

任务实施

如图 2-4-1 所示为内燃机中利用凸轮机构实现进排气门控制的配气机构，当内燃机(如图 2-2-1 所示)工作时，具有一定曲线轮廓的凸轮 1 作等速转动，它的轮廓迫使从动件 2(气门推杆)沿凸轮曲经轮廓变速上下移动，以便按内燃机的工作循环要求启闭阀门，实现进气和排气。除了在内燃机中有此应用，在日常生产、生活中，凸轮机构常见的种类有盘形凸轮机构，该机构一般应用在从动件行程或摆动较小的场合；移动凸轮机构，该机构一般作往复直线运动，大型超市的循环电梯台阶的自动上升和下降等均是通过移动凸轮进行控制的；尖顶从动件凸轮机构多用于轻载、速度低、传动灵敏的场合中；滚子从动件凸轮机构是应用最为广泛的一种凸轮机构，宜于低、中速、重载的凸轮机构；平底从动件凸轮机构常用于高速凸轮机构的场合。

探索与发现

1. 为什么凸轮机构广泛应用于自动、半自动机械的控制装置中？

知识拓展

凸轮机构的应用

如图 2-4-9 所示为多缸体内燃机，其采用了盘形凸轮轴(如图 2-4-10 所示)，凸轮旋转，同时使几个气门直线往复运动，达到进气、出气的目的，从而推动活塞在缸体内运动，完成内燃机吸气、压缩、爆燃和排气的四个冲程。由于集多个盘形凸轮在一根轴上，并且凸轮的最高点均匀分布在圆周上，众多气缸内的四行程运动交错进行，从而保证了内燃机具有足够、均匀的动力。

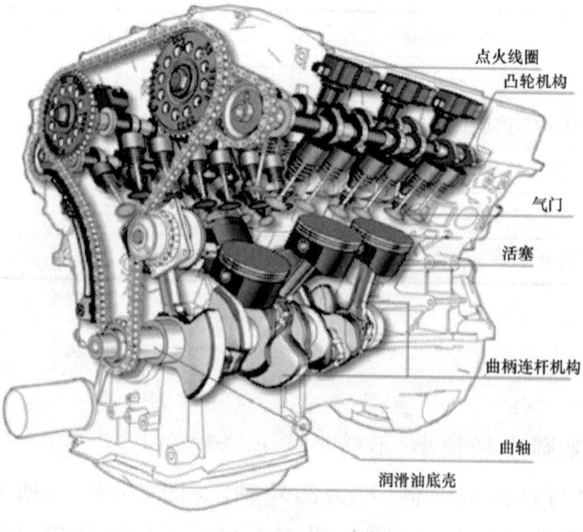

图 2-4-9　多缸内燃机

图 2-4-10　凸轮轴

如图 2-4-11 所示为绕线机中用于排线的凸轮机构。当绕线轴 3 快速转动时，经齿轮带动凸轮 1 缓慢地转动，通过凸轮轮廓与尖顶 A 之间的作用，驱使从动件 2 往复摆动，因而使线均匀地缠绕在绕线轴上。

如图 2-4-12 所示为自动机床上控制刀架运动的凸轮机构。当圆柱凸轮 1 回转时，凸轮凹槽侧面迫使杆 2 运动，以驱使刀架运动。凹槽的形状将决定刀架的运动规律。

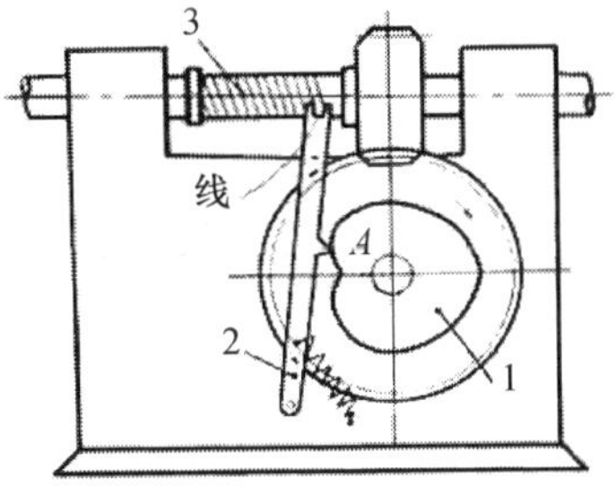

图 2-4-11　绕线机构

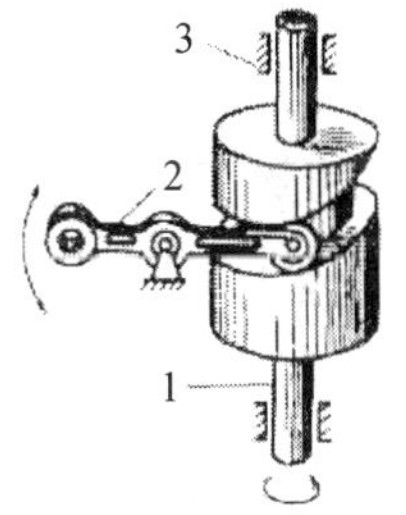

图 2-4-12　控制刀架机构

图 2-4-13 为自动机床中的横向进给机构，当凸轮等速回转一周时，凸轮的曲线外廓推动从动件带动刀架完成以下动作：车刀快速接近工件，等速进刀切削，切削结束刀具快速退回，停留一段时间再进行下一个运动循环。

图 2-4-14 为糖果包装剪切机构，它采用了凸轮-连杆机构，槽凸轮 1 绕定轴 B 转动，摇杆 2 与机架铰接于 A 点。构件 5 和 6 与构件 2 组成转动副 D 和 C，与构件 3 和 4(剪刀)组成转动副 E 和 F。构件 3 和 4 绕定轴 K 转动。凸轮 1 转动时，通过构件 2、5 和 6，使剪刀打开或关闭。

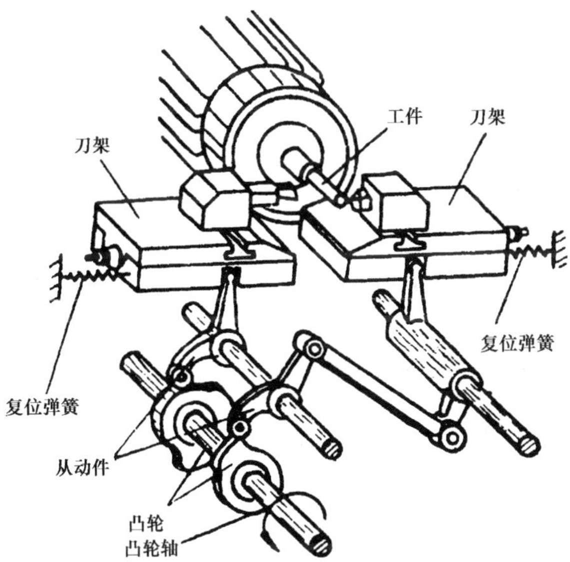

图 2-4-13　自动机床中的横向进给机构

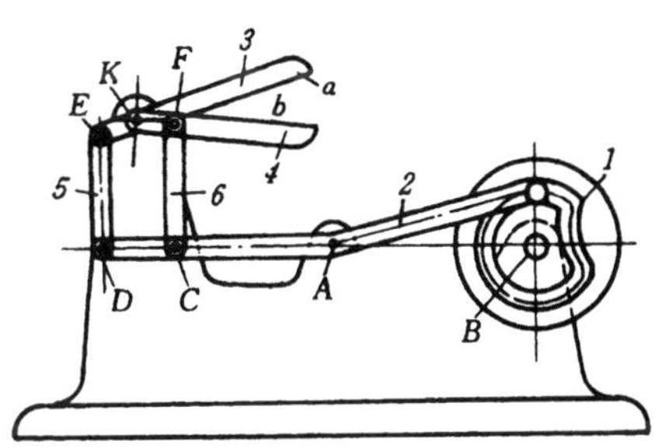

图 2-4-14　糖果包装剪切机构

图 2-4-15 为机械手及进出糖机构。送糖盘 7 从输送带 10 上取得糖块，并与钳糖机械手反向同步放置至进料工位Ⅰ，经顶糖、折边后，产品被机械手送至工位Ⅱ后落下或由拨糖杆推下。机械手开闭由机械手开合凸轮(图中虚线)1 控制，该凸轮的轮廓线是由两个半径不同的圆弧

组成,机械手的夹紧主要靠弹簧力。

如图 2-4-16 所示为由两个凸轮组合的顶糖、接糖机构,通过平面槽凸轮机构将糖顶起,由圆柱凸轮机构控制接糖杆的动作,完成接糖工作。如图 2-4-17 所示的机构中,应用了四个凸轮机构的配合动作来完成电阻压帽工序。缝纫机的挑线机构(图 2-4-18)等,都是凸轮机构具体应用的实例。由以上各例可见,凸轮机构在各种机器中的应用是相当广泛的,了解凸轮机构的有关知识是非常必要的。

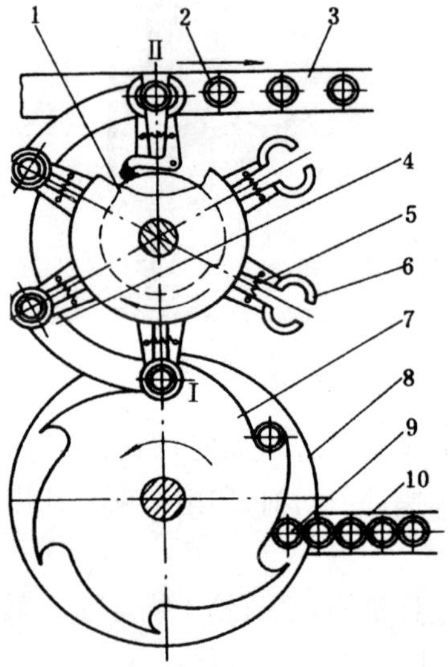

1—机械手开合凸轮; 2—成品; 3—输送带;
4—托板; 5—弹簧; 6—钳糖机械手; 7—送糖盘;
8—托盘; 9—茂克力糖; 10—输料带

图 2-4-15　机械手及进出糖机构

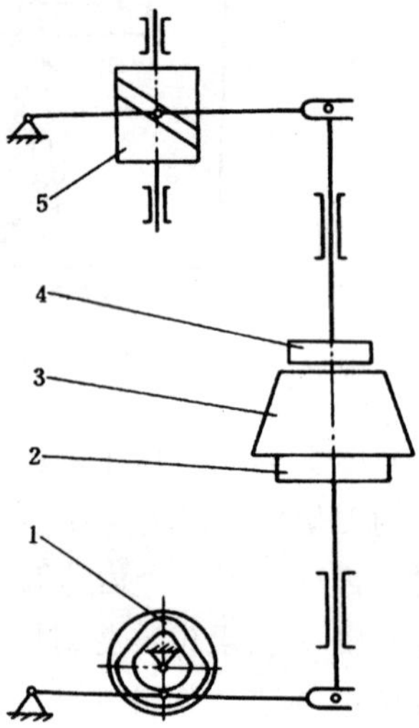

1—平面槽凸轮机构; 2—顶糖杆; 3—糖块;
4—接糖杆; 5—圆柱凸轮机构

图 2-4-16　顶糖、接糖机构

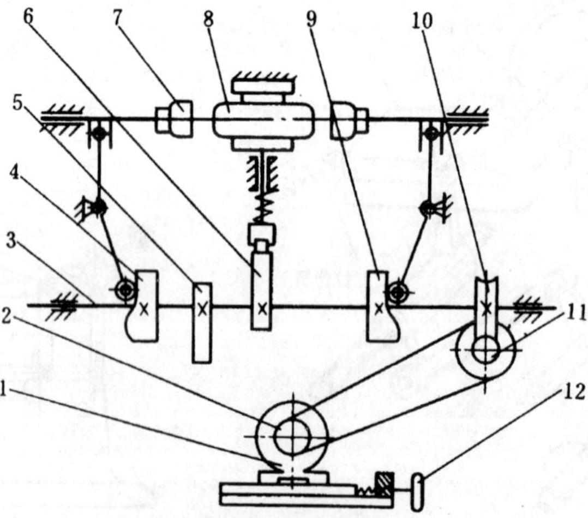

1—电动机; 2—带式无级变速机构; 3—分配轴;
4、9—压帽机构凸轮; 5—电阻送料机构凸轮; 6—压紧机构凸轮;
7—电阻帽; 8—电阻坯件; 10—蜗轮; 11—蜗杆; 12—调速手轮

图 2-4-17　电阻压帽自动机的传动系统图机构

凸轮机构除了在机械中使用外，也常常应用在日常生活中。如图 2-4-19 所示为录音卷带机构，放音键下端是移动凸轮，从动杆 2 为滚轮导杆，皮带轮与摩擦轮同轴作为主动轮进行圆周运动，连杆与摩擦轮 4 相连。图 2-4-19(a)表示未按下放音键的时候，与导杆相连的摩擦轮与卷带轮保持一定的距离；图 2-4-19(b)表示将放音键按下的时候，移动凸轮向下运动，导杆顶端的滚轮沿着凸轮圆弧曲线相对向上移动，与导杆相连的连杆则向上翘起，使摩擦轮靠紧卷带轮 3，从而带动卷带轮圆周旋转，达到卷绕录音带的目的。

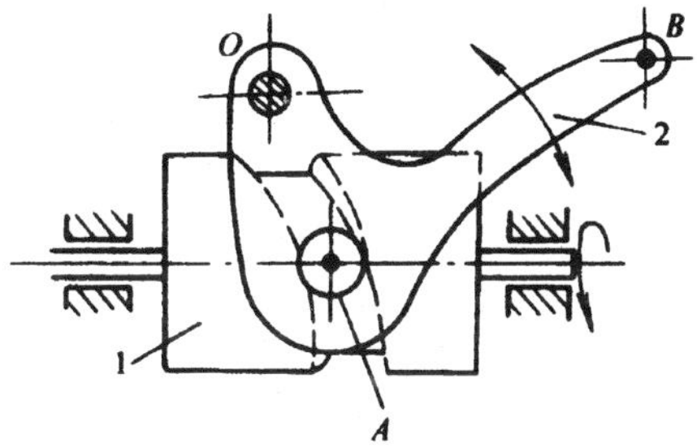

图 2-4-18　缝纫机的挑线机构

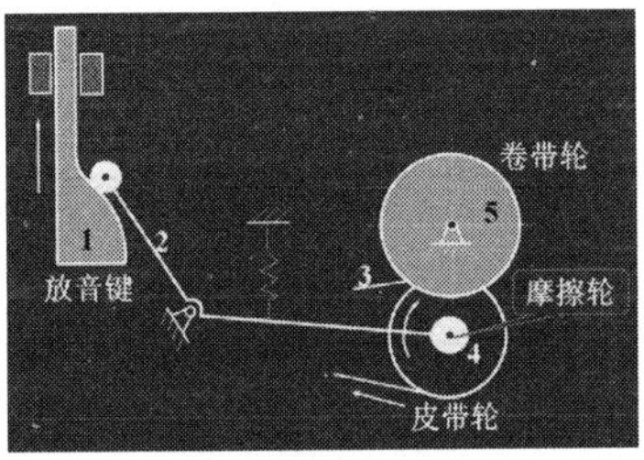

(a) 未按下放音键

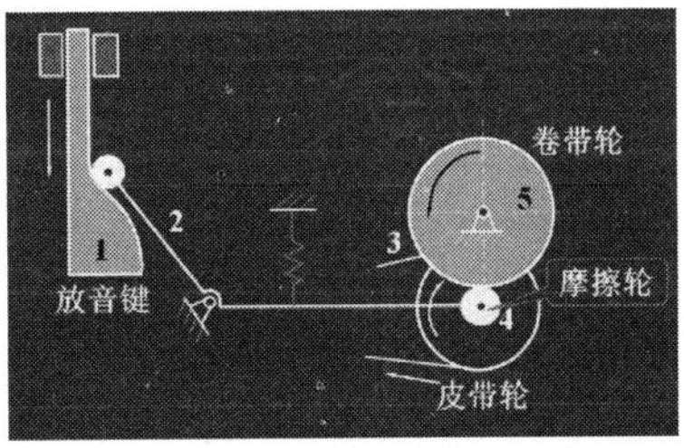

(b) 按下放音键

图 2-4-19　录音卷带机构

由以上举例可以看出，凸轮的曲线轮廓决定从动件的运动规律。为了使从动件与凸轮始终保持接触，可以利用弹簧力、从动件的重力或凸轮与从动件特殊的结构形状，如凹槽，来实现凸轮与从动件的运动锁合。

任务二　设计凸轮轮廓曲线

任务引入

一内燃机配气机构，如图 2-4-20 所示。已知该机构为对心直动尖顶从动件盘形凸轮机构，凸轮逆时针回转，其基圆半径 $r_o=30$ mm，从动件的行程 $h=15$ mm，从动件的运动规律如表 2-4-6 所示，试设计此凸轮轮廓。

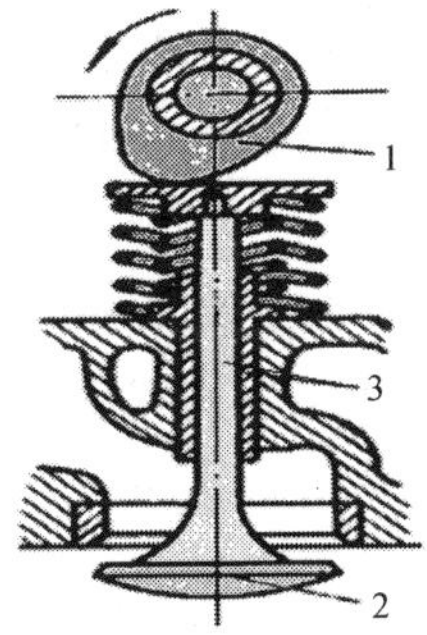

1—凸轮；2—气门；3—推杆

图 2-4-20　内燃机配气机构

表 2-4-6　凸轮机构从动件的运动规律

凸轮转角	0°～180°	180°～300°	300°～360°
从动件的运动规律	等速上升 30 mm	等加速等减速下降回到原处	停止不动

任务分析

设计凸轮机构的轮廓曲线，首先应了解凸轮机构的组成、概念、分类、特性、应用等基础知识；掌握凸轮机构的工作过程及过程中涉及的基本概念、参数、从动件的运动规律等；再按照图解法的设计方法进行凸轮机构轮廓曲线的设计。

知识链接

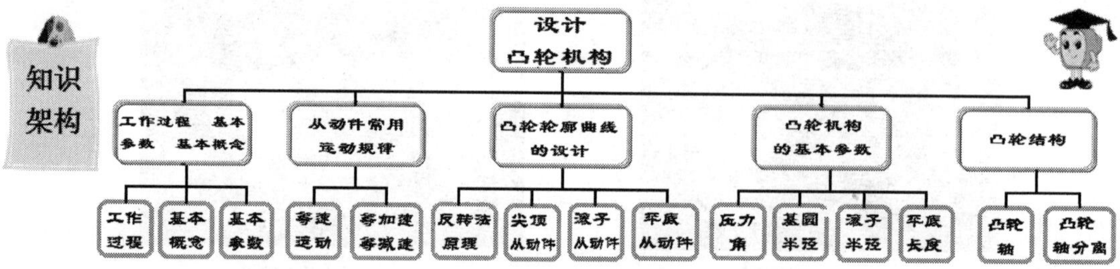

一、凸轮机构运动的认识

1. 凸轮机构的工作过程

如图 2-4-21(a)所示为一偏置直动尖顶从动件盘形凸轮机构，从动件移动轨迹线至凸轮回转中心的偏距为 e，以凸轮轮廓的最小向径 r_0 为半径所作的圆称为**基圆**，r_0 为基圆半径，凸轮以等角速度 ω 逆时针转动。在图示位置，尖顶与点 A 接触，点 A 是基圆与开始上升的轮廓曲线的交点，此时从动件的尖顶距离凸轮轴心最近，随着凸轮转动，向径增大，从动件按一定运动规律被推向远处，到向径最大的点 B 与尖顶接触时，从动件对推到最远处，这一过程称为**推程**；与之对应的转角($\angle BOB'$)称为**推程运动角** Φ，从动件移动的距离 AB' 称为**行程**，用 h 表示。当凸轮转至圆弧 BC 段与尖顶接触时，从动件在最远处停止不动，此过程称为**远休程**，对应的转角称为**远休止角** Φ_s；凸轮继续转动，尖顶与向径逐渐变小的 CD 段轮廓接触，从动件返回，这一过程称为**回程**，与之对应的凸轮转角称为**回程运动角** Φ'；当圆弧 DA 段与尖顶接触时，由于轮廓 DA 段为向径不变的基圆圆弧，从动件继续停在距轴心最近处不动，此过程称为**近休程**，对应的转角称为**近休止角** Φ_s'。此时，凸轮刚好转过一圈，机构完成一个工作循环，从动件则完成一个“升—停—降—停”的运动循环。而后凸轮不间断地运动，从动件则周而复始地进行上升、停止、下降、停止的运动。

从动件的位移 s 与凸轮转角 φ 的关系可以用从动件的位移线图来表示，如图 2-4-21(b)所示。由于凸轮一般均作等速旋转，转角与时间成正比，因此横坐标也可以代表时间 t。从动件速度 v 和加速度 a 与凸轮转角 ω(或时间 t)之间的对应关系坐标图称为从动件运动线图，如图 2-4-21(c)所示。

2. 凸轮机构工作过程基本参数

凸轮机构工作过程基本参数如表 2-4-7 所示。

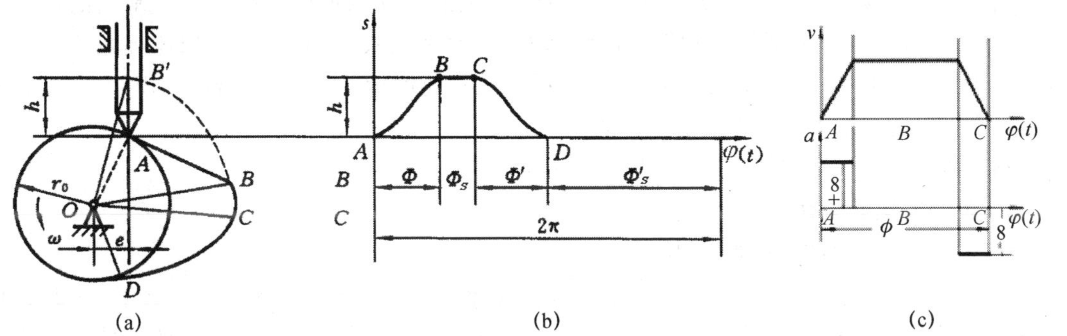

图 2-4-21　凸轮机构的基本运动过程

表 2-4-7　凸轮机构工作过程基本参数

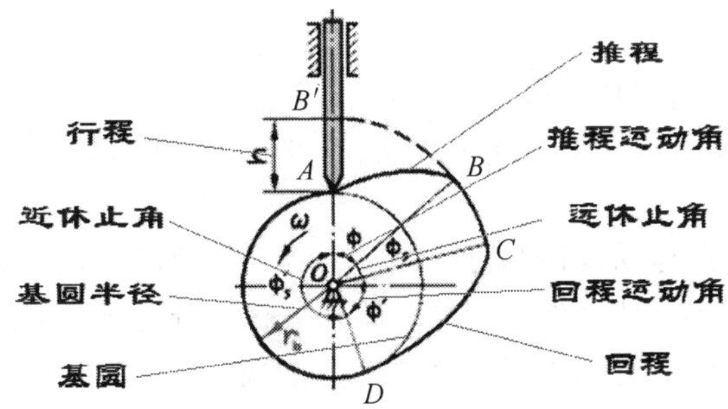

对心直动尖顶从动件盘形凸轮机构工作过程参数示意图

序号	参数名称	含　义
1	基圆	用凸轮理论轮廓上的最小向径 r_b 为半径，以凸轮旋转中心为圆心所画的圆称为基圆
2	基圆半径	凸轮理论轮廓上的最小半径，也即是基圆的半径称为基圆半径，用 r_0 表示
2	推程	从动件自距离凸轮基圆圆心的最近点向最远点的运动过程称为推程，也称为升程
3	推程运动角	从动件完成的推程所对应的凸轮转过的角度称为推程运动角
4	回程	从动件自距离凸轮基圆圆心的最远点向最近点的运动过程称为回程
5	回程运动角	从动件完成的回程所对应的凸轮转过的角度称为回程运动角
6	休止角	从动件在相应位置静止不动的时候对应凸轮转过的角度，称为休止角
7	远休止角	从动件距离基圆圆心最远点静止不动时，所对应凸轮转过的角度称为远休止角
8	近休止角	从动件距离基圆圆心最近点静止不动时，所对应凸轮转过的角度称为近休止角
9	行程	从动件在推程或回程中移动的距离，也即从动件的最大位移均称为行程，用 h 表示

二、从动件常用的运动规律

由上述的讨论可知，从动件的运动规律取决于凸轮的轮廓形状，因此在设计凸轮的轮廓曲线时，必须先确定从动件的运动规律。

从动件在运动过程中，其位移 s、速度 v、加速度 a 随时间 t（或凸轮转角）的变化规律称为**从动件的运动规律**。它是设计凸轮的重要依据。由此可见，从动件的运动规律完全取决于凸轮的轮廓形状。工程中，从动件的运动规律通常是由凸轮的使用要求确定的。因此，根据实际要求的从动件运动规律所设计凸轮的轮廓曲线,完全能实现预期的生产要求。常用的运动规律种类很多,如一次多项式运动规律(等速运动)、二次多项式运动规律(等加速等减速运动)、五次多项式运动规律、三角函数运动规律,包括余弦加速度运动规律(简谐运动规律)和正弦加速度运动(摆线运动规律)、组合运动规律。

这里将介绍几种最基本的运动规律。

1. 多项式运动规律

多项式运动规律的一般形式为:

$$s=c_0+c_1\varphi+c_2\varphi^2+c_3\varphi^3+\cdots+c_n\varphi^n \tag{2-4-1}$$

式中,φ 为凸轮转角;s 为从动件位移;c_0、c_1、c_2、$c_3\cdots c_n$ 为待定系数;n 为多项式的次数。常用的关系规律如表 2-4-8 所示。

2. 三角函数运动规律

三角函数运动规律是指从动件的加速度按正弦曲线或余弦曲线规律变化。

(1) 简谐运动规律(余弦加速度运动规律)

当一质点在圆周上做匀速运动时,它在该圆直径上投影的运动规律称为简谐运动。因其加速度运动曲线为余弦曲线,故也称为余弦加速度运动规律,其运动规律运动线图如图 2-4-22所示。

由加速度线图可知,此运动规律在行程的始末两点加速度存在有限突变,故也存在柔性冲击,只适用于中速场合。但当从动件做无停歇的升—降—升连续往复运动的凸轮机构时,则得到连续的余弦曲线,在连续的运动中则不会发生冲击现象,柔性冲击被消除,这种情况下可用于高速场合。

(2) 摆线运动规律(正弦加速度运动规律)

当一圆沿纵轴做匀速纯滚动时,圆周上某定点 A 的运动轨迹为一摆线,而定点 A 运动时在纵轴上投影的运动规律即为摆线运动规律。因其加速度按正弦曲线变化,故又称正弦加速度运动规律,其运动规律运动线图推程段如图 2-4-23 所示。

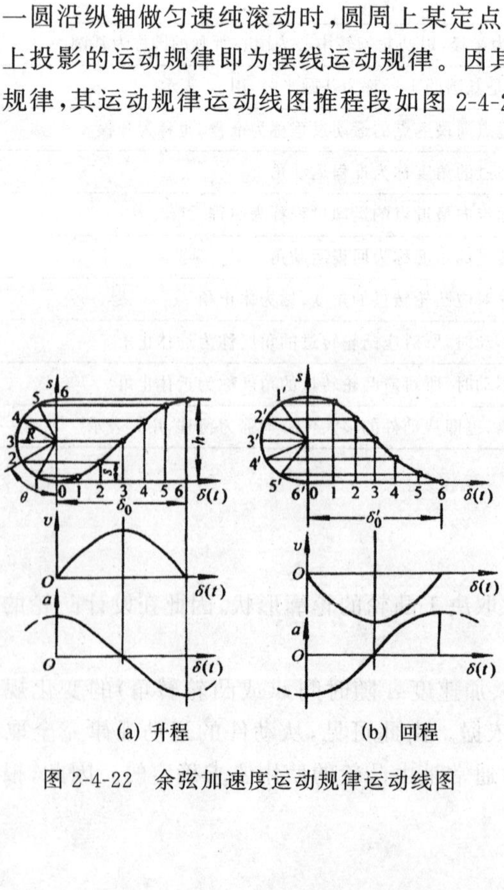

(a) 升程 (b) 回程

图 2-4-22 余弦加速度运动规律运动线图

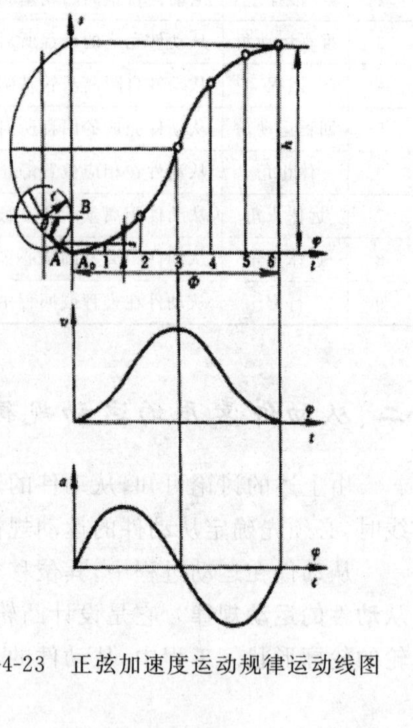

图 2-4-23 正弦加速度运动规律运动线图

从动件按正弦加速度规律运动时，在全行程中无速度和加速度的突变，因此不产生冲击，适用于高速场合。

了解从动件的运动规律，便于我们在凸轮机构设计时，根据机器的工作要求进行合理选择。仍以推程为例，表 2-4-10 列出了对应的运动方程式。

3. 五次多项式运动规律

五次多项式运动的一般表达式为

$$\left.\begin{aligned} s&=C_0+C_1\delta+C_2\delta^2+C_3\delta^3+C_4\delta^4+C_5\delta^5 \\ v&=\mathrm{d}s/\mathrm{d}t=C_1\omega+2C_2\omega\delta+3C_3\omega\delta^2+4C_4\omega\delta^3+5C_5\omega\delta^4 \\ a&=\mathrm{d}v/\mathrm{d}t=2C_2\omega^2+6C_3\omega^2\delta+12C_4\omega^2\delta^2+20C_5\omega^2\delta^3 \end{aligned}\right\}$$

其运动规律运动线图如图 2-4-24 所示。

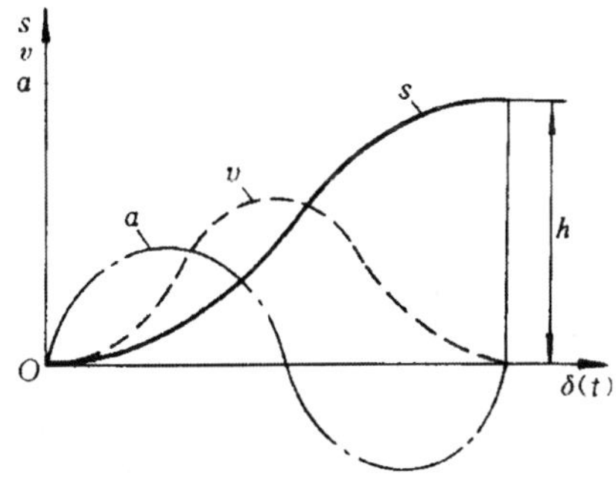

图 2-4-24　五次多项式运动规律运动线图

位移方程式为：

$$s=\frac{10h}{\delta_0^3}\delta^3-\frac{15h}{\delta_0^4}\delta^4+\frac{6h}{\delta_0^5}\delta^5$$

运动特性：无刚性冲击，也无柔性冲击。

适用场合：高速、中载。

综上分析，可归纳常用运动规律特点及应用场合如表 2-4-11 所示。

表 2-4-8　凸轮从动件常用的运动规律

序号	运动规律	含 义	公式、位移及运动线图		运动特点及应用
(1)	等速运动规律 $n=1$	凸轮做匀速转动时，从动件上升或下降的速度恒定的运动规律为等速运动规律	$\begin{cases} s=c_0+c_1\varphi \\ v=\dfrac{\mathrm{d}s}{\mathrm{d}t}=c_1\dfrac{\mathrm{d}\varphi}{\mathrm{d}t}=c_1\omega \\ a=0 \end{cases}$ 以推程为例，$\phi\in[0,\Phi]$，当 $\phi=0$ 时，$s=0$；$\phi=\Phi$ 时，$s=h$。将上述边界条件代入上式整理可得从动件在推程的运动方程：$s=\dfrac{h}{\Phi}\varphi$，$v=\dfrac{h}{\Phi}\omega$，$a=0$	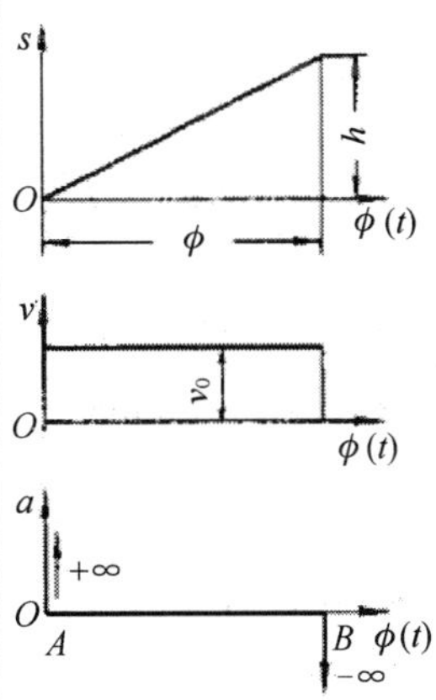	从加速度曲线图可以看出，在行程的起点、凸轮顶点位置和终点处，由于速度发生突然变化，其瞬时加速度理论上趋于无穷大，因而产生无穷大的惯性力，使凸轮机构承受很大的刚性冲击，致使凸轮机构产生强烈的冲击、噪声和磨损，会导致从动件产生非常大的冲击惯性力，称为刚性冲击，因此运动规律适用于低速、轻载和精度要求不高的场合

续 表

序号	运动规律	含 义	公式、位移及运动线图		运动特点及应用
(2)	等加速等减速运动规律 $n=2$	凸轮做匀速转动时,从动件上升或下降的速度在前半段行程作等加速运动,在后半段行程做等减速运动,这样的运动称为等加速等减速运动规律	仍然以推程为例,代入相应的边界条件可以求出其运动方程,如表 2-4-9 所示。 $\begin{cases} s=c_0+c_1\varphi+c_2\varphi^2 \\ v=c_1\omega+2c_2\varphi\omega \\ a=2c_2\omega^2 \end{cases}$	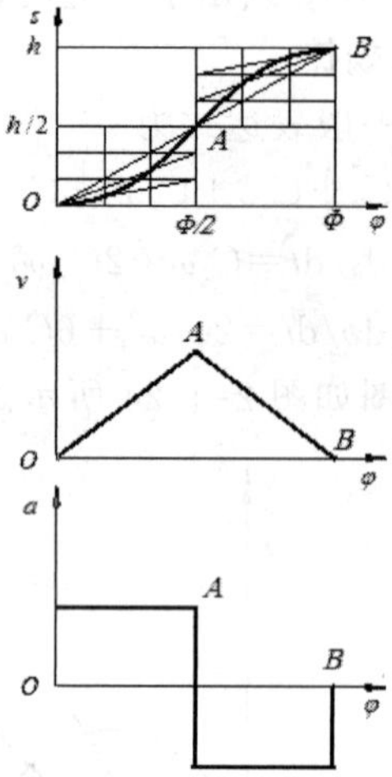	从动件按等加速等减速运动规律运动时的位移、速度及加速度曲线如左图所示。为保证凸轮机构运动平稳性,图中前半段为匀加速运动,后半段为匀减速运动,且加速度和减速度的绝对值相等。两段抛物曲线光滑连接。其加速度的绝对值相等。但在启动点、1/2 行程处和最高点加速度突变,由于产生的惯性力也是有限的,对凸轮产生柔性冲击。 此运动规律适应于中、低速回转,从动件质量不大和轻载的场合
		等加速运动规律位移曲线的绘图的画法: ① 找出 1/2 推程的水平线与推程角度 1/2 垂直线相交点;三等分垂直线。 ② 将等分点分别与零点相连。连线与等分角度线相交。 ③ 依次将对应的交点圆滑连接,等加速线完成。 等减速的绘制见右图上半部,方法与等加速类似			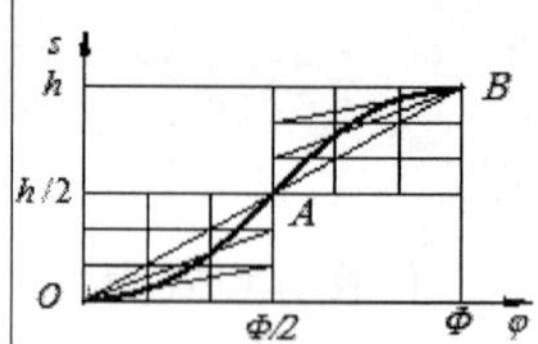

表 2-4-9 等加速等减速运动规律(推程段公式)

推程前半段,$\varphi\in[0,\Phi/2]$		推程后半段,$\varphi\in[\Phi/2,\Phi]$	
边界条件	运动方程式	边界条件	运动方程式
$\varphi=0$ $s=0,v=0$; $\varphi=\Phi/2$ $s=h/2$	$s=\frac{2h}{\Phi^2}\varphi^2$ $v=\frac{4h\omega}{\Phi^2}\varphi$ $a=\frac{4h\omega^2}{\Phi^2}$	$\varphi=\Phi/2$ $s=h/2$ $v=2h\omega/\Phi$; $\varphi=\Phi$ $s=h,v=0$	$s=h-\frac{2h}{\Phi^2}(\Phi-\varphi)^2$ $v=\frac{4h\omega}{\Phi^2}(\Phi-\varphi)$ $a=-\frac{4h\omega^2}{\Phi^2}$

表 2-4-10 三角函数运动规律运动方程

余弦加速度运动规律,$\varphi\in[0,\Phi]$		正弦加速度运动规律,$\varphi\in[0,\Phi]$	
升程运动方程式	回程运动方程式	升程运动方程式	回程运动方程式
$s=\frac{h}{2}-\frac{h}{2}\cos\left(\frac{\pi}{\Phi}\varphi\right)$ $v=\frac{\pi h\omega}{2\Phi}\sin\left(\frac{\pi}{\Phi}\varphi\right)$ $a=\frac{\pi^2h\omega^2}{2\Phi^2}\cos\left(\frac{\pi}{\Phi}\varphi\right)$	$\left.\begin{aligned} s&=\frac{h}{2}\left[1+\cos\left(\frac{\pi}{\delta'_0}\delta\right)\right] \\ v&=-\frac{\pi h\omega}{2\delta'_0}\sin\left(\frac{\pi}{\delta'_0}\delta\right) \\ a&=-\frac{\pi^2h\omega^2}{2\delta'_0}\cos\left(\frac{\pi}{\delta'_0}\delta\right)\end{aligned}\right\}$	$s=\frac{h\varphi}{\Phi}-\frac{h}{2\pi}\sin\left(\frac{2\pi}{\Phi}\varphi\right)$ $v=\frac{h\omega}{\Phi}-\frac{h\omega}{\Phi}\cos\left(\frac{2\pi}{\Phi}\varphi\right)$ $a=\frac{2\pi h\omega^2}{\Phi^2}\sin\left(\frac{2\pi}{\Phi}\varphi\right)$	$\left.\begin{aligned} s&=h\left[1-\frac{\delta}{\delta'_0}+\frac{1}{2\pi}\sin\left(\frac{2\pi}{\delta'_0}\delta\right)\right] \\ v&=\frac{h\omega}{\delta'_0}\left[\cos\left(\frac{2\pi}{\delta'_0}\delta\right)-1\right] \\ a&=-\frac{2\pi h}{\delta'^2_0}\omega^2\sin\left(\frac{2\pi}{\delta'_0}\delta\right)\end{aligned}\right\}$

表 2-4-11　常用运动规律特点及应用

运动规律	运动特性	适用场合
等速运动规律	刚性冲击	低速轻载
等加速等减速运动规律	柔性冲击	中速轻载
余弦加速度运动规律	柔性冲击	中低速重载
正弦加速度运动规律	无冲击	中高速轻载
五次多项式运动规律	无冲击	高速中载

三、从动件运动规律的选择

1. 选择推杆运动规律的基本要求

(1) 满足机器的工作要求。在选择从动件的运动规律时,应根据机器工作时的运动要求来确定。例如印刷机中控制递纸牙递纸的凸轮机构,要求递纸牙咬纸并带其加速后必须在等速条件下与传纸滚筒咬牙进行纸张交接,故相应区段的从动件运动规律应选择等速运动规律。

(2) 使凸轮机构具有良好的动力特性和便于加工。

2. 根据工作条件确定推杆运动规律几种常见情况

(1) 只对推杆工作行程有要求,而对运动规律无特殊要求

低速轻载凸轮机构:采用圆弧、直线等易于加工的曲线作为凸轮轮廓曲线。如夹紧送料等凸轮机构,可只考虑加工方便,采用圆弧、直线等组成的凸轮轮廓。

高速凸轮机构:首先考虑动力特性,以避免产生过大的冲击。必须减小其惯性力、改善动力性能,可选择摆线运动规律或其他改进型的运动规律。

(2) 机器工作过程对从动件的运动规律有特殊要求

凸轮转速不高,按工作要求选择运动规律;凸轮转速较高时,选定主运动规律后,进行组合改进。

3. 为了消除刚性冲击,可以在行程始末拼接其他运动规律曲线

例如等加速等减速运动规律、余弦加速度运动规律、正弦加速度运动规律等。

四、盘形凸轮机构设计的基本参数

设计凸轮机构时,不仅要满足从动件的运动规律,还要求结构紧凑、传力性能良好,这些要求的实现与凸轮机构的压力角、基圆半径和滚子半径等有关,这几个基本参数是凸轮机构设计的重要参数,有必要对其概念、确定原则有正确的认识。

1. 凸轮机构的压力角及其检验

(1) 凸轮机构的压力角

凸轮机构的**压力角**是指从动件在高副接触点所受的法向压力与从动件在该点的线速度方向所夹的锐角,常用 α 表示。凸轮机构的压力角是凸轮设计的重要参数。

如图 2-4-25 所示为对心直动尖顶从动件盘形凸轮机构在推程的某一位置的受力情况,F_Q 为从动件所受的载荷(包括工作阻力、重力、弹簧力和惯性力等),若不计摩擦,则凸轮对从动件的作用力 F_n 可以分解为两个分力:即沿从动件运动方向的有用分力 F_1 和使从动件压紧导路的有害分力 F_2。三者之间满足如下关系

$$\begin{cases} F_1 = F_n \cos\alpha \\ F_2 = F_n \sin\alpha \end{cases} \tag{2-4-3}$$

式中，α 即为凸轮机构的压力角。显然，有用分力 F_1 随着压力角 α 的增大而减小，有害分力 F_2 随着 α 的增大而增大。当压力角 α 大到一定程度时，由有害分力 F_2 所引起的摩擦力将超过有用分力 F_1。这时，无论凸轮给从动件的 F_n 力有多大，都不能使从动件运动，这种现象称为**凸轮机构的自锁**。在设计凸轮机构时，自锁现象是绝对不允许出现的。

由此可见，压力角的大小是衡量凸轮机构传力性能好坏的一个重要指标，为提高传动效率、改善受力情况，凸轮机构的压力角 α 越小越好。但是，压力角 α 与基圆半径 r_0 成反比，α 越小则 r_0 越大，凸轮尺寸随之变大。因此，为了保证凸轮机构的结构紧凑，凸轮机构的压力角不宜过小。

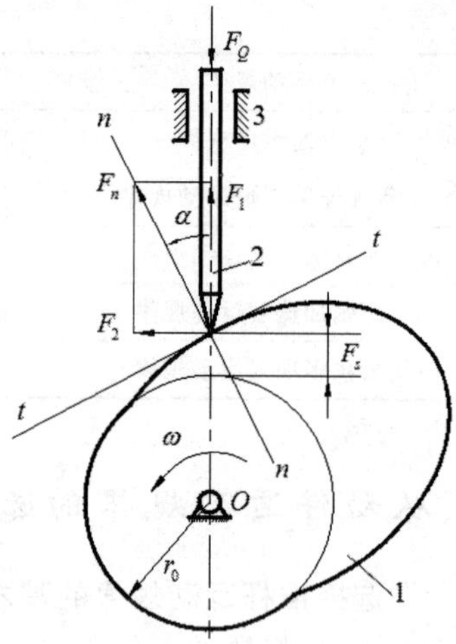

图 2-4-25　凸轮机构的压力角

综合上述两方面的因素，既要使凸轮机构有良好的传力性能，又要使凸轮机构的尺寸尽可能紧凑，压力角 α 的取值有一定的许用范围，用[α]表示。根据工程实践经验，压力角的推荐许用值[α]如表 2-4-12 所示。对于采用力封闭方式的凸轮机构，其在回程时发生自锁的可能性很小，故可以采用较大的许用压力角。

表 2-4-12　凸轮机构的许用压力角

封闭形式	从动件运动方式	推程	回程
力封闭	直动从动件	[α]=25°～35°	[α]=70°～80°
	摆动从动件	[α]=35°～45°	[α]=70°～80°
形封闭	直动从动件	[α]=25°～35°	
	摆动从动件	[α]=25°～35°	

(2) 压力角的检验

在设计或分析凸轮机构传力性能时，需要检验凸轮的压力角，主要是推程压力角。其方法很多，简单地可以用量角器量取检验，如图 2-4-26 所示。

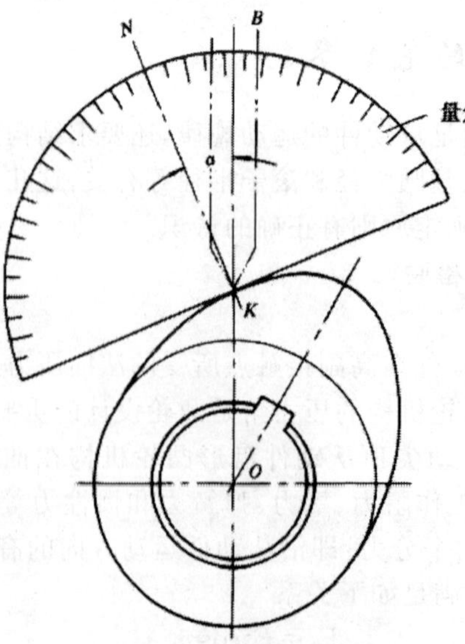

图 2-4-26　用量角器检验压力角

检验时,应明确最大压力角 α_{max} 可能出现的位置,这样重点检查这些位置的压力角即可。α_{max} 一般出现在速度发生突变、轮廓曲线斜率变化较大的地方,重点检测这些位置。

检测的最大压力角应满足:$\alpha_{max}\leqslant[\alpha]$。如果 $\alpha_{max}>[\alpha]$,一般可通过增大基圆半径、采用偏置式或重新选择从动件的运动规律等方法来解决。

2. 基圆半径的确定

(1) 含义:由于基圆半径 r_0 与凸轮机构压力角 α 的大小有关,一般情况,基圆半径增大时压力角减小,所以,在确定基圆半径时,必须保证在凸轮机构的最大压力角 α_{max} 小于许用压力角$[\alpha]$的前提下尽量减小基圆半径,使机构紧凑。如果结构上允许,可适当取较大的基圆半径,这样就可减小从动件压力角,改善凸轮机构的受力情况,减少磨损和凸轮轮廓制造误差对运动的影响。在实际设计时,通常是由结构条件初步确定基圆半径 r_0,并进行凸轮轮廓设计和压力角检验,直至满足 $\alpha_{max}\leqslant[\alpha]$为止。

(2) 工程实践中确定基圆半径 r_0。工程实践中,还可以利用经验来确定基圆半径 r_0。当凸轮与轴一体加工时,可取凸轮基圆半径 r_0 略大于轴的半径;当凸轮与轴分开制造时,r_0 由下面的经验公式确定:

$$r_0=(1.6\sim2)r \tag{2-4-4}$$

式中,r—凸缘轴孔半径或安装凸缘处轴半径。

通常可先根据结构上的要求,初步选取基圆半径,绘出凸轮轮廓后,再进行压力角校核。

(3)从动件偏置方向的选择为获得较小的推程压力角,可适当选取推杆偏置方向。

由式(2-4-5)可知,

$$tg\,\alpha=\frac{ds/d\delta-e}{\sqrt{r_0^2-e^2}+s} \tag{2-4-5}$$

若瞬心的速度方向与推杆推程方向相同,则为正偏置,此时式中为负号;反之,式中为正号,称为负偏置凸轮机构。正偏置可以减小凸轮机构的压力角,可提高机构的传动性能,但同时却使回程的压力角增大,所以偏距 e 不宜于过大。

3. 滚子半径 r_r 的确定

滚子半径的大小直接影响凸轮工作轮廓的大小和形状。对于滚子从动件盘形凸轮机构,滚子半径的选择要综合考虑滚子的结构、强度、凸轮轮廓曲线等因素。从强度要求考虑,取滚子半径 $r_r\leqslant(0.1\sim0.5)r_0$。从运动特性考虑,不能发生运动失真现象。通常而言,滚子半径取大些好,但滚子半径不能选得过大,否则造成从动件运动失真,即从动件不能严格实现给定的运动规律。滚子半径受到理论轮廓曲线上最小曲率半径 ρ_{min} 的限制,此时的工作廓线的曲率半径 $\rho'=\rho_{min}-r_r$,因此,凸轮的实际廓线的形状与滚子半径的大小有关。

滚子半径与曲率半径的关系如表 2-4-13 所示。

表 2-4-13　滚子半径与曲率半径的关系

序号	1	2	3
条件	$r_r<\rho_{min}$	$r_r=\rho_{min}$	$r_r>\rho_{min}$
图示	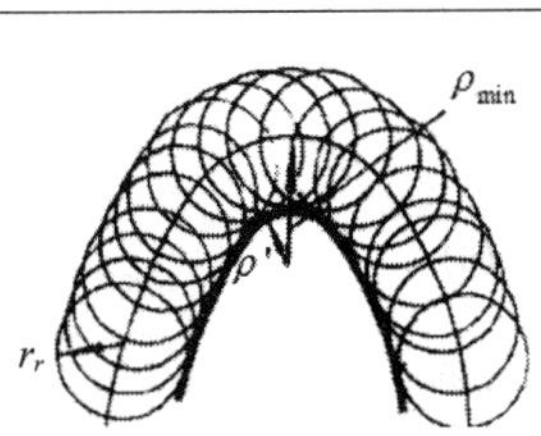	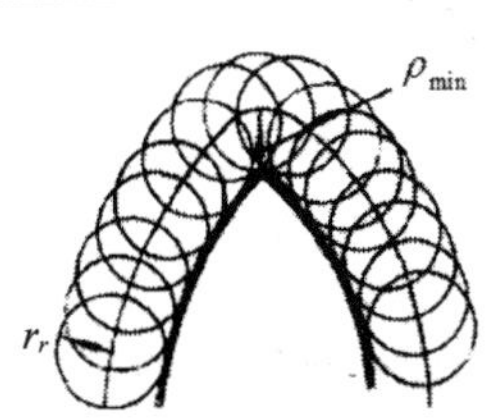	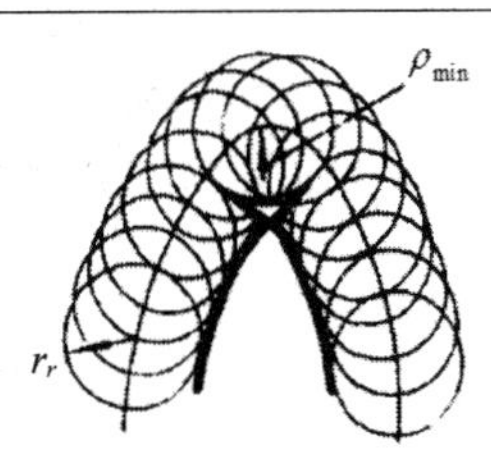

续 表

序号	1	2	3
条件	$r_r<\rho_{min}$	$r_r=\rho_{min}$	$r_r>\rho_{min}$
分析	$\rho>0$,实际轮廓光滑、正常,运动规律正常	$\rho=0$,实际轮廓出现尖点,这种尖点极易磨损,从而造成运动失真,运动规律基本正常	$\rho<0$,实际轮廓与理论轮廓不能保持等距离关系,实际轮廓曲线发生自交,而相交部分的轮廓(图中实际廓线所包围的小三角区)在曲线将在实际加工时被切掉,从而导致这一部分的运动规律无法实现,造成运动失真
结论	为了避免发生运动失真,滚子半径 r_r 必须小于理论廓线外凸部分的最小曲率半径 ρ_{min}(理论廓线内凹部分对滚子的选择没有影响),即 $r_r<\rho_{min}$。推荐:$r_r\leqslant0.8\rho_{min}$,从凸轮尺寸的结构尺寸考虑推荐: $r_r=(0.1\sim0.5)r_0$(r_0 滚子基圆半径) 另外,如果按上述条件选择的滚子半径太小而不能保证强度和安装要求,则应把凸轮的基圆尺寸加大,重新设计凸轮廓线。 出现尖点或失真应采取的措施:(1)适当减少滚子半径或增大基圆半径;(2)修改推杆的运动规律,在廓线尖点处代以合适的曲线		

4. 平底长度 L

(1) 推杆平底长度 L

当图解法作出凸轮轮廓曲线后,可以确定平底与凸轮轮廓曲线接触点到导路的最大距离 l_{max},如图 2-4-27(a)所示。由式(2-4-6)可确定平底长度 L,就可以保证平底始终与凸轮轮廓保持接触。

$$L=2l_{max}+(5\sim7)\ \text{mm} \tag{2-4-6}$$

(2) 失真现象

凸轮实际廓线不能与平底所有位置相切,出现运动失真,如图 2-4-27(b)所示。

采取措施:可适当增大凸轮的基圆半径。

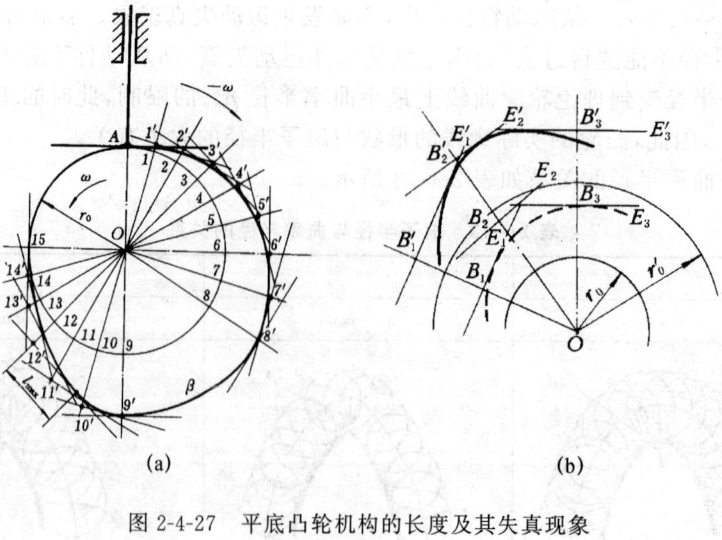

图 2-4-27　平底凸轮机构的长度及其失真现象

五、盘形凸轮轮廓曲线的设计

凸轮轮廓曲线的设计需要根据工作要求确定从动件的运动规律、凸轮的基圆半径，还要根据凸轮的传力性能、加工、结构等因素进行设计。凸轮轮廓曲线的设计有图解法和解析法两种。图解法简单直观，但不够精确，只适用于一般场合，因此，对于精度不高的凸轮，一般采用图解法就可以满足使用要求，比较简单、易行；解析法精确，但计算量大，随着计算机辅助设计的迅速推广应用，解析法设计将成为设计凸轮机构的主要方法。

采用图解法绘制时，为了方便地在图纸上画出凸轮廓，可采用反转法绘制盘形凸轮工作轮廓。

(1) 图解法原理——反转法作图

凸轮机构工作时，凸轮转动而机架静止。采用反转法绘制，即以凸轮为参考，认为凸轮静止，而机架(连同导路)相对凸轮以 $-\omega$ 旋转。从动件除随机架反转外，还在导路中移动，其尖底的轨迹就是凸轮的轮廓曲线，如图 2-4-28 所示为反转法原理图。由于尖顶始终与凸轮轮廓接触，所以反转后的运动轨迹就是凸轮轮廓曲线。

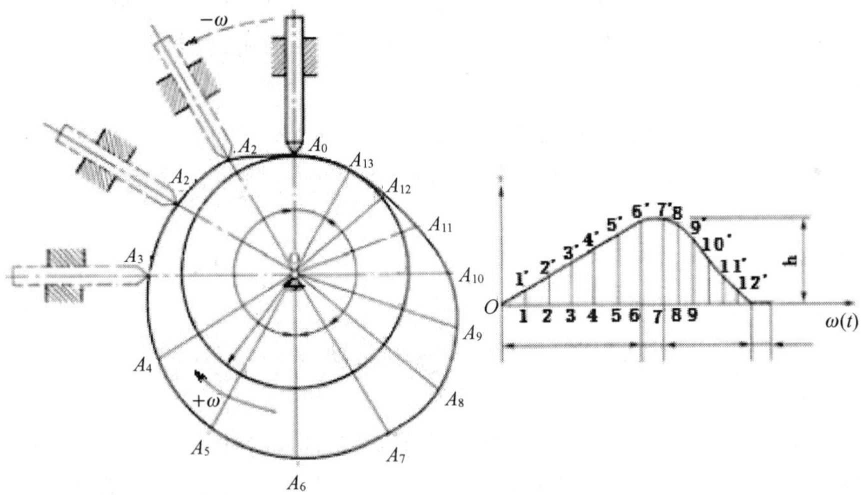

图 2-4-28　反转法原理图

(2) 绘制尖顶对心移动从动件盘形凸轮轮廓

【例 2-4-1】 某机器上有一尖顶对心移动从动件盘形凸轮进行等角速度 ω、顺时针方向转动，基圆半径为 r_o，从动件位移高度为 h，从动件的运动规律如表 2-4-14 所示，设计凸轮的轮廓曲线，如图 2-4-29 所示。

表 2-4-14　从动件运动规律

凸轮转角	0°～120°	120°～150°	150°～ 270°	270°～ 360°
从动件运动规律	等速上升至最远位置	静止	等加速等减速下降至最近位置	静止

作图步骤如下。

① 绘制从动杆的位移曲线。取横坐轴表示凸轮的转角 ϕ；纵坐标表示从动杆的位移 s，选

择适当比例的比例尺,把 s 与 ϕ 的关系按题意画成曲线,如图 2-4-29(a)所示为从动杆的位移曲线。

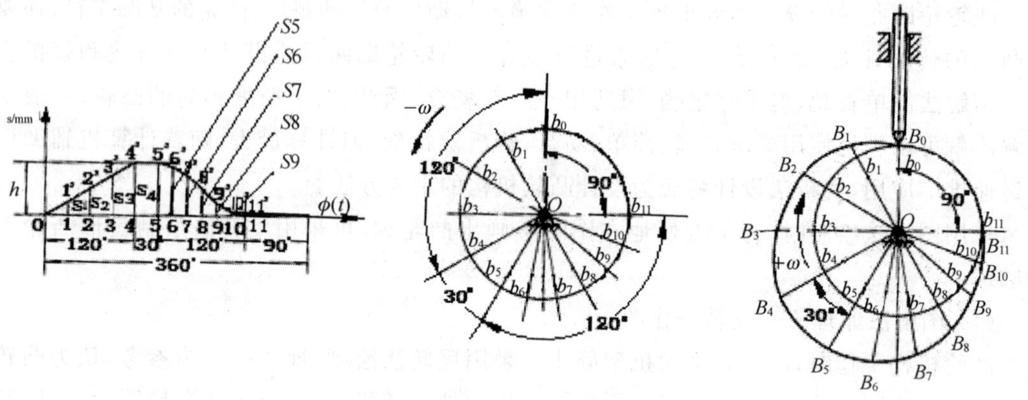

(a) 位移曲线坐标　　(b) 基圆及其区间等分线　　(c) 凸轮轮廓曲线

图 2-4-29　凸轮廓线绘图步骤

② 按区间等分位移曲线。确定从动杆的相应位移量。在横坐标上将推程分成 4 等分;回程分成 6 等分。各分点用数字 1、2、3、…、1′、2′、3′、…标明,并确定出相应点的位移量 S_1、S_2、S_3…

③ 绘制基圆,并作各区间的等分线。如图 2-4-29(b)所示,取任一点 O 为圆心,r 为半径画基圆。沿凸轮旋转的相反方向,按位移曲线横坐标的等分方法将基圆各区间作相应等分线 Ob_1、Ob_2、Ob_3…

④ 绘制凸轮轮廓曲线。

Ⅰ. 在基圆各等分角线的延长线上截取相应线段 $b_0B_0=0$、$b_1B_1=S_1$、$b_2B_2=S_2$、$b_3B_3=S_3$…

Ⅱ. 将 B_0、B_1、B_2、B_3…连接成光滑曲线;在 B_4 和 B_5、B_{11} 和 B_0 之间均以 O 为圆心作圆弧,即可绘出凸轮轮廓曲线,如图 2-4-29(c)所示。

若偏距 $e\neq0$,为偏置尖顶直动从动件盘形凸轮机构,如图 2-4-30 所示,转动中,其往复移动的轨迹线始终与凸轮轴心 O 保持偏距 e。因此,在设计这种凸轮轮廓时,首先以 O 为圆心及偏距 e 为半径作偏距圆切于从动件的导路;其次,以 r_0 为半径作基圆,基圆与从动件导路的交点 A_0 即为从动件的起始位置。自 OA_0 沿 $-\omega$ 方向取角度 Φ、Φ_s、Φ'、Φ'_s,并将它们各分成与位移线图〔图 2-4-30(b)〕对应的若干等份,得基圆上的相应分点 A'_1、A'_2、A'_3、…点。过这些点作偏距圆的切线,它们便是反转后从动件导路的一系列位置。从动件的对应位移应在这些切线上量取,即取 $A_1A'_1=11'$、$A_2A'_1=22'$、$A_3A'_3=33'$、…,最后将 A_0、A_1、A_2、A_3、…连成一条光滑的曲线,便得到所要求的凸轮轮廓。

(3) 滚子对心从动件盘形凸轮轮廓曲线的绘制

若将图 2-4-30 中的尖顶改为滚子,如图 2-4-31 所示,它们的凸轮轮廓可按如下方法绘制:首先,把滚子中心看作尖顶从动件的尖顶,按照尖端从动杆盘形凸轮机构的绘制方法,绘制出凸轮理论轮廓曲线;按上述方法求出一条轮廓曲线 β_0,如图 2-4-31(a)所示,再以理论轮廓曲线 β_0 上各点为圆心,以已知滚子半径为半径作一系列圆;最后作这些圆的光滑内切曲线(包络线)β。此曲线即为滚子从动杆盘形凸轮的实际轮廓曲线。

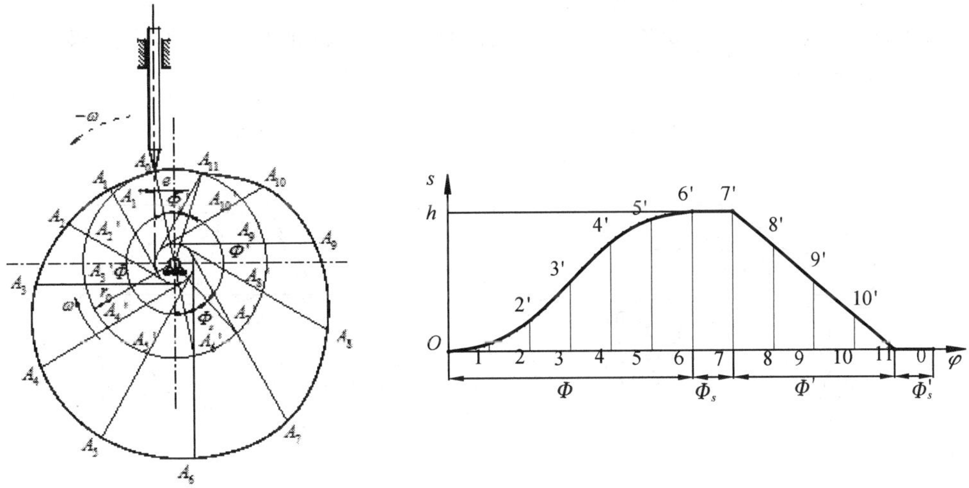

(a)　　　　(b)

图 2-4-30　偏置尖顶直动盘形凸轮机构

β_0 称为该凸轮的理论廓线。由上述作图过程可知，滚子从动件凸轮的基圆半径应该在理论廓线上度量。如图 2-4-31(b)所示为偏心直动从动件盘形凸轮机构。作图时，为了更精确地作出实际轮廓曲线，在理论轮廓的急转弯处应画出较多的圆。应引起注意的是凸轮基圆半径指理论廓线的最小半径。

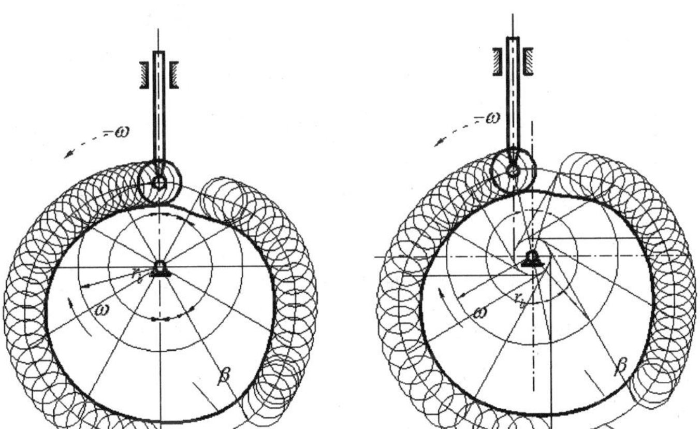

(a)　　　　(b)

图 2-4-31　滚子直动从动杆盘形凸轮曲线的绘制

(4) 平底从动件盘形凸轮轮廓的绘制

平底从动件盘形凸轮轮廓的绘制与尖顶对心移动从动件盘形凸轮轮廓的绘制方法相似，绘制方法分为两步。

① 将平底与导路的交点视为从动件的尖顶，求出这些尖顶，在反转过程中的位置，过这些点画出平底。

② 再作这些直线的包络线，便得到所求的凸轮轮廓。如图 2-4-32 所示。

(5) 摆动推杆盘形凸轮机构

设计要求:运动规律与直动推杆的运动规律相同,所不同的是将从动件的位移改为角位移,如图 2-4-33 所示。

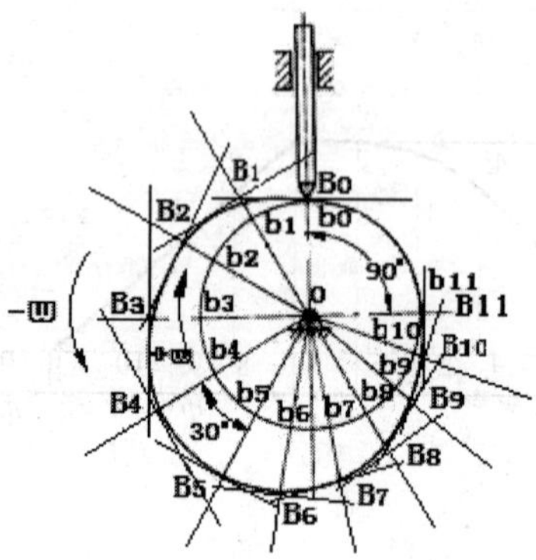

图 2-4-32 平底从动件盘形凸轮轮廓的绘制

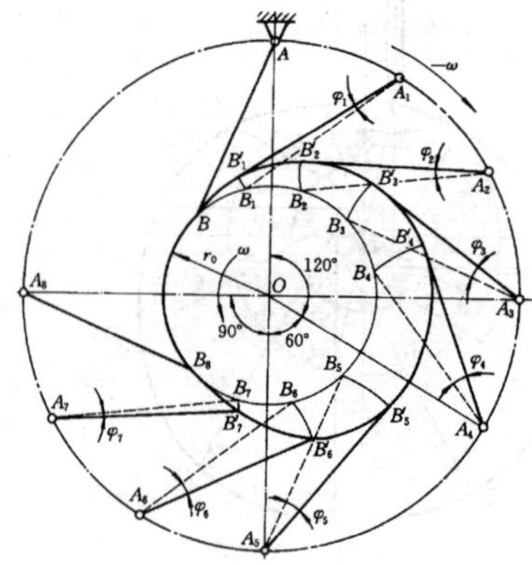

图 2-4-33 摆动推杆盘形凸轮轮廓的绘制

(6) 直动推杆圆柱凸轮机构

将圆柱凸轮的外表面展在平面上,则得到一个移动凸轮,根据反转法作出推杆滚子中心在复合运动中的轨迹,即为凸轮的理论廓线,据此再作实际廓线,如图 2-4-34 所示。

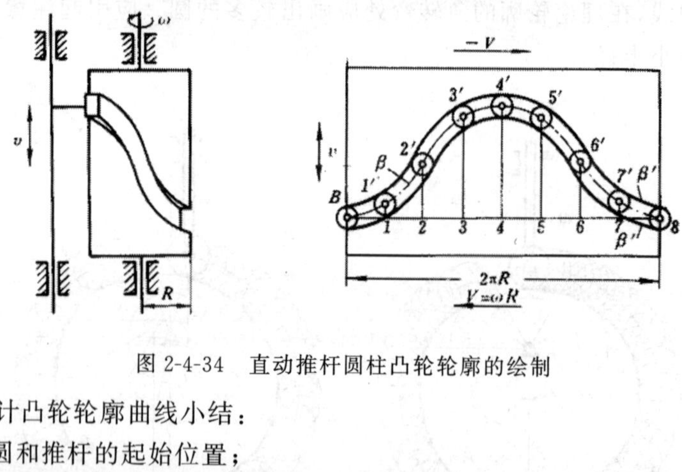

图 2-4-34 直动推杆圆柱凸轮轮廓的绘制

用图解法设计凸轮轮廓曲线小结:

(a) 确定基圆和推杆的起始位置;

(b) 作出推杆在反转运动中依次占据的各位置线;

(c) 根据推杆运动规律,确定推杆在反转中所占据的各位置线中的尖顶位置,即复合运动后的位置;

(d) 在所占据的各尖顶位置作出推杆高副元素所形成的曲线族;

(e) 作推杆高副元素所形成的曲线族的包络线,即是所求的凸轮轮廓曲线。

综上所述,用图解法可以简便地设计出凸轮轮廓,但由于作图误差较大,所以只适用于从动件运动规律要求不太严格的地方。对于精度要求高的高速凸轮,如现代高速印刷机中各关键机构所使用的驱动凸轮,必须采用解析法利用计算机编制计算程序来进行精确设计,本书对解析方法在[知识拓展]中介绍。

任务实施

由【任务引入】中的已知条件及图 2-4-20 可进行如下凸轮设计,设计步骤如下。

(1) 选取适当比例尺作位移线图

选取长度比例尺和角度比例尺为 $\mu_L=0.002(\text{m/mm})$，$\mu_\delta=6(°/\text{mm})$。

按角度比例尺在横轴上由原点向右量取 30 mm、20 mm、10 mm 分别代表推程角 180°、回程角 120°、近停程角 60°。每 30°取一等分点等分推程和回程，得分点 1、2、…、10，停程不必取分点，在纵轴上按长度比例尺向上截取 15 mm 代表推程位移 30 mm。按已知运动规律作位移线图，如图 2-4-35(a)所示。

(2) 作基圆取分点

任取一点 O 为圆心，以点 B 为从动件尖顶的最低点，由长度比例尺取 $r_o=15$ mm 作基圆。从 B 点始，按$(-\omega)$方向取推程角、回程角和近停程角，并分成与位移线图对应的相同等分，得分点 B_1、B_2、…、B_{11} 与 B 点重合。

(3) 画轮廓曲线

连接 OB_1 并在延长线上取 $B_1B_1'=11'$ 得点 B_1'，同样在 OB_2 延长线上取 $B_2B_2'=22'$，…，直到 B_9 点，点 B_{10} 与基圆上点 B_{10}' 重合。将 B_1'、B_2'、…、B_{10}' 连接为光滑曲线，即得所求的凸轮轮廓曲线，如图 2-4-35(b)所示。

若是尖顶从动件盘形凸轮机构，其运动轨迹就是凸轮的理论轮廓曲线，若是滚子从动件盘形凸轮机构，凸轮的实际轮廓曲线是与理论轮廓曲线相距滚子半径 r_r 的一条等距曲线，应注意的是，凸轮的基圆指的是理论轮廓线上的基圆，如图 2-4-35(c)所示。

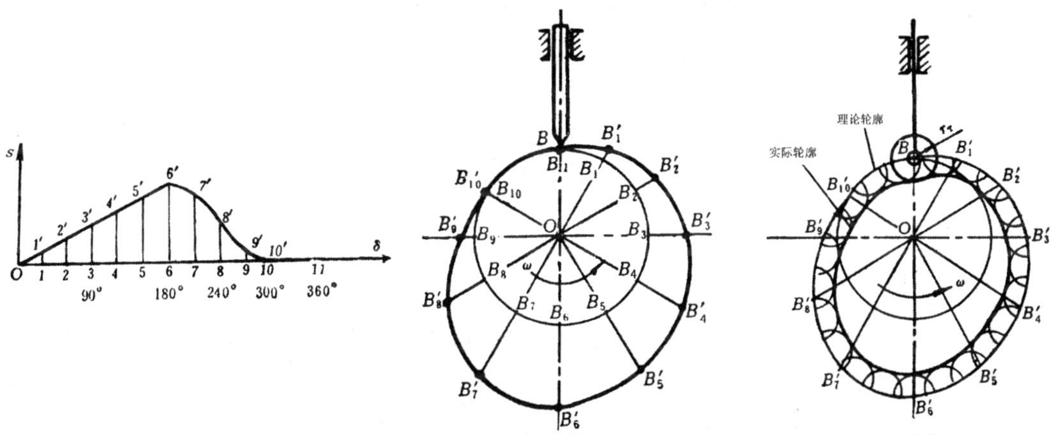

图 2-4-35　对心直动推杆盘形凸轮轮廓的设计

对于其他从动件凸轮曲线的设计，可参照上述方法。

探索与发现

1. 设计一尖顶对心直动从动件盘形凸轮机构。凸轮顺时针匀速转动，推程 $h=20$ mm，基圆半径 $r_o=40$ mm，从动件的运动规律为

δ	0～90°	90°～180°	180°～240°	240°～360°
运动规律	等速上升	停止	等加速等减速下降	停止

2. 若将上题改为滚子从动件，设已知滚子半径 $r_r=10$ mm，试设计其凸轮的实际轮廓曲线。

项目五　认识其他常用机构

任务目标

了解间歇运动机构的工作原理、类型特点和应用。

重点难点

1. 棘轮机构和槽轮机构的工作原理、类型特点和应用。
2. 棘轮机构和槽轮机构的结构特点。

任务一　分析牛头刨床的进给运动

任务引入

如图 2-5-1 所示为牛头刨床，刨刀在对工件进行刨削过程中，滑枕带动刨刀沿刨床导轨作往复直线运动。在两次切削之间，工作台需要带动工件作一次横向进给运动；在刨削加工时，需要根据不同的加工要求确定进给量的大小。试根据如图 2-5-1(c)、图 2-5-1(d)所示的牛头刨床工作台进给机构分析牛头刨床的进给运动及如何调节刨削加工时的进给量。

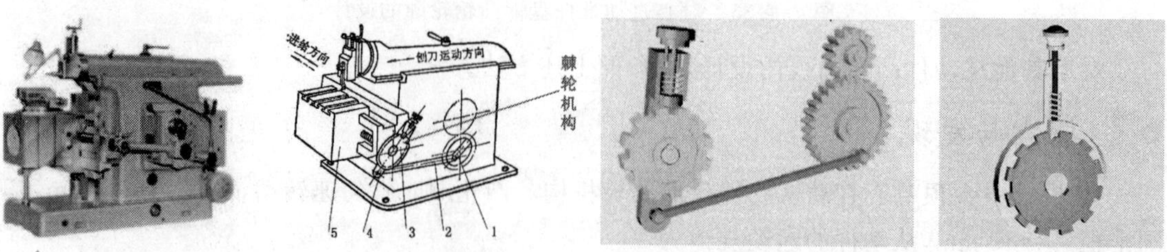

(a) 实例图　(b) 示意图　(c) 牛头刨床进给机构模型　(d) 牛头刨床进给棘轮机构模型

1—曲柄；2—连杆；3—棘轮；4—摇杆；5—工作台

图 2-5-1　牛头刨床

任务分析

在生产生活中，很多常用机构都是连续运动的。在一些场合，工作主体不需要连续的运动，我们需要应用一些不连续运动的机构，即间歇运动机构。

如图 2-5-1 所示的牛头刨床工作台的进给运动，需要实现周期性的运动和停歇。分析和掌握间歇运动机构的类型和特点，了解它们的组成及工作原理对于设计和分析棘轮机构有重要的意义。

知识链接

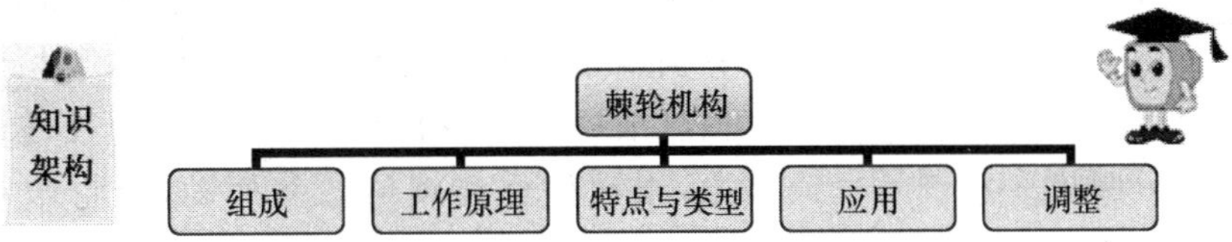

在各类机械中，如在自动机械和仪表中，设备需要一段时间的停歇，以便于加工零件、输送工件和仪表工作，这时需要采用间歇机构。

间歇运动机构：机器工作时，当主动件作连续运动时，常需要从动件产生周期性的运动和停歇，实现这种运动的机构称为**间歇运动机构**。

间歇运动机构类型：

a. 主动件往复摆动，从动件间歇运动——棘轮机构；

b. 主动件连续转动，从动件间歇运动——槽轮机构、不完全齿轮机构。

间歇运动机构应用：自动机床的进给机构、送料机构、刀架的转位机构等。

步进运动机构：机构的间歇运动是单方向的。

实现间歇运动的四种常用机构分别为：棘轮机构、槽轮机构、凸轮式间歇运动机构和不完全齿轮机构。这里主要介绍棘轮机构的工作原理、特点、类型与应用等。

一、棘轮机构的组成

棘轮机构是由棘轮和棘爪组成的一种单向间歇运动机构。棘轮机构将连续转动或往复运动转换成单向间歇运动。棘轮机构常用在各种机床中间歇进给或回转工作台的转位上，也常用在千斤顶上。在自行车中棘轮机构用于单向驱动，在手动绞车中棘轮机构常用于防止逆转。棘轮机构工作时常伴有噪声和振动，因此它的工作频率不能过高。

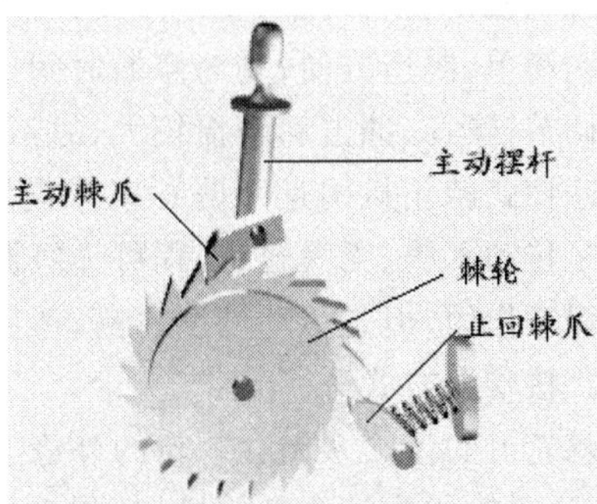

图 2-5-2　棘轮机构的组成

如图 2-5-2 所示，棘轮机构的典型结构是由摆杆、棘爪、棘轮、止动爪和机架组成。通常棘爪固定在摆杆上，依靠摆杆的摆动带动棘爪运动，可将主动摆杆连续往复摆动变换为从动棘轮的单向间歇转动。为防止棘轮反转，可使用止回棘爪。其棘轮轴的动程可以在较大范围内调节，且具有结构简单、加工方便、运动可靠等特点，但冲击、噪音大，且运动精度低。

二、棘轮机构的工作原理

如图 2-5-3 所示,曲柄 7 带动摆杆 1 在一定范围内往复摆动,棘爪 2 连接在摆杆上随摆杆一起摆动,是棘轮机构的主动件;当摆杆逆时针摆动时,棘爪插入棘轮 4 的齿槽中,推动棘轮转过一定的角度;当摆杆顺时针摆动时,棘爪在棘轮齿背上滑过,棘轮静止不动。很多机构要求棘轮单向运转,为防止棘轮反转,可在机构中加入止回棘爪 6。止回棘爪通过弹簧 5 来调节。当摆杆逆时针摆动推动棘轮转动时,止回棘爪在棘轮齿背滑过;当摆杆顺时针摆动时,止回棘爪插入棘轮齿槽中,防止棘轮反转。在此机构中,主动件作连续的往复摆动,棘轮作单向的间歇运动。

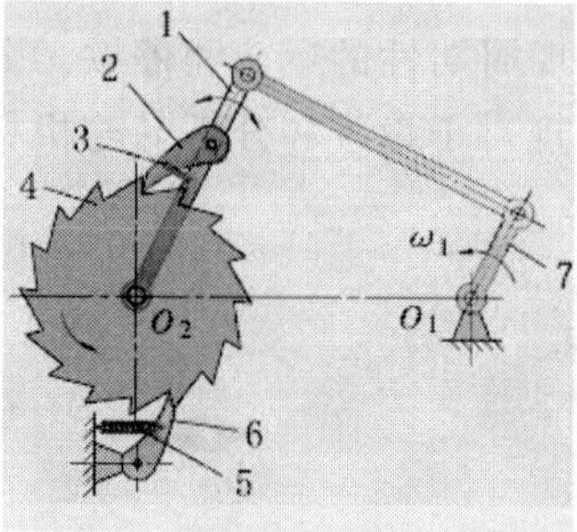

1—摇杆; 2—棘爪; 3—弹簧; 4—棘轮; 5—弹簧; 6—止回棘爪; 7—曲柄

图 2-5-3　棘轮机构的工作原理

三、棘轮机构的类型与特点

1. 按结构形式分

棘轮机构分为齿式棘轮机构〔图 2-5-4(a)〕和摩擦式棘轮机构〔图 2-5-4(b)〕。

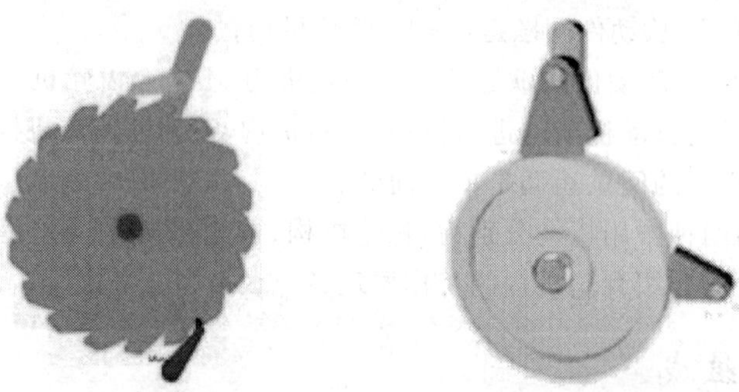
(a) 齿式棘轮机构　　(b) 摩擦式棘轮机构

图 2-5-4　棘轮机构按结构形式分类

棘轮机构结构简单,制造方便,可用于防止转动件反转的装置中;转角可调。齿式棘轮机构结构简单,制造方便;动与停的时间比可通过选择合适的驱动机构实现。缺点是动程只能作有级调节;噪音、冲击和磨损较大,故不宜用于高速运动。

摩擦式棘轮机构是用偏心扇形楔块代替齿式棘轮机构中的棘爪,以无齿摩擦代替棘轮。特点是传动平稳、无噪音;动程可无级调节。但因靠摩擦力传动,会出现打滑现象,虽然可起到安全保护作用,但是传动精度不高,适用于低速轻载的场合。

2. 按啮合方式分

棘轮上的齿大多做在棘轮的外缘上,构成外啮合棘轮机构(图 2-5-4),也有做在圆筒内缘上的,这时构成内啮合棘轮机构〔图 2-5-5(a)、图 2-5-5(b)、图 2-5-5(c)〕。当棘轮直径无穷大时就构成了棘条机构〔图 2-5-5(d)〕。

外啮合式棘轮机构的棘爪或楔块均安装在棘轮的外部,由于加工、安装和维修方便,应用较广。而内啮合棘轮机构的棘爪或楔块均在棘轮内部,其特点是结构紧凑,外形尺寸小。

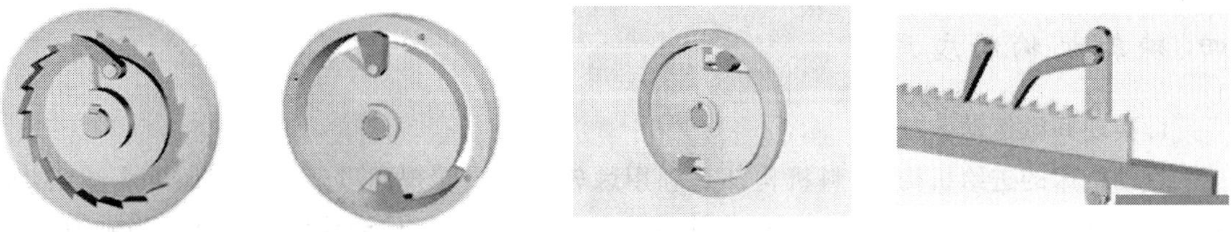

(a) 内啮合棘轮机构　(b) 内摩擦式棘轮机构　(c) 滚子内接摩擦式棘条机构　(d) 棘条机构

图 2-5-5　棘轮机构按啮合方式分类

3. 按从动件运动形式分

分为单动式棘轮机构、双动式棘轮机构和双向式棘轮机构(如表 2-5-1 所示)。

表 2-5-1　棘轮机构按从动件运动形式分类

类型	结构形式图例	特点
单动式棘轮机构	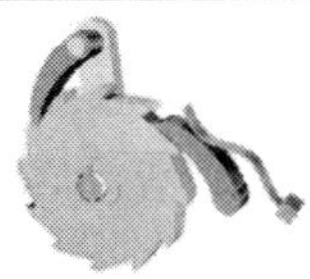	单动式棘轮机构有一个驱动棘爪，当主动件按某一个方向摆动时，才能推动棘轮转动
双动式棘轮机构	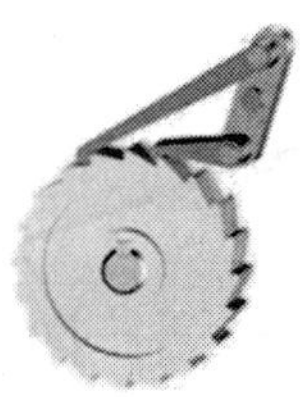  钩头双动式棘轮机构　直推双动式棘轮机构	双动式棘轮机构有两个驱动棘爪，当主动件做往复摆动时，两个棘爪交替带动棘轮沿同一方向做间歇运动。常用于载荷较大，棘轮尺寸受限，齿数较少，而主动摆杆的摆角小于棘轮齿距的场合
双向式(可变向)式棘轮机构	 	双向式棘轮机构可通过改变棘爪的摆动方向，实现棘轮两个方向的转动。双向式棘轮机构必须采用对称齿形

4. 按棘轮转向是否可调分

分为单向运动棘轮机构和双向运动棘轮机构。如图 2-5-6 所示为单向运动棘轮机构，做单向间歇运动。如图 2-5-7(a)所示为矩形齿双向棘轮机构，当棘爪 1 处于实线位置时，棘轮 2 做逆时针间歇转动；当棘爪处于图示虚线位置时，棘轮做顺时针间歇转动。如图 2-5-7(b)所示为回转棘爪式双向棘轮机构。

(a) 外啮合单向运动　(b) 内啮合单向运动

图 2-5-6　单向运动棘轮机构

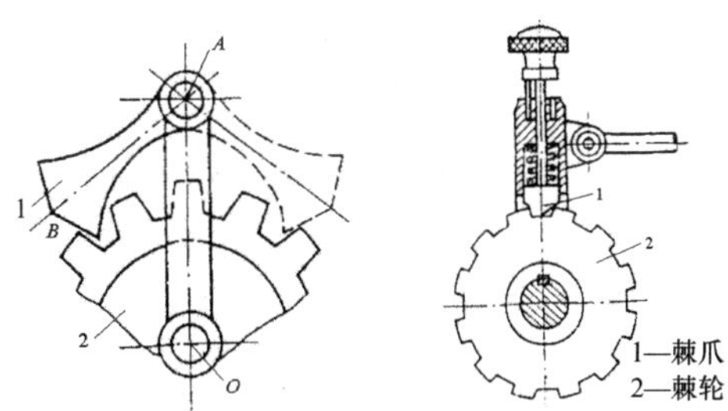

(a) 矩形齿双向运动　(b) 回转棘爪双向运动

图 2-5-7　双向运动棘轮机构

四、棘轮机构的应用

1. 实现间歇运动

自动机床的进给机构、送料机构都是利用棘轮机构来实现间歇运动的。如牛头刨床(如图 2-5-1所示),为了切削工件,刨刀需作连续往复直线运动,工作台作间歇移动。当刨刀工作时,棘轮停歇,工作台不动;当刨刀回程时,棘轮机构控制工作台运动,进行工件的传送〔如图 2-5-1(c)、图 2-5-1(d)所示〕。

2. 实现制动功能

如图 2-5-8 所示,起重设备中,常利用棘轮机构防止逆转。鼓轮和棘轮连接在一起,重物在提升的过程中,棘爪在棘轮背表面滑过,到达需要的高度时,棘爪嵌入棘轮齿背内,防止鼓轮逆转,从而保证了起重工作的安全可靠。如图 2-5-9 所示为杠杆控制的带式制动器,制动轮与外棘轮 2 固结,棘爪 3 铰接于制动轮 4 上 A 点,制动轮上围绕着由杠杆 5 控制的钢带 6。制动轮 4 按逆时针方向自由转动,棘爪 3 在棘轮齿背上滑动,若该轮向相反方向转动,则轮 4 被制动。

图 2-5-8 卷扬机制动安全装置

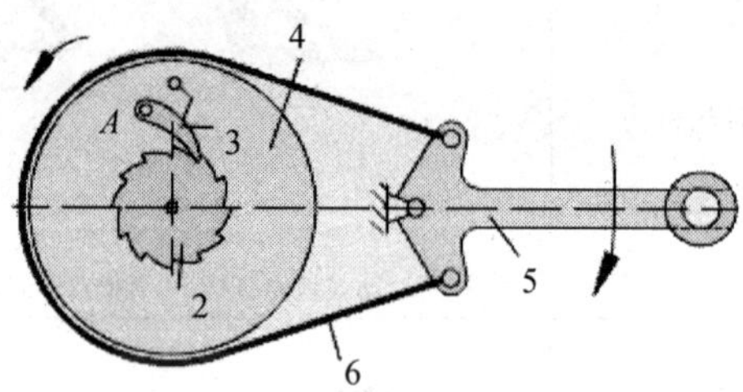

图 2-5-9 杠杆控制的带式制动器

3. 实现超越功能

如图 2-5-10 所示,为自行车后轮轴上的棘轮机构。当脚蹬踏板时,经链轮 1 和链条 2 带动内圈具有棘齿的小链轮 3 顺时针转动,再经过棘爪推动后轮轴顺时针转动,从而驱使自行车前进。

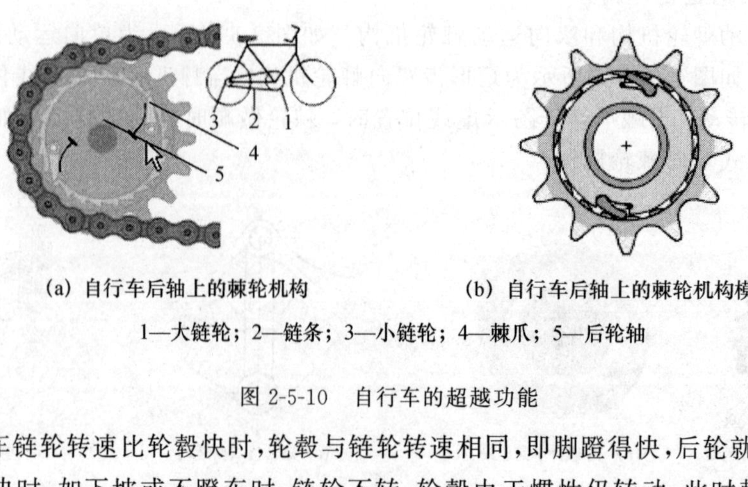

(a) 自行车后轴上的棘轮机构　　(b) 自行车后轴上的棘轮机构模型

1—大链轮; 2—链条; 3—小链轮; 4—棘爪; 5—后轮轴

图 2-5-10 自行车的超越功能

当自行车链轮转速比轮毂快时,轮毂与链轮转速相同,即脚蹬得快,后轮就转得快;当轮毂比链轮转速快时,如下坡或不蹬车时,链轮不转,轮毂由于惯性仍转动,此时棘爪在棘背上滑动，轮毂与链轮脱开，各自以不同的转速运动，这种特性称为**超越**。

如图 2-5-11 所示的棘轮机构可以用来实现快速超越运动。运动由蜗杆 1 传到蜗轮 2，通过安装在蜗轮 2 上的棘爪 3 驱动与棘轮 4 固联的输出轴 5，输出轴 5 按图示 ω_5 方向慢速转动。当需要输出轴 5 快速转动时，可按输出轴 5 转动方向快速转动输出轴 5 上手柄，这时由于手动转速大于蜗轮转速，所以棘爪在棘轮齿背滑过，从而在蜗轮继续转动时，可用快速手动来实现输出轴超越蜗轮的运动。

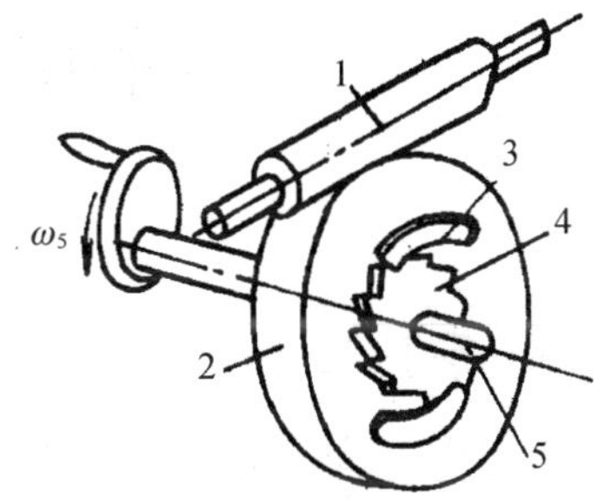

图 2-5-11 输出轴超越蜗轮的运动

五、棘轮转角的调节

1. 改变棘爪的运动范围

如图 2-5-12 所示，棘轮转角的大小可通过调节曲柄长度改变摇杆摆角的方法进行调节。

图 2-5-12 改变曲柄长度调节棘轮转角

2. 用遮板调节棘轮转角

如图 2-5-13 所示，在摇杆摆角不变的前提下，转动覆盖罩，遮挡部分棘齿。

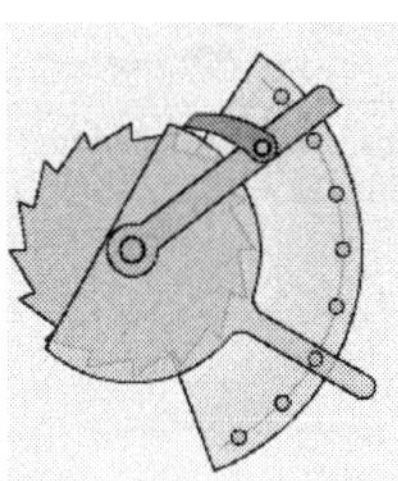
图 2-5-13 用遮板调节棘轮转角

当摇杆带动棘爪逆时针摆动时，棘爪先在罩上滑动，然后才嵌入棘轮的齿槽中推动其运动，起到调节转角的作用。

任务实施

如图 2-5-1 所示的牛头刨床工作台的进给运动在刨削过程完成后，刨刀在返回的同时，工作台通过棘轮机构的控制而运动，刨刀每次切削完成一次，利用空回行程的时间，棘轮机构带动工作台连同工件作一次进给运动，以便刨刀继续切削。若改变驱动棘爪的摆角，可以调节进给量；改变驱动棘爪的位置(绕自身轴线转过 180°后固定)，可改变进给运动的方向。

探索与发现

1. 调节棘轮转角大小都有哪些方法？
2. 你知道用什么方法能改变棘轮的转向吗？

任务二　分析自动灌装系统

任务引入

图 2-5-14 为冰淇淋自动灌装机，当对容器进行灌装时，运送容器的工作台是固定不动的，灌装过程结束后，工作台将已灌装好的容器送出，并将空的容器送到灌装头下；工作台的运动是通过槽轮机构带动的。

你知道槽轮机构是如何进行运动的吗？其运动属于何种运动？

图 2-5-14　冰淇淋自动灌装机

任务分析

槽轮机构又称马耳他机构或日内瓦机构，也是常用的间歇运动机构之一。普通平面槽轮机构有外接式槽轮机构〔图 2-5-16(a)、图 2-5-16(b)〕和内接式槽轮机构〔图 2-5-16(c)〕两种类型。

如图 2-5-14 所示的冰淇淋自动灌装机，需要实现周期性的运动和停歇。分析和掌握槽轮机构的类型和特点，了解它们的组成及工作原理，对于更好地设计、分析和应用槽轮机构有重要的意义。

知识链接

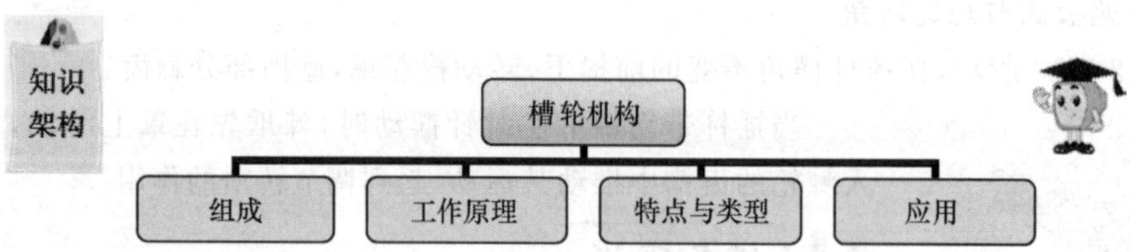

一、槽轮机构的组成

如图 2-5-15 所示，槽轮机构主要由以下三部分组成：

1. 带圆(柱)销的拨盘——主动件；
2. 带有均布的径向开口槽的槽轮——从动件；
3. 机架。

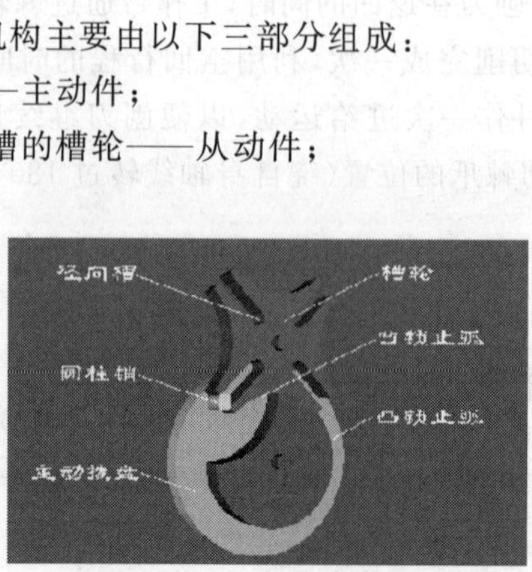

图 2-5-15　槽轮机构的组成

二、槽轮机构的工作原理

如图 2-5-16(b)所示，槽轮机构的工作原理是：主动拨盘 1 上的圆柱销 A 进入槽轮 2 上的径向槽以前，拨盘上的凸锁止弧 α 将槽轮上的凹锁止弧 β 锁住，则槽轮静止不动。随着主动件拨盘的转动，当拨盘圆柱销 A 进入槽轮径向槽时，凸、凹锁止弧刚好分离，圆柱销可以驱动槽轮转动。当圆柱销脱离径向槽时，凸锁止弧又将凹锁止弧锁住，从而使槽轮静止不动。因此，当主动拨盘作连续转动时，槽轮被驱动作单向的间歇转动。外接式槽轮机构的主动拨盘 1 与槽轮 2 转向相反〔图 2-5-16(b)〕；内接式槽轮机构的主动拨盘 1 与槽轮 2 转向相同〔图 2-5-16(c)〕，且传动平稳、占空间小，槽轮停歇时间较短。

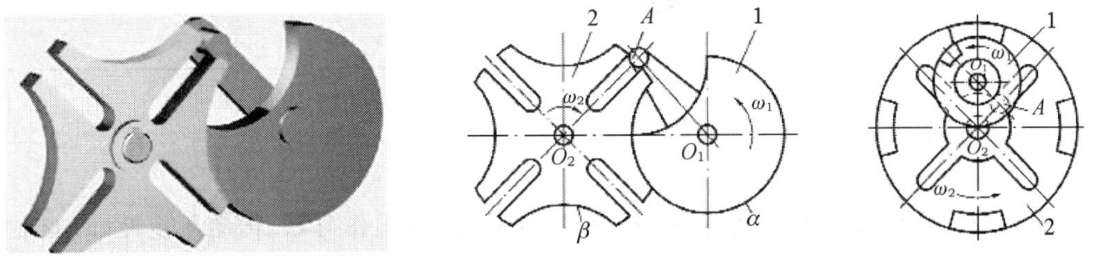

(a) 外接式槽轮机构的实例　　(b) 外接式槽轮机构的示意图　　(c) 内接式槽轮机构的示意图

图 2-5-16　槽轮机构的工作原理

需要注意的是，为了使槽轮在开始转动和停止转动时运动平稳、避免冲击，圆销在进槽和出槽的瞬时，其线速度方向均应沿径向槽的中心线方向，以使槽轮在起动和停止的瞬时角速度为零。

三、槽轮机构的类型及特点

槽轮机构有外接式槽轮机构和内接式槽轮机构两种。其中外接式槽轮机构又依据机构中圆销的数目，分为单圆销、双圆销和多圆销，其各自的特点如表 2-5-2 所示。为了满足某些特殊的工作要求，在某些机械中还用到一些特殊形式的槽轮机构，如不等臂长的多销槽轮机构、球面槽轮机构、偏置槽轮机构等。

槽轮机构的特点是结构简单，易加工，效率高，能准确控制转角，运动较平稳，因此在各种自动半自动机械、轻工机械中得到广泛的应用。

表 2-5-2　槽轮机构的类型及特点

类型		结构示例	特点
外接式槽轮机构	单圆销外槽轮机构	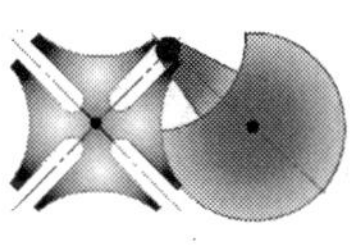	主动拨盘每回转一周，圆销拨动槽轮运动一次，且槽轮与主动杆转向相反，槽轮静止不动的时间很长
	双圆销外槽轮机构	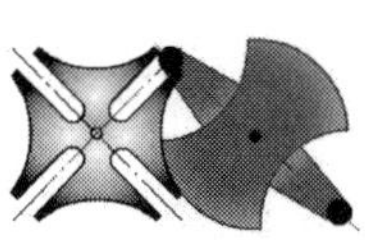	主动拨盘每回转一周，槽轮运动两次，减少了静止不动的时间。槽轮与主动杆转向相反。增加圆销个数，可使槽轮运动次数增多，但应注意圆销数目不宜太多

续 表

类型	结构示例	特点
内啮合槽轮机构	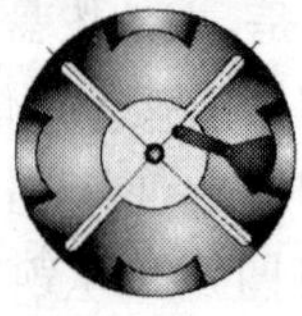	主动拨盘匀速转动一周,槽轮间歇地转过一个槽口,槽轮与拨盘转向相同。内啮合槽轮机构结构紧凑,传动较平稳,槽轮停歇时间较短
球面槽轮机构	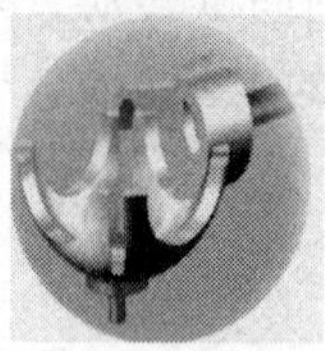	当需要在两相交轴之间进行间歇传动时,可采用球面槽轮机构

四、槽轮机构的应用

由上述分析,我们知道槽轮机构的结构简单,转位方便,工作可靠,传动平稳性好,能准确控制槽轮的转角,但转角的大小受到槽数的限制,不能调节。因此,广泛用于转速不高、转角不需要调节的自动化机械中,如电影放映机(如图 2-5-17 所示)。

图 2-5-17 电影放映机的间歇卷片机构

电影是录制在胶片上的,通常放映电影时,每秒要换 24 张图片,并且前后图片中景物差别很小,加之人的眼睛有视觉暂留印象的缘故,我们便从银幕上看到了活动的影像。而电影放映机的送片机构,采用的是槽轮机构。

五、普通槽轮机构的运动系数

在单销外槽轮机构中,当主动拨盘回转一周时,从动槽轮运动时间 t_d 与主动拨盘转一周的总时间 t 之比称为槽轮机构的运动系数,并以 k 表示,即

$$k=\frac{t_d}{t}=\frac{1}{2}-\frac{1}{z} \tag{2-5-1}$$

式中,z 为槽轮的槽数。

如果在拨盘上均匀地分布 n 个圆销,则当拨盘转动一周时,槽轮将被拨动 n 次,则该槽轮机构的运动系数为

$$k=n\left(\frac{1}{2}-\frac{1}{z}\right) \tag{2-5-2}$$

运动系数必须是大于零而小于 1,即 $0<k<1$。

六、槽轮机构的设计要点

1. 槽轮槽数的确定

由式(2-5-1)可知,槽轮槽数 z 愈多,k 愈大,槽轮转动的时间增加,停歇的时间缩短。因 k

>0，故槽数 $z \geqslant 3$，但当 $z>12$ 时，k 值变化不大，故很少使用 $z>12$ 的槽轮。因此，一般取 $z=3\sim12$，而常用槽数为3，4，6，8。

一般情况下，槽轮停歇时间为机器的工作行程时间；槽轮传动的时间则是空行程时间。为了提高生产率，要求机器的空行程时间尽量短，即 k 值要小，也就是槽数要少。由于 z 愈少，槽轮机构运动和动力性能愈差，故一般在设计槽轮机构时，应根据工作要求、受力情况、生产率等因素综合考虑，合理选择 k 值，再来确定槽数 z。一般多取 $z=4$ 或6。

2. 圆销数目的确定

单销外啮合槽轮机构的 k 值总是小于0.5，即槽轮的运动时间总是小于其停歇时间。如果要求 $k>0.5$ 的间歇运动时，可以采用多销外啮合槽轮机构，其销数 n 应满足式

$$n \leqslant 2z(z-2) \tag{2-5-3}$$

圆销数目与槽数之间的关系如表2-5-3所示。

表2-5-3　圆销数目与槽数之间的关系

槽数 z	3	4	5，6	$\geqslant 7$
圆销数 n	1～6	1～4	1～3	1～2

任务实施

如图2-5-14所示，主动拨盘上的圆柱销进入进槽轮上的径向槽以前，凸锁止弧将凹锁止弧锁住，则槽轮静止不动，此时冰淇淋被灌装入罐中。圆柱销进进径向槽时，凸、凹锁止弧恰好分离，圆柱销可以驱动槽轮转动，已灌装好的冰淇淋罐则被推离开，同时下一个空罐被放到浇注机下等待灌装。当圆柱销脱离径向槽时，凸锁止弧又将凹锁止弧锁住，从而使槽轮静止不动，周而复始，间歇性地进行工作。因此，当主动拨盘作连续转动时，槽轮被驱动作单向的间歇转动。

探索与发现

1. 棘轮机构与槽轮机构都是间歇运动机构，通过上述学习，请总结出它们各有什么特点？
2. 槽轮机构的运动系数 $k=0.4$ 表示什么意义？为什么运动系数必须大于0而小于1？
3. 棘轮机构和槽轮机构均可用来实现从动轴的单向间歇运动，但在具体的使用选择上又有什么不同？

知识拓展

其他间歇机构

一、不完全齿轮机构

1. 不完全齿轮机构的工作原理

不完全齿轮机构也是最常用的一种间歇运动机构(图2-5-18)。它是由普通齿轮机构演化而来，主动轮1为一不完整的齿轮，其上只作出一个或一部分正常齿，而从动轮2则是由正常齿和带有内凹锁止弧的厚齿彼此相间而组成的特殊齿轮。当主动轮上的齿与从动轮上的正常齿啮合时，从动轮转动；当主动轮的无齿圆弧部分(凸锁止弧)与从动轮上的内凹锁止弧接合时，相互配合锁止，从动轮停歇在预定位置上。所以当主动轮作连续转动时，从动轮获得时转

时停的间歇运动。在从动轮停歇期内,两轮轮缘上的锁止弧相互锁住,防止从动轮游动,起定位作用。外啮合不完全齿轮机构〔图 2-5-18(a)〕的主、从动轮转向相反;内啮合不完全齿轮机构〔图 2-5-18(b)〕的主、从动轮转向相同。图 2-5-19 为不完全齿条机构。

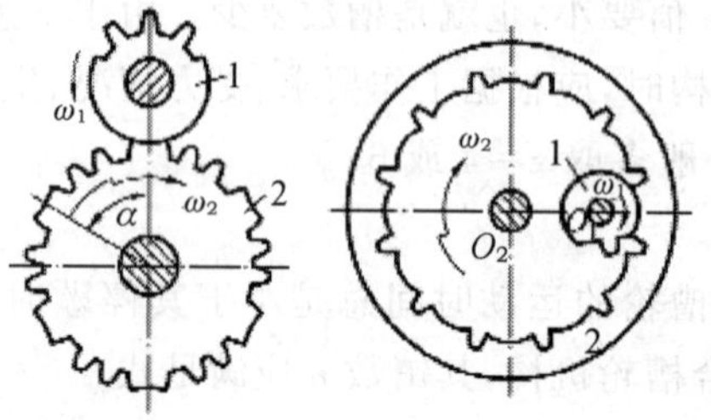

(a) (b)

图 2-5-18 不完全齿轮机构

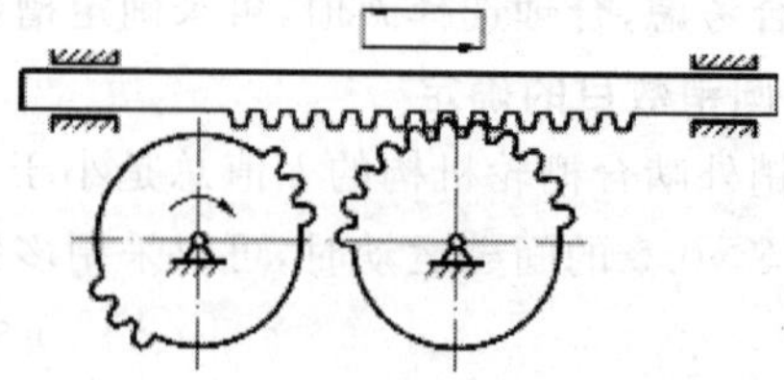

图 2-5-19 不完全齿条机构

不完全齿轮机构与其他间歇运动机构相比,它的结构简单,制造方便,从动轮的运动时间和静止时间的比例不受机构结构的限制。当主动轮匀速转动时,从动轮在其运动期间做匀速转动。但是,当从动轮由停歇到突然转动,或由转动到突然停止时,都会产生刚性冲击。因此它不宜用于转速很高的场合。因从动轮在一周转动中可作多次停歇,所以常用于多工位、多工序的自动机械或生产线上,实现工作台的间歇转位和进给运动。

2. 不完全齿轮机构的类型

不完全齿轮机构的类型如表 2-5-4 所示。

表 2-5-4 不完全齿轮机构的类型

类型	单齿外啮合传动	部分齿外啮合传动	单齿内啮合传动	齿轮与齿条机构
图例	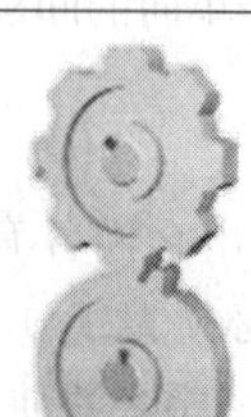		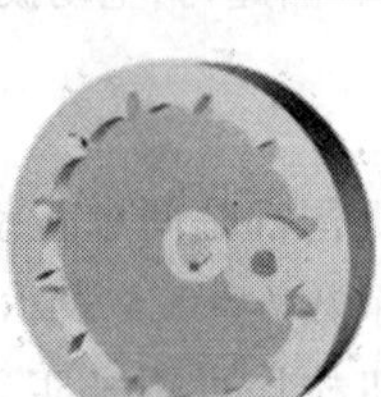	

3. 不完全齿轮特点

结构简单、工作可靠、传递力大,但工艺复杂,从动轮在运动的开始与终止位置有较大冲击,一般适用于低速、轻载的场合。

4. 不完全齿轮机构的应用

不完全齿轮机构在电表、煤气表等的计数器中应用很广。如图 2-5-20 所示为六位计数器,轮 1 为输入轮,它的左端只有两个齿,各中间轮 2 和 4 的右端均有 20 个齿,左端也只有两个齿,各轮之间通过过轮联系。故,当轮 1 转一转时,其相邻右侧轮 2 只转过 1/10 转,以此类推,故从右到左从计数窗口看到的计数分别代表了个、十、百、千、万、十万。

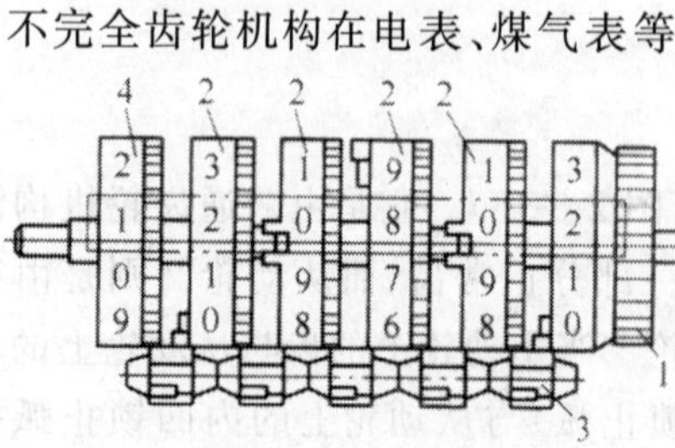

图 2-5-20 电子计数器

如图 2-5-21(a)所示为玩具小海豚,图 2-5-21(b)是其动作机构简图。该玩具有两个动作,前进十步,倒地旋转。利用一对不完全齿轮的运动来控制其运动,大齿轮为主动轮,小齿轮为从动轮,大齿轮圆周上有十个均匀分开布置的凸齿,在第一个凸齿的前面有一段与小齿轮对应相啮合的连续齿,小齿轮与两鳍相连,带动两鳍摆动。当大齿轮的十个单齿都转完以后,到没有齿的轮廓时,小齿轮不再被拨动,在扭簧作用下上摆,回到初始位置,使两鳍离开支撑面,海豚身体失去支撑而倒地,在小球滚动作用下,以海豚肚子最高点为支点在支撑面上转一圈。

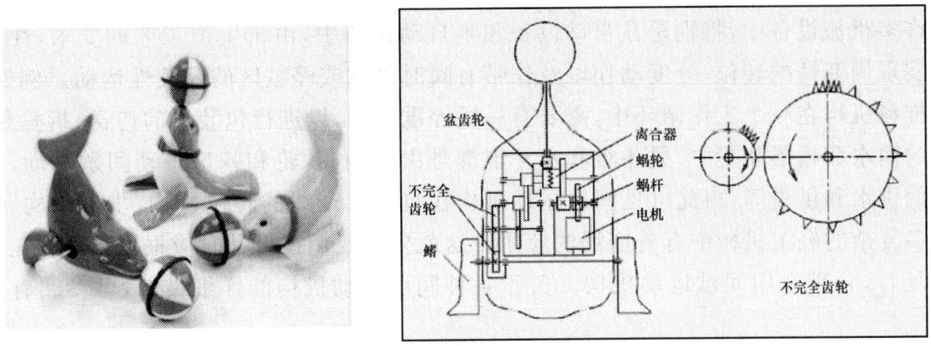

(a) 小海豚玩具　　(b) 海豚玩具动作机构简图

图 2-5-21　海豚玩具不完全齿轮机构的应用

二、凸轮式间歇运动机构

滚子齿形凸轮式间歇运动机构,工程上又称为凸轮分度机构,常见有圆柱分度凸轮机构和弧面分度凸轮机构等。

圆柱分度凸轮机构,如图 2-5-22 所示。该机构由圆柱凸轮 1、转盘 2 及机架组成。转盘上均匀分布着若干个滚子 3,滚子轴线与转盘轴线相平行,凸轮轴线与转盘轴线垂直交错。当凸轮匀速转动时,转盘作单向间歇运动,转盘的运动完全取决于凸轮轮廓曲线的形状,凸轮轮廓线由分度段和停歇段组成。当凸轮回转时,其分度段轮廓推动滚子使转盘分度转位;当凸轮转到停歇段轮廓时,转盘上两相邻滚子跨夹在凸轮的圆环面突脊上使转盘停歇。设计时通常取凸轮槽数为 1,转盘滚子数为 6～12,滚子做成上大下小圆锥体,以改善磨损情况。

弧面分度凸轮机构,如图 2-5-23 所示。主动件凸轮 1 上有一条突脊犹如蜗杆,从动件转盘 2 的圆柱面上均布着若干滚子,滚子轴线沿转盘径线方向。凸轮与转盘两轴线垂直交错。该机构工作原理与圆柱分度凸轮机构完全相同,凸轮连续回转带动转盘作单向间歇性运动。设计时通常取凸轮蜗杆头数为 1,径向滚子数 6～12。

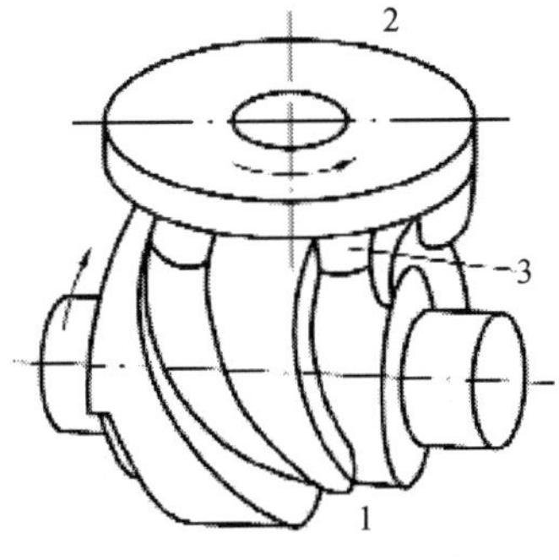

图 2-5-22　圆柱分度凸轮机构

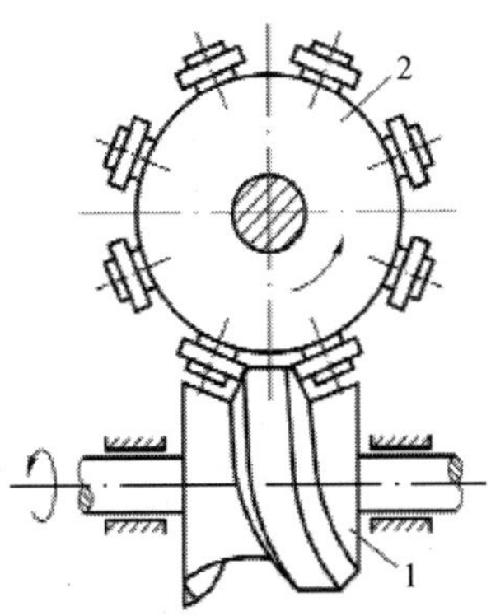

图 2-5-23　弧面分度凸轮机构

上述两种凸轮式间歇运动机构的共同点是定位可靠,转盘可实现任意运动规律,可以通过合理选择转盘的运动规律,使得机构传动平稳,适应中、高速运转。弧面分度凸轮机构与圆柱分度凸轮机构相比,更能适应高速重载,并且可以通过预载消除啮合间隙,传动精度很高,是目前工作性能最好的一种间歇转位机构。但缺点是凸轮加工较困难且制造成本高。在电机矽钢片的冲槽机、拉链嵌齿机、火柴包装机等机械装置中,都应用了凸轮间歇运动机构来实现高速分度运动。

在许多机械设备中,特别是在自动设备和半自动设备中,由于生产工艺的要求,往往需要机构来实现周期性的转位、分度动作以及作带有瞬时停歇或停歇区的断续性运动。例如,糖果包装机推料机构在一个工作循环中,需要有一段停歇时间,以进行包装纸的传送、折叠和扭结;胶印机的输水和输墨装置中,墨斗辊和水斗辊都是由曲柄、棘轮和棘爪带动间歇转动,从而实现间歇的供水和供墨等,由此可见间歇运动机构在自动生产线的转位机构、步进机构、计数装置和许多复杂的轻工机械中有着广泛的应用。这就要求我们在设计时应根据具体的工作要求和应用场合,合理选用间歇运动机构。关于各种间歇运动机构的详细设计,可参阅有关设计手册。

模块三　常用机械传动

机械传动是机械系统中的重要组成部分，在机械工程中应用非常广泛。它主要是指利用机械方式传递动力和运动的传动。机械传动按传动性质不同分为两类：一是靠机件间的摩擦力传递动力的摩擦传动，二是靠主动件与从动件啮合或借助中间件啮合传递动力或运动的啮合传动。在啮合传动中，本模块将介绍齿轮传动、带传动与链传动、蜗杆传动、螺纹联接、轮系等常用的机构传动装置的结构特点与应用、工作原理，基本参数与尺寸计算、材料及热处理、失效与传动零部件的设计、各传动机构的润滑等。

- 机械传动
  - 摩擦传动
    - 摩擦轮传动
    - 带传动
      - 平带传动
      - V 带传动
      - 圆带传动
  - 啮合传动
    - 带传动 — 同步带传动
    - 齿轮传动
      - 圆柱齿轮传动
      - 锥齿轮传动
      - 齿轮齿条传动
    - 蜗杆传动
    - 螺旋传动
    - 链传动
  - 推压传动（详见模块二：常用机构）
    - 平面连杆机构
    - 凸轮机构
    - 棘轮机构
    - 槽轮机构

项目六　分析汽缸盖上的螺纹联接

任务目标

1. 掌握螺纹的形成、螺纹联接的类型应用、预紧与防松方法。

2. 了解螺纹联接的结构设计、螺纹副中的摩擦、效率和自锁。

3. 掌握螺栓联接的强度计算方法。

4. 了解联接在实际工作中的应用。

重点难点

1. 螺纹联接的类型应用、预紧与防松方法。
2. 螺栓联接的强度计算。
3. 受预紧力和轴向工作载荷的螺栓联接强度计算(难点)。

任务一　认识联接螺纹

任务引入

在图纸上经常可以看到一些螺纹的标注,如图 3-6-1 所示,你能解释这些标注的含义吗?

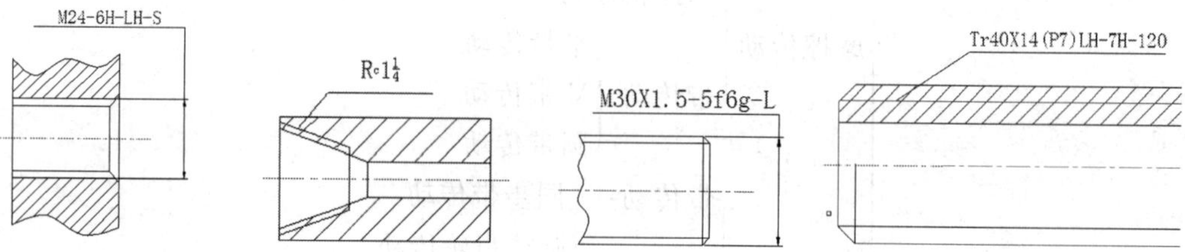

图 3-6-1　螺纹标记示例

任务分析

螺纹标注在工程图纸上随处可见,要想熟读及识别螺纹标注,就必须掌握螺纹的分类、螺纹的参数及螺纹的代号和标注等相关知识。

知识链接

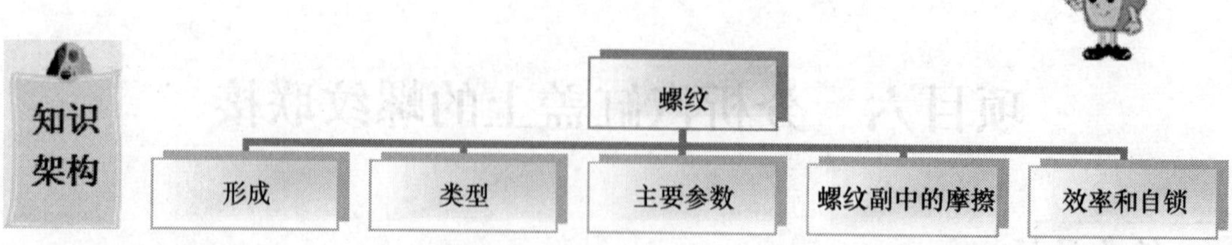

一、有关联接

在各种机械中通常应用不同的联接,而许多失效都是发生在联接处。在机械工程领域中,将两个或两个以上的物体结合在一起的形式称为**连接**。

联接方式在生活、生产中有很多种,如图 3-6-2 所示。

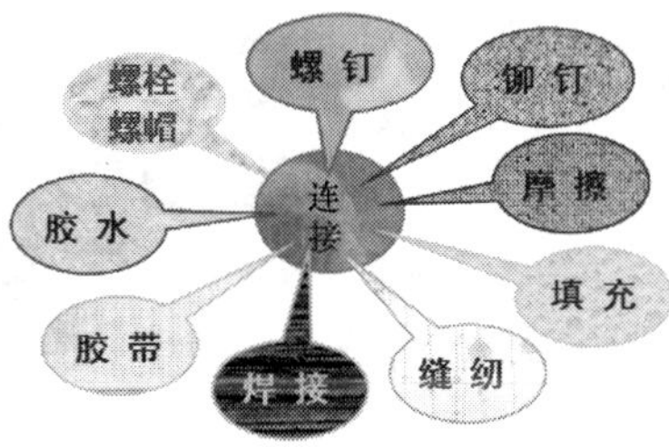

图 3-6-2　联接的方式

联接在机械设备中的常用分类，如表 3-6-1 所示。

表 3-6-1　联接的分类

分类方法		名称	应用实例	图例
被联接件之间是否有相对位置的变化	静联接：机器工作时，被联接件间不允许产生相对运动的联接。 按拆开时是否损坏零件静连接又分为可拆联接和不可拆联接	可拆连接：不需毁坏联接中的任一零件就可拆开的联接	如螺纹联接、销联接、键联接	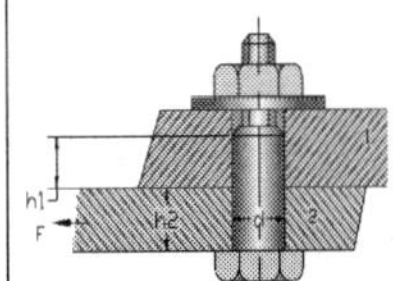 螺纹联接 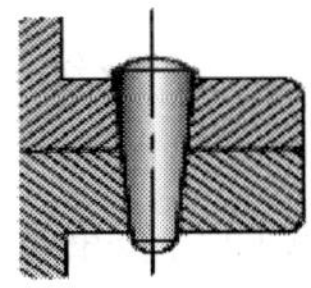 销联接  键与花键联接
		不可拆联接：至少必须毁坏联接中的某一部分才能拆开的联接	如焊接、粘接、铆接等	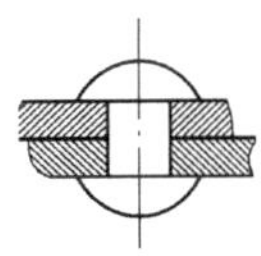 铆接 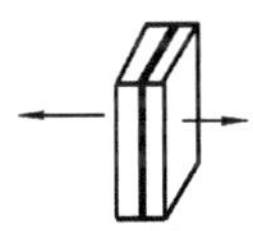 粘接 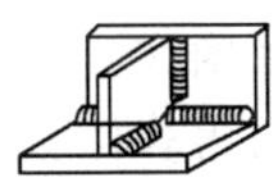 焊接
	动联接：机器工作时，被联接的零件间可以有相对运动的联接。例如：各种运动副之间的联接	如螺旋传动		 螺旋传动

显而易见，螺纹联接也是联接的一种。它由联接件(紧固件)与被联接件构成的，应用非常频繁。如图 3-6-3 所示为刀架中车刀的紧固，要使车刀牢固地安装在刀架上，以便车刀进行切削工作，可利用螺纹紧固件(方头螺栓)将刀与刀架联接成为一体。如图 3-6-4 所示，两根分离的被联接的轴 1、2 位置要求同轴并且同步运转，可采用凸缘联轴器连接。首先用键把联轴器的左、右端分别与轴 1、2 连接；然后再用紧固件螺栓、螺母将联轴器的左、右端连接成一体。

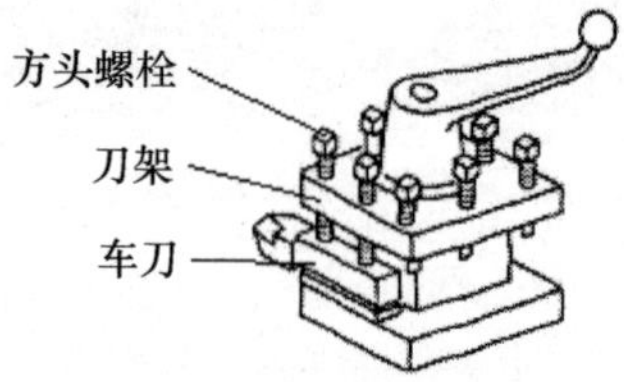

图 3-6-3　车刀的紧固

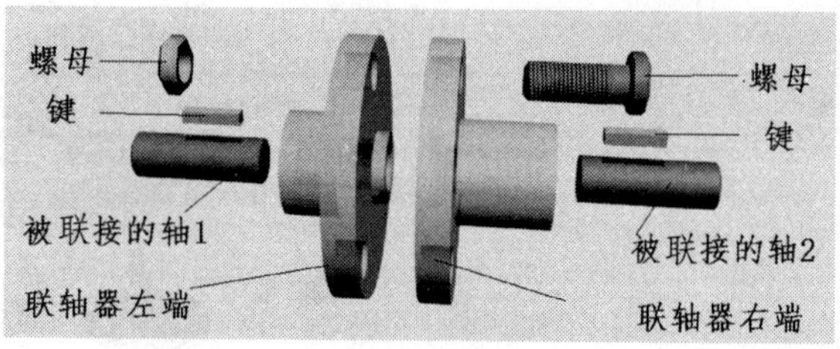

图 3-6-4　凸缘联轴器的连接

从上述两例中可以看出,车刀的紧固和凸缘联轴器的连接都要靠螺纹联接,保证其牢固性、紧密性、可靠性。

二、认识螺纹

1. 螺纹的形成

如图 3-6-5 所示为一张锐角为 30°的直角三角形纸片,使其 30°角相邻的直角边与圆柱筒底面周长重合并缠绕到小圆柱筒上,其斜边在圆柱筒表面形成一条曲线,即为**螺旋线**。

螺旋线是指动点在一圆柱体的表面上,一边绕轴线等速旋转,同时沿轴向作等速移动的轨迹,如图 3-6-6(a)所示。

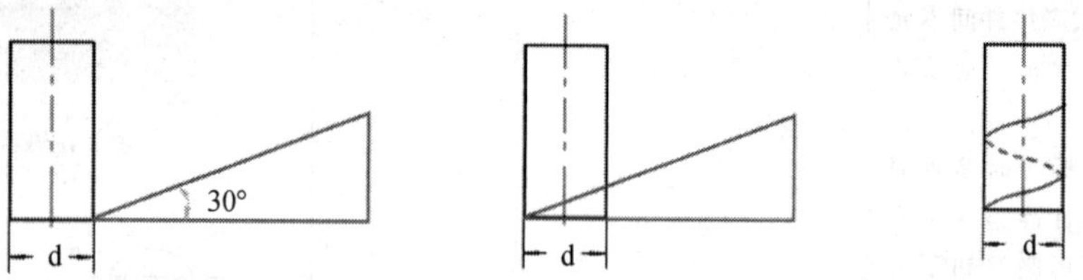

图 3-6-5　螺旋线的形成

螺纹是指在圆柱或圆锥表面上,沿着螺旋线所形成的具有相同剖面的连续凸起,一般将其称为“牙”,如图 3-6-6(b)所示。一个三角形绕着圆柱体的轴线沿螺旋线运动就构成了三角形螺纹,同样可得到梯形、锯齿形、矩形螺纹,如图 3-6-6(c)所示。

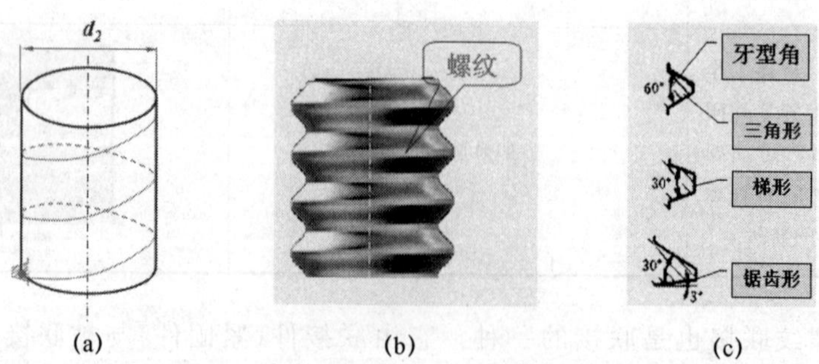

图 3-6-6　螺旋线与螺纹

2. 螺纹的加工

如果用车刀在圆柱或圆锥表面沿着螺旋线车出三角形的沟槽,就形成三角形螺纹。同理,也可以车出梯形螺纹、矩形螺纹、锯齿形螺纹。如图 3-6-7 所示是螺纹加工的一种方法,在车床上,可用 60°螺纹车刀加工三角形螺纹,可用 30°螺纹车刀加工梯形螺纹等。螺纹成形的加工方法较多,详见车工专业书籍介绍。

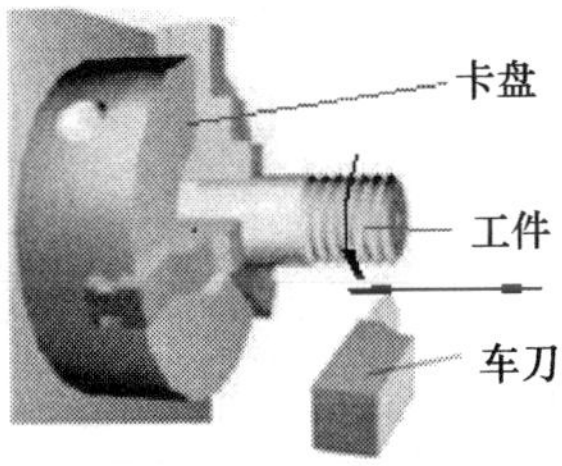

车削外螺纹

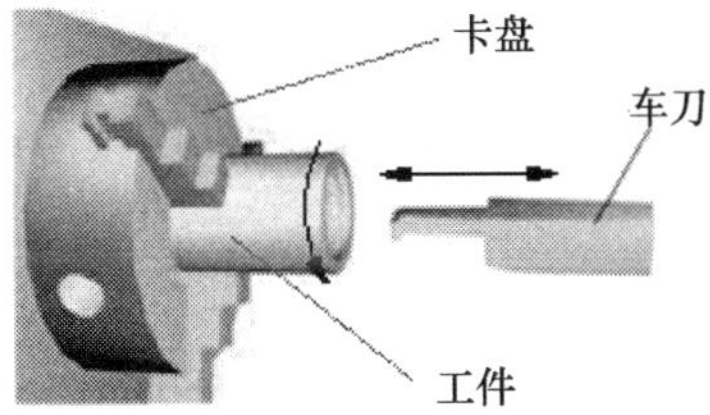

车削内螺纹

图 3-6-7　车削螺纹

三、螺纹的种类

按不同的分类方式,螺纹可以分成不同的种类,如表 3-6-2 所示。

表 3-6-2　螺纹的种类

分类方法	类别	定义说明	图例
按螺纹位置分	外螺纹	在圆柱或圆锥外表面加工出来的螺纹	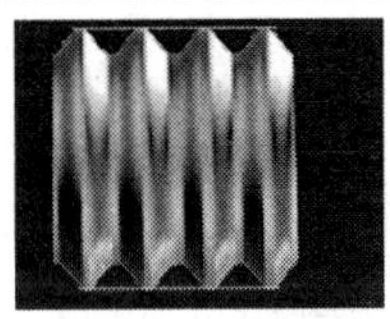 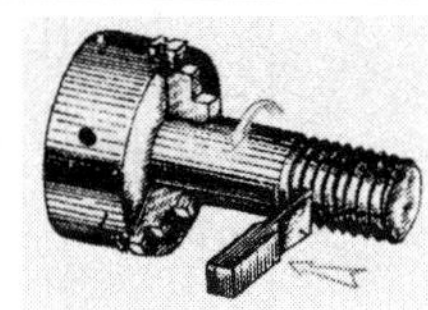
	内螺纹	在孔壁上加工出来的螺纹	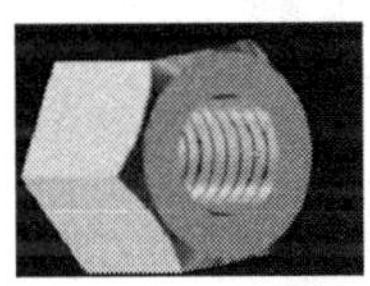 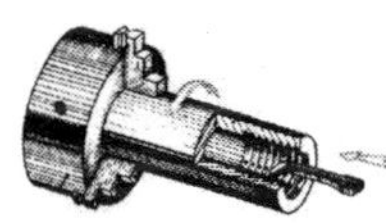
按母体分	圆柱螺纹	在圆柱表面上加工出来的螺纹	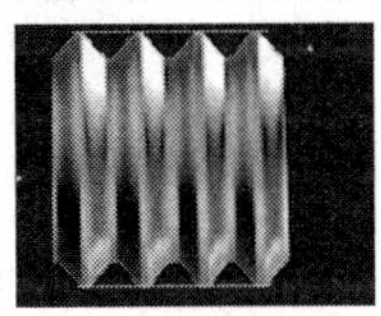
	圆锥螺纹	在圆锥表面上加工出来的螺纹	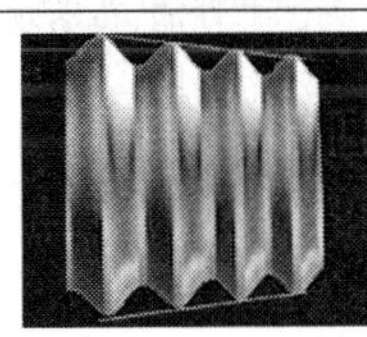
旋向	右旋螺纹	将螺纹轴线垂直于水平位置,螺旋线右边高则为右旋,使用时顺时针旋入。螺纹标记上用“RH”表示“右旋”,不用标注。右旋螺纹应用广泛	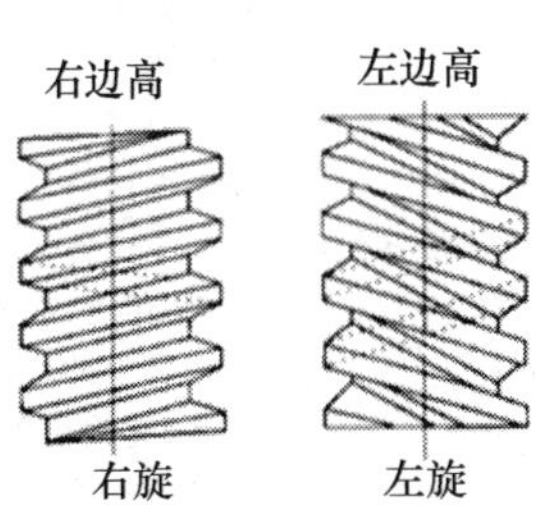
	左旋螺纹	将螺纹轴线垂直于水平位置,螺旋线左边高则为左旋。使用时逆时针旋入。螺纹标记上用“LH”表示“左旋”。特殊情况用左旋螺纹,需要标注	

续 表

<table>
<tr><th>分类方法</th><th>类别</th><th>定义说明</th><th>图例</th></tr>
<tr><td rowspan="2">螺旋线数目</td><td>单线螺纹</td><td>由一条螺旋线形成的螺纹。自锁性能好。常用于联接螺纹</td><td>
单线螺纹</td></tr>
<tr><td>多线螺纹</td><td>沿两条或两条以上螺旋线形成的螺纹。传动效率高,一般不超过 4 线。常用于传动螺纹</td><td>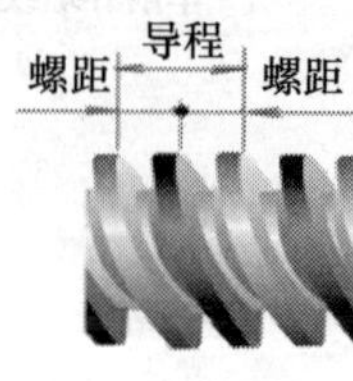
双线螺纹

三线螺纹</td></tr>
<tr><td rowspan="4">牙形截面形状</td><td>三角形螺纹(普通螺纹)</td><td>螺纹牙形为三角形,牙型角 $\alpha=60°$
<table><tr><th>分类</th><th>特点</th><th>用途</th></tr><tr><td>粗牙</td><td>牙根较厚、强度较高</td><td>应用广泛,用于一般的静联接</td></tr><tr><td>细牙</td><td>自锁性能好,不耐磨,易滑牙,零件强度削弱少</td><td>薄壁、受振动、变载或细小的零件、微调机构联接</td></tr></table></td><td>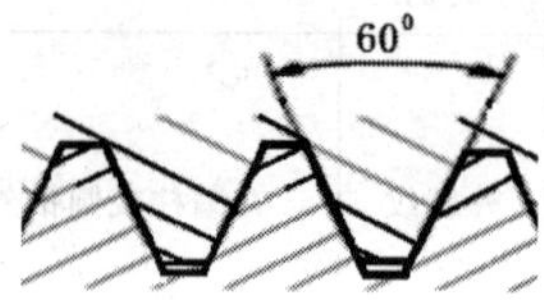</td></tr>
<tr><td>梯形螺纹</td><td>螺纹牙形为等腰梯形,牙型角 $\alpha=30°$。梯形螺纹是传动螺纹的主要形式。
性能:牙根强度高、工艺性好、螺纹对中好,效率低于矩形。
用途:广泛应用于传递动力或运动的螺旋机构中,如机床丝杠等的传动,还可利用剖分螺母调整间隙</td><td>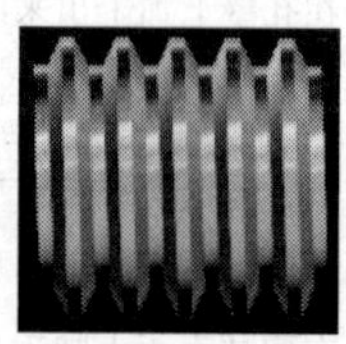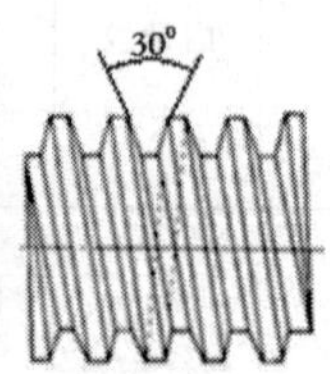</td></tr>
<tr><td>矩形螺纹</td><td>螺纹牙形为正方形,牙型角 $\alpha=0°$。
性能:传动效率高于其他螺纹,强度低、精加工制造困难,对中精度差,传动精度较低,磨损后轴向间隙不易补偿。
用途:千斤顶、小型压力机等的传力螺纹,目前应用较少,已逐渐被梯形螺纹所代替</td><td>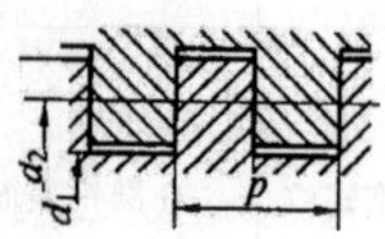</td></tr>
<tr><td>锯齿形螺纹</td><td>螺纹牙形为锯齿形,牙形角 $\alpha=33°$。工作边牙侧角 $\beta=3°$,非工作边牙侧角 $\beta=30°$
它综合了矩形螺纹效率高和梯形螺纹牙根强度高的优点,能承受较大的载荷,但只能用于单向传动。
性能:传动效率高于梯形螺纹;牙根大圆角应力集中差,对中性良好。
用途:轧钢机的压下螺旋、螺旋压力机等单向受力的螺纹传动</td><td>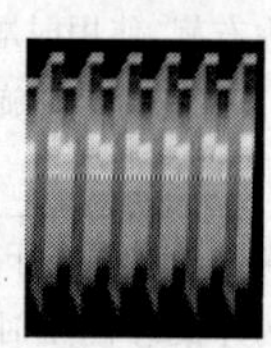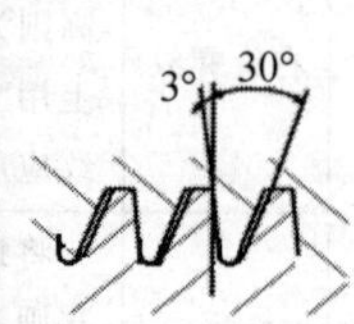</td></tr>
</table>

续 表

<table>
<tr><th>分类方法</th><th colspan="2">类别</th><th>定义说明</th><th colspan="2">图例</th></tr>
<tr><td rowspan="3">用途</td><td rowspan="2">连接螺纹</td><td>普通螺纹</td><td>普通螺纹应用最广。最常用的连接螺纹是粗牙三角形螺纹。
内外螺纹旋合后留有径向间隙</td><td>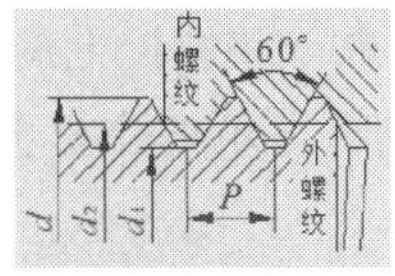</td><td rowspan="2"></td></tr>
<tr><td>管螺纹</td><td>牙形为等腰三角形，牙顶较大圆角，螺纹分布在 1∶16 的圆锥管壁上，细牙螺纹。内外螺纹旋合后无径向间隙。连接密封性好。用于水管、油管、气管等薄壁管子上，专用于管路的联接。
分类、性能、用途如表 3-6-4 所示</td><td>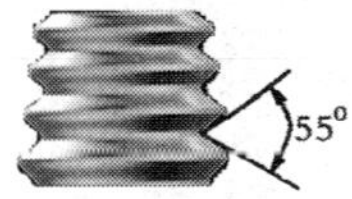</td></tr>
<tr><td colspan="2">传动螺纹</td><td>起传动作用，传递运动和动力，如：梯形螺纹、矩形螺纹、锯齿形螺纹。应用最多的为梯形螺纹</td><td colspan="2">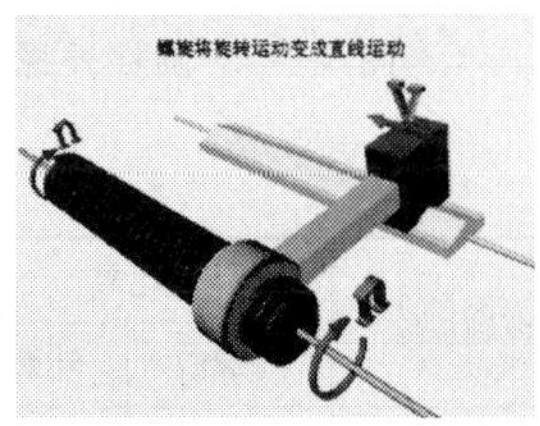</td></tr>
</table>

综上所述，常用螺纹的特点差异性如表 3-6-3 所示。

表 3-6-3　常用螺纹特点差异性之比较

螺纹类型	性能	牙根强度	工艺性	适用场合
三角形螺纹	自锁性好	最大	好	连接
矩形	效率最高	小	差	传动
梯形	效率较高	较大	好	传动(标准化)
锯齿形	效率较高	较大	好	传动(单向)

管螺纹的分类、性能、用途如表 3-6-4 所示。

表 3-6-4　管螺纹

分类	性能	用途
55°螺纹非密封管螺纹	不具有密封性，要求有密封性时，应压紧螺纹外的密封面或添加密封物	用于压力小于 1.56 MPa 的水、煤气管螺纹
55°螺纹密封管螺纹	两种结合方式：①内螺纹为圆柱管螺纹，外螺纹为圆锥管螺纹旋合，在 1 MPa 压力下，保证密封性，允许添加密封物；②圆锥内外螺纹旋合能利用本身的变形保证连接的紧密性	用于高温高压的管子、管接头、阀门及其他附件
60°锥管螺纹	具有一定的密封性，可添加密封物	一般用途的管螺纹的密封及机械连接
米制锥螺纹	依靠螺纹密封	水、煤气除外的管螺纹

四、螺纹的主要参数

如图 3-6-8 所示的螺母和螺栓上的螺纹是应用最广泛的普通螺纹,图 3-6-9 是将螺母、螺栓结合后的螺纹部分剖开显示的主要参数。各参数的含义详见表 3-6-5。

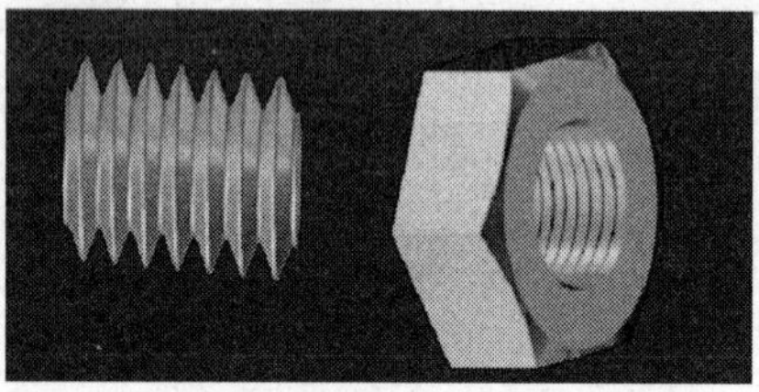

图 3-6-8 圆柱外螺纹与圆柱内螺纹

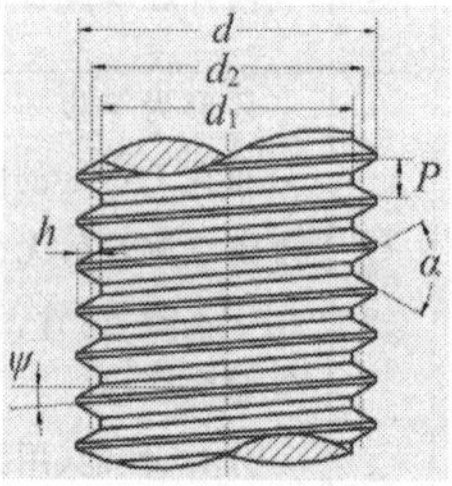

图 3-6-9 螺纹牙形的主参数

表 3-6-5 普通螺纹的主要参数

主要参数	代号		含义
	内螺纹	外螺纹	
螺纹大径(公称直径)	D	d	与内螺纹牙底或外螺纹牙顶相切的假象圆柱(或圆锥)的直径,是代表螺纹尺寸的直径;是公称直径
螺纹小径	D_1	d_1	与内螺纹牙顶或外螺纹牙底相切的假象圆柱(或圆锥)的直径,是计算直径,常用于连接的强度计算
螺纹中径	D_2	d_2	是一个假想圆柱的直径,该圆柱的母线通过牙型上沟槽和凸起宽度相等的地方,是几何直径,常用于连接的几何计算
螺距	P		相邻两牙在中径线上对应两点间的轴向距离
导程	P_h		同一条螺旋线上,相邻两牙在中径线上对应两点间的轴向距离,导程 P_h、螺距 P 与线数 n 之间的关系为:$P_h=n\cdot P$
螺纹升角	ψ		在中径圆柱上,螺旋线的切线与垂直于螺纹轴线的平面之间的夹角 其计算公式:$\tan\psi=\dfrac{P_h}{\pi d_2}=\dfrac{nP}{\pi d_2}$
牙型角	α		在螺纹牙型上,相邻两牙侧间的夹角。普通螺纹的牙型角 $\alpha=60°$,牙型半角是牙型角的一半,用 $\alpha/2$ 表示
牙型高度	h		在螺纹牙型上,牙顶到牙底在垂直于螺纹轴线方向上的距离

五、常用螺纹代号与标注

工程使用的螺纹很多,常用普通螺纹代号与标注如表 3-6-6 所示;管螺纹代号与标注如表 3-6-7 所示;梯形螺纹代号与标注如表 3-6-8 所示。

1. 连接螺纹代号与标注

(1) 普通螺纹的代号与标注

表 3-6-6　普通螺纹的代号与标注

<table>
<tr><th colspan="2">螺纹类型</th><th>特征代号</th><th>标记示例及说明</th><th>螺旋副标记示例</th></tr>
<tr><td rowspan="2">普通螺纹</td><td>粗牙</td><td rowspan="2">M</td><td>M24LH—6g—L
M——粗牙普通螺纹
24——公称直径 24 mm
LH——左旋
6g——外螺纹中径和顶径公差代号均为 6g
L——长旋合长度</td><td>M24LH——6H/6g
6H——内螺纹中径和顶径公差带代号
6g——外螺纹中径和顶径公差带代号</td></tr>
<tr><td>细牙</td><td>M24×2——6H7H
M——细牙普通螺纹
24——公称直径 24 mm
2——螺距为 2 mm
6H——内螺纹中径公差代号
7H——内螺纹顶径公差代号</td><td>M24×2LH——6H/5g6g——S
6H——内螺纹中径和顶径公差带代号
5g6g——外螺纹中径公差带代号为 5g、顶径公差带代号为 6g
S——短旋合长度</td></tr>
</table>

说明：① 普通螺纹同一公称直径可以有多种螺距，其中螺距最大的为粗牙螺纹，其余的为细牙螺纹。细牙螺纹的每一个公称直径对应着数个螺距，因此，必须标出螺距值，而粗牙螺纹不标螺距值。

② 右旋螺纹不标注旋向代号，左旋螺纹则用 LH 表示。

③ 旋合长度是指两个相互旋合的螺纹，沿轴线方向相互结合的长度，所对应的具体数值可根据公称直径和螺距在有关标准中查到。旋合长度有长旋合长度 L，中等旋合长度 N 和短旋合长度 S 三种，中等旋合长度 N 不标注。

④ 公差带代号中，前者为中径公差带代号，后者为顶径公差带代号，两者一致时，则只标注一个公差带代号。内螺纹用大写字母，外螺纹用小写字母。

⑤ 内、外螺纹配合的公差带代号中，前者为内螺纹公差带代号，后者为外螺纹公差带代号，中间用“/”分开。

（2）管螺纹的代号与标注

表 3-6-7　管螺纹的代号与标注

<table>
<tr><th colspan="2">螺纹类型</th><th>特征代号</th><th>标记示例及说明</th><th>螺旋副标记示例</th></tr>
<tr><td rowspan="4">管螺纹</td><td>55°非密封管螺纹</td><td>G</td><td>G1 $\frac{1}{2}$A——LH
G——55°非密封管螺纹；1 $\frac{1}{2}$——尺寸代号
A——外螺纹公差等级代号；LH——左旋</td><td>G1 $\frac{1}{2}$/G1 $\frac{1}{2}$A</td></tr>
<tr><td rowspan="3">55°密封管螺纹</td><td>R_c</td><td>R_c2LH
R_c——圆锥内螺纹；2——尺寸代号；LH——左旋</td><td rowspan="3">R_c2/R2—LH
R_p2/R2</td></tr>
<tr><td>R_p</td><td>R_p2
R_p——圆柱内螺纹；2——尺寸代号</td></tr>
<tr><td>R</td><td>R2LH
R——圆锥外螺纹；2——尺寸代号；LH——左旋</td></tr>
</table>

说明：① 管螺纹尺寸代号不再称为公称直径，也不是螺纹本身的任何直径尺寸，只有一个无单位的代号。可根据此代号在标准中查出管螺纹各参数尺寸。

② 管螺纹为寸制细牙螺纹，其公称直径近似为管子的内孔直径，以英寸(in)为单位。管螺纹的内孔直径可根据尺寸代号在有关标准中查到。

③ 右旋螺纹不标注旋向代号，左旋螺纹则用 LH 表示。

④ 非螺纹密封管螺纹的外螺纹的公差等级有 A、B 两级，A 级精度较高；内螺纹的公差等级只有一个，故无公差等级代号。

⑤ 内、外螺纹配合在一起时，内外螺纹的标注用“/”分开，前者为内螺纹的标注，后者为外螺纹的标注。

2. 传动螺纹代号与标注

表 3-6-8 梯形螺纹的代号与标注

螺纹类型	特征代号	标记示例及说明	螺旋副标记示例
梯形螺纹	Tr	Tr36×12(P6)LH——7H Tr——梯形螺纹 36——公称直径 36 mm 12——导程 12 mm P6——螺距为 6 mm(双线) LH——左旋 7H——内螺纹中径公差带代号	Tr36×6 LH——7H/7e 7H——内螺纹中径公差带代号 7e——外螺纹中径公差带代号

说明：

① 单线螺纹只标注螺距；多线螺纹同时标注螺距和导程。

② 旋合长度有长旋合长度 L 和中等旋合长度 N 两种，中等旋合长度 N 不标注。旋合长度所对应的具体数值可根据公称直径和螺距在有关标准中查到。

③ 右旋螺纹不标注旋向代号，左旋螺纹则用 LH 表示。

④ 公差带代号中，螺纹只标注中径公差带代号。内螺纹用大写字母，外螺纹用小写字母。

⑤ 内、外螺纹配合的公差带代号中，前者为内螺纹的公差带代号，后者为外螺纹的公差带代号，内外螺纹的标注用"/"分开。

任务实施

通过上述知识的学习，可以知道图 3-6-1 的代号与标记如表 3-6-9 所示。

表 3-6-9 螺纹类型、代号与标记

序号	图例	类型、代号与标记注释
1	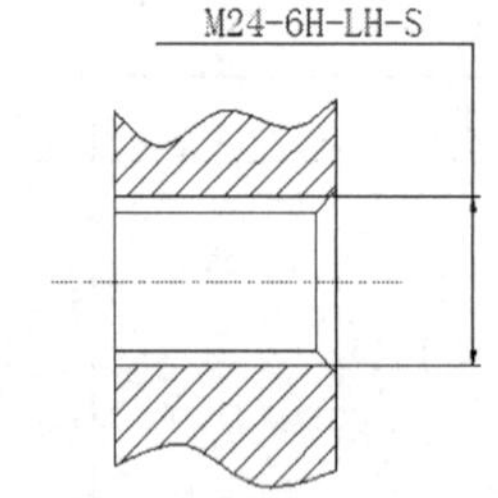	M24LH—6H—S M——粗牙普通内螺纹；　24——公称直径 24 mm LH——左旋； 6H——内螺纹中径和顶径公差带代号均为 6H S——短旋合长度
2	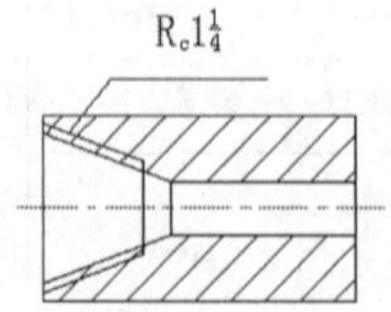	$R_c1\frac{1}{4}$ R_c——圆锥内螺纹；$1\frac{1}{4}$——尺寸代号
3	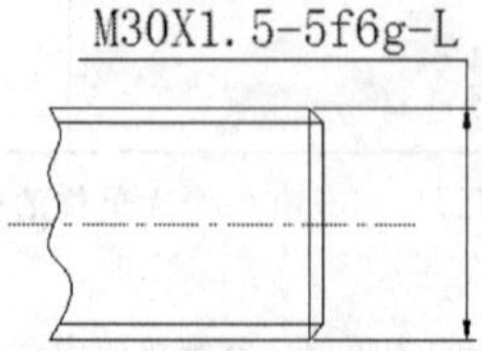	M30×1.5—5f6g—L M——细牙普通外螺纹；　30——公称直径 30 mm 1.5——螺距为 1.5 mm；　5f——外螺纹中径公差带代号 6g——外螺纹顶径公差带代号；　L——长旋合长度
4	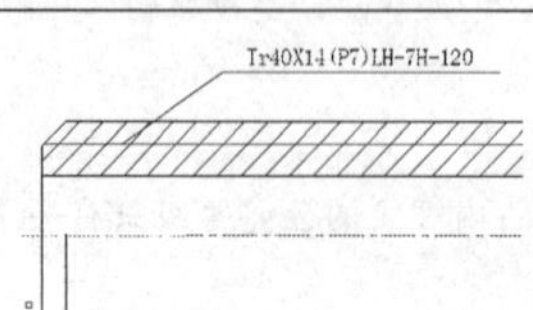	Tr40×14(P7)LH—7H—120 Tr——梯形螺纹；　40——公称直径 40 mm 14——导程 14 mm；　P7——螺距为 7 mm(双线) LH——左旋；　7H——内螺纹中径公差带代号 120——旋合长度 120 mm

探索与发现

1. 常用螺纹有哪几种？各有何特点？适用于何种场合？
2. 为什么多线螺纹常用于传动？

知识拓展

螺纹副的受力分析、效率和自锁

拧紧螺母时，可看作推动重物沿螺纹表面运动，如图 3-6-10(a)所示。将螺纹沿中径处展开，滑块代表螺母，螺母和螺杆间的运动可视为滑块在斜面上运动，如图 3-6-10(b)所示。

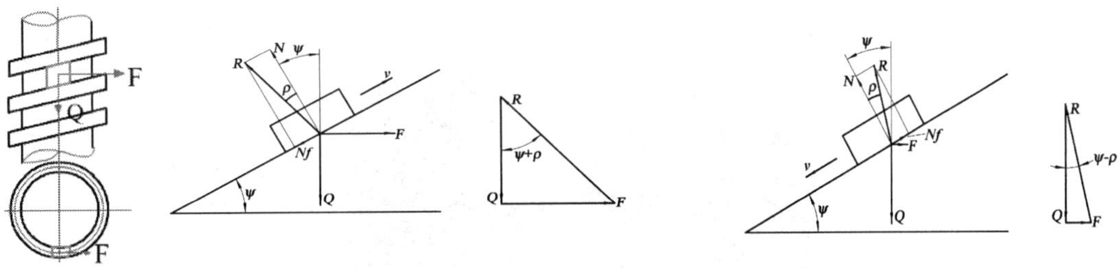

(a) 拧紧螺母时的受力分析　　(b) 旋松螺母时的受力分析

图 3-6-10　螺纹副的受力分析

1. 受力分析

根据力的平衡条件可得：

旋紧螺母时作用在螺纹中径上的水平推力(圆周力)

$$F=Q\tan(\psi+\rho)$$

转动螺纹需要的转矩为

$$T_1=F\cdot\frac{d_2}{2}=Q\tan(\psi+\rho)\cdot\frac{d_2}{2}$$

旋松螺母时，摩擦力向上

$$F=Q\tan(\psi-\rho)$$

2. 自锁

由上式可知，当 $\psi=\rho$ 时，$F=0$，即去掉支持力 F，滑块仍能保持平衡。当 $\psi<\rho$ 时，$F<0$，即要使滑块沿斜面等速下滑，必须加一反方向的水平推力 F。否则，无论 Q 有多大，滑块也不会自行下滑，也即是若 $\psi\leqslant\rho$，说明此时无论轴向载荷有多大，滑块(即螺母)都不能沿斜面运动，这种现象称为自锁。

螺纹副的自锁条件为：$\psi\leqslant\rho$。即，螺纹升角不大于当量摩擦角 ρ。

3. 螺纹副的效率

当螺母旋转一周时，输入功为：$W_1=2\pi T_1$；升举重物所做的输出功(有效功)为：$W_2=QP_h$，所以，螺纹副的效率为

$$\eta=\frac{W_2}{W_1}=\frac{Q\cdot P_h}{2\pi T_1}=\frac{Q\pi d_2\tan\psi}{2\pi\frac{Qd_2}{2}\tan(\psi+\rho)}=\frac{\tan\psi}{\tan(\psi+\rho)}$$

其中,ρ 为当量摩擦角,ψ 为螺纹升角,F 为螺旋副所受的轴向力。由上式可知:当摩擦角 ρ 一定时,效率只是螺纹升角 ψ 的函数。

任务二　辨析减速器上的螺纹联接

任务引入

如图 3-6-11 所示为一级圆柱齿轮减速器,图中各种类型的螺纹联接无处不在,你知道这些连接件的名称吗?在该传动装置工作时,这些联接件为何在受到冲击、振动、变载荷作用或工作温度变化很大时没有松动?端盖处、视孔盖处、上下箱体凸缘间、底座螺栓为何要如此布置?

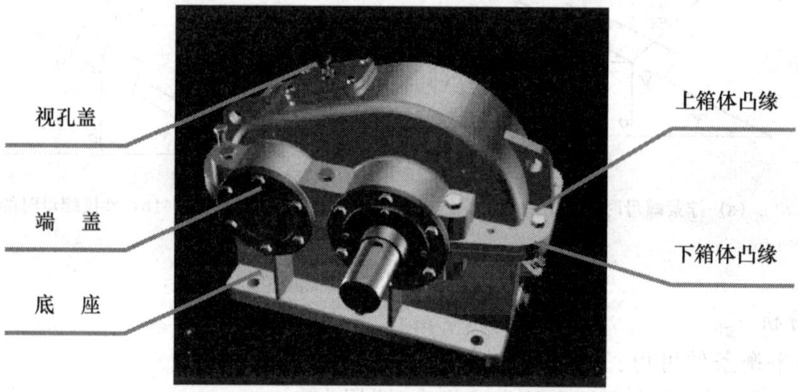

图 3-6-11　减速器中的螺纹联接

任务分析

减速器中,底座上需要螺纹联接与地面或其他装置进行安装固定,确定减速器的整体位置,端盖需要螺纹联接与箱体相固定,上下箱体更需要螺纹联接,方便装拆,方便箱体内零部件的检修,因此掌握螺纹联接的种类、特性、预紧、防松与结构设计至关重要。

知识链接

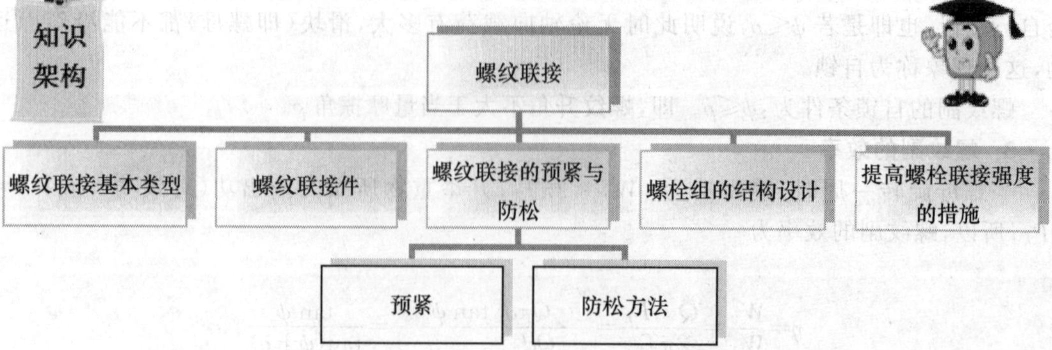

一、螺纹联接基本类型

1. 概念及作用

利用带有螺纹的零件将两个或两个以上的零件相对固定起来的可拆连接为**螺纹联接**。螺纹联接结构简单、装拆方便、生产效率高、成本低，应用广泛。

2. 螺纹联接的基本类型

常见的基本类型有四种，螺栓联接、双头螺柱联接、螺钉联接和紧定螺钉联接，如表 3-6-10所示。

表 3-6-10　螺纹联接的基本类型、结构、特点、应用

类型		结构示意图	尺寸关系	特点	应用
螺栓联接	普通螺栓联接	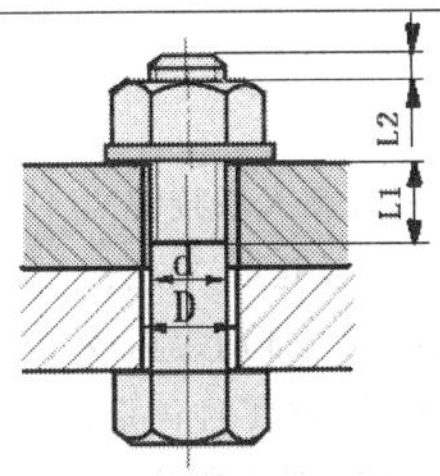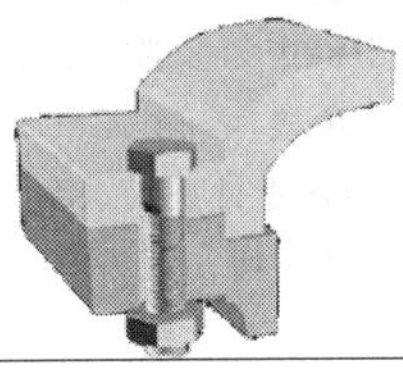	螺纹余留长度 L_1： 静载荷：$L_1 \geqslant (0.3\sim0.5)d$； 变载荷：$L_1 \geqslant 0.75d$ 冲击、弯曲载荷 $l_1 \geqslant d$ 通孔 $D=1.1d$(螺纹大径) 螺栓轴线到被联接件边缘的距离 $e=d+(3\sim6)$mm 螺纹伸出长度 L_2 $L_2=(0.2\sim0.3)d$	加工要求：通孔不带螺纹，螺杆穿过通孔与螺母配合使用。装配后孔与杆间有间隙，孔的加工精度低。 结构简单，装拆方便，对通孔加工精度要求低，成本低	应用广泛。主要用于被联接件不太厚，便于穿孔，经常拆卸、两面安装的场合
	铰制孔用螺栓联接	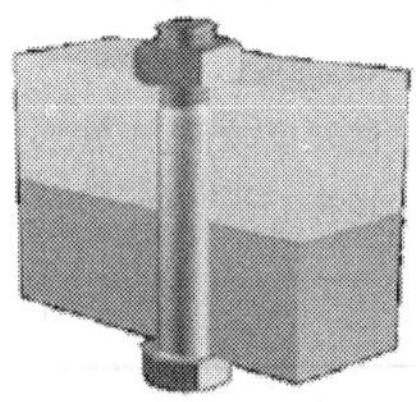	静载荷：L_1 尽可能小于螺纹伸出长度 L_2； 通孔直径 D 可查铰制孔用标准获得。 螺栓与孔配合采用基孔制，过渡配合，如 H7/m6 H7/n6	加工要求：螺栓与孔采用基孔制过渡配合，装配后无间隙，主要承受横向载荷，可起定位作用，需精制。 螺栓杆穿过通孔，均有精度要求配合	用在螺栓杆承受横向载荷或者精确固定被联接件的相对位置场合
双头螺柱联接		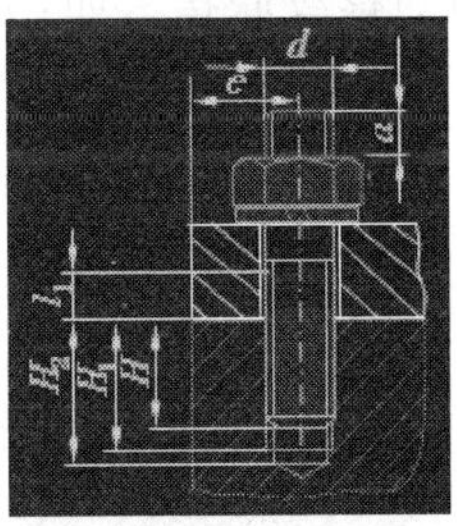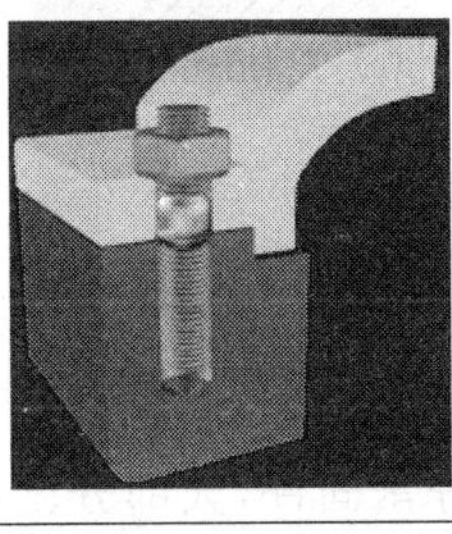	通孔直径与普通螺栓相同，参数 l_1、e、a、d 与螺栓对应参数 L_1、e、L_2、d 相同 H 为拧入深度，当带有螺纹孔件的材料为： 钢或青铜取 $H \approx d$； 铸铁取 $H=(1.25\sim1.5)d$； 铝合金取 $H=(1.5\sim2.5)d$。 螺纹孔深度 H_1： $H_1=H+(2\sim2.5)P$(螺距)； 钻孔深度 H_2： $H_2=H_1+(0.5\sim1)d$	螺杆两端无钉头，但均有螺纹，装配时螺栓的一端旋紧在一较厚被联接件的螺纹孔中，另一端则穿过另一较薄被联接件的孔，并配以螺母拧紧。拆装时只需拆螺母即可。 结构要求紧凑，螺母拧紧，经常拆装	通常用于被联接件之一太厚，不便于通孔，经常装拆的场合

续 表

类型	结构示意图	尺寸关系	特点	应用
螺钉联接	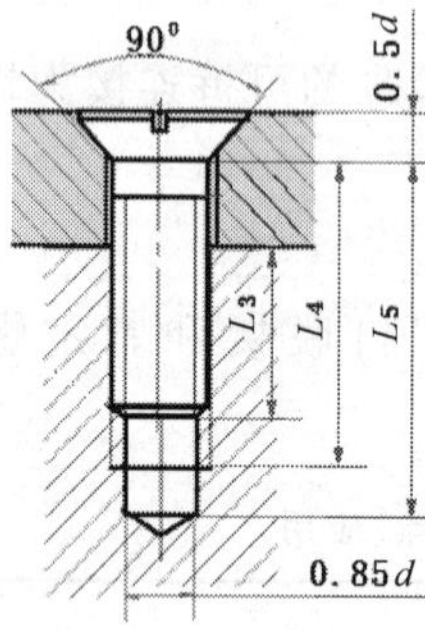	螺纹拧入深度 L_3： 钢或青铜 $L_3=d$ 铸铁 $L_3=(1.25\sim1.5)d$ 铝合金 $L_3=(1.5\sim2.5)d$ 螺纹孔深 L_4： $L_4=L_3+(2\sim2.5)P$(螺距) 钻孔深度 L_5： $L_5=L_3+(3\sim3.5)P$	不用螺母,直接将螺纹端拧入螺纹孔,联接结构比双头螺柱简单,但如果经常装拆时,易使螺纹孔产生过渡磨损而导致联接失效	用于被联接件之一较厚,不便加工通孔、受力不大或拆卸不频繁的场合,防止螺纹失效
紧定螺钉联接	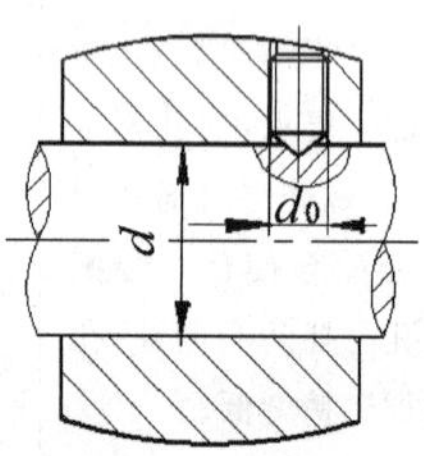 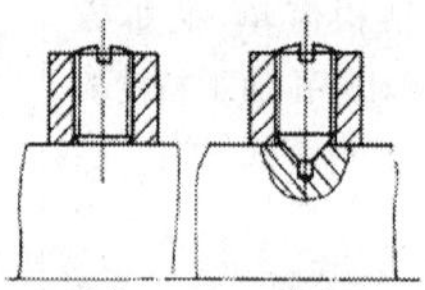 (a) (b) 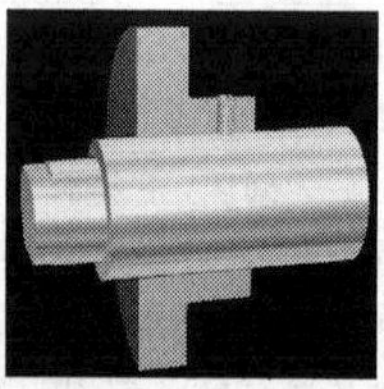	紧定螺钉直径 d_0： $d_0=(0.2\sim0.3)d$ 当力和合力矩较大时,取较大值	螺钉旋入联接件之一的螺纹孔中,末端顶住另一零件的表面或凹坑中,将零件固定,可以传递较小的载荷 图(a)中为平端紧定螺钉联接,接触面积大、不伤零件表面,用于顶紧硬度较大的平面,适于经常拆卸的场合;图(b)中为锥端紧定螺钉联接 ,适于零件表面硬度较低、不常拆卸场合	固定作用。能传递较小载荷

除上述联接的基本类型外,在机器中,还有一些特殊结构的螺纹联接。如:T 型槽螺栓联接、吊环螺钉联接和地脚螺栓联接等,如图 3-6-12 所示。

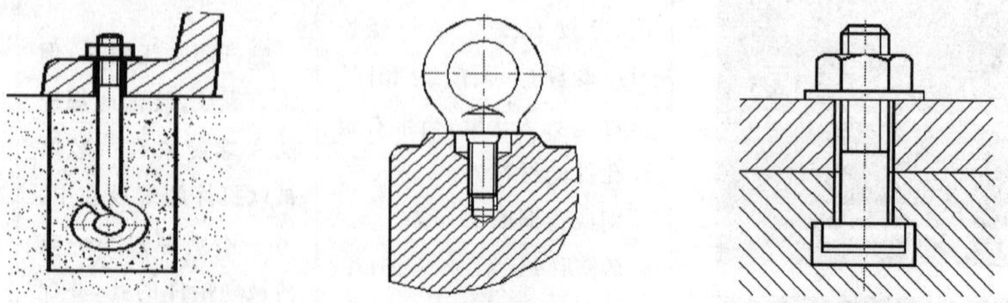

(a) 地脚螺栓联接　(b) 吊环螺钉联接　(c) T型槽螺栓联接

图 3-6-12　专用螺纹联接

二、螺纹联接件

常用的螺纹联接件如:螺栓、双头螺柱、螺钉、螺母、垫圈等紧固件,大部分已经标准化,应根据国家标准设计时查有关标准选用即可。如图 3-6-13 所示为常用的紧固件，其类型、尺寸、材料、技术要求等可以从有关手册查到，不需要自己制造。

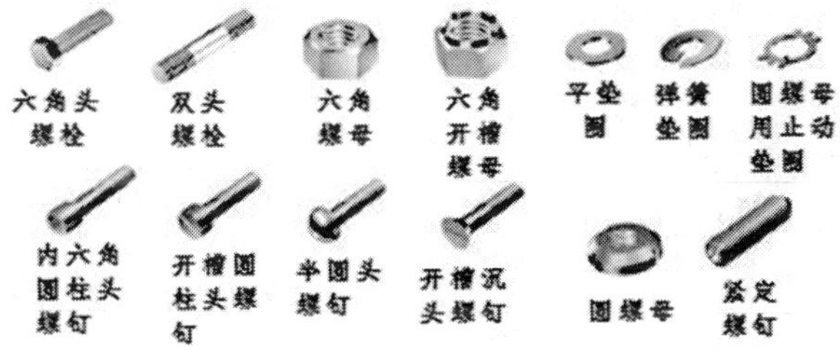

图 3-6-13　常用螺纹联接件

常见的螺纹联接件的类型、结构及应用如表 3-6-11 所示。

表 3-6-11　常见螺纹联接件的类型结构及应用

类型	图例	结构及应用	材料
螺栓	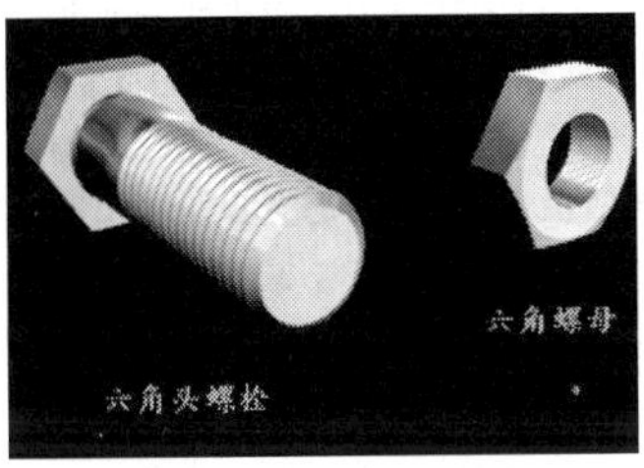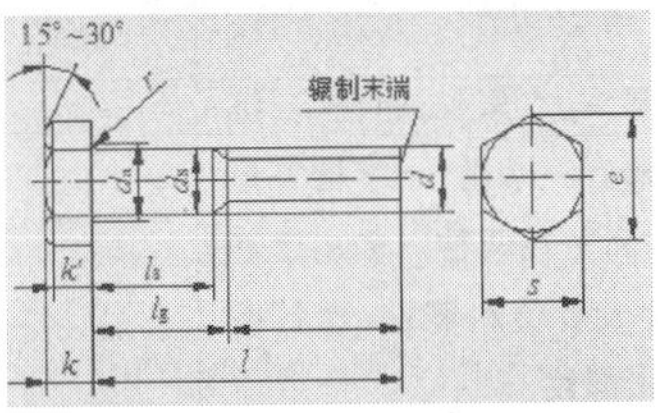	普通螺栓有六角头、小六角头、标准六角头、大六角头、内六角等，其中，小六角头螺栓材料利用率高、机械性能好，但由于头部尺寸较小，不宜用于装拆频繁、被联接件强度低的场合 铰制孔螺栓的螺纹部分用直径较小的螺母。 螺栓精度分 A、B、C 三级，通用机械制造中用 C 级 杆部螺纹长度可制造出部分螺纹或全螺纹，螺距有粗牙和细牙 应用：应用最广。用于被联接件不太厚的场合，便于加工精度低的通孔	常用材料： 低碳钢—— Q215、10 钢 中碳钢—— 35、45 钢 合金钢—— 15Cr、40Cr、 30CrMn
双头螺栓	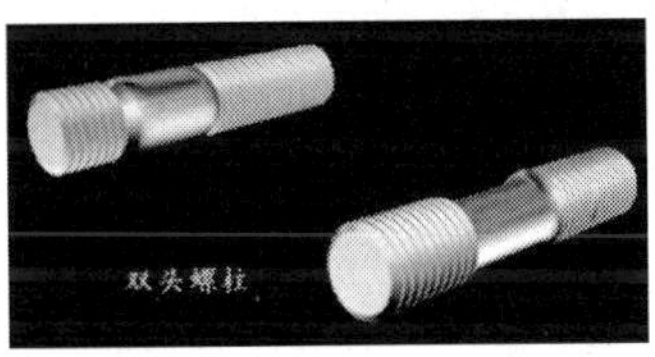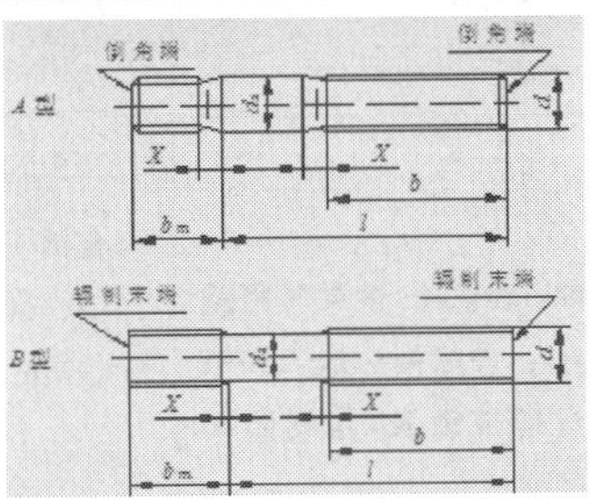	分成 A 型、B 型两种结构，A 型有退刀槽，B 型无退刀槽，如左图所示，也可以制成全螺纹的螺柱 螺栓两头都有螺纹，两端螺纹可以相同也可以不相同，使用时，一端拧入不易穿透的厚联接件(如旋入铸铁或者有色金属)的螺纹孔中，旋入后不拆卸，另一端则用于安装螺母以固定其他零件	

续表

类型	图例	结构及应用	材料
螺钉	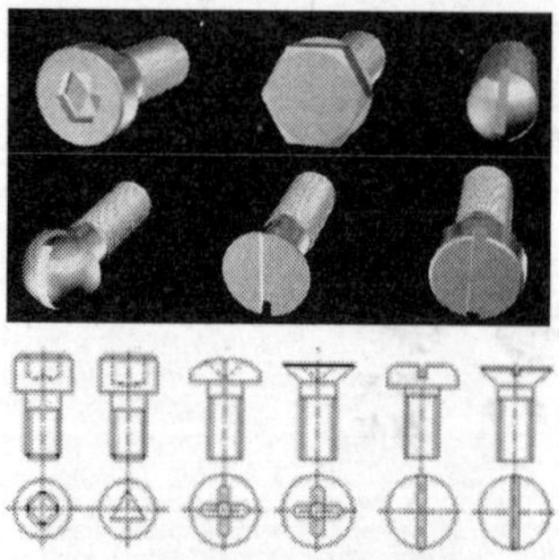	与螺栓区别：要求螺纹部分直径较粗；要求全螺纹 头部：圆头、扁圆头、内六角头、圆柱头、沉头等形状 头部的旋具槽：一字槽、十字槽、内六角孔等形式 十字槽：强度高、对中性好，易实现自动化装配 内六角孔：承受较大扳手扭矩，联接强度高，可代替六角螺栓，用于结构紧凑的场合	常用材料： 低碳钢—— Q215、10 钢 中碳钢—— 35、45 钢
紧定螺钉	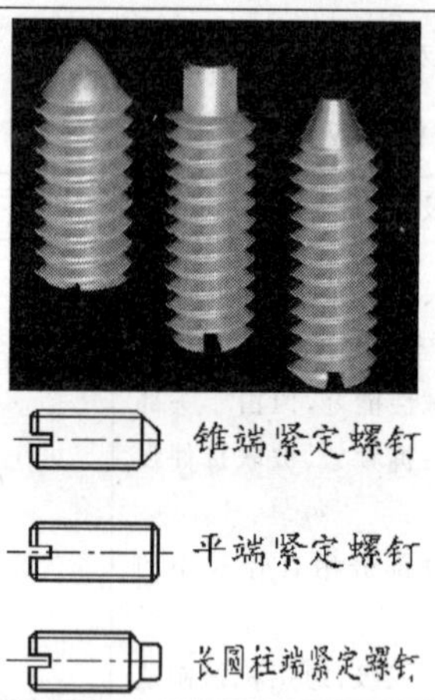	锥端：用于被紧定零件的表面硬度较低或不经常拆卸的场合 平端：接触面积大，不伤零件表面。用于被紧定零件的表面硬度较大或经常拆卸的场合 圆柱端：压入轴上凹坑中，适于紧定空心轴上零件的定位，轻材料和金属薄板等的固定	合金钢—— 15Cr、40Cr、 30CrMn
自攻螺钉	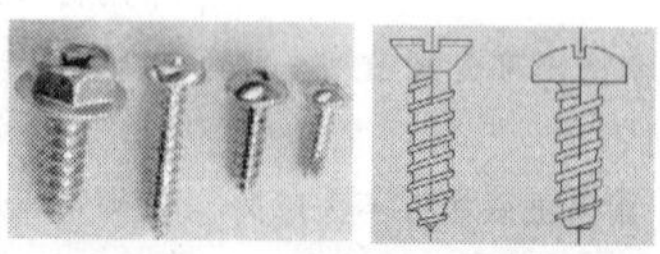	螺钉头部形状有圆头、六角头、圆柱头、沉头等。头部的起子槽有一字槽、十字槽等形式，末端形状有锥端和平端两种。多用于连接金属薄板、轻合金或者塑料零件，螺钉在连接时可以直接攻出螺纹	
六角螺母	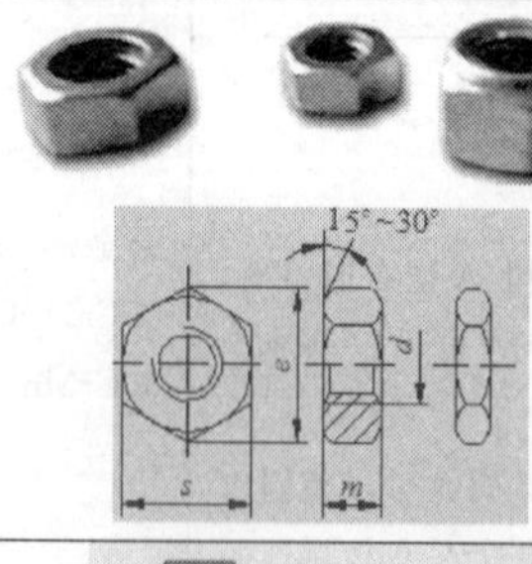	按精度分：分为 A、B、C 三级，与相同级别的螺栓配用 按厚度分：分成标准螺母、薄螺母、厚螺母三种 应用：薄螺母用于受剪切力的螺栓或空间尺寸受限制的场合	常用材料： 低碳钢—— Q215、10 钢 中碳钢—— 35、45 钢
圆螺母和止退垫圈	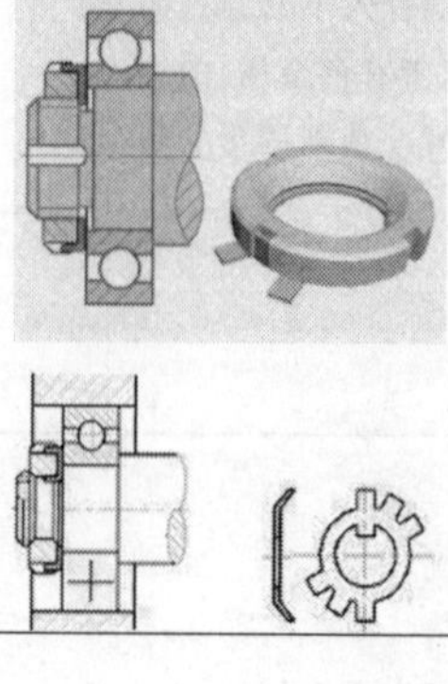	圆螺母与止退垫圈一起使用，装配时将垫圈内舌插入轴上的槽内，外翘翻边嵌入圆螺母的相应槽内，螺母即被锁紧，起到防松作用 常用于滚动轴承的轴向位置固定	合金钢—— 15Cr、40Cr、 30CrMn

续 表

类型	图例	结构及应用	材料
垫圈	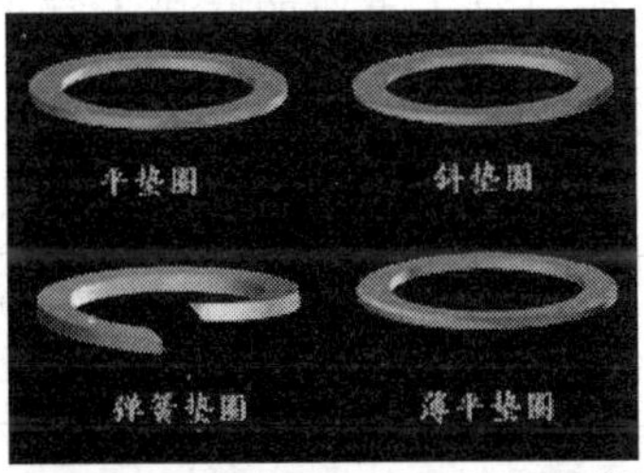 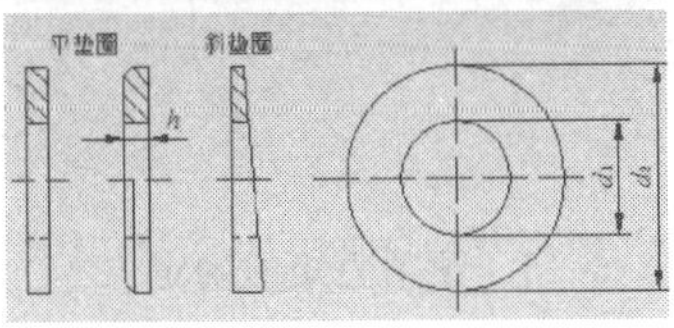	垫圈是螺纹联接中不可缺少的附件，放置在螺母和被联接件之间，起保护被联接件的表面不被擦伤，增大螺母与被联接件间的接触面积的作用 平垫圈：分成 A、B 两种级别；同一螺纹直径分特大、大、普通、小四种，应用很广 斜垫圈：仅用于倾斜的支承表面 弹簧垫圈起防松作用，一般用于不太重要的连接	垫圈：Q235A、15、35 钢 弹簧垫圈：65Mn 经热处理及表面处理

三、螺纹联接的预紧与防松

1. 螺纹联接的预紧

（1）相关概念

螺栓联接按装配时是否预先拧紧（又称预紧），可分为松螺栓联接和紧螺栓联接。

松螺栓联接是指在装配时不拧紧，只有在承受外载时才受到力的作用。紧联接是指在装配时需拧紧，即在螺栓工作承载时，已预先受力。大多数螺纹联接在装配时都需要拧紧，使之在承受工作载荷之前，预先受到力的作用，这个预加作用力称为**预紧力**，用 Q_p 表示。对于重要的承受轴向载荷的螺栓联接，装配时必须控制其预紧力，在装配图或工艺说明中规定预紧力的数值。

在实际工程中，绝大多数螺纹联接在装配时都必须拧紧。在承受工作载荷前，连接就受到预紧力的作用，称为**预紧**。螺纹联接若预紧力不足，联接件工作时易松动，工作不可靠；螺纹联接过紧，则螺杆静载荷增大、降低本身强度，螺纹易损坏。

预紧的目的：①防止联接松脱，增强可靠性；②被联接件接合面具有足够的紧密性；③增大螺栓联接的整体刚度，使接合面产生摩擦力，以承受横向载荷，防止受载后被联接件间出现缝隙或发生相对移动。对于受轴向拉力的螺栓联接，还可以提高螺栓的疲劳强度，如图 3-6-14 所示；对于受横向载荷的普通螺栓联接，有利于增大联接中接合面间的摩擦力。

（2）确定预紧力矩

如图 3-6-15 所示，拧紧螺母时，加在扳手上的力矩 T，用来克服螺纹牙间的阻力矩 T_1 和螺母与支承面间的摩擦阻力矩 T_2。因此，工程中常用预紧力矩简化计算公式为：

$$T=T_1+T_2=F\cdot L=KQ_pd$$

其中，F 为作用于手柄上的力；L 为力臂；Q_p 为预紧力（N）；d 为螺纹公称直径；K 为预紧力矩系数，一般 $K=0.1\sim0.3$，对于常用钢制 M10～M68 的普通螺纹，取 $K=0.2$。

$$T_1=Q_p\tan(\psi+\rho_v)d_2/2;\quad T_2=Q_pf_cr_f,$$

其中，f_c 为无润滑时，支承面摩擦系数；r_f 为支承面摩擦半径（mm），$r_f=(D_0+d_0)/4$，ψ 为螺纹升角，$\psi=\arctan f$。对于 M10～M68 的普通粗牙螺纹，取 $\tan\rho_v=0.15$；$f_c=0.15$，代入数据，最后得预紧力和预紧力矩之间的关系：

$$T \approx 0.2Q_p \cdot d \text{ (N·mm)} \qquad (3\text{-}6\text{-}1)$$

公称直径 d 一定的螺栓，当所要求的预紧力 Q_p 已知时，则可按式(3-6-1)确定扳手的拧紧力矩。由于直径过小的螺栓，容易在拧紧时过载拉断，所以对于重要的联接不宜小于 M10～M14，必须使用时，应采用力矩扳手严格控制其拧紧力矩。

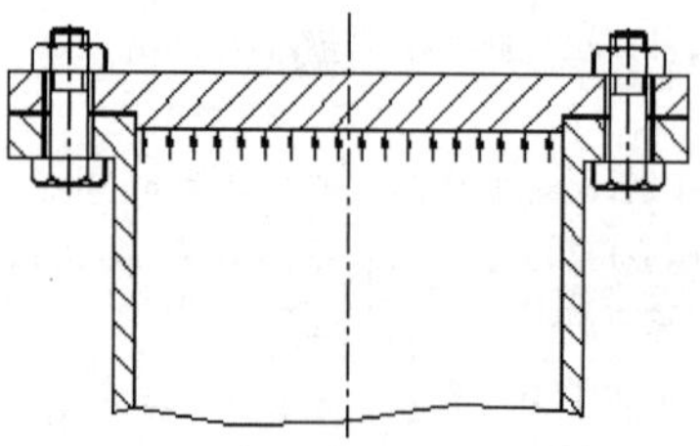

图 3-6-14　预紧的目的

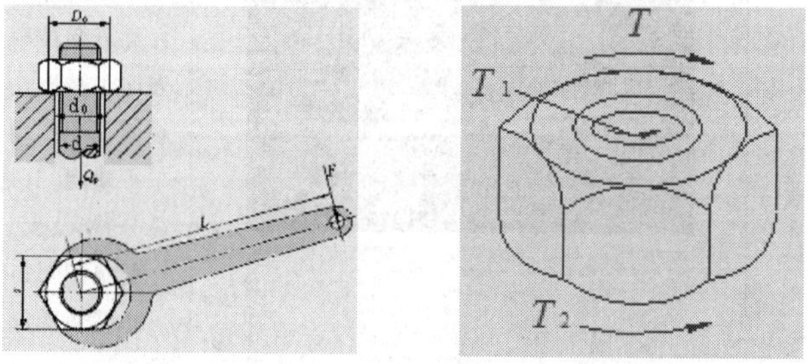

图 3-6-15　预紧力矩的确定

(3) 预紧力 Q_p 的控制

常用的预紧工具有普通的扳手、套筒扳手、测力矩扳手等，如图 3-6-16 所示。要求控制预紧力时，力矩 T 可通过测力矩扳手〔图 3-6-16(d)〕或定力矩扳手〔图 3-6-16(e)〕等工具进行测量和控制。测力矩扳手在拧紧螺栓时，扳手可指示出力矩数值；定力矩扳手在达到某一调整的数值后，弹簧受压，可自行打滑。对于不控制预紧力的重要的螺栓联接，宜采用不小于 M12～M16 的螺栓，以免装配时拧断。

(a) 普通死扳手

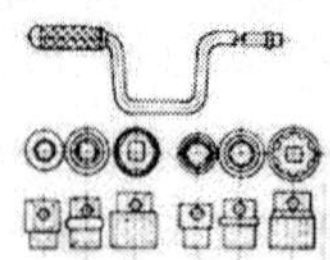

(b) 套筒扳手

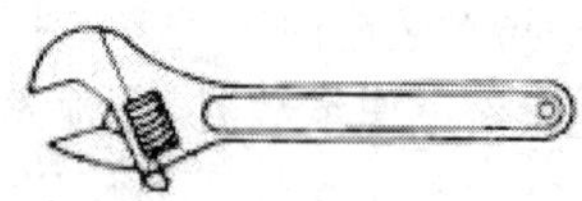

(c) 活扳手

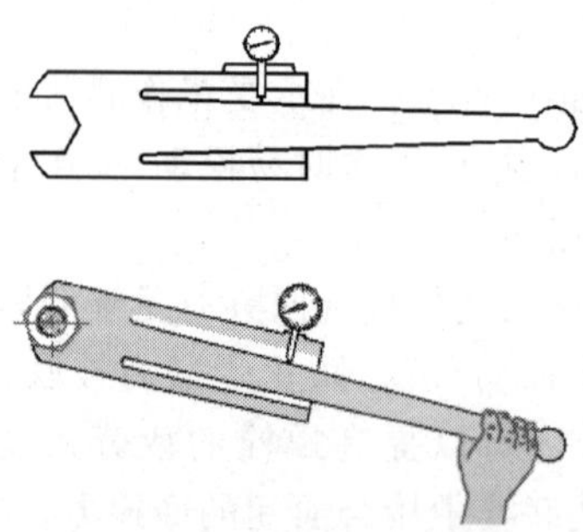

(d) 测力矩扳手

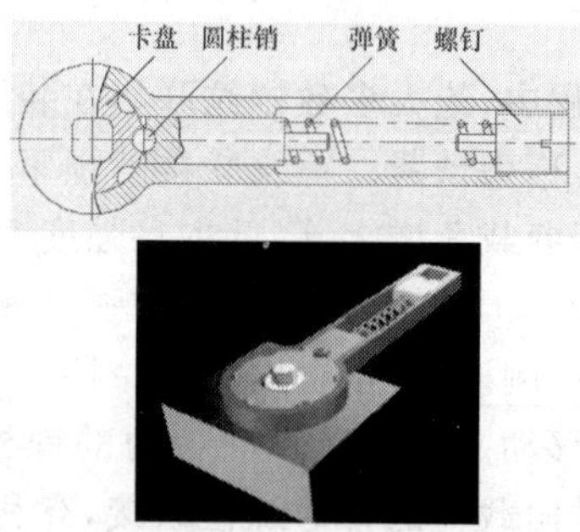

(e) 定力矩扳手

图 3-6-16　常用的预紧工具

① 预紧力的确定原则

拧紧后螺纹联接件的预紧应力不得超过其材料的屈服极限 σ_s 的 80%，A_1 为作用在联接件上的预紧力所对应的面积。

碳素钢螺栓：　　$Q_p \leqslant (0.6 \sim 0.7)\sigma_S A_1$

合金钢螺栓：　　$Q_p \leqslant (0.5 \sim 0.6)\sigma_S A_1$

② 控制预紧力的目的

预紧力过大，会使联接超载；预紧力不足，可能导致联接失效。

③ 预紧力的控制

一般螺纹联接,可凭经验控制预紧力。对于重要的螺纹联接,通常可采用测力矩扳手或定力矩扳手,对于精确的螺栓联接,也可以采用测定螺栓伸长的方法来控制预紧力。

2. 螺纹联接的防松

(1) 防松原因

螺栓联接通常采用三角形螺纹,螺纹联接件按适当的预紧力拧紧后,三角形螺纹的螺纹升角 $\Psi=1.5°\sim3.5°$,小于当量摩擦角 $\rho_v=5°\sim6°$,故联接具有自锁性,在静载荷作用下,工作温度变化不大时,这种自锁性可以防止螺母松脱,但在两种情况下会松动。

① 在冲击、振动、变载作用下,螺纹之间的摩擦力可能突然消失而影响正常工作。

② 在高温或温度变化很大时,螺栓与联接件因温度不同而存在变形差异或材料的蠕变,也可能导致连接的松脱。

因此,在设计螺栓联接时,必须考虑防松,并采用防松方法制止松脱,否则会影响正常工作,造成事故。

(2) 防松的实质:防止螺纹副的相对转动。

(3) 防松原理:消除(或限制)螺纹副之间的相对运动,或增大相对运动的难度。

(4) 防松办法及措施

防松办法很多,常用的防松方法一般有利用摩擦力防松、机械防松和不可拆防松,具体如表 3-6-12 所示。

表 3-6-12 螺纹联接常用的防松方法

防松方法		结构形式	特点	应用
摩擦力防松	弹簧垫圈		弹簧垫圈材料为弹簧钢装配,装配后垫圈被压平。作用原理:①其反弹力使螺纹间保持压紧力和摩擦力;②垫圈缺口的尖端抵住螺母和联接件的接触面防松。优点:结构简单,使用方便。缺点:冲击振动的工作条件下防松差,工作不太可靠	一般用于不太重要的联接
	双螺母		利用两螺母的对顶作用使螺栓旋合的螺纹之间始终受到附加的拉力和摩擦力,防止松脱。 结构简单,使用方便,轴向尺寸大,可靠性不高	用于平稳、低速、重载的场合
	尼龙圈锁紧螺母	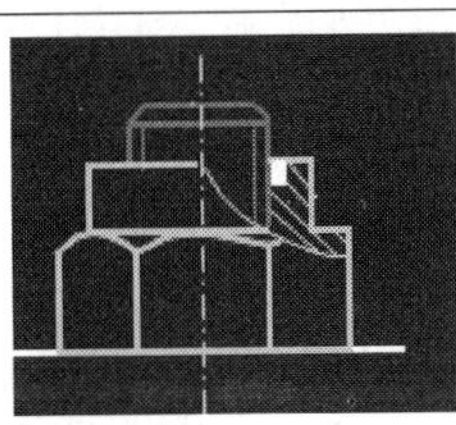	螺母的螺纹孔中嵌有尼龙圈,拧入后内孔被胀大,箍紧螺栓,结构简单	用于轻的载荷和振动的场合
	锁紧螺母	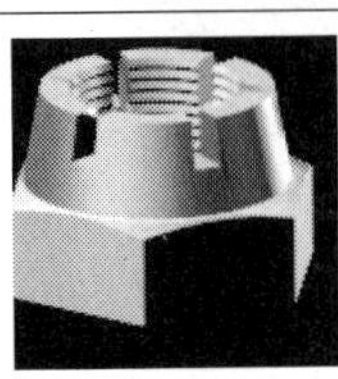 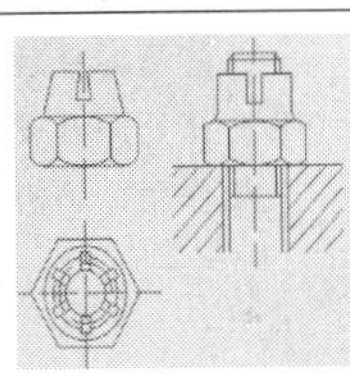	螺母一端做成非圆形收口或开峰后径面收口,螺母拧紧后收口胀开,利用收口的弹力使旋合螺纹间压紧。 优点:结构简单,工作可靠,可多次拆装而不降低防松性能	一般用于较重要的联接

续表

防松方法		结构形式	特点	应用
机械方法防松	槽形螺母加开口销	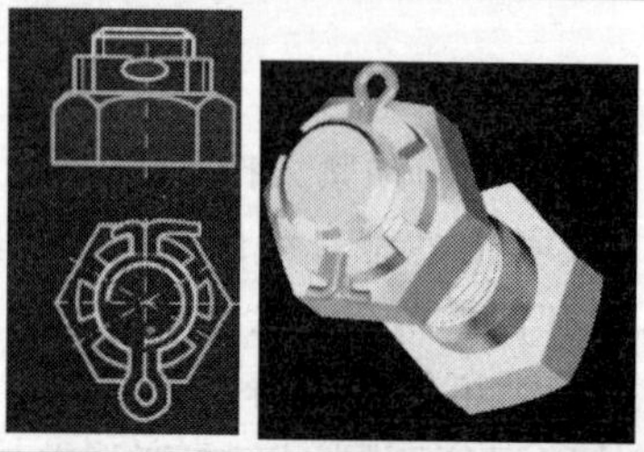	槽形螺母拧紧后，将开口销穿入螺栓尾部槽孔和螺母槽内，并将开口销尾部掰开紧贴螺母侧面。 也可以用普通螺母拧紧后再配钻开口销孔。 主要依靠开口销阻止螺母螺栓的相对转动	适用于较大冲击、振动的高速机械运动部件的联接中
	圆螺母与止动垫圈	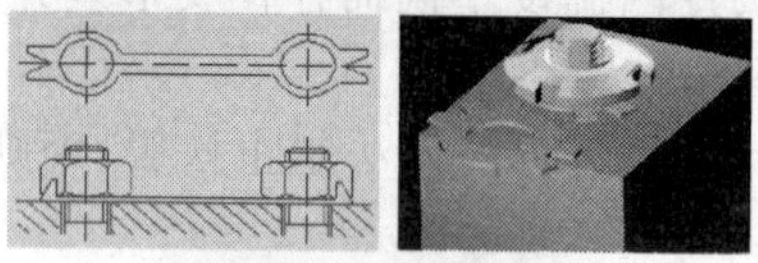	使垫片内翅嵌入螺栓的槽内，拧紧螺母后将垫片外翅之一折嵌于螺母的一个槽内	使用在载荷较大的场合
	止动垫圈		螺母拧紧后，将单耳或双耳分别向螺母和被联接件的侧面折弯贴紧，以固定螺母和被联接件的相对位置。 结构简单，使用方便，防松可靠	使用在受力较大的场合
	串联钢丝	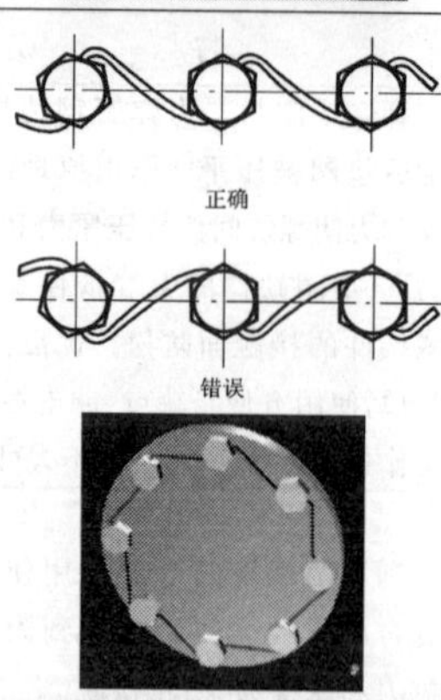	用低碳钢丝穿入各螺栓的头部孔内，将螺钉串联，相互制动。应注意钢丝穿入的正确方向。 防松可靠，但拆卸不便	适用螺钉组联接
不可拆防松	黏合剂防松	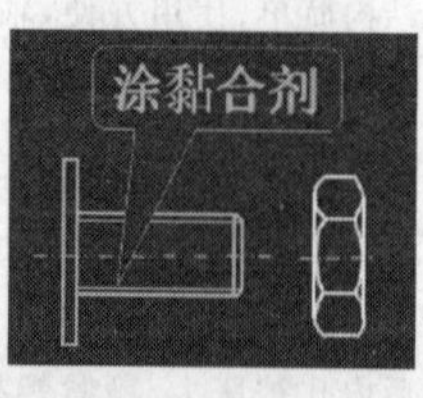	用胶合剂涂在螺纹旋合表面，拧紧螺母后，胶合剂自行固化。防松可靠、具密封效果	适用于不需拆卸的特殊场合
	冲点和点焊防松	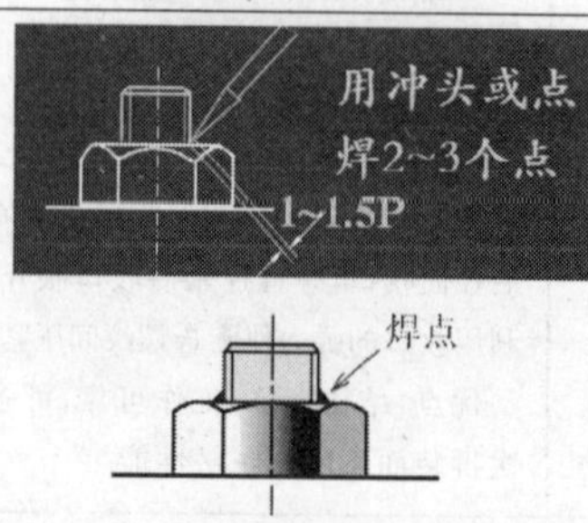	螺母拧紧后，在螺栓与螺母的旋合缝处冲点或点焊防松，起永久防松作用。防松可靠	适用于装配后不再拆卸的场合

四、螺纹联接的结构设计

由图 3-6-11 可知，螺纹联接不是单个螺栓拧紧在被联接件上，而是成组出现的。由若干螺栓一起和被联接件构成的联接形式称为螺栓组联接。

1. 结构设计目的

合理确定螺栓组的布置形式及接合面的几何形状；使各螺栓受力均匀，便于加工和装配。

2. 结构设计要点

螺栓组联接的结构设计主要应考虑以下几方面的问题。

(1) 螺栓组的布置应尽可能对称

联接接合面的几何形状通常都设计成轴对称的简单几何形状，如圆形、环形、矩形、三角形等，如图 3-6-17 所示。这样不但便于加工制造，而且便于对称布置螺栓，使螺栓组的对称中心与接合面的形心重合，从而保证接合面受力比较均匀。

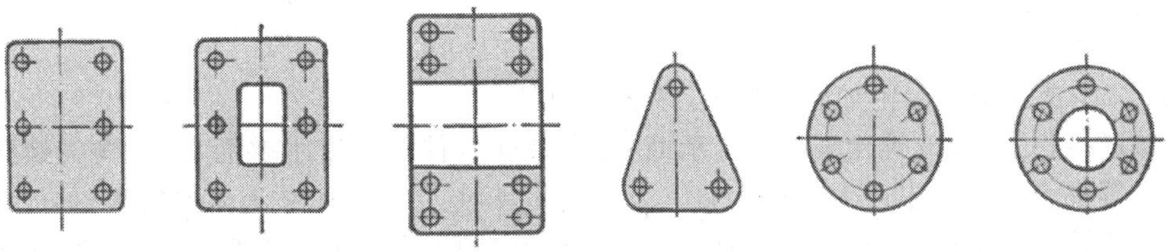

图 3-6-17　联接接合面的常见几何形状

(2) 螺栓的布置应使螺栓的受力合理

当螺栓联接承受弯矩和转矩时，应使螺栓尽可能地布置在靠近接合面边缘，以减少螺栓的受力，如图 3-6-18 所示。

如果普通螺栓联接受较大的横向载荷，则可用套筒、键、销等零件来分担横向载荷，以减小螺栓的预紧力和结构尺寸，如图 3-6-19 所示。

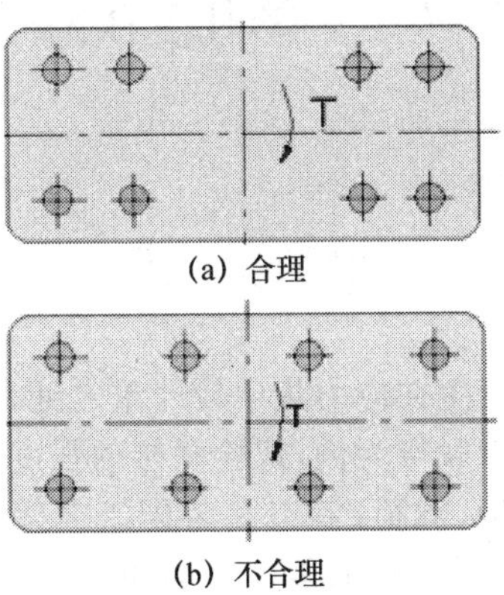

图 3-6-18　螺栓的布置

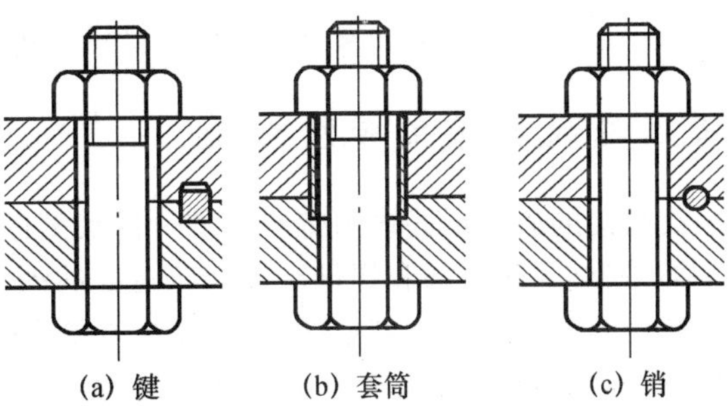

图 3-6-19　用套筒、键、销等分担横向载荷

对于铰制孔用螺栓联接，不要在平行于工作载荷的方向上成排地布置 8 个以上的螺栓，以免载荷分布过于不均。同时还应考虑到结构强度，以防被联接件的强度被削弱过多，如图 3-6-20所示。

(3) 螺栓的分布应合理

为了便于圆周上钻孔时的分度和划线，通常分布在同一圆周上的螺栓数目应取为 3、4、6、

8、12 等易于等分的数目,以便于划线钻孔。

(4) 在一般情况下,为了安装方便,同一组螺栓中不论其受力大小,均采用同样的材料和规格尺寸,如螺栓直径和长度尺寸等。

(5) 螺栓布置要有合理的距离

螺栓的排列应有合理的间距、边距,在布置螺栓时,螺栓中心线与机体壁之间、螺栓相互之间的最小距离要根据扳手所需要的活动空间大小来决定,如图 3-6-21 所示。扳手空间的尺寸(图 3-6-21 中的 D、A、B、C、E 等尺寸)查有关手册。

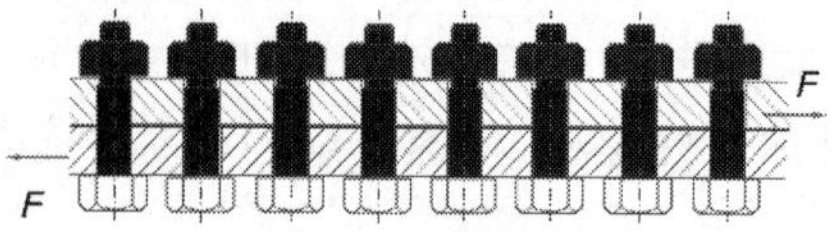

图 3-6-20　铰制孔用螺栓不合理的布置

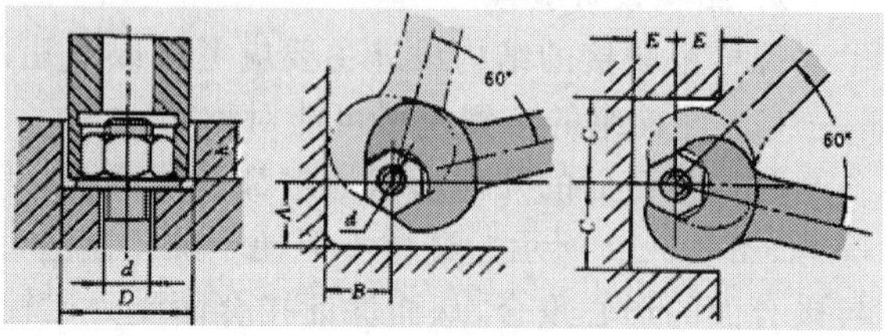

图 3-6-21　扳手空间

(6) 减少或避免承受附加弯曲应力,减少应力集中

当被联接件、螺母或螺栓头部的支承面粗糙、被联接件因刚度不够而弯曲、钩头螺栓以及装配不良等都会使螺栓中产生附加弯曲应力。对此,应从结构或工艺上采取措施,如规定螺纹紧固件与联接件支承面的加工精度和要求,做成带环腰的螺栓〔图 3-6-22(e)〕;在粗糙表面上采用经切削加工的凸台〔图 3-6-22(c)〕或沉头座〔图 3-6-22(d)〕;采用球面垫圈〔图 3-6-22(a)〕或斜垫圈〔图 3-6-22(b)〕等。

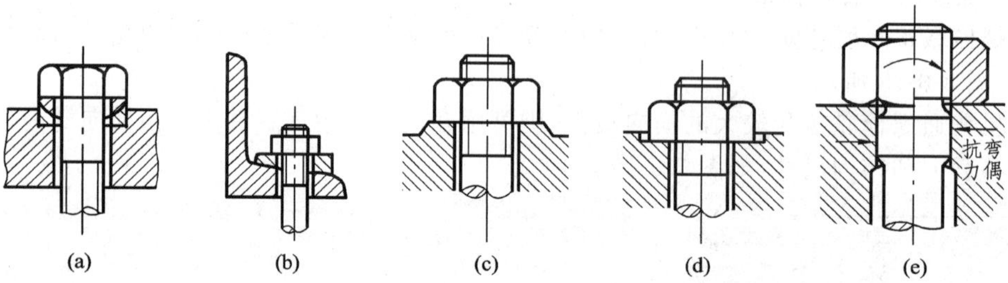

图 3-6-22　避免产生附加应力的措施

五、提高螺纹联接的强度措施

螺纹联接的破坏形式多为螺栓杆部分的疲劳断裂,通常发生在应力集中较严重之处,即螺栓的头部、螺纹的收尾部和螺母支撑面所在处的螺纹。以螺栓联接为例,螺栓联接的强度主要取决于螺栓的强度。影响螺栓强度的因素很多,如材料、结构、载荷、制造和装配工艺等。因此,提高螺栓的强度,将大大提高联接系统的可靠性,对提高联接承载能力有着重要的意义。常见的影响螺栓强度的因素及提高螺栓强度的措施如下。

1. 减小螺栓总拉力 Q 的变化范围

螺栓的强度与螺栓的总拉力有直接的关系。螺栓刚度过大,被联接件刚度过小,均会使螺栓的总拉力的变化幅度过大,这对防止螺栓的疲劳破坏十分不利。为了减小螺栓的刚度、增加被联接件的刚度,可采用如下措施。

① 减小螺栓刚度 C_L

Ⅰ. 减小螺栓光杆部分直径〔如图 3-6-23(a)所示〕或采用空心螺杆〔如图 3-6-23(b)所示〕,

即采用柔性螺栓。

Ⅱ.螺母下装弹性元件以降低螺栓刚度，如图 3-6-23(c)所示。

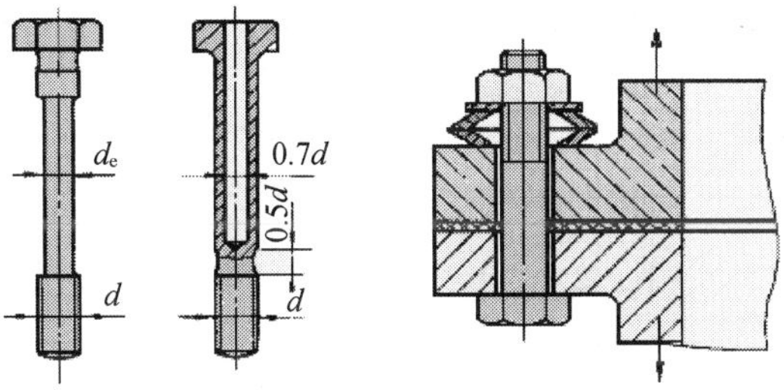

图 3-6-23　减小螺栓刚度的措施

② 增加被联接件的刚度

当被联接件接合面间需要密封时，采用软垫片，如图 3-6-24(a)所示；若采用密封环，仍能保证被联接件原来的刚度，如图 3-6-24(b)所示。

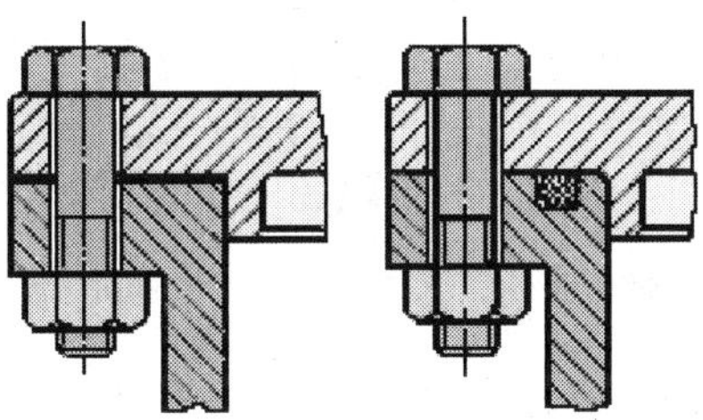

(a) 软垫片密封　　(b) 密封环密封

图 3-6-24　增加被联接件刚度的措施

2. 改善螺纹牙间的载荷分配

普通结构的螺栓和螺母旋合传动力时，螺栓螺纹受拉，螺母螺纹受压，变形不一，致使牙间载荷分布不均、相差很大，如图 3-6-25(a)所示。螺母自支承面上第一圈受力占总载荷 1/3 以上，因而破坏概率最高，以后各圈递减，圈数愈多，载荷分布的不均匀程度愈显著。故采用圈数多的厚螺母并不能提高联接强度，如图 3-6-25(b)所示。为了改善各牙受力分布的状况常采用的方法如下。

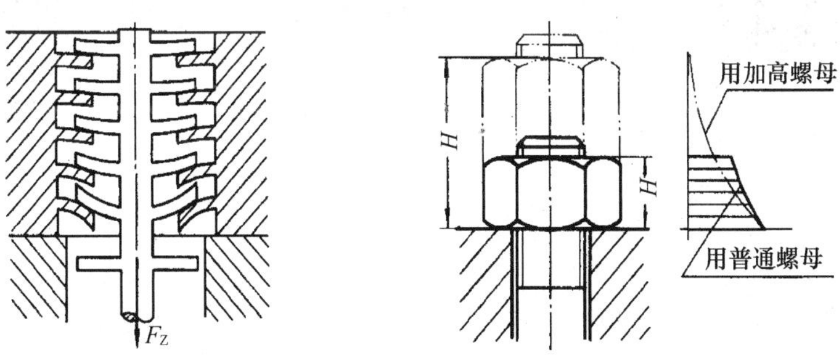

图 3-6-25　载荷在旋合螺纹各圈间的分配是不均匀的

(1) 悬置螺母，使螺母与螺杆均受拉，减小二者螺距变形差，可使旋合螺纹牙的载荷均匀分配，如图 3-6-26(a)所示。

(2) 环槽螺母，使螺母的刚性降低，由受压改为受拉，环槽螺母和螺栓在支承面处的变形性质相同(均受拉)，从而改善了旋合圈螺纹的受载状况，如图 3-6-26(b)所示。

(3) 内斜螺母,将螺母旋入端制成 10°～15°的内锥,使螺母下面几圈螺纹牙更易受力变形,载荷将向上转移,螺栓疲劳强度可提高约 20%,将使载荷分布不均得到改善,如图 3-6-26(c)所示。

(4) 组合螺母,如图 3-6-26(d)所示,可采用环槽与内斜组合等。

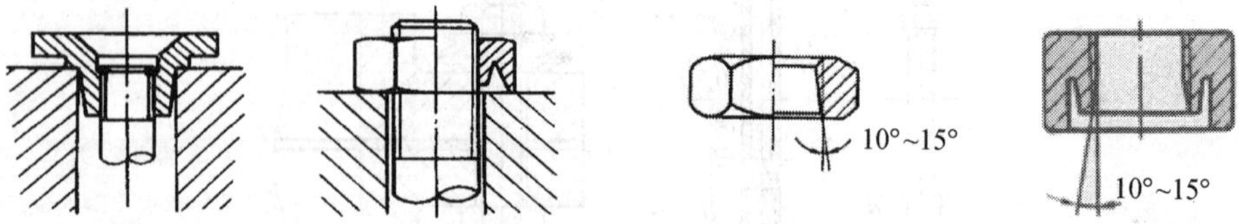

(a) (b) (c) (d)

图 3-6-26　均载螺母的结构

3. 减小应力集中

(1) 产生应力集中的地方:螺栓的螺纹牙根、螺纹收尾和螺栓头部与螺栓杆的过渡圆角等处。

(2) 减小应力集中的方法:采用较大的过渡圆角、卸荷结构或改用退刀槽等,如图 3-6-27 所示。

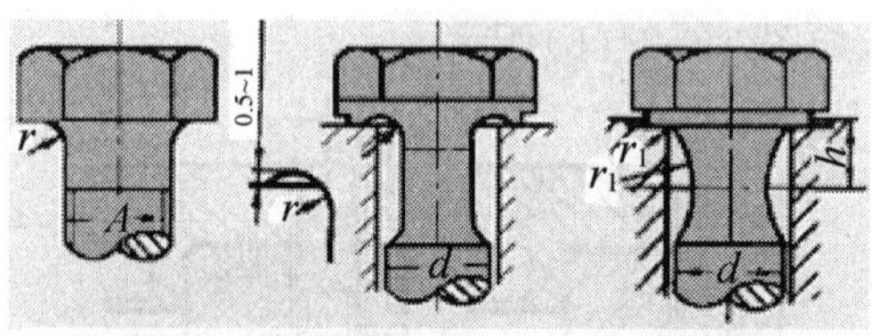

加大圆角　卸载槽　卸载过渡结构

图 3-6-27　减小螺栓应力集中的结构形式

4. 避免附加弯曲应力

(1) 产生附加弯曲应力的原因:制造和安装上的误差、被联接件、螺栓头部和螺母等的支承面倾斜、支承面不平〔图 3-6-28 (a)〕、螺纹孔不正〔图 3-6-28(b)〕、被联接部分的变形〔图 3-6-28(c)〕、使用钩头螺栓〔图 3-6-28(d)〕等。

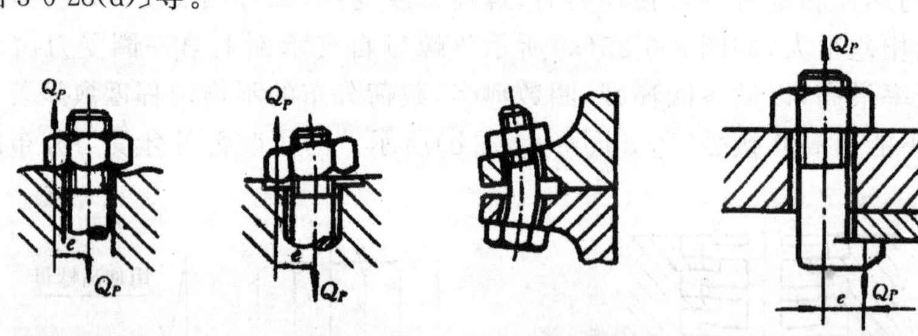

(a) 支承面不平　(b) 螺母孔不正　(c) 被连接件刚度小　(d) 钩头螺栓联接

图 3-6-28　引起螺栓的附加应力的原因

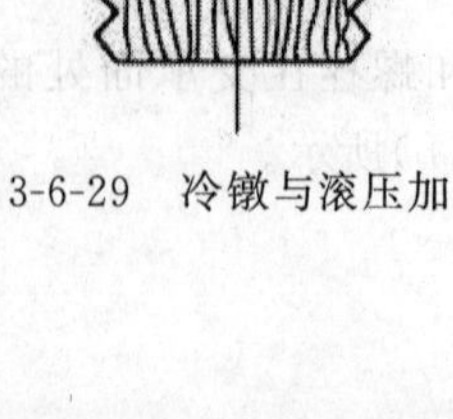

图 3-6-29　冷镦与滚压加工

(2) 避免附加变曲应力的方法:采用合理的制造工艺、加斜垫片、被连接面采用凸台或沉头座等,如图 3-6-22 所示。

5. 采用合理的制造工艺方法

螺栓的制造工艺对疲劳强度有重要的影响。例如,采用冷镦螺栓头部和辗压螺纹的工艺方法,可以显著提高螺栓的疲劳强度。这是因为除可降低应力集中外,冷镦和辗压工艺使材料纤维未被切断,金属流线走向合理(如图 3-6-29 所示),而且有加工硬化的效果,并使表层留有残余应力,因而较切削螺纹疲劳强度提高约 30%。同时，这种无切削工艺本身还可以节省材料和提高生产率等。

此外，在工艺上采用氰化、氮化、喷丸等处理，都可提高螺纹联接件的抗疲劳强度。

任务实施

通过上述知识的学习，我们可以得知如图 3-6-11 所示的一级圆柱齿轮减速器中，连接视孔盖与上箱体的螺纹联接采用的是螺钉联接；连接上下箱体的螺纹联接使用的是螺栓联接；连接端盖与箱体的螺纹联接是螺钉联接；而箱座与地面之间的连接则可用地脚螺栓联接。这些连接件在受到冲击、振动、变载荷作用或工作温度变化很大时没有松动，很大程度上是因为采取了防松措施，如轴承座旁螺栓则加装了弹簧垫圈。端盖处、视孔盖处、上下箱体凸缘间、底座螺栓的布置则是为了获得合理的结构，使螺栓受力更为合理，并且同一组螺栓采用相同的材料及尺寸。

探索与发现

1. 你知道螺纹联接为何要进行防松吗？有哪些防松措施呢？
2. 如何提高螺纹联接的强度？

任务三　设计气缸螺栓联接

任务引入

如图 3-6-30 所示为汽缸盖联接结构，气缸内径 $D=250$ mm，为保证气密性要求，采用 12 个 M18 的螺纹，螺纹小径 $d_1=15.294$ mm，许用拉应力$[\sigma]=120$ MPa，取残余预紧力为工作拉力 F 的 1.5 倍，试确定气缸所能承受的最大压强 P。

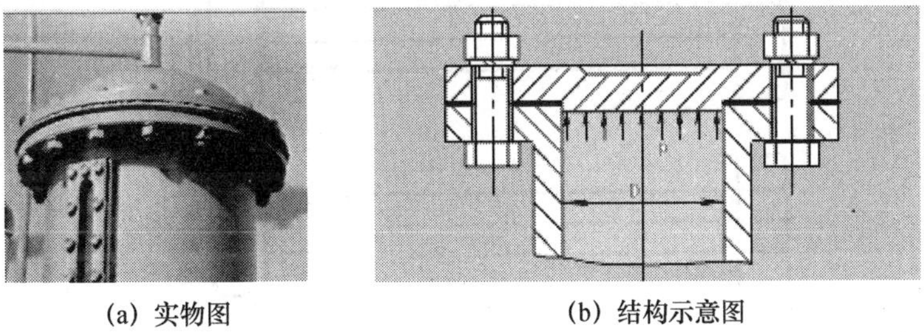

(a) 实物图　　(b) 结构示意图

图 3-6-30　汽缸盖联接结构

任务分析

任务中的气缸法兰联接是受轴向工作载荷的紧螺栓连接，属于受预紧力和承受轴向载荷的紧螺纹联接。求出每个螺栓能够承受的总的最大轴向拉力 F_{Σ} 及工作拉力 F，气缸所能承受的最大压强 P 便迎刃而解。

知识链接

知识架构

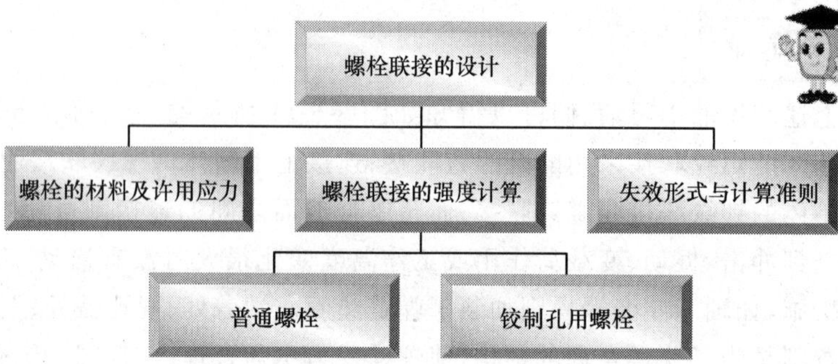

一、螺栓联接的失效形式与设计准则

1. 螺栓受力形式

对单个螺栓连接而言,其受力的形式为受轴向载荷(外载荷沿螺栓轴线方向,对应螺栓为受拉螺栓)和横向载荷(外载荷垂直于螺栓轴线方向,对应螺栓为受剪螺栓)两种。

2. 受拉力作用的普通螺栓联接

① 主要失效形式:静载荷作用下螺栓杆或螺纹部分出现塑性变形或过载断裂;在变载荷作用下,螺栓在螺栓杆部的疲劳断裂,常发生在螺纹根部及有应力集中的部位,如图 3-6-31 所示;经常装拆时也会因磨损而发生滑扣。

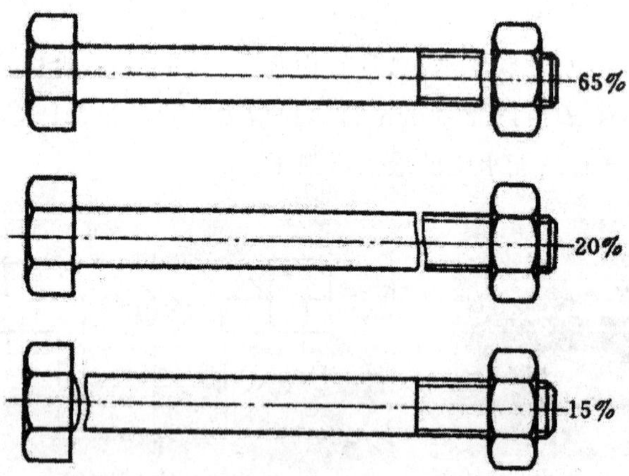

图 3-6-31 受拉螺栓的破坏形式及其所占百分比

② 设计准则:保证螺栓有足够的拉伸强度。

3. 受剪切作用的铰制孔用螺栓联接

① 主要失效形式:螺杆被剪断,螺杆或者被连接件的孔壁被压溃。

② 设计准则:为保证螺栓和被连接件具有足够的剪切强度和挤压强度。

二、螺栓的材料及许用应力

(1) 螺栓材料

在实际生产中,紧固件一般为标准件,其材料、力学性能、尺寸规格等均按照国家标准规定进行的。

螺栓一般采用碳素钢，常用的有 Q215、Q235、10、35 和 45 钢；对于承受冲击、振动或者变载荷的螺栓联接，可采用合金钢，常用的有 15Cr、40Cr、30CrMnSi 等力学性能较高的合金钢。对于特殊用途（如防锈、导电或耐高温）的螺栓联接，可采用特种钢、铜合金或铝合金等。

螺母的材料一般与相匹配的螺栓相近，但硬度略低。

（2）螺栓材料的力学性能

国家标准规定螺纹联接件按材料的力学性能分级，见表 3-6-13。

表 3-6-13　螺栓、螺钉和双头螺柱的性能等级与抗拉强度（GB3098.1—1982）(单位：N/mm²)

性能等级	3.6	4.6	4.8	5.6	5.8	6.8	8.8		9.8	10.9	12.9
							≤M16	>M16			
最小抗拉强度极限 $\sigma_{b\min}$	330	400	420	500	520	600	800	830	900	1040	1220
最小屈服极限 $\sigma_{b\min}$	190	240	340	300	420	480	640	660	720	940	1100
最低硬度（$HBW_{\min}$）	90	109	113	134	140	181	232	248	269	312	365
推荐材料	低碳钢	低碳钢或中碳钢					低碳合金钢或中碳钢淬火并回火			中碳钢或中、低碳合金钢淬火并回火	合金钢

注：① 8.8 级中≤M16、>M16 一栏中，对钢结构的螺栓分别改为≤M12 和>M12。

② 紧定螺钉的性能等级与螺钉不同，此表未列入

螺栓的许用应力与材料、制造、结构尺寸、及载荷性质等因素有关。表 3-6-14 列出了螺纹联接件常用材料的抗拉伸力学性能。普通螺栓联接的许用拉应力见表 3-6-15；许用剪应力和许用挤压应力见表 3-6-16。

表 3-6-14　螺纹联接件常用材料的拉伸力学性能　　MPa

材料	抗拉强度 σ_b	屈服强度 σ_s	材料	抗拉强度 σ_b	屈服强度 σ_s
10	340～420	210	35	540	320
Q215	340～420	220	45	610	360
Q235	410～470	240	40Cr	750～1000	650～900
25	500	300			

表 3-6-15　螺栓联接的许用拉应力[σ_s]　　MPa

松联接	$0.6\sigma_s$					
紧联接（严格控制预紧力的紧联接）			$(0.6～0.8)\sigma_s$			
紧联接（不严格控制预紧力的紧联接）	载荷性质／材料	静载荷			变载荷	
		M6～M16	M16～M30	M30～M60	M6～M16	M16～M30
	碳钢	$(0.25～0.33)\sigma_s$	$(0.33～0.50)\sigma_s$	$(0.50～0.77)\sigma_s$	$(0.10～0.15)\sigma_s$	$0.15\sigma_s$
	合金钢	$(0.20～0.25)\sigma_s$	$(0.25～0.40)\sigma_s$	$0.4\sigma_s$	$(0.13～0.20)\sigma_s$	$0.20\sigma_s$

注：σ_s 为螺栓材料的屈服极限，单位为 N/mm²

表 3-6-16　螺栓联接的许用剪应力$[\tau]$和许用挤压应力$[\sigma_p]$　　MPa

应力 载荷	许用剪应力$[\tau]$	许用挤压应力$[\sigma_p]$	
		被联接件为钢	被联接件为铸铁
静载荷	$0.4\sigma_s$	$0.8\sigma_s$	$(0.4\sim0.5)\sigma_b$
变载荷	$(0.2\sim0.3)\sigma_s$	$(0.5\sim0.6)\sigma_s$	$(0.3\sim0.4)\sigma_b$

注：σ_s 为螺栓材料的屈服极限，单位：N/mm^2；σ_b 为铸铁的抗拉强度极限，单位为 N/mm^2

三、螺纹联接的强度计算

(一) 相关概念

- 螺栓联接
  - 单个螺栓联接
    - 受拉螺栓
      - 松联接：不拧紧，无预紧力 Q_p，仅受工作载荷 F
      - 紧联接：需拧紧
        - 仅受预紧力 Q_p
        - 同时受预紧力 Q_p 和工作载荷 F
    - 受剪螺栓
  - 螺栓组联接

螺栓联接可分为单个螺栓联接(包括双头螺柱和螺钉)与螺栓组联接两种。在进行螺栓组联接强度计算时，一般先根据联接的工作情况，找出受力最大的螺栓和它的工作载荷，然后计算这个螺栓的直径；而其他受力较小的螺栓也都采用与其相同的尺寸。所以单个螺栓联接强度计算是螺栓组强度计算的基础。

螺纹联接中单个螺栓受力分为受轴向拉力和横向剪切力两种，对应螺栓一般为普通螺栓联接和铰制孔用螺栓联接，如图 3-6-32 所示。强度计算对象主要是抗拉、剪切、挤压(如图 3-6-33所示)强度等的计算。

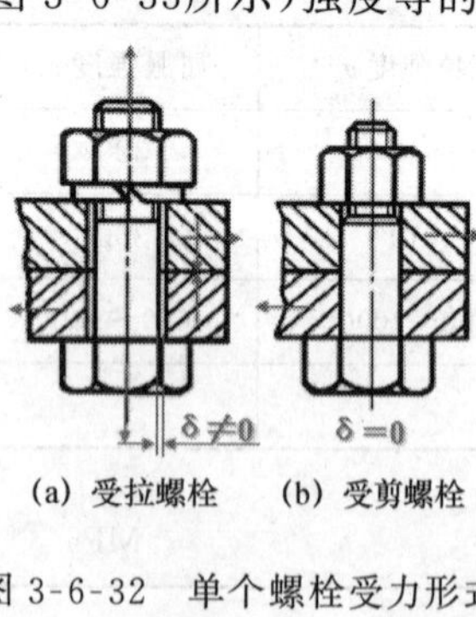

(a) 受拉螺栓　(b) 受剪螺栓

图 3-6-32　单个螺栓受力形式

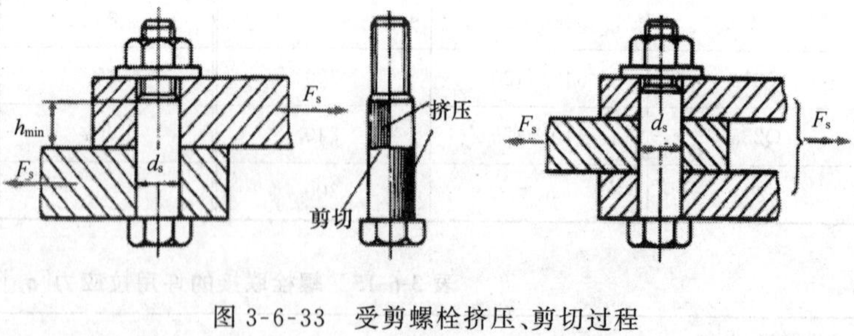

图 3-6-33　受剪螺栓挤压、剪切过程

大多数情况下，螺栓的尺寸都是按经验、规范来确定的。对于那些重要的螺栓联接，如发动机中的连杆螺栓、汽缸上的受载双头螺栓、高温高压容器盖的联接螺栓、重载法兰联接螺栓等，则必须进行强度计算。

螺栓、螺母的螺纹牙及其他各个部分尺寸，采用标准件时，不需要进行计算，主要是确定螺纹小径 d_1，然后按照标准选定螺纹公称直径(大径)d，以及选配螺母、垫圈等其他联接件。

(二)强度计算

强度计算的目的在于确定或验算螺栓危险截面的尺寸(直径)。

1. 单个螺栓联接的强度计算

(1) 受剪螺栓联接的强度计算

如图 3-6-34 所示,受剪螺栓通常是六角头铰制孔用螺栓,螺栓与螺栓孔多采用过盈配合或过渡配合。当联接承受横向载荷 F 作用时,在联接的结合处螺栓横截面受剪切,螺栓杆和被联接件孔壁接触表面受挤压。

受剪螺栓联接的特点是:①孔和杆之间无间隙,多用配合尺寸,能精确定位,但加工精度要求高;②加横向载荷 F 后,靠挤压和剪切承担载荷;③主要失效形式为:压溃、剪断。

螺栓的剪切强度条件和螺杆与孔壁接触表面的挤压强度条件分别如下。

挤压强度条件:

$$\sigma_p=\frac{F}{A}=\frac{F}{d_0h_{\min}}\leqslant[\sigma_p] \tag{3-6-2}$$

剪切强度条件:

$$\tau=\frac{F}{A'}=\frac{F}{\frac{\pi d_0^2}{4}m}\leqslant[\tau] \tag{3-6-3}$$

式中,F 为横向载荷(N);m 为螺栓受剪面数目;d_0 为螺栓杆在剪切面处的直径(mm);$h_{\min}$ 为螺栓杆与孔壁间接触受压的最小轴向长度(mm);$[\sigma_p]$为螺杆或者被连接件材料的许用挤压应力(N/mm^2),计算时取两者中的小值;$[\tau]$为螺栓材料施用剪应力(N/mm^2)。

(2) 受拉螺栓联接的强度计算

① 松螺栓联接强度计算

松螺栓联接装配时不需要拧紧螺母,在承受工作载荷之前,螺栓不受力,只在有工作载荷时才承受拉力作用。如图 3-6-35 所示为起重吊钩上的螺纹联接,即为松联接。工作时只承受轴向工作载荷。

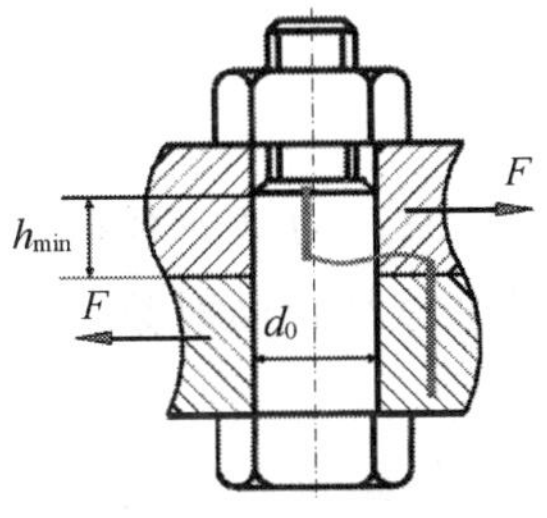

图 3-6-34　受剪螺栓连接

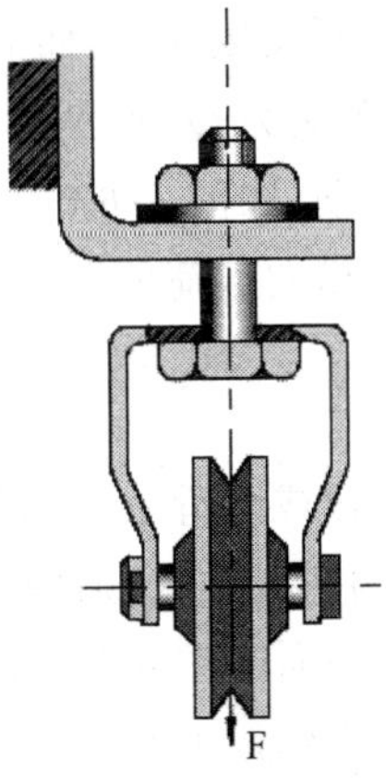

图 3-6-35　起重吊钩的松螺纹联接

螺栓联接抗拉强度条件:

$$\sigma=\frac{F}{A}=\frac{F}{\frac{\pi}{4}d_1^2}\leqslant[\sigma] \tag{3-6-4}$$

螺栓小径设计计算公式:

$$d_1\geqslant\sqrt{\frac{4F}{\pi[\sigma]}} \tag{3-6-5}$$

式中,d_1 为螺纹小径(mm);F 为螺栓受到的最大的轴向力(工作载荷)(N);$[\sigma]$为螺栓的许用拉应力(N/mm^2)。

② 紧螺栓联接强度计算

在工程上,大部分联接为紧螺栓联接,紧螺栓在工作承载之前需预紧。特点是装配时,螺母需拧紧,螺栓受预紧力(预加锁紧力)Q_p 和螺纹阻力矩的作用,产生剪应力。

Ⅰ. 仅承受预紧力的紧螺栓联接——普通螺栓联接(受拉螺栓联接)

紧螺栓联接装配时需要将螺母拧紧,在拧紧力矩作用下,螺栓受到预紧力产生的拉应力作用,同时还受到螺纹副中摩擦阻力矩所产生的剪切力作用。实际计算时,为了简化计算,对M10～M68 的钢制普通螺栓,只按拉伸强度计算,考虑到剪应力,计算时在单纯拉伸强度的基础上增大 30%,即是松螺栓连接的 1.3 倍。

强度条件:

$$\sigma=\frac{1.3Q_p}{\frac{\pi d_1^2}{4}}\leqslant[\sigma]\ \text{MPa} \tag{3-6-6}$$

螺栓小径设计计算公式:

$$d_1\geqslant\sqrt{\frac{4\times1.3Q_p}{\pi[\sigma]}} \tag{3-6-7}$$

式中,Q_p 为螺栓所受的预紧力(N);d_1 为螺纹小径(mm); $[\sigma]$为螺栓的许用拉应力(N/mm^2)。

Ⅱ. 受预紧力和横向工作载荷的紧螺栓联接

特点:所加载荷为横向工作载荷 F(载荷方向⊥螺栓轴线),普通螺栓与螺栓孔之间有间隙,加载后,螺栓受力不发生变化,而靠预紧力产生的接合面摩擦力传递外力。

工作时,只有当预紧力 Q_p 所产生的摩擦力大于或等于横向工作载荷 F 时,才能保证被联接件不会发生相对滑动,如图 3-6-36 所示。

紧螺纹联接承受横向载荷的预紧力公式为:

$$Q_P\geqslant\frac{K_sF}{zfm} \tag{3-6-8}$$

式中,K_s 为可靠性系数或防滑系数,钢或铸铁 $K_s=1.1\sim1.3$;F 为横向载荷(N);z 为连接螺栓数目;f 为结合面的防滑系数,通常 $f=0.15\sim0.2$;m 为摩擦结合面对数。

Ⅲ. 受预紧力和轴向工作载荷的紧螺栓联接

如图 3-6-37 所示为压力容器缸盖上的螺栓联接,装配时,螺母需拧紧,螺栓受预紧 Q_p 和螺纹阻力矩作用;加载后,单个螺栓的总拉力不等于预紧力与单个螺栓轴向工作载荷 F 的和,即

$$Q\neq Q_p+F$$

其中,

$$F=\frac{F_{\Sigma}}{z}=\frac{\left(\frac{\pi D^2}{4}p\right)}{z} \tag{3-6-9}$$

式中，F_{Σ} 为作用在压力容器缸盖上的总拉力，D 为缸盖的直径；P 为缸内流体压强（N/mm^2）；z 为连接螺栓数目。

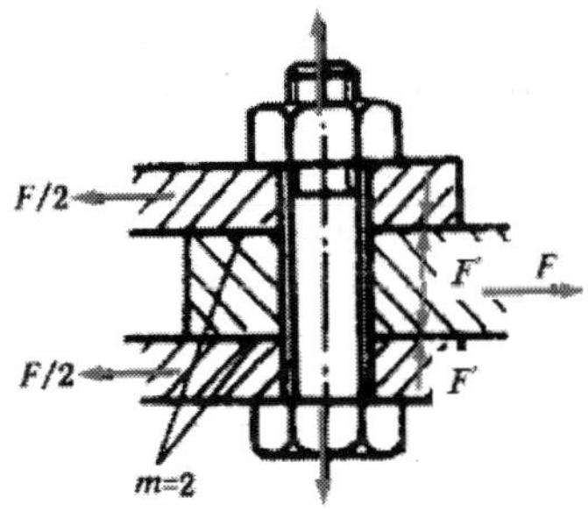

图 3-6-36　受横向载荷的紧螺栓连接

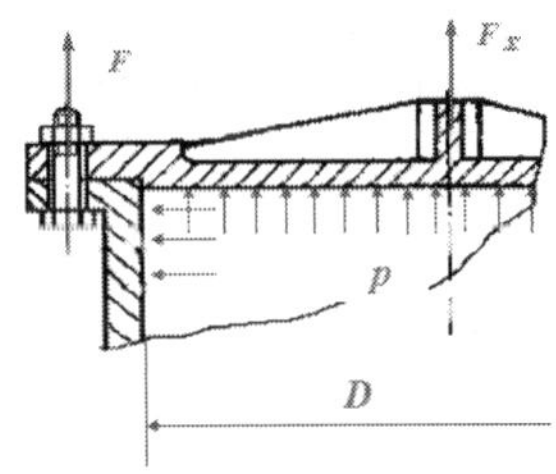

图 3-6-37　受轴向载荷的紧螺栓连接

那么总拉力等于什么呢？让我们一起分析图 3-6-38。缸盖上的螺栓联接属于紧螺栓联接，承受轴向载荷。工作载荷作用前，螺栓需预紧，螺栓只受预紧力 Q_p 作用，接合面受压力 Q_p 作用；工作时，在轴和轴向工作载荷 F 的作用下，接合面有了分离趋势，该处压力由 Q_p 减为 Q_p'，称为**残余预紧力**，用 Q_p' 表示，残余预紧力的推荐值如表 3-6-17 所示。从图中可知 Q_p' 也同时作用于螺栓，因此，螺栓所受总拉力 Q 应为轴向工作载荷 F 与残余预紧力 Q_p' 之和，即

$$Q=Q_P'+F \tag{3-6-10}$$

表 3-6-17　残余预紧力 Q_p' 的推荐值

联接性质		残余预紧力的推荐值
紧固联接	工作受力 F 无变化	$(0.2\sim0.6)F$
	工作受力 F 有变化	$(0.6\sim1)F$
紧密联接		$(1.5\sim1.8)F$
地脚螺栓联接		$\geqslant F$

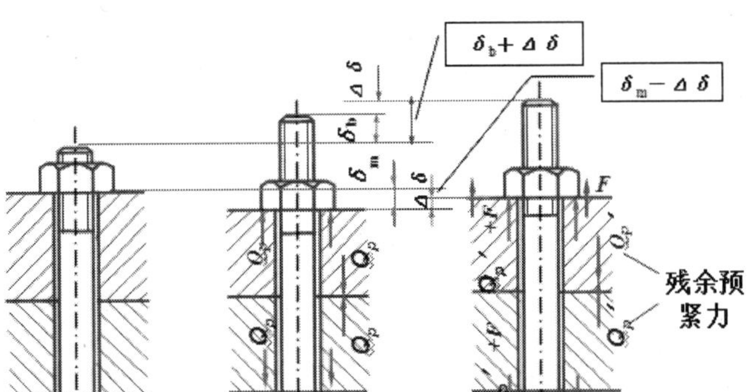

图 3-6-38　受轴向载荷的紧螺栓连接受力变形分析

受轴向载荷的紧螺栓联接与被联接件的变形关系由表 3-6-18 可得。

表 3-6-18 受轴向载荷的紧螺栓联接与被联接件的变形关系

零件名称	预紧前	工作前,预紧后	承受工作载荷 F 后
螺栓	无力无变形	受力 Q_p,变形 δ_b	受力 Q'_p+F,变形 $\delta_b+\Delta\delta$
被连接件	无力无变形	受力 Q_p,变形 δ_m	受力 Q'_p,变形 $\delta_m-\Delta\delta$
结论:工作状态下,单个螺栓所受总拉力为:$Q=Q'_p+F$			

受预紧力和轴向工作载荷的紧螺栓强度条件:

$$\sigma=\frac{1.3Q}{\frac{\pi d_1^2}{4}}\leqslant[\sigma]\ \text{MPa} \tag{3-6-11}$$

提示:对于普通螺栓联接,无论联接是受横向工作载荷还是轴向工作载荷,螺栓本身总是受轴向拉力作用。

设计公式:

$$d_1\geqslant\sqrt{\frac{4\times1.3Q}{\pi[\sigma]}}\ \ \text{mm} \tag{3-6-12}$$

(3)单个螺栓设计要点小结

① 对于重要的场合、不控制预紧力时,要求使用大于 M16 的螺栓。

② 设计时通常先估计 d → 查许用应力 → 设计计算求出 d_1→ 取 d → 判断是否与假设接近,否则须重新设计 d →查许用应力 → 再进行计算,直至符合所设的 d。

③ 螺栓成组使用 → 设计受力最大的螺栓 → 单个螺栓计算 → 采用同一尺寸。

2. 螺纹组联接的设计

(1) 螺栓组受力分析的目的

主要是要找出螺栓组中受力最大的螺栓及其所受力的大小,为螺栓联接的强度计算提供依据。

(2) 受力分析中的几个假设条件

① 螺栓组中各螺栓的材料、直径、长度和预紧力均相同;

② 螺栓组的对称中心与连联接合面的形心重合;

③ 假定底板为刚体,受载后联接接合面仍旧保持为平面。

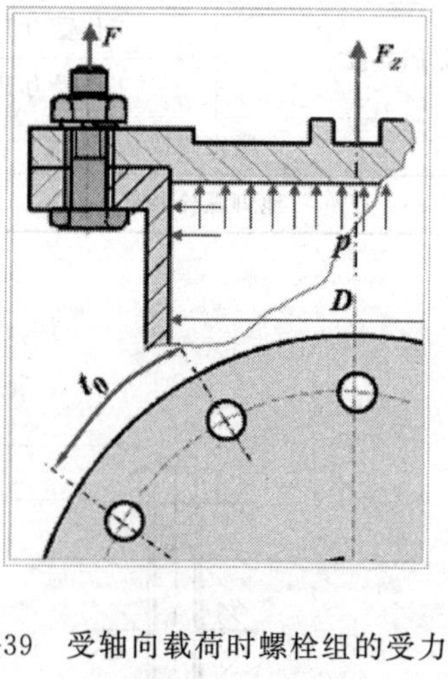

图 3-6-39 受轴向载荷时螺栓组的受力分析

(3) 螺栓组受力分析

① 承受轴向载荷 F_Z

由式(3-6-9)和图 3-6-39 可得,假设载荷在每个螺栓上均匀分配,则工作拉力 F:

$$F=\frac{F_Z}{z}=\frac{\left(\frac{\pi D^2}{4}p\right)}{z} \tag{3-6-13}$$

提示：① 螺栓个数参考螺栓间距 t_0 确定，可参见表 3-6-19。

② 分布在同一圆周上的螺栓的数目，应取成 4、6、8 等偶数，以便于在圆周上钻孔时分度和画线。

表 3-6-19　螺栓间距 t_0

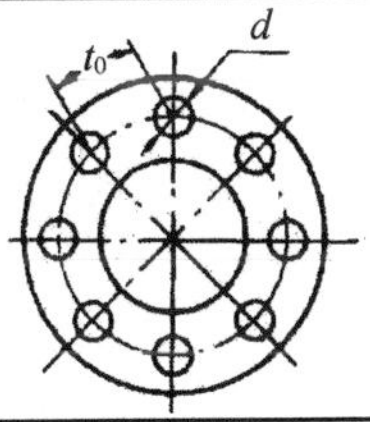

工作压力/MPa					
≤1.6	1.6～4	4～10	10～16	16～20	20～30
t_0/mm					
7d	4.5d	4.5d	4d	3.5d	3d

注：表中 d 为螺纹公称直径。

② 承受横向载荷 F_Σ

Ⅰ. 普通螺栓联接

假设螺栓组中的每个螺栓的预紧力 Q_p 都相同，并且由此而引起的摩擦力均集中在螺栓的中心，如图 3-6-40 所示，可知

$$Q_p fzm \geqslant K_s F_\Sigma \tag{3-6-14}$$

式中，Q_p 为预紧力（N）；f 为接合面间摩擦系数，参见表 3-6-20；z 为螺栓个数；m 为接合面对数；K_s 为可靠性系数，$K_s=1.1\sim1.3$。

$$Q_p \geqslant \frac{K_s F_\Sigma}{fzm} \tag{3-6-15}$$

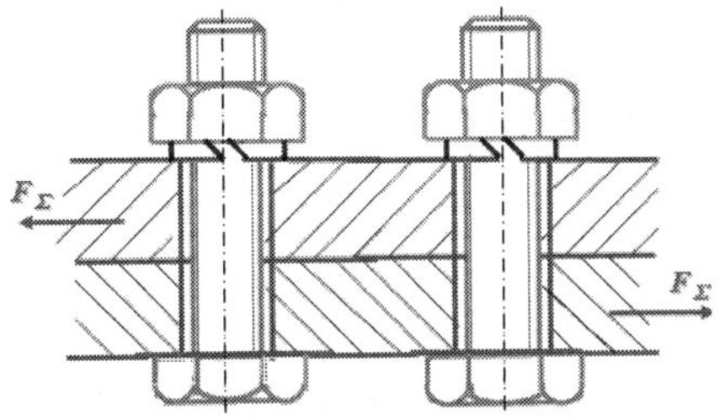

图 3-6-40　普通螺栓联接受横向载荷螺栓组受力分析

由式（3-6-15）求得的预紧力 Q_p 即为每个螺栓所受的轴向载荷。

表 3-6-20　连接接合面间的摩擦系数 f

被联接件	接合面的表面状态	摩擦系数 f
钢或铸铁零件	干燥的加工表面 有油的加工表面	0.10～0.16 0.06～0.10
钢结构件	轧制表面，钢丝刷清理浮锈 涂富锌漆 喷砂处理	0.30～0.35 0.35～0.40 0.45～0.55
铸铁对砖料、混凝土或木材	干燥表面	0.40～0.45

Ⅱ. 铰制孔用螺栓联接

假设载荷在每个螺栓上都是均匀分配，如图 3-6-41 所示，若每个螺栓承受的工作载荷均

为 F_s,则根据平衡条件得

$$F_s z = F_\Sigma$$

或

$$F_s = \frac{F_\Sigma}{z} \tag{3-6-16}$$

④ 承受转矩 T

Ⅰ. 普通螺栓联接

仍然假设每个螺栓的预紧力均相同,如图 3-6-42 所示,于是有

$$Q_p f r_1 + Q_p f r_2 + \cdots + Q_p f r_z \geqslant K_s T$$

可得

$$Q_p \geqslant \frac{K_f T}{f r_1 + f r_2 + \cdots + f r_z} = \frac{K_s T}{f \sum_{i=1}^{z} r_i} \tag{3-6-17}$$

式中,$r_1, r_2, \cdots, r_z$ 为各螺栓中心至底板放置中心的距离。

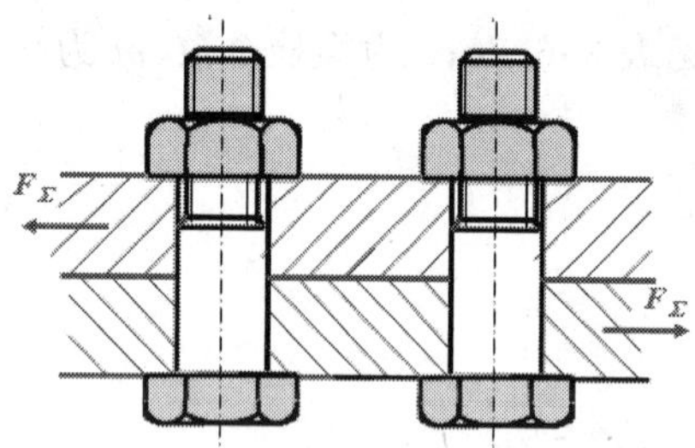

图 3-6-41　铰制孔用螺栓连接受横向载荷螺栓组受力分析

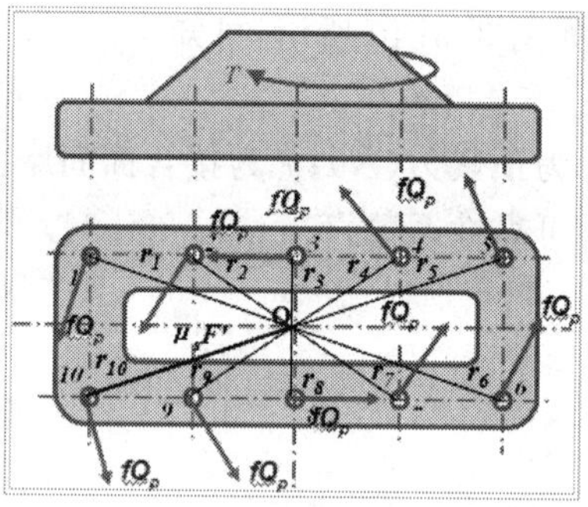

图 3-6-42　普通螺栓联接承受转矩的螺栓组联接

Ⅱ. 铰制孔用螺栓联接

如图 3-6-43 所示,各螺栓的工作剪力与其中心到底板放置中心的连线垂直。根据底板的力矩平衡条件得

$$F_{s1} r_1 + F_{s2} r_2 + \cdots + F_{sz} r_z = T$$

或

$$\sum_{i=1}^{z} F_{si} r_i = T \tag{3-6-18}$$

根据螺栓变形协调条件:各螺栓的剪切变形与其中心到底板放置中心的距离成正比,即

$$\frac{F_{s1}}{r_1} = \frac{F_{s2}}{r_2} = \cdots = \frac{F_{si}}{r_i} = \frac{F_{s\max}}{r_{\max}} = c \Rightarrow F_{s1} = \frac{F_{s\max}}{r_{\max}} r_1,\ F_{s2} = \frac{F_{s\max}}{r_{\max}} r_2,\ \cdots,\ F_{si} = \frac{F_{s\max}}{r_{\max}} r_i$$

代入式(3-6-18)可得

$$F_{s\max} = \frac{T r_{\max}}{\sum_{i=1}^{z} r_i^2} \tag{3-6-19}$$

式中,$r_{\max}$ 为受力最大螺栓中心至底板旋转中心的距离。

④ 承受倾翻力矩 M

Ⅰ. 由图 3-6-44 可知,螺栓先拧紧,拧紧后螺栓受预紧力(产生拉伸变形)作用,基座被压

缩(产生压缩变形)。

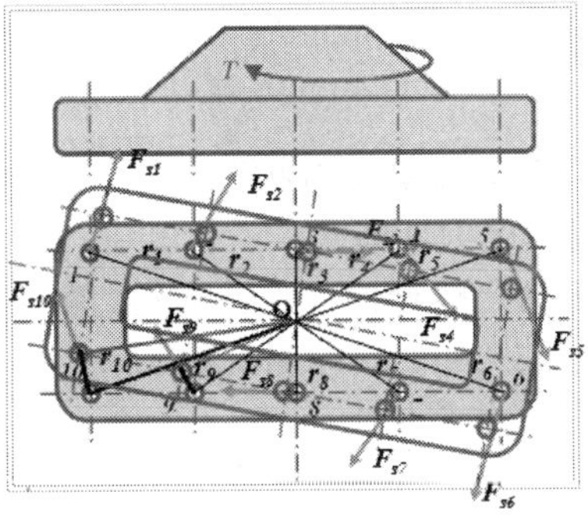

图 3-6-43　铰制孔用螺栓联接承受转矩的螺栓组联接

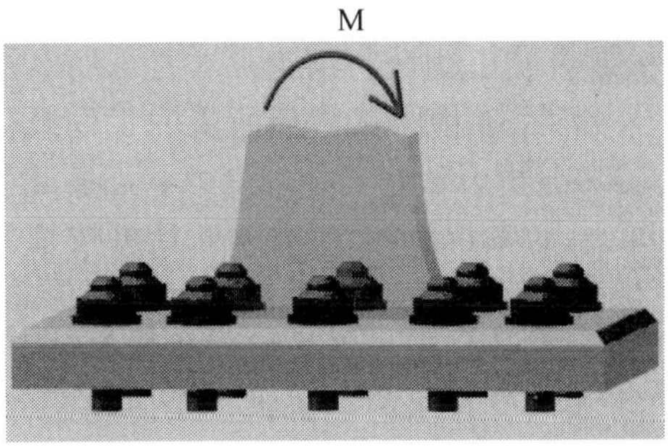

图 3-6-44　受翻转力矩的螺栓组联接

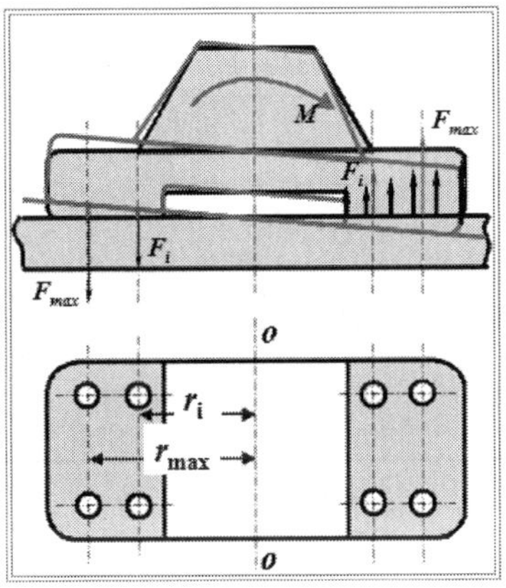

图 3-6-45　受翻转力矩的螺栓组联接受力分析

Ⅱ. 在 M 作用下,o-o 轴线左侧的螺栓承受工作拉力(螺栓被进一步拉伸),o-o 轴线右侧的基座承受工作压力(螺栓被放松,预紧力减小)

Ⅲ. 由力的平衡条件可得

$$\sum_{i=1}^{z} F_i r_i = M \tag{3-6-20}$$

解此静不定方程要点:

① 假定底板为刚体,受载后接合面仍保持为平面,即变形由螺栓和基座承担。

② 螺栓组受 M 后,刚性底座协调了各螺栓的变形量,即每个螺栓的变形量与其到对称轴的距离称正比。同理可知,变形愈大,受力也愈大。

螺栓的受力大小 F_i 与其到对称轴线的距离 r_i 成正比,即

$$\frac{F_1}{r_1}=\frac{F_2}{r_2}=\cdots=\frac{F_i}{r_i}=\frac{F_{\max}}{r_{\max}} \tag{3-6-21}$$

$$F_i=F_{\max}\frac{r_i}{r_{\max}} \tag{3-6-22}$$

于是可得,受力最大的螺栓所承受的载荷为

$$F_{\max}=\frac{Mr_{\max}}{\sum_{i=1}^{z}r_i^2} \tag{3-6-23}$$

(3) 几点受力分析结论

1. 实际应用中,螺栓组所受的工作载荷常常是以上四种简单受力状态的不同组合,都可利用静力分析方法将复杂的受力状态简化为上述四种简单受力状态。

2. 一般情况下,对于普通螺栓可按轴向载荷与弯矩确定螺栓的工作拉力;按横向载荷与扭矩确定螺栓的预紧力;然后确定螺栓的总拉力。

3. 铰制孔用螺栓应根据横向载荷和转矩确定螺栓的工作剪切力。

4. 不管螺栓组的载荷状态如何复杂,就螺栓组中单个螺栓而言,其受力只有两种情况:①轴向力;②横向力。

(三) 强度计算各公式总结

强度计算公式

- 螺栓组受力分析→

承受轴向载荷 F_i	承受横向载荷 F_z	承受转矩 T	承受倾翻力矩 M
$F=\frac{F_z}{z}=\frac{\left(\frac{\pi D^2}{4}p\right)}{z}$	受拉:$Q_p\geqslant\frac{K_sF_\Sigma}{fzm}$ 受剪:$F_s=\frac{F_\Sigma}{z}$	受拉:$Q_p\geqslant\frac{K_fT}{fr_1+fr_2+\cdots+fr_z}=\frac{K_tT}{f\sum_{i=1}^{z}r_i}$ 受剪:$F_{s\max}=\frac{Tr_{\max}}{\sum_{i=t}^{z}r_i^2}$	$F_{\max}=\frac{Mr_{\max}}{\sum_{i=1}^{z}r_i^2}$

- 单个螺栓强度计算
  - 受剪螺栓:$\sigma_p=\frac{F}{A}=\frac{F}{d_0h_{\min}}\leqslant[\sigma_p]$,$\tau=\frac{F}{A'}=\frac{F}{\frac{\pi d_0^2}{4}m}\leqslant[\tau]$
  - 受拉螺栓
    - 松螺栓:$\sigma=\frac{F}{A}=\frac{F}{\frac{\pi}{4}d_1^2}\leqslant[\sigma]$,$d_1\geqslant\sqrt{\frac{4F}{\pi[\sigma]}}$
    - 紧螺栓
      - 仅受预紧力 Q_p:$\sigma=\frac{1.3Q_p}{\frac{\pi d_1^2}{4}}\leqslant[\sigma]$,$d_1\geqslant\sqrt{\frac{4\times1.3Q_p}{\pi[\sigma]}}$
      - 受预紧力 Q_p 和轴向工作载荷 F:$\sigma=\frac{1.3Q}{\frac{\pi d_1^2}{4}}\leqslant[\sigma]$,$d_1\geqslant\sqrt{\frac{4\times1.3Q}{\pi[\sigma]}}$
      - 受预紧力 Q_p 和横向工作载荷 F: $Q_p\geqslant\frac{K_sF}{zfm}$

任务实施

分析:题目中的联接是汽缸盖上的螺栓联接,属于受预紧力和承受轴向载荷的紧螺纹联接,求出每个螺栓能够承受的总轴向拉力 Q 及工作拉力 F,缸所能承受的最大压强 P 便迎刃而解。

由任务中的已知可得,$D=250$ mm,$z=12$,$d_1=15.294$ mm,$d=18$ mm,$[\sigma]=120$ MPa,$Q_p'=1.5$ F,

解:(1) 计算每个螺栓承受的总拉力 Q

根据式(3-6-11)可知,

$$\sigma=\frac{1.3Q}{\frac{\pi d_1^2}{4}}\leqslant[\sigma]\Rightarrow Q\leqslant\frac{\pi d_1^2[\sigma]}{1.3\times4}=\frac{\pi\times15.294^2\times120}{1.3\times4}=16\ 957.82\text{ N}$$

(2) 计算每个螺栓的工作拉力 F

根据式(3-6-10)可知

$$Q = Q'_P + F = 1.5F + F = 2.5F \Rightarrow F = \frac{Q}{2.5} = \frac{16\,957.82}{2.5} = 6\,783.13\ \text{N}$$

(3) 计算气缸能够承受的最大压强 p

根据式(3-6-9)可知

$$F = \frac{F_\Sigma}{z} = \frac{\left(\dfrac{\pi D^2}{4}p\right)}{z} \Rightarrow p = \frac{Fz}{\dfrac{\pi D^2}{4}} = \frac{6\,783.13 \times 12}{\dfrac{\pi \times 250^2}{4}} = 1.66\ \text{MPa}$$

所以，汽缸的所能承受的最大压强为 1.66 MPa。

探索与发现

一起重卷筒与大齿轮用 8 个普通螺栓联接在一起，如图 3-6-46 所示。卷筒直径 $D=400$ mm，螺栓孔轴心线分布直径 $D_0=500$ mm，结合面间摩擦因数 $f=0.12$，可靠性系数 $K_s=1.2$，起重钢索拉力 $F_{拉}=50\,000$ N，螺栓材料的许用拉伸应力$[\sigma]=100$ MPa，设计该螺栓组的螺栓直径 d。

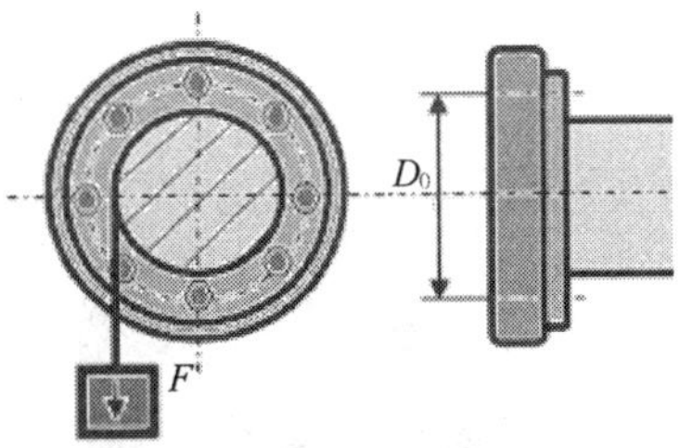

图 3-6-46　卷筒提重物

知识拓展

键、销的应用

两个或两个以上零件联接在一起，不仅有螺纹联接，还有许多其他的联接形式。

一、键联接

轴与轴上的零件周向固定形成的联接称为轴毂联接，轴毂联接的主要形式为键联接。

如图 3-6-47 所示为减速器的输出轴，在轴系部件中，为了使齿轮、带轮等轴上的回转零件随轴一起转动，通常在齿轮、带轮等轮毂及轴上分别加工出键槽，用键进行联接，在圆周方向将轴与轮毂固定，并传递运动和动力。键联接属于可拆卸的联接。

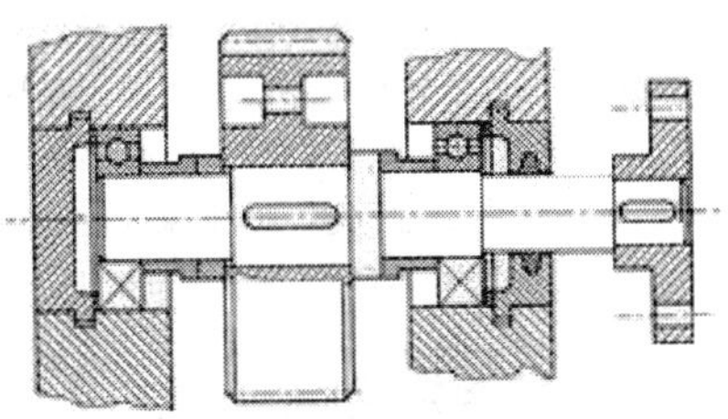

(a) 减速器输出轴

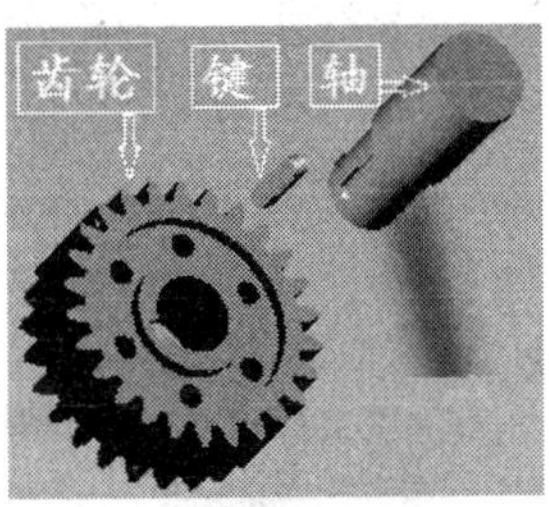

(b) 键联接

图 3-6-47　减速器中键联接的应用

1．键联接的类型、特点及应用

键联接主要用于轴和轴上零件的周向固定并传递转矩；有的兼作轴上零件的轴向固定或轴向滑动。如表 3-6-21 所示。

表 3-6-21　键和键联接的类型、特点及应用

类型			特点	应用
平键联接	普通平键	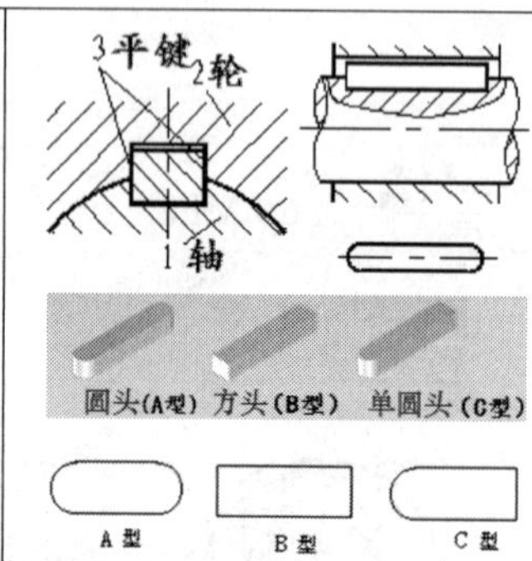	平键的上表面与轮毂键槽顶面留有间隙，依靠键与键槽间的两侧面挤压力 F，传递转矩 T，所以两侧面为工作面。制造容易、对中性好、定心良好、易拆卸、精度较高。端部形状见左图，加工方法如下：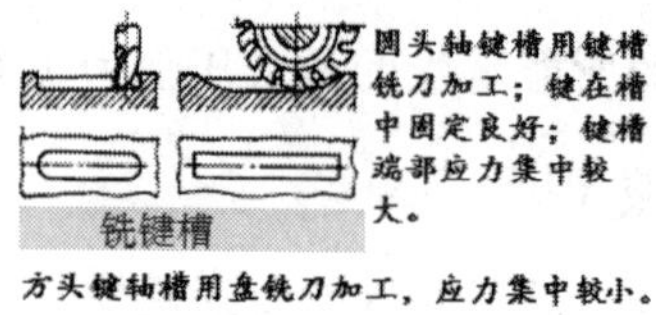	单圆头键常用于轴端，普通平键应用最广，用于传动精度要求较高的场合
	导向平键	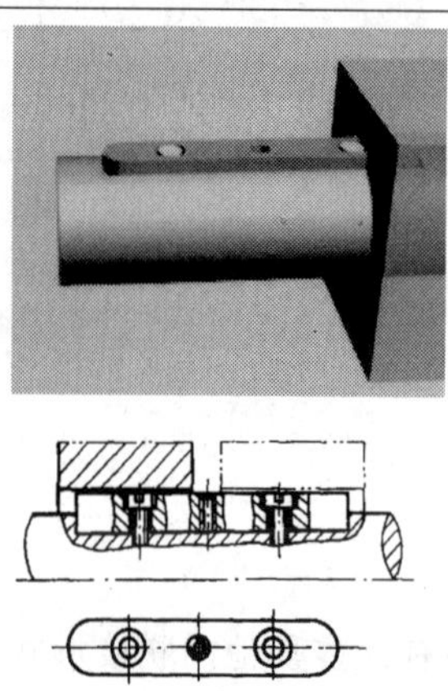	当零件需要作轴向移动时，可采用导向平键联接。键较长，导向平键较普通平键长，为防止键体在轴中松动，采用螺钉固定，键上有带螺纹的螺钉孔，用两个螺钉将其固定在轴上，其中布置有启键螺钉，方便启键，能实现轴上零件的轴向移动，构成动联接	变速箱内的滑移齿轮可采用导向平键
	滑键	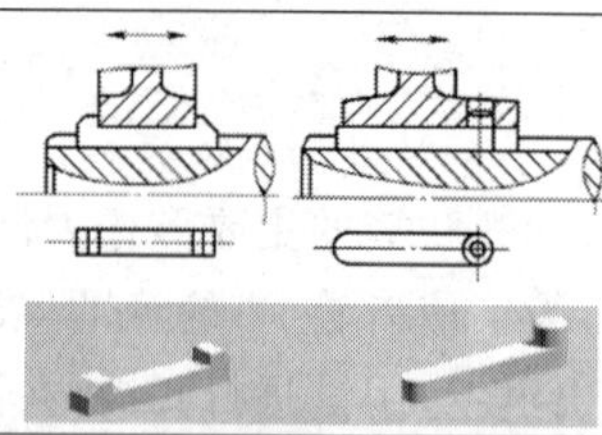	滑键与轮毂固定为一体，工作时轮毂带动滑键一起沿长的键槽滑动。对中性好、易拆卸、靠侧面传递转矩，作轴向滑动	适用于轴上零件移动距离较大的场合
半圆键联接		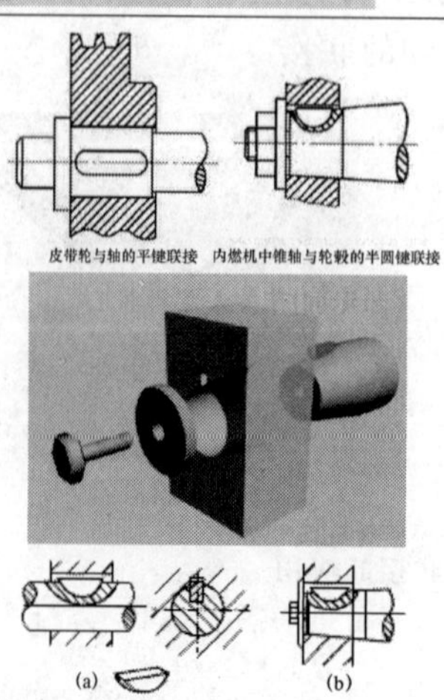	半圆键的两个侧面为半圆形，工作时靠两侧面受挤压传递转矩，因此，工作面为两侧面，键在槽中绕键的几何中心摆动，自动适应轮毂上键槽底部的斜度，装拆方便。缺点：轴上键槽较深，对轴的强度削弱较大	适用于锥形轴与轮毂的联接；载荷小的轻载场合

续 表

类型		特点	应用	
斜键	楔键连接	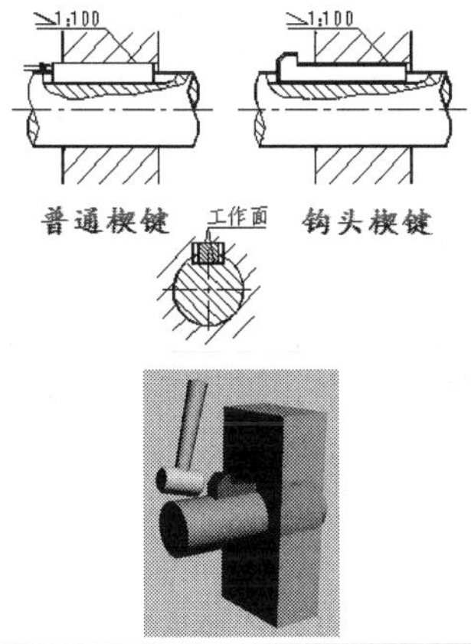	切向键的上表面与轮毂键槽的底面均制成 1∶100 的斜度。 装配时将键用力打入槽内，使轴与轮毂之间的接触面产生很大的径向压紧力，转动时靠接触面的摩擦力来传递转矩及单向轴向力，如左图所示，因此，拆卸方便 可分普通楔键和钩头楔键两种形式。钩头楔键与轮毂端面之间应留有余地，以便于拆卸 楔键的定心性差，在冲击、振动或变载荷下联接容易松动	组装迫使轴与轮毂产生偏心。适用于定心精度要求不高、载荷平稳、低速运转的场合
	切向键连接	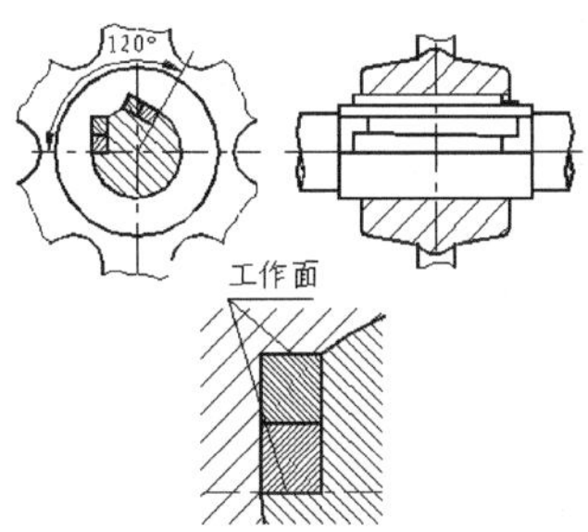	由一对楔键楔紧，键的两工作面见图。其中一工作面在通过轴线的平面内，键的压力沿轴的切线方向作用，能传递很大转矩。传递较大转矩时，可采用由一对普通楔键组成的切向键联接。键的上、下面互相平行，需两边打入。双向传递转矩时，需用两对切向键，并且按 120°～130°分布。切向键对轴的强度削弱大、对中性差、定心性差	适用于轴颈>100 mm、对中性要求差、低速运转、载荷大的重型机械
花键连接		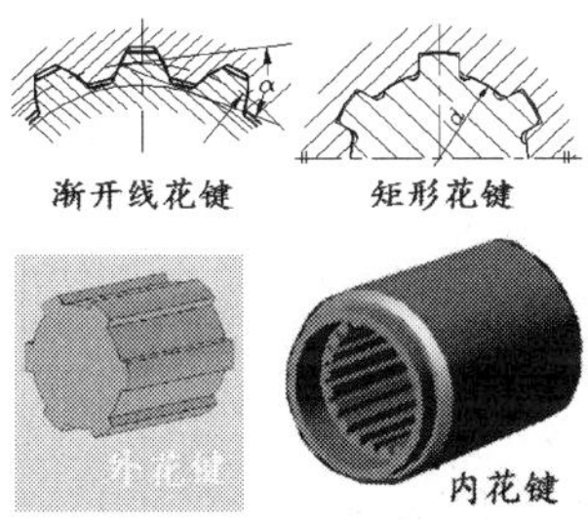	轴和毂孔周向均布多个键，侧面是工作面。承载力强，对轴的削弱力小，定心精度高、导向性能好	应用在定性精度高、载荷大、经常滑移的联接

2. 平键联接的选择

(1) 键的类型选择：根据键联接的结构特点、使用要求和工作条件进行选用。

(2) 键的尺寸选择：键的主要尺寸是截面尺寸，如图 3-6-48 所示。

① 根据键联接的工作要求和使用特点，选择平键的类型。

② 按照轴的公称直径 d，从国家标准中选择平键的尺寸 $b\times h$，如表 3-6-22 所示。

③ 根据轮毂长度选择键长 L。键的长度应略小于轮毂的长度。键长 L 应符合标准长度系列，如表 3-6-22 所示。

图 3-6-48　平键的主要尺寸

一般键长 L 等于或小于轮毂长度并符合键的长度系列。对于 A 型键，键的计算长度 $l=L-b$；B 型键 $l=L$；C 型键，$l=L-b/2$。

导向平键的长度按零件所需滑动的距离确定。重要的键连接在选出键的类型和尺寸后，还应进行强度校核计算。

3. 平键标记

平键的基本标记形式：GB/T1096　键类型 $b\times h\times l$（普通 A 型平键可不标注类型）。

例：GB/T1096 键 B20×12×140，表示标准普通 B 型平键 $b=20$ mm，$h=12$ mm，$l=140$ mm。

4. 平键的尺寸、公差及材料

平键已经标准化，平键尺寸从表 3-6-22 中选定，主要根据表中轴的直径范围，选取键的剖面尺寸键宽 b 和键高 h。

键尺寸的极限偏差的确定：键宽 b 为 h8；键高 h 为 h11；键长 L 为 h14。

键材料的抗拉强度应不小于 500 MPa。

表 3-6-22　平键联接的剖面和键槽尺寸(GB/T1095—2003 摘录)

普通平键的形式和尺寸(GB/T1096—2003 摘录)

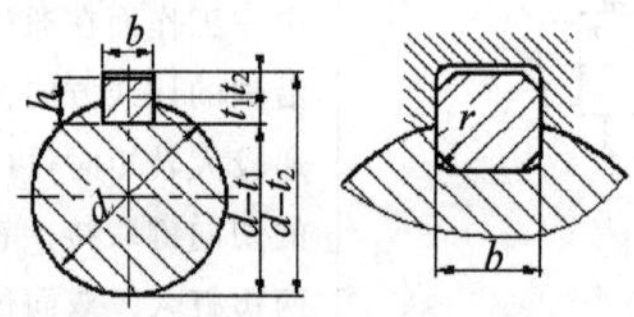

轴公称直径 d	键尺寸 $b\times h$	键槽											
		宽度 b						深度				半径 r	
		基本尺寸	极限偏差					轴 t_1		毂 t_2			
			正常联接		紧密联接	松联接		基本尺寸	极限偏差	基本尺寸	极限偏差		
			轴 N9	毂 JS9	轴和毂 P9	轴 H9	毂 D10					min	max
自 6~8	2×2	2	−0.004 −0.029	±0.0125	−0.006 −0.031	+0.025 0	+0.060 +0.020	1.2	+0.1 0	1	+0.1 0	0.08	0.16
>8~10	3×3	3						1.8		1.4			
>10~12	4×4	4	0 −0.030	±0.015	−0.012 −0.042	+0.030 0	+0.078 +0.030	2.5		1.8			
>12~17	5×5	5						3		2.3		0.16	0.25
>17~22	6×6	6						3.5		2.8			
>22~30	8×7	8	0 −0.036	±0.018	−0.015 −0.051	+0.036 0	+0.098 +0.040	4	+0.2 0	3.3	+0.2 0	0.25	0.40
>30~38	10×8	10						5		3.3			
>38~44	12×8	12	0 −0.043	±0.0215	−0.018 −0.061	+0.043 0	+0.120 +0.050	5		3.3			
>44~50	14×9	14						5.5		3.8			
>50~58	16×10	16						6		4.3			
>58~65	18×11	18						7		4.4			
>65~75	20×12	20	0 −0.052	±0.026	−0.022 −0.074	+0.052 0	+0.149 +0.065	7.5		4.9		0.40	0.60
>75~85	22×14	22						9		5.4			
>85~95	25×14	25						9		5.4			
>95~110	28×16	28						10		6.4			
键长标准系列	6、9、10、12、14、16、18、20、22、26、28、32、36、40、45、50、56、63、70、80、90、100、110、120、140、160……												

5. 平键的强度计算

键联接的失效形式有压溃、磨损和剪断。用于静联接的平键的主要失效形式是工作面被压溃；滑键、导向平键属于动联接，主要失效形式为工作面的磨损。因此，静联接通常按工作面上最大挤压应力进行强度校核计算；动联接的校核计算则按最大压强进行。

对普通平键一般只挤压强度计算：

$$\sigma_P=\frac{F}{A}=\frac{2T/d}{hl/2}=\frac{4T}{hld}\leqslant[\sigma]_P\ \text{MPa} \tag{3-6-24}$$

式中，T 为转矩(N·mm)；d 为轴的直径(mm)；h 为键的高度(mm)；l 为键的工作长度(mm)；$[\sigma]$为许用挤压应力。

6. 花键联接

花键联接由轴上加工出多个键齿的花键轴和轮毂孔上加工出同样的键齿槽组成。工作时靠键齿的侧面互相挤压传递转矩，如图 3-6-49 所示。其优点是比平键联接承载能力强；轴与零件的定心性好；导向性好；对轴的强度削弱小。缺点是成本较高。因此，花键联接用于定心精度要求高和载荷较大的场合。

花键已标准化，按齿廓的不同，可分矩形花键、三角形花键和渐开线花键。

① 矩形花键联接

矩形花键的齿侧面为互相平行平面，制造方便，广泛应用。国标 GB1144－87，如图 3-6-50(a)所示。矩形花键连接按新标准为内径定心，定心精度高，定心稳定性好，配合面均要研磨，磨削消除热处理后变形，应用广泛。

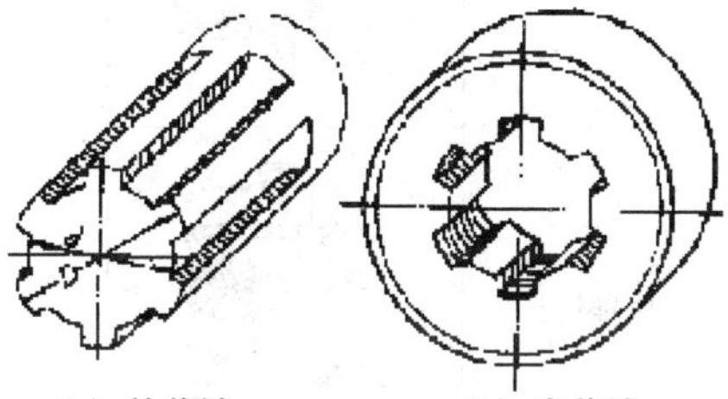

(a) 外花键　　(b) 内花键

图 3-6-49　花键连接

② 渐开线花键联接

渐开线花键的齿廓为渐开线，如图 3-6-50(b)所示，分度圆上的压力角为 30°和 45°两种。定心方式为齿形定心，当齿受载时，齿上的径向力能自动定心，有利于各齿均载，具有制造工艺性好，易于定心，精度较高，强度较高。应用广泛，主要应用于重载及尺寸较大的联接，应优先采用。

③ 三角形花键联接

齿数较多，齿较小，对轴强度削弱小，如图 3-6-50(c)所示。适于轻载、直径较小时及轴与薄壁零件的联接，应用较少。

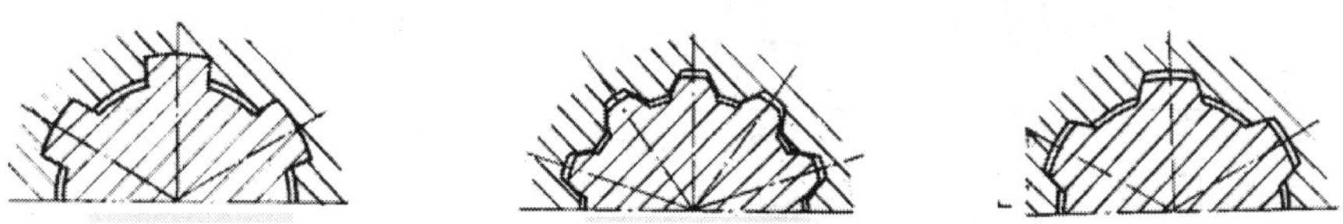

(a) 矩形花键　　(b) 渐开线花键　　(c) 三角形花键

图 3-6-50　花键联接的类型

二、销连接

销联接属于可拆卸的联接，能够实现轴与轴上零件的联接。销是标准件，能够固定零件之间的相对位置,起定位作用,不承受或承受很小载荷;定位销还可作为安全装置中的过载剪断零件。

销联接的类型、特点及应用如表 3-6-23 所示。

表 3-6-23 销及销联接的类型、特点及应用

类型			特点	应用
定位销	圆柱销	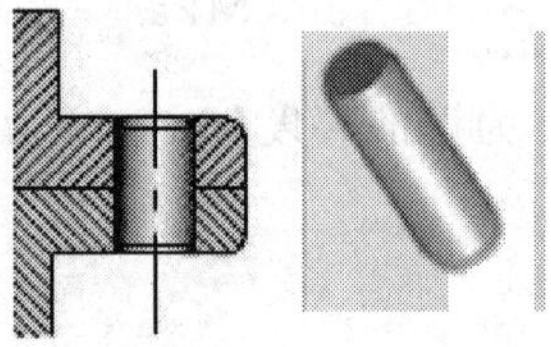	属于标准件。利用少量过盈固定在销孔中,经过多次装拆后,连接的紧固性和精度降低。一般使用数量不得少于 2 个	不经常拆卸处
	圆锥销	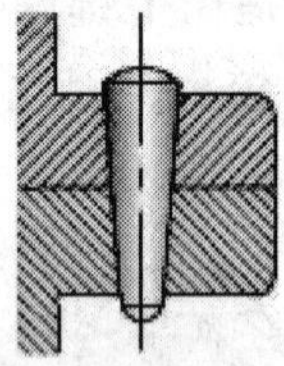 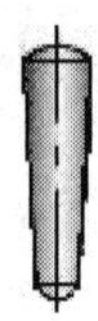	属于标准件。具有 1∶50 的锥度;装拆方便,多次装拆连接的紧固性和精度不变	应用广泛
		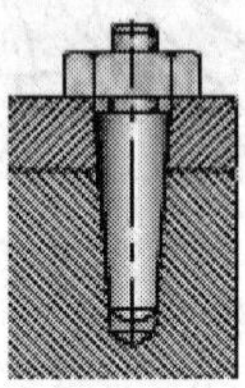	便于拆卸	用于有盲孔结构的场合
		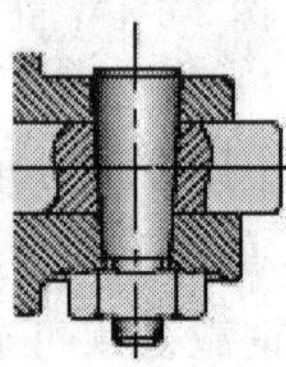	可用螺母锁紧	适用于有冲击的场合
连接销	圆柱销或圆锥销	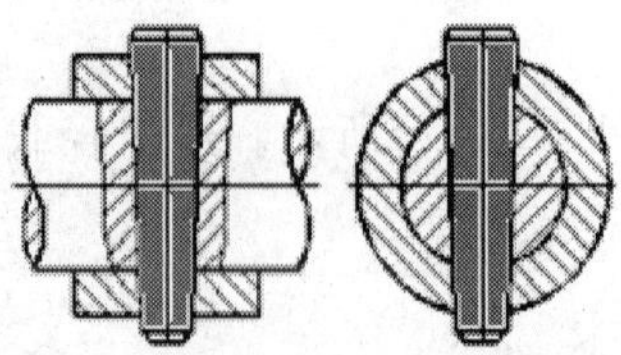	销孔采用铰制孔,工作时受剪切和挤压作用,尺寸根据结构特点和工作状况,按经验和标准选取,必要时作强度校核	用于传递力和转矩的场合
安全销	圆柱销或圆锥销	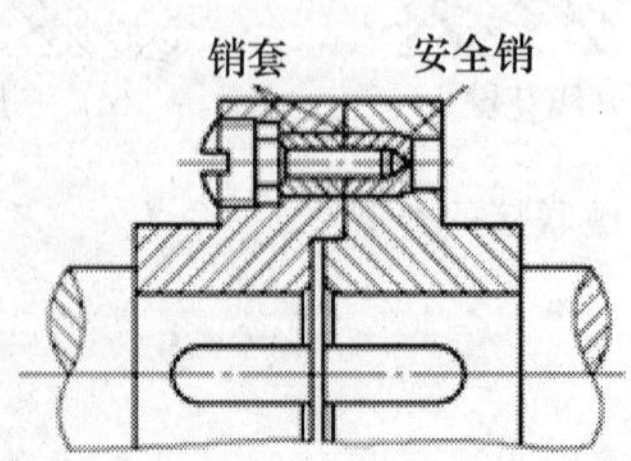	传递的力或转矩过载时,销首先被切断,保护连接零件免受损坏。尺寸通常以过载 20%～30%时折断为依据确定。应考虑切断后不易飞出和易于更换	用于传递力和转矩的场合

续 表

类型			特点	应用
特殊形式销	槽销、开尾锥销、开口销、弹性圆柱销	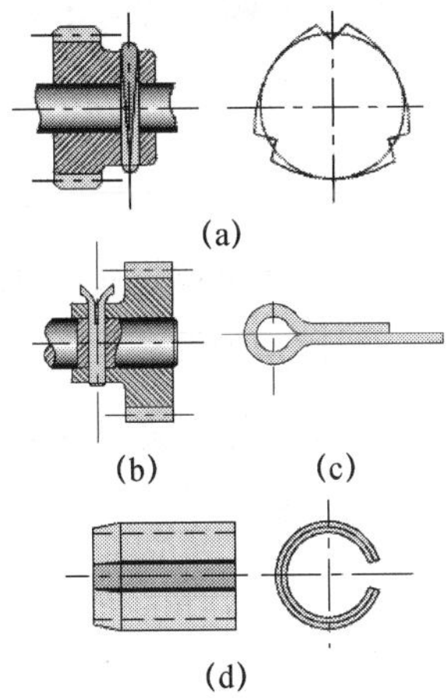	(a) 槽销用弹簧钢滚压或模锻而成。槽常有三条，销孔无须铰光可多次装拆； (b) 开尾锥销销尾可分开，能防止松脱； (c) 开口销是一种防松零件，用于锁紧其他紧固件； (d) 弹性圆柱销用弹簧钢带卷制而成，具有弹性	(a) 槽销适用于承受振动和变载荷的联接；有时可代替键和螺栓等来使用； (b) 开尾锥销多用于振动冲击场合； (c) 应用广泛； (d) 用于冲击振动场合

三、其他联接

键联接、销联接均属于可拆卸的联接。还有不可拆卸的联接，一般有铆接、焊接、胶接和过盈连接。不可拆卸的联接用途广泛、被联接件加工量少、联接表面质量好。缺点是拆卸困难、不易维修、通用性较差等。随着工业水平的提高和生产机械化、自动化的普及，不可拆卸联接件已得到大量的应用。几种联接方法如表 3-6-24 所示。

表 3-6-24　常用联接方法

连接方法	图例	连接方法	图例
胶黏剂连接	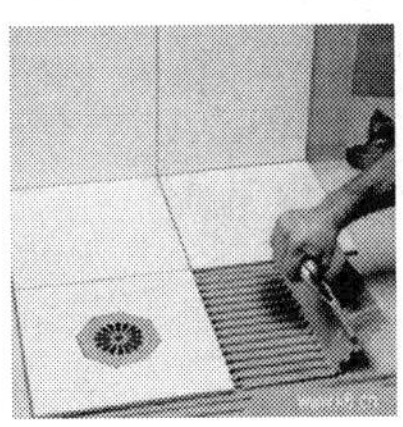	焊接	
铆钉连接	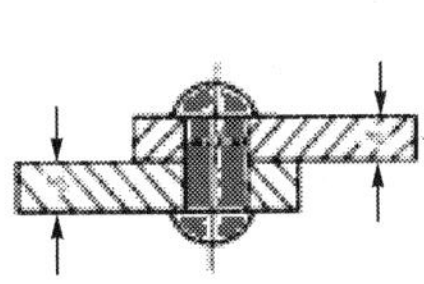	销联接	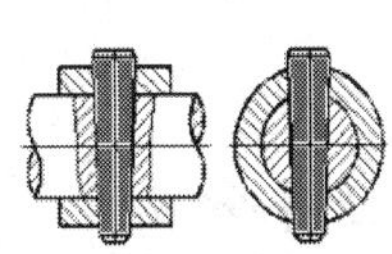
键联接	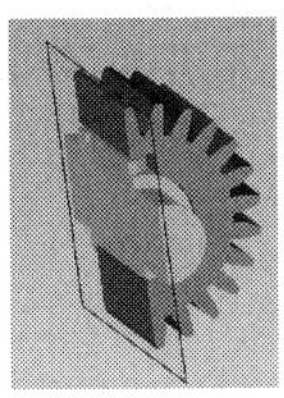	螺纹联接	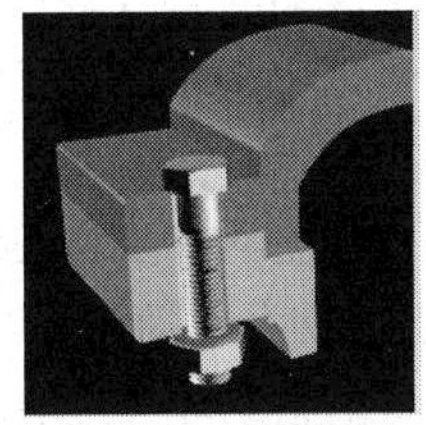

项目七　分析台虎钳螺旋传动

任务目标

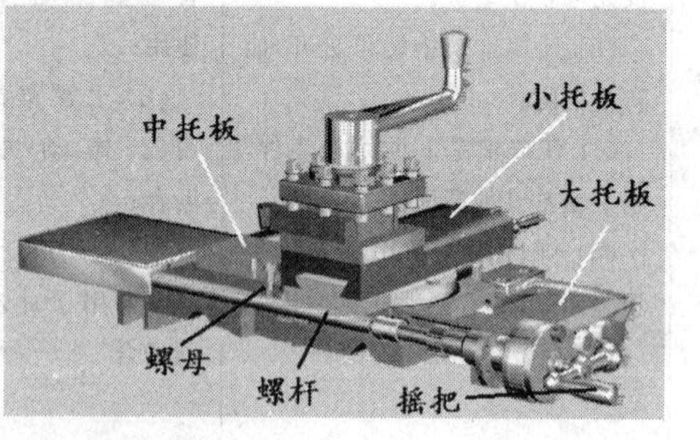

1. 认识螺旋传动的各种分类形式、工作原理、应用等。

2. 掌握普通螺旋传动移动方向的判定及相关计算。

3. 了解差动螺旋传动组成、原理等,正确判定移动方向和计算移动距离。

重点难点

1. 对各类螺旋传动基本知识的认识。
2. 正确判断移动方向及相关计算。
3. 难点:对螺旋传动的移动方向正确判断并计算。

任务引入

如图 3-7-1(a)所示为千斤顶的底座固定,你知道小小千斤顶是如何将重物抬起与放下的吗?它为何能有如此大"神力"呢?图 3-7-1(b)为虎钳,它是生产中常用的装夹工具,它是如何工作的呢?

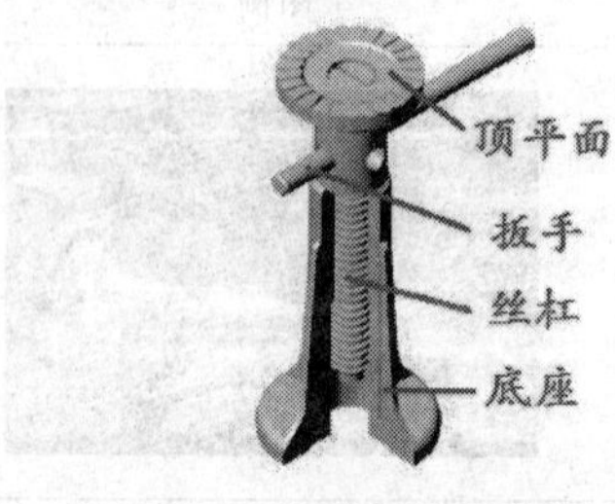

(a) 千斤顶

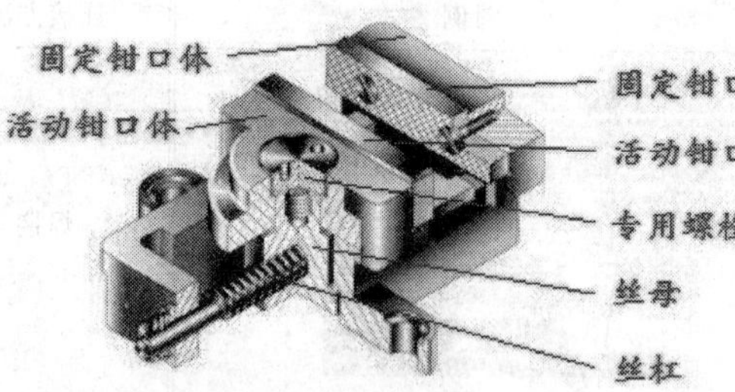

(b) 虎钳

图 3-7-1　螺旋传动实例

任务分析

在机械中,有时需要将转动变为直线移动,螺旋传动是实现这种转变而经常采用的一种传动。螺旋传动与螺纹联接不同,螺纹联接是将两个或两个以上的零件联成一体的结构,而螺旋传动主要是用来把回转运动变为直线运动的机构,同时也承受载荷和传递动力,传动平稳,无噪音,易于自锁。

在日常生活和实际生产中,螺旋传动应用非常广泛。如图 3-7-1(a)所示为千斤顶的底座固定,通过扳手带动螺杆(丝杠)旋转,并沿着底座上的螺母(丝母)上、下运动,从而把螺杆顶平面上的重物抬上抬下。图 3-7-1(b)中虎钳上的螺杆(丝杠)位置是固定的,螺杆(丝杠)只能旋转，螺母（丝母）则沿着螺杆前后移动，螺母与活动钳口体由专用螺栓联接为一体，随着螺杆的旋转，螺母与活动钳口体同时前后移动，活动钳口与固定钳口配合将工件夹紧、松开。

本项目就是从螺旋传动的类型入手，进而分析螺旋传动的移动方向的判定及相关计算；分析差动螺旋传动的工作原理等相关知识。

知识链接

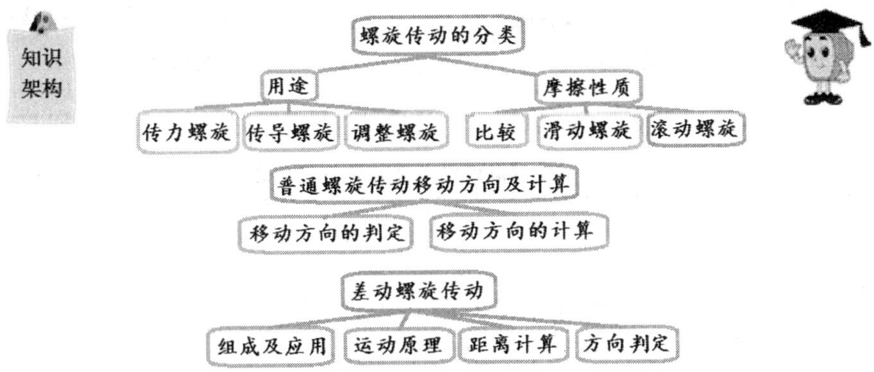

一、螺旋传动的分类

1. 螺旋传动按用途分类

螺旋传动按用途可分为传力螺旋、传导螺旋和调整螺旋，如表 3-7-1 所示。

表 3-7-1　按用途螺旋传动的类型、特点及应用

按用途螺旋传动的分类	①传力螺旋	②传导螺旋	③调整螺旋
图例	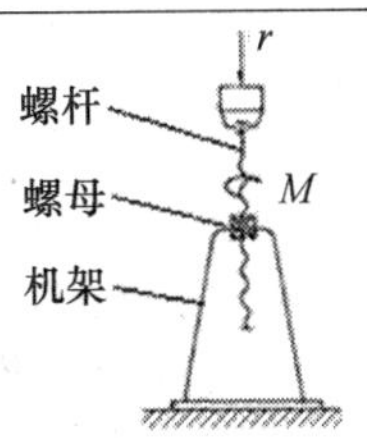 螺旋千斤顶 传力螺旋	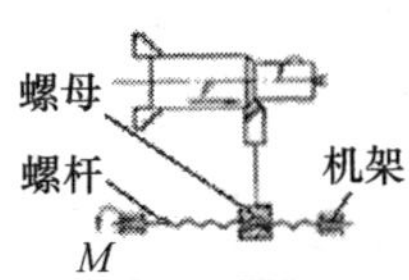 车床进给丝杠传动 传导螺旋	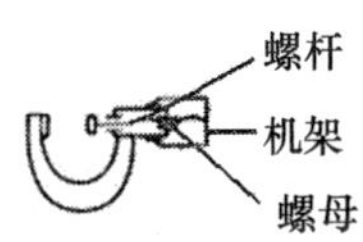 千分尺螺旋微调 调整螺旋
特点及应用	千斤顶属于传力螺旋机构，以传递动力为主，要求用较小的力矩转动螺杆（或螺母），使螺母（或螺杆）产生轴向运动和较大的轴向力，这个轴向力可用来做起重和加压等工作	车床的丝杠传动属于传导螺旋机构，以传递运动为主，并要求有很高的运动精度。它常用作机床刀架或工作台的进给机构	千分尺的螺旋微调属于调整螺旋机构。用于调整并固定零件或部件之间的相对位置

2. 螺旋传动按摩擦性质分类

螺旋传动按摩擦性质可分为滑动螺旋传动和滚动螺旋传动。

① 滑动螺旋传动和滚动螺旋传动比较

滑动螺旋传动和滚动螺旋传动如图 3-7-2 所示，两者之比较如表 3-7-2 所示。

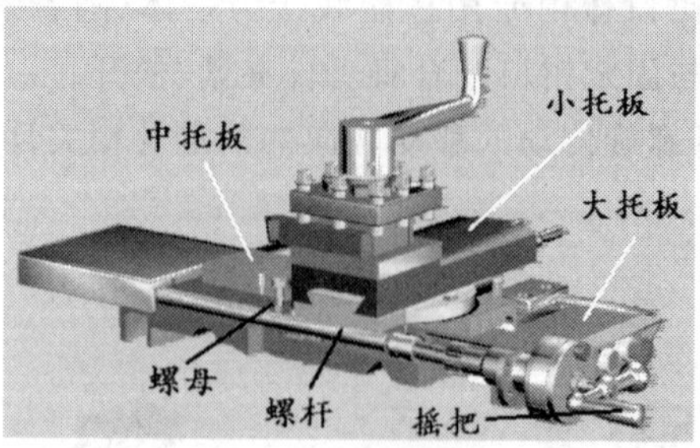

(a) 滑动螺旋传动

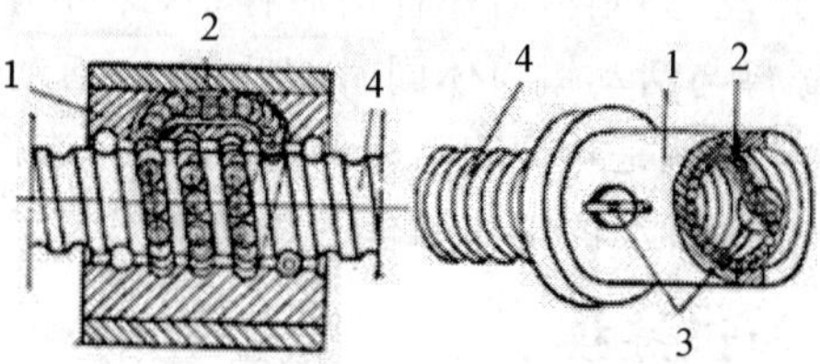

(a) 外循环　(b) 内循环
1—螺母；2—滚珠；3—反相器；4—丝杠
(b) 滚动螺旋传动

图 3-7-2　摩擦性质不同的两种螺旋传动

表 3-7-2　滑动螺旋传动与滚动螺旋传动之比较

传动类型	组成	优点	缺点	应用
滑动螺旋传动(又称为普通螺旋传动) (运动副属低副)	螺杆、螺母组成。 牙型为矩形、梯形和锯齿形。 属于滑动摩擦	结构简单、制造方便、工作平稳、无噪音、承载高、易于自锁，承载能力高	摩擦力大、效率低	广泛应用于各种机械和仪器中
滚动螺旋传动 (运动副属高副)	由螺母、丝杠、滚珠和滚珠丝杠装置组成。 属于滚动摩擦	摩擦损失小、传动效率高、运动平稳、动作灵敏	结构复杂、外形尺寸较大、制造技术要求高、成本高	汽车和拖拉机、数控机床、飞机等许多机械

② 滑动螺旋传动常见形式

表 3-7-3　滑动螺旋传动的应用形式

应用形式	图例	应用实例	工作原理
螺母固定，螺杆旋转并移动	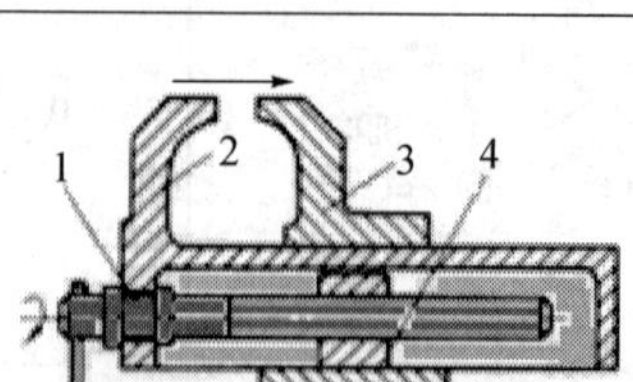 1—螺杆；2—活动钳口 3—固定钳口；4—螺母	台虎钳	右旋单线螺杆 1 与螺母 4 组成螺旋副；螺杆 1 与活动钳口 2 组成转动副；螺母 4 与固定钳口 3 一体。 螺杆按图示方向转动；带动活动钳口向右移动；与固定钳口配合将工件夹紧。 反之，松开工件
螺母轴向固定但旋转螺杆轴向移动	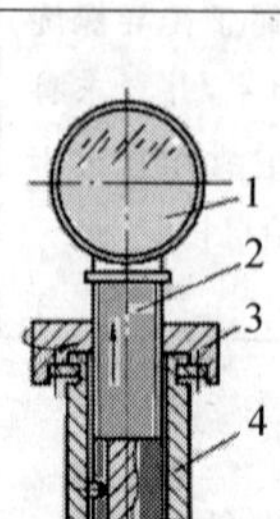 1—观察镜；2—螺杆 3—螺母；4—机架	观察镜的螺旋调整装置	螺杆 2 与螺母 3 组成左螺旋副；螺母 3 与机架 4 轴向固定；螺母能在机架上旋转。 螺母按图示方向回转时，螺杆带动观察镜向上移动。 反之，向下移动

续 表

应用形式	图例	应用实例	工作原理
螺杆固定，螺母旋转并移动	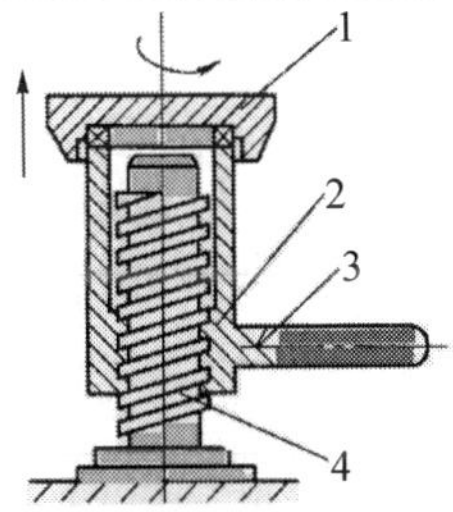 1—托盘；2—螺母 3—手柄；4—螺杆	螺旋千斤顶	螺杆 4 连接在底座上固定不动，转动手柄 3 使螺母 2 回转并做上升或下降的直线移动，从而举起或放下托盘
螺杆轴向固定旋转，螺母移动	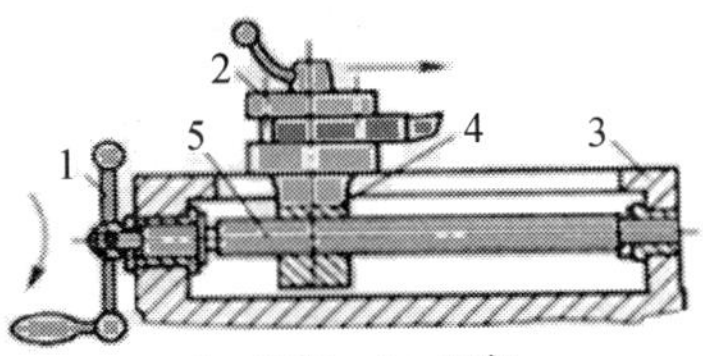 1—手柄；2—刀架 3—机架；4—螺母；5—丝杠	机床滑板的移动机构	丝杠 5 与机架 3 组成转动副，丝杠 5 与螺母 4 组成左旋螺纹副。螺母 4 与刀架一体。 转动手柄 1 使丝杠 5 按图示方向回转，螺母移动，带动刀架沿着机架上的导轨向右做直线移动。 反之，向左做直线运动

③ 滚动螺旋传动

表 3-7-4　滚动螺旋传动的应用形式

循环方式	外循环	内循环
结构图	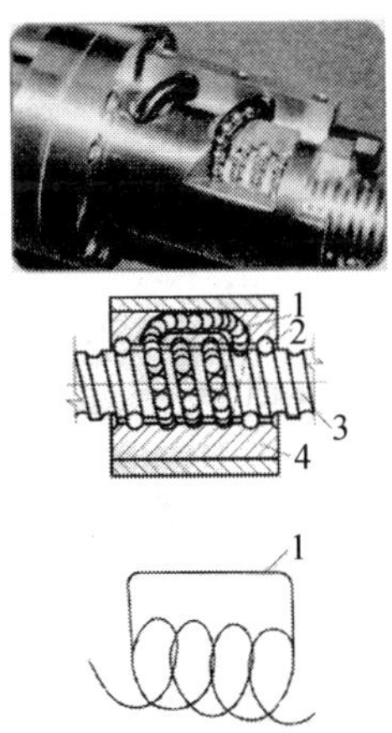 1—滚珠循环方式；2—滚珠； 3—螺杆；4—螺母	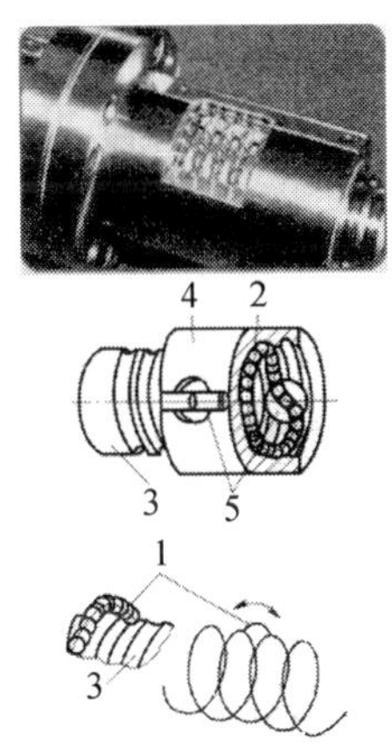 1—滚珠循环方式；2—滚珠； 3—螺杆；4—螺母；5—反向器
工作原理	在螺杆和螺母的螺纹滚道中，装有一定数量的滚珠，螺杆与螺母做相对螺旋运动时，滚珠沿螺纹滚道内滚动，通过滚珠循环装置的通道返回，构成封闭循环，实现螺杆与螺母的滚动螺旋传动	
特点	优点：摩擦损失小、效率高(90%以上)，寿命长、维护简便、传动精度高、动作灵敏。 缺点：结构复杂、尺寸大、制造困难、防止逆转时要加自锁机构，承载能力不如普通螺旋传动	
应用	应用于数控机床的滚珠丝杠螺母副、车辆转向机构、飞机机翼和起落架的控制驱动、精密测量仪器等	

二、普通螺旋传动移动方向及计算

1. 普通螺旋线移动方向的判定

直线移动方向的判定方法如表 3-7-5 所示。

表 3-7-5　从动件移动方向的判定

采用方法及步骤	
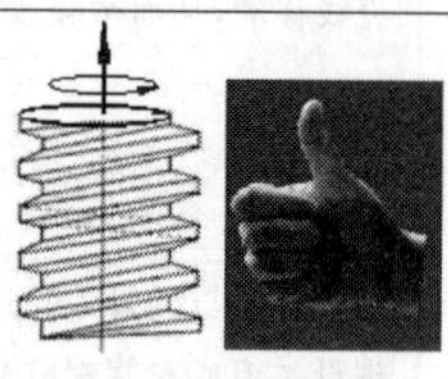 右旋螺纹用右手	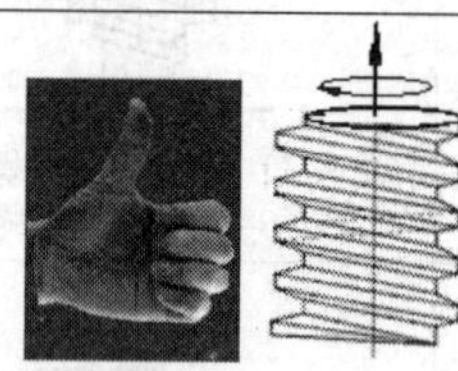 左旋螺纹用左手
手握空拳,四指的指向与螺杆回转方向相同,大拇指竖直所指的方向便是螺杆移动方向	
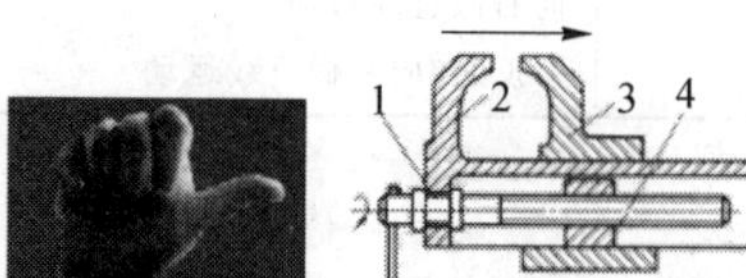 1—螺钉;2—活动钳口; 3—固定钳口;4—螺母 右旋单线螺纹,若螺杆回转并移动,螺母不动,则大拇指的指向为螺杆的移动方向	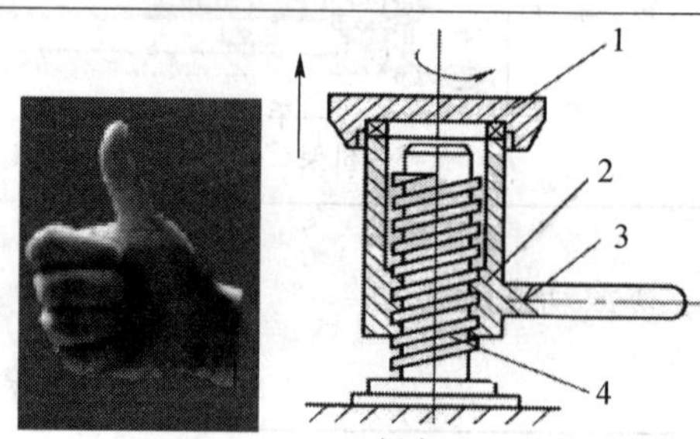 1—托盘;2—螺母; 3—手柄;4—螺杆 右旋螺纹,螺母回转并移动,螺杆不动,则大拇指的指向为螺母的移动方向
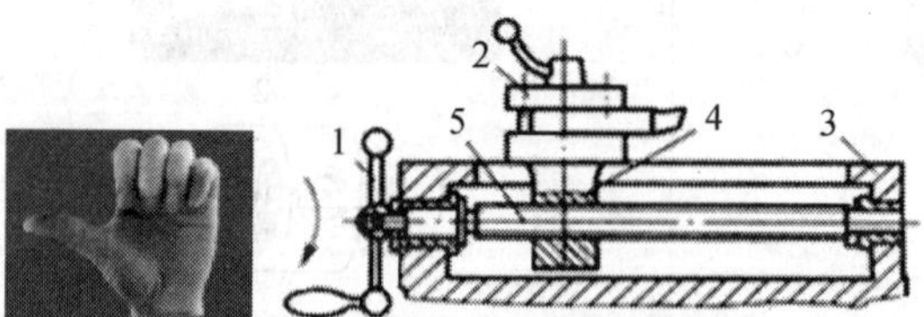 1—手柄;2—刀架; 3—机架;4—螺母;5—丝杠 螺杆回转(左旋螺纹副),螺母移动,大拇指指向的相反方向即为螺母移动的方向	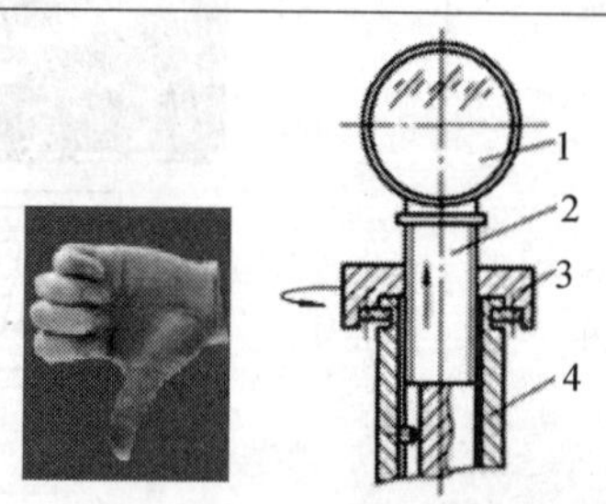 1—观察镜;2—螺杆; 3—螺母;4—机架 螺母回转(左旋螺纹副),螺杆移动,大拇指指向的相反方向即为螺杆移动的方向

2. 普通螺旋直线移动的计算

① 普通螺旋传动移动距离计算

如图 3-7-3 所示为车床移动刀架。车床摇把顺时针转一圈,即螺杆(丝杠)相对螺母回转一圈的时候,螺母带动刀架和刀移动一个导程 P_h 的距离,直线移动距离 L 及普通螺旋传动中直线移动速度 v 的计算公式见式(3-7-1)、式(3-7-2)。

Ⅰ. 直线移动距离 L

$$L = NP_h \tag{3-7-1}$$

式中，L 为螺母的移动距离(mm)；N 为回转圈数(r)；P_h 为螺纹导程，(P_h = 螺距 P × 线数 h)(mm)。

Ⅱ. 普通螺旋传动中直线移动速度 v 的计算

$$v = nP_h \tag{3-7-2}$$

式中，v 为直线移动速度(mm/min)；n 为转速(r/min)；P_h 为导程(mm)。

【例 3-7-1】 如图 3-7-3 所示，机床刀架的移动机构中，螺杆为双线螺纹，螺距 P 为 5 mm，当螺杆回转 3 周时，溜板移动的距离是多少?

解：螺杆的导程为：

$$P_h = 5 \times 2 = 10 \text{ mm}$$

溜板移动的距离：

$$L = NP_h = 3 \times 10 = 30 \text{ mm}$$

【例 3-7-2】 有一普通螺旋机构，以双线螺杆驱动螺母做直线运动，螺距 P 为 3 mm，转速 n 为 46 r/min，试求螺母在时间 t=1.5 min 内移动的距离 L。

解：
$$L = v \cdot t = n \cdot P_h \cdot t = 46 \times 3 \times 2 \times 1.5 = 414 \text{ mm}$$

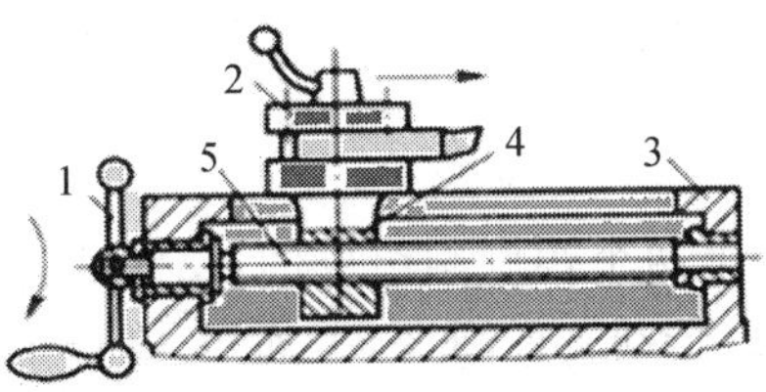

1—手柄；2—刀架；
3—机架；4—螺母；5—丝杠

图 3-7-3 移动刀架

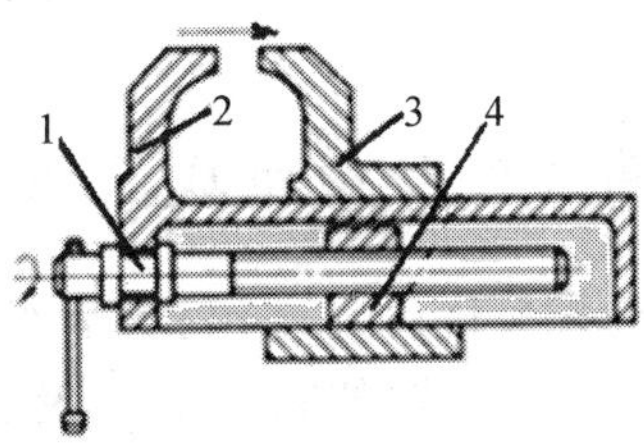

1—螺杆；2—活动钳口
3—固定钳口；4—固定螺母

图 3-7-4 台虎钳螺杆移动方向的判定

任务实施

如图 3-7-1(a)所示为千斤顶的底座固定，通过扳手带动螺杆(丝杠)旋转，并沿着底座上的螺母(丝母)上、下运动，从而把螺杆顶平面上的重物抬上抬下，由于螺旋传动具有自锁性，所以它能顶起很重的物体。

如图 3-7-1(b)及图 3-7-4 所示，分析台虎钳的工作过程：螺纹是右旋，可从以下几方面入手，如表 3-7-6 所示。

表 3-7-6 台虎钳螺杆移动方向的判定

一、首先分析出旋转件与移动件	因为螺母 4 固定不动；螺杆 1 回转运动同时直线移动。因此螺母 4 是固定件；螺杆 1 既是旋转件，又是移动件
二、判定螺杆的移动方向	1. 判定螺纹的旋向。已知该螺纹是右旋，所以用右手判定。 2. 右手握空拳，四指的指向与螺杆的回转方向相同，大拇指竖直，如图 3-7-4 所示。 3. 因为螺杆既是旋转件，又是移动件，所以大拇指的指向是螺杆的移动方向
三、计算螺杆的导程 P_h	若螺杆 1 为双线螺纹，螺距为 5 mm，则螺杆的导程 P_h 为： $P_h = nP = 2 \times 5 = 10$ mm
四、确定螺杆的直线移动距离 L	若当螺杆回转 3 周时，活动钳口移动的距离为： $L = NP_h = 3 \times 10 = 30$ mm
结论：当螺杆按图示方向转动时，螺杆连同活动螺母向右移动，与固定钳口配合，实现对工件的夹紧；当螺杆反向转动时，活动钳口随螺杆左移，松开工件	

探索与发现

如图 3-7-5 所示,各种类型螺纹的截面形状不相同,什么样的截面形状适合螺旋机构呢?

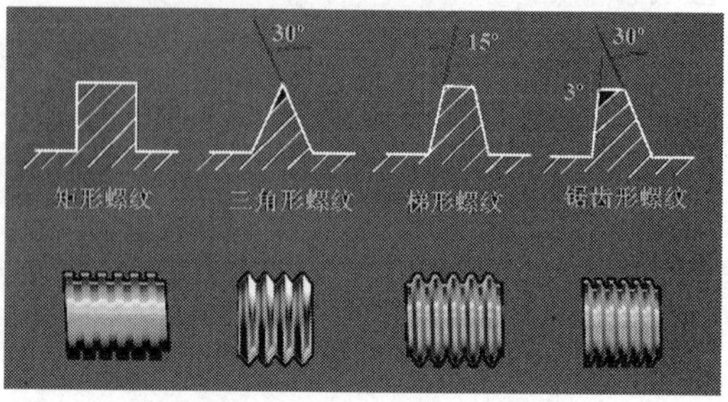

图 3-7-5 螺纹的截面形状

知识拓展

差动螺旋传动

一、差动螺旋传动的组成及应用

一般普通螺旋传动由一个螺旋副组成。如果由两个螺旋副组成的,使活动的螺母与螺杆产生差动(运动不一致)的螺旋传动,称为差动螺旋传动。如图 3-7-6 所示,螺杆 1 分别与活动螺母 2 和机架 3 上的固定螺母组成两个螺旋副。活动螺母不能回转,只能沿机架的导向槽移动;固定螺母固定不能移动。

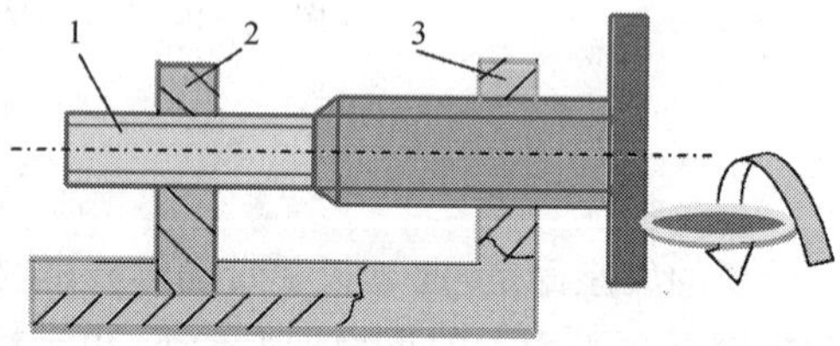

图 3-7-6 差动螺旋传动原理

差动螺旋传动可以产生极小的位移,而其螺纹的导程并不需要很小,加工比较容易。常用于测微器、计算机、分度机等诸多精密切削机床、仪器和工具中。

二、差动螺旋运动原理

运动原理如表 3-7-7 所示。

表 3-7-7 差动螺旋传动原理

旋向		运动状况			
机架螺母	活动螺母	螺杆(相对机架)		活动螺母(相对螺杆)	
右旋	右旋	旋转一转	左移(一个螺杆导程 P_{h1})	直线差动移动	右移(距离为两端螺纹导程之差 $P_{h1}-P_{h2}$)
右旋	左旋	旋转一转	左移(一个螺杆导程 P_{h1})	直线差动移动	左移(距离为两端螺纹导程之和 $P_{h1}+P_{h2}$)

三、差动螺旋传动的移动距离和方向的确定

1. 确定方法

在判定差动螺旋传动中活动螺母的移动方向时，首先确定螺杆移动的方向。具体分析方法如表 3-7-8 所示。

表 3-7-8　差动螺旋传动的移动距离和方向

旋向（螺杆上两螺纹）	活动螺母（移动距离）	导程	移动方向（活动螺母与螺杆）
相同	减小	固定螺母＞活动螺母	相同
		固定螺母＜活动螺母	相反
		固定螺母＝活动螺母	活动螺母不动
相反	增大	无论何种情况	相同

2. 计算方法

差动螺旋传动中活动螺母的实际移动距离和方向，可用公式表示如下：

$$L = N(P_{h1} \pm P_{h2}) \tag{3-7-3}$$

式中，L 为活动螺母的实际移动距离（mm）；N 为螺杆的回转圈数；P_{h1} 为机架上固定螺母的导程（mm）；P_{h2} 为活动螺母的导程（mm）。

按照已知与计算结果可以进行公式中符号的选择和移动方向的判定，方法如表 3-7-9 所示。

表 3-7-9　活动螺母的公式符号及移动方向的确定

旋向（两螺纹）	公式中（±符号）	计算结果	移动方向（活动螺母与螺杆）
相反	＋	正值	相同
相同	－	负值	相反

【例 3-7-3】 在图 3-7-7 中，固定螺母的导程 $P_{h1}=1.5$ mm，活动螺母的导程 $P_{h2}=2$ mm，螺纹均为左旋。当螺杆回转 0.5 转时，活动螺母移动的距离是多少？移动方向如何？

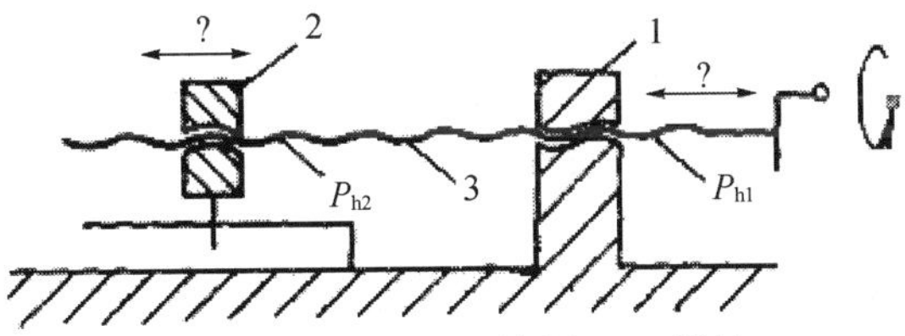

1—固定螺母；2—活动螺母；3—螺杆

图 3-7-7　差动螺旋传动

解：（1）螺纹为左旋，用左手判定螺杆向右移动。

（2）由于两螺纹旋向相同，活动螺母移动距离采用的式（3-7-3）符号为负。

$$L = N(P_{h1} - P_{h2}) = 0.5\times(1.5-2) = -0.25 \text{ mm}$$

（3）计算结果为负值，活动螺母移动方向与螺杆移动方向相反，即向左移动了 0.25 mm。

项目八　分析带传动装置

任务目标

1. 了解带传动的类型、特点、传动原理及应用场合。

2. 熟悉平带、普通V带、V带轮的构造、材料及标记等基础知识。

3. 掌握带传动的工作能力分析。

4. 正确选用、安装和布置、调整带传动及张紧方法。

5. 了解带传动的设计方法及步骤。

轿车发动机

重点难点

1. 带传动的类型、特点及应用场合。
2. 带传动的工作能力分析。
3. V带传动的设计计算(难点)。
4. 弹性滑动和打滑。

任务一　更换车床主轴V带

任务引入

如图3-8-1所示为车床传动系统图,车床的传动首先由电动机作为动力源,通过带传动使车床主轴箱获得旋转运动。在工作中发现V带因为变形、磨损或老化等原因不能正常使用,需要更换,试选择合适的V带,并正确安装。

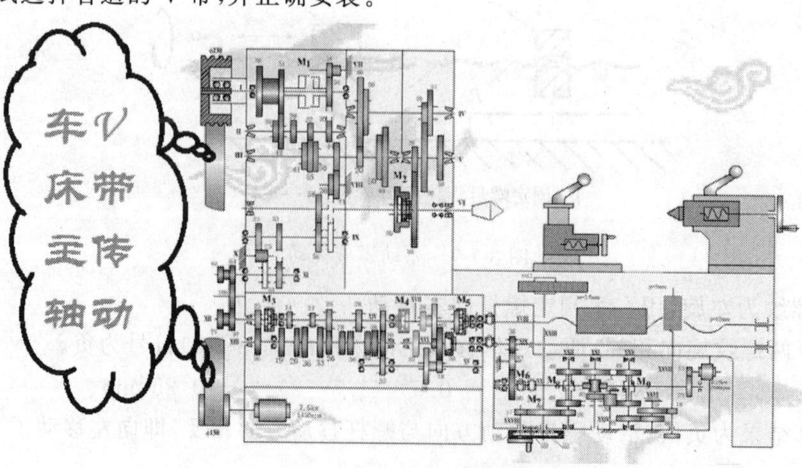

图3-8-1　车床传动系统图

任务分析

带传动是机械中常用的传动装置之一。除了上述车床传动装置用外，在其他机器中也应用很广。如图 3-8-2 所示为一台具有平带和 V 带传动装置的运输机器。运输机由电机作为动力源，通过带传动、齿轮传动带动滚筒旋转，滚筒上的运输带进行物品的运输。通过本次任务的分析与学习能辨析出各种带的类型，了解相关的带传动的基础知识，弄清 V 带传动的工作原理，会更换 V 带，掌握正确安装及调试带传动等注意事项。

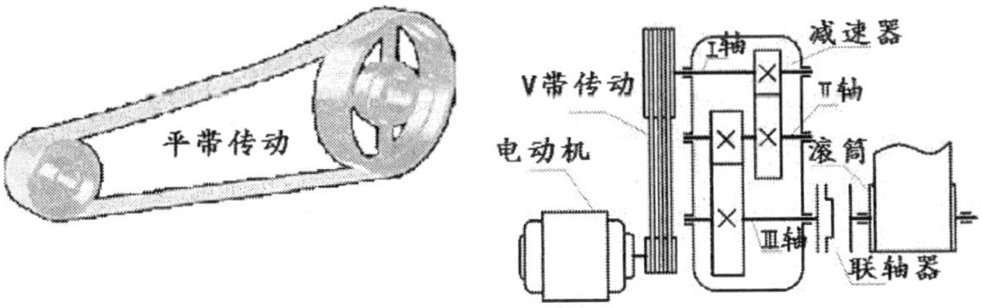

图 3-8-2　带传动装置及其应用

知识链接

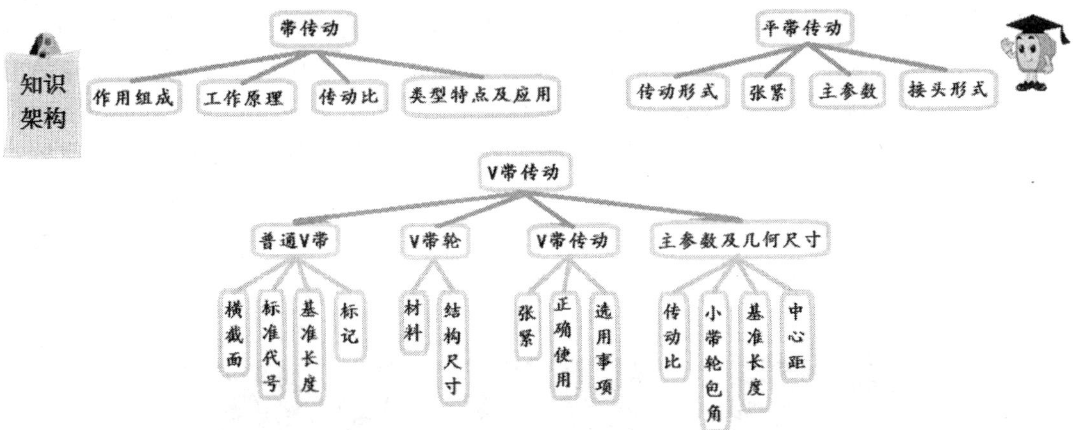

一、带传动

1. 带传动的组成及作用

带传动由主动带轮、从动带轮和紧套在两轮上的传动带及机架组成。如图 3-8-3 所示为带传动，主动带轮通过传动带的摩擦带动从动带轮工作。

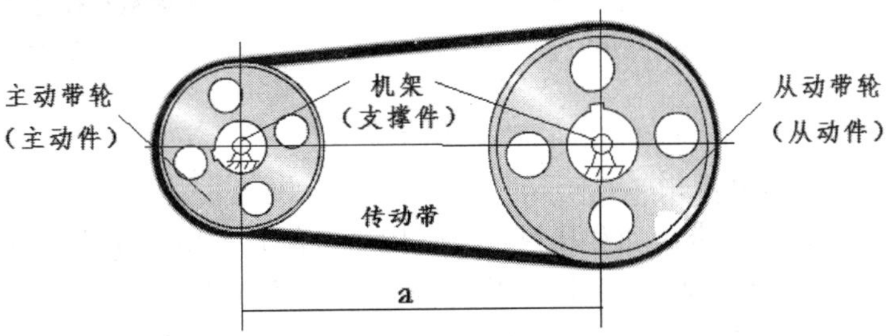

图 3-8-3　带传动的组成

带传动通过中间挠性件(传动带)和带轮,将主动轴上的运动与动力传递给从动轴。

2. 带传动的工作原理

带传动依靠带与带轮接触面间的摩擦(或啮合)传递运动和动力。

3. 带传动的传动比

带传动的传动比 i 就是主、从动带轮转速之比,在忽略弹性滑动率时,传动比又是带轮直径之反比。即

$$i = \frac{n_1}{n_2} = \frac{d_2}{d_1} \tag{3-8-1}$$

式中,n_1 为主动轮的转速;n_2 为从动轮的转速;d_1 为主动轮直径;d_2 为从动轮直径。

4. 带传动的特点、类型和应用

(1) 带传动的特点

① 优点

Ⅰ.弹性强,可缓冲吸振,故传动平稳、噪声小。Ⅱ.过载时,带会在带轮上打滑,从而起到保护其他传动件免受损坏的作用。Ⅲ.带传动的中心距较大,结构简单,制造、安装和维护较方便,且成本低廉。Ⅳ.单级可实现较大中心距的传动。

② 缺点

Ⅰ.带与带轮之间存在弹性滑动,导致速度损失,传动比不稳定,常需要张紧装置。Ⅱ.带传动的传动效率较低(约 0.94～0.96),带的寿命一般较短。Ⅲ.外廓尺寸及带作用于轮的力等均较大,不宜在高温、易燃易爆及有油、水的场合下工作。

根据上述特点,带传动通常适用于中心距较大的传动,在各类机械中应用广泛,但摩擦式带传动不适用于对传动比有精确要求的场合。广泛应用于金属切削机床、输送机械、农业机械、纺织机械、通风机械等,如图 3-8-4 所示。带传动多用于:①中、小功率传动(通常不大于 100 kW);②原动机输出轴的第一级传动(工作速度一般为 5～25 m/s);③传动比要求不十分准确的机械。

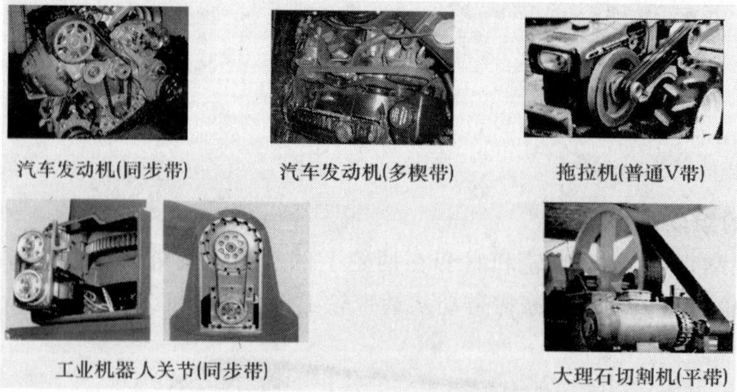

图 3-8-4　带传动的应用

(2) 带传动的类型及其应用

带传动可分成挠性摩擦带传动和挠性啮合带传动。前者采用摩擦传动,过载时打滑,能防止机件损坏,但传动比不够准确,传动效率低,轴和轴承受力较大。后者采用啮合传动,避免打滑,平均传动比准确,轴和轴承受力小,寿命高。但制造工艺复杂,安装要求高,成本高。

常见带传动的特点及应用如表 3-8-1 所示。

表 3-8-1　带传动的类型、特点及应用

分类	类型	特点	应用
摩擦传动	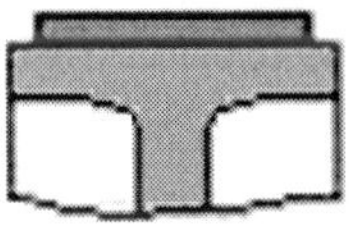 平带传动	带的横截面为扁平矩形，工作面是内表面。抗拉强度大、两带轮中心距较大、传动速度快、传动比 $i \leqslant 5$；带轮制造容易；价格便宜。 常用的平带有普通平带(胶帆布带)、皮革平带和棉布带等，在高速传动中常使用麻织带和丝织带。其中以普通平带应用最广	平带可适用于平行轴交叉传动和交错轴的半交叉传动。 1. 帆布芯平带：适用于 $v<30$ m、$P<500$ kW、$i<6$、轴间距较大的传动。使用广泛。2. 编织平带：中小功率传动。3. 锦纶片复合平带：大功率传动，薄型适宜高速传动，圆周速度可达 50 m/s
	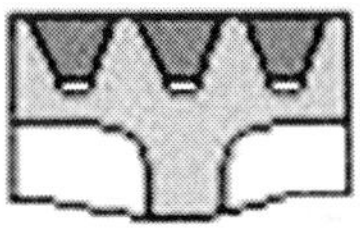 V 带传动	带的横截面为等腰梯形，工作面是两侧面。 传动能力约是平带的 3 倍，传递功率大、中心距较小、传动平稳	带速 $v<25 \sim 30$ m/s、传递功率 $P \leqslant 100$ kW、传动比 $i \leqslant 7$ 的场合。 在一般机械传动中，应用最广的带传动是 V 带传动
	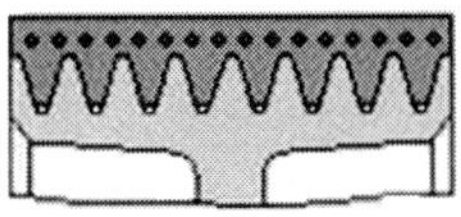 多楔带传动	带的横截面为扁平矩形下加许多等腰梯形，工作面是两侧面。 兼有平带传动和 V 带传动的优点，柔韧性好，摩擦力大，受力均匀，传动功率比 V 带高 30%	适用于传递较大的功率、结构要求紧凑、速度较高的场合
	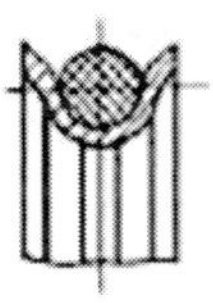 圆带传动	带的横截面为圆形，工作面是接触圆弧。皮革或棉线制成，结构简单，传递功率小	常用于低速轻载的机械：缝纫机、真空吸尘机、磁带盘等的机械传动
啮合传动	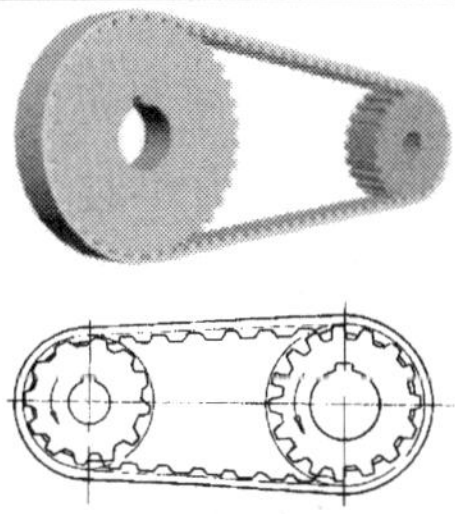 同步带传动	轮齿啮合传动平稳；无滑动，能保证固定的传动比；带的柔韧性好，所用带轮直径可较小；噪声低；轴上压力小；同步性好；速度范围大 50 m/s，传动比大 $i \leqslant 10$；传动效率高，约 98～99.5%。功率达到几百千瓦，但制造、安装精度高，价格高	应用于数控机床、纺织机械、收录机打印机等需要速度同步的场合
	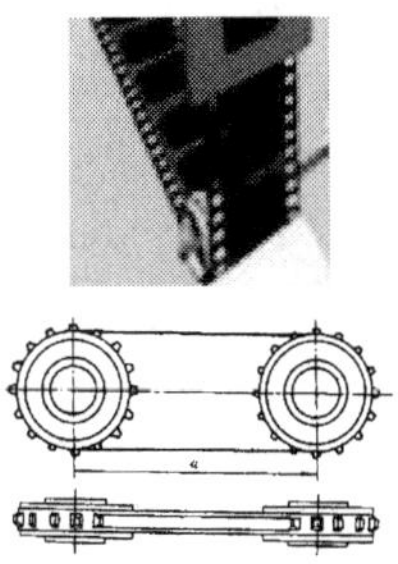 齿孔带传动	带(胶带、纸带)上的孔与轮上的齿相互啮合传递动力。保证同步	电影放映机中输送带孔胶带、打印机中输送带孔纸张的传动

二、平带传动

1．平带传动形式

常见平带传动形式如表 3-8-2 所示。

表 3-8-2　平带传动的常见形式

传动形式	简图	工作特点
1 开口传动	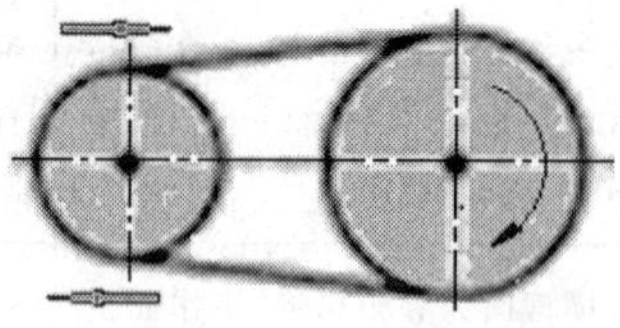	两轴平行、转向相同、双向传动、只受单方面弯曲,寿命高
2 交叉传动	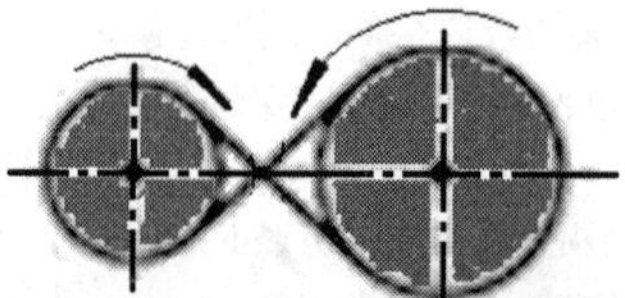	两轴平行、转向相反、双向传动、附加扭矩、交叉处磨损严重
3 半交叉传动	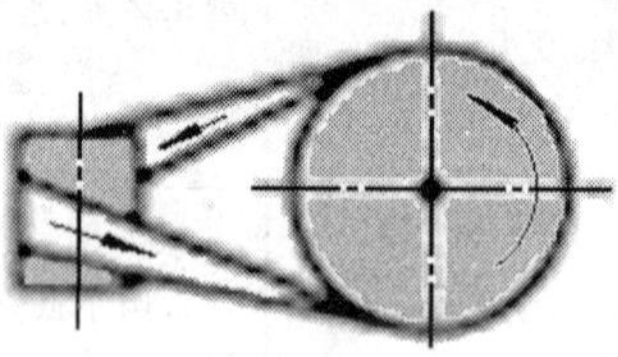 	两轴交错、转向空间交错、附加扭转、带需有足够宽度

2. 平带传动的主要参数

(1) 平带传动小带轮包角 α

包角 α 是指带与带轮接触弧所对的圆心角 α_1、α_2，如图 3-8-5 所示。接触弧越大,包角就越大,带与轮接触面之间的摩擦力也越大,平带传动的承载力会越大。反之,平带传动的承载力会越小。为提高皮带传动的承载力,包角不能太小,一般要求 $\alpha \geqslant 150°$。因为大带轮的包角 α_2 总是比小带轮 α_1 的包角大,所以只要验算小带轮上的包角是否满足要求即可。小带轮上的包角 α_1 计算方法如下:

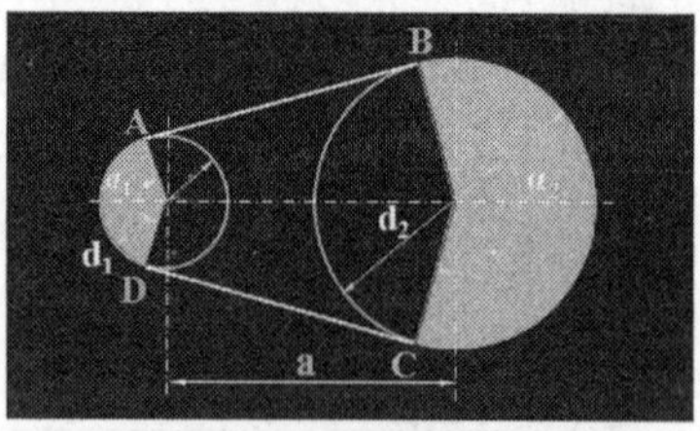

图 3-8-5　带传动的包角 α

开口传动

$$\alpha_1 = 180° - \frac{d_2 - d_1}{a} \times 57.3° \tag{3-8-2}$$

交叉传动

$$\alpha_1 = 180° + \frac{d_2 + d_1}{a} \times 57.3° \tag{3-8-3}$$

半交叉传动

$$\alpha_1 = 180° + \frac{d_1}{a} \times 57.3° \tag{3-8-4}$$

式中，d_1 为小带轮直径(mm)；d_2 为大带轮直径(mm)；a 为中心距(mm)。

(2) 平带传动带长 L

平带的带长是指带的内周长度，计算方法如下：

开口传动

$$L = 2a + \frac{\pi}{2}(d_2 + d_1) + \frac{(d_2 - d_1)^2}{4a} \tag{3-8-5}$$

交叉传动

$$L = 2a + \frac{\pi}{2}(d_2 + d_1) + \frac{(d_2 + d_1)^2}{4a} \tag{3-8-6}$$

半交叉传动

$$L = 2a + \frac{\pi}{2}(d_2 + d_1) + \frac{d_2^2 + d_1^2}{4a} \tag{3-8-7}$$

【例 3-8-1】 在平带开口传动中，主动轮直径 $d_1=200$ mm，从动轮直径 $d_2=600$ mm，两传动轴中心距 $a=1\,200$ mm。计算传动比、验算包角、求出带长。

解： 1) 传动比(根据式 3-8-1)

$$i = \frac{d_2}{d_1} = \frac{600}{200} = 3$$

2) 小带轮包角(根据式 3-8-2)

$$\alpha_1 = 180° - \frac{d_2 - d_1}{a} \times 57.3° = 180° - \frac{600 - 200}{1200} \times 57.3° = 160.9° > 150°$$

所以，验证合格。

3) 带长(根据式 3-8-5)

$$L = 2a + \frac{\pi}{2}(d_2 + d_1) + \frac{(d_2 - d_1)^2}{4a}$$

$$= 2 \times 1\,200 + \frac{\pi}{2}(600 + 200) + \frac{(600 - 200)^2}{4 \times 1200} = 3\,689.97 \text{ mm}$$

3. 平带的接头形式

平带一般截取所需要平带的长度后，再用接头连接成环形，常见的接头形式如表 3-8-3 所示。

表 3-8-3　平带常见的接头形式、特点及应用

种类	简图	特点及应用
黏接接头	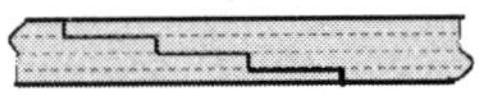	接头平滑、可靠、连接强度高。 用于高速、大功率、有张紧轮的传动
带扣接头	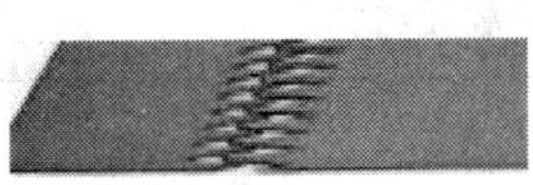	连接迅速方便、端部被削弱、运转有冲击。 用于经常改接的中小功率传动(带扣接头：$v<20$ m/s，铁丝钩接头：$v<25$ m/s)
螺栓接头	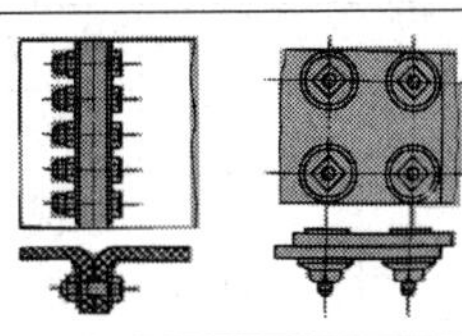	连接方便、接头强度高、单向传动。 用于 $v<10$ m/s 的大功率胶帆布平带传动

三、V 带传动

V 带传动是由一条或数条 V 带与 V 带轮结合组成的摩擦传动。V 带安装在相应的轮槽内,与轮槽的两侧面接触,不与轮槽底平面接触。

V 带传动承载力约是平带的 3 倍;没有接头,传动更加平稳,应用广泛,如图 3-8-6 所示是电动机通过 V 带传动带动变速器转动。V 带和 V 带轮是标准件,它们的基本参数已经标准化、系列化。

1. 普通 V 带

V 带有普通 V 带、窄 V 带、宽 V 带等,如图 3-8-7 所示,其中普通 V 带应用最广。

图 3-8-6　V 带传动

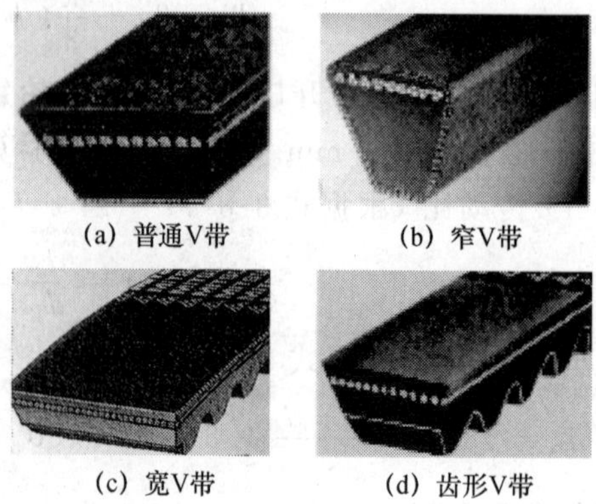

图 3-8-7　V 带种类

(1) 普通 V 带横截面

① 结构

普通 V 带长度方向均制成无接头的环形,截面形状如图 3-8-8 所示;截面结构的材料及作用如表 3-8-4 所示;普通 V 带不同截面结构组成和性能的比较如表 3-8-5 所示。

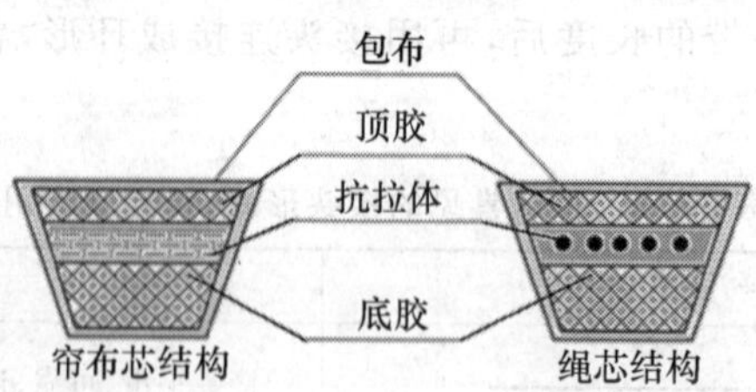

图 3-8-8　普通 V 带截面

表 3-8-4　普通 V 带截面结构

组成名称	材料	作用
包布层	胶帆布	保护内部结构
顶胶(伸张层)	橡胶	当弯曲时,承受拉伸
底胶(压缩层)	橡胶	当弯曲时,承受压缩
抗拉体	抗拉强度较高的化学纤维	承受基本拉伸载荷 按结构的不同分为帘布芯结构、绳芯结构

表 3-8-5　普通 V 带不同截面结构比较

名称	组成	性能
帘布芯结构	强力层由 2～6 层帘子布黏合而成	胶结层数多，带体较硬，抗拉能力强，但工作中经多次弯曲与伸直，容易发热、脱层损坏。目前国产应用仍以帘布芯结构 V 带为主
绳芯结构	强力层仅一层线绳	带体柔韧性好，抗弯强度高，抗拉强度是帘布芯结构 V 带的 80%左右。适合轻载、高速、带轮直径较小的场合

② 标准型号

根据普通 V 带横截面积大小的不同，分成 Y、Z、A、B、C、D、E 七种型号（符合标准 GB/T1154－1997），横截面尺寸越大，传递的功率越大。如图 3-8-9 所示。

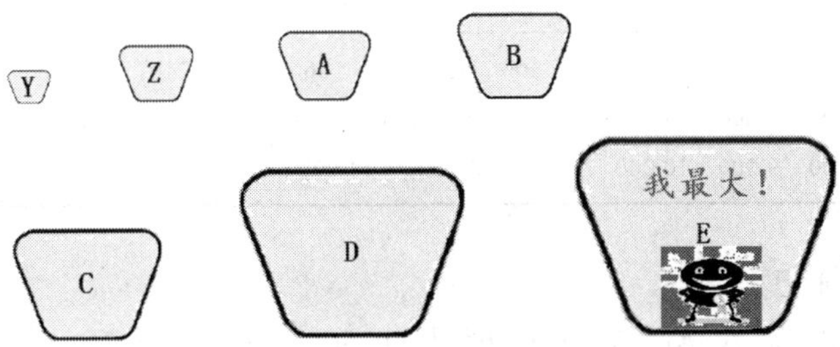

图 3-8-9　普通 V 带横截面的七种型号

③ 标准截面尺寸

普通 V 带的截面尺寸属于标准尺寸，如表 3-8-6 所示。

表 3-8-6　普通 V 带的截面尺寸及质量（摘自 GB/T1154－1997）　　mm

型号	Y	Z	A	B	C	D	E
顶宽 b/mm	6.0	10.0	13.0	17.0	22.0	32.0	38.0
节宽 b_d/mm	5.3	8.5	11.0	14.0	19.0	27.0	32.0
高度 h/mm	4.0	6.0	8.0	10.5	13.5	19.0	23.5
楔角 φ(°)	40°						
截面面积 A/mm^2	47	81	138	230	470	682	1170
每米长质量 q/(kg/m)	0.04	0.06	0.1	0.17	0.3	0.6	0.78

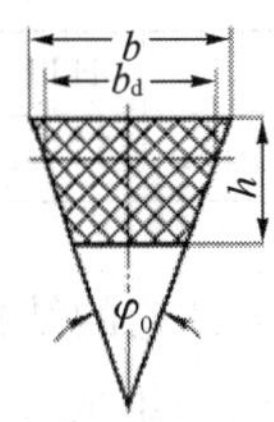

(2) 普通 V 带基准长度

① 节面、节线及节宽

V 带正常工作时，伸张层受拉伸，压缩层受压缩。带中间长度和宽度尺寸与自由状态时相比保持不变的纤维层称为**节面**。中性层中任意一条周线称为**节线**，沿 V 带中性层量得的带的周长称为**节线长度** L_d，又称为**基准长度**，也称为 V 带的**公称长度**。它主要用于带传动的几何尺寸计算，节线如图 3-8-10 所示。

V 带上全部节线构成的那个面称为带的节面。节面的宽度称为**节宽** b_d。如图 3-8-11 所示。

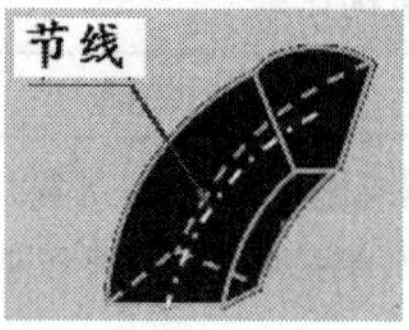

图 3-8-10　节线

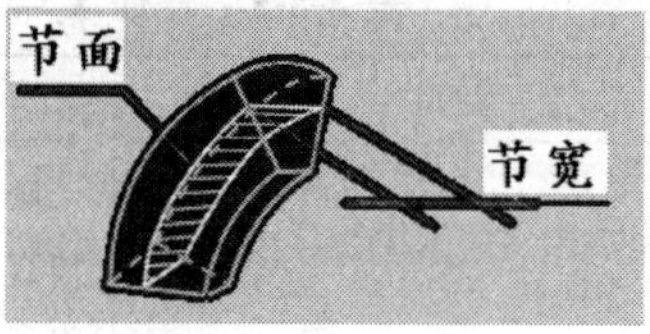

图 3-8-11　V带节面和节宽

② 普通V带的基准长度

基准长度系列符合国家标准,如表3-8-7所示。

表3-8-7　普通V带的基准长度 L_d(摘自GB/T1154—1997)　mm

带的型号	Y	Z	A	B	C	D	E
基准长度 L_d	200～500	400～1 600	630～2 800	900～5 600	1 800～10 000	2 800～14 000	4 500～16 000
基准长度系列	200　224　250　280　315　355　400　450　500　560　630　710　800　900　1 000　1 120　1 250　1 400　1 600　1 800　2 000　2 240　2 500　2 800　3 150　3 550　4 000　4 500　5 000　5 600　6 300　7 100　8 000　9 000　10 000　11 200　12 500　14 000　16 000						

③ 普通V带的标记

例如:截面形状为A型,基准长度为1 600 mm的普通V带,标准号为GB/T11544—1997。

标记:A　1600　GB/T11544—1997

2. V带轮

(1) V带轮的材料

V带轮的材料一般根据V带轮线速度选取,如表3-8-8所示。

表3-8-8　V带轮的材料

材料	HT150,HT200	HT200 铸钢	钢板焊接	铝合金	塑料
适用范围	$v\leqslant 30$ m/s	$v\geqslant 30$ m/s	$v\geqslant 500$ m/s	高速传动	$v\geqslant 15$ m/s 小功率传动

(2) V带轮的结构、尺寸

V带轮是组成V带传动的重要零件,应达到易制造,质量轻,分布均匀,铸造焊接应力要小,轮槽工作侧面精度要高的要求。

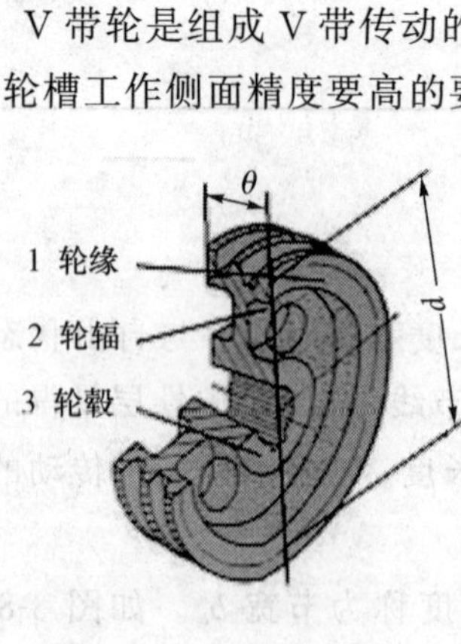

图 3-8-12　V带轮体结构

① V带轮体的结构

V带轮由轮缘(带轮外圈环形部分)、轮毂(带轮孔外圈环形部分)和轮辐(连接两环形圈间的筋板)三部分组成,如图3-8-12所示。

② 轮槽尺寸

轮缘表面制有轮槽。轮槽的数量、型号与带的根数、型号相同。

轮槽角不同。考虑到带工作时,处于弯曲状态,要使带的侧面和轮槽有较好的接触,就要使轮槽角略小于V带的楔角 40°。带轮直径越小，带弯曲越大，要求轮槽角越小。具体轮槽尺寸如表 3-8-9 所示。为减少带的磨损，槽侧面的表面粗糙度值要小。

表 3-8-9　V 带轮的轮槽尺寸　　mm

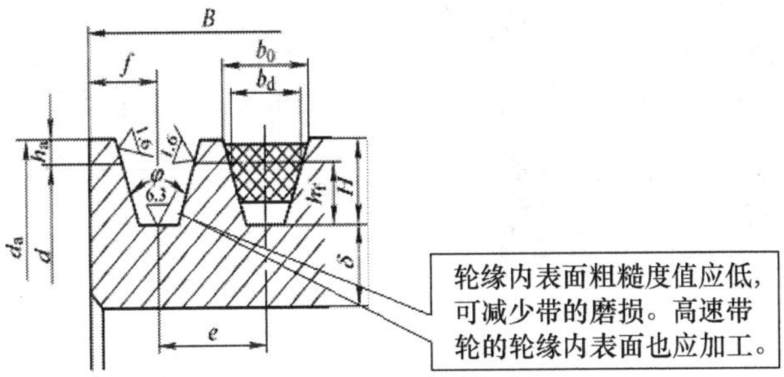

<table>
<tr><td colspan="3">普通 V 带型号</td><td>Y</td><td>Z</td><td>A</td><td>B</td><td>C</td><td>D</td><td>E</td></tr>
<tr><td colspan="3">带轮槽基准宽度 b_d</td><td>5.3</td><td>8.5</td><td>11</td><td>14</td><td>19</td><td>27</td><td>32</td></tr>
<tr><td colspan="3">带轮基准直径 d_{min}</td><td>20</td><td>50</td><td>75</td><td>125</td><td>200</td><td>355</td><td>500</td></tr>
<tr><td colspan="3">顶宽 b_0</td><td>6.3</td><td>10.1</td><td>13.2</td><td>17.2</td><td>23</td><td>32.7</td><td>38.7</td></tr>
<tr><td colspan="3">槽深 H_{min}</td><td>6.3</td><td>9</td><td>11.45</td><td>14.3</td><td>19.1</td><td>28</td><td>33</td></tr>
<tr><td colspan="3">带顶部到节面的距离 h_{amin}</td><td>1.6</td><td>2.0</td><td>2.75</td><td>3.5</td><td>4.8</td><td>8.1</td><td>9.6</td></tr>
<tr><td colspan="3">基准线下槽深 h_{fmin}</td><td>4.7</td><td>7</td><td>8.7</td><td>10.8</td><td>14.3</td><td>19.9</td><td>23.4</td></tr>
<tr><td colspan="3">槽间距 e</td><td>8±0.3</td><td>12±0.3</td><td>15±0.3</td><td>19±0.4</td><td>25.5±0.5</td><td>37±0.6</td><td>44.5±0.7</td></tr>
<tr><td colspan="3">槽中心至轮端面间距 f</td><td>6</td><td>7</td><td>9</td><td>11.5</td><td>16</td><td>23</td><td>28</td></tr>
<tr><td colspan="3">轮缘宽度 δ_{min}</td><td>5</td><td>5.5</td><td>6</td><td>7.5</td><td>10</td><td>12</td><td>15</td></tr>
<tr><td rowspan="4">轮槽角 φ(°)</td><td>32</td><td rowspan="4">对应基准直径 d</td><td>≤60</td><td>—</td><td>—</td><td>—</td><td>—</td><td>—</td><td>—</td></tr>
<tr><td>34</td><td>—</td><td>≤80</td><td>≤118</td><td>≤190</td><td>≤315</td><td>—</td><td>—</td></tr>
<tr><td>36</td><td>>60</td><td>—</td><td>—</td><td>—</td><td>—</td><td>≤475</td><td>≤600</td></tr>
<tr><td>38</td><td>—</td><td>>80</td><td>>118</td><td>>190</td><td>>315</td><td>>475</td><td>>600</td></tr>
<tr><td colspan="3">带轮外径 d_a</td><td colspan="7">$d_a = d + 2h_a$</td></tr>
<tr><td colspan="3">轮缘宽度 B</td><td colspan="7">$B = (z-1)e + 2f$　（z 为带根数）</td></tr>
</table>

③ V 带轮基准直径

小带轮基准直径越小，V 带的弯曲应力越大，会降低带的使用寿命；反之带的轮廓尺寸增大，结构不紧凑。因此设计时，小带轮基准直径应满足表 3-8-9。

④ V 带轮结构形式、尺寸

为适应不同的工作场合，V 带轮的结构形式有多种。其结构形式如表 3-8-10 所示；其尺寸如表 3-8-11 所示。

表 3-8-10　V 带轮结构形式

结构形式	实物图	剖分简易图
实心式带轮 (S 型) ($d \leqslant 200$ mm)		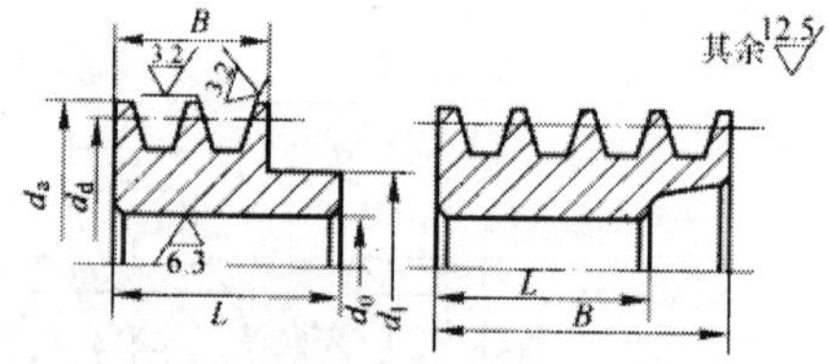 S-Ⅰ型　　S-Ⅱ型
腹板式带轮 P 型 ($d \leqslant 300$ mm)	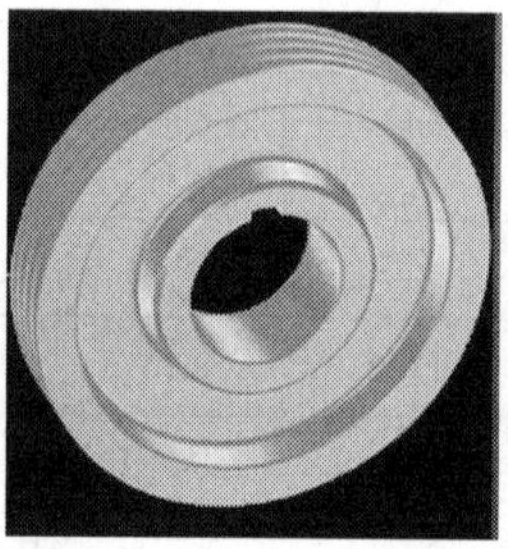	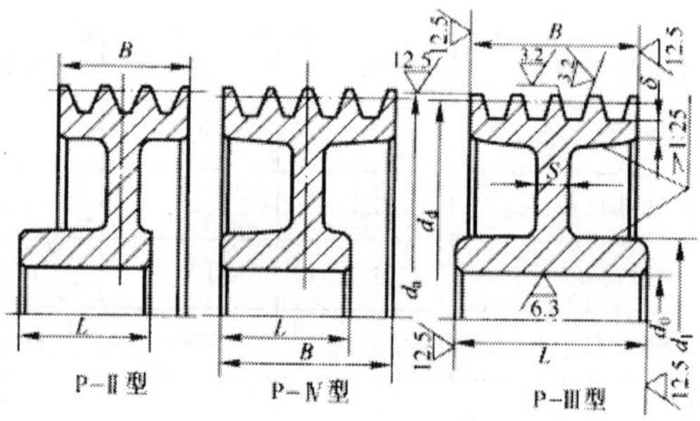 P-Ⅱ型　　P-Ⅳ型　　P-Ⅲ型
孔板式带轮 H 型 ($d \leqslant 400$ mm)		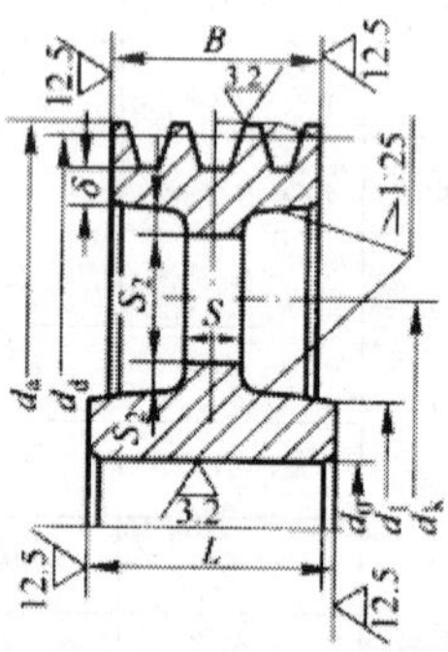 H 型
轮辐式带轮 E 型 ($d > 400$ mm)		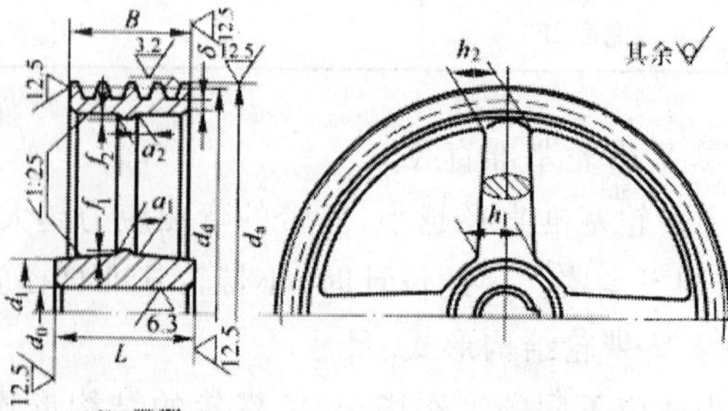 E-Ⅲ型

表 3-8-11　V 带轮结构尺寸

<table>
<tr><td rowspan="3">带轮外形结构尺寸</td><td>L（轮毂轴向长）</td><td>d_1（轮毂外径）</td><td>d_a（轮顶径）</td></tr>
<tr><td>（1.5 ～ 2）d_0（轮孔径）</td><td>（1.8～ 2）d_0</td><td>d(基准直径)＋ 2 h_a(槽顶高)</td></tr>
<tr><td colspan="3">d_0(孔径)——由轴的设计确定</td></tr>
<tr><td rowspan="3">腹板、孔板结构尺寸</td><td>d_b(带轮缘内径)</td><td colspan="2">$d_b= d_a$(轮外圆直径)－2{H(全槽高)＋δ(槽底至轮缘的厚度)}　（H、δ 查表 3-8-9）</td></tr>
<tr><td>d_k(带轮腹板孔中心线之间的直径)</td><td colspan="2">0.5（d_b+d_1）</td></tr>
<tr><td>S(带轮辐厚)</td><td colspan="2">（0.2～0.3）（d_b-d_1）</td></tr>
</table>

3. V 带传动的主要参数和几何尺寸计算

（1）V 带传动的传动比

V 带传动的传动比与平带计算公式相同，带的转速之比与基准直径之比成反比。其公式如式(3-8-1)所示。

（2）小带轮包角

V 带轮的包角与平带相同，是带与带轮接触面的弧长所对的中心角。包角 α_1 直接影响带传动的承载能力。如果小带轮包角 α_1 过小容易打滑。对于 V 带传动包角一般 $\alpha_1 \geqslant 120°$。小带轮包角如式(3-8-2)所示。

（3）V 带的基准长度

其公式如式(3-8-5)所示。

（4）V 带传动的中心距

V 带的中心距计算式较繁琐，由于带传动的中心距一般可调节，所以可采取近似公式计算，如式(3-8-8)所示。

$$a \approx a_0 + \frac{L_d - L_{d0}}{2} \tag{3-8-8}$$

式中：L_d 为带的基准长度；L_{d0} 为按初步确定的中心距计算的带基准长度(具体见 V 带传动的设计步骤和参数选择)；a_0 为初步确定的中心距(具体见 V 带传动的设计步骤和参数选择)。

四、带传动的张紧

带传动中的带工作一定时间后，因塑性变形而松弛，初始力下降。要保证带的传动能力，应将带张紧。

1. 张紧的目的：①根据摩擦传动原理，带必须在预张紧后才能正常工作；②运转一定时间后，带会松弛，为了保证带传动的能力，必须重新张紧，才能正常工作。

2. 张紧装置的作用：保持带在张紧状态下工作。

3. 带传动的张紧方法：张紧方法如表 3-8-12 所示。

表 3-8-12　带传动常用的张紧方法

张紧形式			简图	张紧操作	特点应用
(1)改变轴间距(或调节中心距张紧装置)	①定期张紧	Ⅰ水平布置	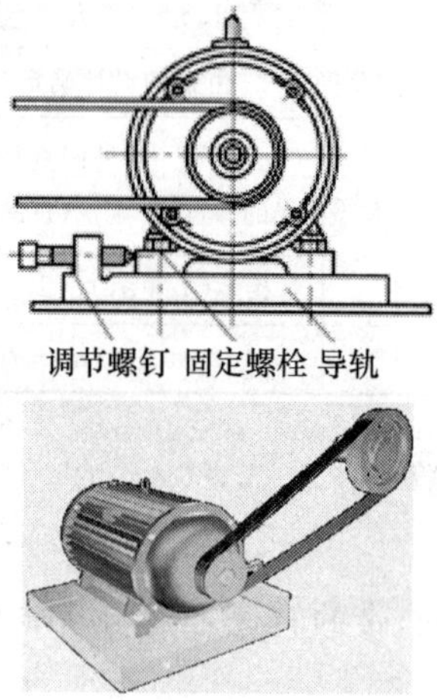 (a) 滑道式张紧装置	主要用来调节中心距的张紧装置,一般首级传动时多采用此种张紧方法。张紧电机轴上的皮带,只需要旋转调节螺钉,使其向右移动(上图)或向左移动(下图),就能达到张紧目的	应用于水平或接近于水平传动,是简单、通用的方法
		Ⅱ垂直布置	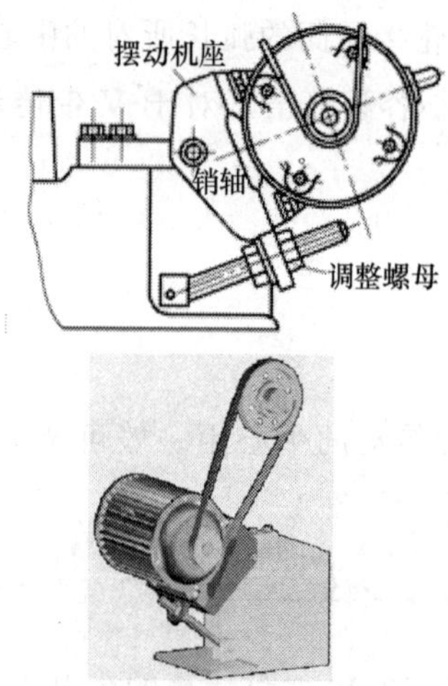 (b) 摆架式张紧装置	主要用来调节中心距的张紧装置,一般首级传动时多采用此种张紧方法。旋转、松开调整螺母,使摆动机座绕固定销轴按顺时针转动,拉紧皮带后锁紧调整螺母	应用于垂直或接近于垂直的传动,是简单、通用的方法
	②自动张紧		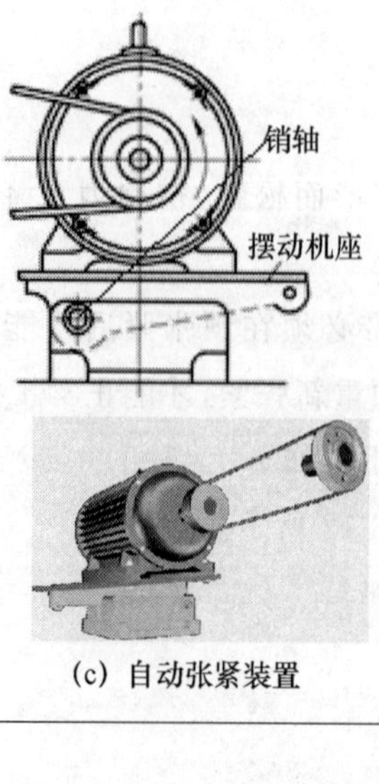 (c) 自动张紧装置	利用电机和摆动机座的自重绕固定销轴按顺时针转动,拉紧皮带,自动保持张紧力	多应用于小功率传动。为减小振动,高速带传动不得采用自动张紧

续表

张紧形式	简图	张紧操作	特点应用
（2）使用张紧轮	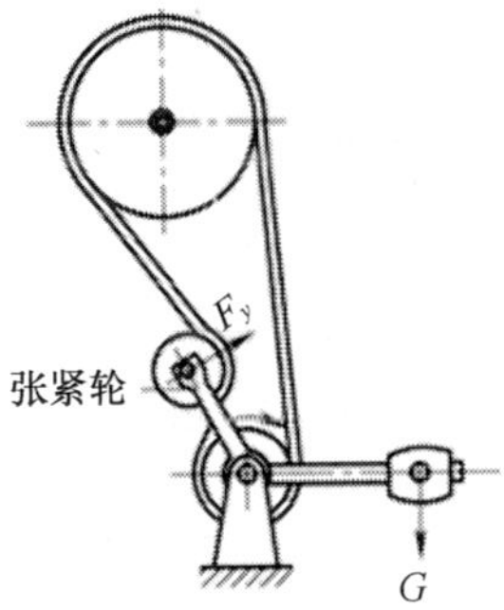 (a) 平带传动的张紧轮 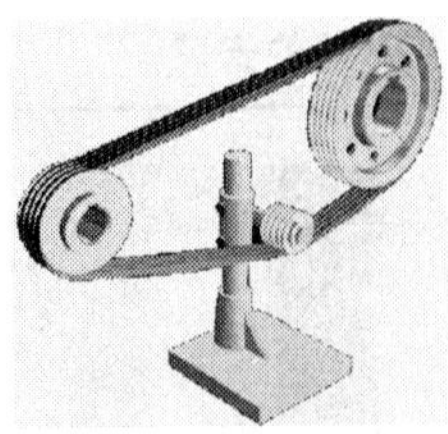 (b) V带传动的张紧轮	平带传动的张紧轮应比小带轮小，位于松边外侧（带薄），并靠近小带轮，为增大小带轮包角，如左图(a)。G重锤与张紧轮由连杆组成一体，利用重锤的重力，使张紧轮张紧皮带（除重锤外，还有其他形式）。 V带传动的张紧轮不宜装在紧边，应装于松边内侧（带厚），使带只受单向弯曲，且靠近大轮，防止小带轮包角减小	当中心距不能调整时，采用张紧轮张紧。可任意调节松紧、增大包角、容易装卸；但影响带的寿命、不能逆转。 多用于平带、V带传动

任务实施

一、合理选择V带

车床V带的选用一般参照已经损坏的原有V带，按照其型号、基准长度进行选用。注意保证带的型号和基准长度的正确性。

二、正确安装V带

正确安装V带，对延长V带的寿命，保持V带的正常工作时间，起重要的作用。安装方法如下。

1. 将V带套入小带轮最外端的第一个轮槽中。

2. 将V带套入大带轮轮槽。左手按住大带轮上的V带，右手套住V带往前拉，在拉力作用下，V带沿着转动的方向，逐渐全部进入大带轮的轮槽内。

3. 检查V带装入轮槽中的位置是否正确。

检查V带的安装、调试、使用、维护的正确性，也是保证V带传动正常工作和延长寿命的有效措施，必须注意以下几点。

① 应使V带顶部和V带轮轮槽顶部取齐，如表3-8-13所示。

表 3-8-13　V 带在轮槽中的位置

位置	顶部平齐	V 带顶部过高	底部平齐
图示			
效果	V 带与轮槽工作面之间可充分接触(新带顶部可略高出)	V 带顶部高出轮槽太多,使 V 带工作面与轮槽两侧的实际接触面积减小,传动能力降低	V 带底面与轮槽底面接触,导致 V 带两侧工作面接触不良,使摩擦力锐减,甚至丧失

② 安装带轮,注意轴线问题,如表 3-8-14 所示。

表 3-8-14　V 带轮的安装

带轮的安装图	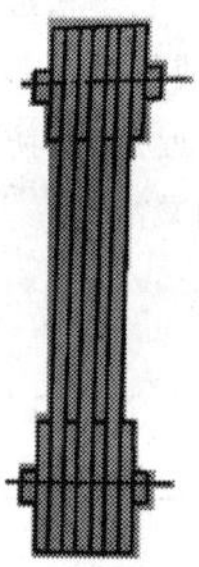	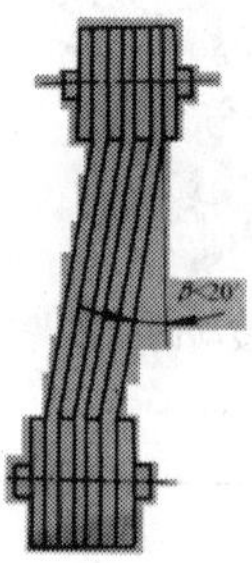	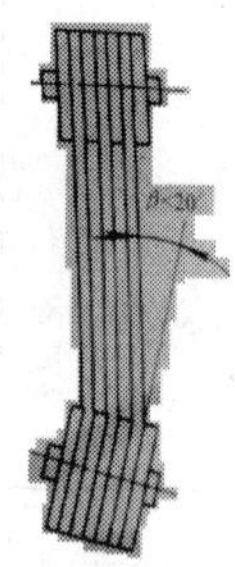
安装要求	两带轮位置正确,避免了传动时 V 带扭曲,工作侧面过早磨损的情况	两轮 V 型槽相对应的对称平面不重合,误差应不超过 20′	两带轮轴线不平行,误差应不超过 20′

③ V 带张紧应适当

过松,张紧力不够,传动易打滑,传动能力不能充分发挥;过紧,张紧力过大,磨损加剧,带的使用寿命缩短。一般在中等中心距情况下,V 带安装后,用大拇指将带按下 15 mm 左右,为张紧程度合适,如图 3-8-13 所示,也可按规定的初拉力张紧。

④ 定期检查及时调整

发现不宜继续使用的 V 带,应及时更换。选出一组 V 带,组中各根带的长度要尽量接近相等(保证同组 V 带的型号、基准长度、公差和生产厂家相同),以便传动时受力均匀。

使用时,如果一根带松弛或损坏,应全部同时更换,以免新旧带并用,因长短不一加速新带的磨损。

⑤ 装拆顺序

装拆首先缩短中心距;然后装拆;装好后正确调整张紧程度。

⑥ V 带传动的安全保护

应安装防护罩防止伤人事故,防止润滑油、切削液、杂物飞溅到 V 带上;露天作业还应防止烈日暴晒,过早老化,V 带的工作温度不超过 60 ℃,如图 3-8-14 所示。

图 3-8-13　V 带张紧的程度

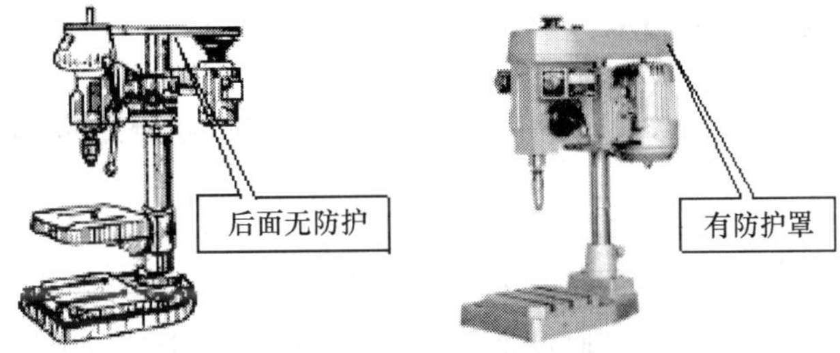

图 3-8-14　V 带传动应有防护罩

三、普通 V 带传动选用事项

1. 两带轮直径选用适当。小带轮直径过小，V 带在带轮上弯曲严重，应力过大，减少寿命。

2. V 带的线速度应限制在 5～25 m/s 范围内。V 带线速度越大，圆周运动时离心惯性力越大，带拉长，带与带轮间的摩擦力减小，降低有效圆周力；V 带速度过小，传递功率时，所需有效圆周力便过大，易打滑。

3. V 带传动的中心距应适当。中心距过大，传动结构大，传动易引起 V 带颤动；中心过小，小带轮包角也越小，摩擦力减小影响传递的有效拉力；而且单位时间内带在带轮上挠性次数增多，V 带易疲劳、减少寿命，如图 3-8-15 所示。

4. V 带的张紧

为保证带具有足够的传动力，进行正常工作，需要定期检查带的张紧力。V 带的张紧方法与平带基本相同。一般应用：① 定期采用调整螺栓张紧；② 利用电动机和摆动机座的重量张紧；③ 使用张紧轮张紧。只是使用张紧轮张紧的安装位置，V 带的张紧方法与平带不同，如图 3-8-16 所示。

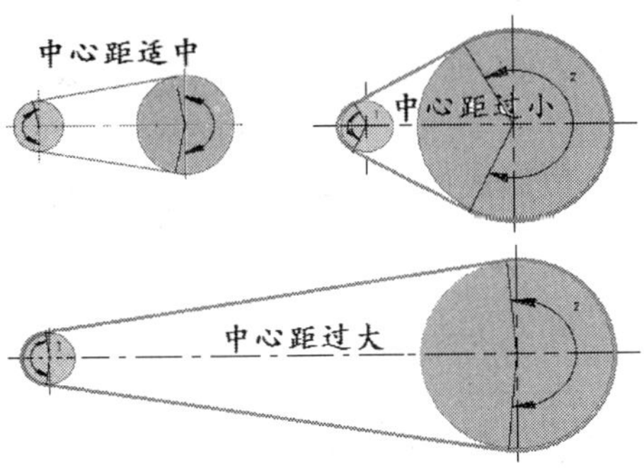

图 3-8-15　带轮直径、中心距、包角的变化

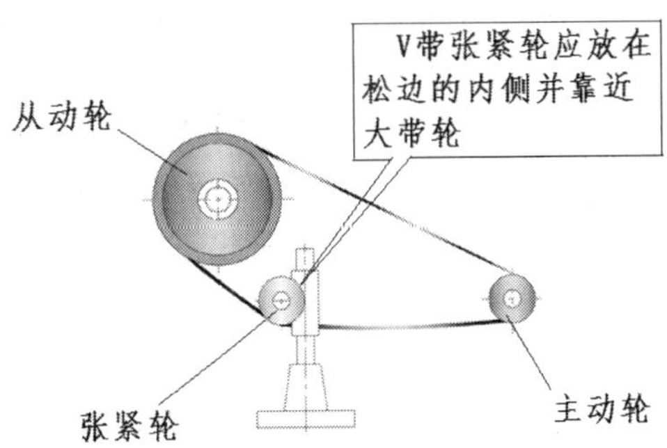

图 3-8-16　V 带传动的张紧装置

5. 带不应与酸、碱、油等腐蚀性的物质接触，工作温度不宜超过 60 ℃，避免过早老化。

探索与发现

带传动属于机构，它能够进行运动和动力的传递和转换。在机械传动中还有哪些传动机构同样具备带传动的这一功能？

知识拓展

其他带传动简介

一、同步带传动

同步带传动是通过带齿与轮齿的啮合传递运动和动力,如图 3-8-17 所示。

图 3-8-17　同步带传动

与摩擦型带传动相比,同步带传动兼有带传动、链传动和齿轮传动的一些特点。具有传动比准确、效率高、传动平稳、噪声低、使用寿命长、中心距允许范围大、轴上压力小、能承受一定冲击、不需润滑、结构紧凑等优点。主要缺点是制造和安装精度要求高,价格也较高。广泛应用于各种精密仪器、计算机、汽车、数控机床、纺织机械中。

二、高速带传动

高速带传动是指带速 $v>30$ m/s,高速轴转速 $n_1=10\ 000\sim50\ 000$ r/min 的传动,增速比为 2～4,甚至达到 8,其增速用于驱动高速机床、粉碎机、离心机等机器。

高速带传动要求传动可靠、运转平稳、具有一定的寿命,故使用质量小、厚度薄而均匀、挠曲性好的环形平带。薄型强力锦纶带采用胶合接头,接头挠曲性应与带尽量接近。

高速带轮要求质量小且分布对称均匀、运行时空气阻力小,通常采用钢和铝合金制造,各面均需精加工,并要求进行动平衡。

为防止掉带,主、从动轮轮缘表面都应加工出凸度,一般制成鼓形面或双锥形。为防止运转时带与轮缘表面间形成气垫,轮缘表面应开环形槽。

三、多楔带传动

多楔带如图 3-8-18 所示,它是 V 带和平带的组合结构,其楔形部分嵌在带轮上的楔形槽内,靠楔面摩擦工作,既有平带的柔软和韧性,又有 V 带的结构紧凑、高效率的优点。

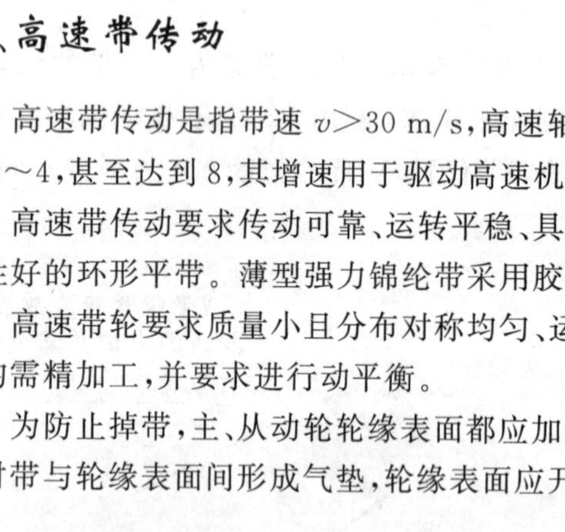

图 3-8-18　多楔带与多楔带传动

多楔带体是整体,传动时长短不一的现象可消除;空间相同时,多楔带比普通 V 带传动的功率高 30%;带体薄、柔性好,能适用于小带轮传动;高速传动,带速可达 40 m/s;而且发热小,运转平稳。

任务二　振动筛 V 带的设计

任务引入

设计某振动筛的 V 带传动，如图 3-8-19 所示。已知电动机功率 $P=1.7$ kW，转速 $n_1=1\ 430$ r/min，工作机的转速 $n_2=285$ r/min，根据空间尺寸，要求中心距约为 500 mm 左右。带传动每天工作 16 小时，载荷变动小。

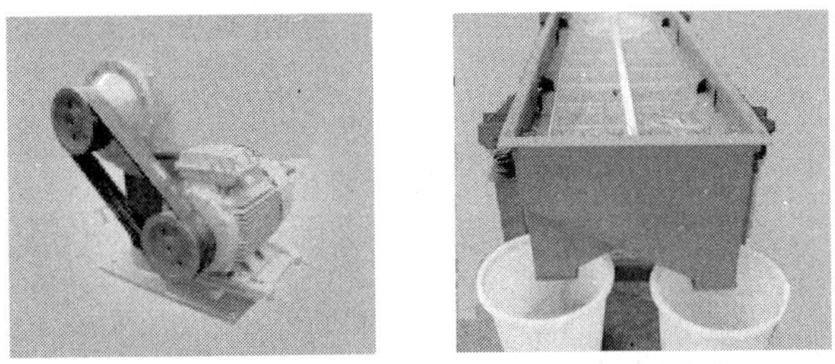

(a)　振动筛上的V带传动　　(b) 振动筛

图 3-8-19　振动筛及其 V 带

任务分析

带传动的主要失效形式是打滑和带的疲劳破坏(脱层、疲劳断裂)。因此带传动的设计准则是保证带不打滑及具有一定的疲劳寿命。

通过设计振动筛的 V 带传动，进一步掌握 V 带及 V 带轮的基础知识，以及相关公式的运用。同时，按照功率、转速等已知条件依次对 V 带的主参数、带轮尺寸、中心距等进行选用、计算、验算，为生产实践打下良好的基础。

知识链接

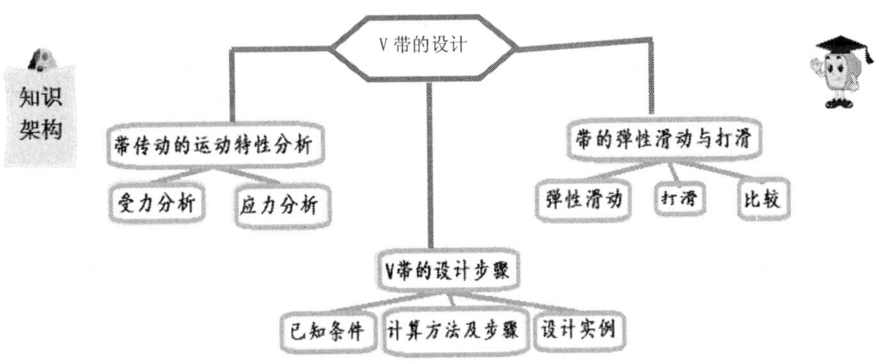

一、带传动的运动特性分析

1. 带传动的受力分析

带是弹性体，在受力情况下会发生弹性变形。安装带的时候，一定的初拉力将带张紧在带轮上。静止时,带两边的拉力等于初拉力,如图 3-8-20(a)所示;传动时带两边的拉力不再相等,如图 3-8-20(b)所示。

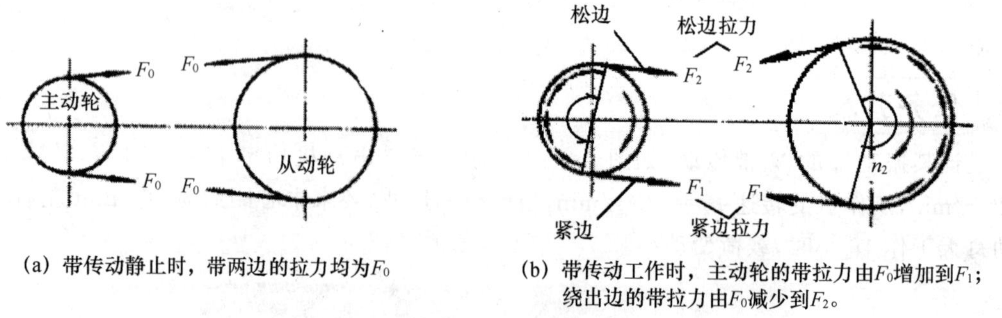

图 3-8-20 带传动的受力分析

带传动正常工作时,紧边和松边的拉力差是带传动的有效拉力,也是带与带轮接触面上产生的摩擦力的总和 ΣF_f;数值上等于带所传递的有效圆周力 F_e,如式(3-8-9)所示。

$$F_e=\Sigma F_f= F_1-F_2 \tag{3-8-9}$$

有效圆周力与功率、带速之间的关系见式:

$$P=\frac{F_e v}{1\,000} \tag{3-8-10}$$

式中,P 为传递的功率(kW);v 为带速(m/s)。

因带是弹性体,带的变形符合虎克定律,且认为工作时带的长度不变,则紧边拉力的增加量等于松边拉力的减少量,即

$$F_1-F_0= F_0-F_2$$

则

$$F_0=\frac{1}{2}(F_1+F_2) \tag{3-8-11}$$

由式(3-8-10)可以看出,带传动的有效圆周力 F_e 与传动功率 P、带速 v 有关。P 增大时,所需的 F_e(即 ΣF_f)加大。但 F_e 不可能无限增大。当 F_e 达到极限值 $\Sigma F_{f\lim}$ 时,带传动处于即将打滑的临界状态。此时,F_1 达到最大,而 F_2 达到最小。

当 $F_e>\Sigma F_{f\lim}$ 时,带与带轮间将出现显著的相对滑动,这种现象称为**打滑**。打滑将使带的磨损加剧,传动比变化,从动轮转速急速降低,以致使传动失效。

2. 欧拉公式

带传动即将打滑时,可推出古典的柔韧体摩擦欧拉公式:

$$\frac{F_1}{F_2}=e^{f\alpha 1} \tag{3-8-12}$$

式中,f 为摩擦系数(V 带用当量摩擦系数 $f_v=f/\sin\psi$);α_1 为小带轮包角,即带与带轮接触弧所对的中心角,rad;e 为自然对数的底,$e\approx 2.718$。

欧拉公式反映了带传动丧失工作能力之前,紧、松边拉力的最大比值。

由式(3-8-9)、式(3-8-11)和式(3-8-12)解得最大有效圆周力 $F_{e\max}$

$$F_{e\max}=2F_0\,\frac{e^{f\alpha 1}-1}{e^{f\alpha 1}+1} \tag{3-8-13}$$

由上式可以分析出,影响带传动工作能力(最大有效拉力)的因素如下。

(1) 初拉力 F_0

F_{emax}与 F_0 成正比，F_0 越大，带与带轮的正压力越大，F_{emax}也越大，增大 F_0 有利于提高带的传动能力，避免打滑。但 F_0 过大，将使带发热和磨损加剧，从而缩短带的寿命。安装时 F_0 要适当。

（2）包角 α_1

α_1 增大，F_{emax}也增大，带所能传递的圆周力增加，传动能力增强，故应保证小带轮的包角 $\alpha_{min} \geqslant 120°$（平带时，$\alpha_{min} \geqslant 150°$），特殊情况，允许 $\alpha_{min}=90°$。

（3）摩擦系数 f

f 越大，则 F_{emax}也越大，传动能力增加，一般可采用铸铁带轮以增加 f，但不采取增加轮槽表面粗糙度的方法来增加 f，这样做会加速带的磨损。对于 V 带，应采用当量摩擦系数 f_v。如，当包角 $\alpha=180°$时，V 带$\dfrac{F_1}{F_2}=e^{f_v\pi}\approx 5$ ；平带$\dfrac{F_1}{F_2}=e^{f\pi}\approx 3$。由此可见，相同条件下，V 带的传动能力强于平带。

（4）带速 v

v 愈大，则带的离心力愈大，使 F_{emax}下降较多，一般 $v \leqslant 25$ m/s。

（5）带的单位长度质量 q

q 愈大，则带的离心力愈大，使 F_{emax}下降。因此，对于高速带传动，宜用轻质高强度带。

3. 带传动的应力分析

工作时，带横截面上的应力由三部分组成：由紧边和松边拉力产生的拉应力 σ；由离心力产生的离力应力 σ_c；由弯曲产生的弯曲应力 σ_b。

（1）松边拉力 F_1 和紧边拉力 F_2产生的拉应力 σ_1、σ_2

紧边拉应力：$\sigma_1=F_1/A$ Mpa。

松边拉应力：$\sigma_2=F_2/A$ MPa。

式中，A 为带的横截面积（mm^2）。

（2）离心力产生的离心应力 σ_c

当带绕过带轮作圆周运动时会产生离心力，取一微段弧 dL 为分离体，如图 3-8-21 所示，其上产生的离心力为

$$F_C=qv^2 \text{ N}$$

式中，q 为带单位长度质量(kg/m)(如表 3-8-6 所示)。

则离心拉力 F_c产生的离心应力为：

$$\sigma_C=\frac{F_C}{A}=\frac{qv^2}{A} \text{ MPa}$$

虽然离心力只作用在作圆周运动的部分弧段，但其产生的离心拉力（或拉应力）却作用于带的全部，且各剖面处处相等。σ_c 过大会降低带传动的工作能力，故，应限制带速 $v \leqslant 25$ m/s。

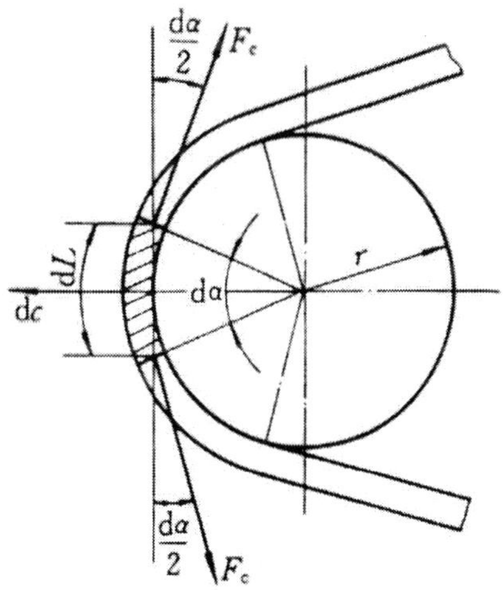

图 3-8-21　带的离心力

（3）带弯曲而产生的弯曲应力 σ_b

带绕过带轮时发生弯曲，由材料力学可导出弯曲应力公式：

$$\sigma_b=\frac{2Eh_a}{d_d} \text{ MPa}$$

式中，h_a 为带的顶部到节面的距离，单位为 mm，由表 3-8-9 查取；d_d 为带轮的基准直径，单位为 mm；E 为带材料的弯曲弹性模量，单位为 MPa。

弯曲应力只发生在带与带轮接触的圆周部分,且带轮直径 d_d 越小,带越厚(型号越大),带的弯曲应力就越大,故小带轮弯曲应力 $\sigma_{b1} > \sigma_{b2}$。为限制带的弯曲应力,对每种型号的 V 带,都规定了相应的最小带轮直径 $d_{d\min}$(如表 3-8-15 所示)。

表 3-8-15　V 带轮的最小基准直径 $d_{d\min}$(GB/T13575.1—92)　mm

槽型	Y	Z	A	B	C	D	E
$d_{d\min}$	20	50	75	125	200	355	500
推荐值≥	28	71	100	140	200	355	500

带横截面的应力为拉应力、离心拉应力、弯曲应力三部分应力之和,其分布情况如图 3-8-22所示。最大应力发生在紧边开始进入小带轮处:

$$\sigma_{\max} = \sigma_1 + \sigma_c + \sigma_{b1} \tag{3-8-14}$$

由此可知,在带传动过程中,应力是变化的,带受变应力作用,会引起带的疲劳破坏,这是一种常见的失效形式。

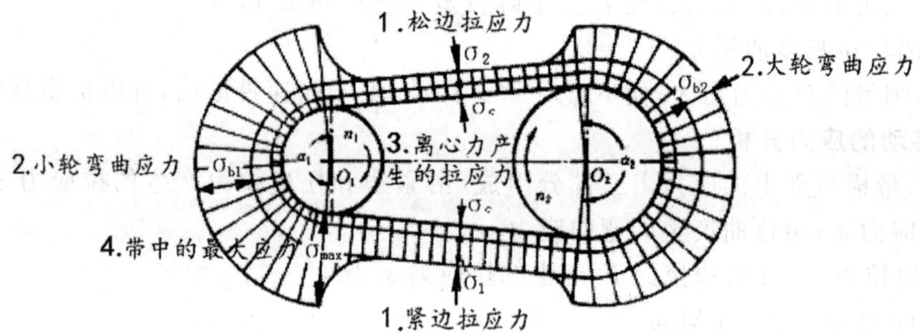

图 3-8-22　带传动的应力分布图

表 3-8-16　各种型号 V 带轮标准直径

d_d/mm	Y	Z	A	B	d_d/mm	Z	A	B	C	D	E
63	—	—			200	—	—	—	—		
71	—	—			212				—		
75		—	—		224	—	—	—	—		
80	—	—	—		236				—		
85			—		250	—	—	—	—		
90	—	—	—		265				—		
95			—		280	—	—	—	—		
100	—	—	—		315	—	—	—	—		
106			—		355	—		—	—	—	
112	—	—	—		375					—	
118			—		400	—	—	—	—	—	
125	—	—	—	—	425				—	—	
132			—	—	450				—	—	
140		—	—	—	475					—	
150		—	—	—	500	—	—	—	—	—	—
160		—	—	—	530					—	—
170				—	560				—	—	—
180		—	—	—	630	—	—	—	—	—	—

注:"—"为推荐使用。

二、V带传动的设计步骤

1. 设计计算时的已知条件有：传递的名义功率 P；主动轮转速 n_1；从动轮转速 n_2 或传动比 i；传动位置要求；工况条件、原动机类型等。

2. 设计内容：V带的型号、长度和根数；带轮直径和结构；传动中心距 a；验算带速 v 和包角 α；计算初拉力和压轴力。

3. 设计步骤：

(1) 求计算功率 P_c

$$P_c = K_A P \tag{3-8-15}$$

式中，P_c 为设计功率(kW)；K_A 为工作情况系数，按表3-8-17选取；P 为传递的额定功率(kW)。

表3-8-17　工作情况系数 K_A

载荷变动性质	工作机	原动机					
		交流电动机(普通转矩鼠笼式、同步电动机)，直流电动机(并激)，$n>600$ r/min的内燃机			交流电动机(大转矩、大滑差率、单相滑环)，直流电动机(复激、串激)，单缸发动机；$n\leqslant 600$ r/min的内燃机		
		每天工作小时数					
		<10	10～16	>16	<10	10～16	>16
载荷平稳	液体搅拌机、离心式水泵、鼓风机和通风机(<7.5 kW)、离心式压缩机、轻载运输机等	1.0	1.1	1.2	1.1	1.2	1.3
载荷变动小	带式运输机(运送砂、石、谷物)、通风机(>7.5 kW)、旋转式水泵、发电机、金属切削机床、剪床、压力机、印刷机、振动筛等	1.1	1.2	1.3	1.2	1.3	1.4
载荷变动较大	螺旋输送机、斗式提升机、往复式水泵、锻锤、粉碎机、锯木机和木工机械、纺织机、制砖机、起重机、磨粉机、重载运输机等	1.2	1.3	1.4	1.4	1.5	1.6
载荷变动很大	破碎机(旋转式、颚式)、球磨机、棒磨机、起重机、挖掘机、橡胶辊压机等	1.3	1.4	1.5	1.5	1.6	1.8
K_A 修正(乘下列系数)	增速	反复启动，正反转频繁，工作条件恶劣			松边外侧加张紧轮		
	$\frac{n_2}{n_1}\geqslant 1.25\sim 1.74$　则，1.05 $\geqslant 1.75\sim 2.49$　则，1.11 $\geqslant 2.5\sim 3.49$　则，1.18 $\geqslant 3.5$　则，1.25	1.2			1.1		

(2) 选择普通V带型号

根据 n_1、P_c 选择带的型号，由图3-8-23选取。

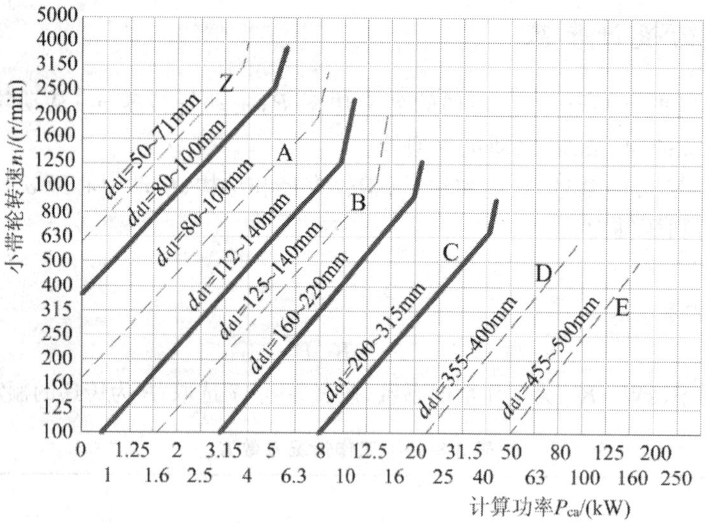

图 3-8-23　V 带型号的选择图

注：Y、Z 型同时选，并行计算。

(3) 确定带轮的基准直径 d_{d1}、d_{d2}

带轮愈小，弯曲应力愈大，所以，d_{d1} 应大于等于表 3-8-15 中的最小基准直径 $d_{d\min}$，且按表 3-8-16 取为标准值。为提高带的寿命，减少带的根数，d_{d1} 应尽量选大一些。

$$d_{d2}=id_{d1}(1-\varepsilon)$$

传动比 $i=\frac{n_1}{n_2}$，滑动率 $\varepsilon=0.01\sim0.02$，d_{d2} 按表 3-8-16 圆整为标准直径。

(4) 验算带速 v

V 带速度 v 大，离心拉力大，最大有效拉力 $F_{e\max}$ 相应减小，带容易打滑；离心力过大，影响带的寿命。V 带速度过小，在一定的有效拉力下，传递的功率会减小，不能发挥带的传动能力。所以，一般应满足普通 V 带的 $v=5\sim25$ m/s，否则须重选 d_{d1}。

$$v=\frac{\pi d_{d1}n_1}{60\times1\,000}\ \text{m/s} \tag{3-8-16}$$

(5) 确定 V 带的基准长度 L_d 和中心距 a

带的中心距小，则结构紧凑，带长相应短，在一定的带速下，带绕带轮回转的次数增多，降低了带的寿命；同时小带轮的包角 α 变小，降低传动能力。中心距过大则反之，但高速时易引起颤动。所以，一般按按传动布置要求按式(3-8-17)初定中心距 a_0。

$$a_0=(0.7\sim2.0)(d_{d1}+d_{d2}) \tag{3-8-17}$$

由初定中心距计算带的基准长度 L_{d0}

$$L_{d0}\approx2a_0+\frac{\pi}{2}(d_{d1}+d_{d2})+\frac{(d_{d2}-d_{d1})^2}{4a_0} \tag{3-8-18}$$

根据初定的 L_{d0}，由表 3-8-18 选取接近 L_{d0} 的基准长度 L_d，再按式(3-8-8)计算实际中心距 a。即

$$a\approx a_0+\frac{L_d-L_{d0}}{2}$$

(6) 验算小带轮的包角 α_1

由于中心距 a 和大、小带轮的基准直径直接影响小带轮的包角 α_1，因此按式(3-8-19)计算：

$$\alpha_1 \approx 180° - \frac{d_{d2} - d_{d1}}{a} \times 57.3° \geqslant 120° \tag{3-8-19}$$

对于V带传动,小带轮的包角一般要求:$\alpha_1 \geqslant 120°$为合格,如果$\alpha_1 < 120°$,可增大中心距a、减少两带轮的直径差或采用张紧轮张紧,但会降低寿命。

(7) 计算所需V带的根数z

根据式(3-8-20)计算根数z:

$$z = \frac{P_C}{[P]} = \frac{P_C}{(P_0 + \Delta P_0)K_\alpha K_L} \leqslant 8 \tag{3-8-20}$$

式中,ΔP_0为实际工作条件下单根V带额定功率的增量,由传动比i查表3-8-19;P_0为实际工作条件下单根V带额定功率,查表3-8-20;K_α为小带轮包角修正系数,包角$\neq 180°$时,传动能力下降的修正值,如表3-8-21所示;K_L为带长修正系数,如表3-8-18所示。

一般$z = 3 \sim 8$,$z_{\max} \leqslant 10$,如超出范围,应改选V带型号;加大带轮直径后重新设计。

表 3-8-18　V带的基准长度 L_d 和带长修正系数 K_L

基准长度 L_d/mm	普通V带							窄V带			
	Y	Z	A	B	C	D	E	SPZ	SPA	SPB	SPC
200	0.81										
224	0.82										
250	0.84										
280	0.87										
315	0.89										
355	0.92										
400	0.96	0.87									
450	1.00	0.89									
500	1.02	0.91									
560		0.94									
630		0.96	0.81					0.82			
710		0.99	0.82					0.84			
800		1.00	0.85					0.86	0.81		
900		1.03	0.87	0.81				0.88	0.83		
1000		1.06	0.89	0.84				0.90	0.85		
1120		1.08	0.91	0.86				0.93	0.87		
1250		1.11	0.93	0.88				0.94	0.89	0.82	
1400		1.14	0.96	0.90				0.96	0.91	0.84	
1600		1.16	0.99	0.93	0.84			1.00	0.93	0.86	
1800		1.18	1.01	0.95	0.85			1.01	0.95	0.88	
2000			1.03	0.98	0.88			1.02	0.96	0.90	0.81
2240			1.06	1.00	0.91			1.05	0.98	0.92	0.83
2500			0.09	1.03	0.93			1.07	1.00	0.94	0.86

续 表

基准长度 L_d/mm	普通 V 带							窄 V 带			
	Y	Z	A	B	C	D	E	SPZ	SPA	SPB	SPC
2800			1.11	1.05	0.95	0.83		1.09	1.02	0.96	0.88
3150			1.13	1.07	0.97	0.86		1.11	1.04	0.98	0.90
3550			1.17	1.10	0.98	0.89		1.13	1.06	1.00	0.92
4000			1.19	1.13	1.02	0.91			1.08	1.02	0.94
4500				1.15	1.04	0.93	0.90		1.09	1.04	0.96
5000				1.18	1.07	0.96	0.92			1.06	0.98
5600					1.09	0.98	0.95			1.08	1.00
6300					1.12	1.00	0.97			1.10	1.02
7100					1.15	1.03	1.00			1.12	1.04
8000					1.18	1.06	1.02			1.14	1.06
9000					1.21	1.08	1.05				1.08
10000					1.23	1.11	1.07				1.10
11200						1.14	1.10				1.12
12500						1.17	1.12				1.14
14000						1.20	1.15				

注:凡有带长系数者表示有该型号基准长度 L_d。

表 3-8-19 $i \neq 1$ 时单根普通 V 带额定功率的增量 ΔP_0 kW

带型	小带轮转速 n_1 r/min	传动比									
		1.00~1.01	1.02~1.04	1.05~1.08	1.09~1.12	1.13~1.18	1.19~1.24	1.25~1.34	1.35~1.51	1.52~1.99	≥2.0
Z	400	0.00	0.00	0.00	0.00	0.00	0.00	0.00	0.00	0.01	0.01
	730	0.00	0.00	0.00	0.00	0.00	0.00	0.01	0.01	0.01	0.02
	800	0.00	0.00	0.00	0.00	0.01	0.01	0.01	0.01	0.02	0.02
	980	0.00	0.00	0.00	0.01	0.01	0.01	0.01	0.02	0.02	0.02
	1200	0.00	0.00	0.01	0.01	0.01	0.01	0.02	0.02	0.02	0.03
	1460	0.00	0.00	0.01	0.01	0.01	0.02	0.02	0.02	0.02	0.03
	2800	0.00	0.01	0.02	0.02	0.03	0.03	0.03	0.04	0.04	0.04
A	400	0.00	0.01	0.01	0.02	0.02	0.03	0.03	0.04	0.04	0.05
	730	0.00	0.01	0.02	0.03	0.04	0.05	0.06	0.07	0.08	0.09
	800	0.00	0.01	0.02	0.03	0.04	0.05	0.06	0.08	0.09	0.10
	980	0.00	0.01	0.03	0.04	0.05	0.06	0.07	0.08	0.10	0.11
	1200	0.00	0.02	0.03	0.05	0.07	0.08	0.10	0.11	0.13	0.15
	1460	0.00	0.02	0.04	0.06	0.08	0.09	0.11	0.13	0.15	0.17
	2800	0.00	0.04	0.08	0.11	0.15	0.19	0.23	0.26	0.30	0.34

续表

带型	小带轮转速 n_1 r/min	传动比									
		1.00～1.01	1.02～1.04	1.05～1.08	1.09～1.12	1.13～1.18	1.19～1.24	1.25～1.34	1.35～1.51	1.52～1.99	≥2.0
B	400	0.00	0.01	0.03	0.04	0.06	0.07	0.08	0.10	0.11	0.13
	730	0.00	0.02	0.05	0.07	0.10	0.12	0.15	0.17	0.20	0.22
	800	0.00	0.03	0.06	0.08	0.11	0.14	0.17	0.20	0.23	0.25
	980	0.00	0.03	0.07	0.10	0.13	0.17	0.20	0.23	0.26	0.30
	1200	0.00	0.04	0.08	0.13	0.17	0.21	0.25	0.30	0.34	0.38
	1460	0.00	0.05	0.10	0.15	0.20	0.25	0.31	0.36	0.40	0.46
	2800	0.00	0.10	0.20	0.29	0.39	0.49	0.59	0.69	0.79	0.89
C	400	0.00	0.04	0.08	0.12	0.16	0.20	0.23	0.27	0.31	0.35
	730	0.00	0.07	0.14	0.21	0.27	0.34	0.41	0.48	0.55	0.62
	800	0.00	0.08	0.16	0.23	0.31	0.39	0.47	0.55	0.63	0.71
	980	0.00	0.09	0.19	0.27	0.37	0.47	0.56	0.65	0.74	0.83
	1200	0.00	0.12	0.24	0.35	0.47	0.59	0.70	0.82	0.94	1.06
	1460	0.00	0.14	0.28	0.42	0.58	0.71	0.85	0.99	1.14	1.27
	2800	0.00	0.27	0.55	0.82	1.10	1.37	1.64	1.92	2.19	2.47

* 本表摘自 GB/T13575.1—2008。

表 3-8-20　单根普通 V 带的基本额定功率 P_0　　kW

型号	小带轮基准直径 d_1/mm	小带轮的转速　n(r/min)									
		200	400	800	900	1200	1450	1600	1800	2000	2400
Z	50	0.04	0.06	0.10	0.12	0.14	0.16	0.17	0.19	0.20	0.22
	56	0.04	0.06	0.12	0.14	0.17	0.19	0.20	0.23	0.25	0.30
	63	0.05	0.08	0.15	0.18	0.22	0.25	0.27	0.30	0.32	0.37
	71	0.06	0.09	0.20	0.23	0.27	0.30	0.33	0.36	0.39	0.46
	80	0.10	0.14	0.22	0.26	0.30	0.35	0.39	0.42	0.44	0.50
	90	0.10	0.14	0.24	0.28	0.33	0.36	0.40	0.44	0.48	0.54
A	75	0.15	0.26	0.45	0.51	0.60	0.68	0.73	0.79	0.84	0.92
	90	0.22	0.39	0.68	0.77	0.93	1.07	1.15	1.25	1.34	1.50
	100	0.26	0.47	0.83	0.95	1.14	1.32	1.42	1.58	1.66	1.87
	112	0.31	0.56	1.00	1.15	1.39	1.61	1.74	1.89	2.04	2.30
	125	0.37	0.67	1.19	1.37	1.66	1.92	2.07	2.26	2.44	2.74
	140	0.43	0.78	1.41	1.62	1.96	2.28	2.45	2.66	2.87	3.22
	160	0.51	0.94	1.69	1.95	2.36	2.73	2.54	2.98	3.42	3.80
	180	0.59	1.09	1.97	2.27	2.74	3.16	3.40	3.67	3.93	4.32
B	125	0.48	0.84	1.44	1.64	1.93	2.19	2.33	2.50	2.64	2.85
	140	0.59	1.05	1.82	2.08	2.47	2.82	3.00	3.23	3.42	3.70
	160	0.74	1.32	2.32	2.66	3.17	3.62	3.86	4.15	4.40	4.75
	180	0.88	1.59	2.81	3.22	3.85	4.39	4.68	5.02	5.30	5.67
	200	1.02	1.85	3.30	3.77	4.50	5.13	5.46	5.83	6.13	6.47
	224	1.19	2.17	3.86	4.42	5.26	5.97	6.33	6.73	7.02	7.25
	250	1.37	2.50	4.46	5.10	6.04	6.82	7.20	7.63	7.87	7.89
	280	1.58	2.89	5.13	5.85	6.90	7.76	8.13	8.46	8.60	8.22

续 表

型号	小带轮基准直径 d_1/mm	小带轮的转速 n(r/min)									
		200	400	800	900	1200	1450	1600	1800	2000	2400
C	200	1.39	2,41	4.07	4.58	5.29	5.84	6.07	6.28	6,34	6.02
	224	1.70	2.99	5.12	5.78	6.71	7.45	7.75	8.00	8.06	7.57
	250	2.03	3.62	6.23	7.04	8.21	9.08	9.38	9.63	9.62	8.75
	280	2.42	4.32	7.52	8.49	9.81	10.72	11.06	11.22	11.04	9.50
	315	2.84	5.14	8.92	10.05	11.53	12.46	12.72	12.67	12.14	9.43
	355	3.36	6.05	10.46	11.73	13.31	14.12	14.19	13.73	12.59	7.98
	400	3.91	7.06	12.1	13.48	15.04	15.53	15.24	14.08	11.95	4.34
	450	4.51	8.20	13.80	15.23	16.59	16.47	15.57	13.29	9.64	—

注:本表摘自 GB/T13575.1—2008。为精简篇幅,表中未列出 Y 型、D 型、E 型的数据。

表 3-8-21　小轮包角系数 K_α

小轮包角 α_1/(°)	220	210	200	190	180	175	170	165	160	155	150
K_α	1.20	1.15	1.10	1.05	1.00	0.99	0.98	0.96	0.95	0.93	0.92
小轮包角 α_1/(°)	145	140	135	130	125	120	110	100	90	80	70
K_α	0.91	0.89	0.88	0.86	0.84	0.82	0.78	0.73	0.68	0.62	0.56

(8) 计算单根 V 带上的初拉力 F_0

如图 3-8-24 所示为带不工作时只受初拉力的作用,初拉力的大小是保证带传动正常工作的重要因素。初拉力 F_0 过大,会增大对轴和轴承的压力,降低带的寿命;初拉力 F_0 过小,带与带轮间的摩擦力过小,易打滑。根据式(3-8-21)可计算初拉力 F_0:

$$F_0=500\frac{P_C}{vz}\left(\frac{2.5}{K_\alpha}-1\right)+qv^2 \tag{3-8-21}$$

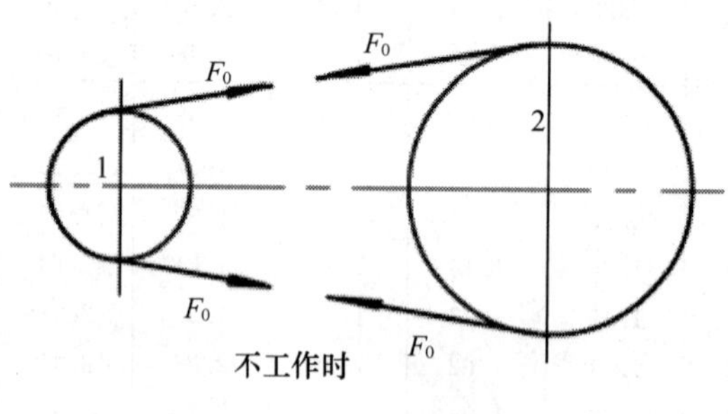

图 3-8-24　不工作时的带的受力情况

式中,P_c 为计算功率,由式(3-8-15)可得,kW;v 为带速,由式(3-8-16)可得,m/s;q 为带单位长度质量(如表 3-8-6 所示),kg/m;K_α 为小带轮包角修正系数,如表 3-8-21所示。

(9) 计算作用在带轮轴上的载荷 F_R

确定带传动作用在轴上的载荷 F_R,目的是为了设计支撑带和带轮的轴和轴承。

$$F_R=2zF_0\sin\frac{\alpha_1}{2} \tag{3-8-22}$$

式中,α_1 为小带轮包角,由式(3-8-19)可得。

(10) 带轮的结构设计(详见任务一)

任务实施

任务中的设计实例如表 3-8-22 所示。

表 3-8-22　V 带设计实例

设计内容：

振动筛

振动筛之带传动

设计某振动筛的 V 带传动，已知电动机功率 $P=1.7$ kW，转速 $n_1=1\,430$ r/min，工作机的转速 $n_2=285$ r/min，根据空间尺寸，要求中心距约为 500 mm 左右。带传动每天工作 16 小时，载荷变动小。设计振动筛的 V 带传动

步骤	设计内容	依据	结论
1. 计算设计功率(kW)	由已知可知，电机额定功率 $P=1.7$ kW (1) 根据工作时间、载荷变动状况，查得工作状况系数 $K_A=1.2$ (2) 计算功率：由式 $P_c=K_AP=1.2\times1.7=2.04$ kW	表 3-8-17 式 3-8-15	2.04 kW
2. 选用 V 带型号	查图：V 带型号图 根据：$P_c=2.04$ kW；$n_1=1\,430$ r/min 选用：Z 型 V 带	图 3-8-23	Z 型 V 带
3. 确定 V 带轮基准直径 d_{d1} 和 d_{d2}	(1) 确定带轮基准直径 d_{d1} 根据 V 带轮的最小尺寸；V 带轮直径系列和 Z 型 V 带，为提高带的寿命，减少带的根数，d_{d1} 应尽量选大一些，查表选取主动小带轮基准直径：$d_{d1}=80$ mm (2) 计算从动带轮基准直径 d_{d2} 由式： $d_{d2}=id_{d1}(1-\varepsilon)=\frac{n_1}{n_2}d_{d1}(1-\varepsilon)$ $=\frac{1\,430}{285}\times80\times(1-0.01)=397.39$ mm 圆整：按基准直径系列表将 d_{d2} 计算数值圆整到标准数值 $d_{d2}=400$ mm	表 3-8-15 表 3-8-16	$d_{d1}=80$ mm $d_{d2}=400$ mm
4. 计算并检验 V 带速度	(1) 计算：$v=\frac{\pi d_{d1}n_1}{60\times1\,000}=\frac{\pi\times80\times1\,430}{60\times1\,000}=5.99$ m/s (2) 检验：V 带速度在 5～25 m/s 范围内，符合要求	式 3-8-16	$v=5.99$ m/s 合格

续 表

步骤	设计内容	依据	结论
5. 确定 V 带的基准长度 L_d 和传动中心距 a	(1) 确定 V 带的基准长度 L_d ① 初步计算中心距 a_0 $a_0=(0.7\sim2.0)(d_{d1}+d_{d2})=1.04\times480=499.2$ mm 根据已知条件,初定中心距 $a_0=500$ mm ② 按初选的中心距计算 V 带的基准长度 L_{d0} $L_{d0}\approx2a_0+\frac{\pi}{2}(d_{d1}+d_{d2})+\frac{(d_{d2}-d_{d1})^2}{4a_0}$ $=2\times500+\frac{\pi}{2}(80+400)+\frac{(400-80)^2}{4\times500}=1\,805.18$ mm ③ 圆整,将计算的基准长度 L_{d0} 值中查表取接近的标准基准长度值 L_d, $L_d=1\,800$ mm (2) 确定中心距 a 由于V带的中心距一般是可以调整的,因此可以按近似式计算中心距 a $a\approx a_0+\frac{L_d-L_{d0}}{2}=500+\frac{1\,800-1\,805.18}{2}=497.41$ mm	式 3-8-17 式 3-8-18 表 3-8-18 式 3-8-18	$a_0\doteq500$ mm $L_{d0}=1\,805.18$ mm $L_d=1\,800$ mm $a=497.41$ mm
6. 计算、验算主动轮的包角 α_1	① 计算: $\alpha_1\approx180°-\frac{d_{d2}-d_{d1}}{a}\times57.3°$ $=180°-\frac{400-80}{497.41}\times57.3°=143.14°$ ② 验算:$\alpha_1=143.14°>120°$,包角合格	式 3-8-19	$\alpha_1=143.14°$
7. V 带根数的计算、验证	(1) 确定 V 带的根数 z。 ① 计算: $z=\frac{P_C}{[P]}=\frac{P_C}{(P_0+\Delta P_0)K_\alpha K_L}$ P_c— 设计功率 kW,由步骤 1 可知,$P_c=2.04$ kW。 P_0— 单根 V 带基本额定功率,根据 Z 型带、轮转速 $n=1\,430$ r/min、直径 80 mm 查表:$P_0=0.35$ kW。 ΔP_0— 单根普通 V 带额定功率的增量,根据:Z 型带、轮转速 $n=1\,430$ r/min、传动比 $i=5.02$。查表:$\Delta P_0=0.03$ kW。 K_α— 包角修正值。包角≠180°时,传动能力下降的修正值。根据包角 $\alpha=143.14°$,查表:$K_\alpha=0.90$。 K_L—带长修正值。带长不等于特定长度时,对传动能力影响的修正值。根据已算带长 1 800 mm、Z 型带查表:$K_L=1.18$ $z=\frac{P_C}{[P]}=\frac{P_C}{(P_0+\Delta P_0)K_\alpha K_L}$ $=\frac{2.04}{(0.35+0.03)\times0.90\times1.18}=5.06$ ② 圆整:圆整成整数取 $z=6$ 根。 (2) 校验根 z 一般 $z\leqslant8$ 较为合适。现 $z=6<8$ 符合要求。 (3) V 带型号 采用普通 V 带 6 根,型号为:Z1800　GB/T1171	式 3-8-20 表 3-8-20 表 3-8-19 表 3-8-21 表 3-8-18	$P_0=0.35$ kW $\Delta P_0=0.03$ kW $K_\alpha=0.90$ $K_L=1.18$ $z=6$ 根 合格

续 表

步骤	设计内容	依据	结论
8. 计算单根 V 带的初拉力 F_0	由式：$F_0 = 500\dfrac{P_C}{vz}\left(\dfrac{2.5}{K_\alpha}-1\right)+qv^2$ 式中，P_C——计算功率，由步骤 1 可知，$P_c = 2.04$ kW； v——带速，由步骤 4 可知，$v = 5.99$ m/s； q——带单位长度质量，查表：$q = 0.06$ kg/m； K_α——小带轮包角修正系数，$K_\alpha = 0.90$。 $F_0 = 500\dfrac{P_C}{vz}\left(\dfrac{2.5}{K_\alpha}-1\right)+qv^2$ $= 500\times\dfrac{2.04}{5.99\times 6}\times\left(\dfrac{2.5}{0.90}-1\right)+0.06\times 5.99^2 = 52.61$ N	式 3-8-21 表 3-8-6 表 3-8-21	$F_0 = 52.61$ N
9. 计算轴上的载荷 F_R	由式： $F_R = 2zF_0\sin\dfrac{\alpha_1}{2}$ 式中，z——由步骤 7 可知带的根数 $z = 6$ 根； F_0——由步骤 8 可知单根 V 带的初拉力 $F_0 = 52.61$ N； α_1——由步骤 6 可知主动轮的包角 $\alpha_1 = 143.14°$ $F_R = 2zF_0\sin\dfrac{\alpha_1}{2} = 2\times 6\times 52.61\times\sin\dfrac{143.14}{2} = 598.94$N	式 3-8-22	$F_R = 598.94$ N
10. 绘制 V 带轮的工作图(略)	带轮：小带轮采用实心式；大带轮采用孔板式。如下图所示。 V 带：采用普通 V 带 6 根，型号为 Z1800　GB/T1171。 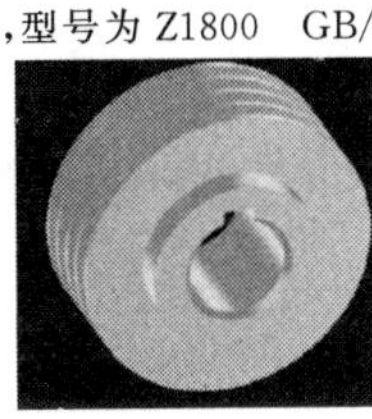 小带轮结构图  大带轮结构图		

探索与发现

设计搅拌机的电动机与减速器之间的普通 V 带传动(如图 3-8-25 所示)。已知电动机的型号为 Y100L1-4，功率 $P_1 = 2.2$ kW，转速 $n_1 = 1\,430$ r/min，传动比 $i = 3.15$，每天两班工作制，根据传动布置要求中心距不大于 400 mm。

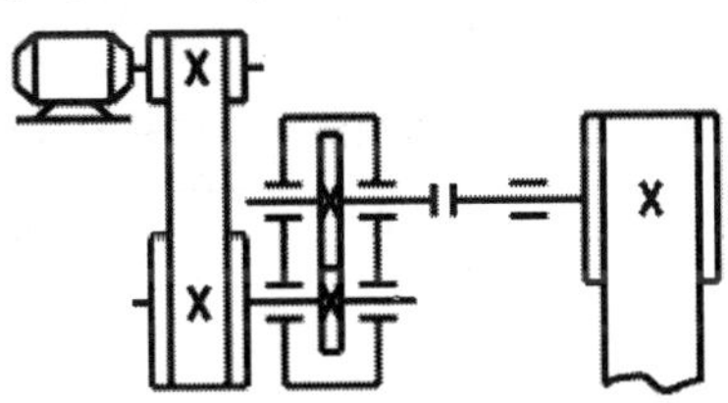

图 3-8-25　搅拌机的电动机与减速器之间的普通 V 带传动

知识拓展

带传动的深入探索

一、带传动的弹性滑动与打滑

1. 带的弹性滑动

(1) 弹性滑动产生的原因

带是弹性体，在受力情况下会发生弹性变形。当带绕过主动轮时，带中的拉力由于紧边拉

力 F_1>松边拉力 F_2,故松紧边单位长度上的变形量不等。因此,带绕过主动轮时,由于拉力逐渐减小,所以带逐渐收缩,使带相对于主动轮的转向向后滑动,即,其收缩的方向与转向相反;反之,当带绕过从动轮时,带的弹性伸长变形逐渐增加,带伸长滑动的方向与转向相同。

(2) 弹性滑动含义

这种由带的材料的弹性变形和带两边的拉力差引起的滑动称为**弹性滑动**,如图 3-8-26 所示。

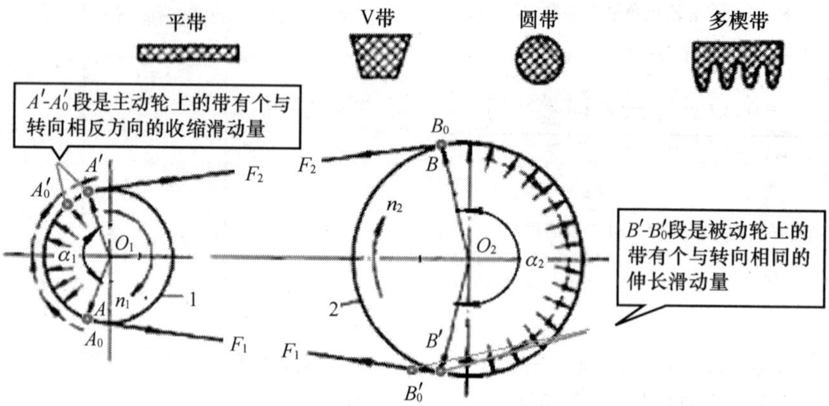

图 3-8-26　主动轮和从动轮上的弹性滑动

(3) 弹性滑动引起的不良后果

① 使从动轮的圆周速度低于主动轮 ,即 $v_2 < v_1$。

② 产生摩擦功率损失,降低了传动效率。

③ 引起带的磨损,并使带温度升高。

2. 带的打滑

带的打滑是由过载引起的,当带传动传递的功率增大到使有效圆周力超过最大摩擦力时,带与带轮间产生全面而显著的滑动,这种现象称为**打滑**。

3. 弹性滑动与打滑的比较

带的弹性滑动和带的打滑是两个完全不同的概念。两者间具体的区别如表 3-8-23 所示。

表 3-8-23　带的弹性滑动和打滑的区别

项目	产生原因	发生的位置及现象	后果	避免措施
弹性滑动	带的紧边、松边的拉力差引起的带的弹性滑动	包角范围内部分圆弧上发生的微量滑动,肉眼不易发现。 发生在绕出带轮前带与轮的部分接触长度上	传动比不准确	不可避免的物理现象
打滑	过载引起(传递的功率增大到使有效圆周力超过最大摩擦力)	主动轮正常运转,从动轮转速急剧下降,带沿着小带轮全面的滑动,并发出“喳喳声”。 发生在带与轮的全部接触长度	带会在短期内严重磨损,引起失效形式	可避免。降低载荷,或增大包角,或增大摩擦系数提高带传动的圆周力等

4. 带的弹性滑动传动比的计算

带传动在工作时,从紧边到松边,传动带所受的拉力是变化的,因此带的弹性变形也是变化的。弹性滑动是带传动中因带的弹性变形变化而引起的带与带轮间的局部相对滑动。

带的弹性滑动，使从动轮的圆周速度 v_2 低于主动轮的圆周速度 v_1，两轮的圆周速度的相对偏差称为带传动的**滑动率**。用 ε 表示。

$$\varepsilon=\frac{v_1-v_2}{v_1}\times100\% \tag{3-8-23}$$

带的传动比

$$i=\frac{n_1}{n_2}=\frac{d_{d2}}{d_{d1}(1-\varepsilon)} \tag{3-8-24}$$

式中，n_1 为主动轮的转速；d_{d1} 为主动轮的直径；n_2 为从动轮的转速；d_{d2} 为从动轮的直径。$\varepsilon=0.01\sim0.02$，在一般计算中可以不予考虑。因此带传动的传动比 i 一般仍旧采用：

$$i=\frac{n_1}{n_2}=\frac{d_{d2}}{d_{d1}}$$

二、带传动的使用和维护

1. 安装时不能硬撬（应先缩小 a 或顺势盘上），两带轮轴线应在同一平面，避免带扭曲而使其侧面过早磨损。
2. 带的根数较多时，其长度不能相差太大，以免受力不均。
3. V 带在轮槽中的位置要正确，不能过高或过低。
4. 要加防护罩。
5. 不能新旧带混用（多根带时），以免载荷分布不匀。
6. 带禁止与矿物油、酸、碱等介质接触，以免腐蚀带，不能曝晒。
7. 定期张紧。
8. 安装时两轮槽应对准，处于同一平面。

项目九　安装自行车的链条

任务目标

1. 认识链传动的组成。
2. 了解生产实践中链传动的应用。
3. 掌握链传动的种类、特点和用途。
4. 掌握滚子链和链轮的相关知识。

重点难点

1. 掌握链传动的类型、特点、组成及应用。
2. 了解滚子链的结构、规格及链轮的结构特点。
3. 掌握链传动的布置与润滑。

任务引入

在实际生产生活中，我们见过也听说过各式各样的链条，自行车链条是我们经常看见的一种，如图 3-9-1 所示，你知道它在自行车中起到什么作用？它又是如何工作的呢？它由哪结构组成呢？

图 3-9-1　自行车实例图

任务分析

链传动作为主机的重要配件，是一种应用广泛的重要机械基础件。要找到它在生产中和生活中的应用，需要了解链传动的结构、种类、功用等方面的知识，才能正确认识其工作原理及应用。

知识链接

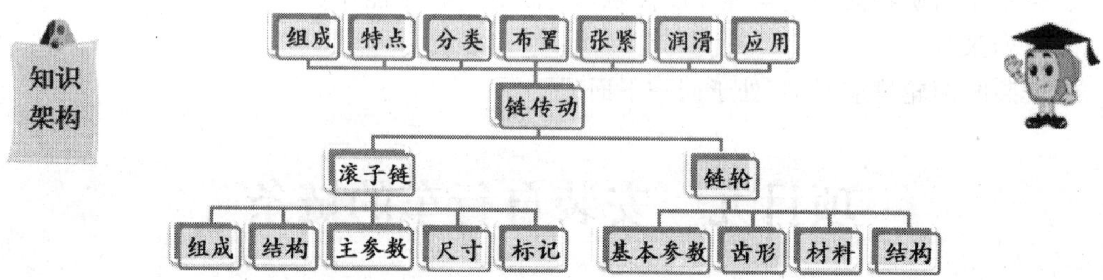

链传动是一种具有中间挠性件的啮合传动，通过链条将具有特殊齿形的主动轮的运动和动力传递到相同齿形的从动链轮的一种传动方式。其传动简单、耐用、维护容易，适用于中心距较大的场合。

通常链传动的传动比 $i \leqslant 8$，中心距 $a \leqslant 5 \sim 6$ m，传动功率 $P \leqslant 100$ kW，圆周速度 $v \leqslant 15$ m/s；传动效率 $\eta = 0.95 \sim 0.98$。

一、链传动

1. 链传动的组成

链传动由安装在两平行轴上的主动链轮 3、从动链轮 1 和绕在链轮上的环形链条 2 组成。如图 3-9-2 所示。

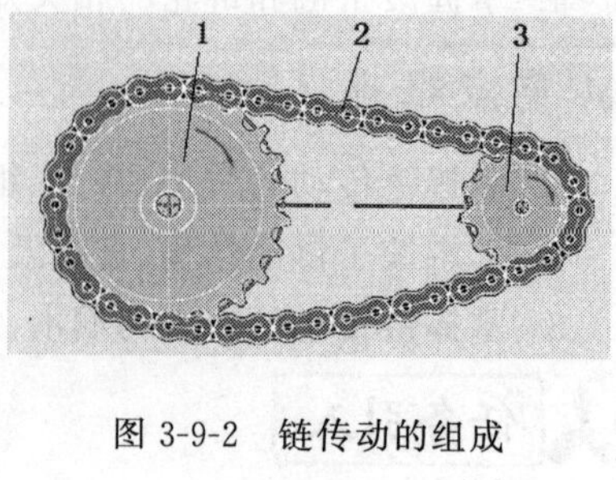

图 3-9-2　链传动的组成

2. 链传动的特点

(1) 优点

① 平均传动比准确，无滑动；② 作用在轴上的压力

小，对轴承的摩擦小；③ 结构紧凑，工作可靠性较高，寿命较长；④ 能在恶劣的环境下工作。

（2）缺点

① 瞬时链速和瞬时传动比不恒定，传动不平稳；② 传动时有噪音、冲击；③ 只能用于平行轴间的传动；④ 与带传动相比，制造和安装较困难。

链传动同时兼有带传动和齿轮传动的一些特点，如表 3-9-1 所示。

表 3-9-1　链传动与带传动、齿轮传动的特点比较

与带传动相比	链传动无弹性滑动和打滑现象，保持准确的平均传动比；传动效率高；张紧力小，轴的径向压力小；同等条件下，链传动结构紧凑；能在高温、粉尘、低速等恶劣环境工作
与齿轮传动相比	链传动的制造安装精度要求较低，成本低廉；在远距离（最长十几米）传动时，结构比齿轮传动轻便得多
链传动的主要缺点	只能用于平行轴间同向回转的传动；不能保持恒定的瞬时传动比；磨损后易跳齿、掉链；工作时有噪音；不宜在载荷变化很大和急速反向的传动中应用

3. 链传动的分类

链传动的种类很多，按用途不同可划分为：传动链、输送链、拽引起重链（拽引链）三类，其图例及其特点与应用如表 3-9-2 所示 。

表 3-9-2　常用链传动的分类、特点及用途

分类	传动链传动	输送链传动	拽引起重链传动
图例		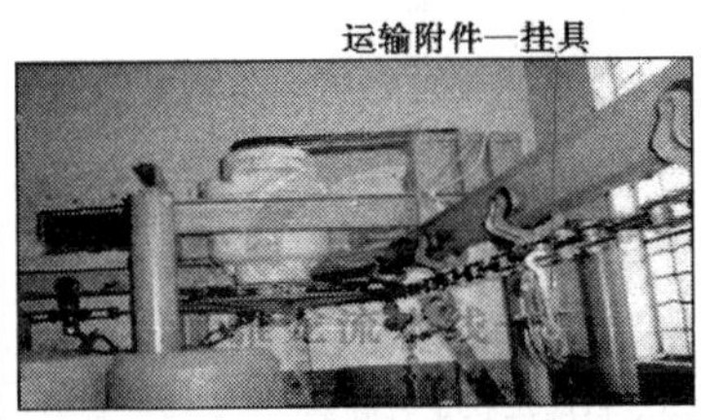	
特点与应用	应用广泛，主要用于一般机械中，传递运动和动力，也可用于输送等场合	用于输送工件、物品和材料。可直接用于各种机械上；也可以组成链式输送机，作为一个单元出现。为了实现特定的输送任务，在链条上安装特定的附件	主要用以传递力，起到牵引、悬挂物品，兼作缓慢运动

二、传动链

1. 传动链的常用链条

一般机械传动中常用的是传动链。传动链中常用的有齿形链和短节距精密齿形链，如表 3-9-3 所示。

表 3-9-3　传动链的常用链条的种类及特点、应用

分类	图例	特点与应用
齿形链	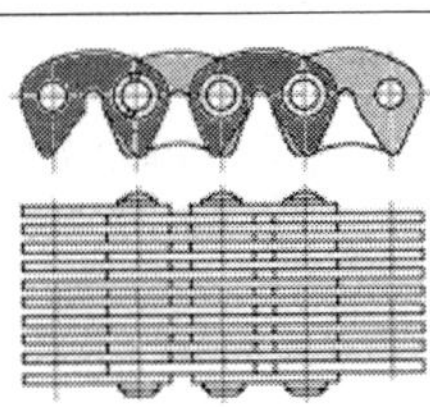	齿形链又称无声链，由成组的齿形链板左右交错排列，并用铰链连接而成。 运转平稳、噪音小、承受冲击载荷的能力高。但结构复杂、质量大、价格高。 常用于高速或运动精度和可靠性要求较高的传动装置中

续 表

分类	图例	特点与应用
滚子链	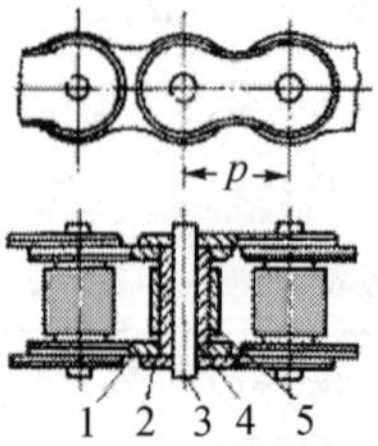 	短节距精密滚子链简称滚子链。结构简单、成本较低、生产量大。从低速到较高速、从轻载到重载都能使用。在传动链中占有主要地位

2. 短节距精密滚子链

① 滚子链的组成、结构,主要参数如表 3-9-4 所示。

表 3-9-4　短节距精密滚子链的组成、结构和主要参数

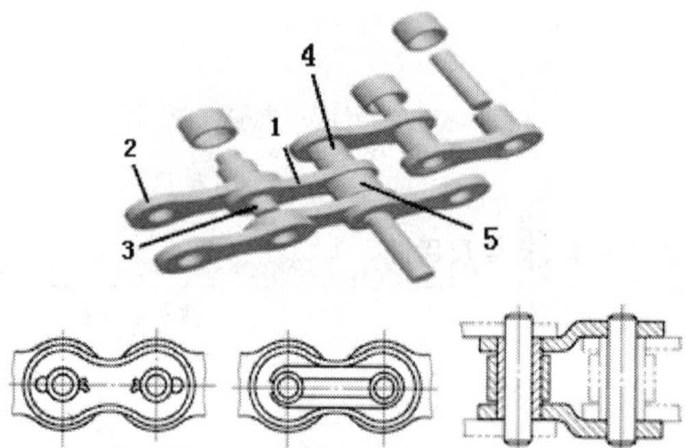

a) 开口销连接　b) 弹簧夹连接　c) 过渡链节连接

(a) 滚子链的结构

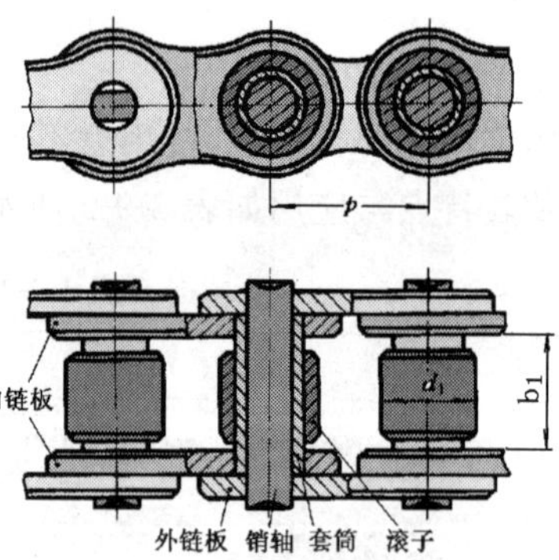

(b) 链条的连接

组成	由 1 内链板、2 外链板、3 销轴、4 套筒、5 滚子组成,如图(a)所示
运动结构	内链板与套筒、外链板与销轴均为过盈配合;套筒与销轴、套筒与滚子均为间隙配合。这样链节就像铰链一样,使内外链板间有相对转动,可以在链轮上曲折,与链轮实现啮合和减少链条与链轮间的磨损,如图(b)所示
链板	链板制成“8”字形,以减小链条的质量和使链板各横剖面间的抗拉强度大致相等
连接	链条使用状态为封闭环形。链节数为偶数时,链条一段的外链板正好与另一端的销轴板相连,在接头处用开口销或弹簧夹(如图(a)所示)锁紧;若链节为奇数,则采用过渡联节(如图(a)所示)连接
节数	过渡链节的弯矩板承受附加的弯矩作用,设计时链节数应尽量避免使用过渡链节,取节数为偶数
排数 P_t	 当需要承受较大功率时,可使用多排链,其承载能力与排数成正比。但排数越多,越难使各排受力均匀,制造和装配误差越大。因此排数不宜过多,常用的有双排链和三排链,一般不超过 4 排
节距 P	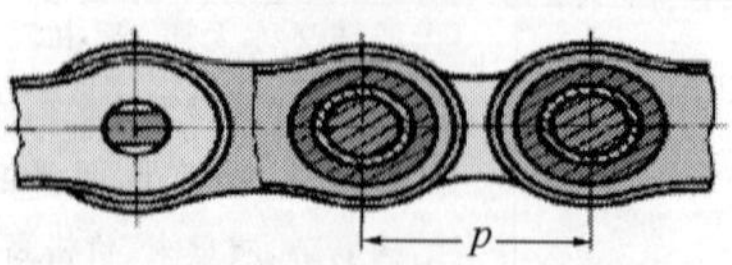 链条相邻滚子中心间的距离称为节距。它是链条的主参数,节距越大,链条各零件尺寸也越大,所承受的载荷也越大

注:滚子链链条各元件为了提高强度和耐磨性,采用的材料都是经过热处理的碳素钢或合金钢制成。具体牌号、热处理后的硬度见有关标准。

② 滚子链基本参数和尺寸

滚子链基本参数和尺寸详见表 3-9-5。

表 3-9-5　滚子链的基本参数和尺寸(摘自 GB1243.1—1997)

链号	节距 p/mm	排距 p_i/mm	滚子外径 d_{1max}/min	内链节内宽 b_{1min}/mm	销轴直径 d_{2max}/mm	链板高度 h_{2max}/mm	极限拉伸载荷(单排)Q_{min}/N	每米质量(单排) q/kg/m
08A	12.70	14.38	7.95	7.85	3.96	12.07	13 800	0.60
10A	15.875	18.11	10.16	9.40	5.08	15.09	21 800	1.00
12A	19.05	22.78	11.91	12.57	5.95	18.08	31 100	1.50
16A	25.40	29.29	15.88	15.75	7.94	24.13	55 600	2.60
20A	31.75	35.76	19.05	18.90	9.54	30.18	86 700	3.80
24A	38.10	45.44	22.23	25.22	11.10	36.20	124 600	5.60
28A	44.45	48.87	25.40	25.22	12.70	42.24	169 000	7.50
32A	50.80	58.55	28.53	31.55	14.29	48.26	222 400	10.10
40A	63.50	71.55	39.68	37.85	19.34	60.33	347 000	16.10
48A	76.20	87.83	47.63	47.35	23.30	72.39	500 400	22.60

注:1. 使用过渡链节时,其极限拉伸载荷按表列数值 80%计算。

2. 对于多排链,除 05B、06B、08B 外,极限拉伸载荷按表 Q 值乘以排数计算。

3. 滚子链的标记方法

□—□×□　GB/T1243—1997

链号　排数　链节数　标准编号

例如:　16　A　—　1　×　80　GB/T1243—1997

(节距 25.4 mm)链号　A 系列　单排　节数　国家标准

即,节距为 25.4 mm,单排,80 节的 A 系列滚子链,其标记为:16A—1×80GB/T1243—1997。

三、链轮

1. 链轮的基本参数

链轮的基本参数是配用链条的节距 P、滚子直径 d_1、排距 p、齿数 z。链轮的基本参数如图 3-9-3 所示。

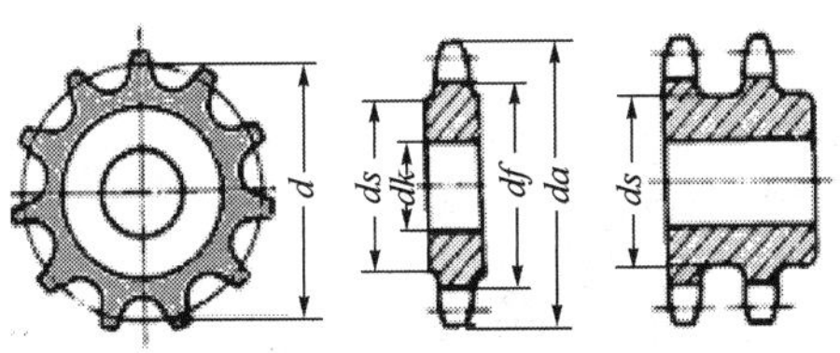

d—分度圆直径;d_a—齿顶圆直径;d_g—齿侧凸缘直径;d_f—齿根圆直径

图 3-9-3　链轮的基本参数

2. 链轮的材料

小链轮的啮合次数比大链轮多,所受冲击也大,所用材料一般优于大齿轮。常用的链轮材料有 Q235、Q275、45、ZG45 等。重要的链轮可采用合金钢。

链轮常用材料和应用范围如表 3-9-6 所示。

表 3-9-6 链轮常用材料和应用范围

材料	热处理	热处理后硬度	应用范围
15、20	渗碳、淬火、回火	50～60HRC	$z \leqslant 25$,有冲击载荷的主、从动链轮
35	正火	160～200HBS	在正常工作条件下齿数较多($z>25$)的不重要的链轮
45、50、45Mn、ZG310—570	淬火、回火	40～50 HRC	无剧烈冲击振动、要求耐磨的链轮
15Cr、20Cr	渗碳、淬火、回火	55～60 HRC	有动载荷及传递较大功率的重要链轮($z<30$)
35SiMn、40Cr、35CrMn	淬火、回火	40～50 HRC	要求强度较高和耐磨的重要链轮
Q235、Q275	焊接后退火	140HBS	中、低速,传递载荷不大、尺寸较大的链轮
灰铸铁(不低于 HT200)	淬火、回火	260～280 HBS	$z_2>60$,强度要求一般的从动链轮
夹布胶木	—	—	载荷不大,速度较高、要求传动平稳和噪音小的链轮

3. 链轮的结构

表 3-9-7 链轮的直径与结构

直径	图示	结构	直径	图示	结构
小直径		小直径的链轮可制成实心	中等直径	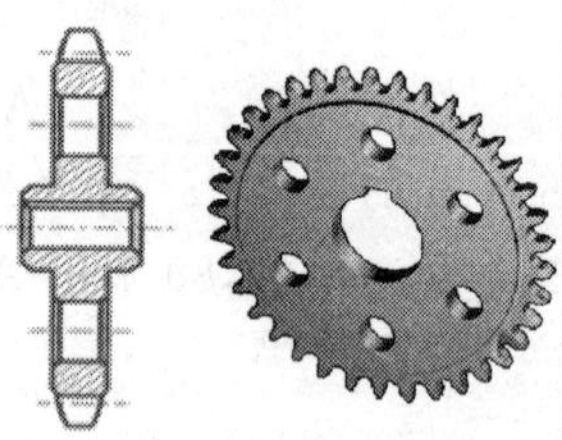	中等直径的链轮可制成孔板式
较大直径	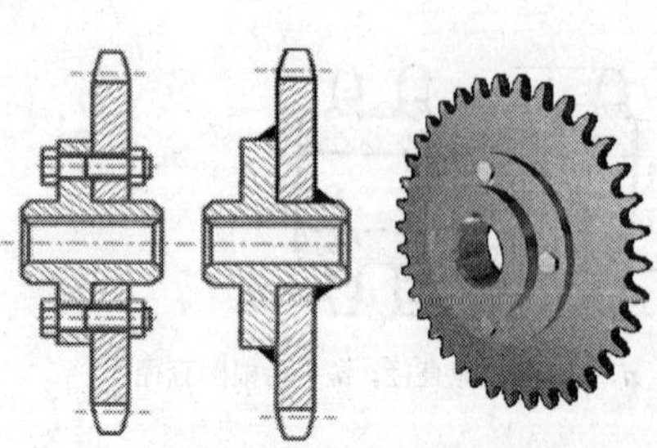	直径较大的可设计成组合式,如:齿毂和齿圈焊在一起或用螺栓结合。若轮齿因磨损而失效,可更换齿圈			

四、链传动的布置

链传动的布置中，链轮的位置布置如表 3-9-8 所示；链条的布置如表 3-9-9 所示。

表 3-9-8　链轮的位置布置原则

图示	布置
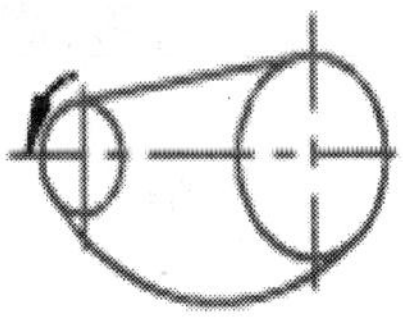	在链传动中，两链轮的转动平面应在同一平面内，两轴线必须平行，最好呈水平或接近水平布置
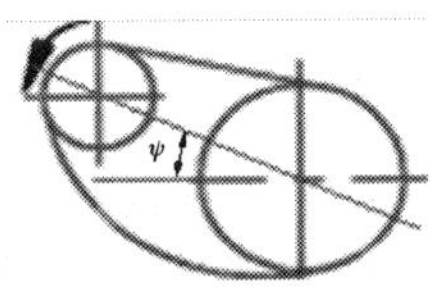	在链传动中，两链轮需要倾斜布置时，两链轮中心连线与水平线的夹角 ϕ 应小于 45°，并使松边在下边

表 3-9-9　链传动的布置

传动参数	正确布置	不正确布置	说明
$i=2\sim3$ $a=(30\sim50)p$ （i 与 a 较佳场合）	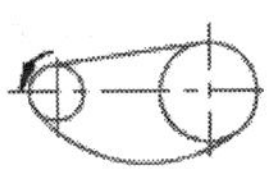	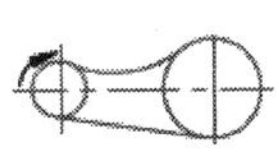	两轮轴线在同一水平面，紧边在上在下都可以，但在上好些
$i>2$ $a<30p$ （i 大 a 小场合）	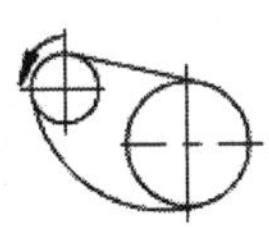	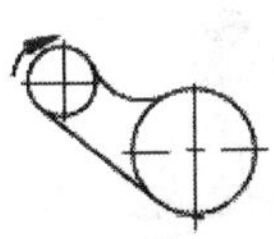	两轮轴线不在同一水平面，松边应在下面，否则松边下垂量增大后，链条容易与链轮卡死
$i<1.5$ $a>60p$ （i 小 a 大场合）	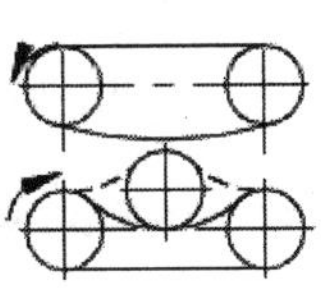	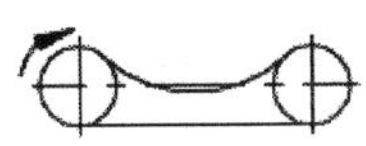	两轮轴线在同一水平面，松边应在下面，否则下垂量增大后，松边会与紧边相碰，需经常调整中心距
i、a 为任意值 （垂直传动场合）	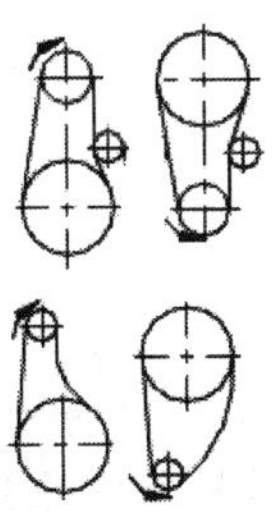	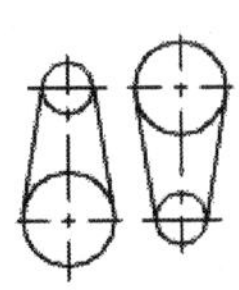	两轮轴线在同一铅垂面内，下垂量增大，会减小下链轮的有效啮合齿数，降低传动能力。为此应采用： a）中心距可调； b）设张紧装置； c）上、下两轮偏置，使两轮的轴线不在同一铅垂面内

五、链传动的失效形式

1. 链条疲劳破坏:链在工作时,周而复始地由松边到紧边不断运动着,因而它的所有元件在变应力作用下工作,经过一定循环次数后,链板将会出现疲劳断裂,或者套筒滚子表面将会出现疲劳点蚀。

2. 链条铰链磨损:链条在工作过程中,由于铰链的销轴与套筒间承受较大的压力,转动时彼此又产生相对转动,使铰链磨损,导致链节变长,引起掉链或跳链,降低链条的使用寿命。

3. 销轴与套筒胶合:当润滑不良或链轮转速过高时,链节啮入受到冲击能量增大,摩擦加剧,销轴和套筒间润滑油膜被破坏,从而导致胶合。

4. 链条过载拉断:链条过载拉断主要发生在低速、重载或严重过载的传动过程中。

六、链传动的张紧

链条张紧的目的主要是为了避免在链条的垂度过大时产生啮合不良和链条的振动现象,同时也为了增加链条与链轮的啮合包角。链条的张紧方法有:①调整中心距张紧;②去掉1~2个链节;③采用张紧轮。

张紧轮多位于靠近主动轮的松边外侧,也可位于内侧,其形状可以是链轮,也可以是无齿的滚轮〔如图3-9-4(a)、图3-9-4(b)所示〕,但是张紧轮的直径比小链轮小;此外还可用压板或托板张紧〔如图3-9-4(c)所示〕;对于大中心距的链传动,宜采用托板来控制垂度〔如图3-9-4(d)所示〕。

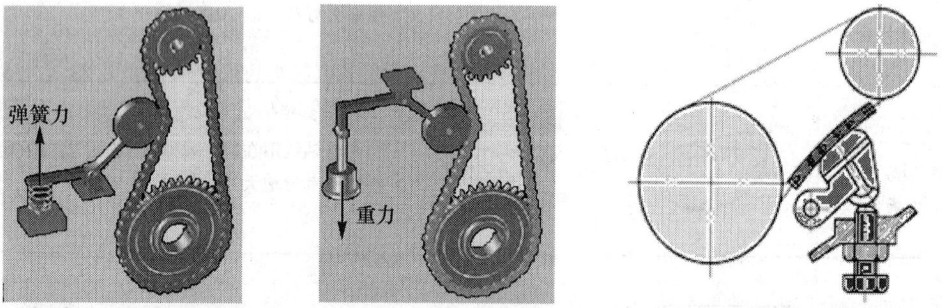

(a) 弹簧力推动的张紧轮　(b) 重力推动的张紧轮　(c) 采用压板或托板张紧

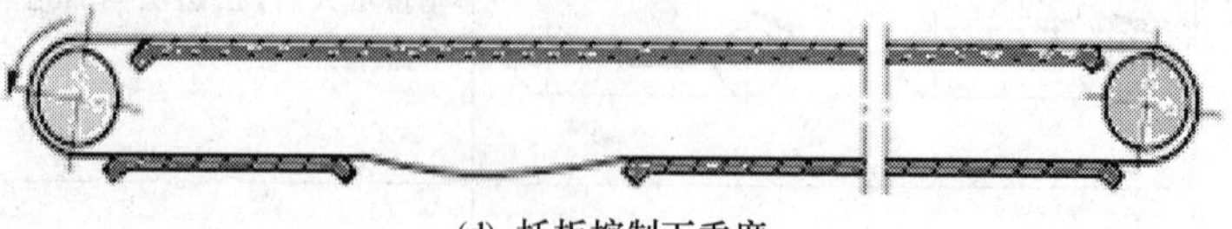

(d) 托板控制下垂度

图3-9-4　链传动的张紧方法

七、链传动的润滑

良好的润滑对链传动非常重要,润滑可降低链条铰链磨损,缓和冲击,提高承载能力,延长使用寿命。因此,链传动合理地确定润滑方式和润滑剂的种类是非常重要的。

1. 润滑方式

链传动的润滑方式如表 3-9-10 所示。

表 3-9-10　链传动的润滑方式

方式	图例	润滑原理及应用
人工定期润滑	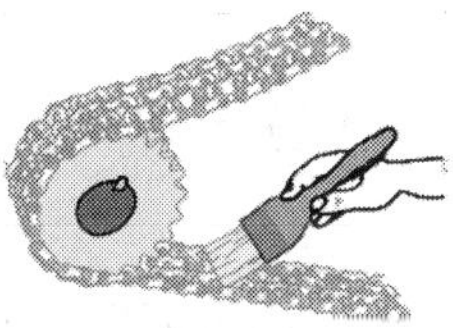 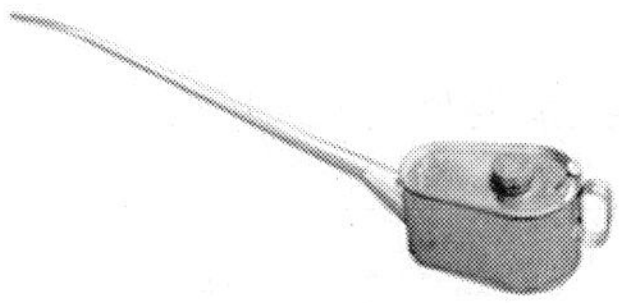	用油壶或油刷给油，每班注油一次，适用于链传动速度 $v \leqslant 4$ m/s 的不重要的传动
滴油润滑	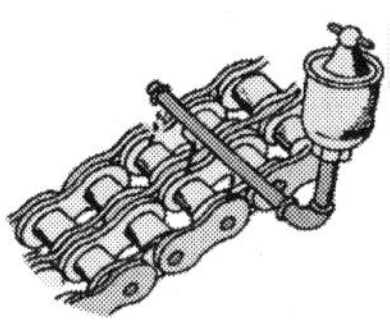 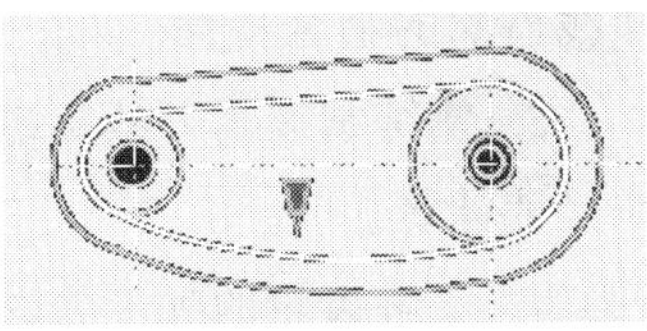	用油杯通过油管向松边的内、外链板间隙处滴油，适用于链传动速度 $v \leqslant 10$ m/s 的传动
油浴润滑	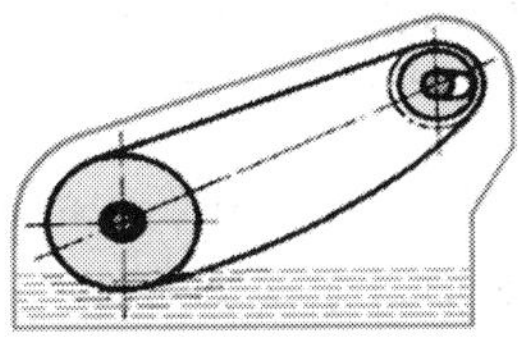	链从密封的油中通过，链条侵油深度 6～12 mm 为宜，适用于链速 $v \leqslant 6 \sim 12$ m/s的传动
飞溅润滑	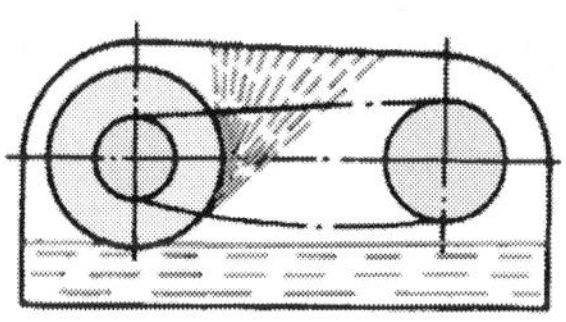 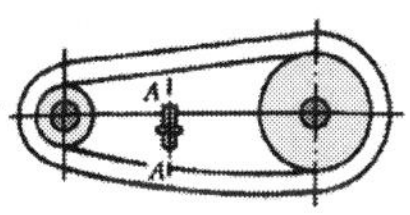 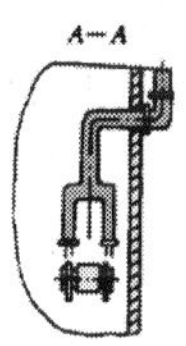	在一密封容器中，用甩油盘将油甩起，经过壳体上的集油装置将油导流到链上。适用于甩油盘速度 $v > 3$ m/s的传动，浸油深度一般为 12～15 mm
压力油循环润滑	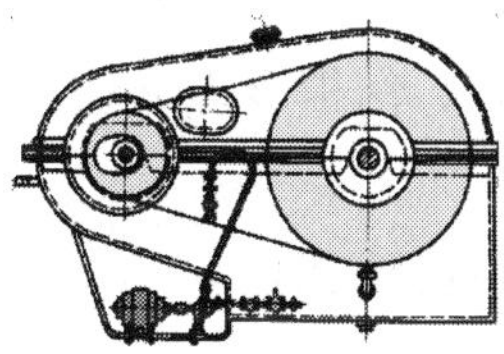	用油泵将油喷到链上，喷口设在链条进入啮合之处，适用于链速 $v \geqslant 8$ m/s 的大功率传动

2. 链传动的润滑油

链传动的润滑油的适用，当环境温度高时宜选黏度高的润滑油，反之黏度宜低些。常用的润滑油有 L-AN 32、L-AN46、L-AN68、L-AN100。

任务实施

从挠性传动的工作原理来看，链传动是一种挠性传动机构。它是采用链轮与链条的啮合来实现传动的。在生产实践、生活中链传动适用于速度较低、圆周力较大的工作场合。除了任务中应用于生活中外，链传动在机器上的运用也很广。

探索与发现

在远距离传动的机构中，摩擦带传动与链传动的区别是什么？

项目十　CA6140 型车床主轴箱内的齿轮传动

任务目标

1. 了解齿轮传动的基本概念、类型、基本要求、结构、特性及应用场合。

2. 了解齿廓啮合基本定律及渐开线齿廓的形成、性质，渐开线齿廓的啮合特性。

3. 熟练掌握渐开线标准齿轮各部分的名称、基本参数及几何尺寸计算。

4. 了解齿轮的加工方法并熟悉根切现象。

5. 掌握齿轮传动的失效形式、设计准则、齿轮常用材料及选择原则。

6. 掌握齿轮传动的受力分析(包括力的大小、方向及在图中的正确表示)。

7. 掌握齿轮传动的设计方法及步骤。学习时以实例为出发点，在理解的基础上结合实践进行学习。

8. 掌握齿轮结构形式的特点和选择，并能画出齿轮零件的工作图；掌握齿轮传动润滑油种类及润滑方式的选择。

重点难点

1. 齿廓啮合基本定律及啮合特性。

2. 渐开线标准齿轮各部分的名称、基本参数、结构形式及几何尺寸计算。

3. 齿轮的加工方法和根切现象。

4. 齿轮传动的失效形式、齿轮常用材料及选择原则。

5. 齿轮传动的受力分析及设计计算(难点)。

任务一　配换 CA6140 车床变速箱的齿轮机构

任务引入

在人们的生产、生活中齿轮机构应用非常广泛，尤其在机械行业中，齿轮传动机构无处不在。如图 3-10-1 所示为车床变速箱中齿轮传动装置示意图，你知道为什么在车床变速箱中要使用齿轮吗？齿轮有哪些类型？齿轮有哪些参数？如果齿轮有损坏，或大齿轮 2 已经丢失，小齿轮 1 存在。已知这对齿轮为正常齿制的外啮合标准直齿圆柱齿轮，两轴间距离为 112.5 mm，小齿轮齿数 $z_1=38$，顶圆直径 $d_{a1}=100$ mm。我们应如何配换大齿轮呢？

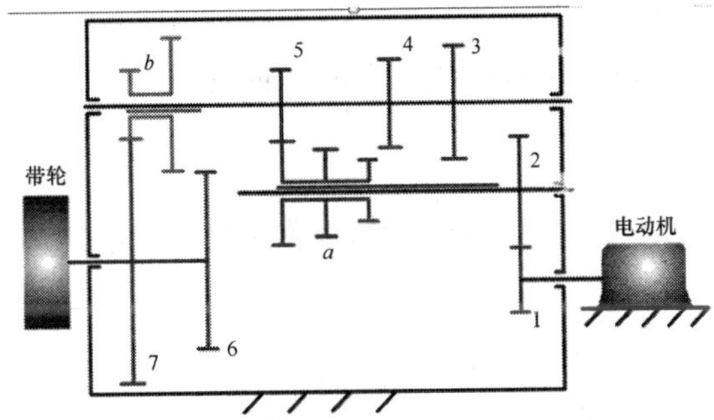

图 3-10-1　车床变速箱中齿轮传动装置示意图

任务分析

齿轮机构是在各种机构中应用最为广泛的一种传动机构。它依靠轮齿齿廓直接接触来传递空间任意两轴间的运动和动力，并具有传递功率范围大、传动效率高、传动比准确、使用寿命长、工作可靠等优点，但也存在对制造和安装精度要求高以及成本较高等缺点。本项目以渐开线直齿圆柱齿轮传动为主线，阐述圆柱齿轮传动的运动设计和承载能力设计。运动设计主要包括啮合原理及啮合特点、基本参数和几何尺寸计算等内容；承载能力设计主要包括设计计算准则、齿轮失效、力分析和强度计算等内容。在此基础上，简明介绍直齿锥齿轮传动设计及齿轮润滑设计。本次任务要求能够熟识各种类型的齿轮机构，了解齿轮的特点与应用，并能熟练计算齿轮机构的几何尺寸。

知识链接

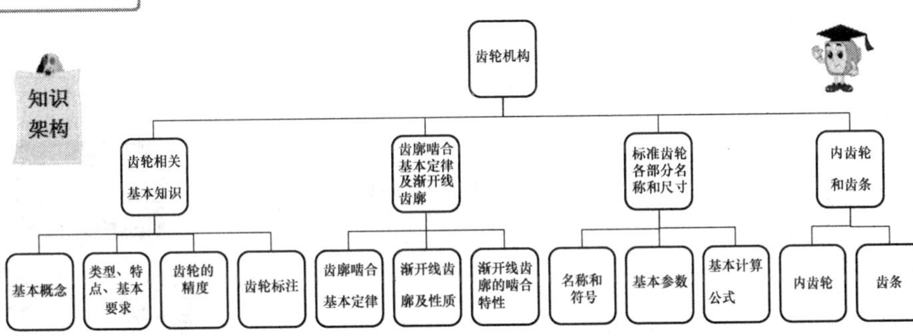

一、齿轮相关基本知识

(一) 齿轮传动的基本概念

1. 齿轮

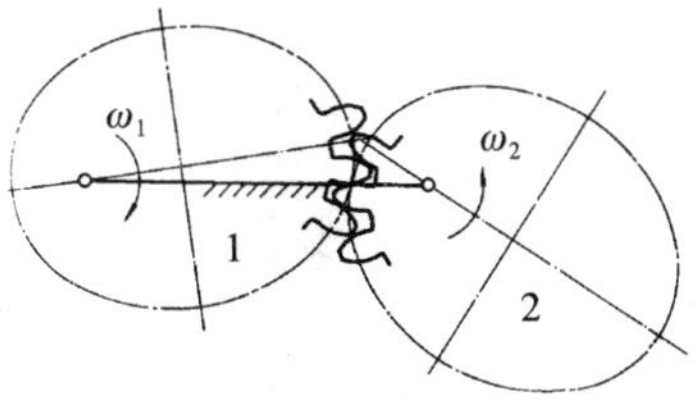

图 3-10-2　齿轮副运动示意图

齿轮是任意一个有齿的机械元件，它能利用齿与另一个有齿元件连续啮合，从而将运动传递给后者，或者从后者接受运动。

2. 齿轮副

齿轮副是由两个相互啮合的齿轮组成的基本机构，两齿轮轴线相对位置不变，并各绕其自身的轴线转动。齿轮副是线接触的高副，如图 3-10-2 所示。

3. 齿轮传动

齿轮传动是利用齿轮副来传递运动和动力的一种机械传动。

4. 速比

传动比是机构中两转动构件角速度的比值,也称速比。即,主动轮的角速度与从动轮角速度的比值。

$$i=\frac{\omega_1}{\omega_2}=\frac{n_1}{n_2} \tag{3-10-1}$$

在齿轮传动中,要求主、从动轮所转过的齿数相等。因此,有 $n_1 z_1=n_2 z_2$

所以,由式(3-10-1)可得

$$i=\frac{\omega_1}{\omega_2}=\frac{n_1}{n_2}=\frac{z_2}{z_1} \tag{3-10-2}$$

齿轮副的传动比不宜过大,否则会使结构尺寸过大,不利于制造和安装。所以,一般而言,圆柱齿轮传动的单级传动比 $i=3\sim5$,$i_{\max}=8$。圆锥齿轮传动的速比 $i=2\sim3$,$i_{\max}=5$。

【例 3-10-1】 一齿轮传动,已知主动齿轮转速 $n_1=960$ r/min,齿数 $z_1=20$,从动齿轮齿数 $z_2=50$。试计算传动比 i 和从动轮转速 n_2。

解:由式(3-10-2)可知

$$i=\frac{n_1}{n_2}=\frac{z_2}{z_1}=\frac{50}{20}=2.5 \Rightarrow n_2=\frac{n_1}{2.5}=\frac{960}{2.5}=384\ \text{r/min}$$

(二) 齿轮传动的类型、特点及基本要求

1. 齿轮传动的类型

表 3-10-1 齿轮传动的类型

<table>
<tr><th colspan="3">分类方法</th><th>名称</th><th>图例或说明</th></tr>
<tr><td rowspan="5">按两轮轴线的相对位置</td><td colspan="2">平行轴齿轮传动机构(又称为平面齿轮传动机构)</td><td>圆柱齿轮传动{直齿轮、斜齿轮、人字齿轮}</td><td></td></tr>
<tr><td rowspan="4">空间齿轮传动机构</td><td>相交轴齿轮传动机构</td><td>圆锥齿轮传动{直齿(a)、斜齿、曲齿(b)}</td><td> 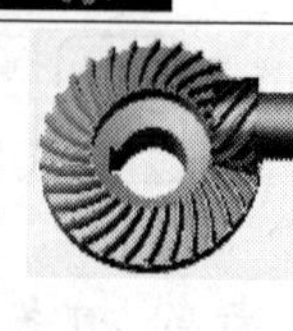
(a) (b)</td></tr>
<tr><td rowspan="3">交错轴齿轮传动机构</td><td>蜗轮蜗杆传动</td><td></td></tr>
<tr><td>斜齿交错轴空间齿轮</td><td></td></tr>
<tr><td>准双曲面齿轮机构</td><td></td></tr>
</table>

续 表

分类方法	名称	图例或说明
按齿线相对齿轮体母线相对位置	直齿轮传动	
	斜齿轮传动	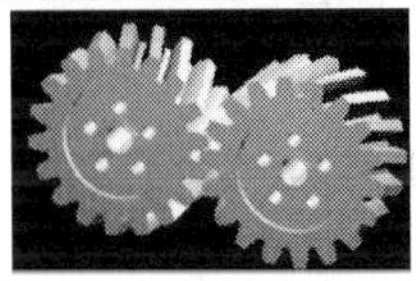
	人字齿齿轮传动	
按啮合方式	外啮合齿轮传动	
	内啮合齿轮传动	
	齿轮齿条传动	
按齿廓曲线	渐开线齿轮传动	应用广泛
	摆线齿轮传动	用于计时仪器等设备中
	圆弧齿轮传动	承载能力较强
按齿面硬度	软齿面齿轮传动	齿面硬度≤350 HB，或齿面硬度≤ 38 HRC
	硬齿面齿轮传动	齿面硬度>350 HB 或齿面硬度>38 HRC
按使用情况分	动力齿轮	以动力传输为主，常为高速重载或低速重载传动
	传动齿轮	以运动准确为主，一般为轻载高精度传动
按齿轮传动机构的工作条件	闭式传动	齿轮封闭在箱体内，润滑条件好，密封良好，多用于汽车、机床及航空发动机等齿轮传动中
	半开式传动	齿轮半封闭在箱体内，有简单的防护罩。用于农业机械，建筑机械及简单机械设备等
	开式传动	齿轮完全外露，润滑条件差，易磨损，用于低速简易设备的传动中

2. 齿轮传动的特点及基本要求

(1) 齿轮传动的特点

① 运动特点

可实现空间任意两轴间运动和力的转换。传递回转运动,也可以把回转运动转变为直线往复运动。

② 优点

a. 速比准确,传动平稳性好,传递运动准确可靠。无论是平均值还是瞬时值,传动比都稳定,这也是齿轮传动获得广泛应用的原因之一。

b. 传递的功率和速度范围大。其圆周速度可达到300 m/s,传递功率从很小到很大(可高达数万千瓦)。即,$P=1$ W(仪表齿轮传动)~5×10^4 kW(蜗轮发动机的减速器),甚至1×10^5 kW。

c. 传动效率高。一般传动效率 $\eta=0.94\sim0.99$。在常用的机械传动中,齿轮传动的效率为最高。

d. 结构紧凑,工作可靠,寿命长。与带传动、链传动相比,在同样的使用条件下,齿轮传动所需的空间一般较小。

③ 缺点

a. 与带传动、链传动相比,制造和安装精度要求高,价格较贵,工作时有噪声。b. 速比受限,不能获得无级变速。c. 不适宜中心距较大的场合。d. 需专用设备和刀具制造齿轮,成本高。e. 无过载保护。

(2) 齿轮传动的基本要求

① 传动要准确平稳:齿轮传动的最基本要求之一是瞬时传动比恒定不变。以避免产生动载荷、冲击、振动和噪声,这与齿轮的齿廓形状、制造和安装精度有关。

② 承载能力要大:要求齿轮的结构尺寸小,体积小,质量轻,而承受载荷的能力强,强度高,耐磨性好,寿命长。齿轮传动在具体的工作条件下,必须有足够的工作能力,以保证齿轮在整个工作过程中不致产生各种失效。这与齿轮的尺寸、材料、热处理工艺因素有关。

(三) 齿轮的精度

齿轮在制造、安装中,总要产生误差。例如,齿形、齿距、齿向误差和轴线变形产生的误差。误差将对齿轮传动产生三个方面的影响:①相啮合齿轮在一转范围内,实际转角和理论转角不一致,影响传动的准确性;②不能保持瞬时传动比恒定,出现速度波动,引起振动、冲击等,影响传动平稳性;③齿向误差造成载荷的不均匀性。

GB10095—1988 规定了渐开线圆柱齿轮传动的精度等级和公差;GB11365—1989 规定了锥齿轮传动的精度等级和公差。两标准将齿轮的精度由高到低依次分为 1~12 级,1 级最高,12 级最低,其中常用为 6~9 级。1、2 级——超精密等级,目前的机械加工工艺水平和测量手段难以实现;3、4、5 级——高精度等级;6、7、8 级——中等精度等级;9、10、11、12 级——低精度等级。

按误差特性和它们对传动性能的影响,将齿轮的各项公差分为三个组,即评定齿轮精度的指标分为Ⅰ、Ⅱ、Ⅲ三个公差组,如表 3-10-2 所示。根据使用要求不同,允许各项公差组选用不同的精度等级,但在同一公差组内,各项公差与极限偏差应保持相同的精度等级。

表 3-10-2　齿轮公差组及其对传动性能的影响

公差组	误差特性	对传动性能的影响
Ⅰ	以齿轮一转为周期的误差(运动精度)	**传动的准确性精度** 指传递运动的准确程度。要求齿轮在一周范围内最大转角误差不超过允许的限度。其相应公差定为第Ⅰ组
Ⅱ	以齿轮一转内多次周期性出现的误差(工作平稳性精度)	**传动的平稳性精度** 指齿轮传动的平稳程度,冲击、振动及噪声的大小。要求齿轮在一周内瞬时传动比的变化不超过工作要求的允许范围。其相应公差定为第Ⅱ组
Ⅲ	齿向误差(接触精度)	**载荷分布的均匀性精度** 指啮合齿面沿齿宽和齿高的实际接触程度。要求齿轮在啮合时齿面接触良好,以免引起载荷集中,造成齿面局部磨损,影响齿轮寿命。其相应公差定为第Ⅲ组

齿轮的精度等级,应根据齿轮传动的用途、工作条件、传递功率、圆周速度的大小以及经济性等技术要求选择。在传递功率大、圆周速度高、要求传动平稳和噪声低等场合,应选较高的精度等级;反之,为了降低制造成本,可选较低的精度等级。表 3-10-3 列出了精度等级适用的圆周速度范围及应用举例,可供设计时参考。

表 3-10-3　齿轮传动常用精度等级及其应用

精度等级	圆周速度 $v/(m \cdot s^{-1})$			应用举例
	直齿圆柱齿轮	斜齿圆柱齿轮	直齿锥齿轮	
6 (高精度)	≤15	≤30	≤9	要求运转精确或在高速重载下工作的齿轮传动,如精密仪器和飞机、汽车、机床中重要齿轮;分度机构的齿轮
7 (精密)	≤10	≤20	≤6	在高速、中载或中速、重载下工作的齿轮传动,如标准系列减速器齿轮;飞机、汽车和机床变速箱中的齿轮
8 (中等精度)	≤5	≤9	≤3	一般机械中的齿轮传动,如飞机、汽车和机床中的一般齿轮;起重机械中的齿轮;纺织机械中的齿轮;农业机械中的重要齿轮
9 (低精度)	≤3	≤6	≤2.5	在低速、重载下工作的齿轮;工作要求不高的齿轮;粗糙工作机械中的齿轮,如农业机械中的齿轮

注:锥齿轮传动的圆周速度按齿宽中点分度圆直径计算。

(四) 齿轮精度等级标注

1. 三个公差等级相同。如 7FL。

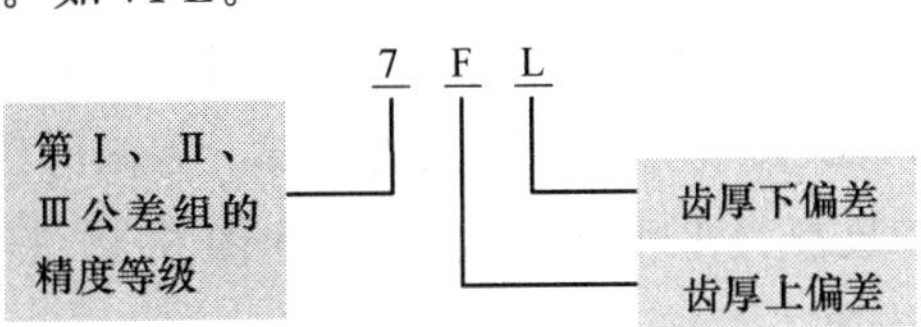

2. 三个公差组精度等级不同。如 7-6-6GM。

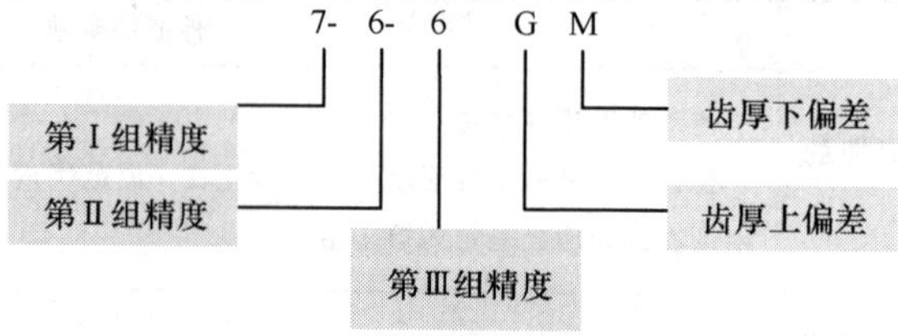

3. 齿厚极限偏差自行确定。如 $4_{-0.495}^{-0.330}$。

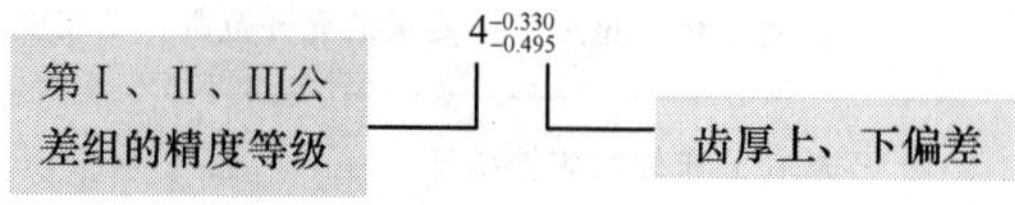

二、齿廓啮合基本定律及渐开线齿廓

1. 齿廓啮合基本定律

齿轮传动的基本要求之一是其瞬时传动比保持恒定不变,齿廓啮合基本定律就是研究齿廓满足这一基本要求的条件。

如图 3-10-3 所示为一对作平面啮合的齿轮,两轮的齿廓曲线分别为 G_1 和 G_2。设轮 1 绕轴 O_1 以角速度 ω_1 转动,轮 2 绕轴 O_2 以角速度 ω_2 转动,图中点 K 为两齿廓的接触点,过点 K 作两齿廓的公法线 $n-n$,公法线 $n-n$ 与连心线 O_1O_2 交于点 C。由三心定理可知,点 C 是两轮的相对速度瞬心,故有:

$$v_c=\overline{O_1C}\cdot\omega_1=\overline{O_2C}\cdot\omega_2$$

由此可得:

$$i_{12}=\frac{\omega_1}{\omega_2}=\frac{\overline{O_2C}}{\overline{O_1C}}=\frac{\overline{O_2N_2}}{\overline{O_1N_1}}=\frac{r_1'}{r_2'} \tag{3-10-3}$$

在齿轮啮合原理中,将点 C 称为啮合节点,简称**节点**。以两齿轮轮心 O_1、O_2 为圆心,过节点 C 所作的两个相切的圆称为**节圆**。

由式(3-10-3)可知,一对节圆在节点 C 处的线速度相等,这表明定传动比的一对齿轮在啮合时,一对节圆作纯滚动。用 r_1'、r_2' 分别表示两节圆半径,则传动比 i_{12} 与两节圆半径成反比。中心距恒等于其节圆半径之和。分别过两轮轮心 O_1、O_2 作公法线 $n-n$ 的垂线,得交点 N_1、N_2,则线段 N_1N_2 为理论啮合线。只有在渐开线齿轮时,且给定回转方向时,公法线只有一条,节点只有一个。

由以上分析可知:一对齿廓在任一位置啮合时,过接触点 K 作齿廓公法线,必通过节点 C,它们的传动比与连心线 O_1O_2 被节点 C 所分成的两个线段成反比。这一规律称为齿廓啮合基本定律。

凡是满足齿廓啮合基本定律的一对齿廓称为共轭齿廓,共轭齿廓的齿廓曲线称为共轭曲线。理论上可以作为共轭齿廓的曲线有很多种,但是考虑到设计、制造、测量、安装及使用等问题,目前常用的齿廓曲线有渐开线齿廓、摆线齿廓和圆弧齿廓等。因渐开线齿廓能较全面地满足上述要求,因此现代的齿轮绝大多数都是采用渐开线齿廓,如图 3-10-4 所示的 g_1、g_2 渐开线齿廓。本项目主要介绍渐开线齿轮传动。

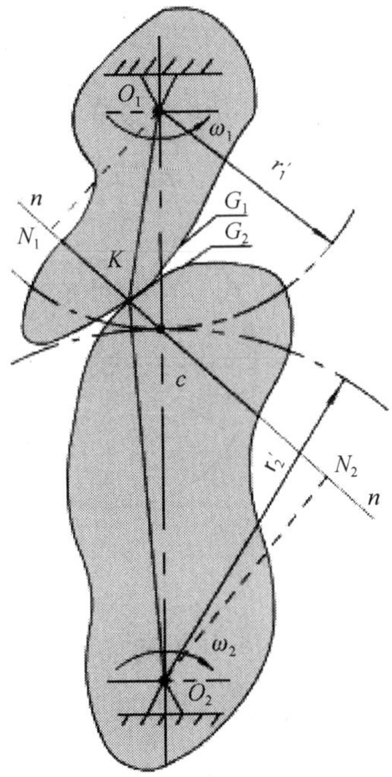

图 3-10-3　齿廓啮合基本定律(一)

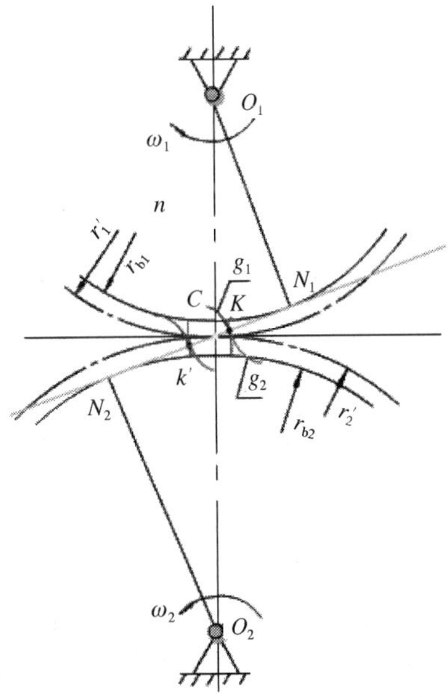

图 3-10-4　齿廓啮合基本定律(二)

2. 渐开线齿廓

(1) 渐开线的形成

如图 3-10-5 所示,当直线 BK 沿圆周作纯滚动时,直线上任意一点 K 的轨迹 AK 称为该**圆的渐开线**。这个圆称为渐开线的**基圆**,半径 r_b 称为基圆半径;直线 BK 称为渐开线的发生线;角 θ_k(=$\angle AOK$)称为渐开线 AK 段的展角,如图 3-10-5(b)所示。

如图 3-10-4 所示,两轮的齿廓曲线分别为 g_1 和 g_2,啮合接触点 K,理论啮合线 N_1N_2,分别以 O_1、O_2 为圆心,以 O_1N_1、O_2N_2 为半径作圆,所作的圆称为基圆,基圆半径 r_{b1}、r_{b2}。

(2) 渐开线的性质

由渐开线的形成可知,渐开线具有以下性质。

① 发生线沿基圆滚过的长度,等于基圆上被滚过的弧长,即$\overline{BK}=\widehat{AB}$。

② 渐开线上任一点的法线必与基圆相切。

如图 3-10-6 所示,发生线沿基圆作纯滚动时,切点 B 为其瞬时速度中心,K 点的速度方向垂直于 BK,沿着渐开线的切线方向,故渐开线上任一点的法线必与基圆相切。同时,切点 B 也是渐开线在点 K 的曲率中心,而线段 BK 是渐开线在点 K 的曲率半径。由图 3-10-6 可知,渐开线愈接近于其基圆的部分,其曲率半径愈小,即曲率愈大。

③ 渐开线齿廓上各点的压力角是变化的。

如图 3-10-6 所示,渐开线上任一点 K 所受的正压力 F_n 方向(即法线 BK 方向)与 K 点的速度 v_k 方向线(垂直于 OK 方向)之间所夹的锐角 α_k 称为渐开线齿廓在 K 点的**压力角**。设 K 点的向径为 r_k,则由△OBK 可求得:

$$\cos\alpha_k=\frac{\overline{OB}}{\overline{OK}}=\frac{r_b}{r_k} \tag{3-10-4}$$

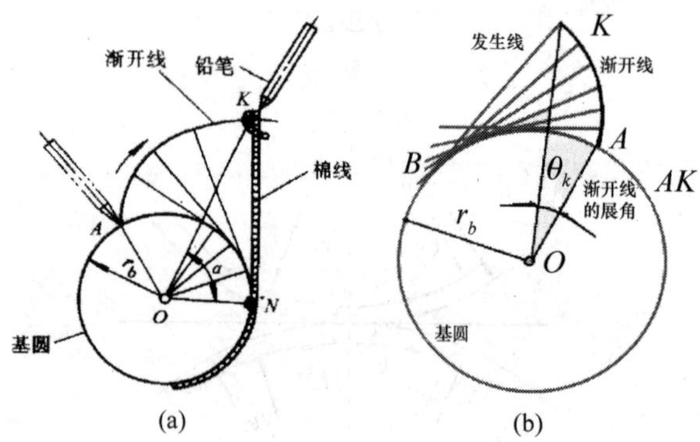

图 3-10-5　渐开线的形成

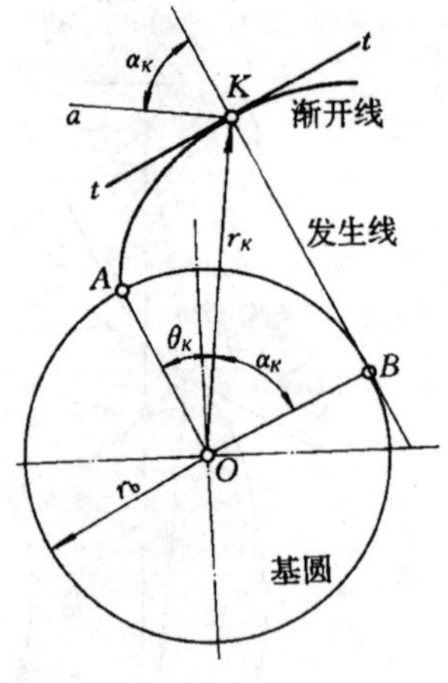

图 3-10-6　渐开线的性质

式(3-10-4)表明，基圆半径 r_b 一定时，其渐开线上各点的压力角随向径 r_k 的增大而增大，离基圆越远的点，压力角越大，渐开线在基圆上的点的压力角等于零。压力角较小时，有利于推动齿轮转动。故常采用基圆附近的一段渐开线为齿廓曲线。

④ 渐开线的形状取决于基圆的大小。

基圆半径相等的渐开线，其形状完全相同，基圆大小不同，渐开线的形状也不同，如图 3-10-7(a)所示，基圆半径愈大，则渐开线愈平直，反之渐开线越弯曲；如图 3-10-7(b)所示，当基圆半径趋于无穷大时，渐开线将成为一条垂直于发生线 NK 的直线，这就是渐开线齿条的齿廓。

⑤ 同一基圆上渐开线形状相同，法向距离相等。

同一基圆上任意两条渐开线(无论是同向的还是反向的)各点之间的距离相等，如图 3-10-8所示。

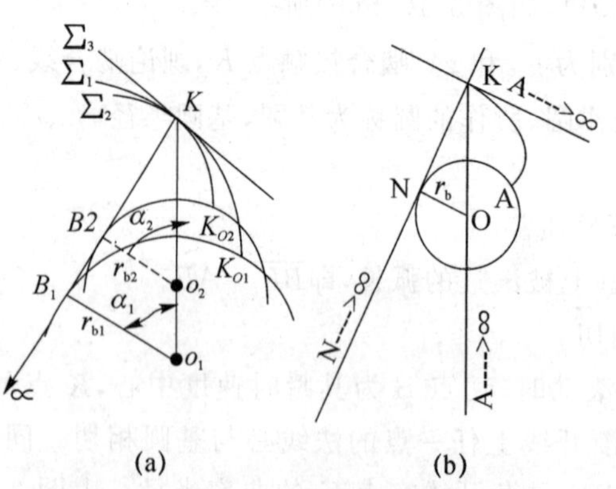

图 3-10-7　基圆大小对渐开线的影响

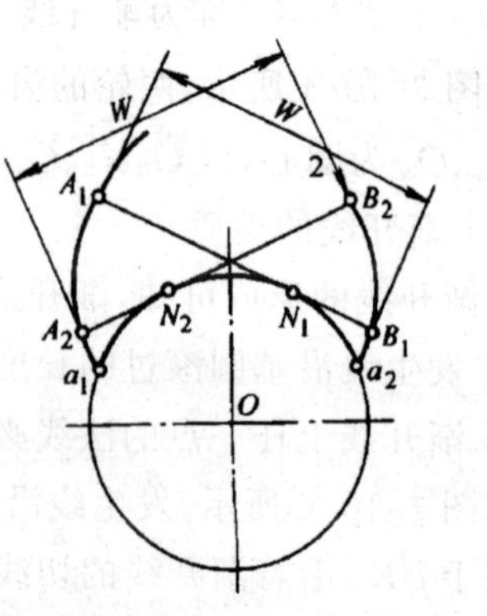

图 3-10-8　渐开线的法向距离

⑥ 基圆内无渐开线。

3. 渐开线齿廓的啮合特征

(1) 啮合线是一条定直线

如图 3-10-9 所示，为一对渐开线齿廓 g_1、g_2 在任意位置啮合，啮合接触点为点 K。过点 K 作这对齿廓的公法线 N_1N_2，根据渐开线的性质可知，公法线 N_1N_2 必同时与两基圆相切，即公法线 N_1N_2 为两基圆的一条内公切线。由于两基圆的大小和位置均固定不变，其内公切线只有一条。因此，不论两齿廓在任何位置啮合，它们的接触点一定在这条内公切线上（如图中的点 K'）。这条内公切线是接触点 K 的轨迹，称为啮合线，亦即一对渐开线齿廓的啮合线是一条定直线。

（2）传动比的恒定性

如图 3-10-10 所示，无论两齿廓在任何位置啮合，接触点的公法线是一条定直线，而且该直线与连心线 O_1O_2 的交点 C 是固定点。因此，一对渐开线齿廓能实现定传动比传动。因图中 $\triangle O_1N_1C$ 和 $\triangle O_2N_2C$ 相似，则传动比为：

$$i_{12}=\frac{\omega_1}{\omega_2}=\frac{\overline{O_2C}}{\overline{O_1C}}=\frac{r_2'}{r_1'}=\frac{r_{b2}}{r_{b1}}=常数 \qquad (3\text{-}10\text{-}5)$$

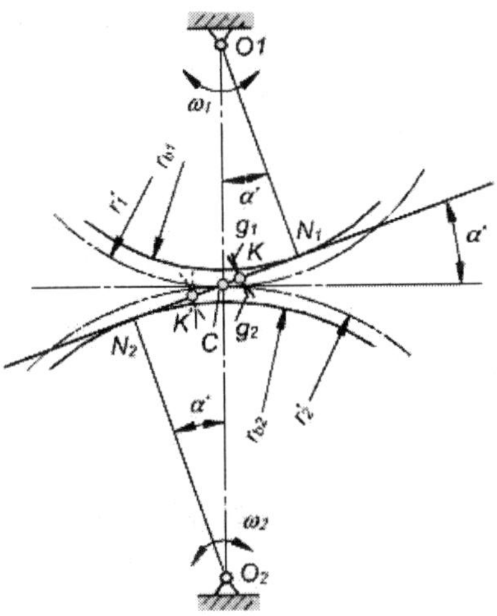

图 3-10-9　渐开线齿廓的啮合（一）

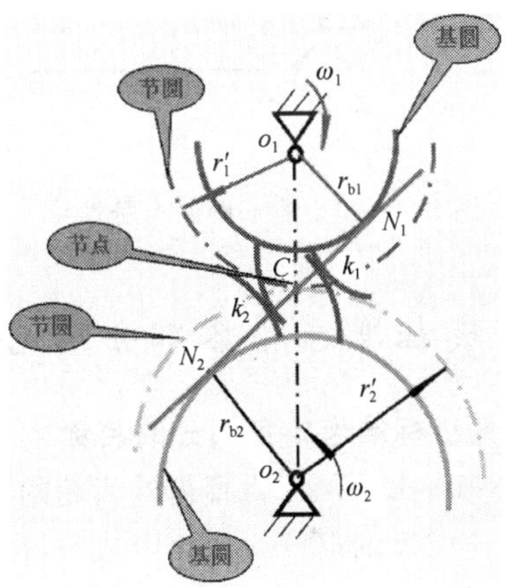

图 3-10-10　渐开线齿廓的啮合（二）

（3）传力的平稳性

在齿轮传动中，两齿廓间正压力的方向是沿其接触点的公法线，该方向随啮合角的改变而变化。渐开线齿廓啮合的啮合角不变，故齿廓间正压力的方向也始终不变，这对于齿轮传动的平稳性是十分有利的。

（4）中心距具有可分性

由式(3-10-5)可知，一对渐开线齿廓啮合的传动比决定于其基圆的大小，而齿轮一经设计加工好后，它们的基圆也就固定不变，因此当两轮的实际中心距略有偏差时，仍能保持原传动比，如图 3-10-11 所示。这种传动比不因中心距的变化而改变的性质称为中心距的可分性。由于渐开线齿轮传动具有这一性质，在生产中因制造安装误差和轴承磨损等所致中心距的改变并不影响齿轮传动的定比性能，这一特点对渐开线齿轮的制造、安装都是十分有利的。

（5）啮合角恒定不变

两齿廓在任意位置啮合时，接触点的公法线与节圆公切线之间所夹的锐角称为**啮合角**。因为两渐开线齿廓接触点的公法线始终是定直线，所以其啮合角始终不变，而且在数值上恒等于节圆压力角，用 α' 表示，当中心距加大时，啮合角随中心距的变化而改变，如图 3-10-12 所示。

渐开线齿轮除具有上述的主要优点外，还有工艺性能好、互换性好等优点，所以在近代的齿轮传动中，广泛采用渐开线作为齿轮的齿廓曲线。

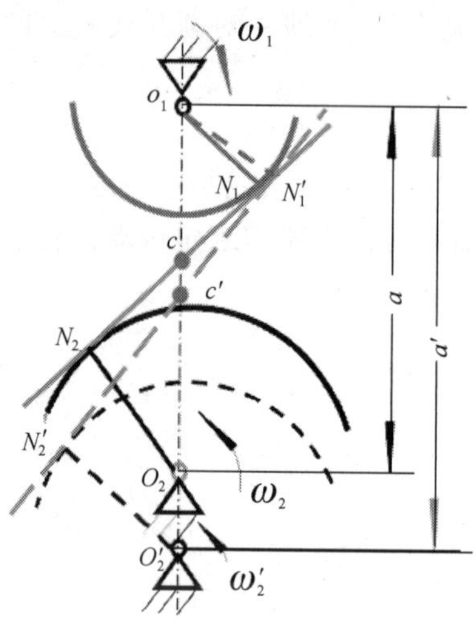

图 3-10-11　中心距的可分性

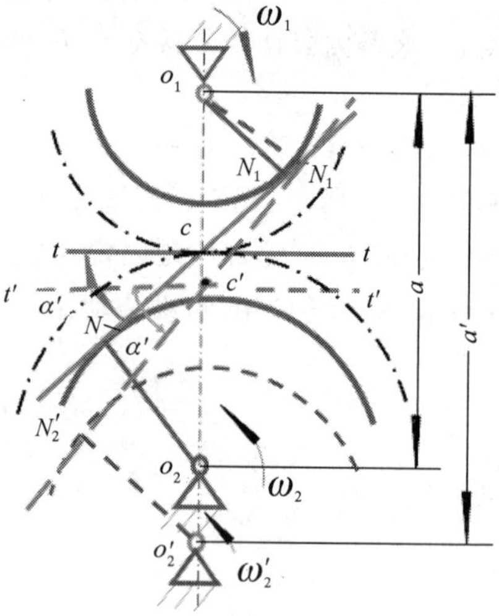

图 3-10-12　啮合角与中心距的关系

三、渐开线标准齿轮各部分的名称、基本参数和尺寸

1. 渐开线标准齿轮各部分的名称

如图 3-10-13 所示,为直齿外齿轮的一部分。齿轮上每个凸起部分的两侧齿廓都是由形状相同、方向相反的渐开线曲面组成的,称为齿,相邻两齿之间的空间称为齿槽。齿轮各部分的名称及符号规定如表 3-10-4 所示。

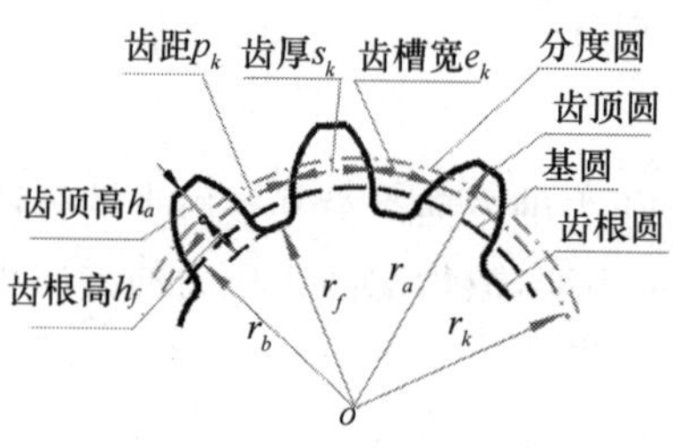

图 3-10-13　齿轮各部分名称

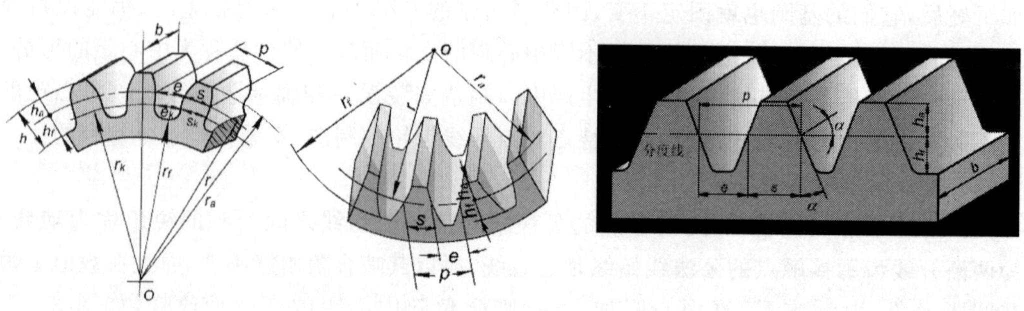

(a) 外齿轮　(b) 内齿轮　(c) 齿条

图 3-10-14　齿轮各部分符号

表 3-10-4　标准直齿圆柱齿轮各部分的名称和符号

轮齿的方向	名称	符号	说明
径向	齿顶圆	d_a/r_a	过所有轮齿顶部所作的圆
	齿根圆	d_f/r_f	过所有齿槽底部所作的圆
	分度圆	d/r	齿顶圆和齿根圆之间的圆，是计算齿轮几何尺寸的基准圆
	基圆	d_b/r_b	形成渐开线的圆
	齿顶高	h_a	分度圆与齿顶圆之间的径向距离
	齿根高	h_f	分度圆与齿根圆之间的径向距离
	全齿高	h	齿顶圆与齿根圆之间的径向距离。$h=h_a+h_f$
周向	齿距	$p_k/p/p_b$	在任意半径为 r_k 的圆周上，相邻两齿同向齿廓间的弧长 分度圆上的齿距用 p 表示。$p=s+e$ 基圆上的齿距又称为基节，用 p_b 表示
	齿厚	s_k/s	在任意半径为 r_k 的圆周上，同一轮齿两侧齿廓间的弧长 分度圆上的齿厚用 s 表示
	齿槽宽	e_k/e	在任意半径为 r_k 的圆周上，相邻两齿反向齿廓间的弧长 分度圆上的齿槽宽用 e 表示
轴向	齿宽	b	轮齿的轴向长度

2. 基本参数

齿轮各部分的尺寸很多，但决定齿轮尺寸和齿形的 5 个基本参数都可用来表示几何尺寸。标准直齿圆柱齿轮的基本参数和符号如表 3-10-5 所示。

表 3-10-5　标准直齿圆柱齿轮的基本参数和符号

名称	符号	说明	图示
齿数	z	在齿轮整个圆周上均匀分布的轮齿总数。齿数影响齿轮的几何尺寸和齿廓曲线的形状	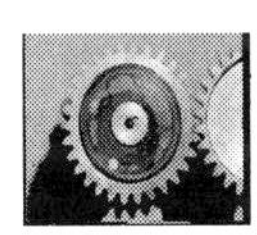
模数 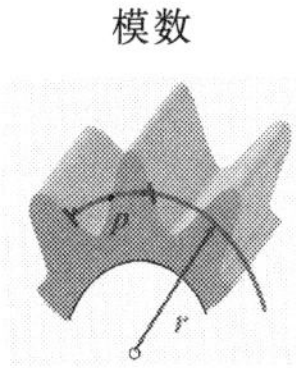	m	由于 π 是无理数，给齿轮的设计、制造及检测带来不便。为此，人为地将齿轮分度圆上的比值 p/π 取为一些简单的有理数，规定为标准值，并称该比值为模数，用 m 表示，单位是 mm。我国已制定了模数的国家标准，如表 3-10-6 所示。 分度圆的周长 $=\pi d=zp \Rightarrow d=zp/\pi$。 因此，分度圆直径 $d=mz$，分度圆齿距 $p=\pi m$。 模数 m 是决定齿轮尺寸及其轮齿大小和承载能力的重要参数。齿数相同的齿轮，模数愈大，其尺寸也愈大，如右图所示	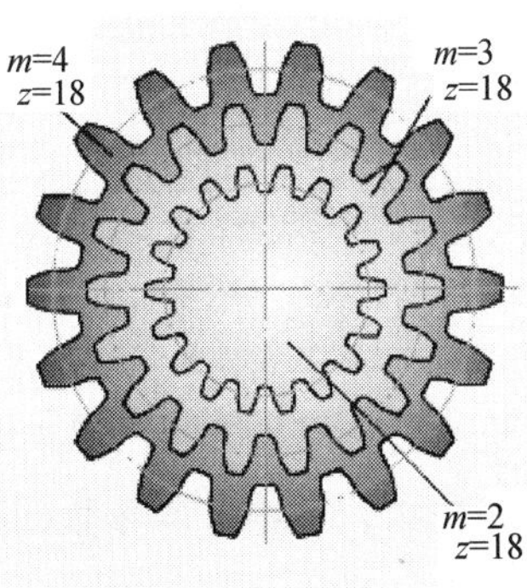

续表

名称	符号	说明	图示
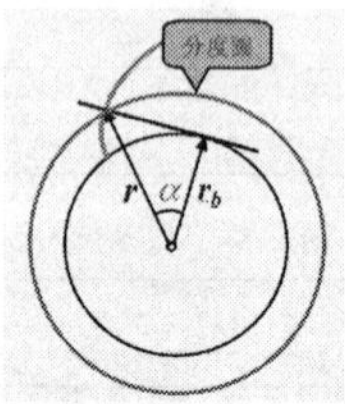 压力角	α	轮齿齿廓在齿轮各圆上具有不同的压力角,我国将分度圆压力角 α 规定为标准值。我国标准规定一般 $\alpha=20°$。此外,在某些场合也采用 $\alpha=14.5°$、15°、22.5°及 25°等的齿轮。 至此,我们可以给分度圆下一个完整的定义:分度圆就是齿轮上一个人为约定的齿轮计算的基准圆,规定分度圆上的模数和压力角为标准值	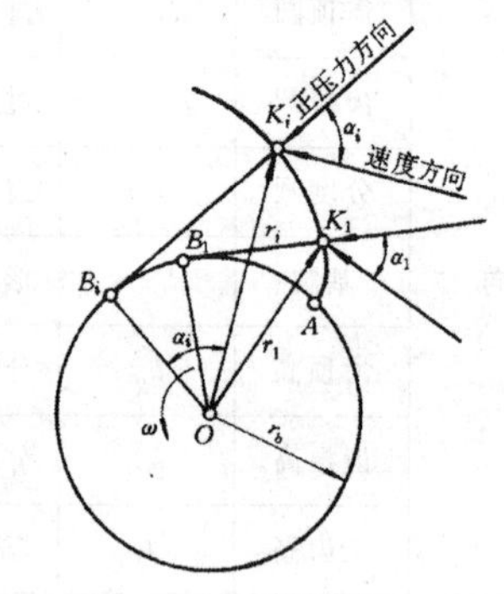
齿顶高系数	h_a^*	GB1356—88 规定了 h_a^* 和 c^* 的标准值: (1) 正常齿制:当 $m \geqslant 1$ mm 时,$h_a^*=1$,$c^*=0.25$;当 $m<1$ mm 时,$h_a^*=1$,$c^*=0.35$ (2) 短齿制:$h_a^*=0.8$,$c^*=0.3$	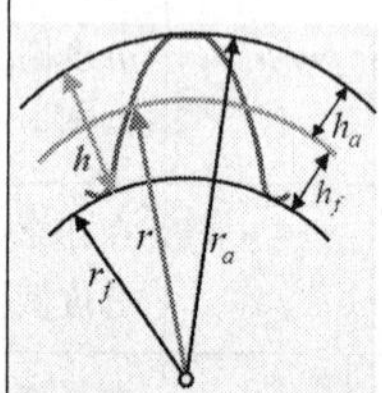 $h_a=h_a^* m$ $h_f=(h_a^*+c^*)m$ $h=h_a+h_f=2.25m$
顶隙系数	c^*	顶隙:一对相互啮合的齿轮中,一个齿轮的齿根圆与另一个齿轮的齿顶圆之间在连心线上度量的距离,用 c 表示,如右图所示。$c=mc^*$	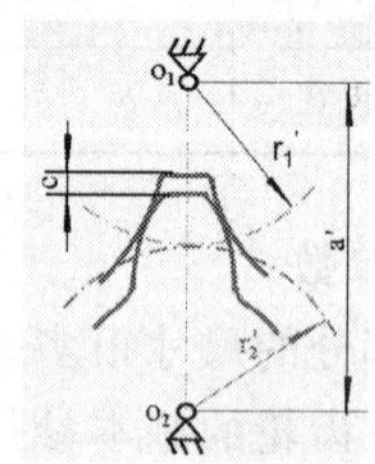 $c=c^* m$

表 3-10-6　标准模数系列　(摘自 GB1357—1987)

mm

第一系列	0.1	0.12	0.15	0.2	0.25	0.3	0.4	0.5
	0.6	0.8	1	1.25	1.5	2	2.5	3
	4	5	6	8	10	12	16	20
	25	32	40	50				
第二系列	0.35	0.7	0.9	1.75	2.25	2.75	(3.25)	3.5
	(3.75)	4.5	5.5	(6.5)	7	9	(11)	14
	18	22	28	(30)	36	45		

注:① 选取时优先采用第一系列,括号内的模数尽可能不用;

② 对斜齿轮,该表所示为法面模数 m_n。

③ 英美等国采用径节制。径节 P 是齿数 z 与分度圆 d 之比值,其单位为 in^{-1},径节 P 与模数 m 互为倒数,它们之间的换算关系为 $m=25.4/p$,常用的径节有 2、2.5、3、4、6、8、10、12、16、20 等。

标准齿轮是指基本参数(m、α、h_a^*、c^*)取标准值,具有标准的齿顶高和齿根高,分度圆齿厚 s 等于齿槽宽 e 的直齿圆柱齿轮称为**标准齿轮**,不能同时具备上述特征的直齿轮都是非标准齿轮。

3. 标准齿轮的几何尺寸

标准齿轮的几何尺寸公式如表3-10-7所示。由此可见，齿数、模数、压力角是决定渐开线形状的三个基本参数。

表 3-10-7　标准直齿圆柱齿轮几何尺寸的计算公式

名称	符号	计算公式
分度圆直径	d	$d_1=mz_1\quad d_2=mz_2$
齿顶高	h_a	$h_a=h_a^* m$
齿根高	h_f	$h_f=(h_a^*+c^*)m$
全齿高	h	$h=h_a+h_f=(2h_a^*+c^*)m$
齿顶圆直径	d_a	$d_{a1}=d\pm 2h_a=(z_1\pm 2h_a^*)m\quad d_{a2}=d_2\pm 2h_a=(z_2\pm 2h_a^*)m$
齿根圆直径	d_f	$d_{f1}=d_1\mp 2h_f=(z_1\mp 2h_a^*\mp 2c^*)m\quad d_{f2}=d_2\mp 2h_a=(z_2\mp 2h_a^*\mp 2c^*)m$
基圆直径	d_b	$d_{b1}=d_1\cos\alpha=mz_1\cos\alpha\quad d_{b2}=d_2\cos\alpha=mz_2\cos\alpha$
齿距	p	$p=\pi m$
齿厚	s	$s=\pi m/2$
齿槽宽	e	$e=\pi m/2$
中心距	a	$a=\frac{1}{2}(d_2\pm d_1)=\frac{m}{2}(z_2\pm z_1)$
顶隙	c	$c=c^* m$
基圆齿距	p_b	$p=\pi m\cos\alpha$

注：凡含“±”或“∓”的公式，上面符号用于外啮合，下面符号用于内啮合。

四、内齿轮和齿条

1. 内齿轮

如图3-10-15所示为一直齿内齿轮的一部分，它与外齿轮的不同点是：

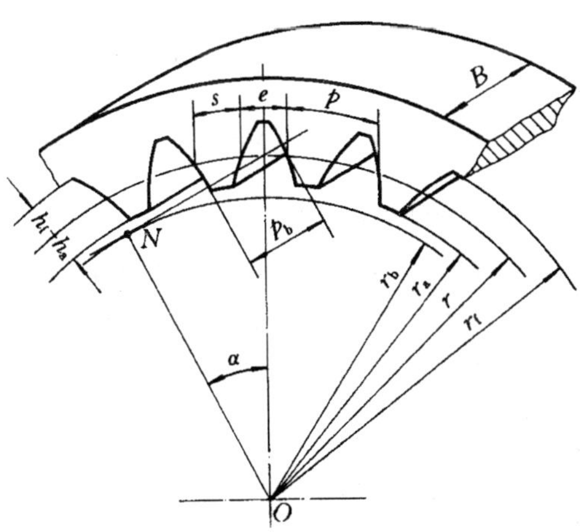

图 3-10-15　直齿内齿轮

(1) 内齿轮的齿廓是内凹的,其齿厚和齿槽宽分别对应于外齿轮的齿槽宽和齿厚;

(2) 内齿轮的齿顶圆小于分度圆,齿根圆大于分度圆;

(3) 为了使内齿轮与外齿轮组成的内啮合齿轮传动能正确啮合,内齿轮的齿顶圆必须大于基圆。

2. 齿条

如图 3-10-16 所示为一标准齿条。当标准外齿轮的齿数增加到无穷多时,齿轮的基圆及其他圆都变成互相平行的直线,同侧渐开线齿廓也变成互相平行的斜直线齿廓,这样就形成标准齿条。

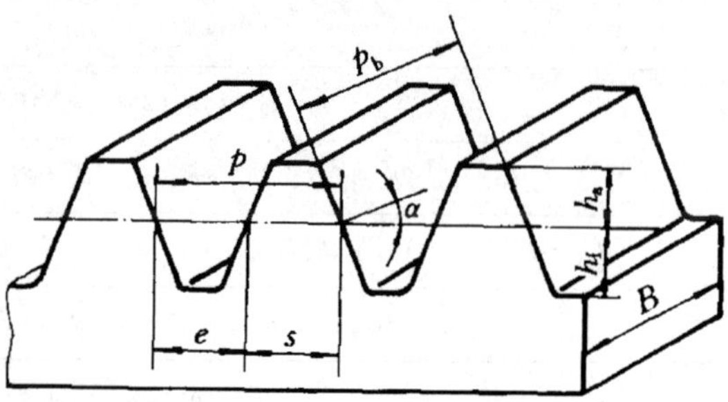

图 3-10-16 齿条

齿条的主要特点:

(1) 由于齿条齿廓为直线,所以齿廓上各点具有相同的压力角,且等于齿廓的倾斜角,此角称为齿形角,标准值为 20°;

(2) 与齿顶线平行的任一条直线上具有相同的齿距和模数;

(3) 与齿顶线平行且齿厚等于齿槽宽的直线称为分度线(中线),它是计算齿条尺寸的基准线。

任务实施

由上述知识,我们可以知道,如图 3-10-1 所示,车床变速箱中使用齿轮是为了实现从电动机到主轴的变速运动,所用的齿轮类型为常用的直齿圆柱齿轮和斜齿圆柱齿轮传动。由已知条件可知:

$$d_{a1}=m(z_1+2h_a^*)=m(38+2\times1)=100\ \text{mm}\Rightarrow m=\frac{100}{40}=2.5\ \text{mm}$$

$$a=\frac{1}{2}m(z_1+z_2)=\frac{1}{2}\times2.5\times(38+z_2)=112.5\ \text{mm}\Rightarrow z_2=\frac{112.5\times2}{2.5}-38=52$$

$$d_2=mz_2=2.5\times52=130\ \text{mm}$$

$$d_{a2}=m(z_2+2h_a^*)=2.5\times(52+2\times1)=135\ \text{mm}$$

$$d_{f2}=m(z_2-2h_a^*-2c^*)=2.5\times(52-2\times1-2\times0.25)=123.75\ \text{mm}$$

所以,可配换大齿轮的齿数为 52,模数为 2.5 mm,齿顶圆直径为 135 mm,齿根圆直径为 123.75 mm。

探索与发现

1. 用卡尺测量出如图 3-10-17 所示渐开线圆柱齿轮的三个齿和两个齿的反向渐开线之间

的公法线长度 $W_3=61.84$ mm，$W_2=37.56$ mm，齿顶圆直径 $d_a=208$ mm，齿根圆直径 $d_f=172$ mm，数得其齿数 $z=24$。试确定：

（1）该齿轮的模数 m、分度圆压力角 α；

（2）该齿轮的基圆齿距 P_b 和基圆齿厚 s_b。

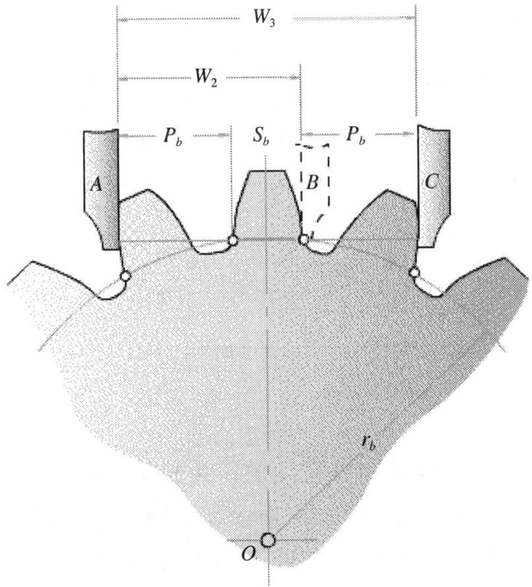

图 3-10-17　公法线测量示意图

2. 有一渐开线标准外啮合圆柱齿轮传动，其模数 $m=3$ mm，压力角 $\alpha=20°$，传动比 $i=3$。齿轮 1 齿数 $z_1=21$，主动轮顺时针回转。试确定：

（1）这对齿轮的几何尺寸；

（2）作图标注出基圆半径 r_b、啮合线 N_1N_2、啮合角 α'、节点 P、节圆半径 r'、中心距 a。

知识拓展

齿轮在轴上的固定方式

齿轮与轴之间的关系	结构简图	
	单一齿轮	双联齿轮
固定 （齿轮与轴固定为一体，齿轮与轴一同转动，齿轮不能沿轴向移动）	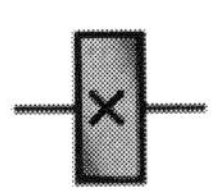	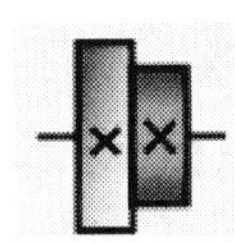
空套 （齿轮与轴空套，齿轮与轴各自转动，互不影响）	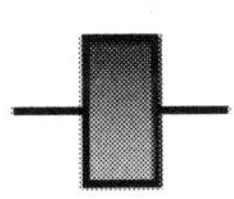	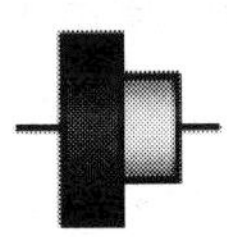
滑移 （齿轮与轴周向固定，齿轮与轴一同转动，但齿轮可沿轴向滑移）		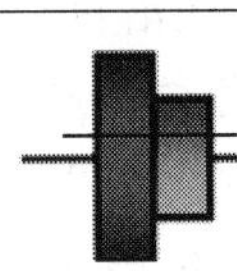

任务二　齿轮加工及变位齿轮

任务引入

现有4个标准齿轮,如下表所示,你能判断出哪两个齿轮能用同一把滚刀制造?这两个齿轮能否改成用同一把铣刀加工?滚刀与铣刀加工齿轮有何不同呢?哪个易产生根切呢?

齿轮编号	1	2	3	4
模数	4	4	3	2
齿数	25	50	16	40

任务分析

齿轮加工的基本要求是齿形准确和分齿均匀。齿轮加工的方法很多,有切削加工法、铸造法、模锻法、热轧法、冲压法、电加工法、粉末冶金法和切削法等。齿轮加工方法如此之多,以切削加工方法最为常用。切削法加工齿轮的工艺有多种,但就其原理来说可概括为仿形法和范成法两种。

知识链接

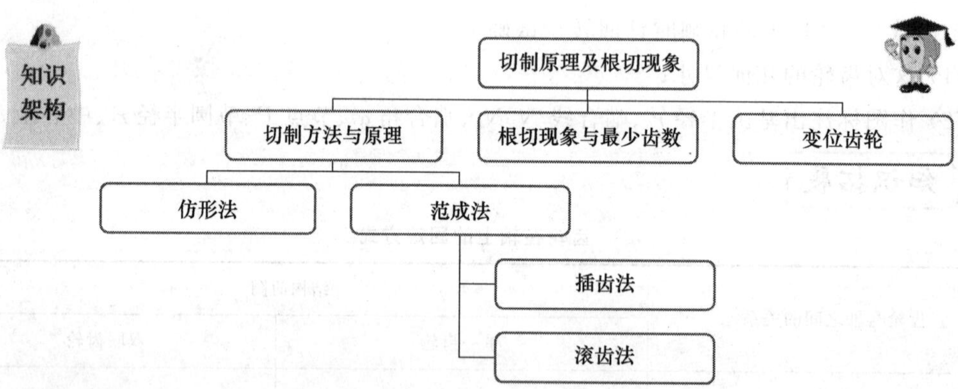

一、渐开线齿廓的加工方法与切削原理

1. 仿形法切齿原理

仿形法又叫成形法,它是在普通铣床上用轴向剖面形状与被切齿轮齿槽形状完全相同的圆盘铣刀或指状铣刀切制齿轮的方法,如图3-10-18所示。加工时铣刀绕自身轴线旋转为切削运动,轮坯沿自身轴线方向移动为送进运动,这样便可切出一个齿槽。铣完一个齿槽后,将轮坯退回原位,分度头将齿坯转过$360°/z$,再铣第二个齿槽,直到铣出所有的齿槽。其特点是所采用的刀具在其轴剖面内,刀刃的形状和被切齿槽的形状相同。仿形法主要有铣齿法(图3-10-18、图3-10-21)、拉齿法(图3-10-19)和冲齿法(图3-10-20)。

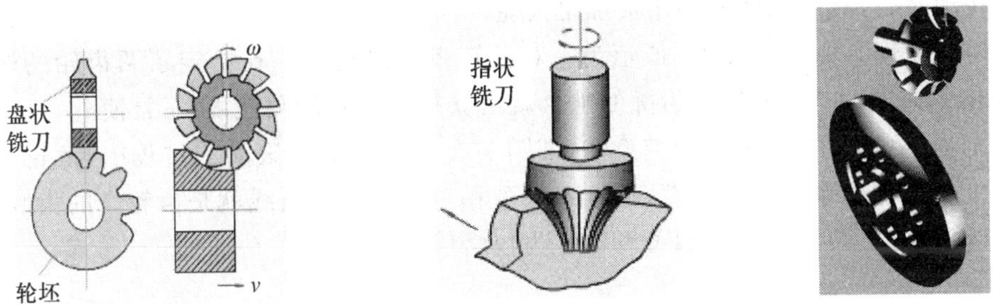

(a) 盘状铣刀加工齿轮　　(b) 指状铣刀加工齿轮　　(c) 盘形铣刀实物图

图 3-10-18 仿形法——铣齿法切齿原理

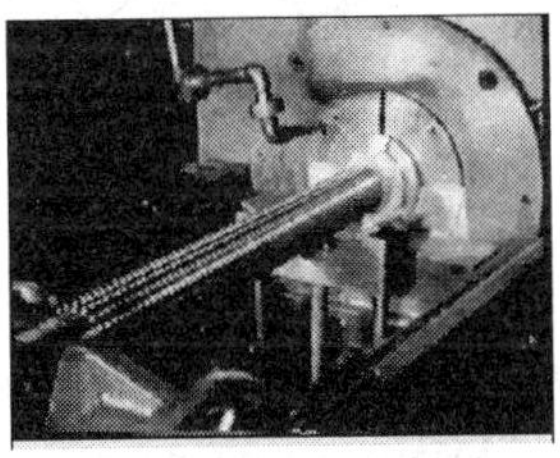

图 3-10-19 拉削齿轮

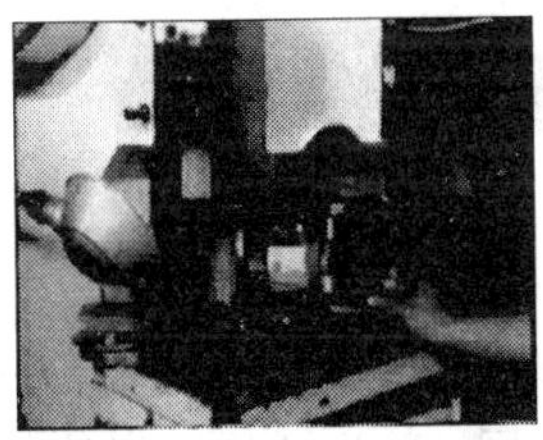

图 3-10-20 冲压齿轮

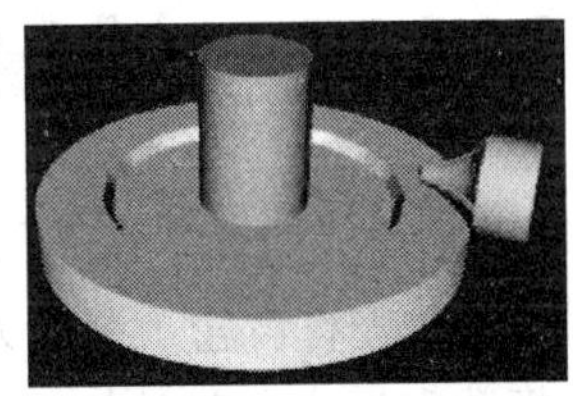

图 3-10-21 指状铣刀加工齿轮原理

对不便采用盘状铣刀加工的大模数齿轮和人字斜齿轮等均宜采用指状铣刀加工，它一般用来切制大模数($m\geqslant 8$ mm)的齿轮，如图 3-10-18(b)及图 3-10-21 所示。

由于渐开线齿廓形状取决于基圆的大小，而基圆半径 $r_b=(mz\cos\alpha)/2$，故齿廓形状与 m、z、α 有关。欲加工精确齿廓，对模数和压力角相同的、齿数不同的齿轮，应采用不同的刀具，而这在实际中是不经济的。所以，生产中通常用同一号铣刀切制相同模数和压力角、不同齿数的齿轮，故齿形通常是近似的。一般只备有 1 至 8 号八种齿轮铣刀，根据被铣切齿轮的齿数，选择铣刀号码。各号圆盘铣刀加工齿轮的齿数范围如表 3-10-8 所示。

表 3-10-8 盘铣刀加工齿数的范围

刀号	1	2	3	4	5	6	7	8
加工齿数范围	12～13	14～15	17～20	21～25	25～34	35～54	55～134	135 以上

由于铣刀号码有限，分度也有误差，因而加工精度较低。同时，由于逐个齿切削，加工不连续，因而生产效率低，所以不宜用于大量生产。但它可以在普通铣床上加工，不需专用机床，使加工方便易行。因此，这种方法适用于单件生产及精度要求不高的齿轮加工。

2. 范成法切齿原理

(1) 定义：范成法又称为展成法或包络法，它是利用一对齿轮(或齿轮与齿条)互相啮合时，其共轭齿廓互为包络线的原理来加工齿廓，其中一个齿轮(或齿条)作为刀具，另一个齿轮则为被切齿轮毛坯。其实质是，在保证刀具和轮坯之间按渐开线齿轮啮合关系运动的同时对轮坯进行切削，以切出与刀具齿廓共轭的渐开线齿廓。范成法是目前齿轮加工的主要方法。范成法种类很多，主要有齿轮插刀法、齿条插刀法、齿轮滚刀法、剃齿、磨齿等。其中最常用的是插齿和滚齿，剃齿和磨齿用于精度和粗糙度要求较高的场合。例如，如图 3-10-22 所示，假设将标准齿条作为刀具，另一齿轮为被切齿轮毛坯。当刀具以 $v=r\omega$ 作等速移动，齿轮毛坯以

ω 作等速转动时,刀具齿廓就能切出被加工齿轮的齿廓。

(2) 切削原理。如图 3-10-23 所示为一对已知齿轮的传动。在给定了两齿轮的渐开线齿廓和主动轮角速度 ω_1 后,通过两齿廓的啮合就可获得从动轮的角速度 ω_2 且使 $i_{12}=\omega_1/\omega_2=$定值。因为两齿廓啮合中,两节圆作纯滚动,节圆 1 在节圆 2 上纯滚动的过程中,齿轮 1 的齿廓对于齿轮 2 将占据一系列相对位置,而这一系列相对位置的包络线就是齿轮 2 的齿廓,也即在两节圆作纯滚动时,两渐开线齿廓可看作互为包络线。

图 3-10-22　范成法切齿原理

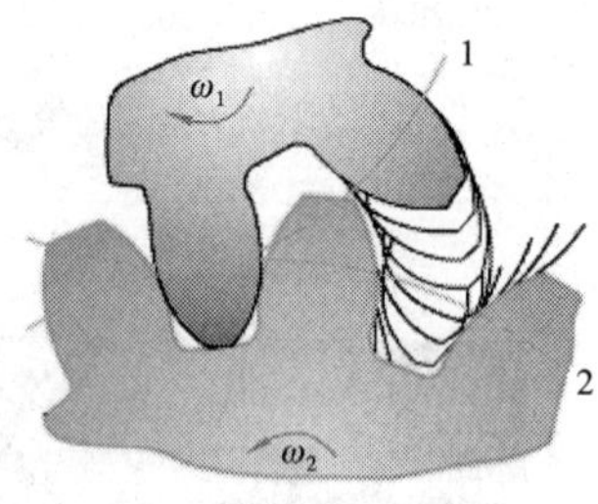

图 3-10-23　一对齿轮传动啮合轨迹

① 插齿。若将齿轮 1 制成刀具,即在齿轮 1 上磨削出刀刃,称为齿轮插刀,其形状和齿轮相似,其模数和压力角与被加工齿轮相同。2 为被加工齿轮的轮坯,如图 3-10-24 所示,为用齿轮插刀加工齿轮时的情形。插齿时,插刀和轮坯按恒定的传动比 $i=\omega_{刀}/\omega_{坯}=z_{坯}/z_{刀}$ 作回转运动——范成运动;同时插齿刀沿轮坯轴线方向作上下往复的切削运动;为了切出轮齿的高度,插刀还需向轮坯中心作进给运动,直至达到规定的轮齿高度为止。此外,为了防止在切削运动中插刀向上退刀时与轮坯发生摩擦而损伤已切好的齿面,轮坯还须作径向让刀运动。同时,由专用的插齿机床的传动系统严格地保证插齿刀和轮坯的范成运动,齿轮插刀刀具顶部比正常齿高出 $c^* m$,以便切出顶隙部分。这样插刀刀刃在轮坯上占据的一系列相对位置就可以切出所需的渐开线齿廓来。

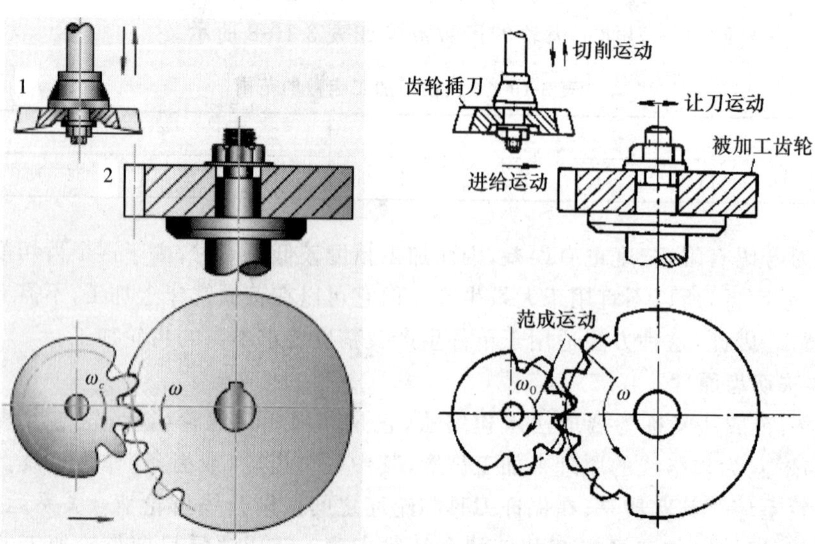

(a) 实物图　　(b) 加工原理图

图 3-10-24　齿轮插刀加工齿轮

用范成法加工齿轮时，只要刀具与被切齿轮的模数和压力角相同，不论被加工齿轮的齿数是多少，都可以用同一把刀具来加工，这给生产带来了很大的方便，因此范成法得到了广泛的应用。

同理，当齿轮插刀的齿数增加到无穷多时，其基圆半径变为无穷大，插齿刀的齿廓变成直线齿廓，齿轮插刀就变成齿条插刀，如图 3-10-25 所示为齿条插刀加工轮齿的情形，使插齿机床保证齿条插刀与轮坯的范成运动，即保证 $v_{刀}=r\omega$，式中 $v_{刀}$ 为齿条插刀的移动速度，r 为被加切齿轮的分度圆半径，ω 为轮坯的角速度。再加上齿条插刀沿轮坯轴线方向的切削运动，就可以切出渐开线齿轮。由于渐开线齿条的齿廓是直线，因而齿条插刀的刀刃可以制造得比较精确，从而使被加工出来的渐开线齿廓也就比较准确。但是齿条插刀的长度是有限的，当被加工齿轮的齿数多于齿条刀齿数时，切削加工就不连续，得重新调整齿条插刀与轮坯的相对位置。

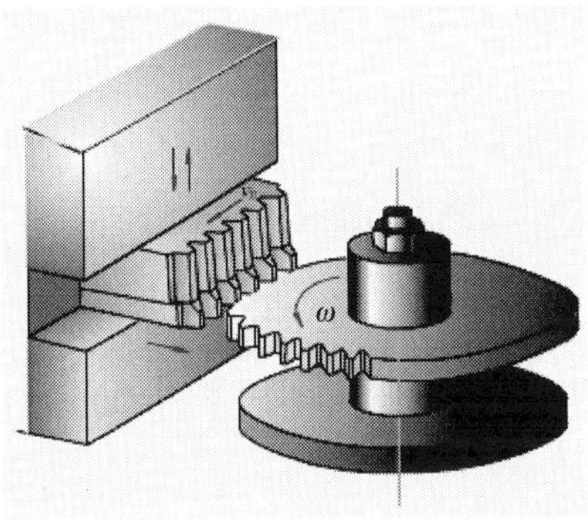

(a)　实物图

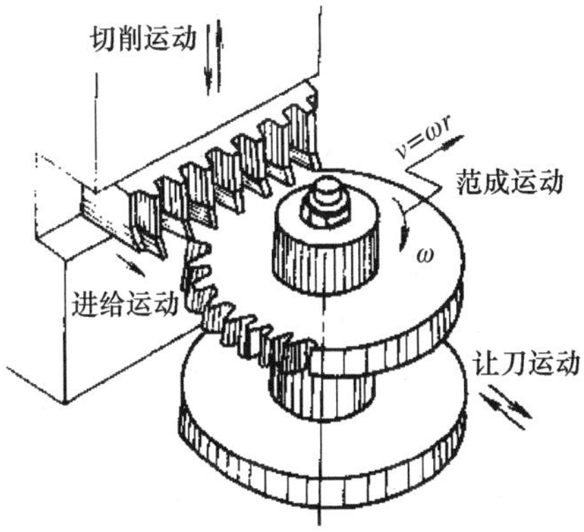

(b)　加工原理图

图 3-10-25　齿条插刀加工齿轮

② 滚齿。齿轮插刀和齿条插刀都只能间断地切削，生产效率低，为了解决因齿条插刀有限长而带来加工中的问题，在生产中普遍采用齿轮滚刀来加工齿轮，该专用机床称为滚齿机。齿轮滚刀的形状类似沿纵向开了沟槽的螺旋，其轴向剖面齿形与齿条相同，如图 3-10-26 所示。

(a) 齿轮滚刀实物图

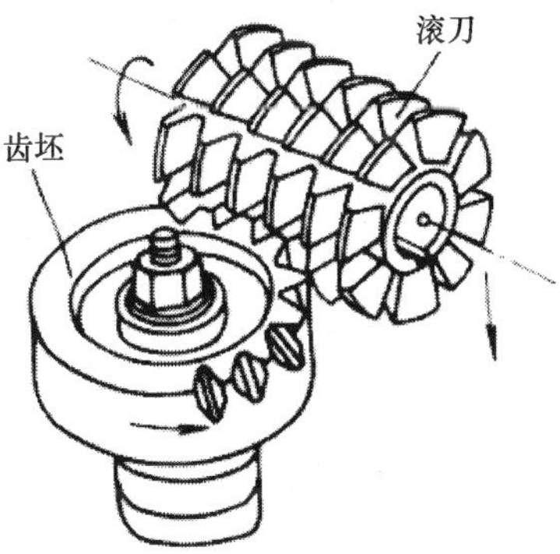

(b) 齿轮滚刀加工原理图

图 3-10-26　齿轮滚刀加工齿轮

滚齿加工方法基于齿轮与齿条相啮合的原理。滚刀在轮坯端面上的投影为一渐开线齿条,滚刀转动时相当于一齿条刀作连续的移动。这样用齿轮滚刀加工齿轮生产过程就连续了。加工过程中,除了滚刀与轮坯相对转动外,滚刀沿轮坯轴线方向还作送进运动,以便切出整个齿宽。

3. 标准齿条型刀具的齿形

标准齿条型刀具的齿形与标准齿条基本相同,只是齿顶增加了 $c^* m$ 的高度,目的是为了切出被切齿轮的径向间隙。因齿条刀的分度线等分其齿高,故又称为中线。刀顶线与直线齿廓之间的过渡处不是直线,而是以半径为 ρ 的圆角刀刃。它不能切出渐开线齿廓,只能切出齿根部分的过渡曲线。刀顶线是用来切制被切齿轮齿根圆的,如图 3-10-27 所示。

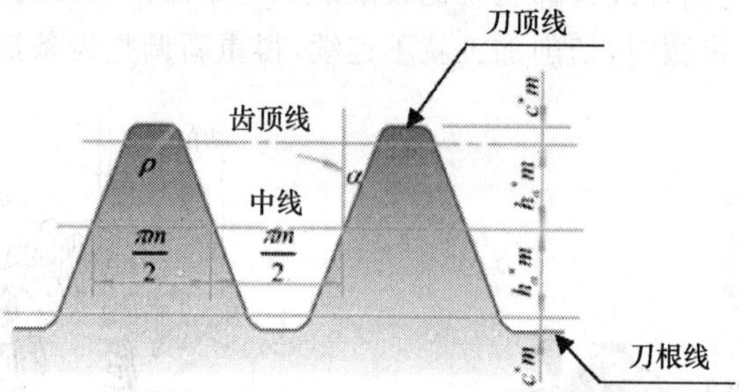

图 3-10-27　标准齿条刀齿形图

4. 齿轮的切制

(1) 标准齿轮的切制

如图 3-10-28 所示,齿条刀中线与齿轮坯分度圆相切并作纯滚动。因为刀具中线上的齿厚等于齿槽宽,所以被切齿轮齿槽宽等于齿厚,即 $e=s$。此外,由于分度圆与中线相切,则齿根高等于齿条刀顶线至分度圆的距离 $(h_a^*+c^*)m$。因为齿轮坯的齿顶圆是预先已按标准齿轮的齿顶圆直径加工好了的,故其齿顶高等于 $h_a^* m$,这样切出的齿轮是标准齿轮。

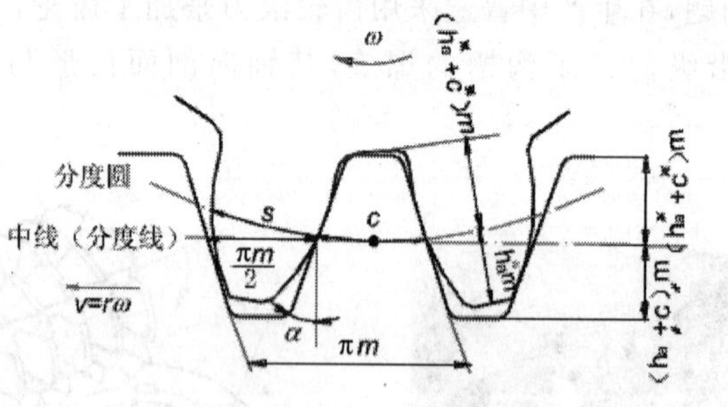

图 3-10-28　标准齿轮的切制

(2) 变位齿轮的切制

变位齿轮是指当齿条刀中线不与齿轮坯分度圆相切,而是相距(相割或相离) xm 时,如图 3-10-29(a)、图 3-10-29(c)所示的位置。刀具的移动速度 $v=r\omega$ 时,此时平行于刀具中线的一条直线(节线)与轮坯的分度圆相切并作纯滚动,这种改变刀具位置,使中线距离轮坯分度圆为 xm 时,加工出的齿轮称为**变位齿轮**,x 称为**变位系数**。距离 xm 为齿条中线由切制标准齿轮的位置沿轮坯径向离开或靠近齿轮坯中心所移动的距离,称为径向变位量(简称**变位量**),$\Delta=xm$。

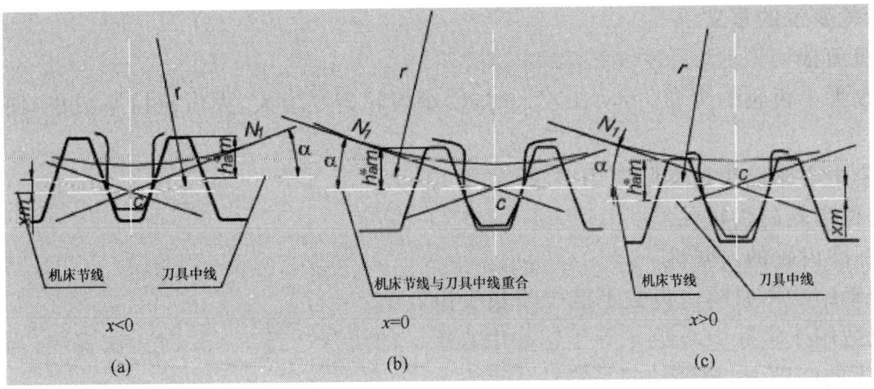

图 3-10-29 变位齿轮的切制

二、变位齿轮简介

1. 相关概念

齿条刀中线远离齿轮中心，变位系数取正值($x>0$)，称为**正变位**，所切出的齿轮称为正变位齿轮。

齿条刀中线靠近齿轮中心，变位系数取负值($x<0$)，称为**负变位**，所切出的齿轮称为负变位齿轮。如图 3-10-30 所示。

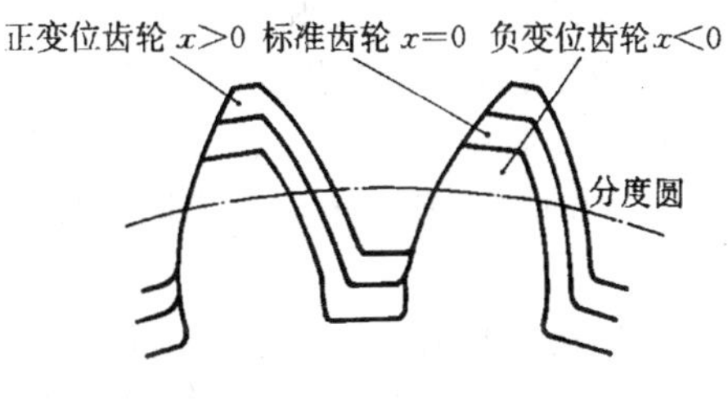

图 3-10-30 变位齿轮的切制

用同一把齿条刀切出齿数相同的标准齿轮、正变位齿轮及负变位齿轮，它们的模数、压力角、分度圆、齿距及基圆等均相等。由于 x 的不同，虽然它们的齿廓渐开线均由相同的基圆展出，但所取的部位不同，它们的齿顶高、齿根高、齿厚及齿槽宽各不相同。如图 3-10-31 所示。

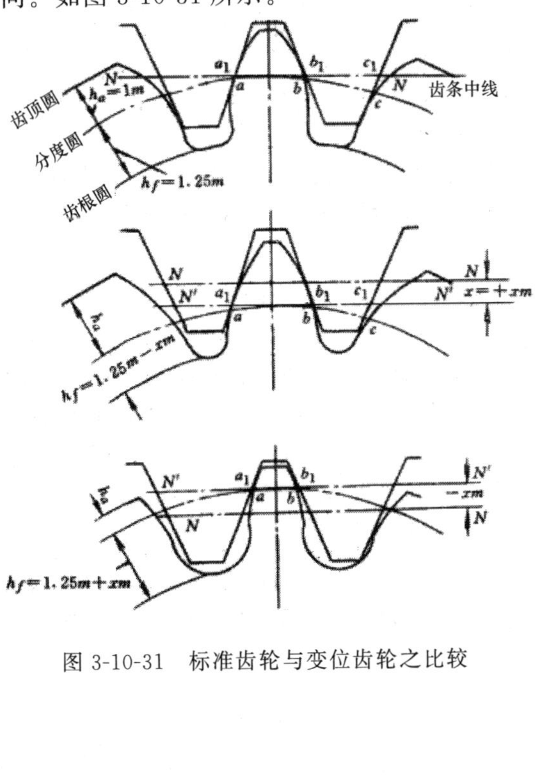

图 3-10-31 标准齿轮与变位齿轮之比较

2. 齿轮变位的意义

(1) 避免根切

(2) 改善小齿轮的寿命(传动比较大时,使小齿轮齿厚增大,大齿轮齿厚减小,使一对齿轮的寿命相当)

(3) 凑中心距以满足实际应用要求

3. 变位齿轮的优越性

(1) 标准齿轮的局限性

① 传动结构不紧凑。齿数不能少于最少齿数 $z_{min}=17$。

② 仅适用于实际中心距 a' 等于标准中心距 a 的场合。当 $a'<a$ 时无法安装,当 $a'>a$ 时会产生过大的间隙,影响传动的平稳性。

③ 一对啮合齿轮中,不能满足等强度要求。小齿轮齿根厚度小,啮合次数多,故小齿轮的强度较低,先损坏。

为了改善标准齿轮传动性能,出现了变位齿轮。

(2) 变位齿轮的优点及应用

① 可提高轮齿的强度和承载能力(正变位齿轮)。当两轮的材料和尺寸给定后,采用正变位或高度变位可提高齿轮传动的承载能力 20%以上。

② 配凑安装中心距($a'>a$ 正变位,$a'<a$ 负变位)。变速箱中通常有几对齿轮安装在同一对轴上,同时要求各对齿轮有不同的传动比。在这种情况下,只有采用变位齿轮才能凑上同一中心距。

③ 可以避免根切($z<17$,正变位)。

④ 改善齿面滑动状况,修复磨损齿轮(大齿轮——负变位,小齿轮——正变位)。在齿轮传动的维修工作中,经常遇到小轮磨损严重,而大轮磨损较轻的现象,这时可对大轮作负变位,小轮作正变位重新配制。

⑤ 减小机构尺寸。采用高度变位或正变位传动,可将小齿轮齿数减少至 $z_1<z_{min}$,使机构尺寸大为减小。可见应用变位齿轮对于降低成本和节约材料具有十分重要的意义。

三、齿廓不根切条件

(1) 根切现象

如图 3-10-32 所示,用范成法切制齿轮的过程中,有时刀具会把齿轮根部已加工好的渐开线齿廓切去一部分,这种现象称为**根切**。根切将削弱齿根的强度,甚至可能降低重合度,影响传动质量,应尽量避免。

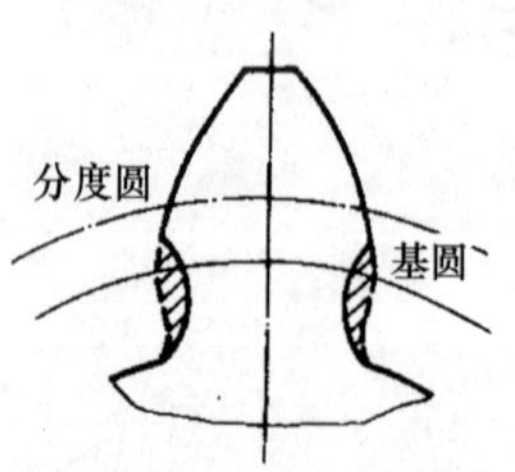

图 3-10-32 齿轮根切现象

(2) 产生原因

如图 3-10-33 所示为齿条刀的齿顶线超过极限啮合点 N_1(啮合线与被切齿轮基圆的切点)的情况。当刀具以速度 v 移动到达位置Ⅱ时,刀刃齿廓将被加工轮齿的渐开线齿廓完全切出。范成加工继续进行,刀具移动距离 s 到达位置Ⅲ,刀刃齿廓与啮合线 NN 交于点 K。与此同时,齿轮相应转过 ϕ 角,其基圆转过的弧长 $N_1N_1'=r_b\varphi=\varphi r\cos\alpha=s\cos\alpha$,而刀具两位置的垂直距离为$\overline{N_1'K}=s\cos\alpha$,则 $N_1N_1'=\overline{N_1K}$,因此有$\overline{N_1N_1'}<\overline{N_1K}$。该式表明渐开线齿廓上的点 N_1' 落在刀刃的左内侧,即点 N_1' 附近的渐开线被刀刃切掉而产生根切,如图 3-10-33 中的阴影部分所示。

(3) 根切的后果

① 削弱轮齿的抗弯强度；② 使重合度 ε 下降。

(4) 避免根切的方法

以上分析可知，产生根切的原因是刀具的齿顶线超过极限啮合点 N_1，因此可以利用移距变位的方法避免根切。如图 3-10-34 所示，为了避免根切，齿条刀采用正变位，变位量为 $\Delta=xm$。这样使刀具齿顶线通过极限啮合点 N_1，刚好不根切。由此可得不根切的条件为：

$$\overline{N_1M}\geqslant h_a^* m-xm$$

因 $\overline{N_1M}=\overline{CN_1}\sin\alpha=r\sin^2\alpha=\frac{1}{2}mz\sin^2\alpha$，所以有 $\frac{1}{2}z\sin^2\alpha\geqslant h_a^*-x$。

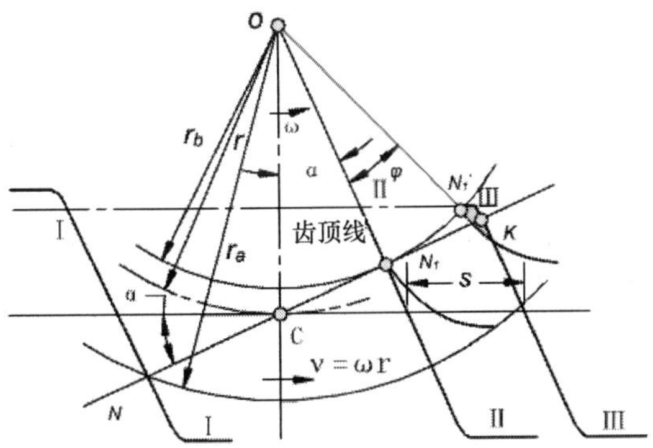

图 3-10-33　根切产生的原因

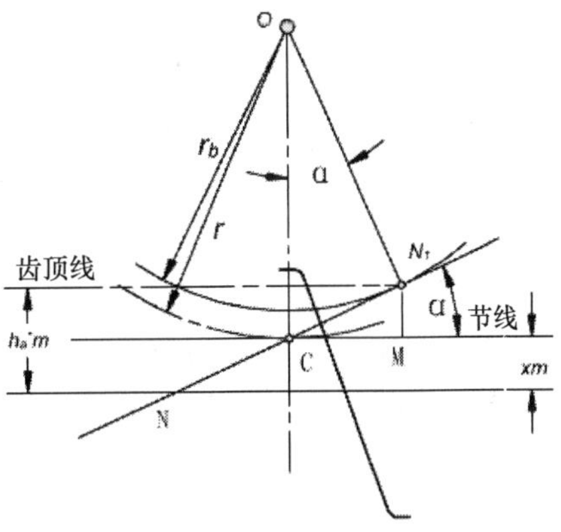

图 3-10-34　避免根切产生的方法

避免根切主要有以下几种方法。

① 标准齿轮不产生根切的最少齿数条件

因标准齿轮 $x=0$，由 $\frac{1}{2}z\sin^2\alpha\geqslant h_a^*-x$ 得不根切条件为 $z\geqslant\frac{2h_a^*}{\sin^2\alpha}$，因此，得出标准齿条刀加工标准齿轮不产生根切的最少齿数 $z_{\min}$：

$$z_{\min}=\frac{2h_a^*}{\sin^2\alpha} \tag{3-10-6}$$

当 $h_a^*=1$，$\alpha=20°$时，可以得到标准齿轮不产生根切的最少齿数 $z_{\min}=17$。

当 $h_a^*=0.8$，$\alpha=20°$时，可以得到标准齿轮不产生根切的最少齿数 $z_{\min}=14$。

② 变位齿轮不产生根切的最小变位系数

由式$\frac{1}{2}z\sin^2\alpha\geqslant h_a^*-x$ 得不根切条件

$$x\geqslant h_a^*-\frac{1}{2}z\sin^2\alpha \tag{3-10-7}$$

因此有 $x_{\min}=h_a^*-\frac{1}{2}z\sin^2\alpha$，将式(3-10-6)代入式(3-10-7)并整理，可得变位齿轮不产生根切的最小变位系数为

$$x_{\min}=h_a^*\ \frac{(z_{\min}-z)}{z_{\min}}\Rightarrow x_{\min}=\frac{z_{\min}-z}{z_{\min}}\Rightarrow x_{\min}=\frac{17-z}{17} \tag{3-10-8}$$

式(3-10-8)表明：当 $z<z_{\min}$时，为了避免根切，必须采用正变位且 $x\geqslant x_{\min}>0$；当 $z>z_{\min}$

时,可以采用负变位($x<0$),只要满足 $x \geqslant x_{\min}$ 的条件就不会产生根切。

③ 改变齿顶高系数和压力角

由式(3-10-7)可知,减小齿顶高系数 h_a^* 或加大压力角 α,均可提高齿轮避免根切的能力。但是,这样需要采用非标准刀具,成本将增加,一般情况不宜采用。

任务实施

由上述知识的学习,我们可以判断出 1、2 两轮由于模数相同,压力角相同,因此可以用同一把滚刀进行制造,也可以用同一把铣刀加工。由于用铣刀加工齿轮是仿形法的一种,加工方便易行,但精度难以保证。这是由于渐开线齿廓形状取决于基圆的大小,而基圆半径 $r_b=(mz\cos\alpha)/2$,故齿廓形状与 m、z、α 有关。欲加工精确齿廓,对模数和压力角相同的、齿数不同的齿轮,应采用不同的刀具,而这在实际中是不可能的。生产中通常用同一号铣刀切制同模数、不同齿数的齿轮,故齿形通常是近似的。用滚刀加工齿轮属于范成法的一种,用范成法加工齿轮时,只要刀具与被切齿轮的模数和压力角相同,不论被加工齿轮的齿数是多少,都可以用同一把刀具来加工,这给生产带来了很大的方便,因此范成法得到了广泛的应用。根切现象是在用范成法切制齿轮的过程中才会出现的情况,所以用滚刀加工齿轮时才能产生根切现象。根切将削弱齿根的强度,甚至可能降低重合度,影响传动质量,应尽量避免。

探索与发现

1. 用同一条刀具加工齿数相同的正变位齿轮与标准齿轮,该两齿轮相比,其基本参数和主要几何参数有哪些变化?

2. 在什么情况下需要采用变位齿轮?

知识拓展

渐开线圆柱齿轮主要精度

GB/T 10095—88《渐开线圆柱齿轮精度》(以下简称:旧标准)是由国家技术监督局发布,1989 年 10 月 1 日实施。

我们由前述第一部分齿轮相关基本知识已知道,对于单个齿轮而言,齿轮的基本要求是传动的准确性;传动的平稳性;载荷分布的均匀性。对于齿轮副而言要求有传动侧隙。不同的齿轮,要求也不同:高速齿轮——侧重传动平稳性;低速重载齿轮——侧重载荷分布均匀;分度齿轮——侧重传动准确性,且传动侧隙要小。衡量这些基本要求可用齿轮精度的指标Ⅰ、Ⅱ、Ⅲ三个公差组来表示。第Ⅰ公差组:主要影响传递运动的准确性。第Ⅱ公差组:影响传递运动的平稳性。第Ⅲ公差组:影响载荷分布的均匀性。每个公差组都分为 12 个精度等级,齿厚偏差用 C、D、E、F 等 14 个代号表示。如:

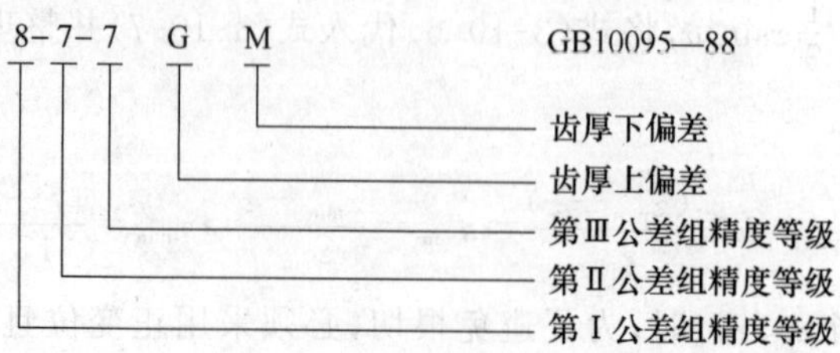

任务三　数控车床用靠模装置中的直齿圆柱齿轮传动设计

任务引入

今有一数控车床用靠模装置，如图 3-10-35(a)所示，其二级圆柱齿轮传动装置如图 3-10-35(b)、图 3-10-35(c)所示，试按照如下要求完成任务。

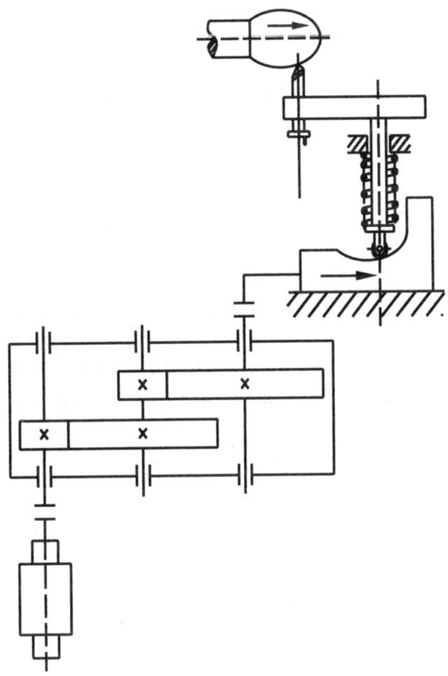

(a)　数控车床用靠模装置示意图

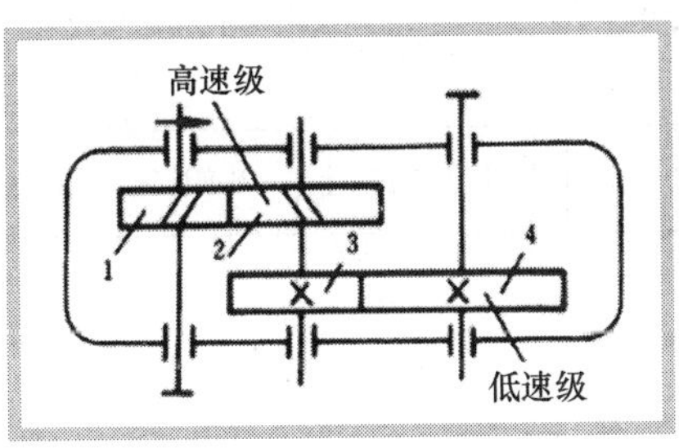

(b) 传动装置示意图

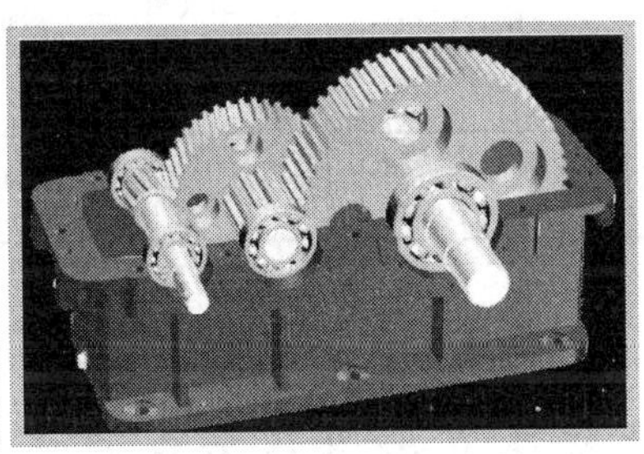

(c) 传动装置实物图

图 3-10-35　数控车床用靠模装置示意图

一、已知条件

1. 工作条件：两班制，连续单向运转，载荷较平稳，室内工作，有粉尘，环境最高温度 35℃。
2. 使用折旧期：9 年。
3. 检修间隔期：四年一次大修，两年一次中修，半年一次小修。
4. 动力来源：电力，三相交流，电压 380/220 V。

5. 工作速度允许误差:±5%。

6. 制造条件及生产批量:一般机械厂制造,批量生产。

二、设计数据

1. 传动装置中间轴输入功率 $P_2=8.38\ \text{kW}$;

2. 中间轴转速 $n_2=231.173\ \text{r/min}$;

3. 低速级齿轮传动的传动比 $i_{34}=3.23$。

三、设计任务

设计数控车床用靠模装置二级圆柱齿轮传动装置低速级标准直齿圆柱齿轮传动。

任务分析

齿轮传动是机械传动中应用最广泛的一种传动形式。按照工作条件、齿轮传动可分为开式传动和闭式传动两种。开式传动,齿轮外露,不能保证良好的润滑,且容易落入灰砂、异物等,轮齿齿面易磨损,一般用于低速场合。闭式传动,齿轮被封闭在刚性的箱体内,密封润滑条件好,重要的齿轮传动大多采用闭式传动。有关齿轮传动的啮合原理、几何计算和切齿方法等在任务一和任务二中已有介绍。本任务着重介绍齿轮传动的正确啮合条件、连续运动条件、失效形式、设计准则、常用材料、直齿圆柱齿轮传动的受力分析及设计计算等知识。

知识链接

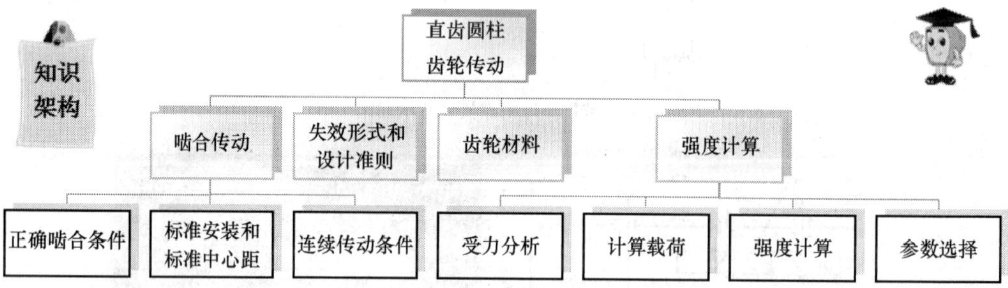

一、渐开线标准直齿圆柱齿轮的啮合传动

1. 正确啮合条件

一对渐开线齿廓能保证定传动比传动,但这并不表明任意两个渐开线齿轮都能搭配起来正确啮合传动。为了正确啮合,还必须满足一定的条件。如图 3-10-36 所示,齿轮传动时,它的每一对轮齿仅啮合一段时间便要分离而由后一对轮齿接替。当前一对轮齿在啮合线上 K 点啮合时,后一对轮齿必须已在啮合线上另一点 K' 啮合。为了保证前后两对轮齿能在啮合线上同时接触而又不产生干涉,则必须使轮 1 的相邻两齿同侧齿廓沿啮合线(公法线)上的距离 $\overline{K_1K'_1}$ 与轮 2 的相邻两齿同侧齿廓沿啮合线上的距离 $\overline{K_2K'_2}$ 相等。为了保证定传动比,两啮合点 K 和 K' 必须同时落在啮合线 N_1N_2 上;否则,将出现卡死或冲击的现象。这一条件可以表

述为$\overline{K_1K'_1}=\overline{K_2K'_2}=\overline{KK'}$。$\overline{K_1K'_1}$和$\overline{K_2K'_2}$分别为齿轮1和齿轮2相邻同侧齿廓沿公法线上的距离，称为法向齿距，用p_{n1}、p_{n2}表示。因此，一对齿轮实现定传动比的正确啮合条件为两轮的法向齿距相等。又根据渐开线性质可知，齿轮法向齿距与基圆齿距相等，所以，欲使一对齿轮能够正确啮合，则两轮的基圆齿距相等，即

$$p_{b1}=p_{b2} \tag{3-10-9}$$

将$p_{b1}=\pi m_1\cos\alpha_1$和$p_{b2}=\pi m_2\cos\alpha_2$代入上式，故可得两齿轮正确啮合的条件为：

$$m_1\cos\alpha_1=m_2\cos\alpha_2$$

式中m_1、m_2和α_1、α_2分别为两轮的模数和压力角。由于齿轮的模数和压力角都已标准化，要满足上述条件，则应使

$$\left.\begin{aligned}m_1=m_2=m\\ \alpha_1=\alpha_2=\alpha\end{aligned}\right\} \tag{3-10-10}$$

来保证两轮的法向齿距相等。因此，渐开线直齿圆柱齿轮的正确啮合条件最终表述为：**两齿轮的模数和压力角必须分别相等，且等于标准值。**

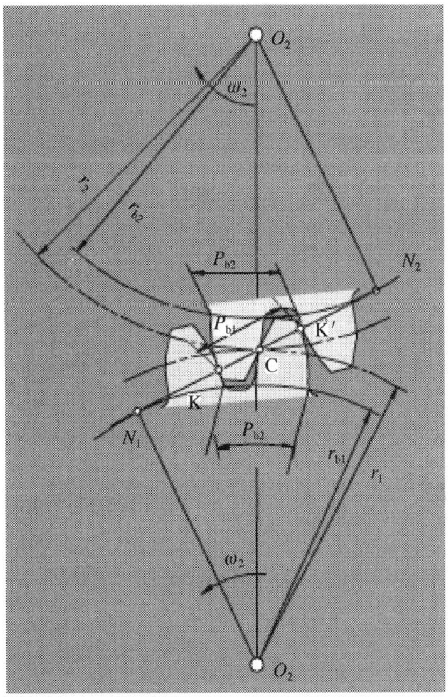

图3-10-36　渐开线齿轮正确啮合

这样，一对齿轮的传动比可表示为：

$$i=\frac{\omega_1}{\omega_2}=\frac{n_1}{n_2}=\frac{r'_2}{r'_1}=\frac{r_{b2}}{r_{b1}}=\frac{r_2}{r_1}=\frac{z_2}{z_2} \tag{3-10-11}$$

2. 标准安装和标准中心距

（1）无齿侧隙啮合条件

齿轮啮合传动时，为了在啮合齿廓之间形成润滑油膜，避免因轮齿摩擦发热膨胀而卡死，齿廓之间必须留有间隙，此间隙称为齿侧间隙，简称**侧隙**。也即是，一对齿轮传动时，一齿轮节圆上的齿槽宽e与另一齿轮节圆上的齿厚s之差称为齿侧间隙。用c'表示，即$c'=e-s$。但是，齿侧间隙的存在会产生齿间冲击，影响齿轮传动的平稳，因此，这个间隙只能很小，通常由齿轮公差来保证。在齿轮传动中，特别是在机电一体化产品（系统）的齿轮传动中，为了消除反向传动出现空程和减小冲击、噪声，要求齿侧间隙c'等于零。所以，在机械设计中，正确安装的齿轮都应按照无齿侧间隙的理想情况计算其名义尺寸。

一对齿轮啮合过程中，两节圆作纯滚动。因此，两齿轮节圆齿距应相等，即$p'_1=p'_2$。为保证无齿侧间隙啮合，一齿轮的节圆齿厚必须等于另一齿轮节圆齿槽宽，即$s'_1=e'_2$或$s'_2=e'_1$。这样有$p'_1=s'_1+e'_1$，$p'_2=s'_2+e'_2$，故$p=s'_1+s'_2$。

即齿轮啮合传动的无侧隙啮合条件是：**节圆齿距等于两轮节圆齿厚之和。**

（2）标准安装和标准中心距

一对相互啮合的标准齿轮，其模数相等，故两轮分度圆上的齿厚和齿槽宽相等，即$s_1=e_1=s_2=e_2=\pi m/2$。因此，当分度圆与节圆重合（即两轮分度圆相切）时，可满足无齿侧间隙的条件，这种无齿侧间隙的安装称为**标准安装**，标准安装时的中心距称为**标准中心距**，以a表示。如图3-10-37所示，对于外啮合传动：

$$a=r_1+r_2=\frac{m}{2}(z_1+z_2) \tag{3-10-12}$$

对于内啮合传动：

$$a=r_2-r_1=\frac{m}{2}(z_2-z_1) \tag{3-10-13}$$

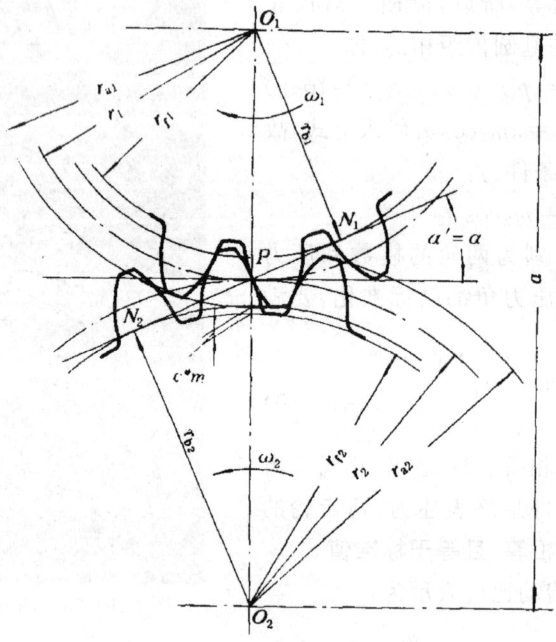

图 3-10-37　标准齿轮正确安装

由图 3-10-37 可见，齿顶间隙(顶隙)为：$c=h_f-h_a=c^*m$

当两齿轮无齿侧间隙安装时(标准齿轮标准安装)，显然两轮的分度圆相切并作纯滚动，即分度圆与节圆重合，啮合角等于分度圆压力角，即 $\alpha'=\alpha$。既保证无侧隙啮合，又保证顶隙是标准值。顶隙作用是防止一齿轮齿顶与另一齿轮齿根相碰干涉，同时便于贮存润滑油。

当安装中心距不等于标准中心距(即非标准安装)时，节圆半径要发生变化，但分度圆半径是不变的，这时分度圆与节圆分离。啮合线位置发生变化，啮合角也不再等于分度圆上的压力角，即 $\alpha'\neq\alpha$，如图 3-10-38 所示，此时，两轮中心距与啮合角的关系为：

$$a'\cos\alpha'=a\cos\alpha$$

需要指出，因节圆和啮合角是对于一对齿轮啮合时而言的，所以对单个齿轮来说，只有分度圆和压力角，不存在节圆和啮合角。标准齿轮只有标准安装时，节圆和分度圆才重合，啮合角和压力角才相等。另外，考虑到轮齿的润滑和发热膨胀等因素，在实际齿轮传动中，轮齿间有微量的齿侧间隙，其间隙通常是由轮齿的负偏差来保证的，因而在设计时仍按无齿侧间隙计算。

3. 连续传动条件

(1) 啮合传动过程

齿轮传动是通过两轮的轮齿依次接触交替啮合而实现的。但是，由于轮齿的高度有限，故一对轮齿的啮合区间也是有限的。因此，为了使传动不至中断，在轮齿交替工作时，就必须保证当前一对轮齿尚未脱离啮合时，后一对轮齿就应进入啮合。要达到这一要求，齿轮传动必须满足连续传动的条件。

如图 3-10-39 所示，为一对轮齿的啮合过程。主动轮 1 顺时针方向转动，推动从动轮 2 作

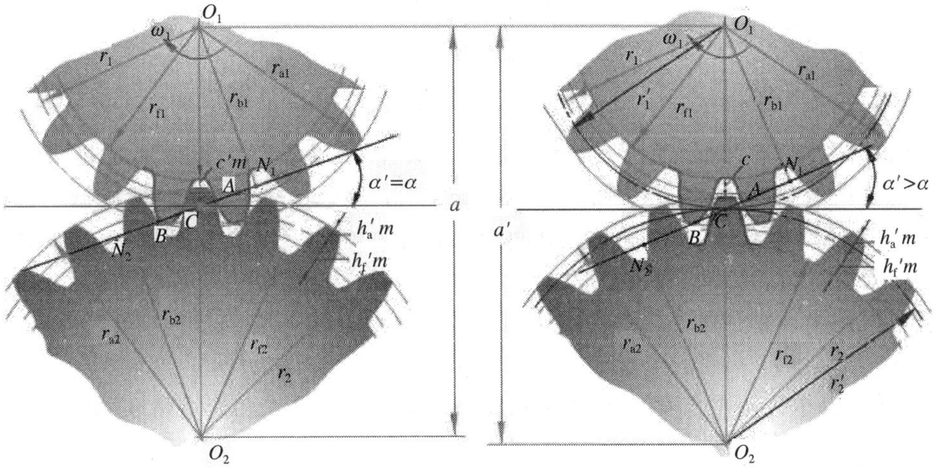

图 3-10-38　标准安装与非标准安装之比较

逆时针方向转动。这对齿轮的一对轮齿开始啮合时，是主动轮的齿根部分推动从动轮的齿顶，因此，一对轮齿的开始啮合点是从动轮齿顶圆与啮合线 N_1N_2 的交点 B_2，此时主动轮的齿根与从动轮的齿顶接触，两轮齿进入啮合。随着啮合传动的进行，两齿廓的啮合点将沿着啮合线 N_1N_2 向 N_2 方向移动，同时啮合点将分别沿着主动轮的齿方由齿根向齿顶移动，沿着从动轮的齿廓由齿顶逐渐移向齿根。一直到主动轮的齿顶圆与啮合线的交点 B_1，主动轮的齿顶与从动轮的齿根即将脱离接触，两轮齿结束啮合，B_1 点为终止啮合点。线段$\overline{B_2B_1}$为啮合点的实际轨迹，称为**实际啮合线段**。当两轮齿顶圆加大时，点 B_1、B_2 分别趋于点 N_1、N_2，实际啮合线段将加长。但因基圆内无渐开线，故点 B_1、B_2 不会超过点 N_1、N_2，点 N_1、N_2 称为极限啮合点。线段$\overline{N_1N_2}$是理论上最长的实际啮合线段，称为**理论啮合线段**。

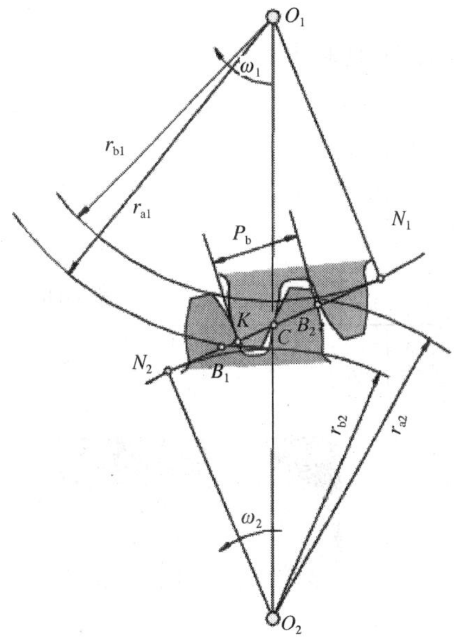

图 3-10-39　啮合传动过程

在啮合过程中，作为一般情况，前一对轮齿齿廓到达啮合终点 B_1 时，后一对轮齿齿廓已在 B_2B_1 之间的某一点 K 啮合（如图 3-10-39 所示，$\overline{B_2B_1}>\overline{B_1K}$），但作为极限情况，为能满足连续传动的要求，后一对轮齿至少必须已开始在 B_2 点啮合，这样才能顺利地完成前后齿交接，实现定传动比连续传动。

（2）连续传动条件

如图 3-10-39 所示，为保证齿轮定传动比传动的连续性，仅具备两轮的基圆齿距相等的条件是不够的，还必须满足$\overline{B_2B_1}\geqslant P_b$，否则，当前一对齿在点 B_1 分离时，后一对齿尚未进入点 B_2 啮合，这样，在前后两对齿交替啮合时将引起冲击，无法保证传动的平稳性。所以连续传动的条件是$\overline{B_2B_1}\geqslant P_b$。根据渐开线性质，线段$\overline{B_2B_1}$等于基圆上的一段弧长$\overset{\frown}{A_1A_2}$，所以连续传动的条件可表示为：

$$\varepsilon=\frac{\overline{B_2B_1}}{p_b}=\frac{\overset{\frown}{A_1A_2}}{p_b}\geqslant 1 \tag{3-10-14}$$

(3) 重合度

通常将实际啮合线段$\overline{B_2B_1}$与基圆齿距 P_b 的比值称为**重合度**,用 ε 表示。当 ε=1 时,表明前一对轮齿正要脱离啮合时,后一对轮齿刚好进入啮合,所以从理论上讲,此时能保证连续传动。但考虑到齿轮制造和安装误差等因素的影响,实际中要求 ε>1。在一般机械制造中常使 ε=1.1~1.4。重合度越大,表示同时啮合的轮齿的对数越多,不仅传动平稳,而且提高了齿轮承载能力。对标准齿轮传动,其重合度总是大于 1,故不必验算。

在实际应用中,ε 值应大于或等于一定的许用值[ε],即

$$\varepsilon\geqslant[\varepsilon] \tag{3-10-15}$$

式(3-10-15)中许用重合度[ε]的值是随齿轮机构的使用要求和制造精度而定,推荐的[ε]值,如表 3-10-9所示。

表 3-10-9 许用重合度[ε]的推荐值

使用场合	一般机械	汽车、拖拉机	金属切削机床
[ε]	1.4	1.1~1.2	1.3

二、齿轮传动的失效形式和设计准则

1. 失效形式

一般而言,齿轮传动的失效主要发生在轮齿部分,其常见失效形式有:轮齿折断、齿面点蚀、齿面磨损、齿面胶合和塑性变形等,详见表 3-10-10。至于齿轮的其他部分(如齿圈、轮辐、轮毂等),除大型齿轮外,通常按经验设计,所定的尺寸对强度及刚度均比较富裕,实践中失效很少发生。

表 3-10-10 齿轮传动的主要失效形式

失效形式	示例图	说明
轮齿折断	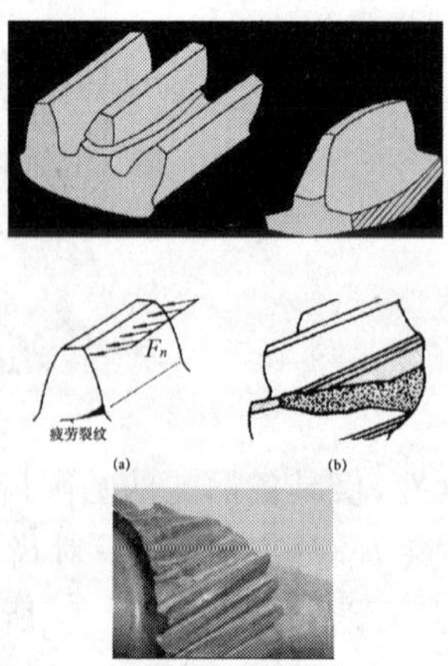	轮齿在工作过程中,齿根部受较大的交变弯曲应力,并且齿根圆角及切削刀痕产生应力集中。当齿根弯曲应力超过材料的弯曲疲劳极限时,轮齿在受拉一侧将产生疲劳裂纹,随着裂纹的逐渐扩展,导致轮齿疲劳折断。轮齿折断有多种形式,齿宽较小的直齿圆柱齿轮,裂纹往往沿全齿根扩展,常发生整齿折断,如左图(a)所示。齿宽较大的直齿轮,因制造装配误差易产生载荷偏置一端,导致局部折断,如左图(b)所示。斜齿轮及人字齿轮的接触线是倾斜的,裂纹往往从齿根斜向齿顶方向发展,也容易产生局部折断。轮齿受到短期过载或冲击载荷的作用,会发生过载折断。疲劳折断是直齿轮、闭式硬齿面的主要失效形式。 采用正变位齿轮;增大齿根过渡圆角半径,消除加工刀痕,减小齿根应力集中;提高齿轮制造精度和安装精度;增大轴及支承的刚度,使轮齿接触线上受载较为均匀;采用合适的热处理,使轮齿芯部材料具有足够的;采用喷丸、滚压等工艺对齿根表层进行强化处理等,都可以提高轮齿的抗折断能力

续表

失效形式	示例图	说明
齿面点蚀	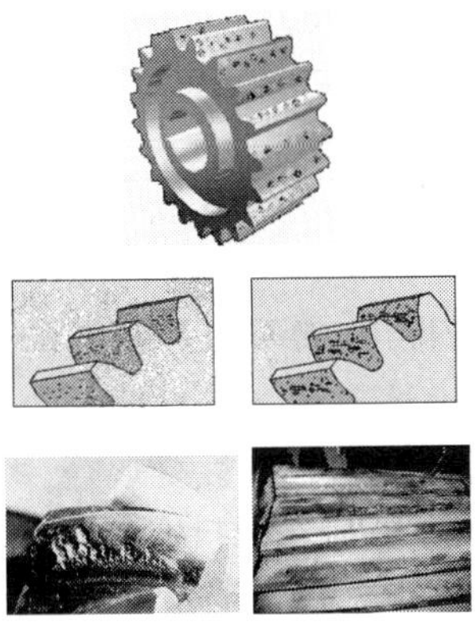	润滑良好的闭式齿轮传动，常见的齿面失效形式为点蚀。 齿轮工作时，在循环变化的接触应力、齿面摩擦力及润滑剂的反复作用下，轮齿表面或次表层出现疲劳裂纹，裂纹逐渐扩展，导致齿面金属剥落形成麻点状凹坑，这种麻点状剥蚀损伤现象称为齿面疲劳点蚀，简称点蚀。如左图所示。 齿面疲劳点蚀首先出现在齿面节线偏齿根侧。这是因为节线附近齿面相对滑动速度小，油膜不易形成，摩擦力较大；且节线处同时参与啮合的轮齿对数少，接触应力，然后再向其他部位扩展。点蚀的发展，会产生振动和噪声，以至不能正常工作而失效。软齿面（≤350 HBS）的新齿轮，当载荷不大时，在工作初期，由于相啮合的齿面接触不良造成局部应力过高而出现麻点，齿面经一段时间跑合后，接触应力趋于均匀，麻点不再扩展，甚至消失，这种点蚀称为早期点蚀（又称为收敛性点蚀），当在足够大的载荷作用下，齿面点蚀面积不断扩展，麻点数量不断增多，点蚀坑大而深，就会发展成破坏性点蚀（又称为扩展性点蚀）。硬齿面（>350 HBS）齿轮，不会出现局限性点蚀，但由于齿面硬、脆，一旦出现点蚀，齿面点蚀面积不断扩展，就会发展成破坏性点蚀。开式齿轮传动由于齿轮磨损较快，齿面一旦出现点蚀就被磨去，所以很少出现点蚀。 提高齿面硬度，降低齿面粗糙度值，合理选择润滑油的黏度及采用正变位齿轮传动等，都有助于提高齿面接触疲劳强度，从而提高齿面抗点蚀能力
齿面磨损	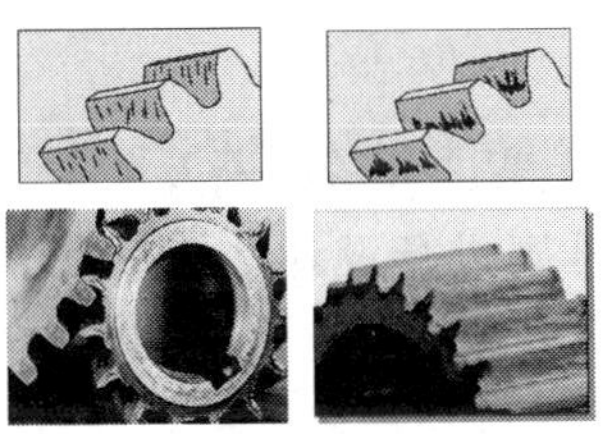	由于粗糙齿面的摩擦或外界有灰尘、砂粒、金属屑等磨料性杂质落入齿面之间，在齿轮传动时，由于齿面间的相对滑动，在载荷的作用下都会引起齿面的磨粒磨损，这种磨损称为磨料磨损。如左图所示。磨损引起齿廓变形和齿厚减薄，产生振动和噪声，严重时导致因轮齿过薄而断裂。磨损是开式齿轮传动的主要失效形式。采用闭式齿轮传动，提高齿面硬度，降低齿面粗糙度值，改善密封和润滑条件、在油中加入减摩添加剂、保持油的清洁等，都有利于减轻齿面磨损
齿面胶合	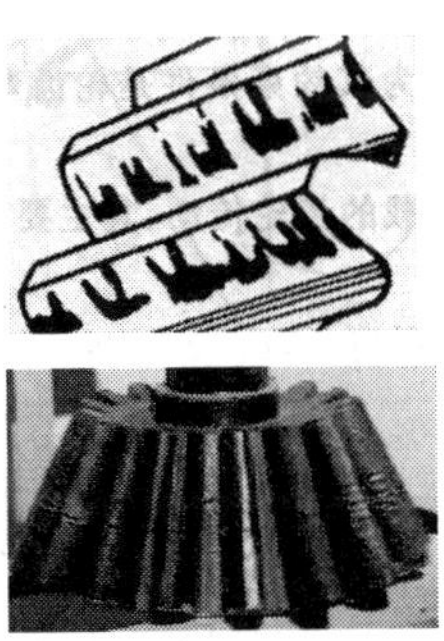	在高速重载的齿轮传动中，因齿面间压力大、相对滑动速度大，在啮合处摩擦发热多，产生瞬间高温，使油膜破裂，造成齿面金属直接接触并相互黏着，而后随齿面相对运动，又将黏接金属撕落，从而在齿面上沿相对滑动方向形成带状或大面积的伤痕，使齿面形成条状沟痕，产生齿面热胶合。低速重载齿轮传动（$v \leqslant 4$ m/s），不易形成油膜，摩擦发热虽不大，便由于啮合处局部压力很高，使油膜破裂而黏着，产生齿面冷胶合。齿面胶合会引起振动和噪声，导致失效。 采用正变位齿轮、减小模数及降低齿高以减小滑动速度，提高齿面硬度，降低齿面粗糙度值，采用抗胶合能力强的齿轮材料和润滑油（如硫化油等），在润滑油中加入极压添加剂等，均可减缓或防止齿面胶合

续 表

失效形式	示例图	说明
齿面塑性变形	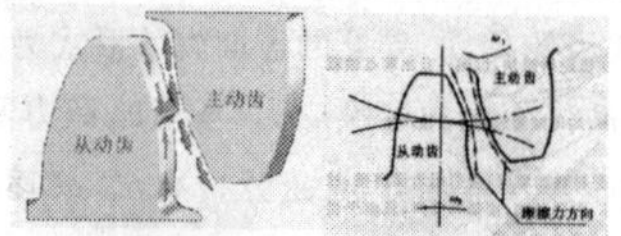  表面凹陷  表面凸出	用较软齿面材料制造的齿轮,在载荷和摩擦力都很大时,齿面较软的轮齿在啮合过程中,由于摩擦力的作用,齿面表层的材料就容易沿着摩擦力的方向产生塑性变形,如左图所示。由于主动轮齿面上所受的摩擦力背离节线,分别朝向齿顶和齿根作用,故产生塑性变形后,齿面上节线附近就下凹,产生凹坑。相反,从动轮齿面节线处产生凸起。如左图所示。 适当提高齿面硬度,采用高黏度润滑油,可以减轻或防止齿面塑性变形的产生

2. 设计准则

由上述分析可知,所设计的齿轮传动在具体的工作情况下,必须具有足够的、相应的工作能力,以保证在整个工作寿命期间不致失效。因此,针对上述各种工作情况及失效形式,应分别确定相应的设计准则(如表 3-10-11 所示)。但是对于齿面磨损、塑性变形等,由于尚无成熟的计算方法及设计数据,所以目前设计一般使用的齿轮传动时,通常只按保证齿根弯曲疲劳强度及保证齿面接触疲劳强度这两个准则进行计算。

表 3-10-11　齿轮传动设计准则

失效形式	设计准则
齿面间的接触疲劳点蚀	齿面接触疲劳强度条件　$\sigma_H \leqslant [\sigma_H]$
轮齿的弯曲疲劳折断	轮齿弯曲疲劳强度条件　$\sigma_F \leqslant [\sigma_F]$

注:σ_H 为齿面接触疲劳强度,$[\sigma_H]$为许用齿面接触疲劳强度;
σ_F 为齿根弯曲疲劳强度,$[\sigma_F]$为许用齿根弯曲疲劳强度。

在闭式齿轮传动中,其主要失效形式是齿面疲劳点蚀、弯曲疲劳折断及胶合。目前一般齿轮传动,只按齿面接触疲劳强度和齿根弯曲疲劳强度两准则进行设计计算。对于高速大功率的齿轮传动,还应按齿面抗胶合能力的准则进行计算。闭式齿轮传动中的软齿面(硬度≤350 HBS)齿轮,故通常按齿面接触疲劳强度进行设计,然后校核其齿根弯曲疲劳强度;而闭式齿轮传动中的硬齿面(硬度>350 HBS)齿轮,其主要失效形式是轮齿折断,故可按齿根弯曲疲劳强度进行设计,然后校核其齿面接触疲劳强度,如表 3-10-12 所示。

开式(半开式)齿轮传动的主要失效形式是齿面磨损及轮齿折断,目前对磨损尚无成熟的设计计算方法,故通常按轮齿折断进行齿根弯曲疲劳强度设计计算,并通过适当将模数增大10%～20%的方法来考虑磨损的影响。

表 3-10-12　齿轮传动设计准则的应用

工作条件		失效形式	设计准则
闭式齿轮传动	软齿面(硬度≤350 HBS)	齿面点蚀	按齿面接触疲劳强度条件设计,确定分度圆直径; 按齿根弯曲疲劳强度条件进行校核
	硬齿面(硬度>350 HBS)	轮齿折断	按齿根弯曲疲劳强度条件设计,确定模数和尺寸; 按齿面接触疲劳强度条件进行校核
开式齿轮传动		齿面磨损 轮齿折断	按齿根弯曲疲劳强度条件设计,确定模数和尺寸;考虑磨损因素,再将模数增大 10%～20%,无须校核齿面接触疲劳强度

三、齿轮材料及热处理

1. 齿轮材料选择的要求

由轮齿的失效形式可知，齿轮材料对齿轮的承载能力和结构尺寸影响很大，合理选择齿轮材料是设计的重要内容之一。设计齿轮传动时，选择齿轮材料应考虑如下要求：齿面应有足够的硬度，保证齿面抗点蚀、抗磨损、抗胶合和抗塑性变形的能力；轮齿芯部应有足够的强度和较好的韧性，保证齿根抗弯曲能力，以抵抗齿根折断和承受冲击载荷。此外，还应具有良好的机械加工和热处理工艺，以及经济性等要求。因此，对齿轮材料的基本要求为齿面硬、齿芯韧。

2. 常用齿轮材料及热处理

制造齿轮材料以锻钢（包括轧制钢材）为主，其次是铸钢、铸铁，还有有色金属和非金属材料等。

（1）锻钢

制造齿轮的锻钢中以合金钢最为常用，不重要的齿轮采用碳钢。锻钢按热处理方法可分为两类。

① 调质齿轮用钢

常用材料有 40Cr、42SiMn、35CrMo、40CrNiMo、30CrNi3 及 45 碳钢等。一般经调质或正火处理后切齿，齿轮精度一般为 8 级，高精度切齿可达 7 级，齿面硬度≤350 HBS，称为软齿面齿轮。一对软齿面齿轮啮合，由于小齿轮啮合次数比大齿轮多，小齿轮易磨损，且小齿轮齿根强度较弱，当材料和热处理方法相同时，其损坏几率高于大齿轮，为了使大、小齿轮寿命接近相等，应使小齿轮的齿面硬度比大齿轮高 20～50 HBS，传动比大时，还可以更高。另外，大、小齿轮存在一定的硬度差，有利于跑合、改善接触情况。软齿面齿轮用于齿轮尺寸紧凑性和精度要求不高，载荷不大的中低速场合。

② 表面硬化齿轮用钢

齿面硬度＞350 HBS 的齿轮称为硬齿面齿轮。轮坯切齿后经表面硬化热处理，形成硬齿面，再经磨齿后精度可达 6 级以上。与软齿面齿轮相比，硬齿面齿轮大大提高齿轮的承载能力，结构尺寸和重量明显减小，综合经济效益显著提高。我国齿轮制造业已普遍采用合金钢及硬齿面、磨齿、高精度、轮齿修形等工艺方法生产硬齿面齿轮。

常用表面硬化热处理主要有如下几种。

Ⅰ. 表面淬火：表面淬火主要有感应（高频、中频、工频）表面淬火和火焰表面淬火，依据齿轮的大小、硬化深度及生产批量的不同进行选择。齿轮齿面经表面淬火处理后硬度可达 52 HRC～56 HRC，耐磨性好，齿面接触强度高，可提高承载能力，常用于中速、中载并承受一定冲击的机床变速箱齿轮及起重、冶金、矿山、工程机械中的低速负载大齿轮。常用材料为中碳钢和中碳合金钢。

Ⅱ. 渗碳淬火：齿面硬度可达 58HRC～63HRC，与表面淬火比较，齿面具有更好的抗点蚀、抗磨损、抗胶合能力，但淬火后变形较大。渗碳淬火齿轮广泛地应用于各种机械设备中，特别是承受高速、重载、受冲击的传动。常用材料为低碳钢和低碳合金钢，如 20Cr、20CrMnTi、20Cr2Ni4 等。

Ⅲ. 渗氮（氮化）：齿面硬度最高（65 HRC～70 HRC），齿面的抗点蚀、抗磨损、抗胶合能力最好，氮化后变形小；但氮化时间长，氮化层较浅。渗氮齿轮用于精密、耐磨、高速、重载及冲击的情况。常用材料主要为中碳合金钢，如 40Cr、42CrMo、40CrNiMo、38CrMoAl 等，氮化前需调质处理。

Ⅳ. 碳氮共渗:齿面硬度为 58 HRC～63 HRC,性能介于渗碳和氮化之间,氰化后变形较小,氰化时间比它们短,碳氮共渗层浅。材料常选用低碳、中碳合金钢。

Ⅴ. 调质:调质处理一般用于中碳钢和中碳合金钢,如 45、40Cr、35SiMn 等。调质处理后齿面硬度可达 220 HBS～255 HBS。因为硬度不高,故可在热处理后精切齿形,且在使用中易于跑合。

Ⅵ. 正火:正火能消除内应力、细化晶粒,改善力学性能和切削性能。中碳钢正火处理可用于机械强度要求不高的齿轮传动中。大直径的齿轮可用铸钢正火处理。

(2) 铸钢

铸钢的力学性能稍低于锻钢。当齿轮尺寸较大(直径 $d \geqslant 500$ mm)或轮坯结构复杂难以锻造时,可采用铸钢,切齿前须经退火、正火及调质处理。

(3) 铸铁

灰铸铁的抗弯及耐冲击能力都很差,但它易铸造、易切削,具有良好的耐磨性和消振性,成本低廉。可用于传递功率不大、无冲击、低速、载荷不大的开式齿轮传动。

球墨铸铁的强度比灰铸铁高得很多,具有良好的韧性和塑性。在冲击不大的情况下,代替铸钢制造大齿轮。

(4) 有色金属和非金属材料

有色金属(如铜合金、铝合金)用于有特殊要求的齿轮传动。

非金属材料的使用日益增多,常用有夹布胶木和尼龙等工程塑料,用于低速、轻载、要求低噪声而对精度要求不高的场合。由于非金属材料的导热性差,故需与金属齿轮配对使用,以利于散热。

表 3-10-13　常用齿轮材料及其机械特性

材料牌号	热处理方式	强度极限 σ_b/MPa	屈股极限 σ_s/MPa	硬度	
				齿芯 HBS	齿面 HRC
45	正火	588	294	169～217 HBS	
	调质	647	373	217～255 HBS	
	调质-表面淬火			229～286	40～50
40Cr	调质	735	539	241～286 HBS	
	调质-表面淬火			241～286	48～55
42SiMn	调质	785	510	229～286 HBS	
	调质-表面淬火			229～286	45～55
40CrMnMo	调质	778	758	229～363 HBS	
	调质-表面淬火			229～363	45～55
	氮碳共渗	1373～1569	1177～1373	229～363	57～63
30CrNi3	调质	785	559	≥241HBS	
	调质-表面淬火			≥241	
38SiMnMo	调质	735	588	241～286 HBS	
	调质-表面淬火			241～286	45～55

续表

材料牌号	热处理方式	强度极限 σ_b/MPa	屈服极限 σ_s/MPa	硬度	
				齿芯 HBS	齿面 HRC
20Cr	渗碳-淬火-回火	637	392	≥178	56～62
20CrMnTi	渗碳-淬火-回火	1079	883	240～300	56～62
12Cr2Ni4A	渗碳-淬火-回火	1079	834	302～338	≥60
20Cr2Ni4A	渗碳-淬火-回火	1177	1079	305～405	≥60
38CrMoAlA	调质	980	834	255～321	
	调质 渗氮			255～321	>850 HV
ZG310—570	正火	570	310	162～197 HBS	
ZG340—640	正火	640	340	179～207 HBS	
	调质	700	380	241～269 HBS	
ZG35SiMn	正火-回火	568	343	163～217 HBS	
	调质-表面淬火	637	412	197～248	45～53
HT300	人工时效	300		187～255 HBS	
HT350	人工时效	350		197～269 HBS	
QT500—7	正火	500	320	170～230 HBS	
QT600—3	正火	600	370	190～270 HBS	
MC 尼龙		90		21HBS	
夹布胶木		100		25～35 HBS	

四、标准直齿圆柱齿轮传动的强度计算

1. 直齿圆柱齿轮受力分析

进行直齿圆柱齿轮受力分析，其目的是根据外载荷，计算出作用于轮齿上的力，为计算齿轮的强度和齿轮、轴及轴承的设计计算提供数据。如图 3-10-40 所示为直齿圆柱齿轮受力情况，转矩 T_1 由主动齿轮传给从动齿轮。若忽略齿面间的摩擦力，假定齿面上的总作用力（法向力）F_{n1} 集中作用于齿宽中点啮合节点处，则轮齿间法向力 F_{n1} 的方向始终沿啮合线且垂直于齿面，法向力 F_{n1} 在节点处可分解为两个相互垂直的分力：与分度圆相切的圆周力 F_{t1} 和通过齿轮轴心的径向力 F_{r1}。

由图 3-10-40 可得

$$\left.\begin{aligned} F_{t1} &= \frac{2T_1}{d_1} \\ F_{r1} &= F_{t1}\tan\alpha \\ F_{n1} &= \frac{F_{t1}}{\cos\alpha} \end{aligned}\right\} \qquad (3\text{-}10\text{-}16)$$

式中，T_1 为主动齿轮传递的名义转矩（N·mm），$T_1 = 9.55\times10^6 \dfrac{P_1}{n_1}$，$P_1$ 为主动齿轮传递的功率（kW），n_1 为主动齿轮的转速（r/min）；d_1 为主动齿轮分度圆直径（mm）；α 为分度圆压力角（°）。

力的方向判定：作用于主、从动轮上的各对力大小相等、方向相反。主动轮所受的圆周力 F_{t1} 是阻力，其方向与主动轮转动方向相反；从动轮所受的圆周力 F_{t2} 是驱动力，其方向与从动轮转动方向相同。两轮的径向力 F_{r1}、F_{r2} 分别指向各轮中心（外啮合），如图 3-10-41 所示。即，$F_{t1}=-F_{t2}$，$F_{r1}=-F_{r2}$。

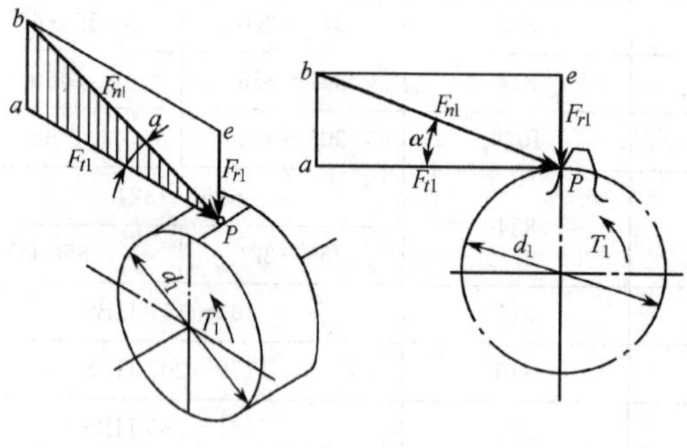

图 3-10-40　直齿圆柱齿轮轮齿的受力分析

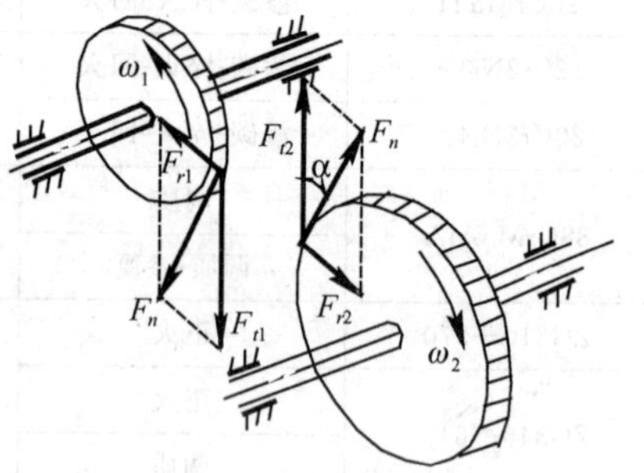

图 3-10-41　直齿圆柱齿轮轮齿的受力方向

2. 计算载荷和载荷系数

根据原动机的额定功率或机器在稳定和理想工作条件下的工作阻力，用力学公式计算出的作用在零件上的载荷称为**名义载荷**。

由于原动机及工作机的性能、齿轮制造及安装误差、齿轮及其支撑件变形等因素的影响，实际作用于齿轮上的载荷要比名义载荷大。因此，有些机械零件在计算中用载荷系数 K 对名义载荷进行修正，常把名义载荷乘上一个大于 1 的载荷系数（或工作情况系数）K。名义载荷（如 P,M,T,F 等）与载荷系数的乘积称为**计算载荷**，用在相应的载荷符号下加下脚标 ca 来表示，例如 P_{ca}，M_{ca}，T_{ca}，F_{ca} 等（如 $F_{ca}=KF$）。齿轮传动、螺杆传动等均按计算载荷进行计算。

齿轮传动中的载荷应计入原动机和工作机的特性、齿轮内部的动载荷、齿宽上载荷分布不均匀和啮合对间载荷分配不均匀等因素的影响，齿轮的设计应按计算载荷 F_{nc} 进行。

$$F_{nc}=KF_n \tag{3-10-17}$$

式中，K 为载荷系数，它由使用系数 K_A，动载系数 K_v，齿间载荷分配系数 K_α 和齿向载荷分布系数 K_β 构成，即

$$K=K_AK_vK_\alpha K_\beta \tag{3-10-18}$$

① 使用系数 K_A

使用系数 K_A 是考虑齿轮啮合时外部因素引起的附加动载荷的影响系数。它取决于工作机和原动机的工作特性、轴与联轴器系统的质量和刚度以及运行状态。对于一般设计，K_A 值可按表 3-10-14 选取。

表 3-10-14　使用系数 K_A

<table>
<tr><td colspan="2" rowspan="3">工作机工作特性</td><td colspan="4">原动机工作特性</td></tr>
<tr><td>均匀平稳</td><td>轻微冲击</td><td>中等冲击</td><td>严重冲击</td></tr>
<tr><td>电动机，平稳运行的蒸汽或燃气轮机（启动转矩小，启动次数很少）</td><td>蒸汽或燃气轮机，电动机和液压马达（启动频繁，启动转矩大）</td><td>多缸内燃机</td><td>单缸内燃机</td></tr>
<tr><td>均匀平衡</td><td>载荷平稳的发电机、带式或板式运输机、机床进给机构、轻型离心机、螺旋输送机、搅拌机（物料密度均匀）、包装机等</td><td>1.00</td><td>1.10</td><td>1.25</td><td>1.50</td></tr>
</table>

续 表

轻微冲击	载荷不平稳的带式或板式运输机、机床主传动机构、通风机、重型离心机、变密度物科搅拌机、起重机回转装置、多缸活塞泵等	1.25	1.35	1.50	1.75
中等冲击	橡胶挤压机、轻型球瘤机、木工机械、钢坯轧机、起重装置、单缸活塞泵等	1.50	1.60	1.75	2.00
严重冲击	挖掘机、重型球磨机、冷轧机、钻机、压坯机、破碎机、橡胶挤压机等	1.75	1.85	2.00	≥2.25

② 动载荷系数 K_v

动载荷系数 K_v是考虑齿轮副自身啮合误差引起的内部附加动载荷的影响系数。产生附加动载荷的主要因素有如下几个。

Ⅰ. 齿轮制造产生的基节误差和齿形误差，如图 3-10-42所示，当基节 $p_{b2}>p_{b1}$时，后一对轮齿在未进入啮合区就提前开始接触，使节点 C 变为 C'点，从而改变了两齿轮的节圆半径，使瞬时传动比发生变化。这时传动比 $i'=\frac{\omega_1}{\omega_2}=\frac{r_2-\Delta r}{r_1+\Delta r}<\frac{r_2}{r_1}$，从动齿轮的角速度突然增大而产生冲击。

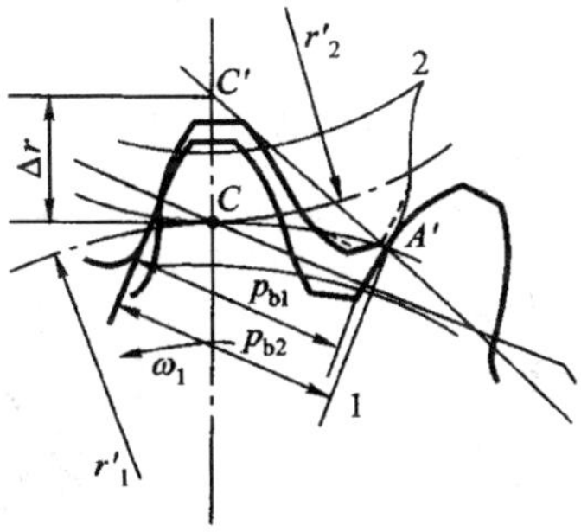

图 3-10-42　齿轮基节误差对传动平稳性的影响

Ⅱ. 在啮合传动中，同时参加啮合轮齿的对数及位置在循环变化，轮齿啮合刚度也随之变化。

Ⅲ. 轮齿受载变形。

Ⅳ. 齿轮支承件的弹性变形等。

上述因素导致啮合节点位置变化，故从动轮转速变化，产生附加动载荷。动载荷系数 K_v 值应通过实测或计算得到。动载系数 K_v 可按齿轮的精度等级和 $vz_1/100$ 值由图 3-10-43 查取。对锥齿轮传动按 $v_m z_1/100$ 值查取，v_m(m/s)为锥齿轮平均分度圆处的圆周速度。

适当提高制造精度，降低齿轮圆周速度，增加轮齿及支承件的刚度，对齿轮进行修形(即对齿顶的一小部分齿廓曲线进行适量修削)等,都能减小内部附加动载荷。

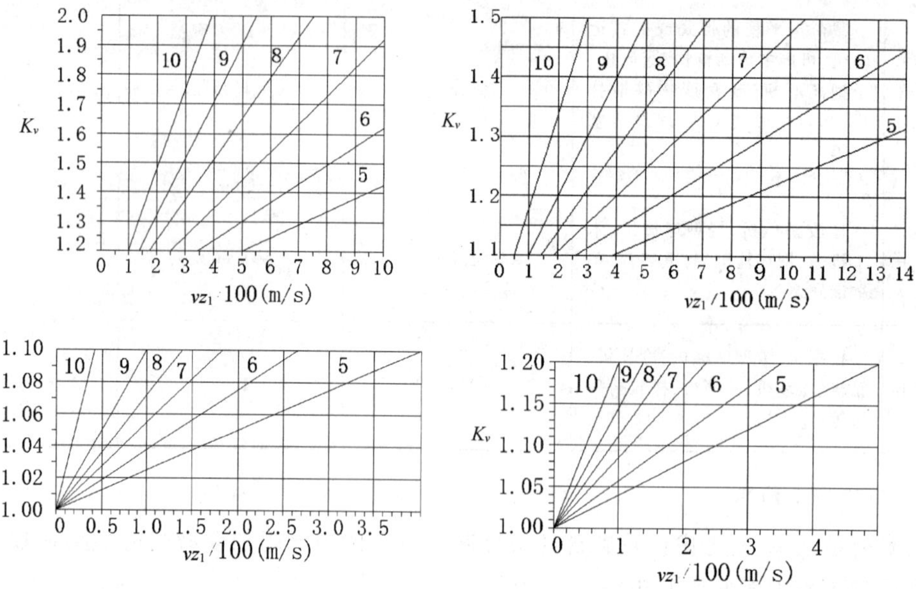

图 3-10-43　动载荷系数 K_v

③ 齿间载荷分配系数 K_α

齿间载荷分配系数 K_α 是考虑同时啮合的各对轮齿间载荷分配不均匀影响的系数。影响齿间载荷分配不均匀的主要因素有以下几个。

Ⅰ. 受载后轮齿变形,齿轮随之偏斜,引起偏载,如图 3-10-44 所示,不对称布置时,靠近轴承一侧受载大,悬臂布置时,偏载更严重。

Ⅱ. 轴的扭转变形使得靠近转矩输入端的齿侧变形大,故受载大,如图 3-10-45 所示。

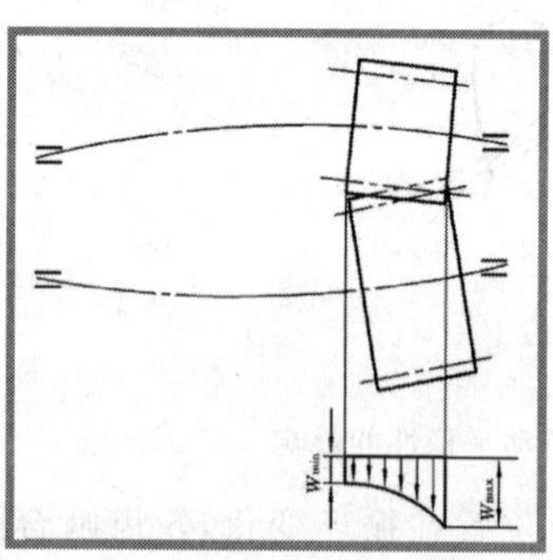

图 3-10-44　受载后轮齿变形引起的齿轮偏斜

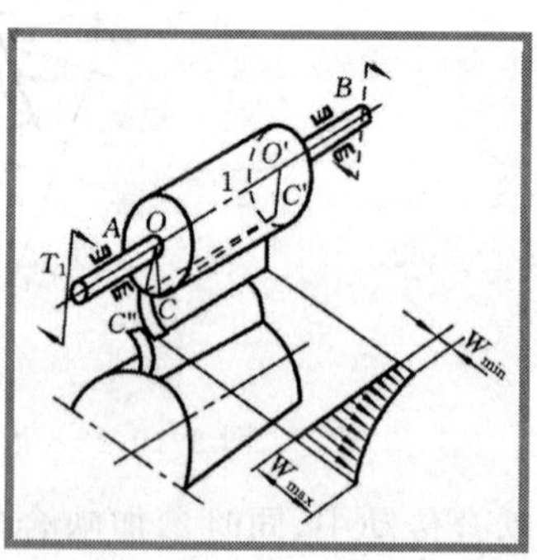

图 3-10-45　轴的扭转变形

Ⅲ. 轴的弯曲、扭转变形的综合影响使得若齿轮靠近转矩输入端布置,偏载严重,若齿轮远离转矩输入端布置,偏载减小,如图 3-10-46 所示。因此,齿轮在轴承间非对称布置时,齿轮应布置在远离转矩输入、输出端。

Ⅳ. 齿轮的制造误差,特别是基节误差。

Ⅴ. 齿轮的跑合效果及齿廓修形等。

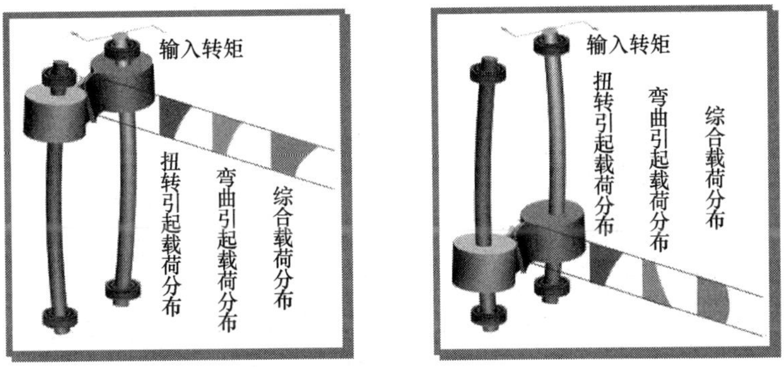

图 3-10-46　轴的弯曲、扭转变形的综合影响

对于一般工业传动用的直齿轮和 $\beta\leqslant30^\circ$ 的斜齿轮 K_α 值可按表 3-10-15 选取。

表中：$K_{H\alpha}$ 为齿面接触疲劳强度计算用的齿间载荷分配系数；$K_{F\alpha}$ 为齿根弯曲疲劳强度计算用的齿间载荷分配系数。

表 3-10-15　齿间载荷分配系数 $K_{H\alpha}$，$K_{F\alpha}$

<table>
<tr><td colspan="2">K_AF_t/b</td><td colspan="4">≥100 N/mm</td><td><100 N/mm</td></tr>
<tr><td colspan="2">精度等级</td><td>5</td><td>6</td><td>7</td><td>8</td><td>5～9</td></tr>
<tr><td rowspan="2">硬齿面
直齿轮</td><td>$K_{H\alpha}$</td><td rowspan="2">1.0</td><td rowspan="2">1.1</td><td rowspan="2">1.2</td><td>≥1.2</td><td rowspan="2"></td></tr>
<tr><td>$K_{F\alpha}$</td><td>≥1.2</td></tr>
<tr><td rowspan="2">硬齿面
斜齿轮</td><td>$K_{H\alpha}$</td><td rowspan="2">1.0</td><td rowspan="2">1.1</td><td rowspan="2">1.2</td><td rowspan="2">1.4</td><td rowspan="2">≥1.4</td></tr>
<tr><td>$K_{F\alpha}$</td></tr>
<tr><td rowspan="2">非硬齿面
直齿轮</td><td>$K_{H\alpha}$</td><td rowspan="2" colspan="3">1.0</td><td rowspan="2">1.1</td><td>≥1.2</td></tr>
<tr><td>$K_{F\alpha}$</td><td>≥1.2</td></tr>
<tr><td rowspan="2">非硬齿面
斜齿轮</td><td>$K_{H\alpha}$</td><td rowspan="2">1.0</td><td rowspan="2">1.1</td><td rowspan="2">1.2</td><td rowspan="2">≥1.2</td><td rowspan="2"></td></tr>
<tr><td>$K_{F\alpha}$</td></tr>
</table>

注：Ⅰ.适用于钢制及铸铁齿轮；Ⅱ.对修形 6 级精度硬齿面斜齿轮，取 $K_{H\alpha}=K_{F\alpha}=1.0$；Ⅲ.齿轮副精度等级不同时，按精度等级较低者取值；Ⅳ.硬齿面指经表面硬化，非硬齿面是指未经表面硬化。

④ 齿向载荷分布系数 K_β

齿向载荷分布系数 K_β 是考虑沿齿宽方向载荷分布不均匀对齿轮强度影响的系数。影响沿齿宽方向载荷分布不均匀的因素很多，主要有：齿轮的制造和安装误差；轮齿、轴系部件和箱体的变形；齿宽及齿面硬度等。

齿轮对于轴承不对称布置时，轴的变形会使载荷沿齿宽方向的分布不均匀。齿轮越宽、硬度越大，越容易产生偏载，沿齿宽方向修形或做成鼓形齿，可减小偏载，如图 3-10-47 所示。

提高齿轮的制造安装精度，提高支承系统的刚度，适当减小齿宽，采用齿向修形，如鼓形齿（如图 3-10-47 所示）等，均可以改善载荷分布。8 级精度齿轮传动的 K_β 值可由图 3-10-48 查取。高于 8 级精度的齿轮传动，由图查取的 K_β 值降低 5%～10%，但不小于 1；低于 8 级精度的齿轮传动，由图查取的 K_β 值增大 5%～10%。

3. 直齿圆柱齿轮传动的强度计算

(1) 齿面接触疲劳强度计算

为了保证在预定寿命内齿轮不发生点蚀失效（如图 3-10-49 所示），应进行齿面接触疲劳强度计算。因此,齿轮接触疲劳强度计算准则为:齿面接触应力 σ_H 小于或等于许用接触应力 $[\sigma_H]$,即

$$\sigma_H \leqslant [\sigma_H] \tag{3-10-19}$$

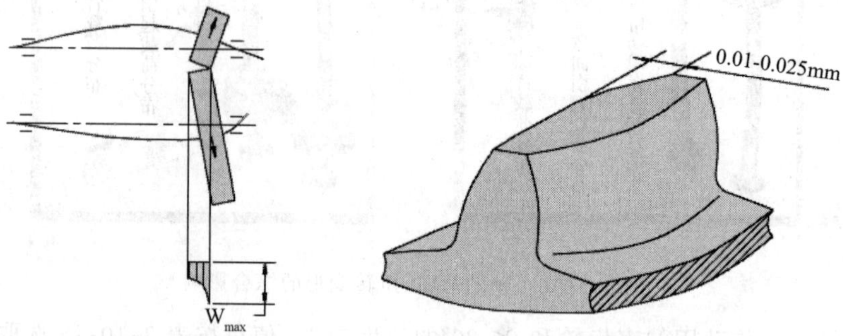

(a) 轴变形引起的偏载　　　(b) 鼓形齿

图 3-10-47　沿齿宽方向载荷分布不均匀对齿轮强度影响

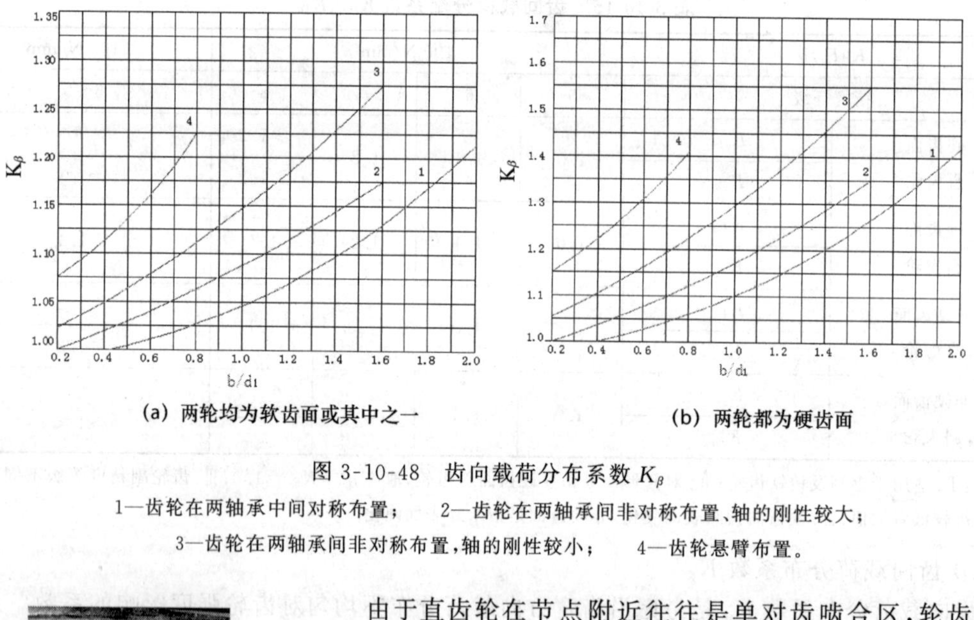

(a) 两轮均为软齿面或其中之一　　　(b) 两轮都为硬齿面

图 3-10-48　齿向载荷分布系数 K_β

1—齿轮在两轴承中间对称布置；　2—齿轮在两轴承间非对称布置、轴的刚性较大；

3—齿轮在两轴承间非对称布置,轴的刚性较小；　4—齿轮悬臂布置。

图 3-10-49　齿面接触疲劳失效

由于直齿轮在节点附近往往是单对齿啮合区,轮齿受力较大,故点蚀首先出现在节点附近。因此,通常计算节点的接触疲劳强度。图 3-10-50 表示一对渐开线直齿圆柱齿轮在节点接触的情况。为了简化计算,用一对轴线平行的圆柱体代替它。两圆柱的半径 ρ_1、ρ_2 分别等于两齿廓在节点处的曲率半径。由弹性力学可知,当一对轴线平行的圆柱体相接触并受压力作用时,将由线接触变为面接触,其接触面为一狭长矩形,在接触面上产生接触应力,并且最大接触应力位于接触区中线上,根据赫兹(Hertz)公式,最大接触应力 σ_H 为

$$\sigma_H = \sqrt{\frac{F_n\left(\dfrac{1}{\rho_1} \pm \dfrac{1}{\rho_2}\right)}{\pi L\left(\dfrac{1-\mu_1^2}{E_1} + \dfrac{1-\mu_2^2}{E_2}\right)}} = Z_E\sqrt{\frac{F_n}{L\rho_\Sigma}} \tag{3-10-20}$$

式中：σ_H——接触应力；$_E=\frac{\rho_1\rho_2}{\rho_2\pm\rho_1}$(Mpa)；$F_n$——法向总压力(N)。

L——接触线长度(mm)。

ρ_Σ——综合曲率半径，(mm)，式中 ρ_1、ρ_2 分别为两圆柱体的半径，"+"号用于外接触，"−"号用于内接触。一对渐开线直齿圆柱齿轮相啮合时，轮齿的接触可视为以接触点处的曲率半径 ρ_1、ρ_2 为半径的一对圆柱体的接触(图 3-10-51)，其接触应力可用式(3-10-20)来近似计算。

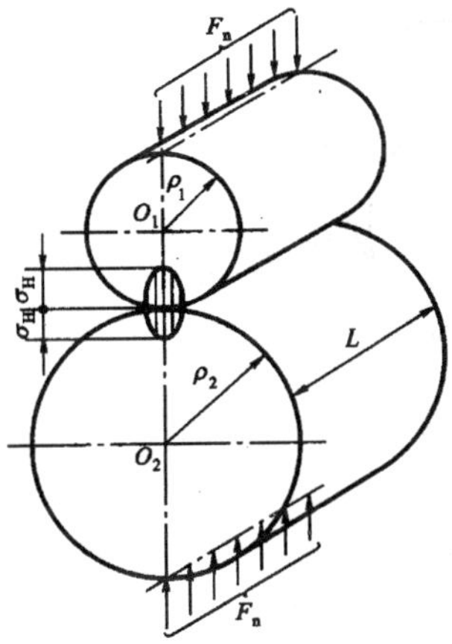

图 3-10-50　两圆柱体的接触应力

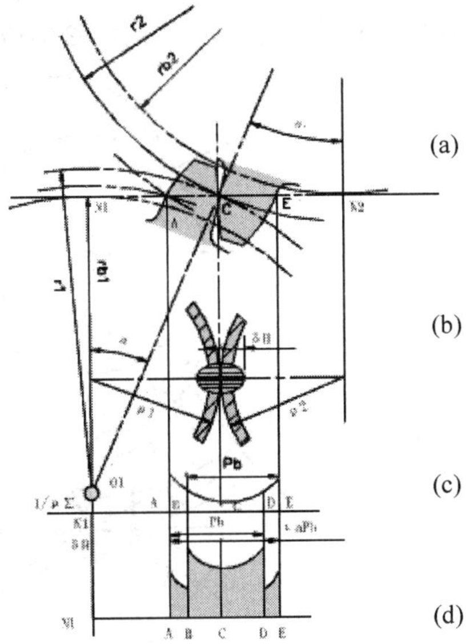

图 3-10-51　齿面上的接触应力

Z_E——材料弹性系数($\sqrt{\text{MPa}}$)，可由式 $Z_E=\sqrt{\dfrac{1}{\pi\left(\dfrac{1-\mu_1^2}{E_1}+\dfrac{1-\mu_2^2}{E_2}\right)}}$ 计算，也可由表 3-10-16 查取。

E_1、E_2——为两圆柱体材料的弹性模量(MPa)。

μ_1、μ_2 分别为两圆柱体材料的泊松比。

上式表明，接触应力应随齿廓上各接触点的综合曲率半径的变化而不同，且靠近节点的齿根处最大〔如图 3-10-51(c)、图 3-10-51(d)所示〕。但为了简化计算，通常控制节点处的接触应力。

表 3-10-16　弹性系数 Z_E　　$\sqrt{\text{MPa}}$

弹性模量 $E/\sqrt{\text{MPa}}$ \ 齿轮材料	配对齿轮材料				
	灰铸铁	球墨铸铁	铸钢	锻钢	夹布塑胶
	11.8×10^4	17.5×10^4	20.2×10^4	20.6×10^4	0.785×10^4
锻钢	162.0	181.4	188.9	189.8	56.4
铸钢	161.4	180.5	188.0		
球墨铸铁	156.6	173.9			
灰铸铁	143.7				

注：表中所列夹布塑胶的泊松比 m 为 0.5，其余材料的 m 均为 0.3。

① 综合曲率半径 ρ_Σ 的计算

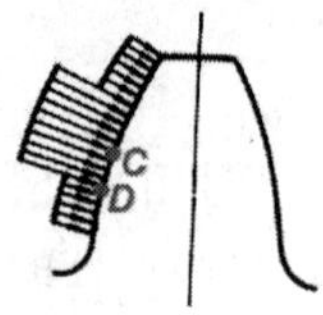

图 3-10-52　轮齿在啮合区的受载状态

由前述知识可知,一对标准渐开线直齿圆柱齿轮的重合度 ε_α 大于 1,小于 2。这表明,当轮齿在双对齿啮合区啮合时,载荷由两对轮齿承担;当轮齿在单对齿啮合区啮合时,载荷由一对轮齿承担(图 3-10-52)。在啮合过程中,齿面上最大接触应力 σ_H 出现在单对齿啮合区内的节点 C 处或大齿轮单对齿啮合区下界点 D 处。因这两处的应力数值相差不大,为简化计算通常按节点 C 来计算齿面的接触应力。

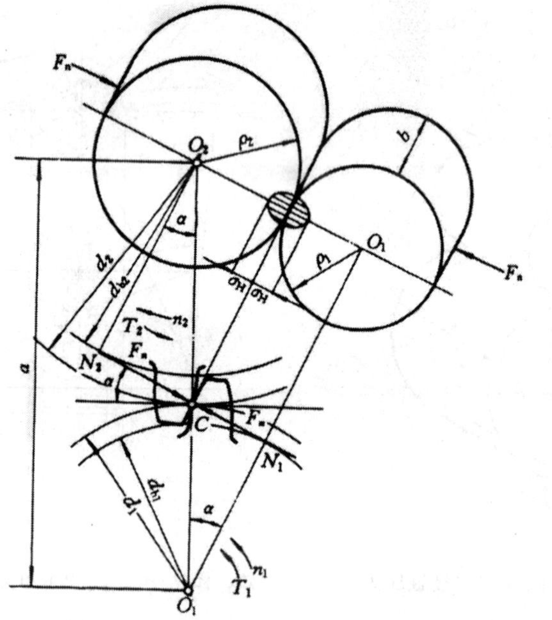

图 3-10-53　节点处的曲率半径计算

根据渐开线的性质,如图 3-10-53 所示,在节点 C 处两齿廓的曲率半径为

$$\left.\begin{aligned}\rho_1=\overline{N_1C}=\frac{d_1'}{2}\sin\alpha'=\frac{d_1}{2}\sin\alpha\\ \rho_2=\overline{N_2C}=\frac{d_2'}{2}\sin\alpha'=\frac{d_2}{2}\sin\alpha\end{aligned}\right\}\tag{3-10-21}$$

则

$$\rho_\Sigma=\frac{\rho_1\rho_2}{\rho_2\pm\rho_1}=\frac{d_1\sin\alpha}{2}\cdot\frac{u}{u\pm1}\tag{3-10-22}$$

式中,$u=\frac{z_2}{z_1}=\frac{d_2}{d_1}=\frac{d_2'}{d_1'}>1$ 称为齿数比。对减速传动,$u=i$;对增速传动,$u=1/i$。

因 $d_1'=\frac{d_1\cos\alpha}{\cos\alpha'}$,则有

$$\rho_\Sigma=\frac{d_1\cos\alpha\tan\alpha'}{2}\cdot\frac{u}{u\pm1}$$

② 法向总压力 F_n 的计算

式(3-10-20)中的 F_n 应为名义载荷,引入载荷系数 K 并参照式(3-10-16)有

$$F_{nc}=KF_n=\frac{KF_t}{\cos\alpha}=\frac{2KT_1}{d\cos\alpha_1}\tag{3-10-23}$$

③ 接触线长度 L

重合度 ε_α 增大时，单对齿啮合的时间减少，双对齿啮合的时间增加，对提高强度有利。这种情况可看成是接触线长度增加而使单位接触线长度上载荷减小，接触应力降低。接触线长度 L 可按式(3-10-24)计算：

$$L=\frac{b}{Z_\varepsilon^2} \tag{3-10-24}$$

式中，Z_ε 为计算接触强度的重合度系数，它考虑重合度对齿面接触应力的影响。对于直齿轮

$$Z_\varepsilon=\sqrt{\frac{4-\varepsilon_\alpha}{3}} \tag{3-10-25}$$

其中

$$\varepsilon_\alpha=\frac{1}{2\pi}[z_1(\tan\alpha_{a1}-\tan\alpha)+z_2(\tan\alpha_{a2}-\tan\alpha)] \tag{3-10-26}$$

式中，α_{a1} 是主动轮齿顶圆压力角，α_{a2} 是从动轮齿顶圆压力角。

④ 接触疲劳强度计算公式

将上述参数式(3-10-23)～式(3-10-25)代入最大接触应力公式得

$$\sigma_H=Z_E\sqrt{\frac{F_{nc}}{L\rho_\Sigma}}=Z_E\sqrt{\frac{KF_tZ_\varepsilon^2}{bd_1^2}\frac{u\pm1}{u}\frac{2}{\cos^2\alpha\tan\alpha'}} \tag{3-10-27}$$

令

$$Z_H=\sqrt{\frac{2}{\cos^2\alpha\tan\alpha'}}=\sqrt{\frac{2}{\sin\alpha\cos\alpha}}$$

Z_H 称为节点区域系数，考虑节点处的齿廓形状对接触应力的影响，由式 3-10-27 计算。

⑤ 齿面接触疲劳强度的校核公式

综上所述，齿面接触疲劳强度的校核公式为

$$\sigma_H=Z_EZ_HZ_\varepsilon\sqrt{\frac{2KT_1(u\pm1)}{bd_1^2u}}\leqslant[\sigma_H]\ \text{MPa} \tag{3-10-28}$$

⑥ 齿面接触疲劳强度设计公式

引入齿宽系数 $\phi_a=\frac{b}{a}$，$b=\phi_a a$ 或 $\phi_d=\frac{b}{d_1}$，$b=\phi_d d_1$，代入式(3-10-27)得设计式：

$$a\geqslant(u\pm1)\sqrt[3]{\frac{KT_1}{2\phi_a u}\left(\frac{Z_HZ_EZ_\varepsilon}{[\sigma_H]}\right)^2}\ \text{mm} \tag{3-10-29}$$

或

$$d_1\geqslant\sqrt[3]{\frac{2KT_1}{\phi_d}\frac{u\pm1}{u}\left(\frac{Z_HZ_EZ_\varepsilon}{[\sigma_H]}\right)^2}\ \text{mm} \tag{3-10-30}$$

式中，d_1 为小齿轮分度圆直径(mm)。

以上三式中各计量单位：T_1 的单位为 N·mm；b_1、d_1 的单位为 mm；$[\sigma_H]$的单位为 MPa。当用式(3-10-29)或式(3-10-30)进行初步设计时，因载荷系数 K 和 Z_ε 不能预先确定，可试选一个综合系数 $K_tZ_{\varepsilon t}^2$，一般可取 $K_tZ_{\varepsilon t}^2=0.8\sim1.5$。这样可计算得到试算值 a_t 或 d_{1t}。当载荷平稳，齿轮精度高，圆周速度低，齿轮对称布置时，$K_tZ_{\varepsilon t}^2$ 取小值。直齿轮 $K_tZ_{\varepsilon t}^2$ 适当取大，斜齿轮适当取小。待参数确定后，再按式(3-10-28)进行校核计算。

⑦ 接触疲劳强度公式应用说明

在齿面接触疲劳强度计算中，配对齿轮的接触应力应相等，即 $\sigma_{H1}=\sigma_{H2}$。但两齿轮的许用接触应力分别与各自齿轮的材料、热处理、应力循环次数有关，一般不相等，即$[\sigma_H]_1\neq[\sigma_H]_2$。

因此,在使用设计公式或校核公式时,许用接触应力$[\sigma_H]$应取小轮的$[\sigma_H]_1$和大轮的$[\sigma_H]_2$中较小者代入计算。

⑧ 许用接触应力$[\sigma_H]$

齿轮强度计算中的许用应力是根据特定试验条件下得到的极限应力和考虑安全系数及与试验条件不同时的修正系数得到的。极限应力的试验条件是:高精度直齿轮,$\alpha=20°$,$a=100$ mm,$m=(3\sim5)$ mm,$b=(10\sim50)$ mm,$v=10$ m/s,失效率1%。进行齿面接触疲劳试验时,齿面粗糙度$R_z=3\ \mu$m;进行轮齿弯曲疲劳试验时,齿根表面粗糙度$R_z=10\ \mu$m。

许用接触应力按式(3-10-31)计算:

$$[\sigma_H]=\frac{\sigma_{H\lim}}{S_{H\lim}}Z_N Z_X Z_W Z_{\mathrm{LVR}}\ \mathrm{MPa} \tag{3-10-31}$$

式中,$\sigma_{H\lim}$为失效概率为1%时,试验齿轮的齿面接触疲劳极限,单位是MPa,查图3-10-54。图中ML、MQ、ME表示对材料质量和热处理要求的等级(ML——低、MQ——中、ME——高),MQ为有经验的齿轮制造商以合理的成本能达到的齿轮材料质量和热处理质量的等级要求,因此,对于工业用齿轮,通常按MQ选择σ_{Hlim}。

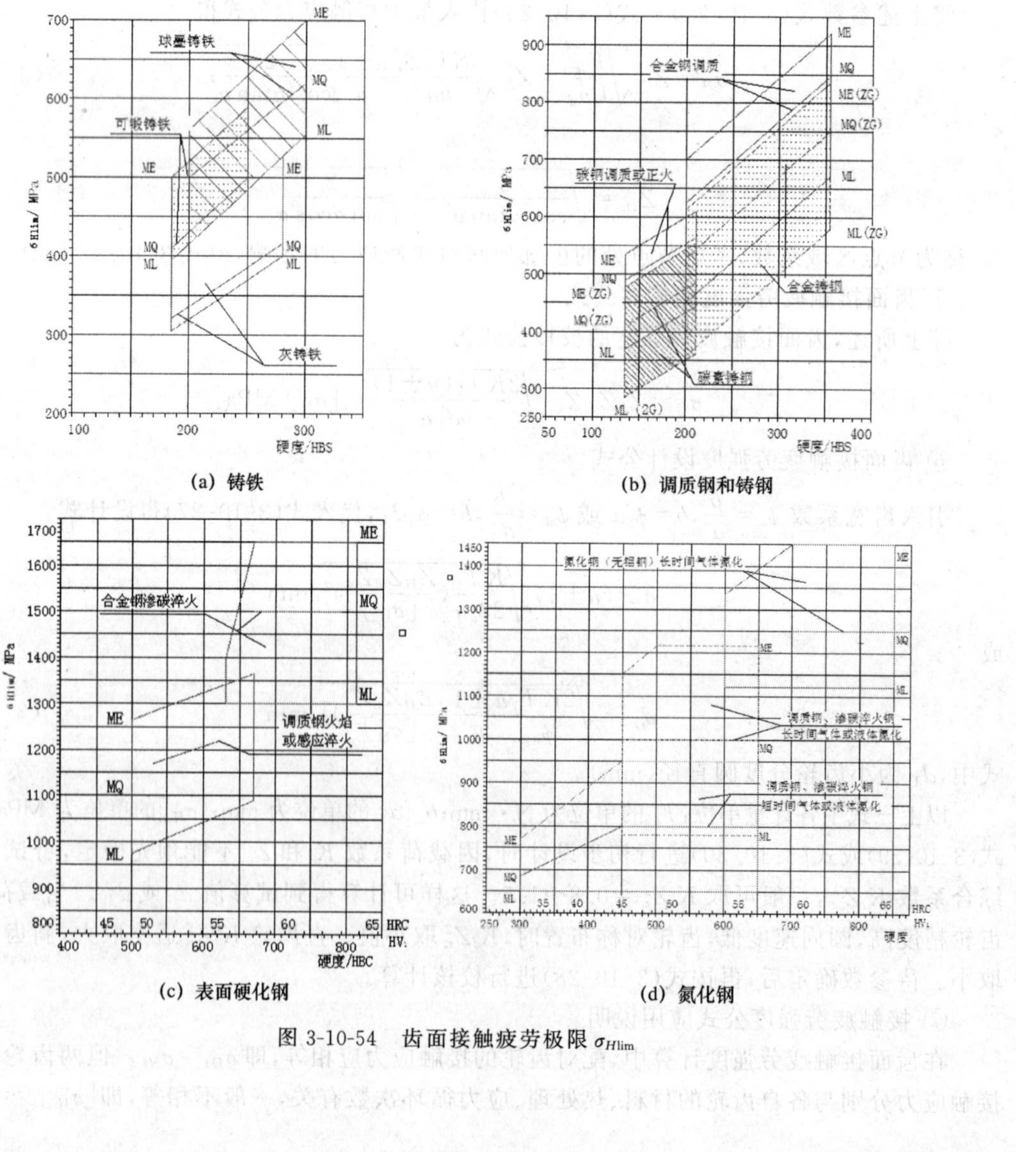

(a) 铸铁　(b) 调质钢和铸钢　(c) 表面硬化钢　(d) 氮化钢

图3-10-54　齿面接触疲劳极限$\sigma_{H\lim}$

$S_{H\lim}$——接触强度计算的最小安全系数。一般 $S_{H\lim} \geqslant 1$，常取 1。

Z_N——接触疲劳强度的寿命系数，用以考虑齿轮在有限寿命时，接触疲劳极限的提高，其值可根据所设计齿轮的应力循环次数 $N=60nkL_h$（n 为齿轮转速，单位是 r/min；k 为齿轮每转一周同侧齿面啮合的次数；L_h 为齿轮设计的工作小时数，单位是 h)，由图 3-10-55 查取。大小齿轮的工作应力循环次数 N 应分别计算。对不稳定变载荷条件下工作的齿轮，其应力循环次数的计算及当量载荷的计算可参见 GB3480—97。

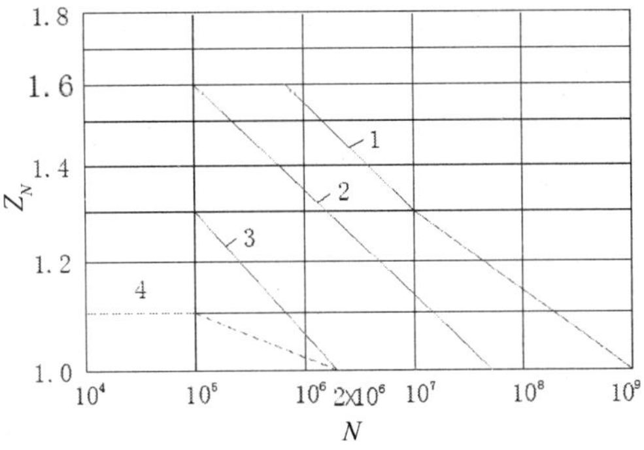

图 3-10-55　接触强度计算的寿命系数 Z_N

注：1—碳钢经正火、调质、表面淬火及渗碳淬火，球墨铸铁（允许一定的点蚀）；

2—同 1，不允许出现点蚀；3—碳钢调质后气体氮化，氮化钢气体氮化，灰铸铁；

4—碳钢调质后液体氮化。

Z_X——接触疲劳强度计算的尺寸系数，考虑尺寸增大使材料强度降低的系数，与模数有关，按式(3-10-32)计算。

$$Z_X=\begin{cases}1.0 & \text{调质钢、正火钢} \\ & m_n<12\text{ mm 时},Z_X=1.0;m_n>30\text{ mm 时},Z_X=0.9; \\ 1.067-0.0056m_n & \text{短时间液体或气体氮化，长时间气体氮化钢} \\ & m_n<7\text{ mm 时},Z_X=1.0;m_n>30\text{ mm 时},Z_X=0.75; \\ 1.067-0.0109m_n & \text{渗碳淬火，感应或火焰淬火表面硬化钢}\end{cases} \tag{3-10-32}$$

Z_W——工作硬化系数，用以考虑光整加工的硬齿面小齿轮对调质钢大齿轮齿面产生的冷作硬化，使大齿轮的接触疲劳极限应力提高的系数。当不符合上述条件时，取 $Z_W=1.0$。Z_W 可用式(3-10-33)计算。

$$Z_W=1.2-\frac{HBS_2-130}{1700} \tag{3-10-33}$$

式中，HBS_2 为大齿轮齿面的布氏硬度值。当 $HBS_2 \leqslant 130$ 时，取 $Z_W=1.2$；当 $HBS_2 \geqslant 470$ 时，取 $Z_W=1.0$。

Z_{LVR}——润滑油膜影响系数。主要影响因素有润滑油的黏度、齿面间相对滑动和齿面粗糙度。对于光整齿轮取 $Z_{LVR}=1.0$；精加工齿轮取 $Z_{LVR}=0.92$；精度较低的齿轮取 $Z_{LVR}=0.85$。

⑨ 提高齿面接触疲劳强度的主要措施

Ⅰ.加大齿轮直径或中心距；Ⅱ.适当加大齿宽 b 或齿宽系数 ψ_d；Ⅲ.正变位；Ⅳ.改善热处

理,提高齿面硬度;V.改善材料;Ⅵ.提高齿轮的精度等级。

(2) 齿根弯曲疲劳强度计算

① 计算准则

为了保证在预定寿命内不发生轮齿断裂失效(如图 3-10-56 所示),应进行齿根弯曲疲劳强度计算。其计算准则为:齿根弯曲应力 σ_F 小于或等于许用弯曲应力$[\sigma_F]$,即

$$\sigma_F \leqslant [\sigma_F] \tag{3-10-34}$$

② 受力的简化

齿根弯曲强度与齿根弯曲应力和齿轮材料的许用弯曲应力有关。由于齿轮轮体的刚度较大,因此,计算齿根弯曲应力时,可把轮齿看作为悬臂梁,其危险截面可用 30°切线法确定(如图 3-10-57 所示),即作与轮齿对称线成 30°角并与齿根过渡圆弧相切的两条切线,通过两切点并平行于齿轮轴线的截面即为轮齿危险截面。

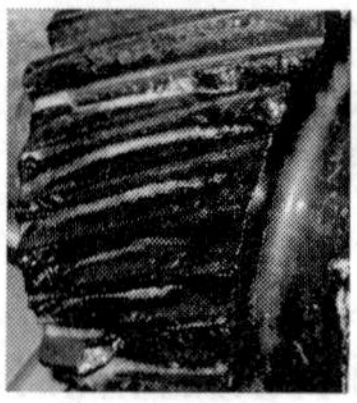

图 3-10-56 齿根弯曲疲劳失效

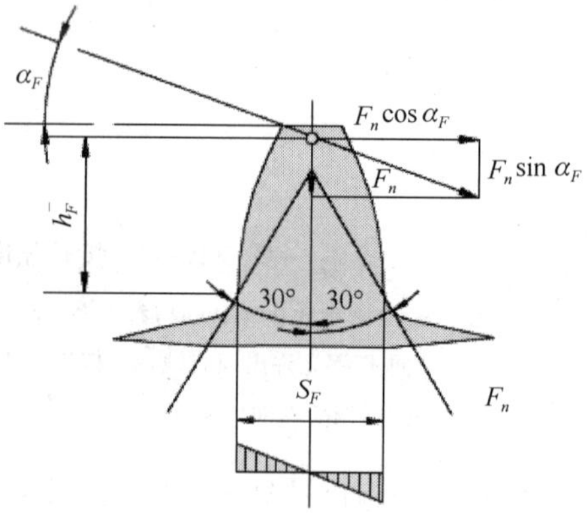

图 3-10-57 30°切线法确定齿根的危险截面

要计算危险截面上的最大弯曲应力,应确定产生最大弯矩的载荷作用点。一般地,齿轮的重合度大于 1,小于 2。这样轮齿在双对齿啮合区时,因载荷由两对齿承担,虽然作用的力臂大,但齿根所受的弯矩不是最大;而在单对齿啮合区的上界点 D(如图 3-10-58 所示)时,齿根受到的弯矩最大。因此,应当以单对齿啮合区的上界点作为最大弯矩的计算点。

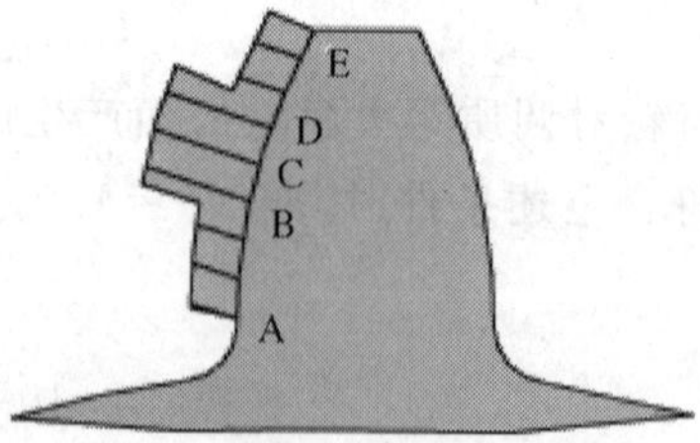

图 3-10-58 最大弯矩的载荷作用点

但由于计算比较复杂,通常用于高精度齿轮传动(6 级精度以上)的弯曲强度计算。对于制造精度较低(如 7、8、9 级精度)的齿轮传动,为了简化计算,通常假设全部载荷作用于齿顶并仅由一对齿承担。对由此引起的误差,用重合度系数 Y_ε 予以修正。

如图 3-10-57 所示,忽略齿面间的摩擦力,作用于齿顶的法向力 F_n,可分解为相互垂直的两个分力:切向分力($F_t=F_n\cos\alpha_F$)使齿根产生弯曲应力和切应力;径向分力($F_r=F_n\sin\alpha_F$)使齿根产生压应力。其中切应力和压应力起的作用很小,疲劳裂纹往往从齿根受拉边开始。因此,只考虑起主要作用的弯曲拉应力,并以受拉侧为弯曲疲劳强度计算的依据。对切应力、压应力以及齿根过渡曲线的应力集中效应的影响,用应力修正系数 Y_{sa} 予以修正。

③ 齿根疲劳弯曲强度计算公式

综上分析,齿根弯曲应力为

$$\sigma_F=\frac{M}{W}=\frac{F_n h_F\cos\alpha_a}{b\,\frac{S_F^2}{6}}=\frac{2KT_1}{bd_1m}\frac{6\left(\frac{h_F}{m}\right)\cos\alpha_a}{\left(\frac{S_F}{m}\right)^2\cos\alpha}$$

式中，b 为齿宽，力臂为 h_F，危险截面齿厚为 S_F，K 为载荷系数。

引入齿形系数 Y_{Fa}，$Y_{Fa}=\dfrac{6\left(\frac{h_F}{m}\right)\cos\alpha_a}{\left(\frac{S_F}{m}\right)^2\cos\alpha}$；应力修正系数 Y_{sa} 和重合度系数 Y_ε，所以，齿根弯曲疲劳强度条件为：

$$\sigma_F=\frac{2KT_1}{bd_1m}Y_{Fa}Y_{sa}Y_\varepsilon\leqslant[\sigma_F]\ \text{MPa} \tag{3-5-35}$$

式中，Y_{Fa}——载荷作用于齿顶的齿形系数，用以考虑齿廓形状对齿根弯曲应力 σ_F 的影响。它与齿廓形状有关；与模数 m 无关。Y_{Fa} 是无因次量，凡影响齿廓形状的参数（如 z、x、α 等）都影响 Y_{Fa}（如图 3-10-59 所示），而与模数无关。Y_{Fa} 值可根据齿数 z 由图 3-10-60 查取。内齿轮近似地按齿条（齿数 $z\to\infty$）查取，$Y_{Fa}=2.063$。

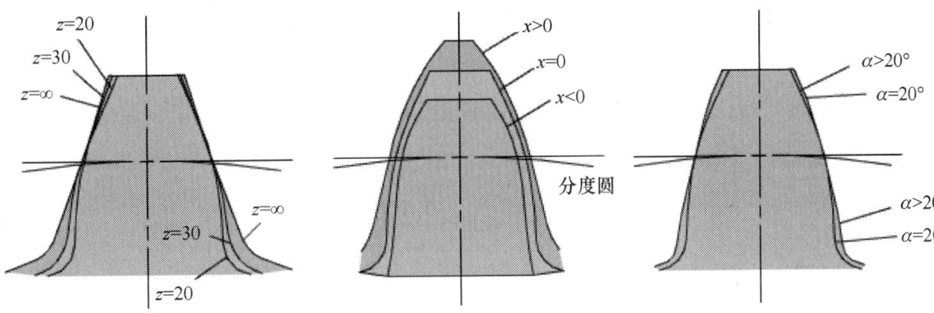

图 3-10-59　影响齿廓形状的参数

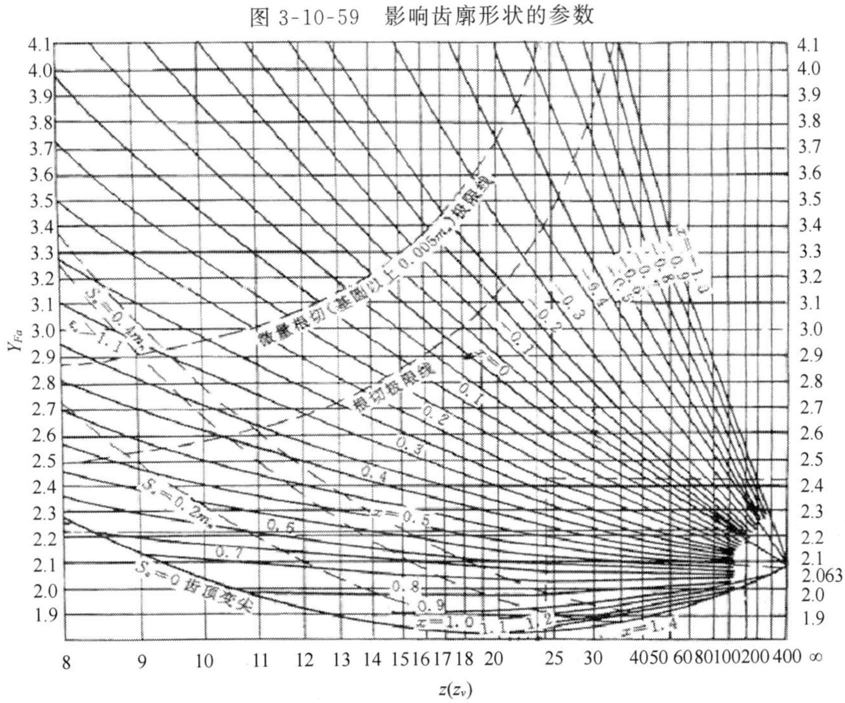

图 3-10-60　外齿轮齿形系数 Y_{Fa} [$\alpha_n=20°$，$h_a^*=1$，$c^*=0.25$，$\rho_r=0.38\,m(m_n)$]

Y_{sa}——应力修正系数,用它考虑齿根过渡圆角处的应力集中,可由图 3-10-61 查取,内齿轮近似地按齿条(齿数 $z\to\infty$)查取,$Y_{sa}=1.97$。

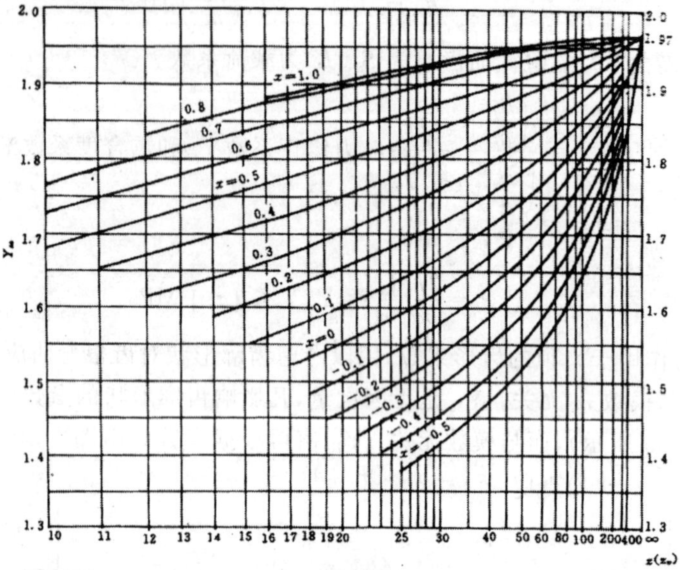

图 3-10-61　外齿轮应力修正系数 $Y_{sa}[\alpha_n=20°,h_a^*=1,c^*=0.25,\rho_r=0.38\,m(m_n)]$

Y_ε——计算齿根弯曲强度的重合度系数。可由式(3-10-36)计算。

$$Y_\varepsilon=0.25+\frac{0.75}{\varepsilon_a} \tag{3-10-36}$$

式中,重合度 ε_a 由式(3-10-26)计算可得。

小齿轮和大齿轮应分别计算齿轮弯曲疲劳强度条件为

$$\left.\begin{aligned}\sigma_{F1}&=\frac{2KT_1}{bd_1m}Y_{Fa1}Y_{sa1}Y_\varepsilon\leqslant[\sigma_F]_1\\ \sigma_{F2}&=\frac{2KT_1}{bd_1m}Y_{Fa2}Y_{sa2}Y_\varepsilon\leqslant[\sigma_F]_2\end{aligned}\right\} \tag{3-10-37}$$

将 $b=\phi_a a=\phi_a\dfrac{mz_1(u\pm1)}{2}$ 或 $b=\phi_d d_1=\phi_d mz_1$ 代入式(3-10-35),可得齿根弯曲疲劳强度的设计公式

$$m\geqslant\sqrt[3]{\frac{4KT_1}{\phi_a(u\pm1)z_1^2}\frac{Y_{Fa}Y_{sa}Y_\varepsilon}{[\sigma_F]}}\ \text{mm} \tag{3-10-38}$$

或

$$m\geqslant\sqrt[3]{\frac{2KT_1}{\phi_d z_1^2}\frac{Y_{Fa}Y_{sa}Y_\varepsilon}{[\sigma_F]}}\ \text{mm} \tag{3-10-39}$$

与按接触强度设计类似,初步计算模数 m_t 时,可试选一个综合系数 $K_tY_{\varepsilon t}$,一般可取$K_tY_{\varepsilon t}=0.8\sim1.4$,待参数确定后,最后求得 KY_ε。若两者相差较大,模数按 $m=m_t\sqrt[3]{\dfrac{KY_\varepsilon}{K_tY_{\varepsilon t}}}$ 进行修正。

中心距 a(或分度圆直径 d)和材料确定后,齿轮的齿根弯曲强度取决于模数 m 和齿数 z_1。对于开式齿轮传动,只进行齿轮的齿根弯曲强度计算。考虑磨损的影响,将许用弯曲应力$[\sigma_F]$降低 20%～30%。

④ 弯曲疲劳强度公式应用说明

在齿根弯曲疲劳强度计算中，配对齿轮的齿形系数 Y_{Fa}、应力修正系数 Y_{sa}、许用弯曲应力 $[\sigma_F]$ 可能不相同，因此，在校核计算时，两齿轮要分别进行，而在使用设计公式(3-10-38)和公式(3-10-39)中的 $\frac{Y_{Fa}Y_{sa}}{[\sigma_F]}$ 计算时，应取 $\frac{Y_{Fa1}Y_{sa1}}{[\sigma_F]_1}$ 和 $\frac{Y_{Fa2}Y_{sa2}}{[\sigma_F]_2}$ 两者中的大值代入计算。

⑤ 许用弯曲疲劳应力 $[\sigma_F]$

许用弯曲疲劳应力按下式计算

$$[\sigma_F]=\frac{\sigma_{Flim}Y_{ST}}{S_{Fmin}}Y_NY_X \text{ MPa} \tag{3-10-40}$$

式中，σ_{Flim}——失效概率为 1% 时，试验齿轮的齿根弯曲疲劳极限，MPa，由图 3-10-62 查取。当双向受载时，应将查得的 σ_{Flim} 值乘以 0.7。

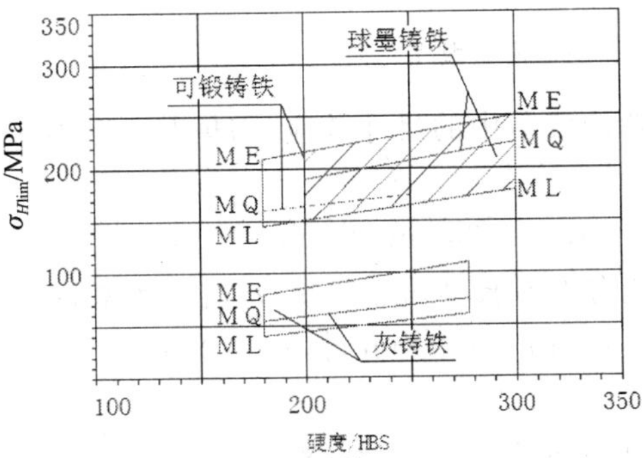

(a) 铸铁

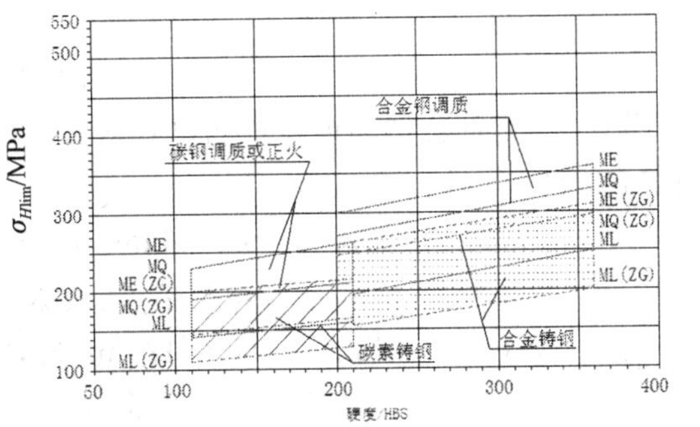

(b) 调质钢和铸钢

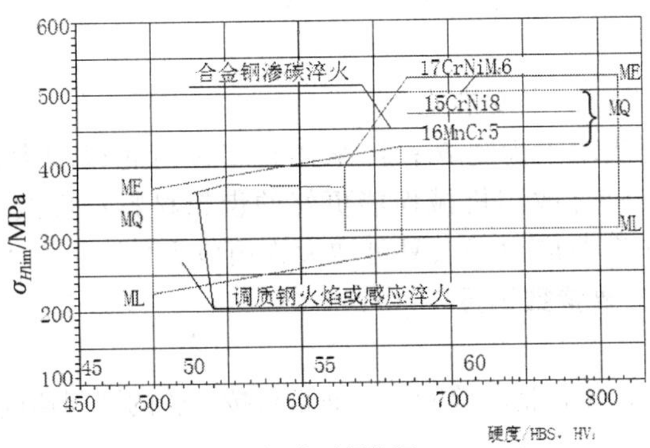

(c) 表面硬化钢

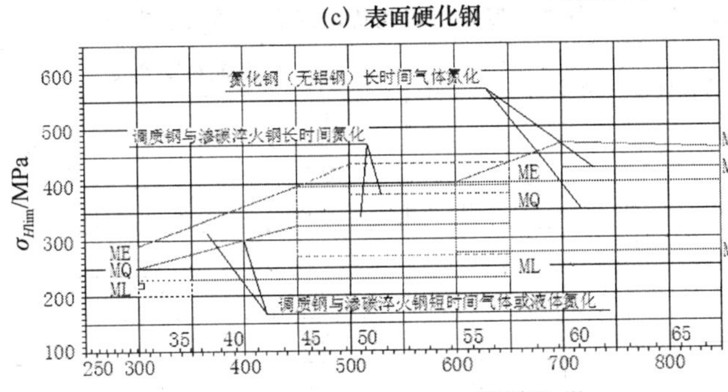

(d) 氮化钢

图 3-10-62　齿根弯曲疲劳极限 σ_{Flim}

$S_{F\min}$——弯曲疲劳强度计算的最小安全系数，一般 $S_{F\min} \geqslant 1.4$。

Y_{ST}——试验齿轮的应力修正系数，取 $Y_{ST}=2.0$。

Y_N——弯曲疲劳强度计算的寿命系数，用以考虑齿轮在有限寿命时，弯曲疲劳极限的提高，可根据所设计的齿轮的应力循环次数 N（详见接触强度计算的寿命系数 Z_N 讲解），由图 3-10-63查取。

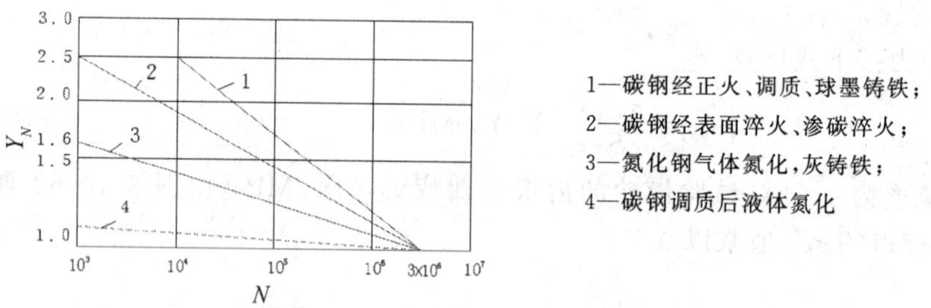

图 3-10-63　弯曲强度计算的寿命系数 Y_N

Y_X——弯曲疲劳强度计算的尺寸系数，考虑弯曲疲劳中的尺寸效应，与模数大小有关，可用下式计算。

$$Y_X=\begin{cases}1.03-0.006m_n & m_n<5\text{ mm 时},Y_X=1.0;m_n>30\text{ mm 时},Y_X=0.85;\\ & \text{结构钢、调质钢、珠光体和贝氏体球墨铸铁、珠光体可锻铸铁}\\ 1.05-0.01m_n & m_n<12\text{ mm 时},Y_X=1.0;m_n>25\text{ mm 时},Y_X=0.8;\\ & \text{表面硬化钢}\\ 1.075-0.015m_n & m_n<7\text{ mm 时},Y_X=1.0;m_n>25\text{ mm 时},Y_X=0.7;\\ & \text{灰铸铁，铁素体球墨铸铁}\end{cases} \tag{3-10-41}$$

⑥ 提高齿根弯曲疲劳强度的主要措施

Ⅰ.增大模数 m；Ⅱ.适当增大齿宽 b；Ⅲ.采用正变位齿轮以增大齿厚；Ⅳ.提高齿轮精度等级、增大齿根圆角半径；Ⅴ.改用机械性能更好的齿轮材料；Ⅵ.改变热处理方法，提高齿面硬度（其中，Ⅰ～Ⅳ可减小弯曲应力，Ⅴ、Ⅵ可增大许用应力）。

4. 齿轮传动的精度及主要参数选择

(1) 齿轮精度选择

齿轮精度应根据加工条件、工作情况等确定。通常可按齿轮的圆周速度参考表 3-10-17 选择。

表 3-10-17　各种精度等级齿轮传动的最大圆周速度　m/s

齿的种类	传动种类	齿面硬度/HBS	齿轮精度等级				
			3,4,5	6	7	8	9
直齿	圆柱齿轮	≤350	>12	≤18	≤12	≤6	≤4
		>350	>10	≤15	≤10	≤5	≤3
	锥齿轮	≤350	>7	≤10	≤7	≤4	≤3
		>350	>6	≤9	≤6	≤3	≤2.5
斜齿及曲齿	圆柱齿轮	≤350	>25	≤36	≤25	≤12	≤8
		>350	>20	≤30	≤20	≤9	≤6
	锥齿轮	≤350	>16	≤24	≤16	≤9	≤6
		>350	>13	≤19	≤15	≤7	≤5

（2）几何参数选择

几何参数的选择对齿轮的结构尺寸和传动质量有很大影响。在满足强度条件下，应合理选择。

① 齿数比 u

齿数比 $u=\frac{z_2}{z_1}\geqslant 1$，$z_1$ 和 z_2 分别是小齿轮和大齿轮的齿数。齿数比不宜过大，否则结构尺寸过大。一般减速传动，$u\leqslant 6\sim 8$。当要求传动比大时，可以采用两级或多级齿轮传动。

② 模数 m 和小齿轮齿数 z_1

当中心距 a 一定时，齿数增加可使重合度增大，改善传动的平稳性；增加齿数则模数减小，轮齿尺寸小，可减小切削加工的切削量，节省工时。如果齿数过多则模数会太小，轮齿的抗折断能力降低。因此，在满足弯曲强度的条件下，可取较多的齿数和较小的模数。

对于闭式传动，设计时一般按齿面接触强度确定中心距 a，模数 m 直接影响齿根弯曲强度，而对齿面接触强度没有直接影响。模数由经验公式 $m=(0.007\sim 0.02)a$ 估算并取标准值（表 3-10-6）。载荷平稳，中心距较大，软齿面，取小值；冲击载荷，过载较大，中心距较小，硬齿面，取大值。在一般动力传动中，应使模数 $m>1.5\sim 2$ mm，以防止过载时轮齿突然折断。圆柱齿轮的标准模数详见表 3-10-6。

对于闭式软齿面齿轮传动，按齿面接触强度确定小齿轮直径 d_1 后，在满足抗弯疲劳强度的前提下，宜选取较小的模数和较多的齿数，以增加重合度，提高传动的平稳性，降低齿高，减轻齿轮重量，并减少金属切削量。通常取 $z_1=20\sim 40$。对于高速齿轮传动还可以减小齿面相对滑动，提高抗胶合能力。

对于闭式硬齿面和开式齿轮传动，承载能力主要取决于齿根弯曲疲劳强度，模数不宜太小，在满足接触疲劳强度的前提下，为避免传动尺寸过大，z_1 应取较小值，一般取 $z_1=17\sim 20$。

配对齿轮的齿数以互质数为好，至少不要成整数比，以使所有齿轮磨损均匀并有利于减小振动。

$$\left.\begin{aligned} z_1&=\frac{2a}{m(u\pm 1)}\\ z_2&=uz_1 \end{aligned}\right\} \tag{3-10-42}$$

③ 齿宽系数 ϕ_a 和 ϕ_d

齿宽系数表示齿轮传动的宽度尺寸和径向尺寸的比例，齿宽系数 $\phi_a=\frac{b}{a}$，$\phi_d=\frac{b}{d_1}$。齿宽系数增大，齿轮的径向尺寸减小，但齿宽相对增大。齿宽越大，载荷沿齿宽分布不均匀越严重，故应合理选择齿宽系数。一般 $\phi_a=0.1\sim 0.2$。闭式传动常取 $\phi_a=0.3\sim 0.6$，最常用 0.4 或 0.35；开式传动常取 $\phi_a=0.1\sim 0.3$，最常用 0.3。对于基于中心距的齿宽系数 ϕ_a，ϕ_d 与 ϕ_a 的关系为 $\phi_d=\phi_a\frac{u_1+u_2}{2}$（外啮合），设计时可换算 。$\phi_d$ 的选择参考表 3-10-18。当载荷一定时，ϕ_d 选大值，可减小齿轮直径和中心距，使传动更紧凑。但齿宽将增大，载荷沿齿向分布不均匀现象会更严重，因此应合理选择 ϕ_d。对于闭式固定传动比的齿轮传动，当齿轮精度高并且轴的刚度大时，可选较大的值 ϕ_d。

为保证装配后的接触宽度，通常取小齿轮齿宽 b_1 比大齿轮齿宽 b_2 大 5～10 mm，即，强度

计算时取 $b_1=b_2+(5\sim10)$。

表 3-10-18 圆柱齿轮的齿宽系数 ϕ_d

装置状况	两支承相对于小齿轮作对称布置	两支承相对于小齿轮作不对称布置	小齿轮作悬臂布置
ϕ_d	0.9～1.4(1.2～1.9)	0.7～1.15(1.1～1.65)	0.4～0.6

任务实施

根据数控车床用靠模装置二级圆柱齿轮传动装置任务要求,完成如下设计。

一、选择材料

因 45 钢的综合机械性能较强,应用广泛,价格合理,所以本次设计大、小齿轮均可选择 45 钢,小齿轮 3 调质处理(217～255 HBS),齿轮啮合时,小齿轮要比大齿轮多转出一个速比圈,小齿轮的工作较大齿轮繁重,故小齿轮的齿面硬度要比大齿轮高 20～50 HBS 硬度单位,因此,大齿轮 4 可进行正火处理(162～217 HBS)。所以本次设计小齿轮 3 采用 230 HBS,大齿轮采用 190 HBS。

二、按齿面接触强度确定中心距

根据式(3-10-29)$a\geqslant(u\pm1)\sqrt[3]{\dfrac{KT_2}{2\phi_a u}\left(\dfrac{Z_HZ_EZ_\varepsilon}{[\sigma_H]}\right)^2}$ 确定各参数。

1. 计算小齿轮 3 扭矩 T_2

$$T_2=9.55\times10^6\frac{P_2}{n_2}=9.55\times10^6\times\frac{8.38}{231.173}=3.462\times10^5\quad \text{N}\cdot\text{mm}$$

2. 确定齿数比 u

齿数比

$$u=\frac{z_4}{z_3}=i_{34}=3.23$$

3. 确定齿宽系数 ϕ_a

由于闭式传动常取 $\phi_a=0.3\sim0.6$,最常用 0.4 或 0.35,所以本次设计取 $\phi_a=0.4$。

4. 初步确定 KZ_ε^2

进行初步设计时,因载荷系数 K 和 Z_ε 不能预先确定,可试选一个综合系数 $K_tZ_{\varepsilon t}^2$,一般可取 $K_tZ_{\varepsilon t}^2=0.8\sim1.5$。由于本次设计为直齿圆柱齿轮传动,$K_tZ_{\varepsilon t}^2$ 适当取大,所以,可取 $K_tZ_{\varepsilon t}^2=1$。

5. 确定节点区域系数 Z_H

由式(3-10-27)可知

$$Z_H=\sqrt{\frac{2}{\sin\alpha\cos\alpha}}=\sqrt{\frac{2}{\sin20^\circ\cos20^\circ}}\approx2.495$$

6. 确定材料弹性系数 Z_E

本次设计所选大、小齿轮均为 45 钢,所以查表 3-10-16 得 $Z_E=189.8\sqrt{\text{MPa}}$。

7. 计算许用接触应力$[\sigma_H]$

由式(3-10-31)计算许用接触应力$[\sigma_H]$：

$$[\sigma_H]=\frac{\sigma_{H\lim}}{S_{H\lim}}Z_N Z_X Z_W Z_{\mathrm{LVR}}\ \mathrm{MPa}$$

① 确定齿面接触疲劳极限 $\sigma_{H\lim}$

由于本次设计小齿轮 3 采用 230 HBS,大齿轮 4 采用 190 HBS,所以由图 3-10-54 得

$$\sigma_{H\lim 3}=630\ \mathrm{MPa},\quad \sigma_{H\lim 4}=590\ \mathrm{MPa}。$$

② 确定最小安全系数 $S_{H\lim}$

一般 $S_{H\lim}\geqslant 1$,取 $S_{H\lim}=1$。

③ 确定寿命系数 Z_N

根据应力循环次数 $N=60\ nkL_h$,分别计算大、小齿轮的应力循环次数 N_3、N_4。

$$N_3=60n_2kL_h=60\times 231.173\times 1\times(9\times 300\times 2\times 8)=5.99\times 10^8$$

$$N_4=\frac{N_3}{i}=\frac{5.99\times 10^8}{3.23}=1.86\times 10^8$$

查图 3-10-55 得 $Z_{N3}=1.055$,$Z_{N4}=1.12$(允许一定的点蚀)。

④ 确定尺寸系数 Z_X

由式(3-10-32)得 $Z_{X3}=Z_{X4}=1.0$。

⑤ 确定工作硬化系数 Z_W

本次设计小齿轮为软齿轮(≤350 HBS),所以取 $Z_W=1.0$。

⑥ 确定润滑油膜影响系数 Z_{LVR}

取 $Z_{LVR}=0.92$,综上所述,许用接触应力$[\sigma_H]$计算如下：

$$[\sigma_H]_3=\frac{\sigma_{H\lim}}{S_{H\lim}}Z_{N3}Z_X Z_W Z_{\mathrm{LVR}}=\frac{630}{1.0}\times 1.055\times 1.0\times 1.0\times 0.92=611.478\ \mathrm{MPa}$$

$$[\sigma_H]_4=\frac{\sigma_{H\lim}}{S_{H\lim}}Z_{N4}Z_X Z_W Z_{\mathrm{LVR}}=\frac{590}{1.0}\times 1.12\times 1.0\times 1.0\times 0.92=607.936\ \mathrm{MPa}$$

因$[\sigma_H]_4<[\sigma_H]_3$,计算时取 $[\sigma_H]=[\sigma_H]_4=607.936$ MPa。

综合上述各参数的分析与确定,中心距 a 根据式(3-10-29)计算如下：

$$a\geqslant(u+1)\sqrt[3]{\frac{KT_2}{2\phi_a u}\left(\frac{Z_H Z_E Z_\varepsilon}{[\sigma_H]}\right)^2}=(3.23+1)\sqrt[3]{\frac{1\times 3.462\times 10^5}{2\times 0.4\times 3.23}\left(\frac{2.495\times 189.8}{607.936}\right)^2}$$

$$\approx 183.24\ \mathrm{mm}$$

取中心距 $a=185$ mm。

三、初步确定齿轮主要几何参数

1. 估算模数

$m=(0.007\sim 0.02)a=(0.007\sim 0.02)\times 185=(1.295\sim 3.7)$ mm,由表 3-10-16 取标准模数 $m=2$ mm。

2. 计算 3、4 齿轮的齿数

$$z_3=\frac{2a}{m(u+1)}=\frac{2\times 185}{2\times(3.23+1)}\approx 43.74,z_4=uz_3=3.23\times 43.74\approx 141.26$$

取 $z_3=44$,$z_4=141$。

3. 传动比误差

实际传动比 $i_{实}=\frac{z_4}{z_3}=\frac{141}{44}=3.205$,传动比误差

$$\Delta i=\frac{|i_{理}-i_{实}|}{i_{理}}\times 100\%=\frac{|3.23-3.205|}{3.23}\approx 0.774\%<5\%$$

在允许范围内。

4. 计算分度圆直径

$$d_3=mz_3=2\times 44=88\text{ mm}$$
$$d_4=mz_4=2\times 141=282\text{ mm}$$

5. 计算齿轮齿顶圆直径

$$d_{a3}=d_3+2h_a^* m=88+2\times 1.0\times 2=92\text{ mm}$$
$$d_{a4}=d_4+2h_a^* m=282+2\times 1.0\times 2=286\text{ mm}$$

6. 计算齿轮基圆直径

$$d_{b3}=d_3\cos\alpha=88\cos 20°=82.69\text{ mm};$$
$$d_{b4}=d_4\cos\alpha=282\cos 20°=264.99\text{ mm}$$

7. 计算齿宽

$$b=\phi_a a=0.4\times 185=74\text{ mm}$$

8. 计算齿顶压力角

$$\alpha_{a3}=\arccos\frac{d_{b3}}{d_{a3}}=\arccos\frac{82.69}{92}=25.999°$$

$$\alpha_{a4}=\arccos\frac{d_{b4}}{d_{a4}}=\arccos\frac{264.99}{286}=22.099°$$

9. 计算圆周速度,确定齿轮精度

$$v=\frac{\pi d_3 n_2}{60\times 10^3}=\frac{\pi\times 88\times 231.173}{60\times 10^3}=1.065\text{ m/s}$$

由表 3-10-17,选齿轮精度为 8 级。

四、验算齿面接触疲劳强度

由式(3-10-28)可知 $\sigma_H=Z_E Z_H Z_\varepsilon\sqrt{\dfrac{2KT_2(u\pm 1)}{bd_3^2 u}}\leqslant[\sigma_H]$,计算式中各参数如下。

1. 计算重合度系数 Z_ε

由式(3-10-26)计算端面重合度 ε_α

$$\begin{aligned}\varepsilon_\alpha&=\frac{1}{2\pi}[z_3(\tan\alpha_{a3}-\tan\alpha)+z_4(\tan\alpha_{a4}-\tan\alpha)]\\&=\frac{1}{2\pi}[44\times(\tan 25.999°-\tan 20°)+141\times(\tan 22.099°-\tan 20°)]\\&=1.811\end{aligned}$$

由式(3-10-25)计算重合度系数,$Z_\varepsilon=\sqrt{\dfrac{4-\varepsilon_\alpha}{3}}=\sqrt{\dfrac{4-1.811}{3}}=0.854$。

2. 计算载荷系数 K

由式(3-10-18)可知 $K=K_A K_v K_\alpha K_\beta$,确定式中各参数。

(1) 确定使用系数 K_A

按电机驱动,载荷平稳,由表 3-10-14,取 $K_A=1.0$。

(2) 确定动载系数 K_v

由图 3-10-43,按 8 级精度和 $vz_3/100=1.065\times 44/100=0.4686\text{ m/s}$,得 $K_v=1.025$。

(3) 确定齿间载荷分配系数 K_α

由表 3-10-15,查得 $K_\alpha=1.1$

(4) 确定齿向载荷分布系数 K_β

由图 3-10-48(a),按 $b/d_3=74/88=0.84$,低速级轴的刚度较大,二级传动中齿轮相对轴承为非对称布置,得 $K_\beta=1.065$

综上所述,载荷系数 $K=K_A K_v K_\alpha K_\beta=1.0\times1.025\times1.1\times1.065=1.2$

综合上述分析,齿面接触应力

$$\begin{aligned}\sigma_H &= Z_E Z_H Z_\varepsilon\sqrt{\frac{2KT_2(u+1)}{bd_3^2u}}\\ &=189.8\times2.495\times0.854\sqrt{\frac{2\times1.2\times3.462\times10^5\times(3.23+1)}{74\times88^2\times3.23}}\\ &=557.268\ \mathrm{MPa}<[\sigma_H]=607.936\ \mathrm{MPa}\end{aligned}$$

安全。

五、校核齿根弯曲疲劳强度

由式(3-10-35)可知 $\sigma_F=\dfrac{2KT_2}{bd_3m}Y_{Fa}Y_{sa}Y_\varepsilon\leqslant[\sigma_F]$,计算式中各参数如下。

1. 计算齿形系数 Y_{Fa}

按 $z_3=44$,$z_4=141$,由图 3-10-60 得 $Y_{Fa3}=2.407$,$Y_{Fa4}=2.21$。

2. 计算应力修正系数 Y_{sa}

按 $z_3=44$,$z_4=141$,由图 3-10-61 得 $Y_{sa3}=1.688$,$Y_{sa4}=1.835$。

3. 计算重合度系数 Y_ε

由式(3-10-36)得

$$Y_\varepsilon=0.25+\frac{0.75}{\varepsilon_\alpha}=0.25+\frac{0.75}{1.811}=0.664$$

4. 计算齿根弯曲应力

由式(3-10-37),分别计算小齿轮和大齿轮齿根弯曲应力:

$$\sigma_{F3}=\frac{2KT_2}{bd_3m}Y_{Fa3}Y_{sa3}Y_\varepsilon=\frac{2\times1.2\times3.462\times10^5}{74\times88\times2}\times2.407\times1.688\times0.664=172.112\ \mathrm{MPa}$$

$$\sigma_{F4}=\sigma_{F3}\frac{Y_{Fa4}Y_{sa4}}{Y_{Fa3}Y_{sa3}}=172.112\times\frac{2.21\times1.835}{2.407\times1.688}=171.787\ \mathrm{MPa}$$

5. 计算许用弯曲疲劳应力$[\sigma_F]$

由式(3-10-40) $[\sigma_F]=\dfrac{\sigma_{F\lim}Y_{ST}}{S_{F\min}}Y_NY_X$ 可知,计算式中各参数如下。

(1) 确定齿根弯曲疲劳极限 $\sigma_{F\lim}$

由图 3-10-62(b)得

$$\sigma_{F\lim3}=270\ \mathrm{MPa},\sigma_{F\lim4}=260\ \mathrm{MPa}$$

(2) 确定最小安全系数 $S_{F\min}$和应力修正系数 Y_{ST}

由于一般的最小安全系数 $S_{F\min}\geqslant1.4$,故,本次设计取 $S_{F\min}=1.4$,取应力修正系数 $Y_{ST}=2.0$。

(3) 确定寿命系数 Y_N

由上述计算可知，$N_3=5.99\times10^8$，$N_4=1.86\times10^8$，由图 3-10-63 查得 $Y_{N3}=Y_{N4}=1.0$。

(4) 确定尺寸系数 Y_X

由式(3-10-41)可知，$m=2\ \text{mm}<5\ \text{mm}$，$Y_{x3}=Y_{x4}=1.0$。

综上所述，分别计算小齿轮 3 和大齿轮 4 许用弯曲应力$[\sigma_F]$如下：

$$[\sigma_F]_3=\frac{\sigma_{F\lim3}Y_{ST}}{S_{F\min}}Y_{N3}Y_{X3}=\frac{270\times2.0}{1.4}\times1.0\times1.0=385.71\ \text{MPa}$$

$$[\sigma_F]_4=\frac{\sigma_{F\lim4}Y_{ST}}{S_{F\min}}Y_{N4}Y_{X4}=\frac{260\times2.0}{1.4}\times1.0\times1.0=371.43\ \text{MPa}$$

6. 验算齿根弯曲疲劳强度

由于 $\sigma_{F3}=172.112\ \text{MPa}<[\sigma_F]_3=385.71\ \text{MPa}$，所以，安全。

由于 $\sigma_{F4}=171.787\ \text{MPa}<[\sigma_F]_4=371.43\ \text{MPa}$，所以，安全。

六、齿轮主要几何参数

$$z_3=44,z_4=141,u=3.23,m=2\ \text{mm}$$

$$d_3=mz_3=2\times44=88\ \text{mm}$$

$$d_4=mz_4=2\times141=282\ \text{mm}$$

$$d_{a3}=d_3+2h_a^*m=88+2\times1.0\times2=92\ \text{mm}$$

$$d_{a4}=d_4+2h_a^*m=282+2\times1.0\times2=286\ \text{mm}$$

$$d_{f3}=d_3-2(h_a^*+c^*)m=88-2\times(1.0+0.25)\times2=83\ \text{mm}$$

$$d_{f4}=d_4-2(h_a^*+c^*)m=282-2\times(1.0+0.25)\times2=277\ \text{mm}$$

$$a=\frac{1}{2}(d_3+d_4)=\frac{1}{2}(88+282)=185\ \text{mm}$$

齿宽 $b_4=b=74\ \text{mm}$，圆整为 $b_4=75\ \text{mm}$，取 $b_3=b_4+(5\sim10)=80\ \text{mm}$。

探索与发现

1. 某技术人员进行技术革新，找到两个标准直齿圆柱齿轮，测得小齿轮的齿顶圆直径 $d_{a1}=150\ \text{mm}$，因大齿轮太大，只测出其齿高 $h_2=13.5\ \text{mm}$，两齿轮的齿数分别为 $z_1=23$ 和 $z_2=101$，试判断两齿轮是否能正确啮合。

2. 有一闭式齿轮传动，满载几个月后，操作人员发现 45 钢调质处理的齿轮工作表面出现了小的麻点凹坑，你能帮忙分析这是什么现象？为什么会出现这种现象？该采取什么措施来改善或避免这种现象的发生呢？

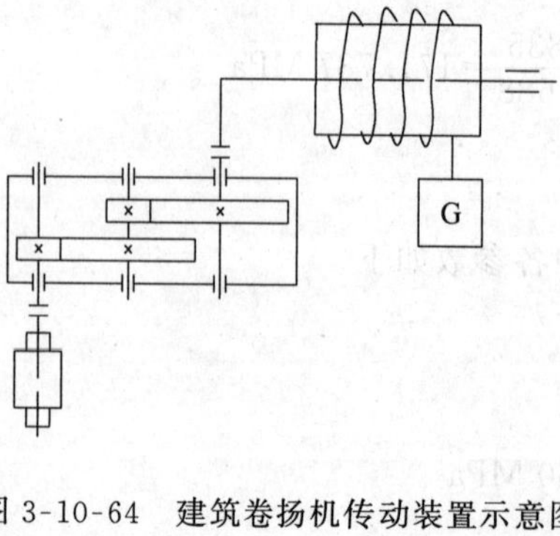

图 3-10-64 建筑卷扬机传动装置示意图

3. 有一建筑卷扬机传动装置示意图如图 3-10-64 所示。工作条件为电机驱动，连续单向运转，载荷较平稳，室内工作，有粉尘，环境最高温度 35℃，四年一次大修，两年一次中修，半年一次小修。动力来源为电力，三相交流，电压 380/220 V。已知：低速级

传递功率 $P=6.06$ kW，小齿轮转速 $n=215$ r/min，传动比 $i=3.48$，一班制，预期寿命 10 年，工作机速度允许误差±5%，一般机械厂制造，批量生产。试设计低速级齿轮传动。

知识拓展

重合度的物理意义

重合度的大小表明同时参与啮合的轮齿对数的多少。如 $\varepsilon_\alpha=1$ 表示，齿轮传动的过程中始终只有一对齿啮合。若 $\varepsilon_\alpha=1.3$ 的情况如图 3-10-65 所示，在实际啮合线 $\overline{B_1B_2}$ 的 B_2A_2 和 A_1B_1（长度各为 $0.3P_b$）段有两对轮齿同时在啮合，称为双齿啮合区；而在节点 C 附近 A_1A_2 段（长度为 $0.7P_b$），只有一对轮齿在啮合，称为单齿啮合区。

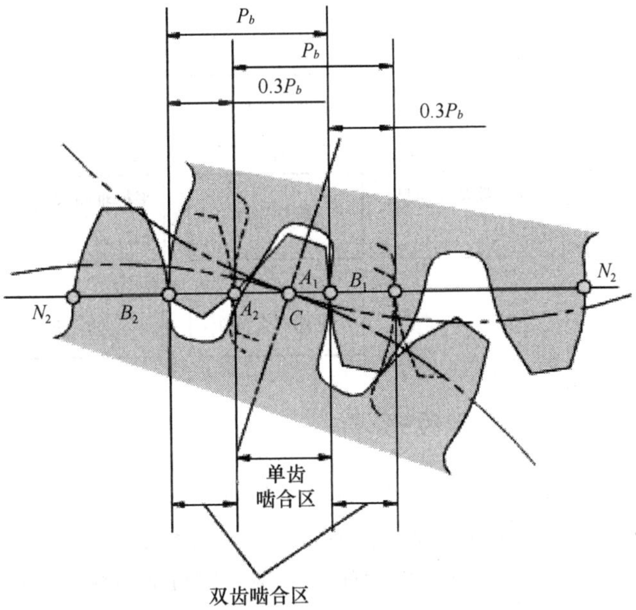

图 3-10-65　双齿啮合区

总之，ε_α 值愈大，表明同时参加啮合轮齿的对数愈多，这对提高齿轮传动的承载能力和传动的平稳性都有十分重要的意义。

任务四　CA6140 车床变速箱中的斜齿圆柱齿轮传动设计

任务引入

一、已知条件及数控车床靠模装置同任务三的“任务引入”，高速级为斜齿轮传动，如图 3-10-35 所示。

二、设计数据

1. 传动装置高速级输入功率 $P_1=8.73$ kW；
2. 电动机转速 $n_0=970$ r/min；
3. 高速级齿轮传动的传动比 $i_{12}=4.196$。

三、设计任务

试设计数控车,床用靠模装置二级圆柱齿轮传动装置高速级标准斜齿圆柱齿轮传动。

任务分析

普通的直齿轮沿齿宽同时进入啮合,因而产生冲击振动噪音,传动不平稳。斜齿圆柱齿轮传动则优于直齿,且可凑紧中心距,用于高速重载等场合。例如斜齿轮传动装置是常用的减速传动装置。它采用最优化、模块组合体系先进的设计理念,具有体积小、重量轻、传递转矩大、启动平稳、传动比分级精细等特点,可根据用户要求进行任意连接和多种安装位置的选择。本任务着重介绍斜齿圆柱齿轮齿廓曲面的特点及斜齿圆柱齿轮传动的正确啮合条件、主要参数及几何尺寸计算、斜齿圆柱齿轮传动的受力分析及设计计算等知识。

知识链接

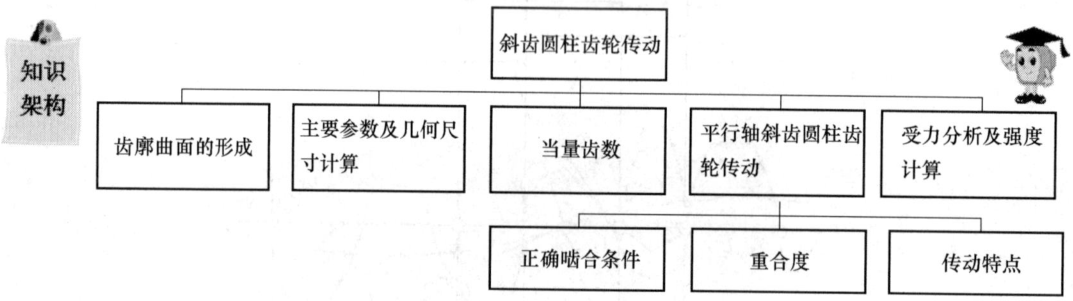

一、斜齿圆柱齿轮齿廓曲面的形成

如前所述,直齿圆柱齿轮的齿廓是由发生线在基圆上作纯滚动时,其上任一点 K 所形成的渐开线。因渐开线直齿圆柱齿轮沿其轴向有一定宽度,因此直齿圆柱齿轮的齿廓曲面实际上是发生面 S 在基圆柱上作纯滚动时,发生面 S 上某一条与基圆柱母线 NN 平行的直线 KK 在空间形成的渐开面,称为渐开柱面,如图 3-10-66(a)所示。

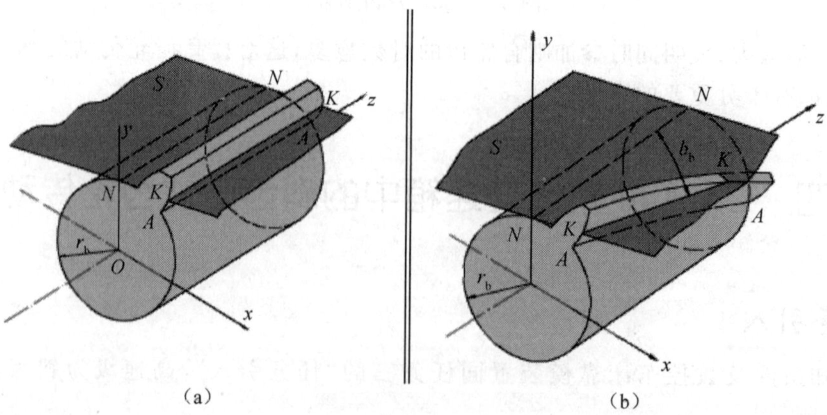

图 3-10-66　圆柱齿轮齿廓曲面的形成

斜齿圆柱齿轮齿面形成的原理与直齿圆柱齿轮基本相同,只是齿廓曲面发生面 S 上的直线 KK 不再与基圆柱的轴线平行,而是与其轴线方向有一个夹角 β_b,如图 3-10-66(b)所示。

当发生面 S 绕基圆柱作纯滚动时，直线 KK 上的每一点都依次从它与基圆柱面的接触点起展成一条渐开线。直线 KK 上各点所展成的渐开线就形成了斜齿圆柱齿轮的渐开线齿面。由此可知，斜齿圆柱齿轮各端面(与基圆柱轴线垂直的平面)上的齿廓曲线仍是渐开线。又如图 3-10-66(b)所示，因为发生面 S 绕基圆柱面作纯滚动时，直线 KK 上的各点是依次和基圆柱面相接触的，并在基圆柱面上形成了一条由各渐开线起始点组成的螺旋线 AA，所以直线 KK 在空间所形成的曲面为一渐开线螺旋面。螺旋线 AA 上的螺旋角 β_b 称为基圆柱上的螺旋角，简称**基圆螺旋角**。显然，β_b 越大，轮齿的齿向越偏斜；若 $\beta_b=0$，斜齿轮就成为直齿轮。因此，直齿圆柱齿轮可视为斜齿圆柱齿轮的一个特例。

由齿廓曲面的形成原理可知，两直齿圆柱齿轮传动时，其两啮合齿面上的接触线将沿啮合平面(两轮基圆柱的内公切面)移动，并且与两轮轴线保持平行，如图 3-10-67(a)所示。直齿轮传动中，一对轮齿同时沿整个齿宽进入或退出啮合，所以会引起冲击和噪声，传动平稳性较差。两斜齿圆柱齿轮传动时，其两啮合齿面上的接触线也是沿啮合平面移动，但不与两轮轴线平行，而是与轴线的方向成 β_b 角的斜线，如图 3-10-67(b)所示。从动轮齿由齿顶开始进入啮合，啮面上的接触线先由短变长，然后由长变短，直到脱离啮合为止。这说明斜齿圆柱齿轮传动时两轮轮齿的啮合过程是一种逐渐啮合的过程，加载、卸载过程是逐渐进行的，因而减少了传动时的冲击、振动和噪声，从而提高了传动的平稳性，适宜高速、重载传动。

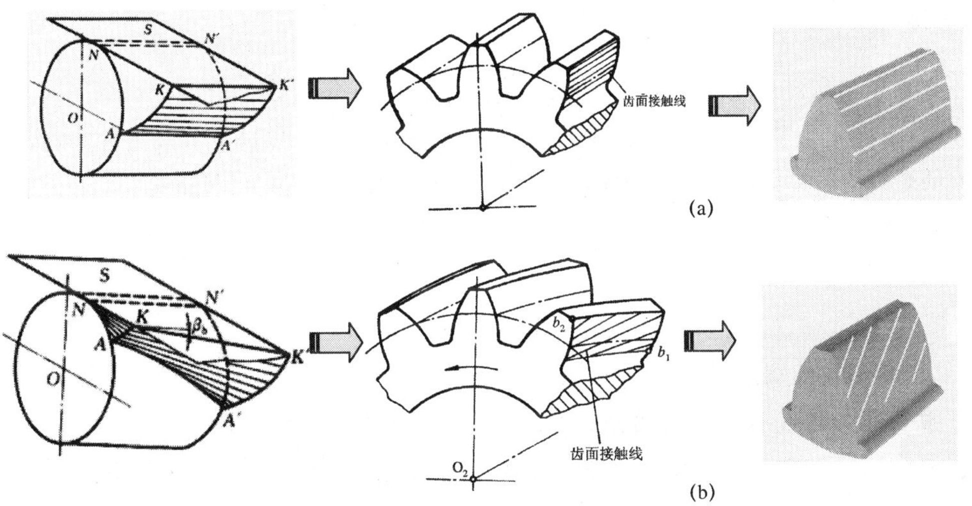

图 3-10-67 圆柱齿轮齿面上的接触线

二、斜齿圆柱齿轮的主要参数及几何尺寸计算

由于斜齿轮的齿面为渐开螺旋面，故其端面齿形与法面(垂直于轮齿方向的截面)齿形是不同的，因此，斜齿轮的参数有端面和法面之分。由于制造斜齿轮时，常用齿条形刀具或盘形齿轮铣刀来切齿，而且在切齿时刀具是沿着轮齿的螺旋线方向进刀的，所以就必须按轮齿的法面参数来选择刀具，故而在生产上规定斜齿轮法面上的参数为标准值。然而，斜齿轮的几何尺寸计算却需按端面参数进行，为此必须建立端面参数与法面参数之间的换算关系。

1. 分度圆柱螺旋角 β 和基圆柱螺旋角 β_b

如图 3-10-68 所示，将斜齿轮沿其分度圆柱面展开，便成为一个矩形，矩形的高就是斜齿

轮的轮宽 b；其长是分度圆的周长 πd。这时，分度圆柱上轮齿的螺旋线便展成为一条斜直线（也即是斜齿轮分度圆柱螺旋线的切线），其与轴线所夹的锐角称为分度圆柱面上的螺旋角，简称**分度圆螺旋角或螺旋角**，用 β 表示。

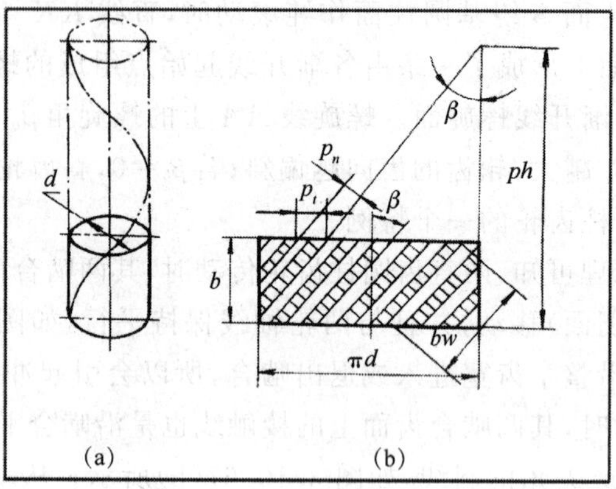

图 3-10-68　斜齿轮分度圆柱面展开图

斜齿轮不同截面的齿形参数的关系取决于螺旋角，且用螺旋角 β 表示斜齿轮轮齿倾斜的程度。螺旋角 β 和基圆螺旋角 β_b 之间的关系如图 3-10-68 所示，将斜齿轮的分度圆柱和基圆展开，可得

$$\tan\beta = \pi d/L \tag{3-10-43}$$

$$\tan\beta_b = \pi d_b/L \tag{3-10-44}$$

式中，$L(L=ph)$ 为螺旋线的导程，即为螺旋线绕基圆柱一周后上升的高度，斜齿轮任一圆柱面的螺旋线的导程应相同。因此，由式(3-10-43)和式(3-10-44)可推出

$$\frac{\tan\beta_b}{\tan\beta} = \frac{\mathrm{d}b}{d} = \cos\alpha_t$$

即

$$\tan\beta_b = \tan\beta\cos\alpha_t \tag{3-10-45}$$

式中，α_t 为斜齿轮的端面压力角。

2. 法面压力角 α_n 与端面压力角 α_t

如图 3-10-69 所示，斜齿轮的法面压力角 α_n 和端面压力角 α_t 之间的关系为：

$$\tan\alpha_n = \tan\alpha_t\cos\beta \tag{3-10-46}$$

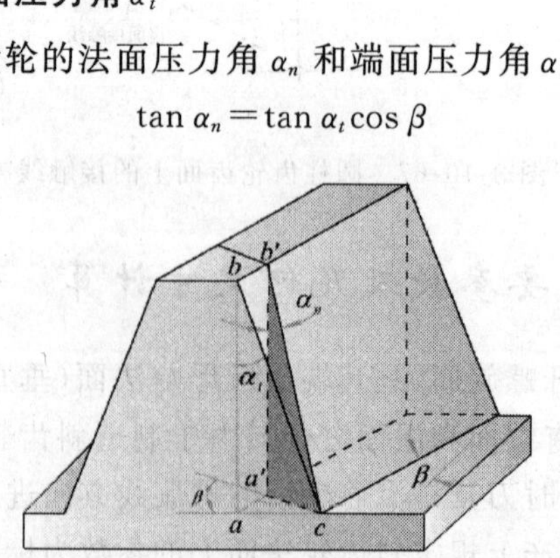

图 3-10-69　圆柱斜齿轮 α_n 与 α_t 之间关系

我国规定法面压力角为标准值，$\alpha_n=20°$。

3. 法面模数 m_n 与端面模数 m_t

如图 3-10-68 所示，斜齿条的法面齿距 p_n 与端面齿距 p_t 存在的关系为：

$$p_n = p_t \cos\beta$$

即

$$\pi m_n = \pi m_t \cos\beta$$

故

$$m_n = m_t \cos\beta \tag{3-10-47}$$

4. 法面齿顶高系数 h_{an}^* 与端面齿顶高系数 h_{at}^*

对于斜齿轮的齿顶高和齿根高，无论从法面和端面来看都是相同的，而且同直齿轮的计算方法相同，因此有：

$$h_{an} = h_{at}, h_{an} = h_{an}^* m_n, h_{at} = h_{at}^* m_t$$

故

$$h_{at}^* = h_{an}^* \frac{m_n}{m_t} = h_{an}^* \cos\beta \tag{3-10-48}$$

$$h_{fn} = h_{ft}, h_{fn} = (h_{an}^* + c_n^*) m_n, \quad h_{ft} = (h_{at}^* + c_t^*) m_t$$

式中，h_{an}^* 为法面齿顶高系数，其值与直齿轮的 h_a^* 值一样，为标准值；h_{at}^* 为端面齿顶高系数。c_n^* 为法面顶隙系数，其值与直齿轮的 c^* 值一样，为标准值；c_t^* 为端面顶隙系数，其顶隙系数也存在如下关系：

$$c_t^* = c_n^* \cos\beta \tag{3-10-49}$$

5. 法面变位系数 x_n 与端面变位系数 x_t

斜齿轮的变位距离不论是从法面看还是从端面看均应相同，即 $x_n m_n = x_t m_t$，故有：

$$x_t = x_n \cos\beta \tag{3-10-50}$$

6. 分度圆直径 d 和中心距 a

斜齿轮的分度圆直径 d 为：

$$d = m_t z = \frac{m_n z}{\cos\beta} \tag{3-10-51}$$

斜齿轮传动的标准中心距 a 为：

$$a = \frac{1}{2}(d_1 + d_2) = \frac{1}{2} m_t (z_1 + z_2) = \frac{m_n (z_1 + z_2)}{2\cos\beta} \tag{3-10-52}$$

由式(3-10-52)可知，在设计斜齿轮传动时，可用改变螺旋角 β 的方法来调整中心距的大小，以满足对中心距的要求，而不一定非用变位的办法不可。

7. 斜齿轮的法面齿形及当量齿数

用铣刀切制斜齿轮时，刀刃位于轮齿的法面内，并沿轮齿的螺旋线方向进刀，这样切出的斜齿轮，不仅齿轮法面的模数和压力角与刀具的相同，而且法面的齿形也与刀刃的形状相对应。因此，在选择铣刀时，刀具的模数和压力角取决于斜齿轮的法面模数和法面压力角，而铣刀是根据它所能切制的直齿轮的齿数来编号的，这样就应该找出一个与斜齿轮法面齿形相当的直齿轮，然后按这个直齿轮的齿数来决定刀具的刀号。不仅制造以法面为准，而且在斜齿轮的强度计算时也是以法面为准，但法面齿形比较复杂，不易精确计算，这样就需要找一个与斜齿轮法面齿形相当的直齿轮齿形来近似代替，这个相当的直齿轮称为斜齿轮的当量齿轮。当量齿轮的齿数称为**当量齿数**，用 z_v 表示。

如图 3-10-70 所示，过斜齿轮分度圆柱螺旋线上的一点 C 作轮齿的法截面 n-n，此截面将分度圆柱剖开,其剖面为一椭圆,C 点附近的齿形可看作斜齿轮的法面齿形。椭圆的长半轴 a 和短半轴 b 分别为:$b=r$;$a=r/\cos\beta$,式中 r 为斜齿轮的分度圆半径,$r=\frac{1}{2}m_t z$。椭圆上节点 C 处的曲率半径 ρ 为:

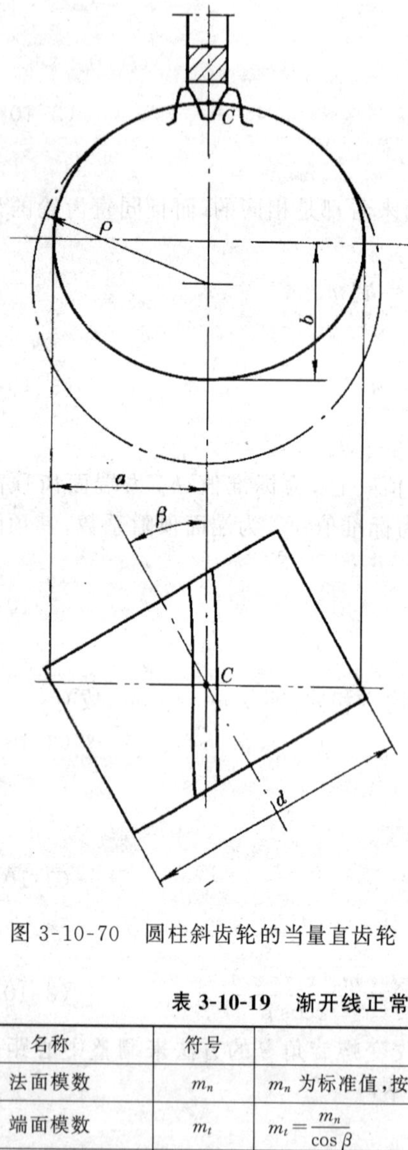

图 3-10-70　圆柱斜齿轮的当量直齿轮

$$\rho=\frac{a^2}{b}=\frac{r}{\cos^2\beta}$$

若以 ρ 为半径作一圆,作为假想直齿轮的分度圆,并设该直齿轮的模数和压力角为斜齿轮的法面模数和法面压力角,则该直齿轮的齿形就与斜齿轮的法面齿形十分接近,这个假想的直齿轮即为该斜齿轮的当量齿轮。其当量齿轮齿数 z_v 为 $z_v=\frac{2\rho}{m_n}=\frac{2r}{m_n\cos^2\beta}=\frac{m_t z}{m_n\cos^2\beta}$,因 $m_n=m_t\cos\beta$,则得

$$z_v=\frac{z}{\cos^3\beta} \qquad (3\text{-}10\text{-}53)$$

z_v 值一般不是整数,无须圆整为整数。在斜齿轮强度计算时,要用当量齿数决定其齿形系数;选取斜齿轮变位系数及测量齿厚时,也要用到当量齿数。它不仅是选择刀号和计算轮齿弯曲强度的依据,而且用于确定标准斜齿轮不产生根切的最小齿数,即:

$$z_{\min}=z_{v\min}\cos^3\beta \qquad (3\text{-}10\text{-}54)$$

综上分析,平行轴斜齿轮啮合传动从端面看与直齿轮完全相同,因此,其几何尺寸计算只要把端面参数代入直齿轮计算公式,即得斜齿轮计算公式。表 3-10-19 中给出了一般平行轴斜齿轮传动几何尺寸计算公式(当 $x_{t1}=x_{t2}=0$ 时,即为标准斜齿轮传动)。

表 3-10-19　渐开线正常齿标准斜齿轮圆柱齿轮的几何尺寸计算

名称	符号	公式
法面模数	m_n	m_n 为标准值,按表 3-5-6 查取
端面模数	m_t	$m_t=\frac{m_n}{\cos\beta}$
螺旋角	β	一般 $\beta=8°\sim20°$
基圆螺旋角	β_b	$\tan\beta_b=\tan\beta\cos\alpha_t$
法面压力角	α_n	$\alpha_n=20°$
端面压力角	α_t	$\tan\alpha_t=\frac{\tan\alpha_n}{\cos\beta}$
分度圆直径	d	$d=zm_t=\frac{zm_n}{\cos\beta}$
基圆直径	d_b	$d_b=d\cos\alpha_t$
齿顶圆直径	d_a	$d_a=d+2h_a$
齿根圆直径	d_f	$d_f=d-2h_f$
齿顶高	h_a	$h_a=h_{an}^*m_n=m_n$

续表

名称	符号	公式
齿根高	h_f	$h_f=(h_{an}^*+c_n^*)m_n=(1+0.25)m_n=1.25m_n$
齿全高	h	$h=h_a+h_f=2.25m_n$
顶隙	c	$c=h_f-h_a=0.25m_n$
法面齿距	p_n	$p_n=\pi m_n$
端面齿距	p_t	$p_t=\pi m_t=\dfrac{\pi m_n}{\cos\beta}=\dfrac{p_n}{\cos\beta}$
中心距	a	$a=\dfrac{(d_1+d_2)}{2}=\dfrac{m_t(z_1+z_2)}{2}=\dfrac{m_n(z_1+z_2)}{2\cos\beta}$
当量齿数	z_v	$z_v=\dfrac{z}{\cos^3\beta}$

三、平行轴斜齿圆柱齿轮传动

一对斜齿圆柱齿轮按其轴平行安装，即组成平行轴斜齿圆柱齿轮机构(如图 3-10-71 所示)。它与直齿轮机构一样，用于传递平行轴之间的运动和动力。直齿轮啮合时，齿面的接触线与齿轮的轴线平行，如图 3-10-71 所示。由于轮齿沿整个齿宽既同时进入啮合又同时退出啮合，则轮齿上的载荷也是突然加上又突然卸掉，这样容易引起冲击和振动，不适于高速传动。而斜齿圆柱齿轮的啮合过程是一种逐渐啮合的过程，因而减少传动时的冲击、振动和噪声，从而提高了传动的平稳性。

1. 正确啮合条件

由斜齿轮齿廓曲面的形成可知，斜齿轮的端面齿廓曲线仍为渐开线，所以齿廓曲线满足齿廓啮合基本定律。一对平行轴斜齿轮要正确啮合，除应满足直齿轮的正确啮合条件外，还要考虑到轮齿成螺旋形，相互啮合的一对斜齿轮的螺旋角必须匹配，即两斜齿轮的螺旋角大小相等，方向相反(内啮合时则方向相同)。因此，斜齿轮的正确啮合条件为：

① 模数相等：　$m_{n1}=m_{n2}$　或　$m_{t1}=m_{t2}$

② 压力角相等：　$\alpha_{n1}=\alpha_{n2}$　或　$\alpha_{t1}=\alpha t_2$

③ 螺旋角大小相等：　$\beta_1=\pm\beta_2$

其中“+”号用于内啮合，表示两轮的螺旋角旋向相同；“−”用于外啮合，表示两轮的螺旋角旋向相反。

2. 连续传动条件

从端面看，斜齿轮的啮合与直齿轮完全一样。但由于斜齿轮的轮齿沿齿宽方向倾斜了β角度，故当一对轮齿在前端面结束啮合时，该对轮齿在沿齿宽方向的各个端面内仍在啮合，一直到其后端面结束啮合，这对齿才完成整个啮合过程。如图 3-10-72 所示，上图为直齿轮啮合，轮齿全齿宽 B 在 B_2B_2 位置同时开始啮合，到 B_1B_1 位置同时脱开啮合，故其重合度 $\varepsilon_t=\dfrac{L}{p_{bt}}$；下图为斜齿轮啮合，$B_2B_2$ 线位置表示上端面进入啮合，此时下端面尚未进入啮合，随着齿轮的传动，才逐渐达到沿全齿宽接触，直到 B_1B_1 线位置表示下端面脱开啮合。直线 B_2B_2 和 B_1B_1 之间的区域为轮齿的啮合区。因此，斜齿轮一对齿的实际啮合区比直齿

轮增加了 $\Delta L = B\tan\beta_b$。

图 3-10-71 圆柱斜齿轮机构

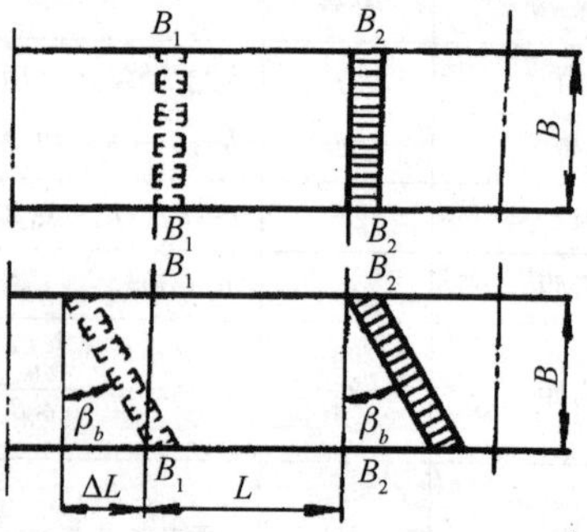

图 3-10-72 圆柱斜齿轮机构

这样,斜齿轮的总重合度 ε 由两部分组成:①与直齿轮重合度相同的部分 ε_t,称为**端面重合度**;②沿齿宽方向(轴向)增加的重合度 ε_β,称为**轴向重合度**,即

$$\varepsilon = \frac{L+\Delta L}{p_{bt}} = \frac{L}{p_{bt}} + \frac{B\tan\beta_b}{p_{bt}} = \varepsilon_t + \varepsilon_\beta \tag{3-10-55}$$

式中:端面重合度 ε_t,可用端面啮合角 α_t 和端面齿顶压力角 α_{at1}、α_{at2} 代入式(3-10-55)求得,即

$$\varepsilon_t = \frac{1}{2\pi}[z_1(\tan\alpha_{at1} - \tan\alpha_t) + z_2(\tan\alpha_{at2} - \tan\alpha_t)] \tag{3-10-56}$$

轴面重合度 ε_β 应如下计算:

$$\varepsilon_\beta = \Delta L/p_{bt} = b\tan\beta_b/p_{bt}$$

因

$$\tan\beta_b = \tan\beta\cos\alpha_t,\quad p_{bt} = \frac{\pi m_n\cos\alpha_t}{\cos\beta}$$

故

$$\varepsilon_\beta = \frac{b\sin\beta}{\pi m_n} \tag{3-10-57}$$

由以上分析可知:ε_β 随 B 与 β_b 的增大而增大,因此,斜齿轮传动的重合度总大于直齿轮传动的重合度,且随螺旋角 β 和齿宽 B 的增加而增大,有时可达 10。但由于 β 增大,轴向力也增大,对传动不利,如图 3-10-73(a)所示,通常取 $\beta = 8° \sim 15°$。有时为了抵消轴向力,可以采用由左右对称的斜齿轮组成的人字齿轮,如图 3-10-73(b)所示,其 β 可以增大,一般取 $\beta = 15° \sim 40°$,但人字齿轮制造、安装较为困难。

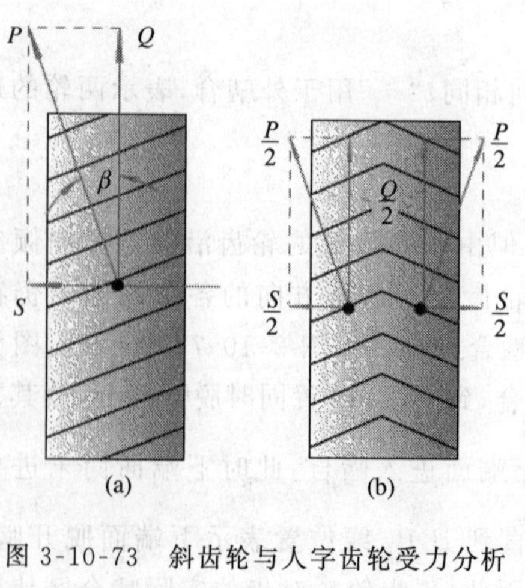

图 3-10-73 斜齿轮与人字齿轮受力分析

3. 斜齿圆柱齿轮传动的特点

与直齿轮传动相比较,斜齿轮传动具有以下主要特点。

① 啮合性能好。如前所述,斜齿轮传动时,其齿轮齿面的接触线为与轴线不平行的斜线,

轮齿是逐渐进入啮合和逐渐脱离啮合的，故传动平稳，噪声小。

② 重合度大。如前所述，这样就降低了每对轮齿的载荷，从而相对地提高了齿轮的承载能力，延长了齿轮的使用寿命，并使传动平稳。

③ 结构紧凑。斜齿轮的最小齿数较直齿轮小，故斜齿轮不易发生根切，可使结构紧凑。

④ 斜齿轮的主要缺点是运转时产生轴向力，如图 3-10-74 所示。轴向力随螺旋角 β 的增大而增大（由公式 3-10-58 可知）。

四、标准斜齿圆柱齿轮传动的强度计算

1. 斜齿轮受力分析

如图 3-10-74 所示为斜齿圆柱齿轮受力情况。一般计算，可忽略摩擦力，并将作用于齿面上的分布力用作用于齿宽中点的法向力 F_n 代替。法向力 F_n 可分解为三个相互垂直的分力，即圆周力 F_t、径向力 F_r 及轴向力 F_a。它们之间的关系如公式(3-10-58)所示。

$$\left.\begin{aligned} F_t &= \frac{2T_1}{d_1} \\ F_a &= F_t \tan\beta \\ F_r &= F_t \tan\alpha_t = F_t\,\frac{\tan\alpha_n}{\cos\beta} \\ F_n &= \frac{F_t}{\cos\alpha_n\cos\beta} = \frac{F_t}{\cos\alpha_t\cos\beta_b} \end{aligned}\right\} \tag{3-10-58}$$

式中：α_n，α_t 分别为法向压力角和端面压力角(°)；β，β_b 分别为分度圆螺旋角和基圆螺旋角(°)；T_1 为主动轮传递的转矩(N・mm)。

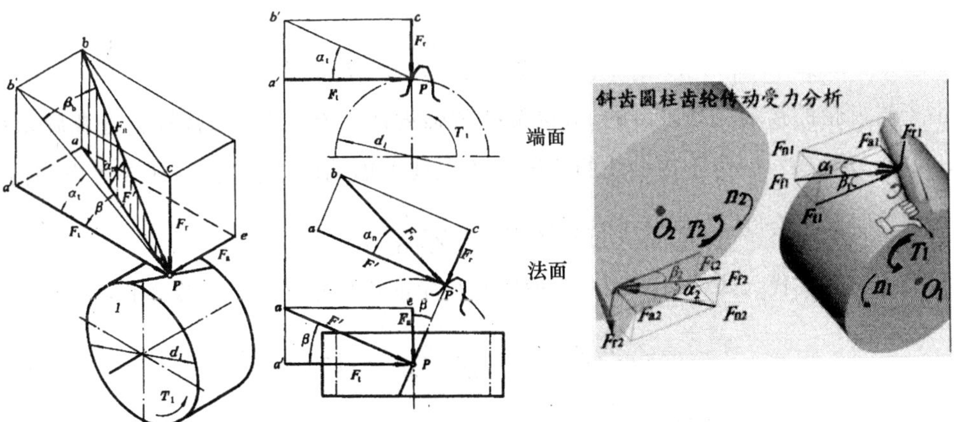

(a) (b)

图 3-10-74 斜齿圆柱齿轮传动的受力分析

各力的方向判定如下：

① 作用于主、从动轮上的各对力大小相等、方向相反；

② 圆周力 F_t 和径向力 F_r 方向的判断与直齿轮相同；

③ 轴向力 F_a 的方向应沿轴线，指向该齿轮的受力齿面。通常用左右手法则判断：对于主动轮，齿轮轮齿旋向（如图 3-10-75 所示）是左旋时用左手，右旋时用右手，四指顺着齿轮转动

方向握住主动轮轴线,则拇指伸直的方向即为轴向力 F_{a1} 的方向(如图 3-10-74 所示)。

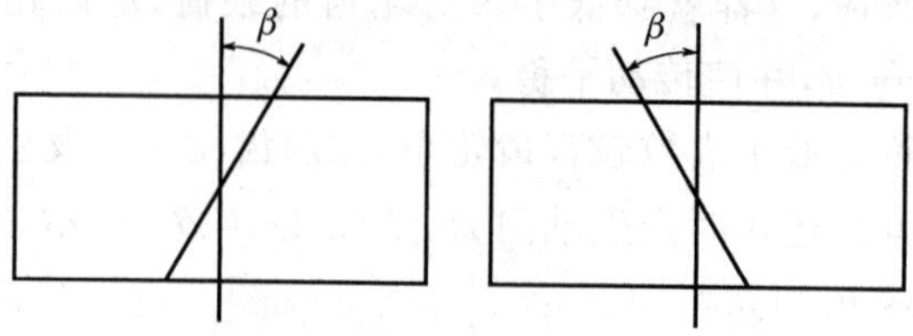

(a) 右旋　　(b) 左旋

图 3-10-75　斜齿圆柱齿轮轮齿的旋向

由斜齿轮传动中心距的公式可知:可以用改变螺旋角 β 的方法来凑中心距,而不一定要用变位的办法。

2. 斜齿圆柱齿轮传动的强度计算

斜齿圆柱齿轮传动的强度计算是以其当量直齿轮为对象进行的。因此,直齿圆柱齿轮的强度计算的方法原则上适用于斜齿轮传动,并考虑斜齿轮传动的特点,求出其强度计算公式。

(1) 齿面接触疲劳强度计算

斜齿圆柱齿轮的齿面接触疲劳强度的计算仍按节点处计算,以法面齿形(当量齿轮的齿形)进行分析,并综合考虑螺旋角的影响。与直齿轮不同的是:由于斜齿轮轮体倾斜,总重合度增大,接触线长度增大;因啮合发生在法面内,故曲率半径应按法面计算。

$$\rho_{n1}=\frac{\rho_{t1}}{\cos\beta_b}=\frac{d'_1\sin\alpha'_t}{2\cos\beta_b},\quad \rho_{n2}=\frac{\rho_{t2}}{\cos\beta_b}=\frac{d'_2\sin\alpha'_t}{2\cos\beta_b}$$

于是:

$$\frac{1}{\rho_\Sigma}=\frac{1}{\rho_{n1}}\pm\frac{1}{\rho_{n2}}=\left(\frac{1}{d'_1}\pm\frac{1}{d'_2}\right)\frac{2\cos\beta_b}{\sin\alpha'_t}=\frac{2\cos\beta_b}{d_1\cos\alpha_1\tan\alpha'_t}\cdot\frac{u\pm 1}{u}$$

由于斜齿轮的接触线是倾斜的,对接触疲劳强度产生有利的影响,故引进螺旋角系数 $Z_\beta=\sqrt{\cos\beta}$ 予以考虑。斜齿轮接触线的长度 L 不仅要考虑端面重合度 ε_a,还要考虑轴向重合度 ε_b 的影响。引入重合度 Z_ε,则其平均长度为 $L=\dfrac{b}{Z_\varepsilon^2\cos\beta_b}$。

将上述关系式代入式(3-10-20),整理得斜齿轮的齿面接触疲劳强度条件为:

$$\sigma_H=Z_HZ_EZ_\varepsilon Z_\beta\sqrt{\frac{2KT_1}{bd_1^2}\frac{u\pm 1}{u}}\leqslant[\sigma_H]\ \text{MPa}\tag{3-10-59}$$

式(3-10-59)为验算式,其设计式为:

$$a\geqslant(u\pm 1)\sqrt[3]{\frac{KT_1}{2\phi_a u}\left(\frac{Z_HZ_EZ_\varepsilon Z_\beta}{[\sigma_H]}\right)^2}\ \text{mm}\tag{3-10-60}$$

或

$$d_1\geqslant\sqrt[3]{\frac{2KT_1}{\phi_d}\frac{u\pm 1}{u}\left(\frac{Z_HZ_EZ_\varepsilon Z_\beta}{[\sigma_H]}\right)^2}\ \text{mm}\tag{3-10-61}$$

以上各式中,有关符号的单位同直齿圆柱齿轮,其中 Z_H,Z_β,Z_ε 由下列公式计算:

$$Z_H=\sqrt{\frac{2\cos\beta_b}{\cos\alpha_t\tan\alpha_t}}\tag{3-10-62}$$

$$Z_{\beta}=\sqrt{\cos\beta} \tag{3-10-63}$$

$$Z_{\varepsilon}=\begin{cases}\sqrt{\dfrac{1}{\varepsilon_{\alpha}}} & \text{当 } \varepsilon_{\beta}\geqslant 1 \text{ 时}\\ \sqrt{\dfrac{4-\varepsilon_{\alpha}}{3}(1-\varepsilon_{\beta})+\dfrac{\varepsilon_{\beta}}{\varepsilon_{\alpha}}} & \text{当 } \varepsilon_{\beta}<1 \text{ 时}\end{cases} \tag{3-10-64}$$

其他参数与直齿轮相同。

(2) 齿根弯曲疲劳强度计算

斜齿轮的齿根弯曲疲劳强度计算，通常按其法面当量齿轮进行，各参数均为法面参数。由丁斜齿轮的接触线是倾斜的，轮齿多为局部折断（如图3-10-76所示），其承载能力比直齿轮显著增加。轮齿的弯曲受力状态较为复杂，危险剖面的形状不规则，并且其位置也在变化，精确分析较为困难。为了简化计算，通常以斜齿轮的当量直齿圆柱齿轮作为基础，采用与直齿轮基本相同的方法进行计算。斜齿轮接触线倾斜对弯曲强度有利，因此，螺旋角对齿根弯曲强度产生的有利影响，引入螺旋角系数 Y_{β} 予以考虑。则齿根弯曲疲劳强度的校核公式为：

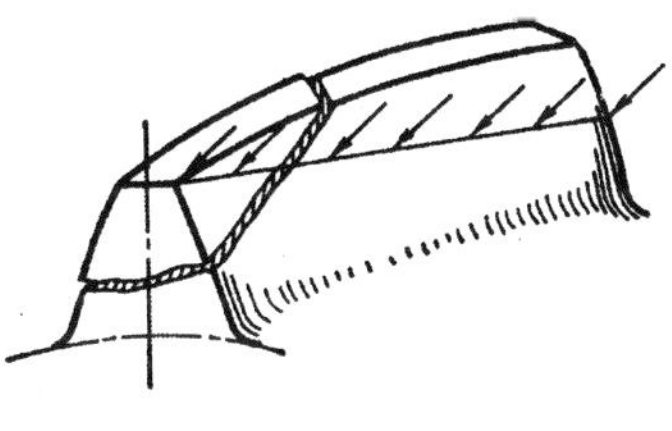
图 3-10-76　斜齿圆柱齿轮传动的局部断裂

$$\sigma_F=\frac{2KT_1}{bd_1m_n}Y_{Fa}Y_{sa}Y_{\varepsilon}Y_{\beta}\leqslant[\sigma_F]\ \text{MPa} \tag{3-10-65}$$

上式为验算式，计算时应按大小齿轮分别进行。设计式为：

$$m_n\geqslant\sqrt[3]{\frac{4KT_1\cos^2\beta}{\phi_a(u\pm1)z_1^2}\frac{Y_{Fa}Y_{sa}Y_{\varepsilon}Y_{\beta}}{[\sigma_F]}}\ \text{mm} \tag{3-10-66}$$

或

$$m_n\geqslant\sqrt[3]{\frac{2KT_1\cos^2\beta}{\phi_d z_1^2}\frac{Y_{Fa}Y_{sa}Y_{\varepsilon}Y_{\beta}}{[\sigma_F]}}\ \text{mm} \tag{3-10-67}$$

上列式中，齿形系数 Y_{Fa} 和应力修正系数 Y_{sa} 按当量齿数 $z_v=z/\cos^3\beta$ 分别由图3-10-60和图3-10-61查取。斜齿轮齿根弯曲强度计算的螺旋角系数 Y_{β} 和重合度系数 Y_{ε} 分别由式(3-10-68)和式(3-10-69)计算：

$$Y_{\beta}=1-\varepsilon_{\beta}\frac{\beta}{120^{\circ}} \tag{3-10-68}$$

当 $\varepsilon_{\beta}>1$ 时，取 $\varepsilon_{\beta}=1$ 计算；$\beta>30^{\circ}$ 时，取 $\beta=30^{\circ}$ 计算；当 $Y_{\beta}<0.75$ 时，取 $Y_{\beta}=0.75$。

$$Y_{\varepsilon}=0.25+\frac{0.75\cos^2\beta_b}{\varepsilon_{\alpha}} \tag{3-10-69}$$

为避免斜齿轮轴向力过大，一般取螺旋角 $\beta=8^{\circ}\sim15^{\circ}$；人字齿轮一般取 $\beta=25^{\circ}\sim40^{\circ}$，常用稍大于30°，其他参数与直齿轮传动相同。

任务实施

数控车床靠模装置如图3-10-35所示，设计步骤如附表3-10-1和附表3-10-2所示。

附表 3-10-1　数控车床靠模装置斜齿轮传动设计步骤

<table>
<tr><th colspan="2">设计内容</th><th>设计依据及计算过程</th><th>设计结果</th></tr>
<tr><td rowspan="6">1. 选择齿轮材料及确定设计准则</td><td>小齿轮材料</td><td rowspan="6">由于是没有特殊要求的传动，选择一般材料。由表 3-10-13 选取：小齿轮 45 钢，调质处理(217-255 HBS)，齿面硬度 250 HBS；大齿轮 45 钢，调质处理(217-255 HBS)，齿面硬度 220 HBS。
由于齿面硬度均小于 350 HBS，又是闭式传动，故按齿面接触疲劳强度设计，按齿根弯曲疲劳强度校核</td><td rowspan="6">小齿轮 45 钢，调质处理，齿面硬度 250 HBS。
大齿轮 45 钢，调质处理，齿面硬度 220 HBS</td></tr>
<tr><td>大齿轮材料</td></tr>
<tr><td>小齿轮热处理</td></tr>
<tr><td>大齿轮热处理</td></tr>
<tr><td>小齿轮硬度</td></tr>
<tr><td>大齿轮硬度</td></tr>
<tr><td rowspan="9">2. 按齿面接触疲劳强度设计</td><td>设计公式</td><td>由式(3-10-60)可知，
$a \geqslant (u \pm 1)\sqrt[3]{\frac{KT_1}{2\phi_a u}\left(\frac{Z_H Z_E Z_\varepsilon Z_\beta}{[\sigma_H]}\right)^2}$</td><td></td></tr>
<tr><td>(1) 计算小齿轮 1 的扭矩 T_1</td><td>$T_1 = 9.55 \times 10^6 \frac{P_1}{n_1} = 9.55 \times 10^6 \times \frac{8.73}{970} = 8\,5950\ \text{N} \cdot \text{mm}$</td><td>$T_1 = 85\,950\ \text{N} \cdot \text{mm}$</td></tr>
<tr><td>(2) 确定齿数比 u</td><td>$u = \frac{z_2}{z_1} = i_{12} = 4.196$</td><td>$u = 4.196$</td></tr>
<tr><td>(3) 确定齿宽系数 ϕ_a</td><td>对于一般用途的齿轮传动装置，闭式传动常取 $\phi_a = 0.3 \sim 0.6$，最常用 0.4 或 0.35，所以本次设计取 $\phi_a = 0.4$</td><td>$\phi_a = 0.4$</td></tr>
<tr><td>(4) 初步确定 KZ_ε^2</td><td>进行初步设计时，因载荷系数 K 和 Z_ε 不能预先确定，可试选一个综合系数 $K_t Z_\varepsilon^2$，一般可取 $K_t Z_{\varepsilon t}^2 = 0.8 \sim 1.5$。由于本次设计为斜齿圆柱齿轮传动，$K_t Z_{\varepsilon t}^2$ 适当取小，所以，可取 $K_t Z_{\varepsilon t}^2 = 0.9$</td><td>$K_t Z_{\varepsilon t}^2 = 0.9$</td></tr>
<tr><td>(5) 确定节点区域系数 Z_H</td><td>为避免斜齿轮的轴向力过大，一般取螺旋角：$\beta = 8° \sim 20°$，初定螺旋角 $\beta = 12°$。由式(3-10-62)可知，$Z_H = \sqrt{\frac{2\cos\beta_b}{\cos\alpha_t \tan\alpha_t}}$，
端面压力角(式 3-10-46)：
$\alpha_t = \arctan\left(\frac{\tan\alpha_n}{\cos\beta}\right) = \arctan\left(\frac{\tan 20°}{\cos 12°}\right) = 20.41°$
基圆压力角(式 3-10-45)：
$\beta_b = \arctan(\tan\beta\cos\alpha_t) = \arctan(\tan 12° \cos 20.41°) = 11.267°$
$\therefore Z_H = \sqrt{\frac{2\cos\beta_b}{\cos\alpha_t \tan\alpha_t}} = \sqrt{\frac{2\cos 11.267°}{\cos 20.41° \tan 20.41°}} = 2.37$</td><td>$Z_H = 2.37$</td></tr>
<tr><td>(6) 确定螺旋角系数 Z_β</td><td>由式(3-10-63)可知：
$Z_\beta = \sqrt{\cos\beta} = \sqrt{\cos 12°} = 0.989$</td><td>$Z_\beta = 0.989$</td></tr>
<tr><td>(7) 确定材料弹性系数 Z_E</td><td>本次设计所选大、小齿轮均为 45 钢，所以查表 3-10-16 得 $Z_E = 189.8\sqrt{\text{MPa}}$</td><td>$Z_E = 189.8\sqrt{\text{MPa}}$</td></tr>
<tr><td>(8) 计算许用接触应力 $[\sigma_H]$</td><td>由式(3-10-31)可知，
$[\sigma_H] = \frac{\sigma_{H\lim}}{S_{H\lim}} Z_N Z_X Z_W Z_{LVR}$ MPa
① 确定齿面接触疲劳极限 $\sigma_{H\lim}$
由于本次设计小齿轮 1 采用 250 HBS，大齿轮 2 采用 220 HBS，所以由图 3-10-54 得 $\sigma_{H\lim 1} = 650$ Mpa，$\sigma_{H\lim 2} = 620$ MPa。
② 确定最小安全系数 $S_{H\lim}$
一般 $S_{H\lim} \geqslant 1$，取 $S_{H\lim} = 1$。
③ 确定寿命系数 Z_N
根据应力循环次数 $N = 60nkL_h$，分别计算小齿轮 1 和大齿轮 2 的应力循环次数 N_1、N_2。
$N_1 = 60n_1 kL_h = 60 \times 970 \times 1 \times (9 \times 300 \times 2 \times 8) \approx 2.51 \times 10^9$
$N_2 = \frac{N_1}{i_1} = \frac{2.51 \times 10^9}{4.196} \approx 5.99 \times 10^8$
查图 3-10-55 得 $Z_{N1} = 0.97$，$Z_{N2} = 1.06$(允许一定的点蚀)
④ 确定尺寸系数 Z_X
由式(3-10-32)得 $Z_X = 1.0$</td><td>$\sigma_{H\lim 1} = 650$ MPa
$\sigma_{\lim 2} = 620$ MPa
$S_{H\lim} = 1$
$Z_{N1} = 0.97$
$Z_{N2} = 1.06$
$Z_X = 1.0$</td></tr>
</table>

续 表

设计内容		设计依据及计算过程	设计结果
2. 按齿面接触疲劳强度设计	(8) 计算许用接触应力$[\sigma_H]$	⑤ 确定工作硬化系数 Z_W 本次设计小齿轮为软齿轮(≤350 HBS)，所以取 $Z_W=1.0$。 ⑥ 确定润滑油膜影响系数 Z_{LVR} 取 $Z_{LVR}=0.92$ 综上所述，许用接触应力$[\sigma_H]$计算如下： $[\sigma_H]_1=\dfrac{\sigma_{H\lim1}}{S_{H\lim}}Z_{N1}Z_XZ_WZ_{LVR}=\dfrac{650}{1.0}\times0.97\times1.0\times1.0\times0.92=580.06\ \text{MPa}$ $[\sigma_H]_2=\dfrac{\sigma_{H\lim2}}{S_{H\lim}}Z_{N2}Z_XZ_WZ_{LVR}=\dfrac{620}{1.0}\times1.06\times1.0\times1.0\times0.92=604.624\ \text{MPa}$，因$[\sigma_H]_1<[\sigma_H]_2$，计算时取$[\sigma_H]=[\sigma_H]_1=580.06\ \text{MPa}$	$[\sigma_H]=580.06\ \text{MPa}$
	(9) 计算中心距 a	综合上述各参数的分析与确定，中心距 a 根据下式计算如下： $a\geqslant(u+1)\sqrt[3]{\dfrac{KT_1}{2\phi_a u}\left(\dfrac{Z_HZ_EZ_\varepsilon Z_\beta}{[\sigma_H]}\right)^2}$ $=(4.196+1)\sqrt[3]{\dfrac{0.9\times85950}{2\times0.4\times4.196}\left(\dfrac{2.37\times189.8\times0.989}{580.06}\right)^2}$ $\approx123.89\ \text{mm}$ 拟取中心距 $a=125$ mm	$a=125$ mm
3. 初步确定齿轮主要几何参数	(1) 估算模数 m	$m=(0.007\sim0.02)a=(0.007\sim0.02)\times125=(0.875\sim2.5)$ mm，由表 3-10-6 取标准模数 $m_n=2$ mm	$m_n=2$ mm
	(2)计算 1、2 齿轮的齿数	$z_1=\dfrac{2a\cos\beta}{m_n(u+1)}=\dfrac{2\times125\cos12^\circ}{2\times(4.196+1)}\approx23.53$ $z_2=uz_1=4.196\times23.53\approx98.74$ 取 $z_1=23$，$z_2=99$	$z_1=23$，$z_2=99$
	(3) 传动比误差$\triangle i$ 的检验	实际传动比 $i_{实}=\dfrac{z_2}{z_1}=\dfrac{99}{23}\approx4.304$ 传动比误差 $\Delta i=\dfrac{\lvert i_{理}-i_{实}\rvert}{i_{理}}\times100\%=\dfrac{\lvert 4.196-4.304\rvert}{4.196}$ $\approx2.57\%<5\%$ 所以，在工作速度误差允许范围内	$i_{实}\approx4.304$ $\Delta i\approx2.57\%<5\%$
	(4) 螺旋角 β 的修正	$\beta=\arccos\dfrac{m_n(z_2+z_1)}{2a}=\arccos\dfrac{2\times(23+99)}{2\times125}$ $=12.578^\circ=12^\circ34'41''$ 与初选 $\beta=12^\circ$相近，Z_H，Z_β 可不修正	$\beta=12.578^\circ=12^\circ34'41''$
	(5) 计算分度圆直径 d_1、d_2	$d_1=\dfrac{mz_1}{\cos\beta}=\dfrac{2\times23}{\cos12.578^\circ}\approx47.131$ mm $d_2=\dfrac{mz_2}{\cos\beta}=\dfrac{2\times99}{\cos12.578^\circ}\approx202.869$ mm	$d_1\approx47.131$ mm $d_2\approx202.869$ mm
	(6) 计算齿轮齿顶圆直径 d_{a1}、d_{a2}	$d_{a1}=d_1+2h_a^*m_n=47.131+2\times1.0\times2=51.131$ mm $d_{a2}=d_2+2h_a^*m_n=202.869+2\times1.0\times2=206.869$ mm	$d_{a1}=51.131$ mm $d_{a2}=206.869$ mm
	(7) 计算端面压力角 α_t	$\alpha_t=\arctan\left(\dfrac{\tan\alpha_n}{\cos\beta}\right)=\arctan\left(\dfrac{\tan20^\circ}{\cos12.578^\circ}\right)\approx20.451^\circ$	$\alpha_t\approx20.451^\circ$

续 表

设计内容		设计依据及计算过程	设计结果
3. 初步确定齿轮主要几何参数	(8) 计算齿轮基圆直径 d_{b1}、d_{b2}	$d_{b1}=d_1\cos\alpha_t=47.131\cos 20.451°\approx 44.16$ mm $d_{b2}=d_2\cos\alpha_t=202.869\cos 20.451°\approx 190.08$ mm	$d_{b1}\approx 44.16$ mm $d_{b2}\approx 190.08$ mm
	(9) 计算齿宽 b	$b=\phi_a a=0.4\times 125=50$ mm	$b=50$ mm
	(10) 计算端面齿顶压力角 α_{at1}、α_{at2}	$\alpha_{at1}=\arccos\dfrac{d_{b1}}{d_{a1}}=\arccos\dfrac{44.16}{51.131}\approx 30.2695°$ $\alpha_{at2}=\arccos\dfrac{d_{b2}}{d_{a2}}=\arccos\dfrac{190.08}{206.869}\approx 23.2426°$	$\alpha_{at1}\approx 30.2695°$ $\alpha_{at2}\approx 23.2426°$
	(11) 计算圆周速度 v,确定齿轮精度	$v=\dfrac{\pi d_1 n_1}{60\times 10^3}=\dfrac{\pi\times 47.131\times 970}{60\times 10^3}\approx 2.39$ m/s 查表 3-10-17 得,选齿轮精度为 8 级	$v\approx 2.39$ m/s
4. 验算齿面接触疲劳强度 σ_H	齿面接触疲劳强度公式	由式(3-10-59)$\sigma_H=Z_H Z_E Z_\varepsilon Z_\beta\sqrt{\dfrac{2KT_1}{bd_1^2}\cdot\dfrac{u+1}{u}}\leqslant[\sigma_H]$进行如下参数计算:	
	(1) 确定载荷系数 K	① 按电机驱动,载荷平稳,查表 3-10-14,得使用系数 $K_A=1.0$。 ② 由图 3-10-43,按 8 级精度: $vz_1/100=2.39\times 23/100=0.5497$ m/s,得动载系数 $K_v=1.04$。 ③ 由图 3-10-48(a),按 $b/d_1=50/47.131=1.06$,考虑高速级轴的刚度较小和齿轮相对轴承为非对称布置,得齿向载荷分布系数 $K_\beta=1.155$。 ④ 由表 3-10-15 查得,齿间载荷分配系数 $K_\alpha=1.2$。 ⑤ 综上分析,载荷系数 K 为: $K=K_A K_v K_\beta K_\alpha=1.0\times 1.04\times 1.155\times 1.2=1.44$	$K=1.44$
	(2) 计算重合度 ε_α、ε_β	$\varepsilon_\alpha=\dfrac{1}{2\pi}[z_1(\tan\alpha_{at1}-\tan\alpha_t)+z_2(\tan\alpha_{at2}-\tan\alpha_t)]$ $=\dfrac{1}{2\pi}[23\times(\tan 30.2695°-\tan 20.451°)$ $+99\times(\tan 23.2426°-\tan 20.451°)]\approx 1.663$ $\varepsilon_\beta=\dfrac{b\sin\beta}{\pi m_n}=\dfrac{50\times\sin 12.578°}{\pi\times 2}\approx 1.733$	$\varepsilon_\alpha\approx 1.663$ $\varepsilon_\beta\approx 1.733$
	(3) 计算重合度系数 Z_ε	因为 $\varepsilon_\beta>1$,由式(3-10-64)得: $Z_\varepsilon=\sqrt{\dfrac{1}{\varepsilon_\alpha}}=\sqrt{\dfrac{1}{1.663}}\approx 0.7755$	$Z_\varepsilon\approx 0.7755$
	(4) 验算齿面接触疲劳强度	由前述知,$Z_H=2.37$,$Z_\beta=0.989$,$Z_E=189.8\sqrt{\text{MPa}}$ 综上所述,可得 $\sigma_H=Z_H Z_E Z_\varepsilon Z_\beta\sqrt{\dfrac{2KT_1}{bd_1^2}\cdot\dfrac{u+1}{u}}$ $=2.37\times 189.8\times 0.7755$ $\times 0.989\sqrt{\dfrac{2\times 1.44\times 85950}{50\times 47.131^2}\cdot\dfrac{4.304+1}{4.304}}$ $\approx 571.76\text{ MPa}<[\sigma_H]=580.06$ MPa 所以,安全	$\sigma_H\approx 571.76$ MPa

续 表

设计内容		设计依据及计算过程	设计结果
5. 验算齿根弯曲疲劳强度 σ_F	齿根弯曲疲劳强度 σ_F 公式	由式(3-10-65)可知，$\sigma_F=\frac{2KT_1}{bd_1m_n}Y_{Fa}Y_{sa}Y_\varepsilon Y_\beta\leqslant[\sigma_F]$，式中各参数确定如下：	
	(1) 确定齿形系数 Y_{Fa1}、Y_{Fa2}	按齿数 $z_1=23$，$z_2=99$，可知，当量齿数 $z_{v1}=z_1/\cos^3\beta=23/\cos^3 12.578°=24.739$ $z_{v2}=z_2/\cos^3\beta=99/\cos^3 12.578°=106.484$ 由图 3-10-60 得，齿形系数 $Y_{Fa1}=2.68$，$Y_{Fa2}=2.23$	$z_{v1}=24.739$， $z_{v2}=106.484$ $Y_{Fa1}=2.68$ $Y_{Fa2}=2.23$
	(2) 确定应力修正系数 Y_{Sa1}、Y_{Sa2}	因为当量齿数 $z_{v1}=24.739$，$z_{v2}=106.484$，由图 3-10-61 得，应力修正系数 $Y_{Sa1}=1.59$，$Y_{Sa2}=1.81$	$Y_{Sa1}=1.59$， $Y_{Sa2}=1.81$
	(3) 计算重合度系数 Y_ε	① 基圆螺旋角 β_b $\beta_b=\arctan(\tan\beta\cos\alpha_t)=\arctan(\tan 12.578°\cos 20.451°)=11.808°$ ② 重合度系数 Y_ε 由式(3-10-69)计算： $Y_\varepsilon=0.25+\frac{0.75\cos^2\beta_b}{\varepsilon_\alpha}=0.25+\frac{0.75\times\cos^2 11.808°}{1.663}=0.691$	$Y_\varepsilon=0.691$
	(4) 计算螺旋角系数 Y_β	因 $\varepsilon_\beta=1.733>1.0$，故取 $\varepsilon_\beta=1$ 计算，由式(3-10-68)可知， $Y_\beta=1-\varepsilon_\beta\frac{\beta}{120°}=1-1\times\frac{12.578°}{120°}=0.895$	$Y_\beta=0.895$
	(5) 计算齿根弯曲疲劳强度 σ_{F1}、σ_{F2}	$\sigma_{F1}=\frac{2KT_1}{bd_1m_n}Y_{Fa1}Y_{sa1}Y_\varepsilon Y_\beta=\frac{2\times1.44\times85\,950}{50\times47.131\times2}\times2.68\times1.59\times0.691\times0.895=138.409\text{ MPa}$ $\sigma_{F2}=\sigma_{F1}\frac{Y_{Fa2}Y_{sa2}}{Y_{Fa1}Y_{sa1}}=138.409\times\frac{2.23\times1.81}{2.68\times1.59}=131.104\text{ MPa}$	$\sigma_{F1}=138.409$ MPa $\sigma_{F2}=131.104$ MPa
	(6) 计算许用弯曲应力$[\sigma_F]$	由式(3-10-40)$[\sigma_F]=\frac{\sigma_{F\lim}Y_{ST}}{S_{F\min}}Y_NY_X$ 可知，计算式中各参数如下：	
	① 确定齿根弯曲疲劳极限 $\sigma_{F\lim1}$、$\sigma_{F\lim2}$	查图 3-10-62(b)得，齿轮 1、2 齿根弯曲疲劳极限分别为： $\sigma_{F\lim1}=275$ MPa，$\sigma_{F\lim2}=265$ MPa	$\sigma_{F\lim1}=275$ MPa $\sigma_{F\lim2}=265$ MPa
	② 确定寿命系数 Y_{N1}、Y_{N2}	由上述计算可知，$N_1=2.51\times10^9$，$N_2=5.99\times10^8$，由图 3-10-63 查得，寿命系数 $Y_{N1}=Y_{N2}=1.0$	$Y_{N1}=Y_{N2}=1.0$
	③ 确定尺寸系数 Y_{X1}、Y_{X2}	由式(3-10-41)可知，$m_n=2\text{ mm}<5\text{ mm}$ 得，尺寸系数 $Y_X=1.0$	$Y_X=1.0$
	④ 确定应力修正系数 Y_{ST}	取应力修正系数，$Y_{ST}=2.0$	$Y_{ST}=2.0$
	⑤ 确定最小安全系数 $S_{F\lim}$	由于一般最小安全系数 $S_{F\lim}\geqslant1.4$，故，本次设计取 $S_{F\lim}=1.4$	$S_{F\lim}=1.4$
	⑥ 计算许用弯曲应力 $[\sigma_F]_1$、$[\sigma_F]_2$	$[\sigma_F]_1=\frac{\sigma_{F\lim1}Y_{ST}}{S_{F\min}}Y_{N1}Y_{X1}=\frac{275\times2}{1.4}\times1.0\times1.0\approx392.857\text{ MPa}$ $[\sigma_F]_2=\frac{\sigma_{F\lim2}Y_{ST}}{S_{F\min}}Y_{N2}Y_{X2}=\frac{265\times2}{1.4}\times1.0\times1.0\approx378.571\text{ MPa}$	$[\sigma_{F1}]\approx392.857$ MPa $[\sigma_{F2}]\approx378.571$ MPa
	⑦ 验算齿根弯曲疲劳强度 σ_F	由于 $\sigma_{F1}=138.409\text{ MPa}<[\sigma_{F1}]=392.857$ MPa，所以，安全。 由于 $\sigma_{F2}=131.104\text{ MPa}<[\sigma_{F2}]=378.571$ MPa，所以，安全	弯曲疲劳强度满足要求
6. 高速级齿轮传动主要几何参数		由上述设计可得出高速级齿轮传动主要几何参数，详见附表 3-10-2	附表 3-10-2

附表 3-10-2　高速级齿轮传动几何尺寸汇总表

序号	名称	符号	计算公式及参数选择	设计结果
1	齿数	z_1、z_2	$z_1=23$、$z_2=99$	$z_1=23$ $z_2=99$
2	齿数比	u	$u=i=\frac{z_2}{z_1}=\frac{99}{23}=4.304$	$u=4.304$
3	法向模数	m_n	$m_n=2$ mm	$m_n=2$ mm
1	端面模数	m_t	$m_t=\frac{m_n}{\cos\beta}=\frac{2}{\cos 12.578^\circ}=2.049$ mm	$m_t=2.049$ mm
2	螺旋角	β	$\beta=12^\circ34'41''$	$\beta=12^\circ34'41''$
3	齿顶高	h_a	$h_a=h_a^* m_n=1\times2=2$ mm	$h_a=2$ mm
4	齿根高	h_f	$h_f=(h_a^*+c^*)m_n=(1+0.25)\times2=2.5$ mm	$h_f=2.5$ mm
5	全齿高	h	$h=h_a+h_f=4.5$ mm	$h=4.5$ mm
6	顶隙	c	$c=c^* m_n=0.25\times2=0.5$ mm	$c=0.5$ mm
7	分度圆直径	d_1、d_2	$d_1=\frac{mz_1}{\cos\beta}=\frac{2\times23}{\cos 12.578^\circ}=47.131$ mm $d_2=\frac{mz_2}{\cos\beta}=\frac{2\times99}{\cos 12.578^\circ}=202.869$ mm	$d_1=47.131$ mm $d_2=202.869$ mm
8	齿顶圆直径	d_{a1},d_{a2}	$d_{a1}=d_1+2h_a^* m_m=47.131+2\times1.0\times2=51.131$ mm $d_{a2}=d_2+2h_a^* m_n=202.869+2\times1.0\times2=206.869$ mm	$d_{a1}=51.131$ mm $d_{a2}=206.869$ mm
9	齿根圆直径	d_{f1},d_{f2}	$d_{f1}=d_1-2(h_a^*+c^*)m_m=47.131-2\times1.25\times2=42.131$ mm $d_{f2}=d_2-2(h_a^*+c^*)m_m=202.869-2\times1.25\times2=197.869$ mm	$d_{f1}=42.131$ mm $d_{f2}=197.869$ mm
10	中心距	a	$a=\frac{1}{2}(d_1+d_2)=\frac{1}{2}(47.131+202.869)=125$ mm	$a=125$ mm
11	齿宽	b_1、b_2	$b_2=b=50$ mm,$b_1=b_2+(5\sim10)=55$ mm	$b_1=55$ mm $b_2=50$ mm

探索与发现

1. 若本任务实施中采用硬齿面齿轮,其他条件不变,请设计此传动装置高速级斜齿圆柱齿轮。

2. 试比较两种设计方案结果有何不同,从中你得到什么启示?

知识拓展

齿轮与轴的联接

一、对联接的要求(如图 3-10-77 所示)

1. 联接要牢靠,不能松动,保证传动精度;

2. 保证齿轮与轴的同轴度、垂直度；

3. 便于装配和调整。

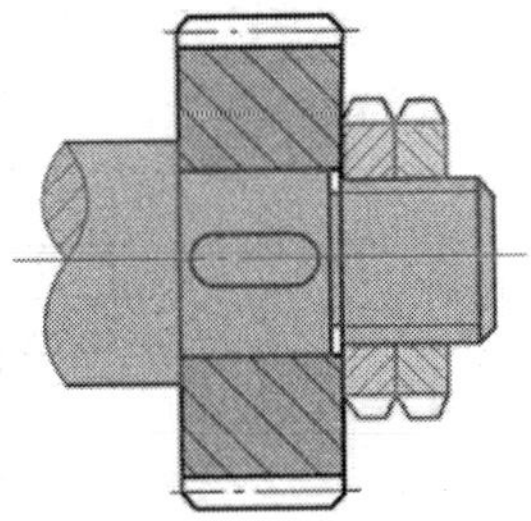

图 3-10-77　齿轮与轴的联接

二、常用联接方法

按传动系统要求，选择时主要考虑：传动力矩大小，传动精度高低，是否需要拆卸、更换或调整，相关结构尺寸大小等方面。一般常用的联接方法有四种：销钉联接、螺钉联接、摩擦联接、键联接。

1. 销钉联接

优点：结构简单，联接可靠。

缺点：(1)圆锥销——不能保证齿轮轴线与轴有高的同轴度；(2)圆柱销——有松动，应加防松环。销钉直径一般为轴直径的 1/4，但不超过 1/3，如图 3-10-78 所示。

2. 螺钉联接

(1) 紧定螺钉联接

用于传递较小工作功率。如图 3-10-79 所示。

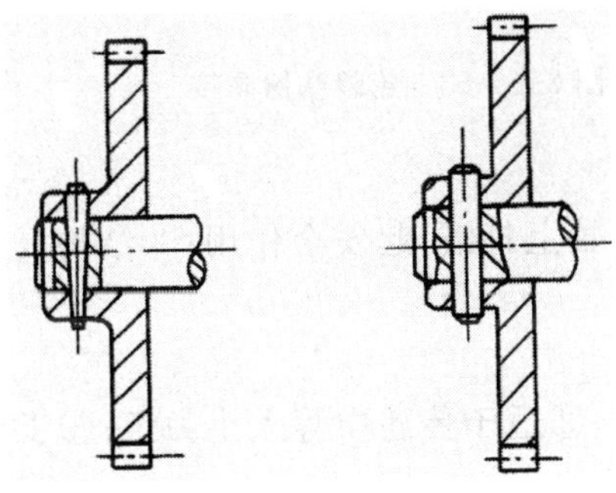

图 3-10-78　销钉联接

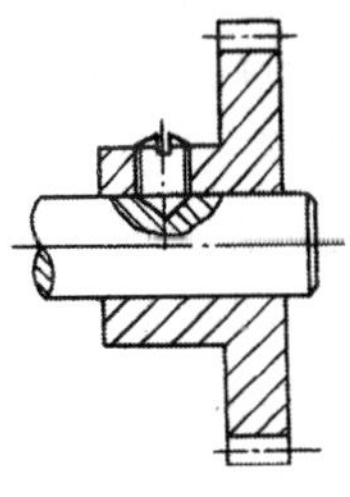

图 3-10-79　紧定螺钉径向联接

优点：装卸方便、结构简单。

缺点：易松动、易偏心、不能用于精密传动。

(2) 端面螺钉联接

在齿轮和轴的配合面上，骑缝钻孔攻丝，并拧入螺钉。

优点：装卸方便、结构简单。

缺点：易松动、不能用于精密传动和正反转传动。如图 3-10-80 所示。

(3) 轴凸缘螺钉联接

特点:齿轮与轴的垂直度靠轴肩端面与齿轮端面的垂直度保证。

用途:较大的片状齿轮或非金属材料与金属轮毂的联接。如图 3-10-81 所示。

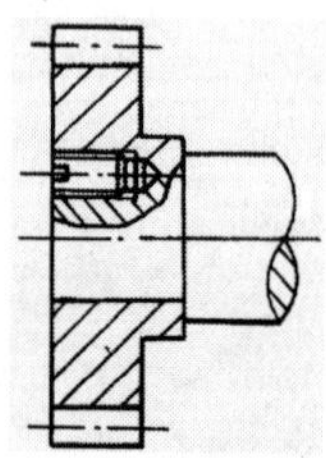

图 3-10-80 端面螺钉联接

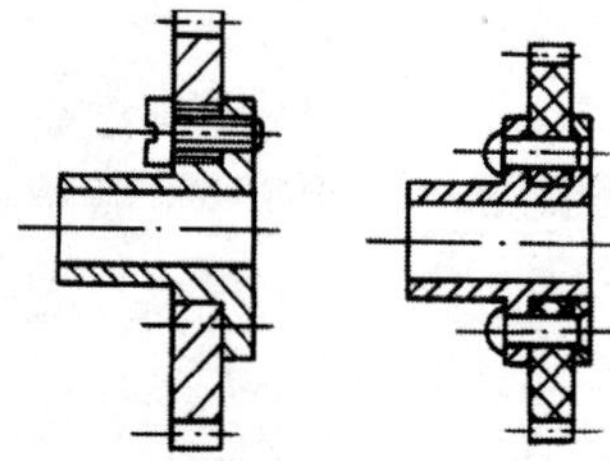

(a) (b)

图 3-10-81 轴凸缘螺钉联接

3. 摩擦联接

(1) 夹紧联接

特点:①可以减少偏心影响;②传递的力矩不大;③螺钉锁紧可使齿轮工作可靠。如图 3-10-82所示。

(2) 轮毂摩擦联接

特点:①能使齿轮与轴保持好的同轴度;②只能传递较小力矩;③零件数目多,但装调方便。如图 3-10-83 所示。

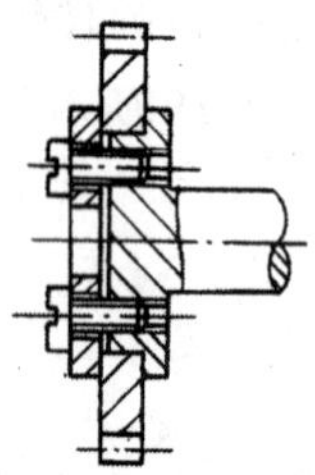

图 3-10-82 摩擦联接

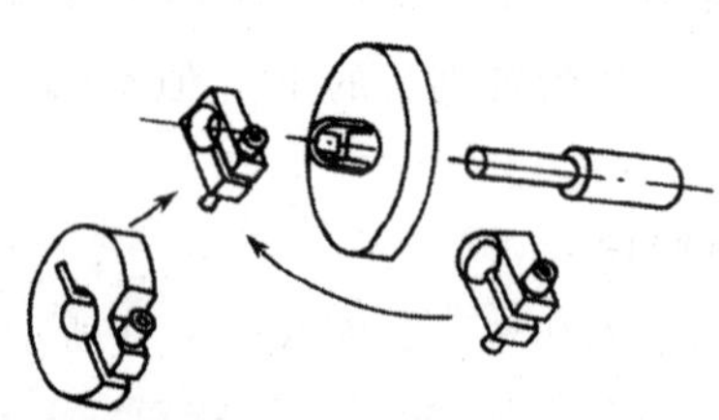

图 3-10-83 轮毂摩擦联接

(3) 弹簧压紧联接

特点:①当负载力矩大于摩擦力矩时,齿轮在轴上打滑,起安全作用;②结构复杂;③便于消除或减小齿轮偏心影响。如图 3-10-84 所示。

(4) 压入摩擦联接

特点:①轴和齿轮孔过盈配合,可保证同轴度;②适于传递中等大小力矩;③工作可靠,但不能任意拆卸。如图 3-10-85 所示。

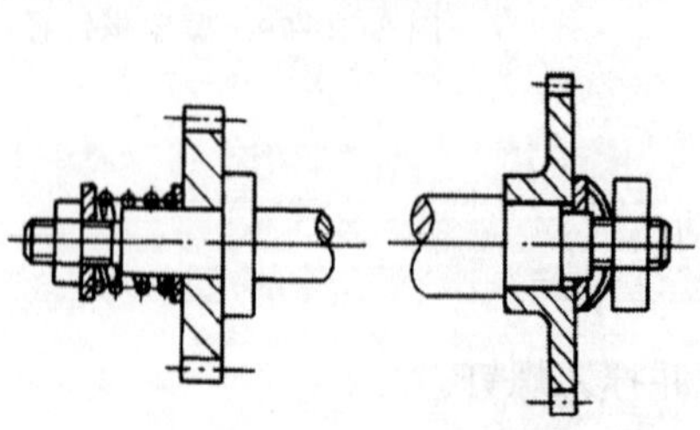

图 3-10-84 弹簧压紧联接

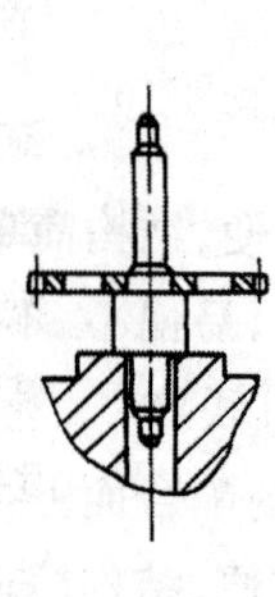

图 3-10-85 压入摩擦联接

（5）锥圆环摩擦联接

特点：①能保证齿轮与轴的同轴度；②便于调整；③仅适用于在轴端处联接。如图 3-10-86 所示。

4. 键联接

常用平键和半圆键。

特点：①结构简单；②齿轮与轴的同轴度不能保证；③齿轮在圆周方向不能调整，在轴向可以调整。

用途：多用于传递力矩较大的齿轮。如图 3-10-87 所示。

5. 冲铆连接

利用金属的塑性变形，把零件铆接在一起。

特点：①结构简单；②传递力矩不大；③齿轮与轴的同轴度较差。④不能调整和任意拆卸。

用途：不精密的小型齿轮。如图 3-10-88 所示。

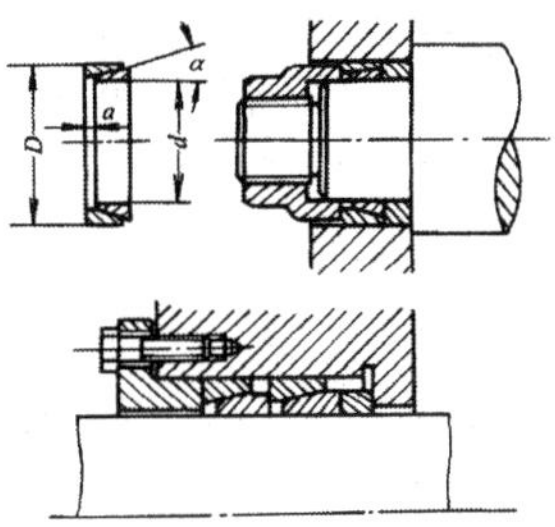

图 3-10-86　锥圆环摩擦联接

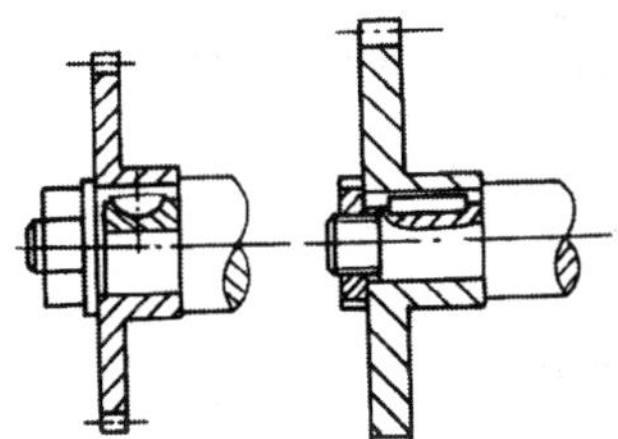

图 3-10-87　键联接

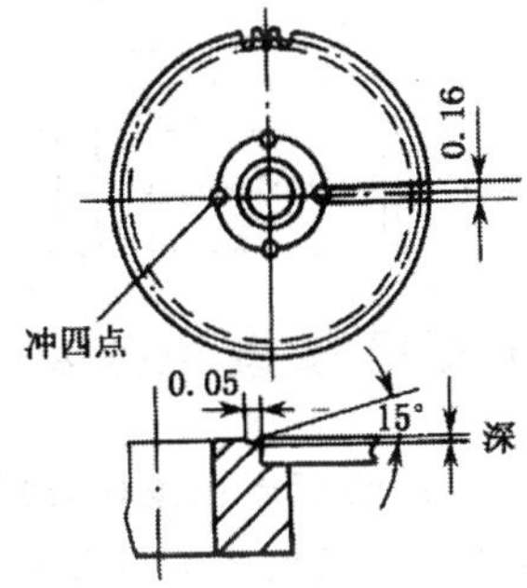

图 3-10-88　冲铆联接

任务五　分析圆锥齿轮传动

任务引入

直齿圆锥-斜齿圆柱齿轮减速器布置和转向如图 3-10-89 所示。已知直齿圆锥齿轮传动的传动比 $i=2.5$，压力角 $\alpha=20°$，齿轮 1 齿宽中点分度圆的圆周力 $F_{t1}=5\,600$ N，斜齿圆柱齿轮 3 分度圆螺旋角 $\beta=11°36'$，分度圆的圆周力 $F_{t3}=9\,500$ N，若Ⅰ轴旋转方向如图 3-10-89 所示，大锥齿轮 2 和小斜齿圆柱齿轮 3 的轴向力方向相反，相互抵消一部分力，其低速级斜齿圆柱齿轮轮齿的螺旋线方向如何判定呢？试分析出Ⅱ轴上各轮所受的分力的方向并计算出其轴向合力的大小。

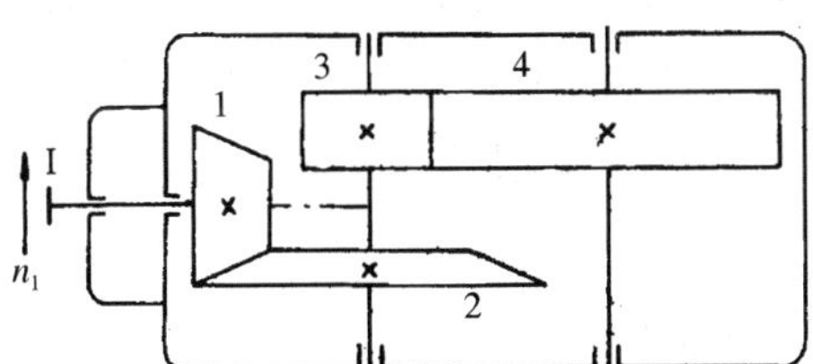

图 3-10-89　直齿圆锥-斜齿圆柱齿轮减速器

任务分析

为实现相交轴间的运动和动力传递,需要用圆锥齿轮传动。直齿圆锥齿轮传动必须满足正确啮合条件及重合度要求,同直齿圆柱齿轮传动一样,直齿圆锥齿轮传动的设计也应根据不同的传动类型及不同的失效形式选择不同的设计准则,其设计过程中应综合考虑各因素,合理选择齿轮的材料和各参数。直齿圆锥齿轮的轮齿分布在一个圆锥体上,其有大端和小端之分,为测量和计算方便,取大端的参数为标准值。

知识链接

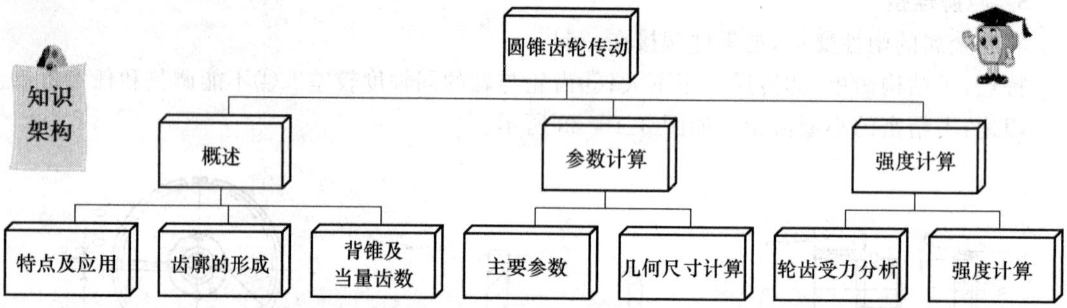

一、直齿圆锥齿轮传动概述

1. 直齿圆锥齿轮传动特点及应用

锥齿轮是圆锥齿轮的简称,它用于传递两相交轴之间的运动和动力。两轴交角 Σ 称为轴交角,其值可根据传动需要确定,一般多采用 $\Sigma=90^\circ$。锥齿轮的轮齿排列在截圆锥体上,轮齿由齿轮的大端到小端逐渐收缩变小,如图 3-10-90 所示。由于这一特点,对应于圆柱齿轮中的各有关“圆柱”在锥齿轮中就变成了“圆锥”,如分度锥、节锥、基锥、齿顶锥等。为了计算和测量的方便,通常取圆锥齿轮大端的参数为标准值。

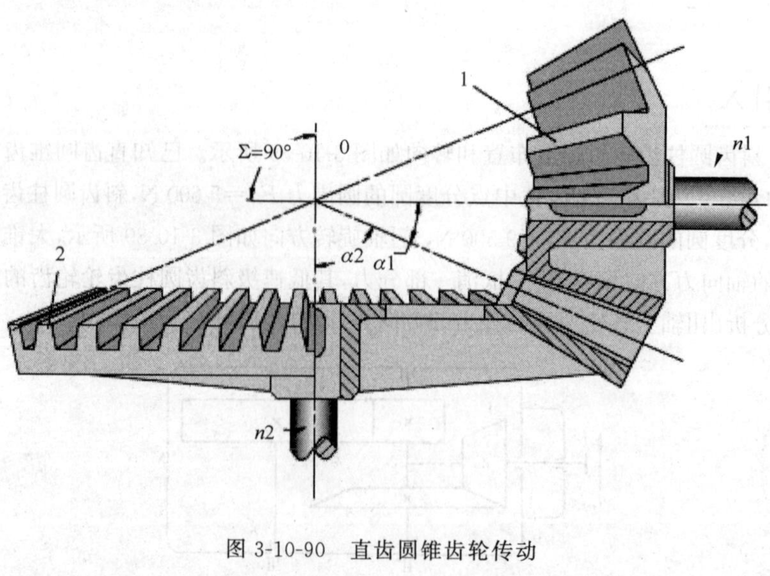

图 3-10-90　直齿圆锥齿轮传动

锥齿轮的轮齿有直齿、斜齿和曲线齿等形式。直齿和斜齿锥齿轮设计、制造及安装均较简单，所以应用最为广泛，但噪声较大，用于低速传动（$v<5$ m/s）；曲线齿锥齿轮具有传动平稳、噪声小及承载能力大等特点，用于高速重载的场合。

一对圆锥齿轮两轴之间的交角 Σ 可根据传动的需要来确定，在一般机械中，多采用 $\Sigma=90°$ 的传动，因而，本任务只讨论 $\Sigma=90°$ 的标准直齿锥齿轮传动。

2. 齿廓曲面的形成

直齿锥齿轮齿廓曲面的形成与圆柱齿轮类似。如图 3-10-91(a)所示，发生平面 1 与基锥 2 相切并作纯滚动，该平面上过锥顶点 O 的任一直线 OK 的轨迹即为渐开锥面。渐开锥面与以 O 为球心，以锥长 R 为半径的球面的交线 AK 为球面渐开线，它应是锥齿轮的大端齿廓曲线。但球面无法展开成平面，这就给锥齿轮的设计制造带来很多困难。为此产生一种代替球面渐开线（如图 3-10-91(b)所示）的近似方法。

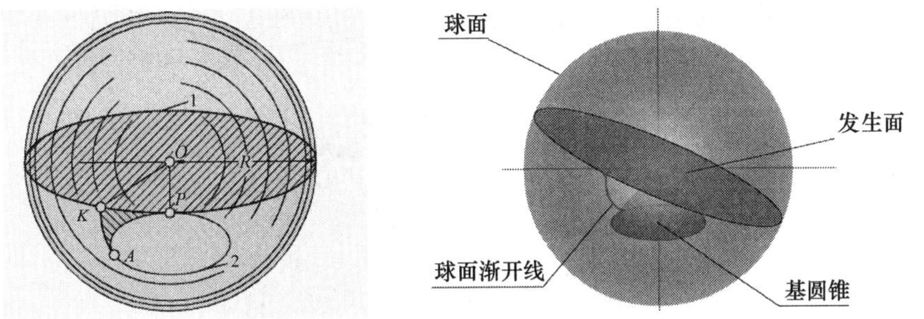

(a)　　　　(b)

图 3-10-91　直齿圆锥齿轮齿廓的形成

3. 锥齿轮大端背锥、当量齿轮及当量齿数

(1)背锥和当量齿轮

如图 3-10-92 所示为一锥齿轮的轴向半剖面，其中△OAA、△Obb、△Occ 分别代表其分度圆锥、齿顶圆锥和齿根圆锥的轴剖面，锥长 OA 称**锥距**，用 R 表示；bA、Ac 分别为大端球面上齿形的齿顶高和齿根高。以锥顶 O 为圆心，以 R 为半径的圆应为球面的投影。若以球面渐开线作锥齿轮的齿廓，则圆弧 bAc 为轮齿球面大端与轴剖面的交线，该球面齿形是不能展开成平面的。为此，再过 A 作 $O_1A\perp OA$，交齿轮的轴线于点 O_1。设想以 OO_1 为轴线，以 O_1A 为母线作圆锥面 O_1AA，该圆锥称为锥齿轮的**大端背锥**。显然，该背锥与球面切于锥齿轮大端的分度圆。由于大端背锥母线 O_1A 与锥齿轮的分度锥母线相互垂直，将球面齿形的圆弧 bAc 投影到背锥上得到线段 $b'Ac'$，圆弧 bAc 与线段 $b'Ac'$ 非常接近，且锥距 R 与锥齿轮大端模数 m 之比值愈大$\left(一般\dfrac{R}{m}>30\right)$，两者就更接近。这说明：可用大端背锥上的齿形近似地作为锥齿轮的大端齿形。由于背锥可展开成平面并得到一扇形齿轮（如图 3-10-93 所示），扇形齿轮的模数 m、压力角 a 和齿高系数 h_a^* 等参数分别与锥

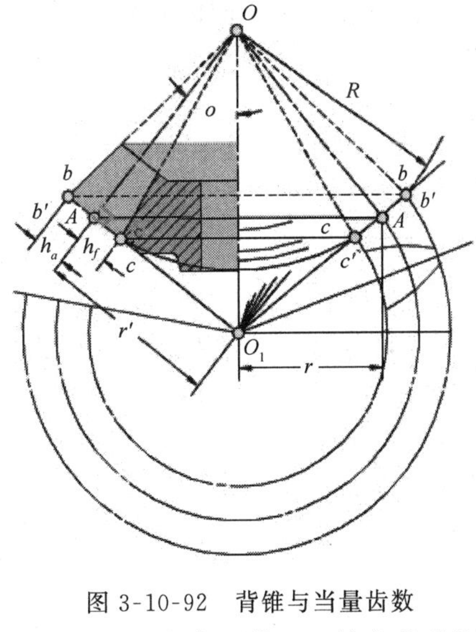

图 3-10-92　背锥与当量齿数

齿轮大端参数相同。再将扇形齿轮补足成完整的直齿圆柱齿轮,这个虚拟的圆柱齿轮称为该锥齿轮的**大端当量齿轮**。这样就可用大端当量齿轮的齿形近似地作为锥齿轮的大端齿形,即锥齿轮大端轮齿尺寸(h_a、h_f)等于当量齿轮的轮齿尺寸。由于背锥可以展成平面,这样就可把球面渐开线简化成平面曲线进行研究,给设计和制造带来方便。

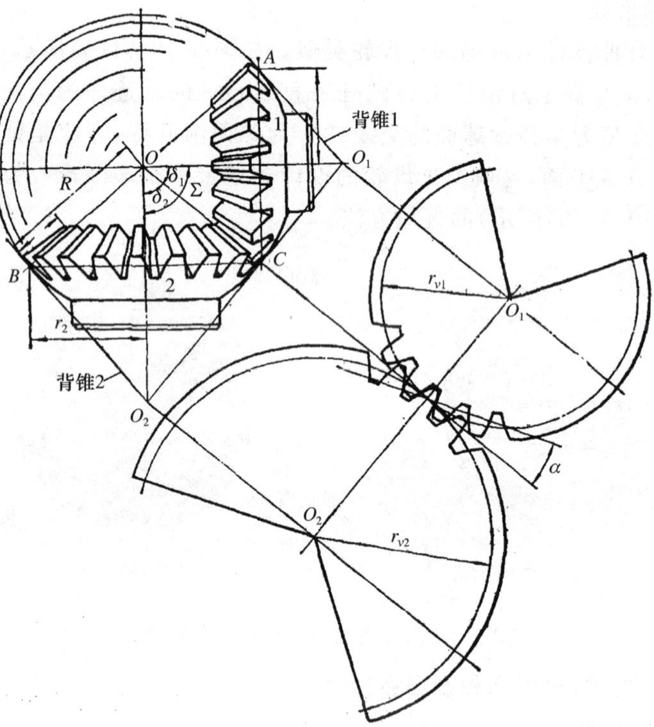

图 3-10-93 圆锥齿轮的当量齿轮

(2) 基本参数

由于直齿锥齿轮大端的尺寸最大,测量方便。因此,规定锥齿轮的参数和几何尺寸均以大端为准。大端的模数 m 的值为标准值,按表 3-10-20 选取。在 GB12369—90 中规定了大端的压力角 $a=20°$,齿顶高系数 $h_a^*=1$,顶隙系数 $c^*=0.2$。

表 3-10-20 锥齿轮模数(摘自 GB12368—90)

…	1	1.125	1.25	1.375	1.5	1.75	2	2.25	2.5	2.75	3
3.25	3.5	3.75	4	4.5	5	5.5	6	6.5	7	8	…

(3) 当量齿数

当量齿轮的齿数 z_v 称为锥齿轮的当量齿数。z_v 与锥齿轮的齿数 z 的关系可由图 3-10-92 求出,由图可得当量齿轮的分度圆半径 r_v

$$r_v=r/\cos\delta=mz/2\cos\delta$$

而 $r_v=mz_v/2$,则有 $z_v=z/\cos\delta$,即

$$\begin{cases} z_{v1}=\dfrac{z_1}{\cos\delta_1} \\ z_{v2}=\dfrac{z_2}{\cos\delta_2} \end{cases} \tag{3-5-70}$$

式中:δ 为锥齿轮的分度锥角。因为 $\cos\delta_1$、$\cos\delta_2$ 总小于 1,所以当量齿数 z_v 总大于锥齿轮的实际齿数。一般不是整数,无须圆整。

4. 直齿圆锥齿轮的啮合传动特点

一对直齿圆锥齿轮的啮合传动相当于一对当量齿轮的啮合传动。因此有如下特点:

(1) 正确啮合条件:两轮大端的模数和压力角分别相等。即

$$m_1 = m_2 = m,\quad \alpha_1 = \alpha_2 = \alpha,\quad \Sigma = \delta_1 + \delta_2 \tag{3-10-71}$$

(2) 连续传动条件:一对圆锥齿轮的重合度可按其当量齿轮传动的重合度计算。即重合度 $\varepsilon>1$,重合度 ε 可按其齿宽中点的当量齿轮计算。

(3) 采用仿形法加工直齿圆锥齿轮时,根据当量齿数来选择铣刀的号码。

(4) 不根切的最少齿数 $z_{\min}$:标准直齿圆锥齿轮不发生根切的最少齿数 $z_{\min}$ 可通过当量齿数来计算,即

$$z_{\min} = z_{v\min}\cos\delta \tag{3-10-72}$$

(5) 传动比 i_{12}:因 $d_1 = 2R\sin\delta_1$,$d_2 = 2R\sin\delta_2$,故

$$i_{12} = \omega_1/\omega_2 = z_2/z_1 = d_2/d_1 = \sin\delta_2/\sin\delta_1 \tag{3-10-73}$$

当轴角 $\Sigma = 90°$ 时,有

$$i_{12} = \frac{\sin\delta_2}{\sin\delta_1} = \frac{\sin(90° - \delta)_1}{\sin\delta_1} = \frac{\cos\delta_1}{\sin\delta_1} = \cot\delta_1 = \tan\delta_2 \tag{3-10-74}$$

二、直齿圆锥齿轮的主要参数及几何尺寸计算

直齿圆锥齿轮在设计、制造中均以大端尺寸为基准。根据锥齿轮传动的特点,其基本几何尺寸按大端计算,但锥齿轮齿宽中点处及其当量齿轮的几何尺寸必须通过大端导出,图 3-10-94为一对锥齿轮的轴向剖面图,由于直齿锥齿轮传动强度计算及重合度计算的需要引进一对当量齿轮(图 3-10-95),它们是用该对锥齿轮齿宽中点处的背锥展开所得到的。当量齿轮的分度圆半径 $d_{v1}/2$ 和 $d_{v2}/2$ 分别为这对锥齿轮齿宽 b 中点处背锥的母线长;模数即为齿宽中点的模数,称为平均模数 m_m。

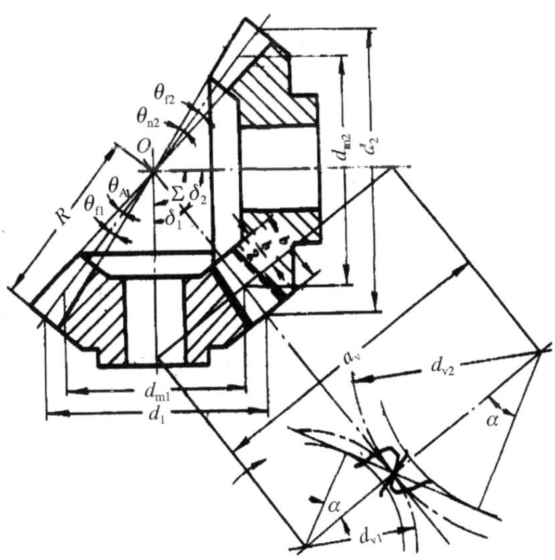

图 3-10-94　直齿锥齿轮传动的几何关系(轴交角 Σ=90°)

1. 齿宽系数 ϕ_R

$\phi_R=b/R$,一般取 $\phi_R=1/3$,且 $b_1=b_2=b$。

2. 分度锥角 δ_1、δ_2

如图 3-10-94 所示,该对锥齿轮的轴角等于两分度锥角之和,即

$$\sum=\delta_1+\delta_2$$

$$\left.\begin{aligned}&\tan\delta_1=d_1/d_2=z_1/z_2=1/u,\quad \tan\delta_2=d_2/d_1=u\\&\cos\delta_1=d_2/2R=d_2/d_1\sqrt{u^2+1}=u/\sqrt{u^2+1}\\&\cos\delta_2=d_1/2R=1/\sqrt{u^2+1}\end{aligned}\right\}\tag{3-10-75}$$

3. 齿宽中点的分度圆直径(平均分度圆直径)d_m 和平均模数 m_m

$$\left.\begin{aligned}&d_{m1}=d_1(R-0.5b)/R=d_1(1-0.5\phi_R)\\&d_{m2}=d_2(1-0.5\phi_R)\\&m_m=d_{m1}/z_1=m(1-0.5\phi_R)\end{aligned}\right\}\tag{3-10-76}$$

4. 齿宽中点处当量齿轮的分度圆直径 d_{mv}、当量齿数 z_v 及齿数比 u_v

如图 3-10-95 所示为齿宽中点相当齿轮:

$$\left.\begin{aligned}&d_{mv1}=d_{m1}/\cos\delta_1=d_1(1-0.5\phi_R)\sqrt{u^2+1}/u\\&d_{mv2}=d_{m2}/\cos\delta_2=d_2(1-0.5\phi_R)\sqrt{u^2+1}/u\end{aligned}\right\}\tag{3-10-77}$$

$$\left.\begin{aligned}&z_{v1}=\frac{z_1}{\cos\delta_1}=\frac{z_1\sqrt{u^2+1}}{u}\\&z_{v2}=\frac{z_2}{\cos\delta_2}=z_2\sqrt{u^2+1}\end{aligned}\right\}\tag{3-10-78}$$

$$u_v=\frac{z_{v2}}{z_{v1}}=u^2\tag{3-10-79}$$

式中齿数比影响分度锥顶角的大小,一般取 $u\leqslant3$,最大不超过 5。

参考图 3-10-96 导出标准直齿锥齿轮传动的几何尺寸计算公式,列于标准直齿锥齿轮传动的主要几何尺寸计算公式表 3-10-21 中。

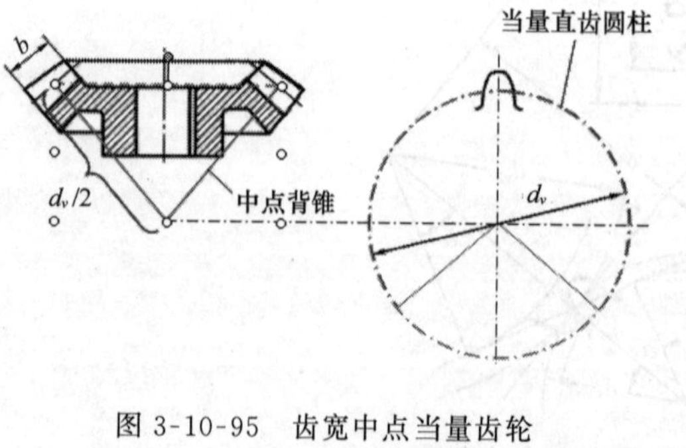

图 3-10-95　齿宽中点当量齿轮

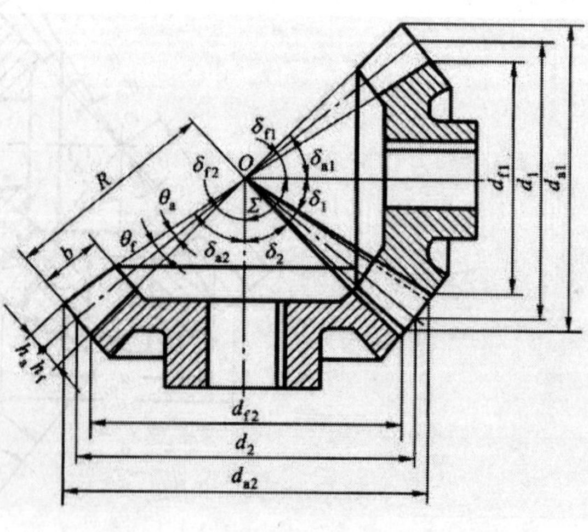

图 3-10-96　直齿圆锥齿轮几何尺寸

表 3-10-21 标准直齿圆锥齿轮传动的几何尺寸计算($\Sigma=90°$)

名称	符号	计算公式及参数选择
大端模数	m	按 GB12368-90 取标准值
平均模数	m_m	$m_m=\dfrac{d_{m1}}{z_1}=m(1-0.5\phi_R)=m\left(1-\dfrac{0.5b}{R}\right)$,由强度计算而定
传动比	i	$i=\dfrac{z_2}{z_1}=\tan\delta_2=\cot\delta_1$,单级 $i<6\sim7$
分度圆锥角	δ_1、δ_2	$\delta_2=\arctan\left(\dfrac{z_2}{z_1}\right)$,$\delta_1=90°-\delta_2$
分度圆直径	d_1、d_2	$d_1=mz_1$,$d_2=mz_2$
平均分度圆直径	d_{m1}、d_{m2}	$d_{m1}=d_1\left(1-0.5\dfrac{b}{m}\right)=d_1(1-0.5\phi_R)$,$d_{m2}=d_2\left(1-0.5\dfrac{b}{m}\right)=d_2(1-0.5\phi_R)$
齿顶高	h_a	$h_a=m$
齿根高	h_f	$h_a=1.2m$
齿全高	h	$h=h_a+h_f=2.2m$
齿顶圆直径	d_{a1}、d_{a2}	$d_{a1}=m(z_1+2\cos\delta_1)$,$d_{a2}=m(z_2+2\cos\delta_2)$
齿根圆直径	d_{f1}、d_{f2}	$d_{f1}=m(z_1-2.4\cos\delta_1)$,$d_{f2}=m(z_2-2.4\cos\delta_2)$
外锥距	R	$R=\sqrt{r_1^2+r_2^2}=\dfrac{m}{2}\sqrt{z_1^2+z_2^2}=\dfrac{d_1}{2\sin\delta_1}=\dfrac{d_2}{2\sin\delta_2}$
齿　宽	b	$b=\phi_R\cdot R$,$b\leqslant\dfrac{R}{3}$,$b\leqslant10m$
齿顶角	θ_a	$\theta_a=\arctan\dfrac{h_a}{R}$(收缩顶隙齿),$\theta_a=\theta_f$(等顶隙齿)
齿根角	θ_f	$\theta_f=\arctan\dfrac{h_f}{R}$
齿顶圆锥角	δ_a	$\delta_a=\delta+\theta_a$
齿根圆锥角	δ_f	$\delta_f=\delta-\theta_f$

三、直齿锥齿轮传动的强度计算

直齿圆锥齿轮的齿形从大端到小端逐渐缩小,轮齿各断面刚度不同,载荷沿齿宽分布不均,因此,直齿锥齿轮的强度计算比较复杂。为了简化计算,通常按其齿宽中点的当量齿轮进行强度计算。这样,就可以直接引用直齿圆柱齿轮的相应公式。

因直齿锥齿轮的制造精度较低,在强度计算中一般不考虑与重合度的影响,即取齿间载荷分配系数 $K_\alpha=1$;重合度系数 $Z_\varepsilon=1$、$Y_\varepsilon=1$。

1. 轮齿受力分析

(1) 力的大小

为了分析简单,假设载荷沿齿宽均匀分布,并忽略齿面摩擦力,并假设法向力 F_n 集中作用在齿宽中点上并在垂直于分度圆锥面的平面内,如图 3-10-97所示。在分度圆上可将其分解为圆周力 F_t、径向力 F_r 和轴向力 F_a 相互垂直的三个分力,如图 3-10-98 所示。小齿轮轮齿上各力的大小分别为

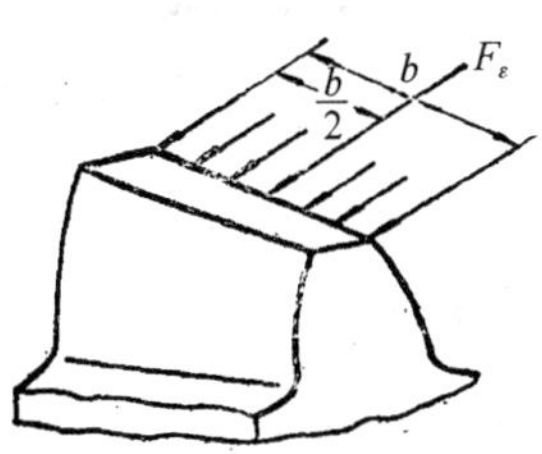

图 3-10-97 圆锥齿轮轮齿上的载荷分布

$$
\begin{cases}
F_n=\dfrac{F_{t1}}{\cos\alpha} \\
F_{t1}=-F_{t2}=\dfrac{2T_1}{d_{m1}}=\dfrac{2T_1}{d_1(1-0.5\phi_R)} \\
F_{r1}=-F_{a2}=F_{t1}\tan\alpha\cos\delta_1 \\
F_{a1}=-F_{r2}=F_{t1}\tan\alpha\sin\delta_1
\end{cases}
\tag{3-10-80}
$$

式中,T_1 为小齿轮的名义转矩(N·mm)。

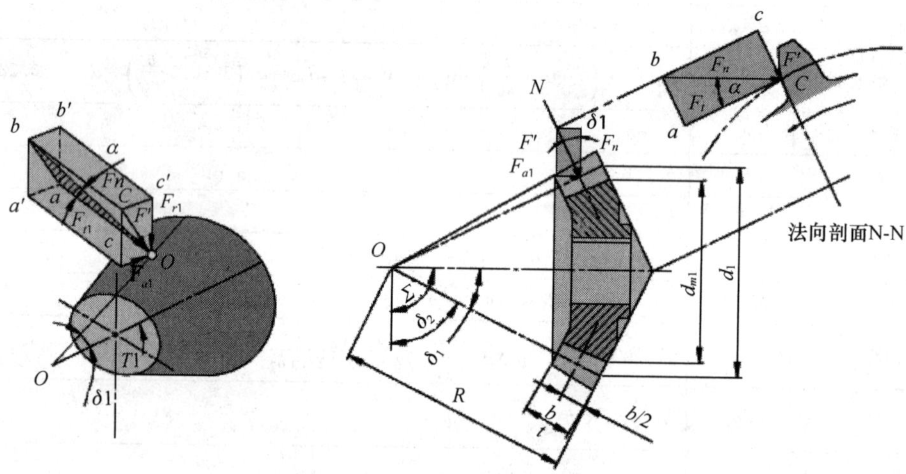

图 3-10-98 直齿圆锥齿轮受力分析

(2) 各力的方向

主动轮圆周力 F_{t1} 的方向与该轮的转动 n_1 方向相反,从动轮圆周力 F_{t2} 的方向与该轮的转动方向 n_2 相同;主、从动轮径向力 F_{r1}、F_{r2} 的方向分别指向各自的轮心;轴向力 F_{a1}、F_{a2} 的方向则由各轮的小端分别指向各自的大端,如图 3-10-99 所示。

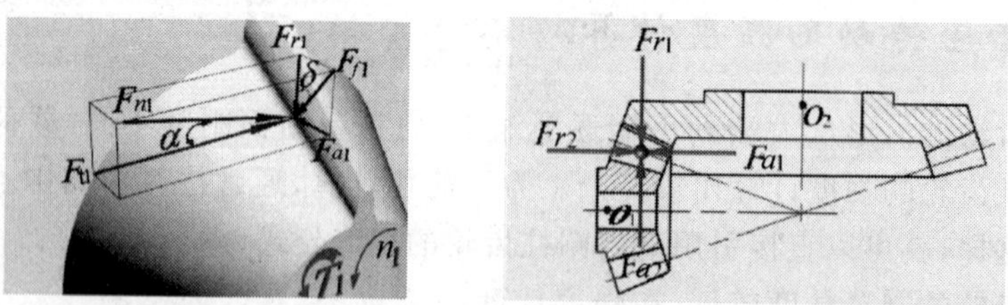

(a) 立体图受力分析　　(b) 平面图受力分析

图 3-10-99 直齿圆锥齿轮受力方向

(3) 载荷系数

$$
K=K_AK_vK_\beta \tag{3-10-81}
$$

式中,K_A 为使用系数,按使用系数 K_A 由表 3-10-14 查取;K_v 为动载荷系数,用齿宽中点的圆周速度由动载荷系数 K_v 从图 3-10-43 查取;K_β 为齿向载荷分布系数,由图 3-10-48 查取。

2. 齿面接触疲劳强度计算

直齿圆锥齿轮的强度计算可套用直齿圆柱齿轮相应的计算公式,并代入当量齿轮的有关参数。但为了计算方便，可将公式中当量齿轮的参数用实际圆锥齿轮的参数表示。由此得到一对钢制直齿圆锥齿轮传动的齿面接触疲劳强度的校核公式和设计公式分别为：

$$\sigma_H = 670\sqrt{\frac{KT_1}{(1-0.5\phi_R)^2 bd_1^2}\frac{\sqrt{u^2+1}}{u}} \leqslant [\sigma_H]\ \mathrm{N/mm^2} \tag{3-10-82}$$

$$d_1 \geqslant \sqrt[3]{\left(\frac{670}{[\sigma_H](1-0.5\phi_R)}\right)^2 \frac{2KT_1}{\phi_R u}}\ \mathrm{mm} \tag{3-10-83}$$

式中，$u=z_2/z_1$ 为齿数比；$\phi_R=b/R$ 为齿宽系数；其余符号和单位均与直齿圆柱齿轮计算相同。

若配对材料改变，则以上两式中系数 670 可用 $670Z_E/189.8$ 代替，弹性系数 Z_E 由表 3-10-16查取。

3. 齿根弯曲疲劳强度计算

直齿圆锥齿轮的齿根弯曲疲劳强度校核公式和设计公式分别为：

$$\sigma_F = \frac{2KT_1}{bd_1 m(1-0.5\phi_R)^2} Y_{Fa} Y_{Sa} \leqslant [\sigma_F]\ \ \mathrm{N/mm^2} \tag{3-10-84}$$

$$m \geqslant \sqrt[3]{\frac{4KT_1}{\phi_R(1-0.5\phi_R)^2 z_1^2\sqrt{u^2+1}}\left(\frac{Y_{Fa}Y_{Sa}}{[\sigma_F]}\right)}\ \ \mathrm{mm} \tag{3-10-85}$$

在齿根弯曲疲劳强度计算中，配对齿轮的齿形系数 Y_{Fa}、应力修正系数 Y_{sa}、许用弯曲应力 $[\sigma_F]$可能不相同，因此，在校核计算时，两齿轮要分别进行，而在使用设计公式(3-10-85)中的 $\frac{Y_{Fa}Y_{sa}}{[\sigma_F]}$ 计算时，应取主动轮 $\frac{Y_{Fa1}Y_{sa1}}{[\sigma_F]_1}$ 和从动轮 $\frac{Y_{Fa2}Y_{sa2}}{[\sigma_F]_2}$ 两者中的大值代入计算。Y_{Fa}、Y_{sa} 分别按当量齿数 z_{v1}、z_{v2} 在图 3-10-60、图 3-10-61 中查取；m 为大端模数；其余符号和单位均与直齿圆柱齿轮计算相同。

任务实施

根据上述知识的学习，我们来完成本次所给出的任务。

由图 3-10-89 可知，为使Ⅱ轴上齿轮 2 与齿轮 3 的轴向力相互抵消一部分，则需使锥齿轮 2 上的轴向力 Fa_2 与齿轮 3 上的轴向力 Fa_3 方向相反，根据所学可知锥齿轮 2 上的轴向力 Fa_2 方向由小端指向大端，因此轴向力的方向向下，由此可判断出齿轮 3 的轴向力向上，又已知主动轮 1 的旋转方向(如图 3-10-89 所示)，因此可分析出轮 2 的旋转方向向右(从此平面图上分析)，由于轮 2、3 在同一轴Ⅱ上，因此轮 3 的旋转方向同轮 2，由斜齿轮的轴向力判断方法：左右手定则可判断出轮 3 的螺旋线方向为右旋。

由所给任务可知：

$$F_{a3} = F_{t3}\tan\beta = 9\,500 \times \tan 11°36' \approx 1\,950\ \mathrm{N}$$

$$F_{a2} = F_{r1} = F_{t1}\tan\alpha\sin\delta_2$$

其中

$$\tan\delta_2 = i \Rightarrow \delta_2 = \arctan 2.5 = 68.199°$$

所以

$$F_{a2} = 5600 \times \tan 20° \sin 68.199° = 1892.46\ \mathrm{N}$$

$$F_{Ⅱ} = F_{a3} - F_{a2} = 1950 - 1892.46 = 57.54\ \mathrm{N}$$

所以，Ⅱ轴的轴向力合力大小为 57.54 N，方向与 F_{a_3} 方向相同。

探索与发现

你知道生产中如何加工锥齿轮吗？在生活中何处需要锥齿轮传动？请举例说明。

任务六　CA6140 车床变速箱齿轮传动的结构和润滑设计

任务引入

通过前面的学习,我们已经能辨析出图 3-10-100 中的齿轮类型,然而,你会发现不仅这些齿轮的类型不同,而且其结构也各不相同,为什么要做成不同结构的齿轮形式?如何设计这些齿轮结构呢?同时,在齿轮传动过程中,齿轮间会产生摩擦和磨损,如何进行有效的润滑才能更好地提高传动效率呢?

任务分析

如果说齿轮传动的强度设计是为了确定齿轮的主要参数(如:齿数、模数、螺旋角等),那么齿轮结构设计就是为了确定齿轮的轮辐与轮毂的形状和尺寸。通常是先按齿轮的直径大小选定合适的结构形式,再根据推荐的经验公式求得各部分尺寸,绘制零件工作图。

图 3-10-100　直齿圆锥齿轮受力方向

由于啮合时齿面间有相对滑动,会产生摩擦和磨损,所以润滑对于齿轮传动十分重要。润滑可以减小摩擦损失,提高传动效率,还可以起到散热、防锈、降低噪声、改善工作条件、提高使用寿命等作用。

知识链接

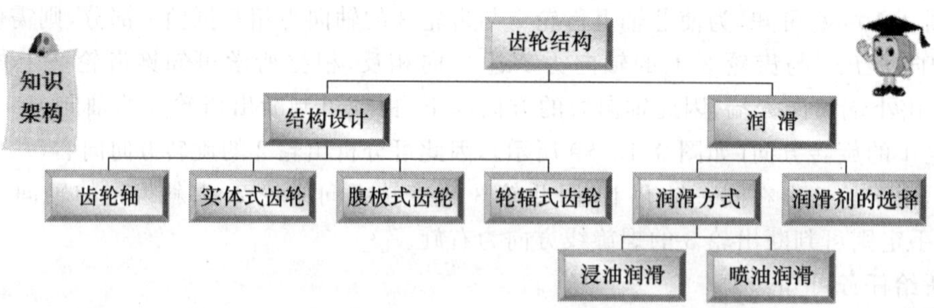

一、齿轮的结构设计

齿轮的结构设计主要确定齿轮的轮缘、轮毂及腹板(轮辐)的结构形式和尺寸大小。结构设计通常要考虑齿轮的几何尺寸、材料、使用要求、工艺性及经济性等因素,确定适合的结构形式,再按设计手册荐用的经验数据确定结构尺寸。齿轮结构形式有四种:齿轮轴、实体式齿轮、腹板式齿轮、轮辐式齿轮。

1. 按齿轮的直径大小选定合适的结构形式

(1) 齿轮轴

当齿轮的齿根圆到键槽底面的距离 e 很小,如圆柱齿轮 $e \leqslant 2.5m_n$〔如图 3-10-101(a)所示〕,圆锥齿轮的小端 $e \leqslant 1.6m$,为了保证轮毂键槽足够的强度,应将齿轮与轴作成一体,形成齿轮轴,如图 3-10-101(b)、图 3-10-101(c)、图 3-10-101(d)所示。

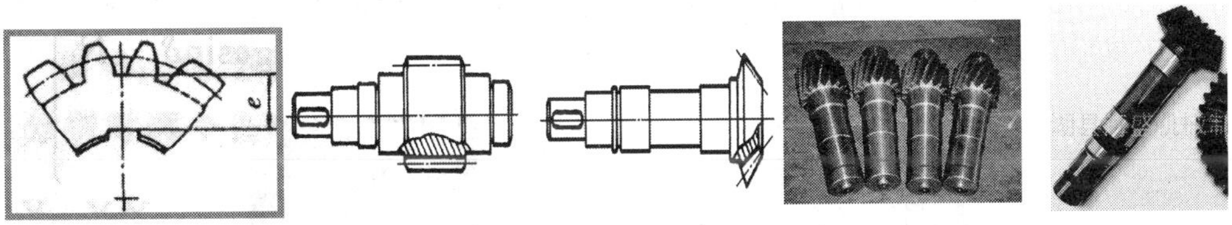

(a)　(b)　(c) 圆柱齿轮轴　(d) 圆锥齿轮轴

图 3-10-101　齿轮轴

(2) 实心式齿轮

齿顶圆直径 $d_a \leqslant 200$ mm 或高速传动且要求低噪声时,可采用如图 3-10-102 所示的实心结构。实心齿轮和齿轮轴可以用热轧型材或锻造毛坯加工。

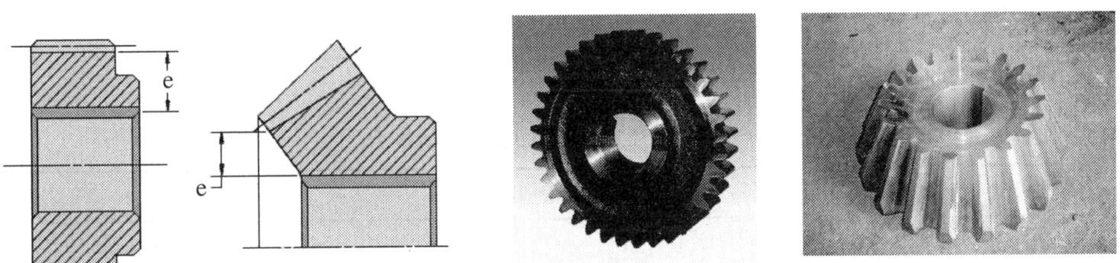

(a) 实心式圆柱齿轮　(b) 实心式锥齿轮　(c) 实心式圆柱齿轮实物　(d) 实心式锥齿轮实物

图 3-10-102　实心式齿轮

(3) 腹板式齿轮

对于齿顶圆直径 200 mm$< d_a \leqslant$500 mm 时,可采用腹板式结构,以减轻重量、节约材料。通常多选用锻造毛坯,也可用铸造毛坯及焊接结构。有时为了节省材料或解决工艺问题等,而采用组合装配式结构,如过盈组合和螺栓连接组合。如图 3-10-103 所示为各种类型的腹板式结构。

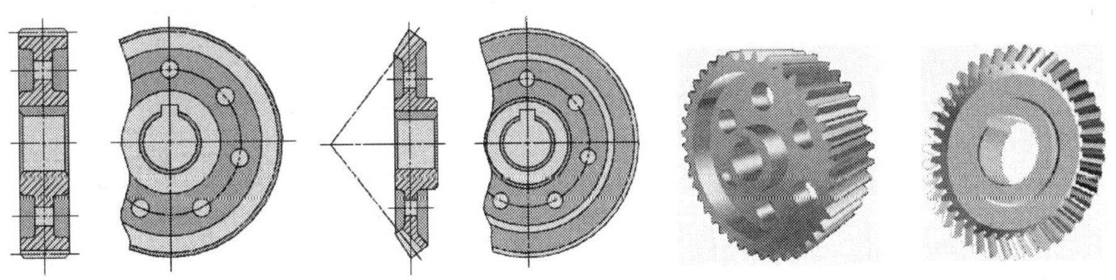

腹板式齿轮(锻造)　腹板式锥齿轮　腹板式圆柱齿轮实物　腹板式圆锥齿轮实物

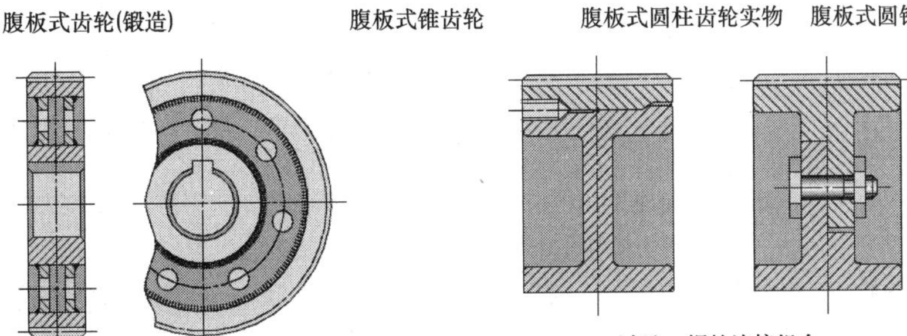

双腹板焊接齿轮　过盈、螺栓连接组合

图 3-10-103　腹板式齿轮

(4) 轮辐式齿轮

如图 3-10-104 所示，对于齿轮直径 $d_a>500$ mm 时，采用轮辐式结构。受锻造设备的限制，轮辐式齿轮多为铸造齿轮，常用铸钢或铸铁制造。轮辐剖面形状可以采用椭圆形(轻载)、十字形(中载)及工字形(重载)等。

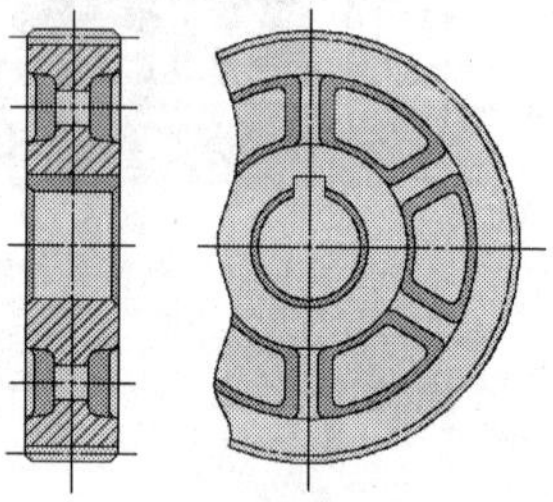

轮辐式齿轮(铸造)

轮辐式圆柱齿轮实物

图 3-10-104　轮辐式齿轮

2. 由经验公式确定齿轮的结构尺寸

由经验公式确定的齿轮结构尺寸详见表 3-10-22。

表 3-10-22　常用的齿轮结构尺寸

结构形式		计算公式	图示
齿轮轴 $e\leqslant 2.5m_n$	圆柱齿轮	$e=r_f-r_{轴}-t_1$ 式中：r_f 为齿根圆半径；$r_{轴}$ 为轴的半径； t_1 为键槽顶端到轮毂孔径间的距离	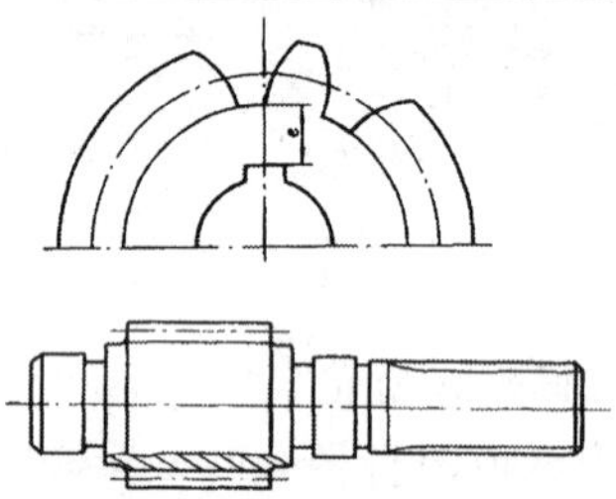
齿轮轴 $e\leqslant 1.6m$	圆锥齿轮		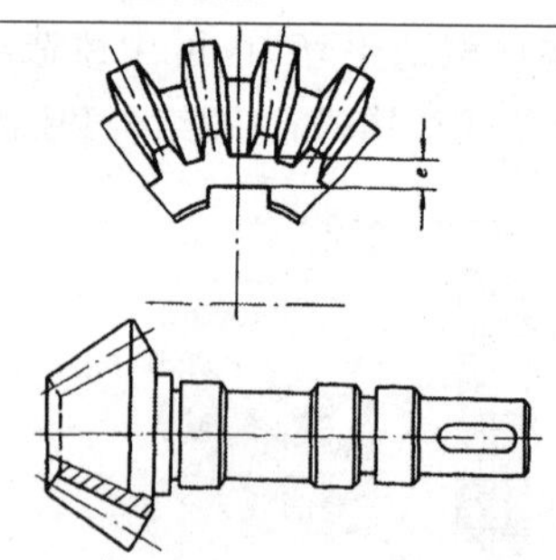
实心式齿轮 $d_a\leqslant 200$ mm	圆柱齿轮	$e=r_f-r_{轴}-t_1$ 式中：r_f 为齿根圆半径； $r_{轴}$ 为轴的半径； t_1 为键槽顶端到轮毂孔径间的距离	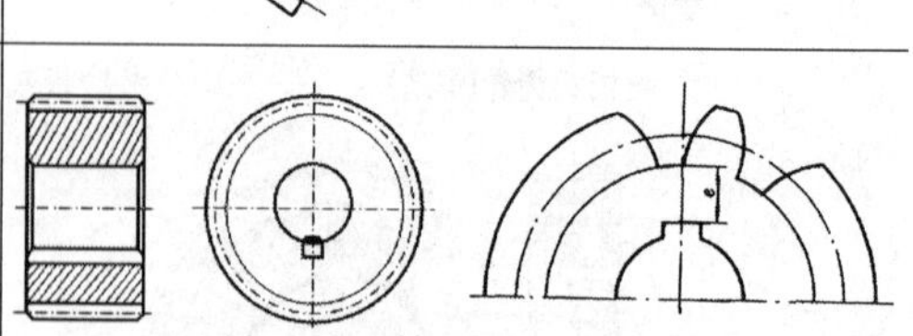
	圆锥齿轮		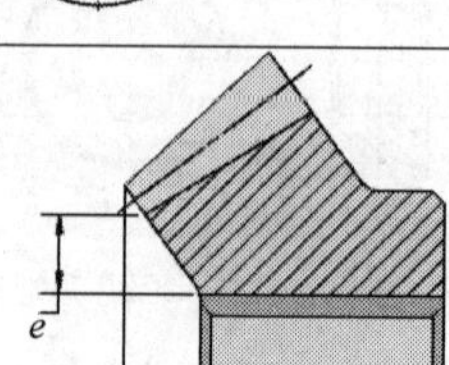

续表

结构形式		计算公式	图示
腹板式齿轮 $d_a=200$ mm～500 mm	圆柱齿轮	$D_1\approx(D_0+D_3)/2$ $D_2\approx(0.25\sim0.35)\cdot(D_0-D_3)$ $D_3\approx1.6D_4$（钢材）； $D_3\approx1.7D_4$（铸铁） $D_0\approx d_a-(10\sim14)m_n$ $C\approx(0.2\sim0.3)B$ $n_1\approx0.5m_n$ $r\approx5$ mm D_4 与轴径相同	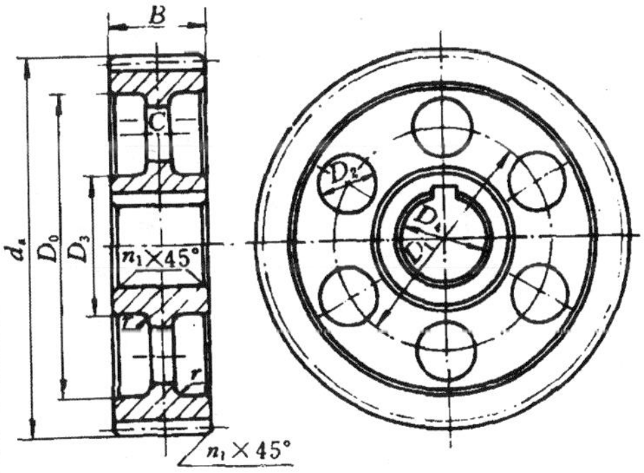
腹板式齿轮 $d_a=200$ mm～500 mm	圆锥齿轮	$D_1\approx(D_0+D_3)/2$ $D_2\approx(0.25\sim0.35)\cdot(D_0-D_3)$ $D_3\approx1.6D_4$（钢材）； $D_3\approx1.7D_4$（铸铁） $D_0\approx d_a-(10\sim14)m_n$ $C\approx(0.2\sim0.3)B$ $n_1\approx0.5m_n$ $r\approx5$ mm D_4 与轴径相同 $l\approx(1\sim1.2)D_4$ $C\approx(3\sim4)m$ 尺寸 J 由结构设计而定 $\Delta_1=(0.1\sim0.2)B$ 常用齿轮的 C 值不应小于10 mm，航空用齿轮可取 $C\approx(3\sim6)$mm	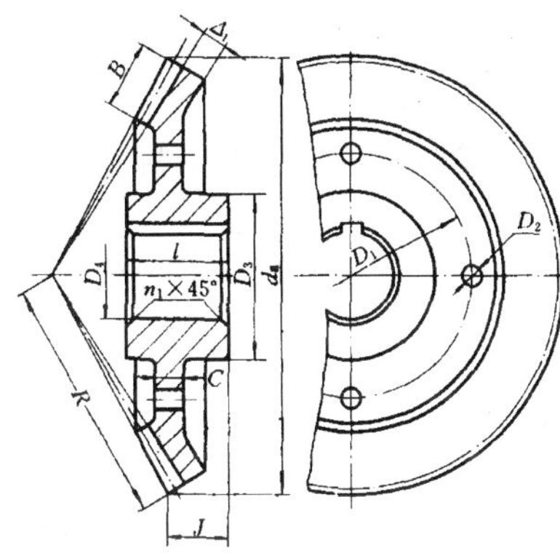
轮辐式齿轮 $d_a>500$ mm	圆柱齿轮	$B<240$ mm $D_3\approx1.6D_4$（铸钢）； $D_3\approx1.7D_4$（铸铁） $\Delta_1\approx(3\sim4)m_n$，但不应小于 8 mm； $\Delta_2\approx(1\sim1.2)\Delta_1$ $H\approx0.8D_4$（铸钢）； $H\approx0.9D_4$（铸铁） $H_1\approx0.8H$ $C\approx H/5$ $C_1\approx H/6$ $R\approx0.5H$ $B\leqslant l<1.5D_4$ 轮辐数常取 6	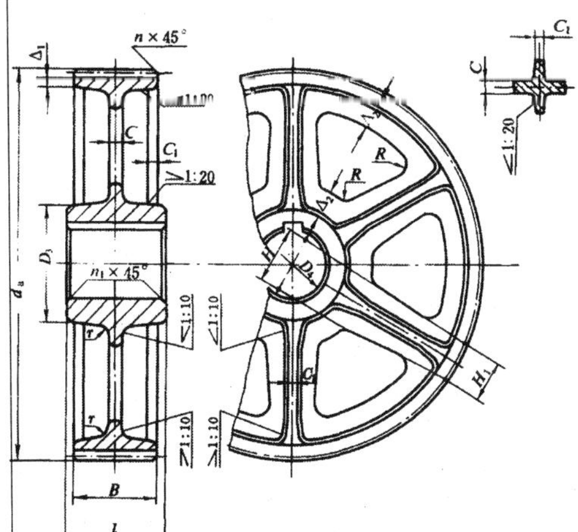

二、齿轮传动的润滑设计

我们知道,齿轮设计中的计算和校核都是针对润滑良好的闭式齿轮传动进行的,所以对齿轮传动的设计就必须考虑润滑问题,才能实现我们预期的设计要求。

我们首先要了解为什么需要润滑,也就是润滑的功用是什么?

1. 润滑的功用

在齿轮传动中,轮齿表面上除节点外,其他各啮合点处均有相对的切向滑动。所以,润滑的主要作用如下。

(1) 减小或消除齿面的磨损。齿面的磨损主要为磨粒磨损和黏结磨损。事实上,黏结磨损就是胶合。为了增强润滑剂的抗胶合能力,常在润滑油中加入极压添加剂。润滑的抗磨粒磨损的能力主要取决于啮合表面形成油膜,只要油膜厚度大于磨粒尺寸,就可以起到防止或减轻磨粒磨损的作用。

(2) 润滑油可减小摩擦系数,降低齿面间的摩擦,提高传动效率。

(3) 冷却齿轮传动,带走摩擦产生的热量,避免形成齿面烧伤或胶合。

(4) 油膜可以起到缓冲的作用,降低齿轮传动的振动、冲击和噪声。

齿轮的润滑除了具有上述的功用,还具有哪些特殊性呢?

2. 齿轮传动的润滑具有特殊性

(1) 轮齿形成油楔的条件差。

(2) 啮合齿面间压力大,而且相对滑动的大小和方向变化大,齿轮常处于边界润滑和混合润滑状态。

(3) 每次啮合都要重新建立油膜,润滑是断续的。

(4) 载荷大,摩擦热也大,易使油温上升,加速油膜的破坏。

(5) 齿轮的材料、热处理、加工和装配精度及齿面粗糙度等影响因素。

因此,齿轮传动的合理润滑设计是十分重要的。

3. 润滑剂的种类及选择

(1) 润滑剂的种类

① 润滑油(常用);

② 润滑脂,用于低速传动或无法使用润滑油的场合;

③ 固体润滑剂,取决于使用条件及工艺水平。

常用的润滑油有:各类机械油(如 40、68、100 等);各种齿轮油(如 H-32、HL-46 等);合成润滑油(如 SY4024-83、4403 等)。

用于一般闭式齿轮传动的润滑油分为三种:L-CKB 抗氧防锈型工业齿轮油、L-CKC 中载荷工业齿轮油和 L-CKD 重载荷工业齿轮油,每一种又分为若干黏度级。用于开式齿轮传动的为开式工业齿轮油及润滑脂。

(2) 闭式工业齿轮油的选择

齿轮传动的润滑剂多采用润滑油。润滑油的选用主要根据齿轮传动中齿面间的摩擦情况确定,主要考虑齿面负荷,齿面间的相对滑动速度(相对滑动速度与节线速度在正比,可用圆周速度来度量)。中低速齿轮传动,可按照齿面接触应力参照表 3-10-23 选择油品种类。高速齿轮传动,可按照齿面负荷系数 K_F 参照表 3-10-24 选择油品种类。

表 3-10-23　中低速(v≤25 m/s)闭式工业齿轮润滑油种类的选择

齿面负荷		齿轮使用工况	推荐的闭式工业齿轮润滑油
低负荷齿轮	齿面接触应力≤350 MPa	一般齿轮传动	抗氧防锈工业齿轮油
	齿面接触应力 350～500 MPa	一般齿轮传动	抗氧防锈工业齿轮油
		有冲击的齿轮传动	中负荷工业齿轮油
中负荷齿轮齿面接触应力 500～1 100 MPa		矿井提升机、露天采掘机、化工机械、水利电力机械、冶金矿山机械、船舶港口机械等的齿轮传动	中负荷工业齿轮油
重负荷齿轮齿面接触应力≥1 100 MPa		冶金轧钢、井下采掘、高温有冲击、含水部位的齿轮传动	重负荷工业齿轮油

注：当计算出的齿面接触应力略小于 1 100 MPa，但齿轮工况为高温、有冲击或含水等，为安全考虑可选用重负荷工业齿轮油。

表 3-10-24　高速(v>25 m/s)闭式工业齿轮润滑油种类的选择

齿面负荷系数 K_F	齿轮使用工况	推荐的高速齿轮润滑油
硬齿面齿轮：K_F<2 软齿面齿轮：K_F<1	不接触水、蒸汽或氨的一般高速齿轮传动	(普通)汽轮机油
	易接触水、蒸汽或海水的一般调整齿轮传动，如蒸汽轮机、水轮机、涡轮鼓风机相连接的高速齿轮箱，海洋航船、汽轮机齿轮箱等	防锈汽轮机油
硬齿面齿轮：K_F<2 软齿面齿轮：K_F<1	在有氨的环境下工作的调整齿轮箱，如大型合成氨化肥装置离心式合成压缩机、冷冻机及汽轮机齿轮箱	抗氨汽轮机油
硬齿面齿轮：K_F≥2 软齿面齿轮：K_F≥1	要求改善齿轮承载能力的发电机、工业装置和船舶高速齿轮装置	极压汽轮机油

润滑油的黏度牌号通常根据齿轮材料和圆周速度选取，并由选定的黏度确定润滑油的牌号，参见表 3-10-25，多级齿轮传动以低速级齿轮圆周速度为基准。锥齿轮以齿宽中点圆周速度 v_m 为基准。同时，黏度应根据具体条件作适当的调整。例如，速度高时，可适当降低黏度，反之可稍稍加大黏度。在温度高时，应在油中加入抗脱氧剂及防锈添加剂。如果齿轮和轴承要用同一油池中的油润滑，要进行折中选择。

① 根据齿面接触应力、齿轮状况和使用工况选择润滑油的种类，参见表 3-10-26 齿轮传动常用的润滑剂选择。

② 对得到的黏度值还应根据齿轮传动的工作条件等按黏度修正表进行修正。

表 3-10-25　　闭式工业齿轮润滑油黏度牌号(v40 ℃，mm^2/s)的选择

低速级齿轮圆周速度(m/s)	环境温度(℃)			
	−30～−10	−10～10	10～35	35～55
≤5	100	150	320	680
5～15	100	100	220	460
15～25	68	68	150	320
25～80	32	46	68	100

注：当齿轮圆周速度≤25 m/s 时，润滑油黏度牌号为闭式工业齿轮油；当齿轮圆周速度>25 m/s 时，润滑油黏度牌号为汽轮机油；当齿轮传动承受较严重冲击负荷时，可适当增加一个黏度牌号。

表 3-10-26 齿轮传动常用的润滑剂

名称	牌号	运动黏度 v/cSt(40℃)	应用
全耗损系统用油 (GB/T443—1989)	L-AN46 L-AN68 L-AN100	41.4～50.6 61.2～74.8 90.0～110.0	适用于对润滑油无特殊要求的锭子、轴承、齿轮和其他低负荷机械等部件的润滑
工业齿轮用油 (SY1172-88)	68 100 150 220 320	61.2～74.8 90～110 135～165 198～242 288～352	适用于工业设备齿轮的润滑
中负荷工业齿轮油 (GB/T5903—86)	68 100 150 220 320 460	61.2～74.8 90～110 135～165 198～242 288～352 414～506	适用于煤炭、水泥和冶金等工业部门的大型闭式齿轮传动装置的润滑
普通开式齿轮油 (SY1232-85)	68 100 150	100 ℃ 61.2～74.8 90～110 135～165	主要适用于开式齿轮、链条和钢丝绳的润滑
硫-磷型极压工业齿轮用油	120 150 200 250 300 350	110～130 130～170 180～220 230～270 280～320 330～370	适用于经常处于边界润滑的重载、高冲击的直、斜齿轮和蜗轮装置及轧钢机齿轮
钙钠基润滑脂	ZGN-2 ZGN-3		适用于80～100 ℃,有水分或较潮湿的环境中工作的齿轮传动,但不适于低温工作情况
石墨钙基润滑脂 (ZBE36002-88)	ZG-S		适用于起重机底盘的齿轮传动、开式齿轮传动、需耐潮湿处

(3) 开式齿轮油种类和黏度选择

开式齿轮传动一般速度虽不高,但因密闭条件不好,润滑油易飞散和流失,因而要求油性好的高黏度油。一般选用沥青质开式齿轮油。齿面压力很高时,应选用加极压添加剂的开式齿轮油。经常接触水的开式齿轮,应选用具有抗乳化性能的开式齿轮油。不重要的开式齿轮可用润滑脂润滑。开式齿轮油黏度的选用可参见表 3-10-27。

表 3-10-27 定期润滑开式齿轮润滑油的黏度[①]选用

齿轮环境温度(℃)	机械喷射加油法		重力法或滴油法加油
	普通开式齿轮油	沥青质开式齿轮油	普通井式齿轮油
10～15	—	215～650	—
5～40	110～125	650～2400	110～125
20～50	215～180	650～2400	180～215

① 表中黏度为 100 ℃条件下的运动黏度值。

在开式齿轮传动中，使用润滑脂时，它没有冷却效果，所以要求工作温度低于润滑脂滴点(40 ℃～60 ℃)，同时要考虑耐水性等条件。表 3-10-28 为开式齿轮油种类选择。

表 3-10-28　开式齿轮油种类选择

开式齿轮油种类	适用范围
抗氧防锈开齿齿轮油	工作平稳的半封闭和开式齿轮
极压开式齿轮油	重载开式传动，σ_H>500 MPa
溶剂稀释开式齿轮油	重载开式传动，σ_H>500 MPa

4. 润滑方式的选择

闭式齿轮传动的润滑方式，根据齿轮圆周速度的大小而定，一般有浸油润滑和喷油润滑两种。开式齿轮传动速度较低，一般采用润滑脂或定时滴油润滑。

(1) 浸油润滑

闭式齿轮传动的润滑方式取决于齿轮的圆周速度 v。当 $v \leqslant 10$ m/s 时，常采用浸油润滑(如图 3-10-105(a)所示)，即大齿轮浸入油池中，靠大齿轮转动将油带入啮合区进行润滑。齿轮浸入油中的深度可视齿轮圆周速度大小而定，为减小搅油功率损耗，速度高时圆柱齿轮通常浸油深度以 1～2 个齿高为宜，但不小于 10 mm；速度低时浸油深度可达 1/3 齿顶圆半径。对圆锥齿轮应使整个齿长浸入油中，至少应浸入齿宽的一半。因浸入过深，故增大了齿轮的运动阻力并使油温升高。在多级齿轮传动中，应尽量使各级大轮的浸油深度相等。若低速级和高速级的大齿轮直径相差很大，高速级齿轮浸不到油时，可在大轮的下面安装一个带油轮，将油带到未浸入油池内的齿轮的齿面上，如图 3-10-105(b)所示。由于大齿轮或带油轮可以将油带起，溅落到被润滑处，也称为飞溅润滑。

油池中的油量，按齿轮传递功率的大小确定。对于单级传动，每 1 kW 功率需油量约为(0.35～0.70)dm^3(油的黏度大时取大值)；对于多级传动，需油量按传动级数成倍增加。为避免齿轮转动搅起箱底的油泥，一般齿轮齿顶圆到箱底面的距离不应小于 30～50 mm。

(2) 喷油润滑

当齿轮的圆周速度 $v>10$ m/s 时，由于离心力较大，靠大齿轮难以将油池中的油带入啮合区，因而常采用循环喷油润滑〔如图 3-10-105(c)所示〕，齿轮宽度大时，应增加喷嘴的数目。由油泵或中心油站以一定的压力供油，一般用$(0.5\sim1.0)\times10^5$ Pa 的压力借喷嘴将润滑油喷入啮合区轮齿的啮合面上。当 $v \leqslant 25$ m/s 时，喷嘴位于轮齿啮入边或啮出边均可；当 $v>25$ m/s 时，散热是主要问题，喷嘴应位于轮齿啮出的一边，油从轮齿的啮出侧喷入，不仅对轮齿进行润滑，而且以便借润滑油及时冷却刚啮合过的轮齿，起冷却作用。喷油润滑也常用于速度并不高而工作相当繁重的重型齿轮传动中。对于载荷不大的场合，还可以采用油雾润滑。

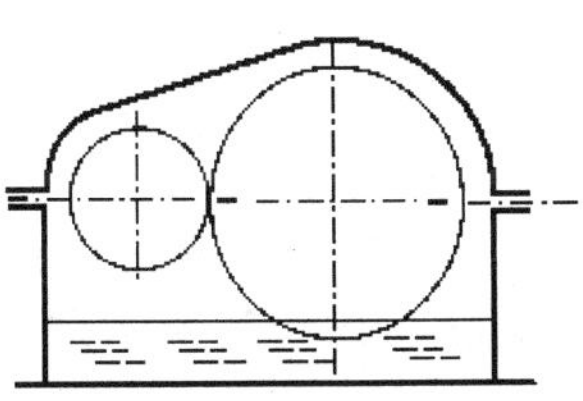

(a) 浸油润滑

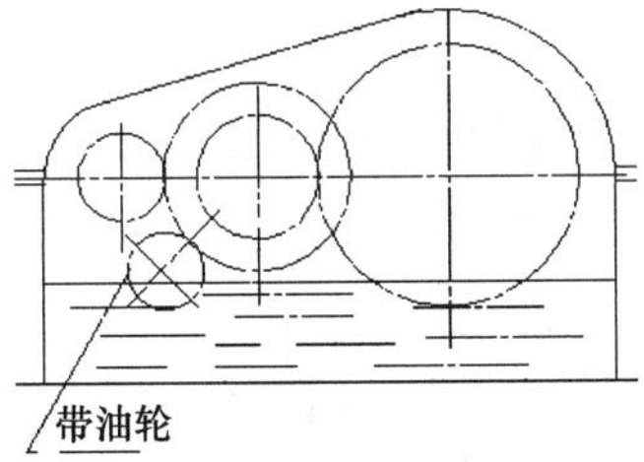

(b) 带油轮润滑

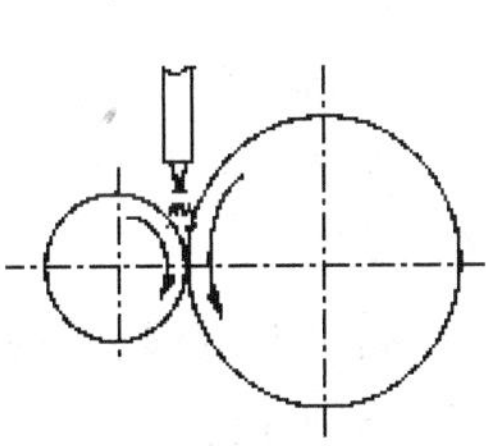

(c) 喷油润滑

图 3-10-105　润滑方式

对于非金属齿轮,载荷较小时可以不进行润滑。有时也可加入适量油以改善摩擦性能,提高承载能力,或改善材料使其具有自润滑能力。

(3) 开式齿轮传动润滑方式

开式及半开式齿轮传动,或速度较低的闭式齿轮传动,通常用人工周期性加油润滑,所用润滑剂为润滑油或润滑脂。

任务实施

通过上述学习,我们知道,在生产实践中由于机器中所使用的齿轮尺寸大小的不同,毛坯材料的不同,加工工艺的不同,以及使用要求的不同等,也就决定了齿轮结构的迥异,而上文中已阐明齿轮的结构主要由其直径的大小来确定,而齿轮结构的设计则可根据表 3-10-22 中的经验公式或《机械设计手册》相关内容来进行设计。

齿轮传动时,相啮合的齿面间有相对滑动,因此就要发生摩擦和磨损,增加动力消耗,降低传动效率,特别是高速传动,就更需要考虑齿轮的润滑。轮齿啮合面间加注润滑剂,可以避免金属直接接触,减少摩擦损失,还可以散热及防锈蚀。因此,对齿轮传动进行适当的润滑,可以大为改善齿轮的工作状况,且保持运转正常及预期的寿命。采用浸油润滑还是喷油润滑则可依据齿轮的圆周速度的大小而确定。大多数齿轮均采用润滑油进行润滑,选择何种润滑油则可依据齿轮的齿面接触应力、齿轮状况和使用工况选择润滑油的种类,润滑油的选择可参见表 3-10-26。

探索与发现

请为任务三、任务四中的数控车床靠模装置低速级直齿轮和高速级斜齿轮传动(如图 3-10-35所示)选择合适的齿轮结构形式及适当的润滑方式。

知识拓展

减小空回的措施

一、相关概念

1. 空回:当主动轮改变转动方向时从动轮滞后的一种现象,称为空回。

2. 空回误差:指从动轮滞后的角度量。

3. 产生空回的主要原因:一对啮合齿轮之间有侧隙。因此,凡引起侧隙的因素都是造成空回误差的根源。

4. 造成空回误差的主要因素有:(1)固有误差;(2)装配误差。

(1) 固有误差——齿轮的加工误差

包括:齿厚变薄、基圆偏心、齿形误差、齿向误差、中心距增大(如图 3-10-106 所示)等。

(2) 装配误差——装配后由相关零件误差引起的侧隙增大

包括:①轴承游隙和径向偏摆;②齿轮孔与轴的配合间隙;③齿轮轴中心相对于轴颈中心的偏心;④轴承与壳体孔之间的配合间隙;⑤轴的刚度不足;⑥环境温度的影响。

二、减小空回的结构和措施

减小或消除空回，通过控制或消除侧隙来实现。包括以下几种方法。

1. 调整中心距

如图 3-10-107 所示，转动偏心轴，改变齿轮回转中心的位置。特点：①可部分消除空回；②适应任何负载。

2. 采用分片齿轮

如图 3-10-108 所示，两片齿轮组合而成，拉筑或扭簧迫使两齿轮周向相对转动错开，充满与之相啮合齿轮的全部齿间。特点：①不适合较大负荷；②成本较高。

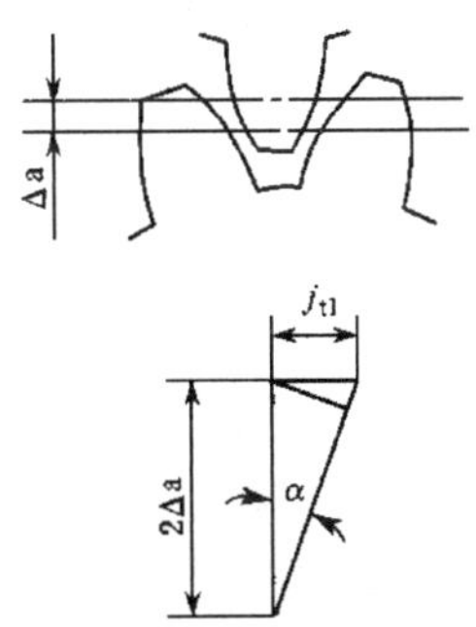

图 3-10-106　中心距增大

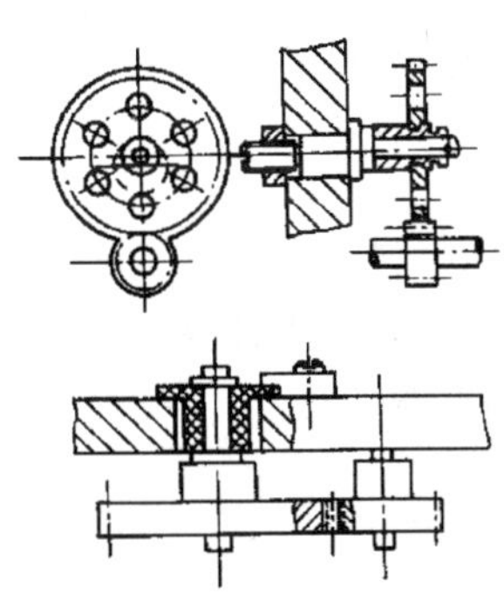

图 3-10-107　调整中心距

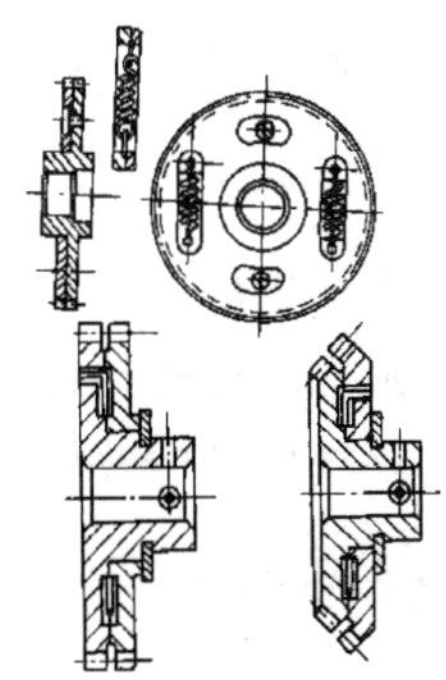

图 3-10-108　分片齿轮结构

3. 用游丝消除齿侧隙

如图 3-10-109 所示，一个齿轮上装有游丝，迫使齿轮在传动时总在固定的齿面啮合（单面压紧）。特点：①齿轮的转动圈数不能多；②工作起始力矩要大于游丝力矩；③结构简单，成本低。

4. 用弹簧拉力使齿轮紧靠

利用弹簧拉力使齿轮靠紧，如图 3-10-110 所示。特点：①适用于转速范围大，负荷不大，中心距可调的齿轮系统；②位于传动系统端部的一对齿轮；③成本不高。

5. 采用可调双片齿轮

利用两个齿轮相对转动，调到适当位置后用螺钉固紧，如图 3-10-111 所示。特点：①能传递较大力矩；②只能消除部分齿侧隙；③结构简单，成本低。

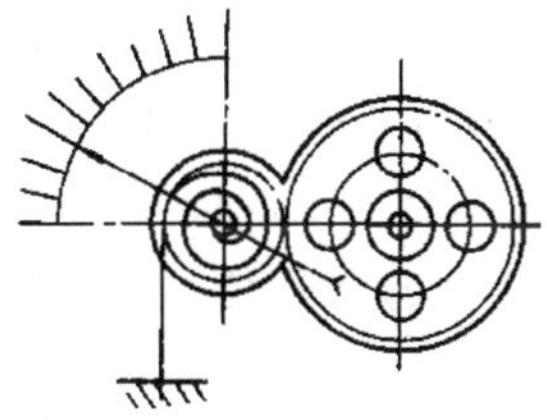

图 3-10-109　游丝消除齿侧隙

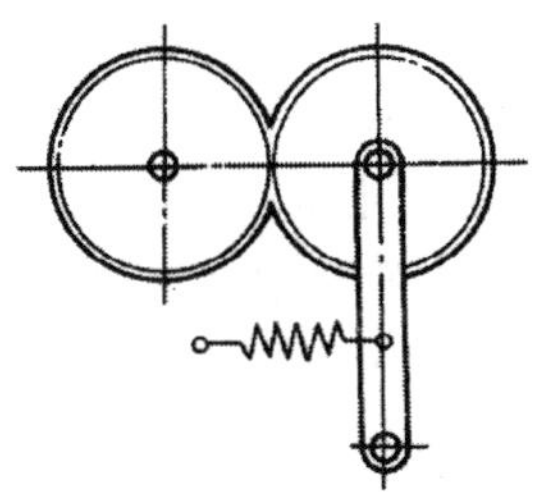

图 3-10-110　靠弹力消除间隙

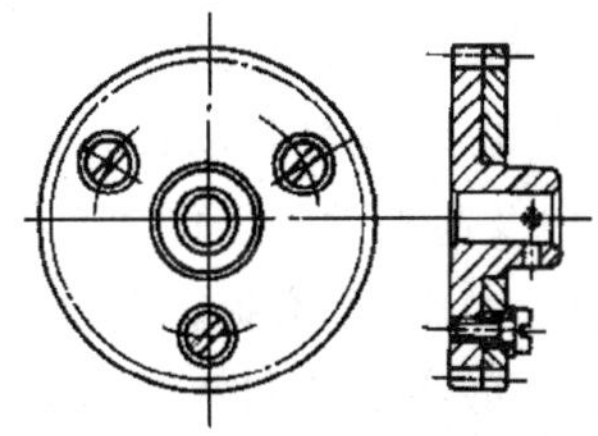

图 3-10-111　双片齿轮结构

项目十一　分析蜗杆传动装置

任务目标

1. 了解蜗杆传动的类型、特点及应用；
2. 掌握普通圆柱蜗杆传动的主要参数选择原则及几何尺寸计算；
3. 掌握蜗杆传动的失效形式、设计准则和常用材料及选择原则；
4. 掌握蜗杆传动的受力分析及其强度计算；
5. 掌握蜗杆传动效率和热平衡计算的方法及提高传动效率和散热能力的措施。

重点难点

1. 蜗杆传动的失效形式及常用材料；
2. 圆柱蜗杆传动的受力分析和承载能力计算；
3. 蜗杆传动的效率、润滑及热平衡计算。

任务引入

设计一运输机的闭式单级普通圆柱蜗杆传动，如图 3-11-1 所示。蜗杆输入功率 $P_1=6.5$ kW，转速 $n_1=1\ 450$ r/min，传动比 $i=25$，载荷平稳，单向回转，预期使用寿命 15 000 h，估计散热面积 $A=1.5\ \mathrm{m}^2$，通风良好，工作环境温度 35～40 ℃。

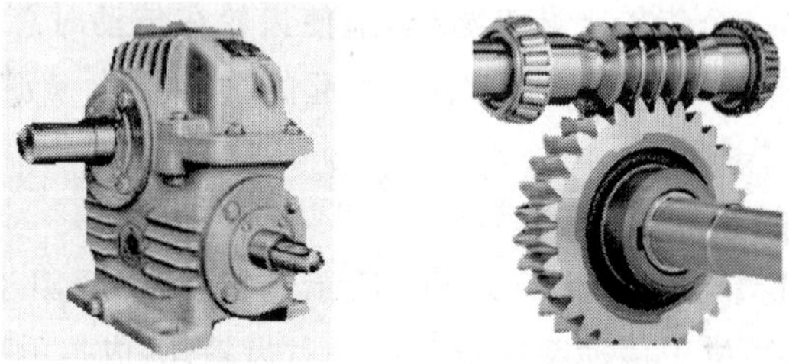

(a)　　(b)

图 3-11-1　单级圆柱蜗杆减速器

任务分析

蜗杆传动是传递空间交错的两轴间运动和动力的传动机构〔图 3-11-1(b)〕，两轴的交角通常为 90°。蜗杆传动具有传动比大、结构尺寸紧凑、运转平稳等优点，所以在各类机床、冶金、矿山及起重设备等传动系统中得到了广泛的应用。蜗杆传动的缺点是啮合齿面间的相对滑动速度大，摩擦、磨损较严重，传动效率较低。但是，近年来出现了多种新型的蜗杆传动，使其摩擦大、效率低的问题正逐步得以解决。

本项目需要掌握的内容为：蜗杆传动的类型、特点和几何尺寸计算方法；蜗杆传动的失效形式和设计准则；蜗杆与蜗轮的材料、结构的选择方法；蜗杆传动的设计计算。

知识链接

知识架构

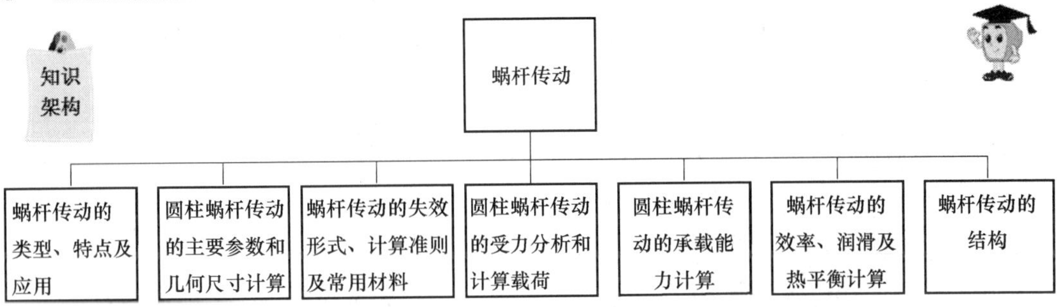

蜗杆传动由蜗杆、蜗轮和机架组成。蜗杆传动用于传递空间两交错轴之间的运动和动力，通常两轴交错角为 90°。蜗杆传动能得到很大的单级传动比，在传递动力时，传动比一般为 $i=5\sim80$，常用 $i=15\sim50$；在分度机构中传动比可达 300，若只传递运动，传动比可达 1 000。蜗杆传动工作平稳，无噪音；蜗杆反行程能自锁。蜗杆传动一般用作减速传动，广泛应用于各种机械设备和仪表中。

一、蜗杆传动的类型、特点及应用

(一) 蜗杆传动的类型

根据蜗杆形状的不同，蜗杆传动可分为圆柱蜗杆传动、环面蜗杆传动和锥蜗杆传动，如图 3-11-2 所示。与各类蜗杆配对的蜗轮齿数，完全随蜗杆的齿廓而异。蜗轮一般是在滚齿机上用滚刀加工的。为了保证蜗杆和蜗轮能正确啮合，切削蜗轮的滚刀齿廓应与蜗杆的齿廓一致；深切时的中心距，也应与蜗杆传动的中心距相同。

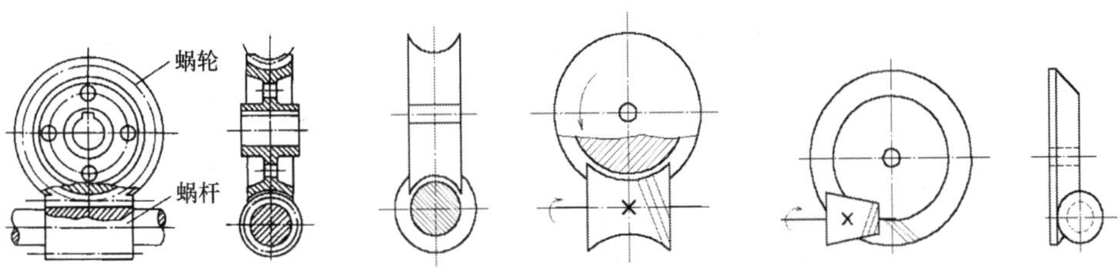

(a) 圆柱蜗杆传动　(b) 环面蜗杆传动　(c) 锥蜗杆传动

图 3-11-2　蜗杆传动的类型

1. 圆柱蜗杆传动

圆柱蜗杆传动可分为普通圆柱蜗杆传动和圆弧圆柱蜗杆传动两类，如图 3-11-3 所示。

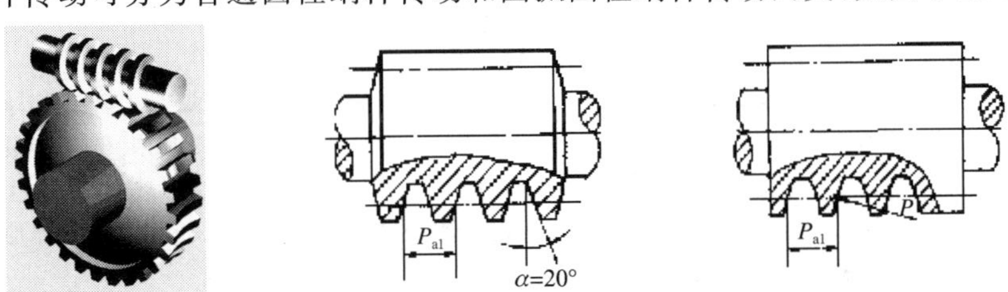

(a) 圆柱蜗杆传动实物图　(b) 普通圆柱蜗杆传动　(c) 圆弧圆柱蜗杆传动

图 3-11-3　圆柱蜗杆传动的类型

普通圆柱蜗杆的齿面(除 ZK 型蜗杆外)一般是在车床上用直刃车刀切制的。车刀相对于蜗杆的位置不同,加工出来的蜗杆齿面在不同的截面中的齿廓曲线也不同。按齿廓曲线的形状分,普通圆柱蜗杆可分为阿基米德蜗杆、延伸渐开线蜗杆、渐开线蜗杆和锥面包络蜗杆(其特点及应用如表 3-11-1 所示)。

表 3-11-1　圆柱蜗杆传动的类型

圆柱蜗杆传动类型		特点与应用
普通圆柱蜗杆传动	阿基米德蜗杆(轴向直廓蜗杆,ZA 蜗杆)	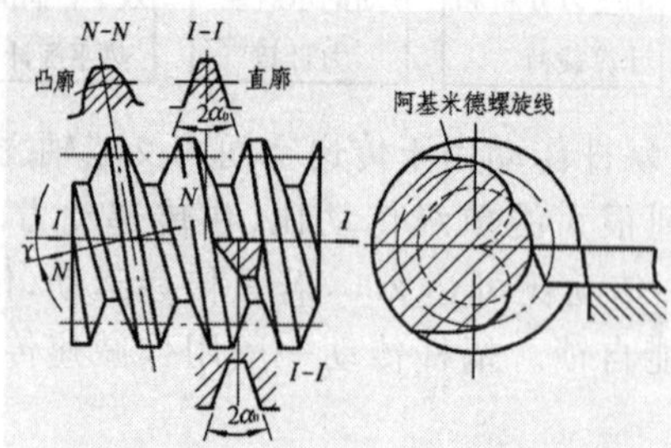(a) $\gamma\leqslant3°$时用一把车刀加工 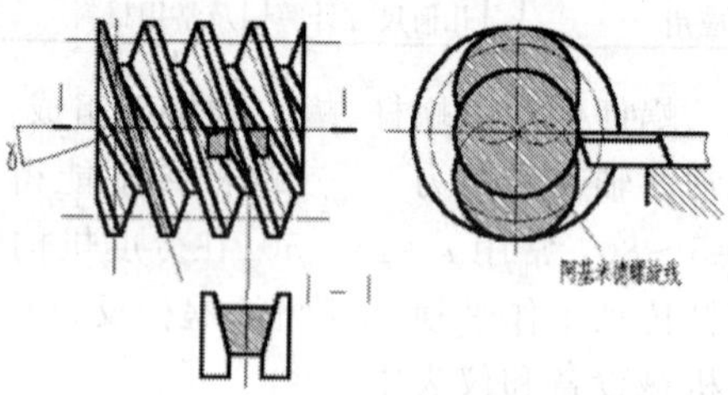(b) $\gamma>3°$时用两把车刀加工 阿基米德蜗杆的齿面可在车床上用梯形直刃车刀加工,车刀切削刃的顶面通过蜗杆的轴线,与加工普通梯形螺纹相同,如上图。当导程角 $\gamma\leqslant3°$时用单刀车削加工〔如图(a)〕,当导程角 $\gamma>3°$时用双刀车削加工〔如图(b)〕。安装刀具时,切削刃的顶面必须通过蜗杆的轴线。这种蜗杆磨削困难,当导程角较大时加工不便 如图(a)所示,这种蜗杆在垂直于轴线的横剖面(即端面)上,齿廓曲线为阿基米德螺旋线;在通过其轴线的剖面 $I—I$ 上,齿廓(即轴向齿廓)如齿条齿廓为直线,齿形角 $\alpha=20°$;在螺旋线的法剖面 $N—N$ 上,齿廓为凸曲线。与蜗杆啮合的蜗轮,在中间平面(通过蜗杆轴线且垂直于蜗轮轴线的平面)上,其齿廓曲线为渐开线。在此剖面上,蜗杆与蜗轮相当于齿条与齿轮的啮合关系。 阿基米德蜗杆由于齿面不便于磨削而使其精度受到限制,但因其具有加工简便的优点,目前在机械中应用最为广泛
	延伸渐开线蜗杆(法向直廓蜗杆,ZN 蜗杆)	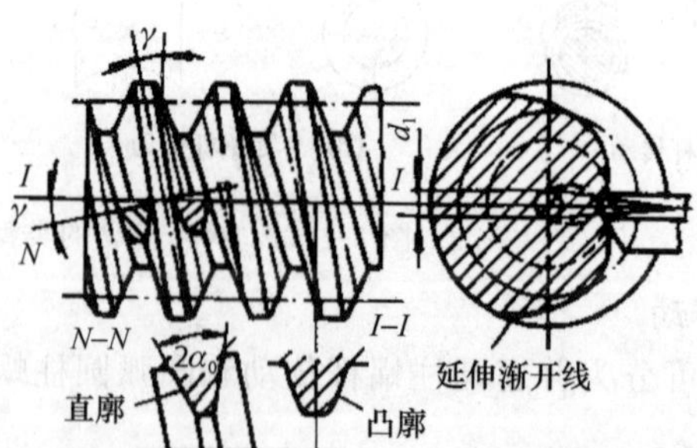延伸渐开线蜗杆也可在车床上用直线刀刃的单刀或双刀车削加工。安装车刀时,将车刀切削刃的顶面通过垂直于螺旋线的法剖面 $N—N$,加工简单,可用砂轮磨削。蜗杆螺旋面在法剖面上的齿廓为直线,在通过轴线的剖面 $I—I$ 上,齿廓为凸曲线,在垂直轴线的横剖面上齿廓为延伸渐开线,如上图所示。延伸渐开线蜗杆还可用指状铣刀或小直径盘形铣刀近似地加工出来。这种蜗杆磨削也较困难,常用于多头精密蜗杆传动

续 表

<table>
<tr><th colspan="2">圆柱蜗杆传动类型</th><th>特点与应用</th></tr>
<tr><td rowspan="2">普通圆柱蜗杆传动</td><td>渐开线蜗杆
(ZI 蜗杆)</td><td>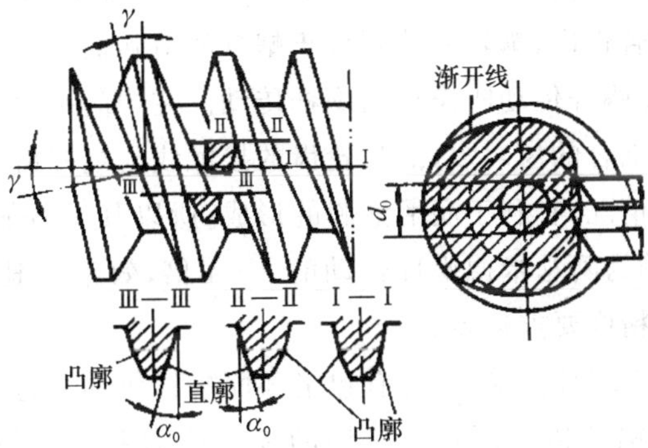

渐开线蜗杆(ZI 蜗杆)可用两把直刃车刀在车床上加工。两把车刀分别在轴线上、下布置,其切削刃顶面都与蜗杆的基圆柱相切,如上图所示。这种蜗杆的齿面为渐开螺旋面,端面齿廓为渐开线,加工时,车刀刀刃平面与基圆相切。也可将 ZI 蜗杆视作一个少齿数(齿数为蜗杆螺旋线头数)、大螺旋角的渐开线斜齿圆柱齿轮,因此可以像加工圆柱齿轮那样用滚刀滚铣而成。可在专用磨床上用平面砂轮磨削,制造精度较高,一般用于蜗杆头数较多,转速较高和较精密的传动中</td></tr>
<tr><td>锥面包络
圆柱螺杆
(ZK 蜗杆)</td><td>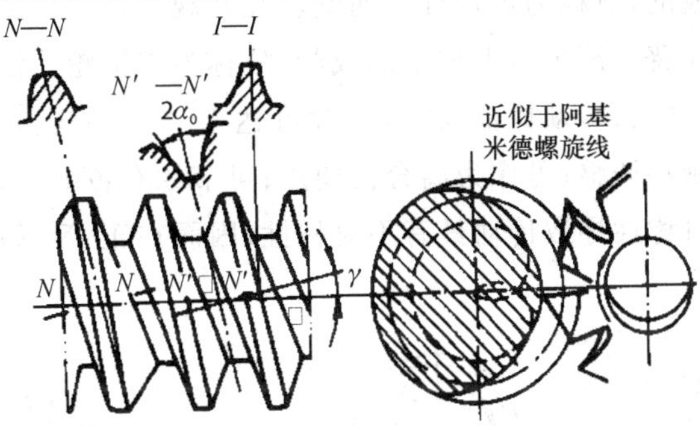

这是一种非线性螺旋曲面蜗杆。它不能在车床上加工,只能用直母线梯形刃圆盘铣刀在铣床上铣齿而成,并用平面砂轮在磨床上磨削。加工时,盘状铣刀或砂轮放置在蜗杆齿槽的法向面内,除工件做螺旋运动外,刀具同时绕其自身的轴线做回转运动。一般铣刀的轴线与蜗杆轴线在空间交错成 γ 角。这时,铣刀(或砂轮)回转曲面的包络面即形成蜗杆的螺旋齿面,在轴向剖面 $I—I$ 和法向剖面 $N—N$ 上的齿廓均为曲线。其齿廓曲线的形状不仅与蜗杆本身的几何参数有关,而且随铣刀或砂轮直径的大小而变化。这类蜗杆便于磨削,可获得较高的精度,因而,应用日渐广泛</td></tr>
<tr><td colspan="2">圆弧圆柱蜗杆传动(ZC 蜗杆传动)</td><td>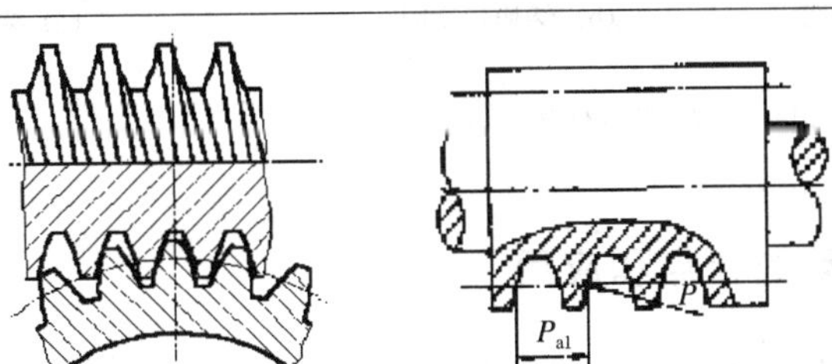
(a)　　(b)
图示的圆弧圆柱蜗杆传动和普通圆柱蜗杆传动相似,只是齿廓形状有所区别。这种蜗杆的齿廓曲面是用刃边为凸圆弧形的车刀切制而成的,与其相配的蜗轮是用范成法加工的。在中间平面(即蜗杆轴线和蜗杆副连心线所在的平面)上,蜗杆的齿廓为凹弧形〔如上图的(b)所示〕,而与之相配的蜗轮的齿廓为凸弧形〔如上图的(a)所示〕。所以,圆弧圆柱蜗杆传动是一种凹凸弧齿廓相啮合传动,也是一种线接触的啮合传动。
其主要特点为:传动效率高,一般可高达 90%以上;承载能力高,一般可比普通圆柱蜗杆高 50%～150%;体积小;重量轻;结构紧凑。圆弧圆柱蜗杆传动目前已广泛用于冶金、矿山、化工、建筑、起重等机械设备的减速机构中</td></tr>
</table>

2. 环面蜗杆传动

环面蜗杆传动的特征是蜗杆切制齿段的外形是以凹圆弧为母线所形成的旋转曲面(图 3-11-4)。在这种传动的啮合带内,蜗轮的节圆位于蜗杆的节弧面上,亦即蜗杆的节弧沿蜗轮的节圆包着蜗轮,所以把这类蜗杆传动叫作环面蜗杆传动。在中间平面上,蜗杆和蜗轮的轮齿都是直线齿廓。由于同时相啮合的齿对多,而且轮齿的接触线与蜗杆齿运动的方向近似于垂直,这就大大改善了轮齿受力情况,有利于润滑油膜的形成,所以其承载能力和效率较圆柱蜗杆传动要高,其中,承载能力约为阿基米德蜗杆传动的 2～4 倍,效率一般高达 0.85～0.9。但这种蜗杆传动对制造和安装精度要求较高。

除了上述环面蜗杆传动外,还有包络环面蜗杆传动。这种蜗杆传动分为一次包络和二次包络(双包)环面蜗杆传动两种。它们的承载能力和效率较上述环面蜗杆传动均有显著的提高。

3. 锥蜗杆传动

锥蜗杆传动也是一种空间交错轴之间的传动(图 3-11-5)。蜗杆是由在节锥上分布的等导程的螺旋所形成的,故称为锥蜗杆。而蜗轮在外观上就像一个螺旋圆锥齿轮,它是用于锥蜗杆相似的锥滚刀在普通滚齿机上加工而成的,故称为锥蜗轮。锥蜗杆传动的特点是:同时接触的点数较多,重合度大;传动比范围大,一般可达 $i=10\sim360$,承载能力和传动效率较高。其啮合侧隙便于控制和调整;可作为离合器使用;可节约有色金属,制造安装简便,工艺性好。但由于其结构的不对称性导致传动具有不对称性,因而在正、反转时其受力不同,承载能力和效率亦不相同。

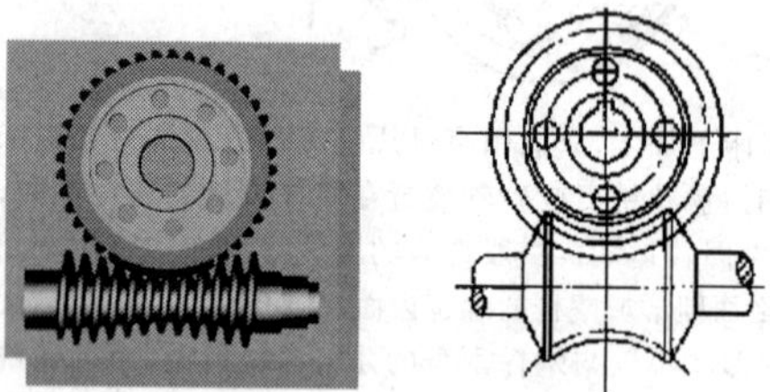

(a) 实物图　　(b) 结构示意图

图 3-11-4　环面蜗杆传动

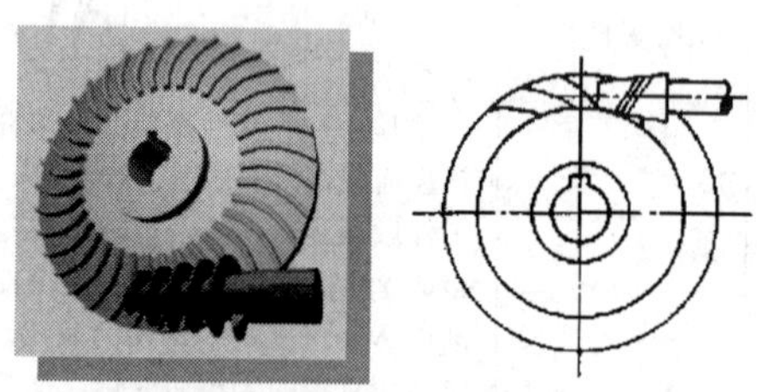

(a) 实物图　　(b) 结构示意图

图 3-11-5　锥蜗杆传动

(二) 蜗杆传动的特点和应用

蜗杆传动具有如下特点:结构紧凑;传动比大,动力传动一般为 8～80,分度机构和手动机构中可达 300,只传递运动时可高达 1 000;传动平稳,无噪声;啮合面间的相对滑动速度较大,摩擦和磨损严重;发热量大,传动效率低,一般为 0.7～0.8,自锁的蜗杆传动,其传动效率低于 0.5。蜗杆传动广泛应用于冶金、矿山、起重运输、机床等机械设备中,其传递功率通常小于 50 kW。

蜗杆传动目前可达到的技术指标:蜗杆转速 $n_1=4\,000$ r/min,圆周速度 $v_1=69$ m/s,蜗轮轴上的转矩 $T_2=700$ kN·m,传递功率 $P=1\,000$ kW。

(三) 蜗杆传动的精度

GB10089—88 对圆柱蜗杆传动规定了 12 个精度等级，1 级最高，12 级最低。圆柱蜗杆传动采用的精度等级，主要决定于传动功率、使用条件及蜗轮圆周速度等，可参考表 3-11-2 选取。

表 3-11-2　蜗杆传动精度等级的选择

精度等级		3～6	7	8	9
应用范围	使用条件	分度机构	高速动力传动	一般动力传动	低速传动、手动机构
	蜗轮圆周速度/$m \cdot s^{-1}$	>5	≤7.5	≤3	≤1.5
切齿方法	蜗杆	齿面磨削加工		车削加工	
	蜗轮	用滚刀铣切，并用蜗杆形剃齿刀精切		用滚刀铣切或飞刀加工并加载跑合	用滚刀铣切或飞刀加工
齿面粗糙程度 Ra/μm≤	蜗杆	0.40	1.60	3.2	6.3
	蜗轮	0.80	1.60	3.2	6.3

二、圆柱蜗杆传动的主要参数和几何尺寸计算

(一) 圆柱蜗杆传动的主要参数及其选择

在计算蜗杆传动几何尺寸之前，先要选择蜗杆传动的几何参数，如图 3-11-6 所示。

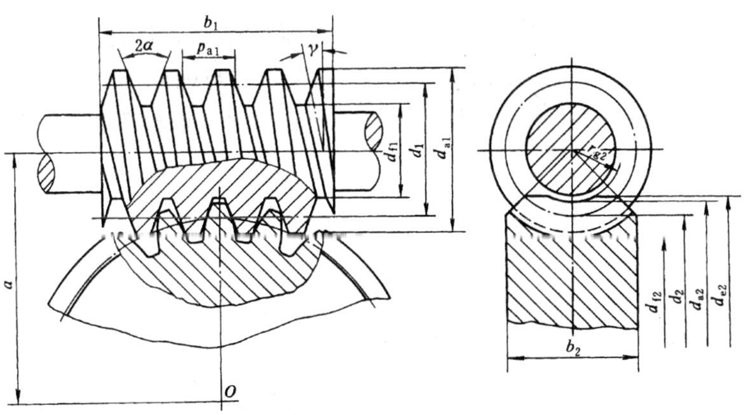

图 3-11-6　圆柱蜗杆传动的主要参数和几何尺寸

1. 模数 m 和齿形角 α

(1) 模数 m　在中间平面上，蜗杆的轴向齿距 p_x 等于其配对蜗轮的分度圆齿距 p_t（图 3-11-6），所以蜗杆的轴向模数 m_x 应与蜗轮的端面模数 m_t 相等，并记为 m。圆柱蜗杆传动的标准模数系列如表 3-11-3 所示。

表 3-11-3 m,d_1 及 m^2d_1 值(根据 GB10085—88)

m/mm	1	1.25	1.6	2
d_1/mm	18	20 22.4	20 28	(18) 22.4 (28) 35.5
m^2d_1/mm^3	18/	31.25 35	51.2 71.68	72 89.6 112 142
m/mm	2.5		3.15	4
d_1/mm	(22.4) 28 (35.5) (45)		(25) 31.5 (40) 56	(31.5) 40 (50) 71
m^2d_1/mm^3	140 175 221.9 281.3		248 313 397 556	504 640 800 1136
m/mm	5		6.3	8
d_1/mm	(40) 50 (63) 90		(50) 63 (80) 112	(63) 80 (100) 140
m^2d_1/mm^3	1 000 1 250 1 575 2 250		1 985 2 500 3 175 4 445	4 032 5 120 6 400 8 960
m/mm	10		12.5	16
d_1/mm	(71) 90 (112) 160		(90) 112 (140) 200	(112) 140 (180) 250
m^2d_1/mm^3	7 100 9 000 11 200 16 000		14 062 17 500 21 875 31 250	28 672 35 840 46 080 64 000
m/mm	20		25	40
d_1/mm	(140) 160 (224) 315		(180) 200 (280) 400	(180) 200 (280) 400
m^2d_1/mm^3	56 000 64 000 89 600 126 000		112 500 125 000 175 000 250 000	288 000 320 000 448 000 640 000

注:括号中的 d_1 值是第二系列,其余是第一系列,应优先采用第一系列。

(2) 齿形角 α 基准蜗杆的齿形角规定如下:阿基米德蜗杆(ZA 蜗杆)为蜗杆的轴向齿形角 $\alpha_{1x}=20^\circ$;延伸渐开线蜗杆(ZN 蜗杆)为蜗杆的法向齿形角 $\alpha_{1n}=20^\circ$;渐开线蜗杆(ZI 蜗杆)为蜗杆的法向齿形角 $\alpha_{1n}=20^\circ$。蜗杆的轴向齿形角与法向齿形角的关系为

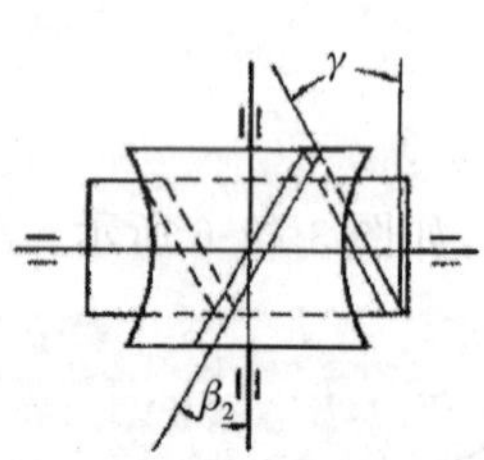

图 3-11-7 蜗杆和蜗轮齿螺旋线方向

$$\tan\alpha_x=\frac{\tan\alpha_n}{\cos\gamma} \tag{3-11-1}$$

蜗杆与蜗轮正确的啮合条件是:在中间平面上蜗杆的轴向模数、齿形角应分别与蜗轮的端面模数、齿形角相等,且蜗杆分度圆柱导程角 γ 与蜗轮螺旋角 β 大小相等,方向相同(图 3-11-7),即

$$\left.\begin{aligned}&m_{x1}=m_{t2}=m\\&\alpha_{x1}=\alpha_{t2}\\&\gamma=\beta_2\end{aligned}\right\} \tag{3-11-2}$$

2. 蜗杆分度圆直径 d_1

在蜗杆传动中,为了保证蜗杆与配对蜗轮的正确啮合,常用与蜗杆具有同样尺寸的蜗轮滚刀[①]来加工其配对的蜗轮。这样,只要有一种尺寸的蜗杆,就要有一种与其对应的蜗轮滚刀。蜗杆分度圆直径不仅和模数 m 有关,而且还随 $z_1/\tan\gamma$ 的比值而变。因此,对同一模数 m 的蜗杆传动,就得有很多把蜗轮滚刀,这是不经济的。为了限制蜗轮滚刀的数目及便于滚刀的标准化,对每一标准模数规定了一定数量的蜗杆分度圆直径 d_1。常用的标准模数 m 和蜗杆分度圆直

① 蜗轮滚刀的齿顶高比蜗轮相配对的蜗杆的齿顶高大 c,c 为蜗杆传动顶隙。

径 d_1 如表 3-11-3 所示。如果采用非标准滚刀或飞刀切制蜗轮，则 d_1 值可不受标准的限制。

3. 蜗杆头数 z_1

蜗杆头数 z_1 可根据传动比和传动效率要求来选定。蜗杆头数少，传动比大，但效率较低。要提高效率，则应增加蜗杆头数，但蜗杆头数愈多，加工愈困难。所以，蜗杆头数常取 $z_1=1\sim6$，如图 3-11-8 所示，其值如表 3-11-4 所示。

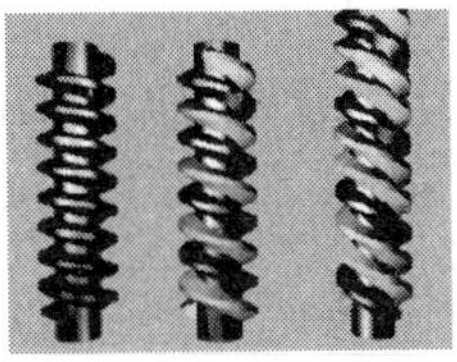

图 3-11-8　蜗杆的头数

表 3-11-4　蜗杆头数 z_1 与蜗轮齿数 z_2 的荐用值

$i=z_2/z_1$	z_1	z_2	$i=z_2/z_1$	z_1	z_2
5～6	6	30～60	13.5～31	2	27～62
7～20	4	28～80	29～80	1	29～80

4. 蜗杆分度圆柱导程角 γ

蜗杆的分度圆直径 d_1 和蜗杆头数 z_1 选定后，蜗杆分度圆柱导程角 γ 也就确定了。由图 3-11-9 可知

$$\tan\gamma=\frac{z_1 p_x}{\pi d_1}=\frac{z_1\pi m}{\pi d_1}=\frac{z_1 m}{d_1}=\frac{z_1}{d_1/m}=\frac{z_1}{q}$$

所以

$$\tan\gamma=\frac{z_1 p_x}{\pi d_1}=\frac{z_1 m}{d_1}=\frac{z_1}{q} \tag{3-11-3}$$

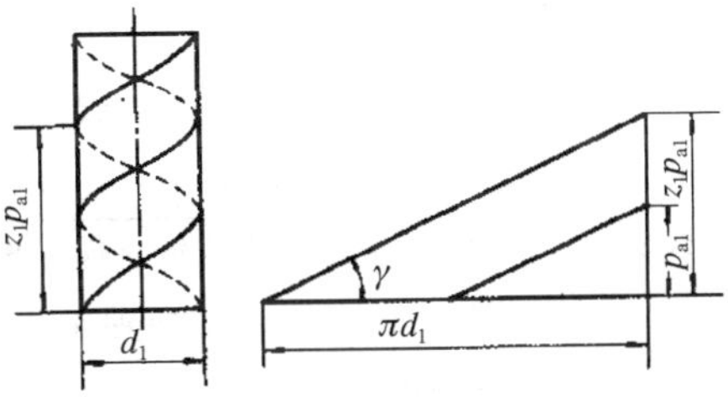

图 3-11-9　导程角与导程关系

5. 蜗杆传动的传动比

蜗杆传动通常都以蜗杆为主动件。当蜗杆为主动时，蜗杆与蜗轮之间的传动比为

$$i_{12}=\frac{n_1}{n_2}=\frac{z_2}{z_1} \tag{3-11-4}$$

式中，z_1 为蜗杆头数，通常取为：$z_1=1,2,3,4$，或 6；z_2 为蜗轮齿数，$z_2=i\cdot z_1$，一般取 $z_2=28\sim80$；n_1，n_2 为分别为蜗杆和蜗轮的转速，单位是 r/min。

6. 蜗轮齿数 z_2

蜗轮齿数 z_2 主要根据传动比来确定。但为了避免切制蜗轮齿时产生根切，与单头蜗杆啮合的蜗轮齿数 z_2 应大于 17～18；与双头蜗杆啮合的蜗轮齿数 z_2 应大于 27。用于动力传动时，z_2 一般不大于 80。这是由于当蜗轮直径不变时，z_2 越大，模数 m 就越小，这将使蜗轮齿根部的弯曲强度削弱；当模数 m 不变时，z_2 越大，蜗轮尺寸就越大，这会使相啮合的蜗杆支承间距离加长,从而降低了蜗杆的弯曲刚度,容易产生挠曲变形而影响正常啮合。z_2 的推荐值如表 3-11-4 所示。

7. 蜗杆传动的中心距 a

蜗杆传动的标准中心距为

$$a=\frac{1}{2}(d_1+d_2)=\frac{1}{2}(mq+mz_2)=\frac{1}{2}m(q+z_2) \tag{3-11-5}$$

无特殊情况时,蜗杆传动中心距应选择下列标准值:40 50 63 80 100 125 160 (180) 200 (225) 250 (280) 315 (355) 400 (450) 500。括号中的数字尽可能不采用。

表 3-11-5 所列为上述主要参数含义汇总。

表 3-11-5 圆柱蜗杆传动的主要几何参数汇总

序号	名称	符号	说明
1	模数	m	① m 的大小由强度计算确定,并按表 3-11-3 取标准值 ② 蜗杆轴向模数 m_{x1} 等于蜗轮端面模数 m_{t2},均等于标准模数 m,即 $m_{x1}=m_{t2}=m$
2	压力角	α	①α 的标准值是 $\alpha=20°$;动力传动允许 $\alpha=25°$;分度传动允许 $\alpha=15°$或 12° ② ZA 蜗杆轴向压力角 $\alpha_x=\alpha$;ZN、ZI、ZK 蜗杆法向压力角 $\alpha_n=\alpha$
3	蜗杆直径系数	q	① 是一个将蜗杆分度圆直径 d_1 限制为标准值的参数:$q=d_1/m$,其值如表 3-11-3 所示 ② 引入该参数是为了限制切制蜗轮时所需要的滚刀数目,提高生产的经济性
4	蜗杆头数	z_1	通常取 $z_1=1$、2、4、6,头数过多,导程角 γ 过大,会使加工困难
5	蜗轮齿数	z_2	为了保证始终有两对以上齿啮合,通常规定 $z_2>28$,以增加传动的平稳性
6	传动比	i_{12}	① $i_{12}=\frac{n_1}{n_2}=\frac{z_2}{z_1}=\frac{d_2}{mz_1}=\frac{(2a-d_1)}{mz_1}=\frac{(2a/m-q)}{z_1}$ ② 减速传动时,常用 $i_{12}=15\sim50$,荐用的蜗杆头数与传动比之间的对应值如表 3-11-4 所示
7	齿数比	u	齿数比是蜗轮齿数与蜗杆头数之比,即 $u=z_2/z_1$;当减速传动时,$u=i$
8	蜗杆导程角	γ	① γ 多在 3°~31°之间。γ 越小,越易自锁;γ 越大,传动效率越高,但蜗杆加工困难 ② $\tan\gamma=z_1/q$,要求有自锁性能时,γ 应小些,即应取头数 $z_1=1$
8	中心距	a	中心距 a 的大小能反映传递功率的大小,$a=\frac{1}{2}(d_1+d_2)=\frac{1}{2}m(q+z_2)$
10	蜗轮变位系数	x_2	① 变位的主要目的是配凑中心距和凑传动比,使之符合标准或推荐值 ② 为保持加工蜗轮时的滚刀尺寸不变,蜗杆是不变位的 ③ 当配凑中心距时,$x_2=(a'-a)/m$

(二) 蜗杆传动变位

1. 变位目的:(1)凑中距;(2)提高蜗杆传动的承载能力和传动效率。

2. 变位方法:与齿轮传动的变位方法相似,也是在切制时,利用刀具相对于蜗轮毛坯的径向位移来实现的。但在蜗杆传动中,蜗杆的齿数形状和几何尺寸必须与加工蜗轮齿的滚刀的形状及几何尺寸相同。为了能用同一把刀加工非变位及变位蜗轮,变位蜗杆传动中蜗杆的尺寸是不能变动的,只能对蜗轮进行变位。图 3-11-10 表示了标准及变位传动的情况。变位蜗杆传动中,蜗轮的分度圆与节圆重合,只是蜗杆在中间平面内的节线位置有所改变,其不再与分度线重合。

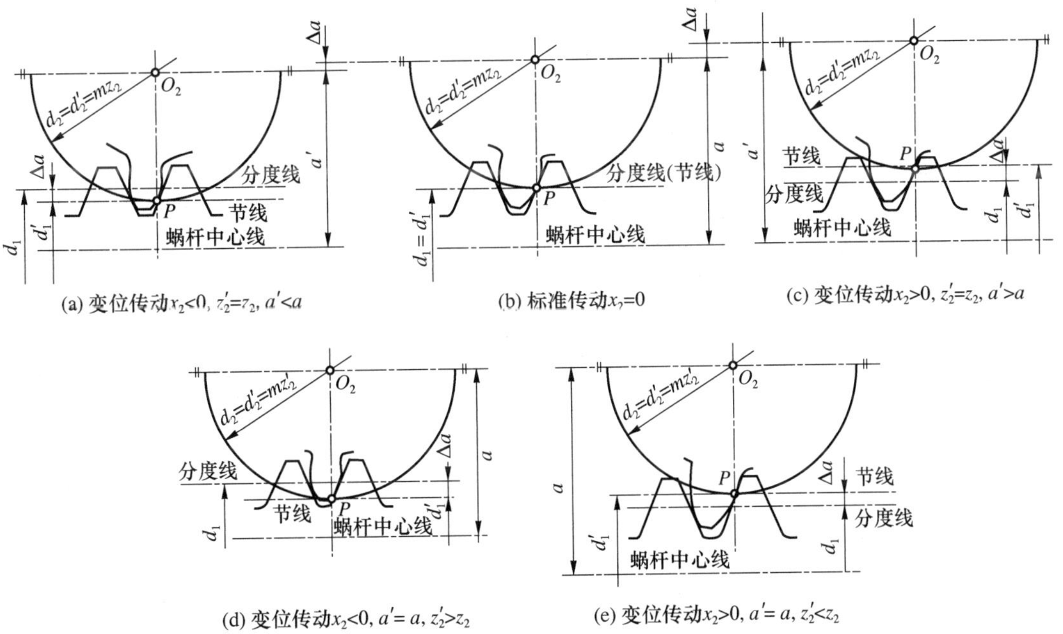

图 3-11-10　蜗杆传动的变位图

3. 变位特点：刀具相对蜗轮轮坯径向移动，刀具参数不变。

4. 变位传动：蜗轮变位，蜗杆不变；蜗轮尺寸改变，分度圆与节圆重合，$d_2=d_2'$；蜗杆尺寸不变，节圆与分度圆不重合，$d_1'=d_1+2x_2m$。

5. 变位系数 x_2：

中心距

$$a'=a+x_2m \tag{3-11-6}$$

变位系数

$$x_2=(a'-a)/m \tag{3-11-7}$$

式中，a 为标准传动的中心距(mm)；a'为变位后的实际中心距(mm)。

(三) 蜗杆传动的几何尺寸计算

蜗杆传动的几何尺寸及计算公式如表 3-11-6、表 3-11-7 及图 3-11-6 所示。

表 3-11-6　圆柱蜗杆传动基本几何尺寸关系式

序号	名称	代号	关系式	说明
1	中心距	a'	$a'=\dfrac{(d_1+d_2)}{2}+x_2m$	按规定选取
2	蜗杆头数	z_1		按规定选取
3	蜗轮齿数	z_2		按传动比确定
4	齿形角	α_1	$\alpha_{1x}=20°$或 $\alpha_{1n}=20°$	按蜗杆类型确定
5	模数	m	$m=m_x=\dfrac{m_n}{\cos\gamma}$	按规定选取

续 表

序号	名称	代号	关系式	说明
6	传动比	i	$i=\frac{n_1}{n_2}$	蜗杆为主动,按规定选取
7	齿数比	u	$u=\frac{z_2}{z_1}$,当蜗杆主动时,$i=u$	
8	蜗杆变位系数	x_2	$x_2=\frac{a'}{m}-\frac{d_1+d_2}{2m}$	
9	蜗杆直径系数	q	$q=\frac{d_1}{m}$	
10	蜗杆轴向齿距	p_x	$p_x=\pi m$	
11	蜗杆导程	P_z	$p_z=\pi m z_1$	
12	蜗杆分度圆直径	d_1	$d_1=mq$	按规定选取
13	蜗杆齿顶圆直径	d_{a1}	$d_{a1}=d_1+2h_{a1}=d_1+2h_a^* m$	
14	蜗杆齿根圆直径	d_{f1}	$d_{f1}=d_1-2h_{f1}=d_1-2(h_a^* m+c)$	
15	顶隙	c	$c=c^* m$	按规定
16	渐开线蜗杆基圆直径	d_{b1}	$d_{b1}=d_1\cdot\frac{\tan\gamma}{\tan\gamma_b}=\frac{mz_1}{\tan\gamma_b}$	
17	蜗杆齿顶高	h_{a1}	$h_{a1}=h_a^* m=\frac{1}{2}(d_{a1}-d_1)$	按规定
18	蜗杆齿根高	h_{f1}	$h_{f1}=(h_a^*+c^*)m=\frac{1}{2}(d_1-d_{f1})$	
19	蜗杆齿高	h_1	$h_1=h_{a1}+h_{f1}=\frac{1}{2}(d_{a1}-d_{f1})$	
20	蜗杆导程角	γ	$\tan\gamma=\frac{mz_1}{d}=\frac{z_1}{q}$	
21	渐开线蜗杆基圆导程角	γ_b	$\cos\gamma_b=\cos\gamma\cos\alpha_{1n}$	
22	蜗杆齿宽	b_1	按表 3-11-7 所列公式确定	
23	蜗轮分度圆直径	d_2	$d_2=mz_2=2a-d_1-2x_2m$	
24	蜗轮喉圆直径	d_{a2}	$d_{a2}=d_2+2h_{a2}$	
25	蜗轮齿根圆直径	d_{f2}	$d_{f2}=d_2-2h_{f2}$	
26	蜗轮齿顶高	h_{a2}	$h_{a2}=d_{a2}-d_2=m(h_a^*+x_2)$	
27	蜗轮齿根高	h_{f2}	$h_{f2}=(h_a^*+c^*-x_2)m=\frac{1}{2}(d_2-d_{f2})$	
28	蜗轮齿高	h_2	$h_2=h_{a2}+h_{f2}=\frac{1}{2}(d_{a2}-d_{f2})$	
29	蜗轮咽喉母圆半径	r_{g2}	$r_{g2}=a'-\frac{1}{2}d_{a2}$	
30	蜗轮齿宽	b_2	按表 3-11-7 所列公式确定	
31	蜗轮齿宽角	θ	$\theta=2\arcsin\left(\frac{b_2}{d_1}\right)$	
32	蜗杆轴向齿厚	S_x	$S_x=\frac{1}{2}\pi m$	对 ZA,ZI,ZK,ZN 蜗杆
			$S_x=0.4\pi m$	对 ZC 蜗杆
33	蜗杆法向齿厚	S_{n1}	$S_{n1}=S_x\cos\gamma$	
34	蜗轮齿厚	S_t	按蜗杆节圆处轴向齿槽宽 e_x' 确定	
35	蜗杆节圆直径	d_1'	$d_1'=d_1+2x_2m$	
36	蜗轮节圆直径	d_2'	$d_2'=d_2$	

(四) 蜗杆传动的滑动速度

蜗杆传动啮合齿面间相对滑动速度 v_s 较大，由图 3-11-11 可得

$$v_s=\frac{v_1}{\cos\gamma}=\frac{v_2}{\sin\gamma}=\frac{\pi d_1 n_1}{60\times1000\cdot\cos\gamma}\ \text{m/s} \tag{3-11-8}$$

式中，v_1 为蜗杆分度圆圆周速度(m/s)；d_1 为蜗杆分度圆直径(mm)；n_1 为蜗杆转速(r/min)。

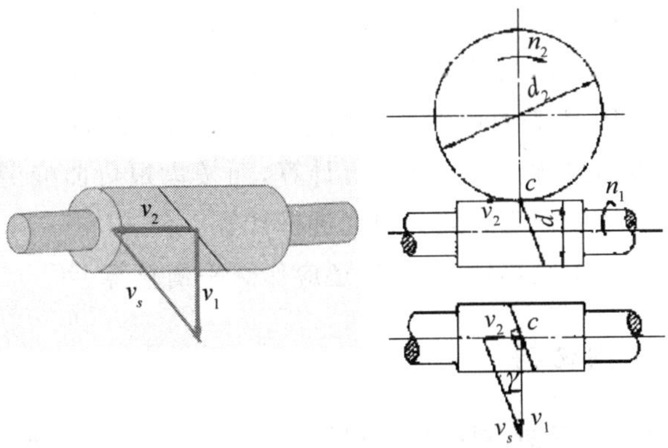

图 3-11-11　蜗杆传动的相对滑动速度

由图 3-11-11 可见，相对滑动速度 v_s 沿蜗杆螺旋线方向。齿廓之间的相对滑动引起磨损和发热，导致传动效率降低。

表 3-11-7　蜗轮齿宽 b_2、蜗轮顶圆 d_{a2} 及蜗杆齿宽的计算公式

z_1	b_1	d_{a2}	x	b_2	
1	$\leqslant 0.7d_{a1}$	$\leqslant d_{a2}+2m$	0	$\geqslant(11+0.06z_2)m$	当变位系数 x 为中间值时，b_1 取 x 临近两公式所求值的较大值。 经磨削的蜗杆，按左式所求的齿宽应再增加下列值： 当 $m<10$ mm 时，增加 25 mm 当 $m=10\sim16$ mm 时，增加 35～40 mm 当 $m>16$ mm 时，增加 50 mm
			−0.5	$\geqslant(8+0.06z_2)m$	
			−1.0	$\geqslant(10.2+z_1)m$	
2		$\leqslant d_{a2}+1.5m$	0.5	$\geqslant(11+0.1z_2)m$	
			1.0	$\geqslant(12+0.1z_2)m$	
4	$\leqslant 0.6d_{a1}$	$\leqslant d_{a2}+m$	0	$\geqslant(12.5+0.09z_2)m$	
			−0.5	$\geqslant(9.5+0.09z_2)m$	
			−1.0	$\geqslant(10.5+z_1)m$	
			0.5	$\geqslant(12.5+0.1z_2)m$	
			1.0	$\geqslant(13+0.1z_2)m$	

三、蜗杆传动的失效形式、计算准则及常用材料

(一) 蜗杆传动的失效形式及计算准则

在蜗杆传动中，由于材料和结构上的原因，除有其独有的特点外，还兼有齿轮啮合传动和

螺旋传动的部分特点,蜗杆螺旋齿部分的强度通常高于蜗轮齿的强度,所以失效常发生在蜗轮轮齿上。因此,一般只对蜗轮轮齿进行承载能力计算。

由于蜗杆传动中啮合齿面间的相对滑动速度较大,摩擦大,发热量大,更易发生磨损和胶合,且多发生在相对较弱的蜗轮上,这就要求蜗杆和蜗轮的材料组合要有良好的减摩耐磨性能及抗胶合性能。所以其主要失效形式是蜗轮齿面的胶合、点蚀、断齿及磨损。但目前对胶合与磨损的计算还缺乏适当的方法与数据,因而通常只是仿照圆柱齿轮进行齿面接触疲劳强度和齿根弯曲疲劳强度的条件性计算,并在选取许用应力时,适当考虑胶合与磨损失效因素的影响。

在一般情况下,蜗轮轮齿因弯曲疲劳强度不足而失效的情况较少,只有在蜗轮齿数很多(如 $z_2>80$)或开式传动中,才需要以保证齿根弯曲疲劳强度作为主要计算准则。因此对于闭式蜗杆传动,通常是按齿面接触疲劳强度进行计算,而按齿根弯曲疲劳强度进行校核;对于开式蜗杆传动,则通常只需按齿根弯曲疲劳强度进行计算。

对于闭式蜗杆传动,由于散热较为困难,还应作热平衡核算。

(二) 蜗杆和蜗轮的常用材料

由蜗杆传动的失效形式可知,对蜗杆和蜗轮的材料不仅要具有足够的强度,更重要的是应具有良好的跑合性、减摩性及耐磨性。

蜗杆的选材范围较为广泛,一般用碳钢或合金钢制成。并根据应用载荷、速度等情况选择表面淬火、渗碳、调质等热处理工艺,以保证其强度和硬度。高速重载蜗杆常用 15 Cr,20 Cr,20 CrMnTi 和 20 MnVB 等,经渗碳淬火硬度达 58～63 HRC;也可用 40,45,40 Cr,40 CrNi 和 42 SiMn 等,经表面淬火,硬度达 45～50 HRC;对于不太重要的传动及低速重载蜗杆,可采用 40 和 45 钢等,经调质硬度在 220～300 HBS。

蜗轮的选材范围较窄,这是因为要保证蜗轮与蜗杆的材料组合要有良好的减摩性能及抗胶合性能,蜗轮材料最好选青铜和铸铁两种材料。只是根据载荷和速度不同,选择铸造锡青铜、铸造铝青铜、铝铁青铜、铝锰青铜等和 HT150、HT200 等。

常用的蜗轮材料为铸造锡青铜(ZCuSn10Pb1,ZCuSn5Pb5Zn5)、铸造铝青铜(ZCuAl9Mn2,ZCuAl10Fe3)及铸铁(HT150,HT200)等。锡青铜耐磨性最好,但价格较高,一般用于滑动速度 $v_s\geqslant 3$ m/s 的重要传动;铝青铜有足够的强度,虽耐磨性较锡青铜差,但价格便宜,一般用于滑动速度 $v_s\leqslant 3$ m/s 的传动;效率要求不高时,特别是要求自锁时,可采用灰铸铁。为了防止变形,一般要对蜗轮进行时效处理。

四、圆柱蜗杆传动的受力分析和计算载荷

(一) 蜗杆传动的受力分析

蜗杆传动的受力分析与斜齿圆柱齿轮传动相似。在进行蜗杆传动的受力分析时,为了简化,通常不考虑摩擦力的影响。

如图 3-11-12 所示是以右旋蜗杆为主动件,蜗杆转速为 n_1 时,其蜗杆齿面上的受力情况。

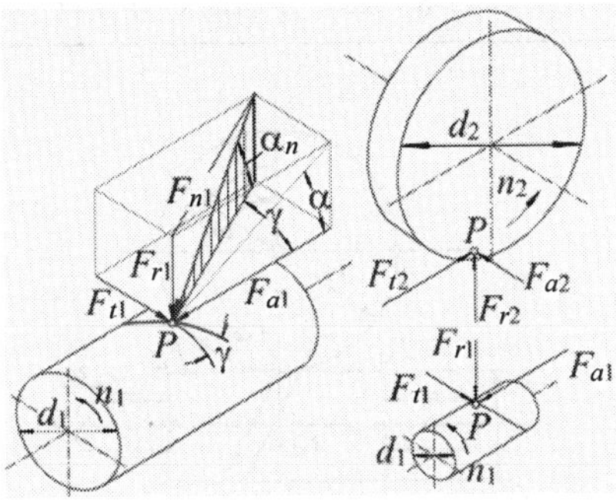

图 3-11-12　蜗杆传动的受力分析

设 F_n 为在法面内集中作用于节点 P 处的法向力，其可分解为三个互相垂直的分力，即圆周力 F_{t1}、径向力 F_{r1} 和轴向力 F_{a1}。显然，在蜗杆与蜗轮间，相互作用着 F_{t1} 与 F_{a2}，F_{r1} 与 F_{r2}，F_{a1} 与 F_{t2} 这三对大小相等、方向相反的力。

各力的大小可按下面的公式计算

$$F_{t1}=\frac{2T_1}{d_1}=-F_{a2} \tag{3-11-9}$$

$$F_{a1}=-F_{t2}=\frac{2T_2}{d_2} \tag{3-11-10}$$

$$F_{r1}=-F_{r2}=F_{a1}\tan\alpha_{1x} \tag{3-11-11}$$

$$F_n=\frac{F'}{\cos\alpha_{1n}}=\frac{F_{a1}}{\cos\alpha_{1n}\cos\gamma}=\frac{F_{t2}}{\cos\alpha_{1n}\cos\gamma} \tag{3-11-12}$$

式中，γ 为蜗杆分度圆柱导程角；α_{1x} 为蜗杆轴向齿形角；α_{1n} 为蜗杆法向齿形角；d_1，d_2 为分别为蜗杆及蜗轮的分度圆直径，mm；T_1，T_2 为分别为蜗杆及蜗轮轴上的公称转矩，N·mm（$T_2=T_1\cdot i\cdot\eta$）。

在确定各力的方向时，主要是确定蜗杆所受轴向力的方向。蜗杆为主动件，其轴向力 F_{a1} 的方向是由其轮齿的旋向和轴的转向来决定的。当蜗杆为主动件时，若为右旋蜗杆，则 F_{a1} 的方向可用“右手定则”确定；若为左旋蜗杆，则用“左手定则”确定，如图 3-11-13 所示。而所谓右（左）手定则，是指以右（左）手握拳拇指伸直时，其四指所指的方向表示蜗杆的回转方向，拇指所指的方向表示蜗杆所受轴向力 F_{a1} 的方向。至于蜗杆所受的圆周力 F_{t1} 的方向，总是与它的转向相反的；径向力 F_{r1} 的方向则总是指向轴心的。关于蜗轮上各力的方向，可由图 3-11-12所示的关系定出。

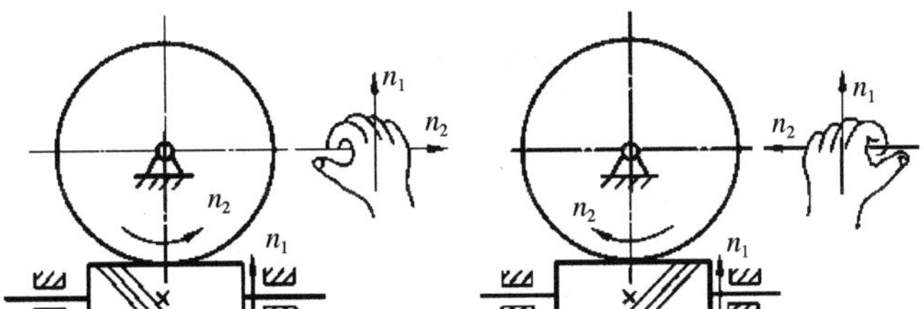

图 3-11-13　蜗杆传动的受力分析

我们一起来汇总一下蜗杆传动受力大小的确定与其方向的判定，如表 3-11-8 所示。

表 3-11-8　蜗杆传动的受力分析

蜗杆与蜗轮受力分析图	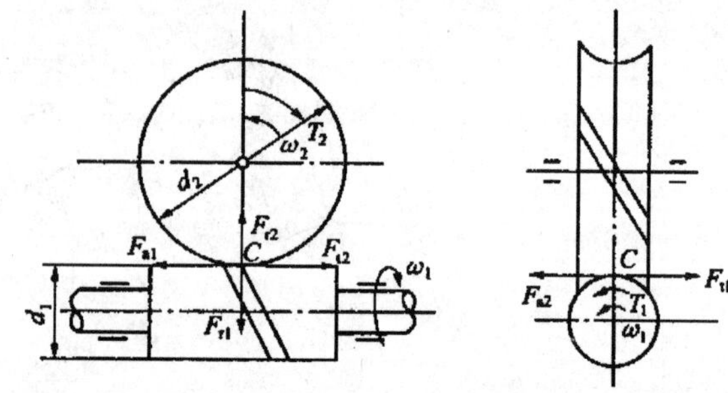		
齿面间总作用力	法向力 F_n(注:齿面间的摩擦力一般忽略不计)		
分力的名称	圆周力 F_t	轴向力 F_a	径向力 F_r
分力的大小	$F_{t1}=\dfrac{2T_1}{d_1}=-F_{a2}$	$F_{a1}=-F_{t2}=\dfrac{2T_2}{d_2}$	$F_{r1}=-F_{r2}=F_{a1}\tan\alpha_{1x}$
分力的方向	F_{t1}的方向与其作用点 C 的圆周速度方向相反	用“左右手定则”判断:蜗杆右旋伸右手(左旋伸左手);四指顺着转向握起,拇指伸直后的指向为 F_{a1} 的方向	F_{r1} 与 F_{r2} 分别由作用点 C 指向各自的轴心
分力之间的关系	$F_{t1}=-F_{a2}$	$F_{a1}=-F_{t2}$	$F_{r1}=-F_{r2}$
法向力的大小	$F_n=\dfrac{F'}{\cos\alpha_{1n}}=\dfrac{F_{a1}}{\cos\alpha_{1n}\cos\gamma}=\dfrac{F_{t2}}{\cos\alpha_{1n}\cos\gamma}$		
	式中,$T_2=T_1\cdot i\cdot\eta$,i 为传动比,η 为传动效率,α_n 为蜗杆蜗轮法向压力角		

(二)蜗杆传动的计算载荷

蜗杆传动的计算载荷 F_{nc} 为公称载荷 F_n 与载荷系数 K 的乘积

$$F_{nc}=KF_n=\frac{KF_{t2}}{\cos\alpha_{1n}\cos\gamma}\quad \text{N} \tag{3-11-13}$$

式中,K 为载荷系数;α_{1n} 为蜗杆的法向压力角;γ 为蜗杆导程角。

载荷系数 $K=K_AK_\beta K_v$。其中 K_A 为使用系数,由表 3-11-9 查取;K_β 为齿向载荷分布系数,当蜗杆传动在平稳载荷下工作时,载荷分布由于良好的跑合而得到改善,此时可取 $K_\beta=1$;当载荷变化较大或有冲击、振动时,可取 $K_\beta=1.3\sim1.6$;K_v 为动载系数,由于蜗杆传动一般较平稳,其动载荷比齿轮传动的动载荷小得多,故 K_v 可取如下值:对于精确制造,且蜗轮圆周速度 $v_2\leqslant3$ m/s,取 $K_v=1.0\sim1.1$;$v_2>3$ m/s,取 $K_v=1.1\sim1.2$。

表 3-11-9　使用系数 K_A

工作类型	Ⅰ	Ⅱ	Ⅲ
载荷性质	均匀无冲击	不均匀、小冲击	不均匀、大冲击
每小时起动次数	<25	25~50	>50
起动载荷	小	较大	大
K_A	1	1.15	1.2

五、圆柱蜗杆传动的承载能力计算

除圆弧圆柱蜗杆传动外，其他各种圆柱蜗杆传动的承载能力大致相近，所以这里仅以阿基米德蜗杆传动为例来讨论强度计算问题。

圆柱蜗杆传动的承载能力计算主要包括：蜗轮齿面接触疲劳强度计算，蜗轮齿根弯曲疲劳强度计算，蜗杆轴的强度计算和刚度计算。本任务知识链接主要介绍蜗轮齿面接触疲劳强度计算和蜗轮齿根弯曲疲劳强度计算，蜗杆轴的强度计算将在项目十三中进行详细介绍。

(一) 蜗轮齿面接触疲劳强度计算

阿基米德蜗杆传动在中间平面上相当于直齿条与齿轮的啮合传动，而蜗轮本身又相当于一个圆柱斜齿轮，所以蜗杆传动可以近似地看作齿条与圆柱斜齿轮的啮合传动。因此，蜗轮齿面的接触疲劳强度计算公式，可以仿照圆柱斜齿轮传动的计算方法进行推导与整理，经过变换整理后可得到蜗轮齿面接触疲劳强度的校核公式

$$\sigma_H = 351\sqrt{\frac{KF_{t2}}{d_1 d_2}} \leqslant [\sigma_H]\ \text{MPa} \tag{3-11-14}$$

将 $F_{t2}=\dfrac{2T_2}{d_2}$，$d_2 = mz_2$代入式(3-11-14)，得

$$\sigma_H = 496\sqrt{\frac{KT_2}{d_1 m^2 z_2^2}} \leqslant [\sigma_H]\ \text{MPa} \tag{3-11-15}$$

则可得设计计算公式

$$m^2 d_1 \geqslant KT_2\left(\frac{496}{z_2[\sigma_H]}\right)^2\ \text{mm}^3 \tag{3-11-16}$$

式中：$[\sigma_H]$——蜗轮材料的许用接触应力，$[\sigma_H]=[\sigma_H]'\cdot Z_N=[\sigma_H]'\sqrt[8]{\dfrac{10^7}{N}}$；

$[\sigma_H]'$——蜗轮材料的基本许用接触应力，由表 3-11-10 查取；

Z_N——接触疲劳强度的寿命系数，$Z_N=\sqrt[8]{\dfrac{10^7}{N}}$；

N——应力循环次数，$N=60jn_2L_h$，其中，n_2 为蜗轮的转速，r/min；L_h 为工作寿命，h；j 为蜗轮每转一转，每个轮齿啮合的次数；若 $N>25\times10^7$ 时，取 $N=25\times10^7$。

按式(3-11-16)求出 m^2d_1 后，可由表 3-11-3 查到适当的模数 m 及分度圆直径 d_1 的标准值。

表 3-11-10　蜗轮材料的基本许用接触应力$[\sigma_H]'$　　MPa

铸铁或强度极限 $\sigma_B\geqslant300$ MPa 的青铜蜗轮								
材料		滑动速度/(m/s)						
蜗杆	蜗轮	<0.25	0.25	0.5	1	2	3	4
20 或 20Cr 渗碳、淬火，45 钢淬火硬度>45 HRC	灰铸铁 HT150	206	166	150	127	95		
	灰铸铁 HT200	250	202	182	154	115		
	铸铝青铜 ZCuAl9Mn2	230	190	180	173	163	154	149
45 钢 Q275	灰铸铁 HT150	172	139	125	106	79		
	灰铸铁 HT200	208	168	152	128	96		

续表

强度极限 $\sigma_B \leqslant 300$ MPa 的青铜蜗轮			
蜗轮材料	铸造方法	蜗杆螺旋面的硬度	
		硬度≤45 HRC	硬度>45 HRC
铸锡铝青铜 ZCuSn10Pb1	砂模铸造	150	180
	金属模铸造	220	268
铸锡锌铅青铜 ZCuSn5Pb5Zn5	砂模铸造	113	135
	金属模铸造	128	140
	离心铸造	158	183

注:表中的基本许用接触应力为应力循环次数 $N=10^7$ 时之值,当 $N \neq 10^7$ 时,需将表中数值乘以寿命系数 Z_N,当 $N>25\times10^7$ 时,取 $N=25\times10^7$。

(二) 蜗轮齿根弯曲疲劳强度计算

蜗轮轮齿的形状复杂,因而要精确计算齿根的弯曲应力是困难的,所以齿根弯曲疲劳强度计算具有很大的条件性。通常是把蜗轮近似当作圆柱斜齿轮,仿照其弯曲强度计算式,经过变换整理后可得到蜗轮齿根弯曲疲劳强度的校核公式

$$\sigma_F=\frac{1.53KT_2\cos\gamma}{d_1d_2m}\cdot Y_{Fa2}\leqslant[\sigma_F]\ \text{MPa} \tag{3-11-17}$$

引入 $d_2=mz_2$ 后,可得蜗轮齿根弯曲疲劳强度的设计公式

$$m^2d_1\geqslant\frac{1.53KT_2\cos\gamma}{z_2[\sigma_F]}\cdot Y_{Fa2}\ \text{mm}^3 \tag{3-11-18}$$

式中:Y_{Fa2}——蜗轮的齿形系数,按蜗轮的当量齿数 $z_{v2}=z_2/cos^3\gamma$ 查表 3-11-11 可得;

$[\sigma_F]$——蜗轮齿材料的许用弯曲应力;

$$[\sigma_F]=[\sigma_F]'\cdot Y_N=[\sigma_F]'\sqrt[9]{\frac{10^6}{N}}$$

$[\sigma_F]'$——计入应力校正系数后的基本许用弯曲应力,可从表 3-11-12 中查取;

Y_N——弯曲疲劳强度的寿命系数;

$$Y_N=\sqrt[9]{\frac{10^6}{N}}$$

N——应力循环次数,计算方法同前。若 $N>25\times10^7$ 时,取 $N=25\times10^7$,若 $N<10^5$ 时,取 $N=10^5$。

表 3-11-11　蜗轮的齿形系数 Y_{Fa2} ($\alpha_{1x}=20°, h_a^*=1$)

γ \ z_v	20	24	26	28	30	32	35	37	40	45	56	60	80	100	150	300
4°	2.79	2.65	2.60	2.55	2.52	2.49	2.45	2.42	2.39	2.35	2.32	2.27	2.22	2.18	2.14	2.09
7°	2.75	2.61	2.56	2.51	2.48	2.44	2.40	2.38	2.35	2.31	2.28	2.23	2.17	2.14	2.09	2.05
11°	2.66	2.52	2.47	2.42	2.39	2.35	2.31	2.29	2.26	2.22	2.19	2.14	2.08	2.05	2.00	1.96
16°	2.49	2.35	2.30	2.26	2.22	2.19	2.15	2.13	2.10	2.06	2.02	1.98	1.92	1.88	1.84	1.79
20°	2.33	2.19	2.14	2.09	2.06	2.02	1.98	1.96	1.93	1.89	1.86	1.81	1.75	1.72	1.67	1.63
23°	2.18	2.05	1.99	1.95	1.91	1.88	1.84	1.82	1.79	1.75	1.72	1.67	1.61	1.58	1.53	1.49
26°	2.03	1.89	1.84	1.80	1.76	1.73	1.69	1.67	1.64	1.60	1.57	1.52	1.46	1.43	1.38	1.34
27°	1.98	1.84	1.79	1.75	1.71	1.68	1.64	1.62	1.59	1.55	1.52	1.47	1.41	1.38	1.33	1.29

表 3-11-12　蜗轮材料的基本许用弯曲应力$[\sigma_F]'$　MPa

蜗轮材料		铸造方法	$N=10^6$ 单侧工作$[\sigma_{0F}]'$	$N=10^6$ 双侧工作$[\sigma_{-1F}]'$
铸造锡青铜 ZCuSn10Pb1		砂模铸造	40	29
		金属模铸造	56	40
铸锡锌铅青铜 ZCuSn5Pb5Zn5		砂模铸造	42	30
		金属模铸造	50	36
		离心铸造	50	36
铸铝青铜 ZCuAl9Mn2		砂模铸造	80	57
ZCuAl10Fe3		金属铸造	90	64
灰铸铁	HT150	砂模铸造	40	28
	HT200		48	34

注：表中青铜和铸铁的基本许用弯曲应力为应力循环次数 $N=10^6$ 时之值，当 $N\neq10^6$ 时，需将表中数值乘以寿命系数 Y_N；当 $N>25\times10^7$ 时，取 $N=25\times10^7$，当 $N<10^5$ 时，取 $N=10^5$。

按式(3-11-18)计算 m^2d_1 时，式中的蜗杆导程角 γ 可先估取，待 m^2d_1 值算出并按表 3-11-3选取适当的 m 及 d_1 的标准值后，再精确求出 γ 值。

(三) 蜗杆轴的强度计算

(见项目十三轴的强度计算)

(四) 蜗杆轴的刚度计算

蜗杆受力后，若产生过大的变形，就会造成轮齿接触偏载现象，从而影响蜗杆与蜗轮的正确啮合，所以还要对蜗杆轴进行刚度校核。通常将蜗杆螺旋齿部分看作是以齿根圆直径 d_{f1} 为直径的轴来校核蜗杆轴的弯曲刚度，其最大弯曲挠度可近似按下式计算

$$y=\frac{\sqrt{F_{t1}^2+F_{r1}^2}}{48EI}\cdot L'^3\leqslant[y] \tag{3-11-19}$$

式中，F_{t1} 为蜗杆所受的圆周力，单位是 N；F_{r1} 为蜗杆所受的径向力，单位是 N；I 为蜗杆危险剖面的惯性矩，$I=\pi d_{f1}^4/64$，单位是 mm^4，d_{f1} 为蜗杆齿根圆直径，单位是 mm；L' 为蜗杆轴两支承间的跨距，单位是 mm，视具体结构要求而定，初步计算时，可取 $L'=0.9d_2$，d_2 为蜗轮分度圆直径，mm；$[y]$为许用最大挠度，$[y]=d_1/1000$，mm。

六、蜗杆传动的效率、润滑及热平衡计算

(一) 蜗杆传动的效率

闭式蜗杆传动的功率损耗一般包括三部分，即啮合摩擦损耗、轴承摩擦损耗及浸入油池中的零件搅油时的溅油损耗。因此总效率为

$$\eta=\eta_1\eta_2\eta_3 \tag{3-11-20}$$

式中，η_1 为单独考虑啮合摩擦损耗；η_2 为轴承摩擦损耗；η_3 为溅油损耗时的效率。

一般取 $\eta_2\cdot\eta_3=0.95\sim0.96$，蜗杆传动的总效率主要取决于蜗杆啮合效率 η_1。

当蜗杆为主动时

$$\eta_1=\frac{\tan\gamma}{\tan(\gamma+\varphi_v)} \tag{3-11-21}$$

式中,γ 为蜗杆分度圆柱导程角;ϕ_v 为当量摩擦角,可根据滑动速度 v_s 由表 3-11-13 查取。

表 3-11-13　蜗杆传动的当量摩擦角 ϕ_v 和当量摩擦系数 f_v

蜗轮齿圈材料	锡青铜				无锡青铜		灰铸铁			
蜗杆齿面硬度	硬度>45 HRC		其他		硬度≥45 HRC		硬度≥45 HRC		其他	
滑动速度 v_s/m·s^{-1}	f_v	ϕ_v	f_v	ϕ_v	f_v	ϕ_v	f_v	ϕ_v	f_v	ϕ_v
0.01	0.110	6°17′	0.120	6°51′						
0.05	0.090	5°09′	0.100	5°43′	0.180	10°12′				
0.10	0.080	4°34′	0.090	5°09′	0.140	7°58′				
0.25	0.065	3°43′	0.075	4°17′	0.130	7°24′				
0.50	0.055	3°09′	0.065	3°42′	0.100	5°43′	0.180	10°12′	0.190	10°45′
1.0	0.045	2°35′	0.055	3°09′	0.090	5°09′	0.140	7°58′	0.160	9°05′
1.5	0.040	2°17′	0.050	2°52′	0.070	4°00′	0.130	7°24′	0.140	7°58′
2.0	0.035	2°00′	0.045	2°35′	0.065	3°43′	0.100	5°43′	0.120	6°51′
2.5	0.030	1°43′	0.040	2°17′	0.055	3°09′	0.090	5°09′	0.100	5°43′
3.0	0.028	1°36′	0.035	2°06′	0.050	2°52′	0.070	4°00′	0.090	5°09′
4.0	0.024	1°22′	0.031	1°47′	0.045	2°35′	0.065	3°43′	0.08	4°34′
5.0	0.022	1°16′	0.029	1°40′	0.040	2°17′	0.055	3°09′	0.070	4°00′
8.0	0.018	1°02′	0.026	1°29′	0.035	2°00′				
10.0	0.016	0°55′	0.024	1°22′	0.030	1°43′				
15	0.014	0°48′	0.020	1°09′						
24	0.013	0°45′								

蜗杆传动的总效率为

$$\eta=(0.95\sim0.96)\frac{\tan\gamma}{\tan(\gamma+\varphi_v)} \tag{3-11-22}$$

在开始设计时,传动尺寸还没有确定,为了近似地计算蜗轮轴上的转矩 T_2,η 值可按下表 3-11-14数值估取。

表 3-11-14　蜗杆传动总效率的估取

蜗杆头数	z_1	1	2	3	4
总 效 率	η	0.70	0.80	0.85	0.9

(二) 蜗杆传动的润滑

蜗杆传动齿面间的滑动速度大,当润滑不良时,会出现剧烈的磨损,传动效率将大大降低,并有发生胶合破坏的危险,因此润滑对蜗杆传动意义重大。蜗杆传动往往采用黏度大的矿物油进行润滑,对于重载、启动频繁的蜗杆传动,还需要在润滑油中加入减摩、抗胶合添加剂,以利于在啮合齿面间形成良好的润滑油膜,达到减少磨损、控制温升、提高传动效率和承载能力的目的。

1. 润滑方法

对于闭式传动,一般可根据滑动速度及载荷类型由表 3-11-15 选取。如果采用喷油润滑,喷油嘴要对准蜗杆啮入端；蜗杆正反转工作时，两边都要装有喷油嘴，而且要控制一定的油压。

表 3-11-15　蜗杆传动的润滑方法

滑动速度 $v/\mathrm{m\cdot s^{-1}}$	0～1	0～2.5	0～5	5～10	10～15	15～25	>25
工作条件	重载	重载	中载				
润滑方法	油池浸油			喷油或浸油	压力喷油，油压/MPa		
					0.07	0.2	0.3

2. 润滑油油量

对闭式蜗杆传动采用油池润滑时，在搅油损失不致过大的情况下，箱体内应有适当的油量。这样不仅有利于油膜的形成，而且有助于散热。对于下置蜗杆或侧置蜗杆传动，浸油深度应为蜗杆的一个齿高；当为上置蜗杆时，浸油深度可约为蜗轮外径的 1/3。

圆柱蜗杆减速器的装油量推荐值见表 3-11-16。

表 3-11-16　圆柱蜗杆减速器装油量推荐值

中心距 a/mm	80	100	125	160	200	250	315	400	500
容积 V/l	1	2	3	5	10	15	30	60	80

（三）蜗杆传动的热平衡计算

蜗杆传动效率较低，工作时发热量大，特别是在闭式蜗杆传动中，如果产生的热量不能及时散逸，则随着油温的升高将使润滑油黏度降低，从而使润滑状态变坏，甚至会导致胶合。所以蜗杆传动必须进行热平衡计算，以保证单位时间内的发热量能在同一时间内散逸出去，从而维持良好的润滑状态，保证蜗杆传动正常工作。

1. 自然通风下连续工作的蜗杆传动

摩擦损耗的功率为 $P_f=P(1-\eta)$ kW，则产生的热流量为

$$H_1=1\,000P_1(1-\eta)\ \mathrm{W}$$

以自然冷却方式，能从箱体外壁散逸到周围空气中去的热流量为

$$H_2=K_dA(t-t_0)\ \mathrm{W}$$

按热平衡条件 $H_1\leqslant H_2$，可求得在既定工作条件下的油温为

$$t\geqslant t_0+\frac{1\,000P_1(1-\eta)}{K_dA}\ ℃ \tag{3-11-23}$$

或在既定条件下，保持正常工作油温所需要所需要的散热面积为

$$A>\frac{1000P_1(1-\eta)}{K_d(t-t_0)}\ \mathrm{m^2} \tag{3-11-24}$$

式中，P_1 为蜗杆轴传递的功率，kW；η 为蜗杆传动的总功率；K_d 为箱体的散热系数，可取 $K_d=(8.15\sim17.45)$ W/(m^2 · ℃)；A 为内表面能被润滑油所飞溅到，而外表面又可为周围空气所冷却的箱体表面面积，单位是 m^2；t 为油的工作温度，一般限制在 60～70 ℃，最高不应超过 80 ℃；t_0 为周围空气的温度，常温情况下可取为 20 ℃。

若 $t>80$ ℃或有效的散热面积不足时，则必须采取措施以提高散热能力。通常采取：

(1) 在箱体外壁加散热片以增大散热面积〔如图 3-11-14(a)所示〕；

(2) 在蜗杆轴端加装风扇〔如图 3-11-14(b)所示〕进行人工通风;

(3) 采用上述措施散热能力仍不足时,可在箱体油池内加装蛇形水管用循环水冷却〔如图 3-11-14(c)所示〕;

(4) 采用压力喷油循环润滑,润滑油用过滤器滤去杂质,并经冷却器冷却〔如图 3-11-14(d)所示〕。

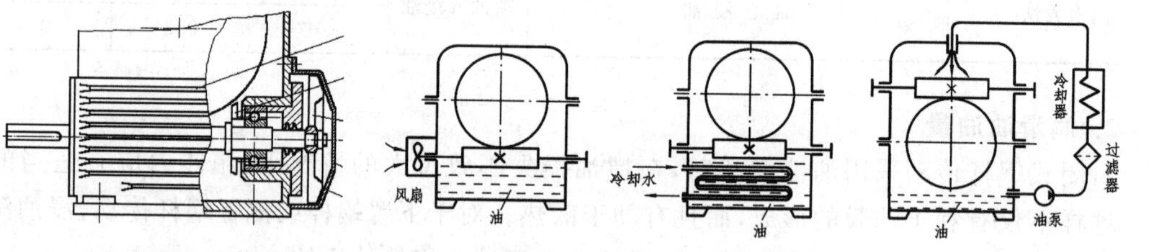

(a) 在箱体上加散热片　(b) 风扇冷却　(c) 内水管冷却　(d) 外冷却器冷却

图 3-11-14　蜗杆减速器的冷却方法

2. 人工通风下连续工作的蜗杆传动

由于在蜗杆轴端加装风扇,功率损耗增加为

$$P_f=(P_1-\Delta P_F)(1-\eta)\ \text{kW}$$

式中,ΔP_F 为风扇消耗的功率,可按下式近似计算

$$\Delta P_F \approx \frac{1.5v_F^3}{10^5}\ \text{kW} \tag{3-4-25}$$

式中,v_F 为风扇叶轮的圆周速度,

$$v_F=(\pi D_F n_F)/(60\times 1\,000)\ \text{m/s}$$

其中,D_F 为风扇叶轮外径,单位是 mm;n_F 为风扇叶轮转速,单位是 r/min。

由摩擦消耗的功率所产生的热流量为

$$H_1=1\,000(P_1-\Delta P_F)(1-\eta)\ \text{W}$$

散逸到周围空气中的热流量为

$$H_2=(K_d'A_1+K_dA_2)(t-t_0)\ \text{W}$$

按热平衡条件 $H_1 \leqslant H_2$,可求得在既定工作条件下的油温为

$$t \geqslant t_0+\frac{1\,000(P_1+\Delta P_F)(1-\eta)}{K_d'A_1+K_dA_2}\ ℃ \tag{3-11-26}$$

式中,A_1 为人工通风风冷面积,单位是 m^2;A_2 为自然通风风冷面积,单位是 m^2;K_d'为人工通风时的散热系数,按表 3-11-17 选取。

表 3-11-17　人工通风时的散热系数 K_d'

蜗杆转速/$r\cdot min^{-1}$	750	1 000	1 250	1 550
K_d'/W·$(m^2\cdot ℃)^{-1}$	27	31	35	38

3. 间断性工作的蜗杆传动

对于间断性工作的蜗杆传动,如果停车时间足够长,发热的传动装置及润滑油就来得及完全冷却,所以需要计算蜗杆传动一次工作所允许的持续时间 T。

在 T 时间内产生的热量为

$$Q_1=1\,000P_1(1-\eta)T\ \text{J}$$

在 T 时间内箱体散逸的热量为

$$Q_2 = K_d A \frac{(t-t_0)}{2} T \text{ J}$$

在 T 时间内被传动装置(包括箱体、传动件及支承件)和润滑油所吸引的热量为

$$Q_3 = (C_1 G_1 + C_2 G_2)(t-t_0) \text{ J}$$

按 T 时间内热平衡条件 $Q_1 = Q_2 + Q_3$,可求得蜗杆传动一次工作所允许的持续时间为

$$T = \frac{(C_1 G_1 + C_2 G_2)(t-t_0)}{1\,000 P_1 (1-\eta) - K_d A (t-t_0)/2} \text{ s} \tag{3-11-27}$$

式中,G_1 为传动装置的质量,单位是 kg;G_2 为润滑油的质量,单位是 kg;C_1 为传动装置的比热,取 $C_1 = 502$ J/kg · ℃;C_2 为润滑油的比热,$C_2 = 1\,674$ J/kg · ℃。

七、蜗杆传动的结构

1. 蜗杆的结构形式(一体式)

一般蜗杆较细,通常与轴做成一体,称蜗杆轴。除螺旋部分的结构尺寸取决于蜗杆的几何尺寸外,其余的结构尺寸可参考轴的结构尺寸而定。蜗杆的螺旋部分有铣制和车制之分,铣制的蜗杆轴无空刀槽,在轴上直接铣出螺旋部分,刚度好,如图 3-11-15(a)、图 3-11-15b)所示;车制的蜗杆轴有空刀槽,削弱蜗杆轴的刚度,如图 3-11-15(c)所示。

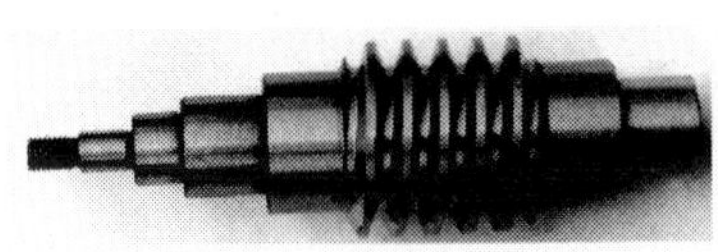

(a) 铣制蜗杆实物图

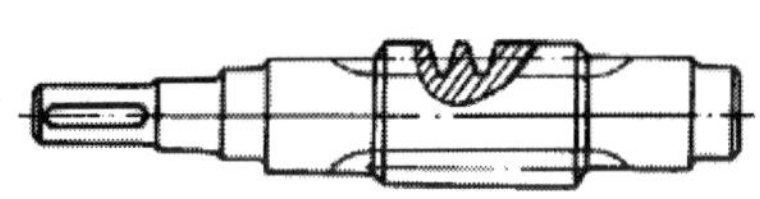

(b) 铣制蜗杆结构图

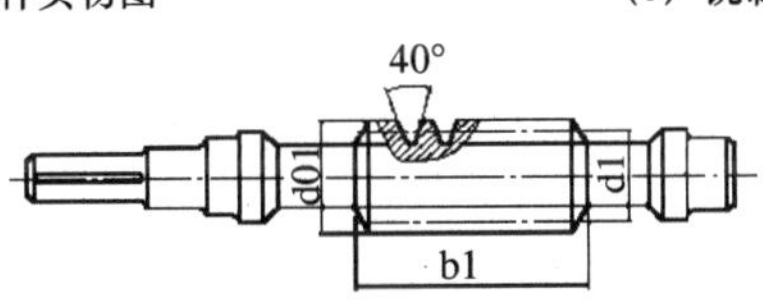

(c) 车制蜗杆结构图

图 3-11-15 蜗杆的结构形式

2. 蜗轮的结构形式〔组装式:齿圈用青铜,轮芯用铸铁(为节省青铜)〕

常用的蜗轮的结构形式有:

(1) 整体浇铸式:主要用于铸铁蜗轮和小尺寸(d<100 mm)的青铜蜗轮,如图 3-11-16(a)所示。

(2) 齿圈压配式:由青铜齿圈与铸铁轮芯过盈配合而成,并在圆周接缝处均布加装 4~8 个紧定螺钉,以增强连接的可靠性。此结构形式用于尺寸不太大或工作温度变化较小的场合,如图 3-11-16(b)所示。

(3) 螺栓连接式:在齿圈与轮芯轮辐重合圆周面上均布铰制孔螺栓连接。多用于尺寸较大或磨损较快需更换齿圈的场合,如图 3-11-16(c)所示。

(4) 拼铸式:在铸铁轮芯外圆上再浇铸青铜齿圈,再在齿圈上加工轮齿。适用于中等尺寸、成批制造的蜗轮,如图 3-11-16(d)所示。

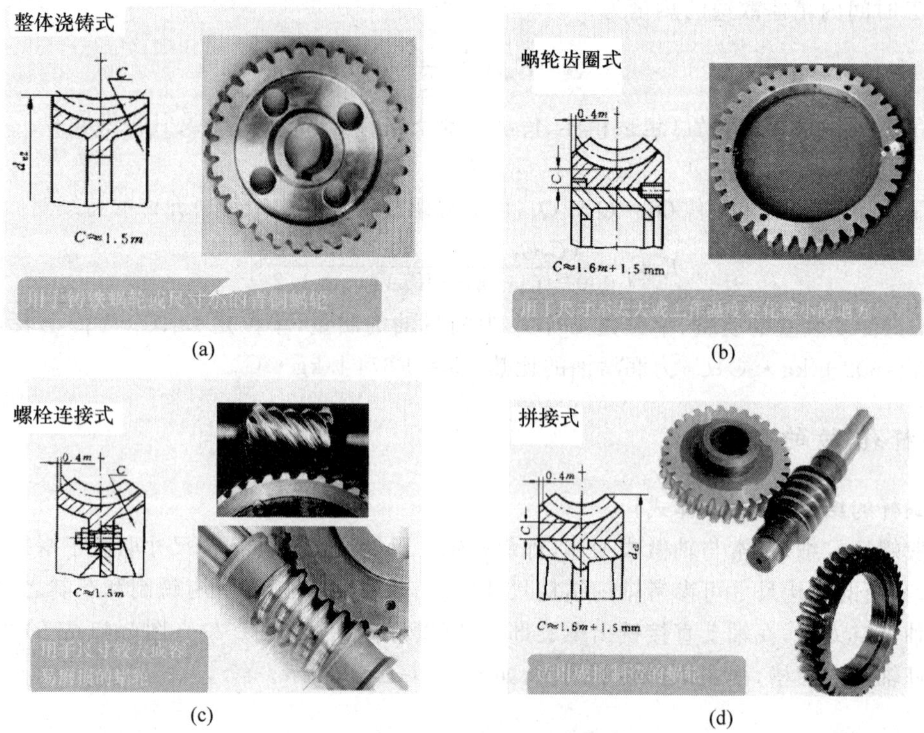

图 3-11-16　蜗轮的结构形式

任务实施

解:由于蜗轮蜗杆传动的强度计算是针对蜗轮进行的,而且对载荷平稳的传动,蜗轮轮齿接触强度和热平衡计算所限定的承载能力,通常都是满足弯曲强度的要求,因此,本题只需进行接触强度和热平衡计算。

(1) 选择材料并确定许用应力

蜗杆:由于功率不大,采用 45 钢表面淬火,硬度>45 HRC。

蜗轮:因转速较高,采用抗胶合性能好的铸造锡青铜,ZcuSn10Pb1,砂模铸造,查表 3-11-10,蜗轮材料的基本许用接触应力为

$$[\sigma_H]'=180\ \text{MPa}$$

查表 3-11-12,蜗轮材料的基本许用弯曲应力为

$$[\sigma_F]'=40\ \text{MPa}$$

计算应力循环次数 N (蜗轮转速 $n_2=n_1/i=1\,450/25=58$ r/min

$$N=60jn_2L_h=60\times1\times58\times15\,000=5.22\times10^7$$

计算寿命系数 Z_N、Y_N:

$$Z_N=\sqrt[8]{\frac{10^7}{N}}=\sqrt[8]{\frac{10^7}{5.22\times10^7}}=0.813\,4$$

$$Y_N=\sqrt[9]{\frac{10^6}{N}}=\sqrt[9]{\frac{10^6}{5.22\times10^7}}=0.644\,4$$

计算许用应力:

$$[\sigma_H]=[\sigma_H]'\cdot Z_N=180\times0.813\,4=146.41\ \text{MPa}$$

$$[\sigma_F]=[\sigma_F]'\cdot Y_N=40\times 0.6444=25.78\ \text{MPa}$$

(2) 确定蜗杆头数和蜗轮齿数

由表 3-11-4,根据传动比 i 值取

$$z_1=2$$

$$z_2=iz_1=25\times 2=50$$

(3) 计算蜗轮转矩 T_2

$$T_2=9.55\times 10^6\ \frac{P_1}{n_2}\cdot\eta$$

取 $\eta=0.85$

$$T_2=9.55\times 10^6\times\frac{6.5}{58}\times 0.85=9.1\times 10^5\ \text{N}\cdot\text{mm}$$

(4) 按齿面接触疲劳强度计算

取载荷系数 $K=1.2$ 由式(3-11-16)得

$$m^2d_1\geqslant KT_2\left(\frac{496}{z_2[\sigma_H]}\right)^2=1.2\times 9.1\times 10^5\times\left(\frac{496}{50\times 146.41}\right)^2=5\,013\ \text{mm}^3$$

查表 3-11-3,按 $m^2d_1\geqslant 5\,013\ \text{mm}^3$,选取 $m^2d_1=5\,120\ \text{mm}^3$,得 $m=8$, $d_1=80$

$$q=\frac{d_1}{m}=80/8=10\ \text{mm}$$

$$d_2=mz_2=8\times 50\ \text{mm}=400\ \text{mm}$$

由式(3-11-3)得

$$\gamma=\arctan\frac{z_1}{q}=\arctan\frac{2}{10}=11.31^\circ$$

查表 3-11-11,得 $Y_{Fa2}=2.2$。

由式(3-11-17)得

$$\sigma_F=\frac{1.53KT_2\cos\gamma}{d_1d_2m}\cdot Y_{Fa2}=\frac{1.53\times 1.2\times 9.1\times 10^5\times\cos 11.31^\circ}{80\times 400\times 8}\times 2.2$$

$$=14.08\ \text{MPa}\leqslant[\sigma_F]$$

齿根的弯曲疲劳强度校核合格。

(5) 验算传动效率 η

蜗杆分度圆速度为

$$v_1=\frac{\pi d_1n_1}{60\times 1\,000}=\frac{3.14\times 80\times 1\,450}{60\times 1\,000}\ \text{m/s}=6.07\ \text{m/s}$$

$$v_s=\frac{v_1}{\cos\lambda}=\frac{6.07}{\cos 11.31^\circ}\ \text{m/s}=6.19\ \text{m/s}$$

查表 3-11-13 得,$f_v=0.0204$,$\varphi_v=1^\circ 9'=1.15^\circ$

$$\eta=(0.95\sim 0.97)\ \frac{\tan\lambda}{\tan(\lambda+\varphi_v)}$$

$$=(0.95\sim 0.97)\ \frac{\tan 11.31^\circ}{\tan(11.31^\circ+1.15^\circ)}$$

$$=0.86\sim 0.88$$

与原估计相近。

(6) 热平衡计算

取室温 $t_0=20$ ℃,取散热系数 $K_d=15$ W/(m^2·℃),由式(3-11-23)可得

$$t \geqslant t_0+\frac{1\,000P_1(1-\eta)}{K_dA}=20+\frac{1\,000\times 6.5\times(1-0.86)}{15\times 1.5}=60.44\ ℃$$

因为 $t=60.44$ ℃<60~70 ℃,所以符合要求。

(7) 中心距 a 及各部分尺寸

$$a=\frac{d_1+d_2}{2}=\frac{80+400}{2}=240\ \text{mm}$$

各部分尺寸计算略。

(8) 精度选择

由 v_2 选择精度等级。精度等级选择参考 GB10089—88。

$$v_2=\frac{\pi d_2 n_2}{60\times 1\,000}=\frac{\pi\times 400\times 58}{60\times 1\,000}\ \text{m/s}=1.21\ \text{m/s}$$

因为 $v_2 \leqslant 3$ m/s,故选 8 级精度。

(9) 绘制蜗杆、蜗轮零件工作图(略)

探索与发现

某轧钢车间需设计一台闭式单级普通圆柱蜗杆减速器,如图 3-11-1 所示。已知蜗杆轴输入功率 $P_1=10$ kW,转速 $n_1=1\,450$ r/min,传动比 $i=20$,要求使用 10 年,两班制,单向运行,启动载荷较大,并有较大冲击,工作环境温度 35~40 ℃。

项目十二　分析轿车变速器轮系

任务目标

1. 了解轮系的概念、类型及应用。
2. 掌握判断轮系类型的方法。
3. 掌握轮系传动比的计算方法。

重点难点

1. 判断轮系类型的方法。
2. 轮系传动比的计算。
3. 周转轮系传动比的计算和转向的判定。

任务引入

如图 3-12-1 所示为桑塔纳轿车变速器轮系,你知道轿车在行驶过程中是如何实现变速的吗? 说说其变速原理,并分析该轮系属于何种类型轮系?

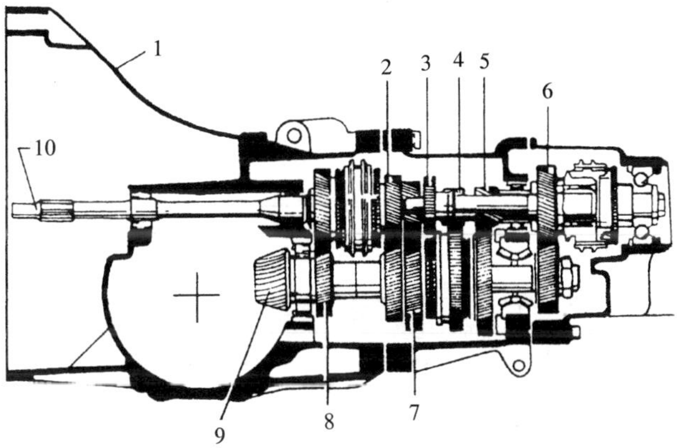

1—变速器壳体 2—输入轴三挡齿轮 3—倒挡齿轮 4—倒挡轴 5—输入轴一挡齿轮
6—输入轴五挡齿轮 7—输出轴二挡齿轮 8—输出轴四挡齿轮 9—输出轴 10—输入轴

图 3-12-1 桑塔纳轿车变速器轮系

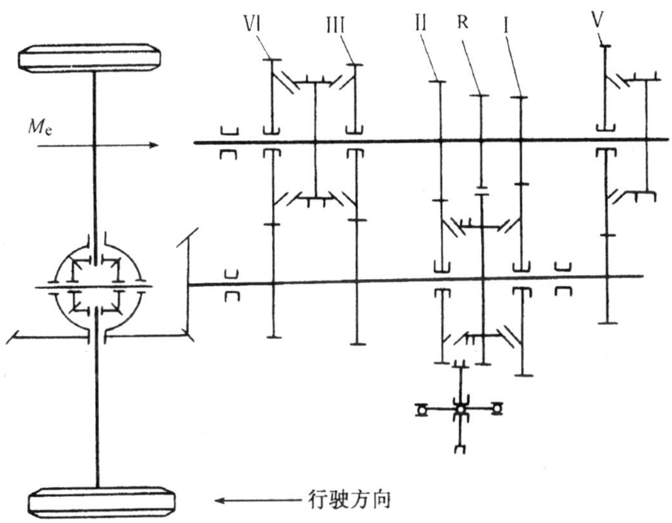

图 3-12-2 桑塔纳轿车变速器轮系结构示意图

任务分析

在机械传动中，为了获得很大的传动比，或者为了将输入轴的一种转速变换为输出轴的多种转速等原因，常采用一系列互相啮合的齿轮将输入轴和输出轴连接起来。这样由一系列齿轮组成的齿轮传动系统称为轮系。

汽车行驶条件变化很大，而发动机转矩和转速变化范围较小，需要用变速器这样一种轮系改变发动机到驱动轮上的转矩和转速，以适应起步、爬坡、加减速、倒车、滑行等复杂的路况。变速器的功能有：(1)改变传动比，扩大驱动轮转矩和转速的变动范围，使汽车在油耗相对较低、功率相对较高的工况下工作；(2)在发动机选项不变的前提下，汽车可以倒行；(3)在发动机不停转的情况下，可利用空挡断开动力传递，使车辆暂时滑行或进行其他操控；(4)利用油门和离合器的配合操控实现换挡，以变速、变向、变矩输出运动中的动力。

本项目就是从轮系的类型及应用入手，探求判断轮系类型的方法、轮系传动比的计算方法,为更好地将轮系应用于实践奠定基础。

知识链接

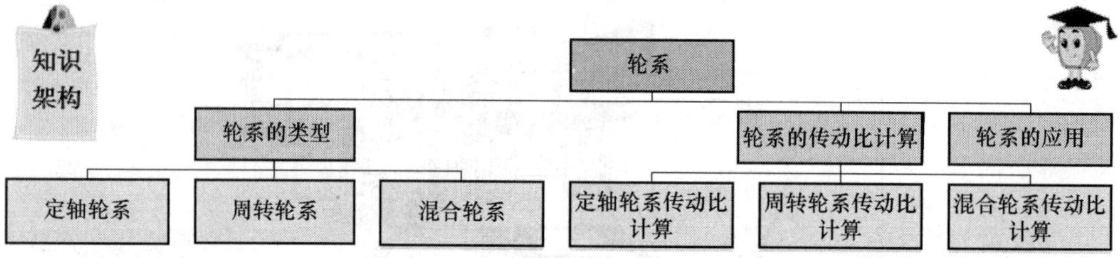

一、轮系的类型

由一对齿轮组成的机构是齿轮传动中最简单的形式。在实际中,为了将主动轴的一种转速变换为从动轴的多种转速,或者为了获得大的传动比,需要采用彼此啮合的一系列齿轮组成的齿轮机构来传动,这种由一系列齿轮组成的齿轮传动系统称为**轮系**。

通常根据轮系运动时各个齿轮的轴线在空间的位置,将轮系分为定轴轮系、周转轮系、混合轮系三类,即

轮系
- 定轴轮系(轴线固定)
  - 平面定轴轮系
  - 空间定轴轮系
- 周轮轮系(轴有公转)
  - 差动轮系($F=2$)
  - 行星轮系($F=1$)
- 混合轮系:由定轴轮系和周转轮系混合而成或由几个周转轮系组合而成

在轮系运动时,如果轮系中所有齿轮的轴线相对机架都是固定的,这种轮系是**定轴轮系**〔如图 3-12-3(a、b)所示〕。如果轮系中有一个或几个齿轮的轴线相对机架是不固定的,而是绕其他齿轮的固定轴线转动,则这种轮系是**周转轮系**〔如图 3-12-3(c)所示〕,其中齿轮 2 绕齿轮 1、3 轴线转动。由定轴轮系部分和周转轮系部分组成的轮系或有几个周转轮系部分组成的轮系是**复合轮系**〔如图 3-12-3(d、e)所示〕,如表 3-12-1 所示。

(a) 平面定轴轮系

(b) 空间定轴轮系

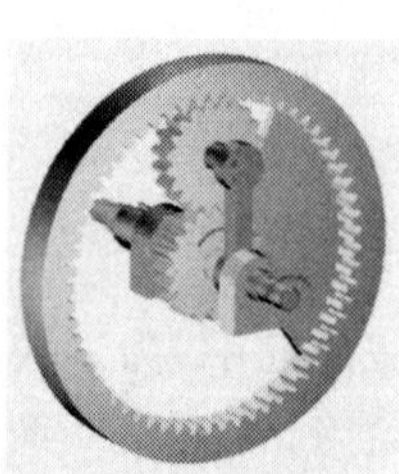

(c) 周转轮系

(d) 定轴轮系+周转轮系=复合轮系

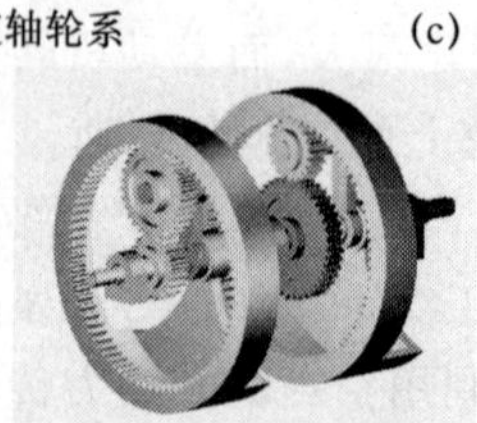

(e) 周转轮系+周转轮系=复合轮系

图 3-12-3　轮系的类型

表 3-12-1 轮系的类型

<table>
<tr><th>类型名称</th><th>分类方法</th><th>齿轮轴线的相对位置或自由度</th><th>轮系名称</th><th>图例及说明</th></tr>
<tr><td rowspan="2">定轴轮系（普通轮系）</td><td rowspan="2">轮系在运转过程中，如果每个齿轮的几何轴线位置相对于机架的位置均固定不动，则称该轮系为定轴轮系（轴线固定）</td><td>平行（由圆柱齿轮组成）</td><td>平面定轴轮系</td><td>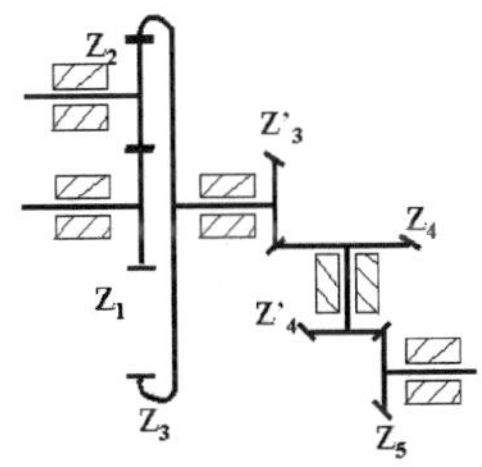

定轴轮系中所有齿轮的轴线全部固定，若所有齿轮的轴线全部在同一平面或相互平行的平面内，则称为平面定轴轮系</td></tr>
<tr><td>相交或交错（圆锥齿轮或蜗轮蜗杆传动）</td><td>空间定轴轮系</td><td>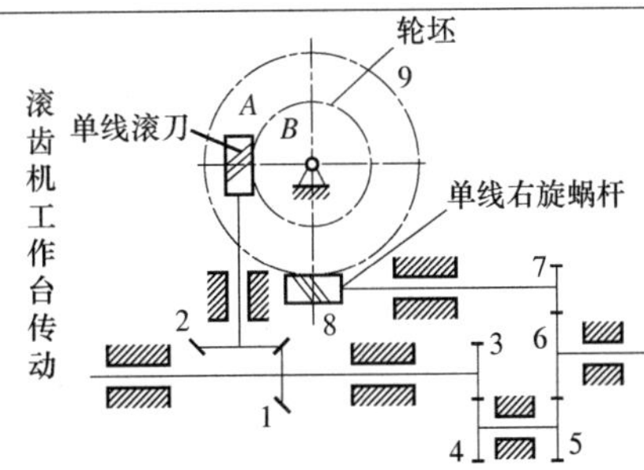

若所有齿轮的轴线并不全部在同一平面或相互平行的平面内，则称为空间定轴轮系</td></tr>
<tr><td rowspan="2">周转轮系（动轴轮系）</td><td rowspan="2">轮系运转时，如果至少有一个齿轮的轴线绕另一齿轮的固定轴线回转的轮系称为周转轮系（轴有公转）。
其中绕着固定轴线回转的这种齿轮称为中心轮（或太阳轮），既绕自身轴线回转又绕着其他齿轮的固定轴线回转的齿轮称为行星轮，支撑行星轮的构件称为系杆（或转臂或行星架）。在周转轮系中，一般都以中心轮或系杆作为运动的输入或输出构件，常称其为周转轮系的基本构件。
周转轮系还可按其所具有的自由度数目作进一步的划分：差动轮系（$F=2$）；行星轮系（$F=1$）</td><td>自由度：
$F=3\times4-2\times4-2=2$</td><td>差动轮系</td><td>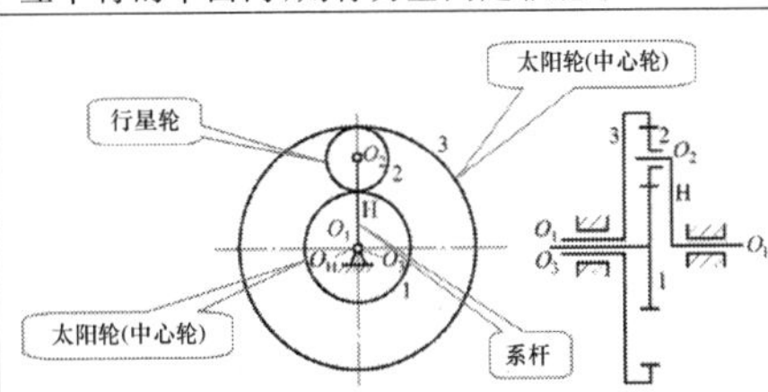

中心轮 1、3 和系杆 H 的回转轴线的位置均固定且重合，行星轮 2 既绕自身轴线回转又绕着中心轮 1、3 固定轴线回转。
若周转轮系的自由度为 2，则称其为差动轮系，为了确定这种轮系的运动，须给定两个构件以独立运动规律</td></tr>
<tr><td>自由度：
$F=3\times3-2\times3-2=1$</td><td>行星轮系：（两个中心轮之一固定）</td><td>{运动复合→两个主动，一个从动
运动分解→一个主动，两个从动
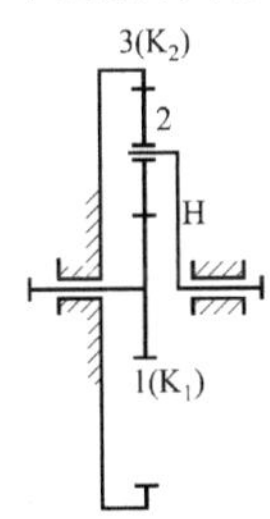

若周转轮系的自由度为 1，则称其为行星轮系，为了确定这种轮系的运动，只需给定轮系中一个构件以独立运动规律即可</td></tr>
</table>

续表

类型名称	分类方法	齿轮轴线的相对位置或自由度	轮系名称	图例及说明
复合轮系(两者混合)	在机械传动中，常将由定轴轮系和周转轮系或由两个以上的周转轮系构成的复杂轮系称为复合轮系(或混合轮系)。该复合轮系既包括定轴轮系与周转轮系的组合，又包括周转轮系间的组合。	轮系中包含定轴轮系，又包含周转轮系		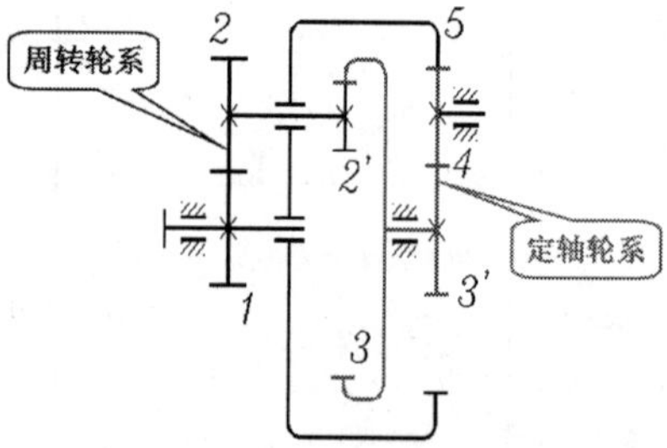 定轴轮系 + 周转轮系
	在机械传动中，常将由定轴轮系和周转轮系或由两个以上的周转轮系构成的复杂轮系称为复合轮系(或混合轮系)	轮系中包含几个周转轮系		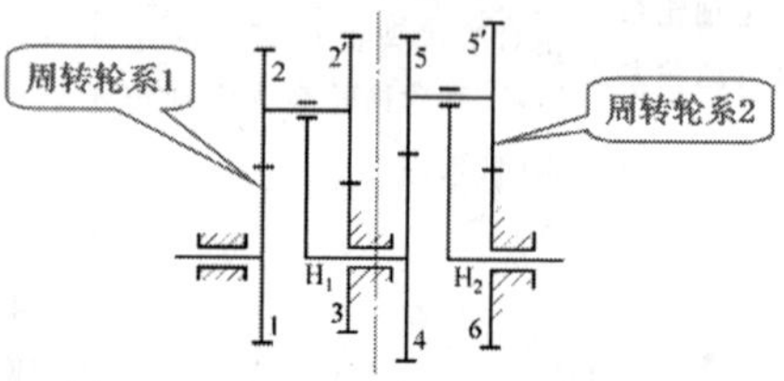 周转轮系 + 周转轮系

二、定轴轮系的传动比计算

定轴轮系的传动比是指在所研究的轮系中，其首、末两齿轮的角速度之比。传动比用 i 表示，并在下角标中标记这两个齿轮。计算轮系的传动比包括计算其传动比的大小和确定其首、末两齿轮的转向关系。

由一对圆柱齿轮啮合组成的传动比，其传动比为

$$i_{12}=\frac{\omega_1}{\omega_2}=\frac{n_1}{n_2}=\mp\frac{z_2}{z_1}$$

式中，负号“－”用于外啮合〔如图 3-12-4(a)所示〕，表示主动齿轮 1 与从动齿轮 2 的转向相反；正号“＋”用于内啮合〔如图 3-12-4(b)所示〕，表示两齿轮的转向相同。

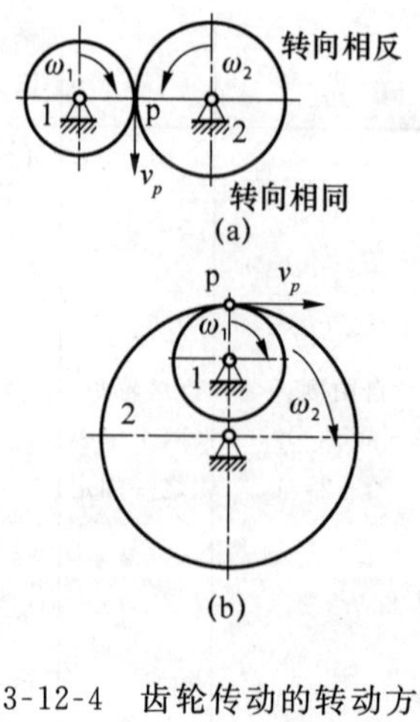

图 3-12-4 齿轮传动的转动方向

如图 3-12-5 所示的定轴轮系，其传动比 i_{15} 可由各对相啮合的齿轮传动比求出。设 z_1，z_2，$z_{2'}$，z_3，z_3'，z_4，z_5 为各齿轮的齿数，n_1，n_2，$n_{2'}(=n_2)$，n_3，$n_{3'}(=n_3)$，n_4，n_5 为各齿轮的转速。由轮系各对齿轮传动比的关系可得

$$i_{12}=\frac{n_1}{n_2}=-\frac{z_2}{z_1},\quad n_2=n_1\left(-\frac{z_1}{z_2}\right)=n_2'$$

$$i_{2'3}=\frac{n_{2'}}{n_3}=\frac{z_3}{z_{2'}},\quad n_3=n_{2'}\left(\frac{z_{2'}}{z_3}\right)=n_1\left(-\frac{z_1}{z_2}\right)\left(\frac{z_{2'}}{z_3}\right)=n_3'$$

$$i_{3'4}=\frac{n_{3'}}{n_4}=-\frac{z_4}{z_{3'}},\quad n_4=n_{3'}\left(-\frac{z_{3'}}{z_4}\right)=n_1\left(-\frac{z_1}{z_2}\right)\left(\frac{z_{2'}}{z_3}\right)\left(-\frac{z_{3'}}{z_4}\right)$$

$$i_{45}=\frac{n_4}{n_5}=-\frac{z_5}{z_4},\quad n_5=n_4\left(-\frac{z_4}{z_5}\right)=n_1\left(-\frac{z_1}{z_2}\right)\left(\frac{z_{2'}}{z_3}\right)\left(-\frac{z_{3'}}{z_4}\right)\left(-\frac{z_4}{z_5}\right)$$

从而得轮系的传动比为

$$i_{15}=\frac{\omega_1}{\omega_2}=\frac{n_1}{n_5}=\left(-\frac{z_1}{z_2}\right)\left(\frac{z_{2'}}{z_3}\right)\left(-\frac{z_{3'}}{z_4}\right)\left(-\frac{z_4}{z_5}\right)=i_{12}\cdot i_{2'3}\cdot i_{3'4}\cdot i_{45}$$

$$=(-1)^3\frac{z_2z_3z_4z_5}{z_1z_{2'}z_{3'}z_4}=-\frac{z_2z_3z_5}{z_1z_{2'}z_{3'}}$$

由以上计算可以看出，定轴轮系的传动比等于组成轮系的各对啮合齿轮传动比的连乘积，其值等于各对齿轮传动中的从动齿轮数的连乘积与各对齿轮主动轮齿数的连乘积之比；而首末两轮转向相反或相同，即传动比的正负，取决于外啮合的次数。

如图 3-12-5 所示轮系中的齿轮 4 同时与两个齿轮 3′、5 啮合，它既是前一级的从动轮，又是后一级的主动轮，因此它的齿数 z_4 在上式的分子、分母各出现一次，可以互相消去，不影响传动比的大小，但它却使外啮合次数改变，从而改变传动比的符号，这种齿轮称为**惰轮**或称为介轮。惰轮只改变从动轮回转方向，不改变传动比大小。加奇数个惰轮，首末两轮转向相同〔如图 3-12-6(a)所示〕；加偶数个惰轮，首末两轮转向相反〔如图 3-12-6(b)所示〕。

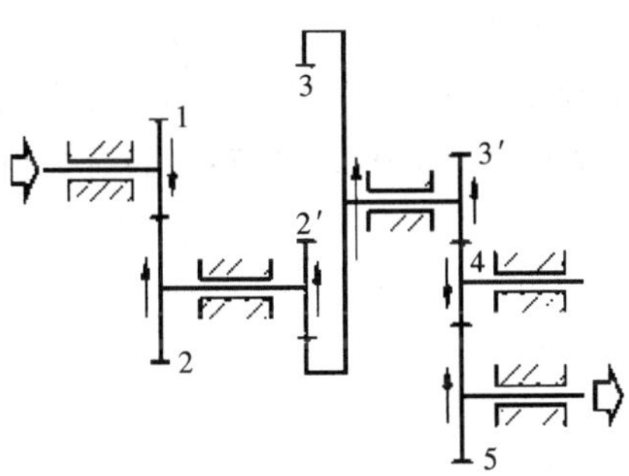

图 3-12-5　定轴轮系

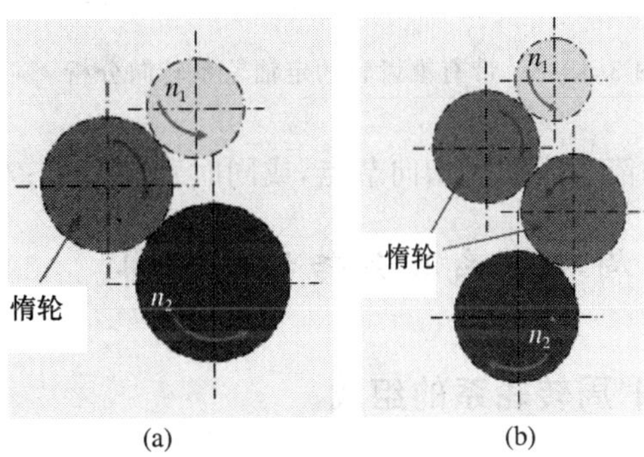

图 3-12-6　惰轮的作用

将以上结论推广到一般情况。设 l，N 分别为定轴轮系的主动齿轮和从动齿轮，m 为其外啮合次数，则

$$i_{lN}=\frac{n_l}{n_N}=(-1)^m\frac{\text{所有各对齿轮的从动轮齿数的乘积}}{\text{所有各对齿轮的主动轮齿数的乘积}}\tag{3-12-1}$$

轮系的转向关系除了用正、负号判断外，还可在图上根据内啮合(转向相同)和外啮合(转向相反)的关系，依次画上箭头来确定〔如图 3-12-7(a)所示〕。如果定轴轮系中有圆锥齿轮、螺旋齿轮或蜗杆蜗轮等空间齿轮，其传动比的大小仍可用式(3-12-1)来计算，但由于一对空

间齿轮的轴线不平行，因而传动比的正负号就没有意义，也就不能用$(-1)^m$来确定两轮的转向关系，所以这类轮系中各齿轮的转向必须在图上用箭头表示出来〔如图 3-12-7(b)所示〕。如果轮系的输入轴和输出轴的轴线平行，则仍可用传动比的正负号来表示两轮的转向相同或相反。

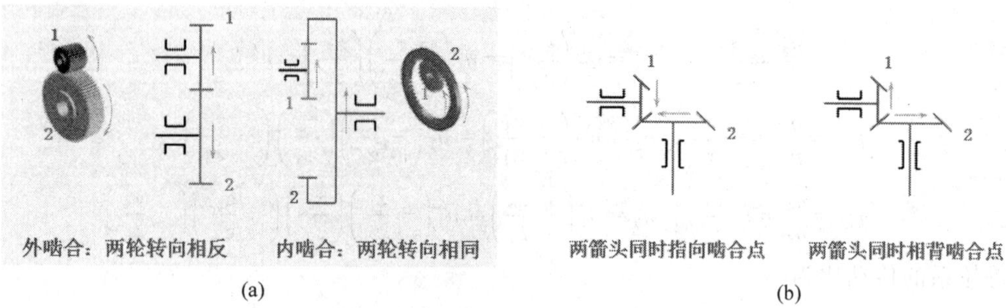

图 3-12-7 用箭头判断轮系的转向关系

【例 3-12-1】 在图 3-12-8 所示轮系中，已知 $z_1=19, z_2=56, z_3=98, z_{3'}=21, z_4=57, z_{4'}=30, z_5=36$。若 $n_1=1\,680$ r/min，求轮 5 转速及各轮的转向。

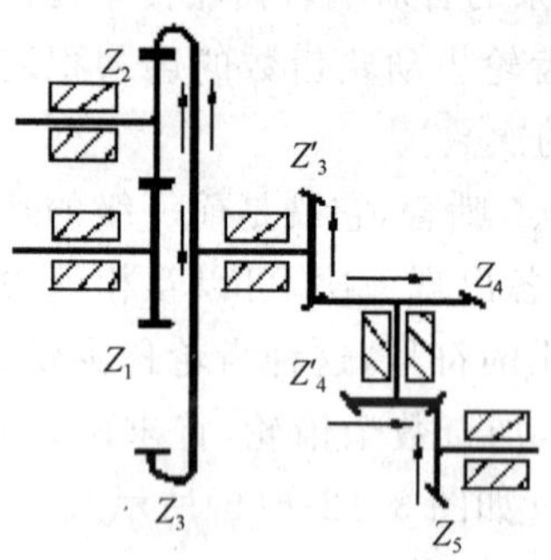

图 3-12-8 带有锥齿轮的定轴轮系转向分析

解：因为轮系中有锥齿轮，所以只能用式(3-12-1)计算轮系传动比的大小。即

$$i_{15}=\frac{\omega_1}{\omega_5}=\frac{n_1}{n_5}=\frac{z_2 z_3 z_4 z_5}{z_1 z_2 z_{3'} z_{4'}}=\frac{z_3 z_4 z_5}{z_1 z_{3'} z_{4'}}$$

$$=\frac{98\times57\times36}{19\times21\times30}=\frac{84}{5}=16.8$$

所以

$$n_5=\frac{n_1}{i_{15}}=\frac{1\,680}{16.8}=100\ \text{r/min}$$

各轮的转向如图 3-12-8 中箭头所示。

箭头画法如下：对于外啮合齿轮传动表示转向的箭头或同时指向节点，或同时背向节点；对于内啮合齿轮传动，表示两轮转向的箭头相同。

三、周转轮系及其传动比计算

(一) 周转轮系的组成

图 3-12-9 所示的是一单排内、外啮合周转轮系，齿轮 1 和 3 以及构件 H 各绕固定的几何轴线 O_1，O_3(与 O_1 重合)及 O_H(也与 O_1 重合)转动；齿轮 2 套装在构件 H 端。当机构 H 转动时，齿轮 2 一方面绕自己的几何轴线 O_2 转动(自转)；同时又随构件 H 绕固定的几何轴线 O_H 转动(公转)。在周转轮系中，这种轴线位置变动的齿轮称为**行星轮**；支承行星轮作自转和公转的构件称为**转臂**或**系杆**(用 H 表示)；轴线位置固定的齿轮则称为**中心轮**或**太阳轮**(用 K 表示)。转臂和中心轮又称为周转轮系的基本构件。应当注意，周转轮系中所有基本构件的几何轴线必须重合，否则便不能运动。

为了使转动时的惯性力平衡以及减轻轮齿上的载荷，常常采用几个完全相同的行星轮(如图 3-12-10 所示为 3 个)均匀地分布在中心轮的周围同时转动。这种行星轮的个数对研究周转轮系的运动没有任何影响，所以在机构简图中可以只画出一个，如图 3-12-9 所示。

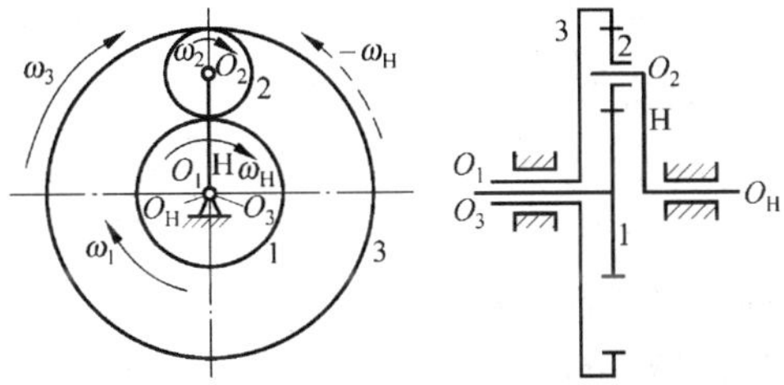

图 3-12-9　周转轮系

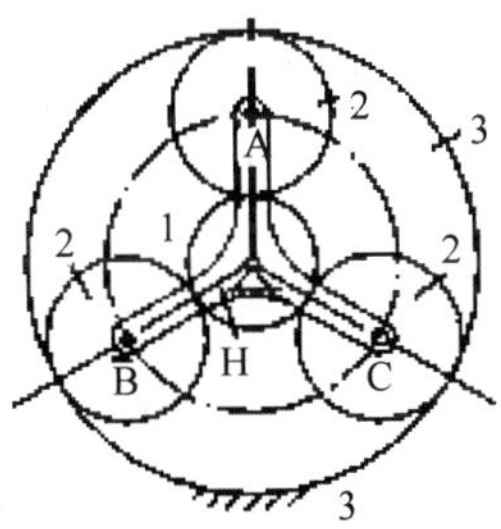

(a) 结构示意图

(b) 实物图

图 3-12-10　多个行星轮组成的行星轮系

(二) 周转轮系的分类

周转轮系按其自由度的数目分为两种基本类型，机构自由度为 2 的周转轮系称为差动轮系，为了确定这种轮系的运动，必须有两个主动构件。机构自由度为 1 的周转轮系称为行星轮系，为了确定这种轮系的运动，只需有一个主动构件，详见表 3-12-1。

周转轮系的分类除按自由度以外，还可根据其基本构件的不同来加以分类。设轮系中的太阳轮以 K 表示，系杆以 H 表示，则如图 3-12-11(a)所示为 2K-H 型轮系；图 3-12-11(b)为 3K 型轮系，因其基本构件为 3 个中心轮，而系杆只起支撑行星轮的作用。在实际机构中常用 2K-H 型轮系；图 3-12-11(c)为双 2K-H 型轮系。

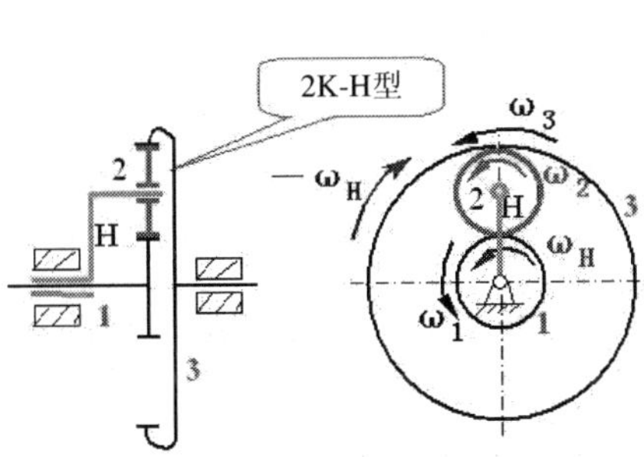

(a) 2K-H型

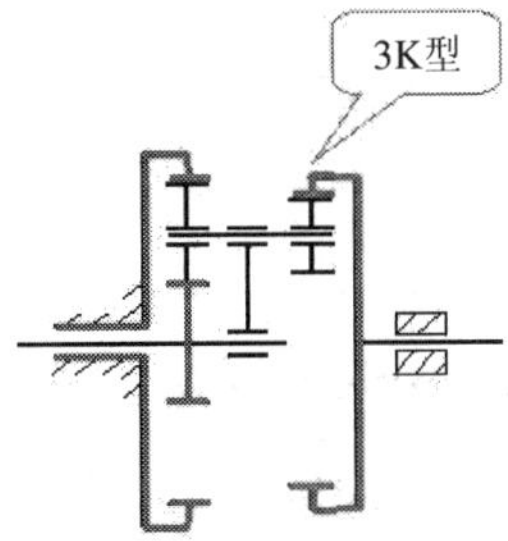

(b) 3K型

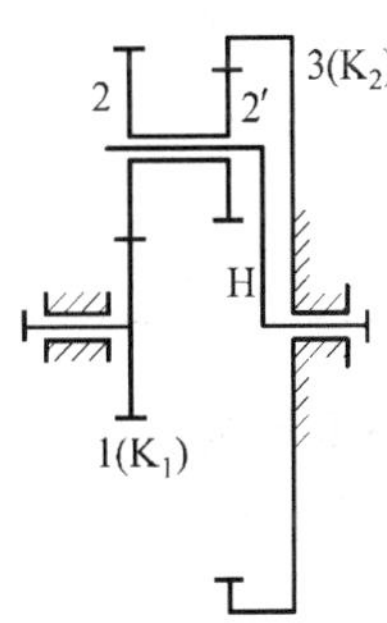

(c) 双2K-H型

图 3-12-11　多个行星轮组成的行星轮系

(三)周转轮系的传动比计算

因为周转轮系中行星轮的运动不是绕固定轴线的简单转动,而是既有公转又有自转的运动,如图 3-12-12(a)所示,所以其传动比计算时不能直接套用定轴轮系传动比的计算公式,因为定轴轮系中所有的齿轮轴线都是固定的。为了套用定轴轮系传动比计算公式,必须想办法将行星轮的回转轴线固定,同时又不能让基本构件的回转轴线发生变化。为了求解周转轮系的传动比,应当设法将周转轮系转化成为一个定轴轮系,也就是在保持周转轮系中各个构件之间的相对运动不变的条件下,使转臂变为固定不动,如图 3-12-12(b)所示。

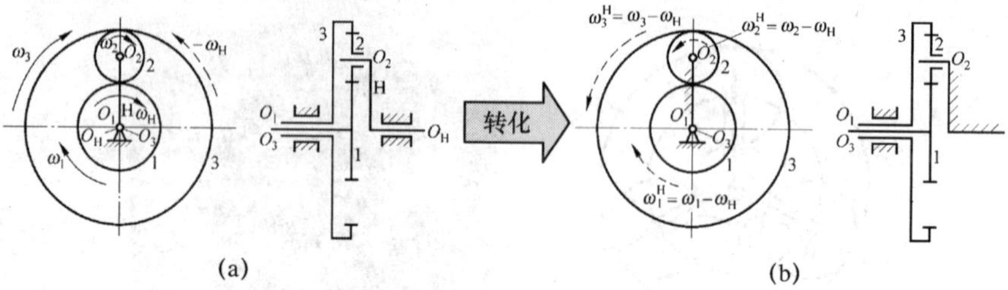

图 3-12-12 周转轮系的转化

在如图 3-12-12(a)所示的周转轮系中,设 ω_H 为转臂 H 的角速度,根据相对运动原理,当给整个轮系加上一个大小为 ω_H 而方向与 ω_H 相反的公共转速 $-\omega_H$ 后,各构件间的相对运动并不改变,但原轮系将转化成为一个新的定轴轮系,可按定轴轮系的公式计算该新轮系的传动比。转化后所得的定轴轮系称为原周转轮系的“转化轮系”。将整个轮系机构按 $-\omega_H$ 反转后,各构件的角速度的变化如表 3-12-2 所示。

表 3-12-2 中 $\omega_H^H=\omega_H-\omega_H=0$ 表明,在转化机构中转臂 H 静止不动了。这样,所有齿轮的几何轴线的位置全部固定,原来的周转轮系便成了定轴轮系,这一定轴轮系就是原来周转轮系的转化轮系。转化轮系中各构件的转速 ω_1^H,ω_2^H,ω_3^H 及的 ω_H^H 右上角都带有角标 H,表示这些转速是各构件关于转臂 H 的相对转速。

表 3-12-2 周转轮系各构件的角速度的变化分析

构件	原来的角速度	在转化机构中的转速
1	ω_1	$\omega_1^H=\omega_1-\omega_H$
2	ω_2	$\omega_2^H=\omega_2-\omega_H$
3	ω_3	$\omega_3^H=\omega_3-\omega_H$
H	ω_H	$\omega_H^H=\omega_H-\omega_H=0$

周转轮系的转化轮系中的任意两轮的传动比可用求解定轴轮系传动比的方法来计算,例如,转化轮系中齿轮 1 对齿轮 3 的传动比 i_{13}^H 为

$$i_{13}^H=\frac{n_1^H}{n_3^H}=\frac{n_1-n_H}{n_3-n_H}=(-1)^m\frac{z_2z_3}{z_1z_2}=-\frac{z_3}{z_1}$$

上式为该周转轮系的三个构件的转速与轮系中有关齿轮齿数及外啮合次数间的关系式。等式右边“−”表示轮 1 与轮 3 在转化轮系中的转向相反。对于差动轮系,由于两个中心轮和转臂都是转动的,所以 n_1,n_3 和 n_H 三个转速中,必须已知两个才能求出第三个;对于行星轮

系，其中一个中心轮是固定的，转速为零，故根据一个构件的转速就可以求得另一构件的转速。

在一般情况下，设 n_G 和 n_K 为周转轮系中任意两齿轮 G 和 K 的转速，它们与转臂 H 的转速 n_H 之间的关系应为

$$i_{GK}^{H}=\frac{n_G-n_H}{n_K-n_H}=(-1)^m\frac{\text{从齿轮 G 至 K 间所有从动轮齿数乘积}}{\text{从齿轮 G 至 K 间所有主动轮齿数乘积}} \tag{3-12-2}$$

式中，m 为齿轮 G 至 K 间外啮合的次数。

应用式(3-12-2)时，应设 G 为主动轮，K 为从动轮，中间各轮的主、从动地位应按此假设判定。

必须注意，在推导过程中对各机构所加上的公共转速-n_H 与各构件的原来转速是代数相加的，所以 n_G，n_K 和 n_H 必须是平行平面内的转速，或者说齿轮 G、K 和转臂 H 的轴线必须互相平行。

在计算时，要特别注意各转速的正负号，在假定了某一方向的转速为正以后，向相反方向的转速就是负，必须将转速的大小连同它的符号一同代入式(3-12-2)进行计算。

上述这种运用相对运动的原理，将周转轮系转化成假想的定轴轮系，然后计算其传动比的方法称为相对速度法或反转法。

【例 3-12-2】 在如图 3-12-13 所示行星轮系中，各轮的齿数为：$z_1=28$，$z_2=18$。$z_{2'}=24$，$z_3=70$。已知 $n_1=230$ r/min，转向如图中箭头所示。求转臂 H 的转速 n_H。

解：在该轮系中，因齿轮 1，3 和转臂 H 的轴线相重合，所以可以用式(3-12-2)进行计算

$$i_{13}^{H}=\frac{n_1-n_H}{n_3-n_H}=\frac{200-n_H}{0-n_H}=-\frac{z_2z_3}{z_1z_{2'}}=-\frac{18\times70}{28\times24}=-\frac{15}{8}$$

解得

$$n_H=80\ \text{r/min}$$

正号表示 n_H 的转向与 n_1 的转向相同。

式(3-12-2)也适用于由圆锥齿轮所组成的周转轮系。但等式右边的正负号，必须在转化轮系中用画箭头的方法确定。在转化轮系中，若 G、K 两轮转向相同，则等式右边取正号；转向相反，则取负号。

【例 3-12-3】 在如图 3-12-14 所示圆锥齿轮组成的周转轮系中，各轮的齿数为 $z_1=48$，$z_2=48$，$z_{2'}=18$，$z_3=24$。

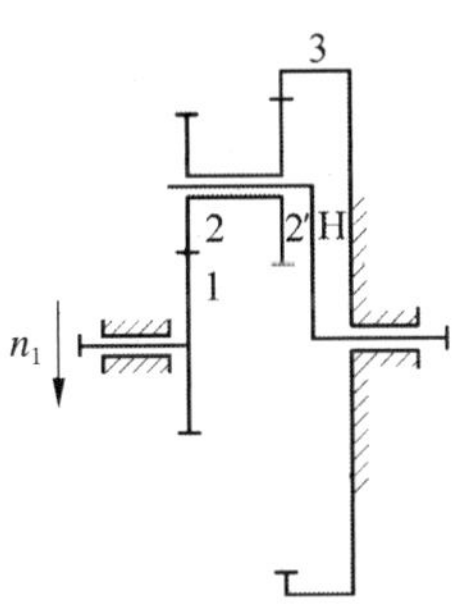

图 3-12-13　行星轮系

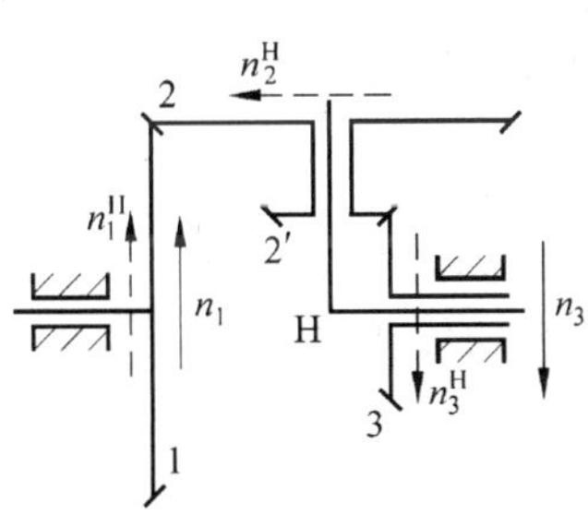

图 3-12-14　圆锥齿轮组成的周转轮系

已知 $n_1=250$ r/min，$n_3=100$ r/min，转向如图中箭头所示，试求转臂 H 的转速 n_H 的大小及方向。

解：设转速 n_1 为正，因 n_3 的转向与 n_1 相反，故转速 n_3 为负。由式(3-12-2)得

$$i_{13}^{H}=\frac{n_1^H}{n_3^H}=\frac{n_1-n_H}{n_3-n_H}=-\frac{z_2z_3}{z_1z_{2'}}$$

所以，由已知可得

$$i_{13}^{H}=\frac{250-n_H}{-100-n_H}=-\frac{48\times24}{48\times18}=-\frac{4}{3}$$

解得

$$n_H=50\ \text{r/min}$$

正号表示 n_H 的转向与 n_1 的转向相同，与 n_3 的转向相反。

注意：本例中行星齿轮 2-2′的轴线和齿轮 1(或齿轮 3)及转臂 H 的轴线不平行，所以不能利用式(3-12-2)来计算行星轮的转速 n_2。

四、混合轮系及其传动比计算

由定轴轮系和周转轮系或几个单一的周转轮系组合而成的轮系称为**混合轮系**。在计算混合轮系的传动比时，既不能将整个轮系作为定轴轮系来处理，也不能对整个轮系来用转化轮系的方法。

混合轮系传动比的计算，首先应将其各个基本轮系正确区分开来；然后分别列出这些基本轮系传动比的方程式；再根据这些基本轮系的组合方式联立求解所要求的传动比。

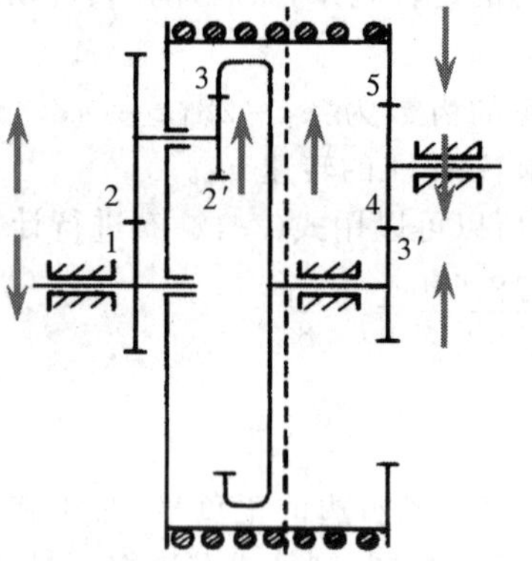

图 3-12-15　电动卷扬机减速器的运动简图

在混合轮系中正确区分各个基本轮系的关键是找出各个周转轮系。找周转轮系的一般方法是：先找出行星轮，即找出那些几何轴线绕另一齿轮的几何轴线转动的齿轮；支承行星轮运动的那个构件就是转臂；而几何轴线与转臂的回转轴线相重合，且直接与行星轮相啮合的定轴齿轮就必然是中心轮。这组行星轮、转臂、中心轮构成一个基本周转轮系，区分出各个周转轮系以后，剩下的那些由定轴齿轮组成的定轴轮系就很清楚了。

【例 3-12-4】　在如图 3-12-15 所示的电动卷扬机减速器的轮系中，已知各轮齿数为：$z_1=24$，$z_2=52$，$z_{2'}=21$，$z_3=78$，$z_{3'}=18$，$z_4=30$，$z_5=78$。试求传动比 i_{15}。

解：在该轮系中，齿轮 1、2、2′、3 组成一个行星轮系。

显然，齿轮 3′、4、5 则组成一个定轴轮系。所以这个轮系是由定轴轮系和行星轮系串联而成的混合轮系。

(1) 定轴轮系部分的传动比，由式(3-12-1)得

$$i_{3'5}=\frac{n_{3'}}{n_5}=-\frac{z_5}{z_{3'}}=-\frac{78}{18}$$

各轮的转向用箭头表示如图 3-12-15 所示。

(2) 周转轮系部分的传动比，由式(3-12-2)得

$$i_{13}^{H}=i_{13}^{5}=\frac{n_1-n_5}{n_3-n_5}=\frac{\dfrac{n_1}{n_5}-1}{\dfrac{n_3}{n_5}-1}=-\frac{z_2z_3}{z_1z_{2'}}=-\frac{52\times78}{24\times21}=-8.05$$

因为

$$n_3=n_{3'}$$

所以

$$i_{13}^{H}=i_{13}^{5}=\frac{n_1-n_5}{n_3-n_5}=\frac{\dfrac{n_1}{n_5}-1}{\dfrac{n_3}{n_5}-1}=\frac{\dfrac{n_1}{n_5}-1}{\dfrac{n_{3'}}{n_5}-1}=\frac{\dfrac{n_1}{n_5}-1}{-\dfrac{78}{18}-1}=-8.05$$

所以

$$i_{15}=\frac{n_1}{n_5}=8.05\times\left(\frac{78}{18}+1\right)+1=43.92$$

n_5 与 n_1 的转向相同。

五、轮系的应用

轮系广泛应用于各种机械中，其主要功用有以下几个方面。

(一) 相距较远的两轴之间的传动

当主动轴和从动轴间的距离较远时，若仅用一对齿轮来传动，如图 3-12-16(a)所示的两齿轮传动，齿轮的尺寸大，导致传动机构庞大，浪费材料，而且制造、安装等都不方便。若改用轮系，如图 3-12-16(b)所示的由四个齿轮组成定轴轮系，便无上述缺点。

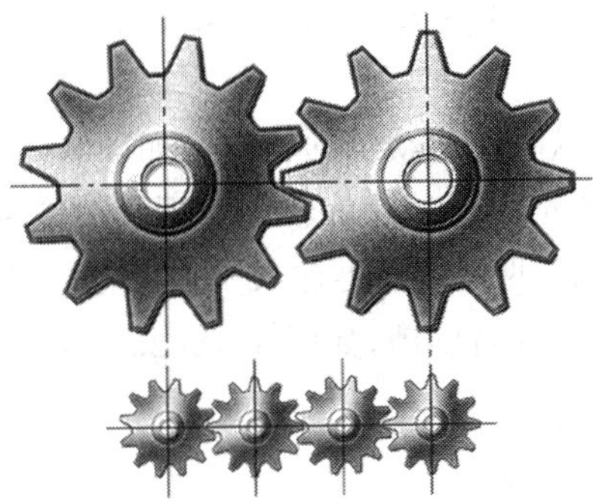

图 3-12-16　相距较远的两轴传动

(二) 实现变速和变向传动

1. 实现变速传动

当主动轴转速不变时，利用轮系可使从动轴获得多种工作转速。汽车、机床、起重设备等都需要这种变速传动。

如图 3-12-17 所示为汽车手动变速箱，你能知道该变速箱能实现几挡变速吗？让我们一起来分析一下吧。

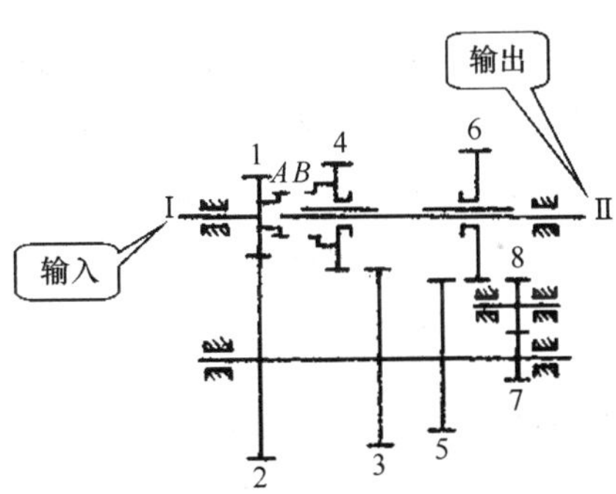

(a) 变速器轮系结构图

(b) 汽车变速器实物图

图 3-12-17　汽车手动变速器

图中Ⅰ轴为动力输入轴，Ⅱ轴为输出轴，4、6为滑移齿轮，A、B为牙嵌式离合器，该变速箱可使输出轴得到四挡转速。

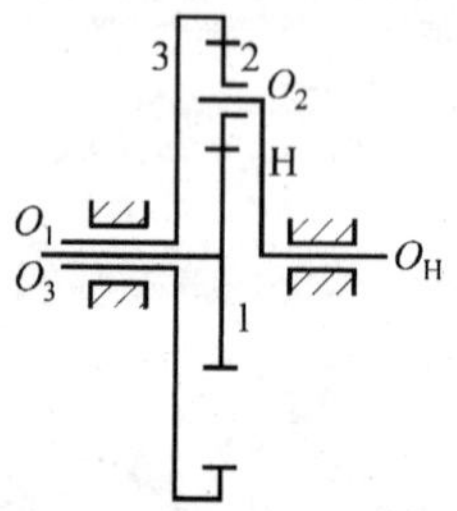

图 3-12-18　行星变速器

第一挡：齿轮5,6相啮合，齿轮3,4和离合器A、B均脱离。

第二挡：齿轮3,4相啮合，齿轮5,6和离合器A、B均脱离。

第三挡：离合器A,B相嵌合，齿轮5,6和齿轮3,4均脱离。

第四挡(倒挡)：齿轮6,8相啮合，齿轮3,4和齿轮5,6以及离合器A、B均脱离，此时，由于齿轮8的作用，输入轴Ⅰ反转。

图3-12-18所示为一行星变速器，O_H轴为输入轴，输出则可以通过O_1轴或O_3轴。

当将O_1轴和O_3轴相对固定时，齿轮1,2和3不能产生相对运动而如同一个整体，变速箱的传动比为$i_{HO_1}=1$；

当将O_H轴刹住，动力由O_3轴输出时，变速器的传动比为$i_{HO_3}=z_3/(z_1+z_3)$；

当将O_3轴刹住，动力由O_1轴输出时，变速箱的传动比为$i_{HO_1}=z_1/(z_1+z_3)$。

2. 实现变向传动

在主轴转向不变的条件下，可以改变从动轴的转向。如图3-12-19(a)所示为一对齿轮啮合，当主动轮1顺时针旋转时，从动轮2逆时针旋转。若不想改变从动轮的转向，则可采用如图3-12-19(b)所示的轮系，即在1、3两轮之间再加入一个齿轮(惰轮)2，则可实现从动轮转向的改变。在生产中，常用轮系来实现变向传动，如图3-12-20所示为车床走刀丝杠三星轮换向机构，利用中间轮来实现变向。

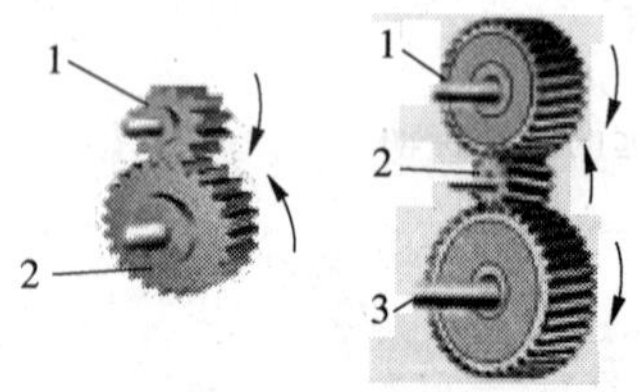

(a)　(b)

图 3-12-19　轮系的转向

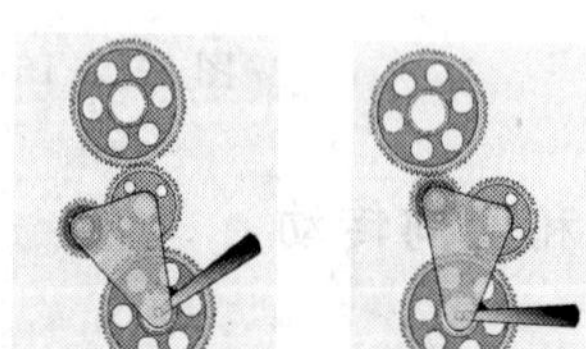

3-12-20　车床走刀丝杠三星轮换向机构

(三) 获得大的传动比

一对齿轮传动的传动比不能太大(一般$i_{12}=3\sim5$,$i_{max}\leqslant8$)，否则将使两轮的尺寸相差太大，使传动的外廓尺寸加大。而采用轮系传动可以获得很大的传动比(可达10 000)，以满足低速工作的要求。特别是采用周转轮系，可以在使用很少的齿轮并且也很紧凑的条件下，就可以得到很大的传动比。如图3-12-21所示的行星轮系，当$z_1=100$,$z_2=101$,$z_{2'}=100$,$z_3=99$时，其传动比i_{H1}由式(3-12-2)计算如下

$$i_{13}^{H}=\frac{n_1-n_H}{n_3-n_H}=(-1)^2\ \frac{z_2z_3}{z_1z_{2'}}$$

即

$$i_{13}^{H}=\frac{n_1-n_H}{0-n_H}=\frac{101\times99}{100\times100}$$

解得

$$i_{H1}=10\ 000$$

但需注意，这种类型的行星齿轮传动，用于减速时，减速比较大，其机械效率越低，故不宜传动大功率，若用作增速传动，则可能发生自锁。

例如在啤酒厂的大麦发酵池中（如图 3-12-22 所示），为了使搅拌器缓慢移动，以达到搅拌充分的目的，从电机到移动齿轮间采用了行星减速器，其传动比高达 702.25。

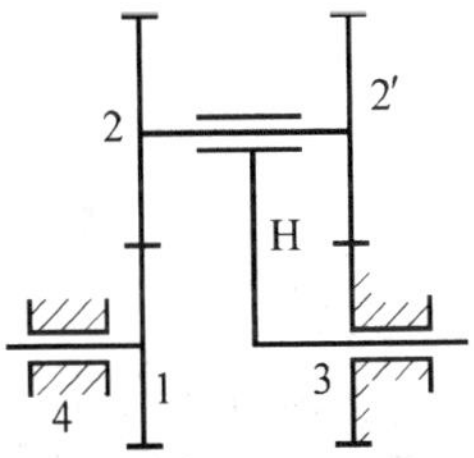

图 3-12-21　行星轮系

(a)　大麦发酵池实物图

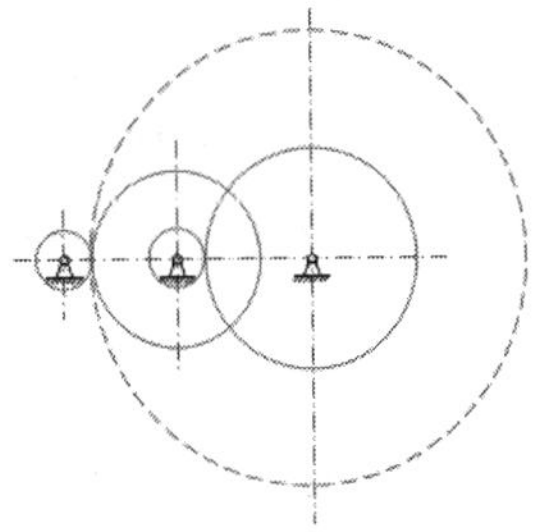

(b) 行星减速器

图 3-12-22　大麦发酵池

(四) 运动的合成与分解

如前所述，采用行星轮系，可以将两个独立的运动合成为一个运动，或将一个运动分解为两个独立的运动。差动轮系中可以把两个运动合成为一个运动，差动轮系的运动合成特性，被广泛应用于机床、计算机构和补偿调整等装置中。

差动轮系中三个基本构件都能转动，给定其中任意两个基本构件的转动，第三个基本构件的转动才能确定。也就是说，输入两个基本构件的转动，可以合成输出第三个基本构件的转动，如图 3-12-23 所示。

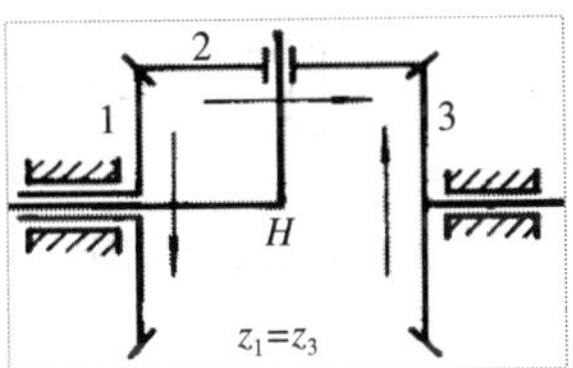

$$i_{13}^{H}=\frac{n_1-n_H}{n_3-n_H}=-\frac{z_3}{z_1}=-1$$

$$\Rightarrow n_H=\frac{1}{2}(n_1+n_3)$$

图 3-12-23　差动轮系

另一方面，利用差动轮系还可以将一个主动的基本构件的转动按所需比例分解为另两个基本构件的两个转动，如图 3-12-24 所示为汽车后桥的差动轮系（常称差速器），它能根据汽车不同的行驶状态，自动将主轴的转速分解为两后轮的不同转动。如图 3-12-24(b)所示汽车发动机通过传动轴驱动齿轮 1，再驱动齿轮 2 转动。齿轮 2 上固联着系杆 H，系杆上装有行星轮 4，与行星轮 4 直接相啮合的齿轮 3 和 5 是中心轮（轮 3，5 的齿数相等），故齿轮 3，4，5 和系杆 H 组成差动轮系。

根据

$$i_{35}^{H}=i_{35}^{2}=\frac{n_3-n_2}{n_5-n_2}=-\frac{z_5}{z_3}=-1$$

得

$$n_2=\frac{n_3+n_5}{2} \tag{a}$$

当汽车直线行驶时，两个后轮所行走的路程相同，故转速相等，由式(a)得 $n_3=n_5=n_2$。表明齿轮 3、5 之间没有相对运动而和齿轮 2 成为一个整体，随齿轮 2 一起转动。行星轮 4 不绕自己的轴线转动。

当汽车左转弯时（转弯中心为 P），如图 3-12-24(d)所示，左轮走的是小圆弧 $R_{左}$，右轮走的是大圆弧 $R_{右}$，左、右两轮所走的路程不相等，假设车轮在地面上不打滑，则两后轮的转速不同，齿轮 3、5 应有相对转动，此时行星轮 4 除随齿轮 2(即系杆 H)一起回转外，还绕自己的轴线转动，因而齿轮 3,4,5 和系杆 H 构成一个差动轮系。

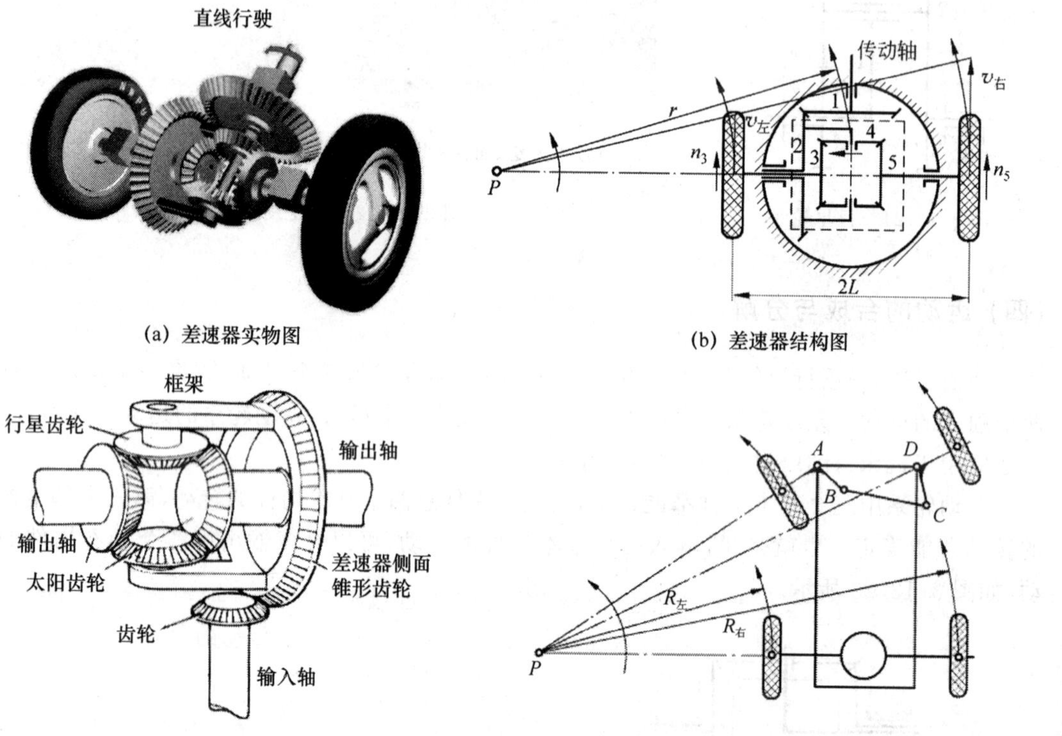

(a) 差速器实物图　(b) 差速器结构图　(c) 差速器各组成部分　(d) 差速器运动示意图

图 3-12-24　汽车后桥差速器

两后轮的转速应与弯道半径成正比，由图 3-12-24(b)可得

$$\frac{n_3}{n_5}=\frac{r-L}{r+L} \tag{b}$$

式中，r 为弯道平均半径；L 为轮距之半。

联立式(a)、(b)可解得

$$n_3=\frac{r-L}{r}n_2$$

$$n_5=\frac{r+L}{r}n_2$$

因此，差动轮系可将输入轴的转动 n_1 分解为两个后车轮的不相等的转动 n_3 和 n_5（在具有附加的约束条件下），这种功能在汽车、拖拉机和飞机等动力传动中有重要的应用。

(五) 分路传动

利用定轴轮系,可通过主动轴上的若干齿轮分别把运动传给多个工作部位,从而实现分路传动。如图 3-12-25 所示是滚齿机工作台中的传动机构。

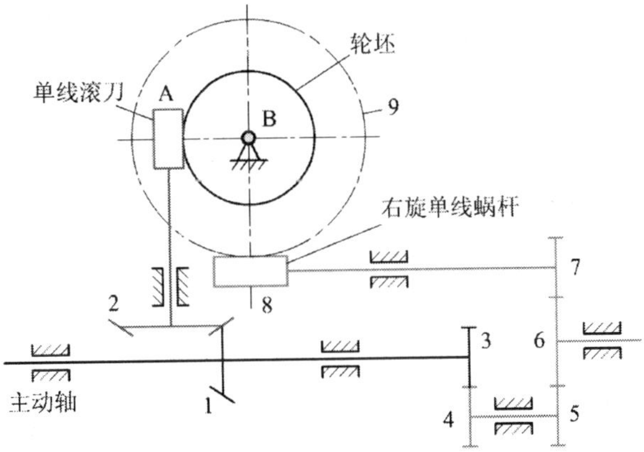

图 3-12-25　滚齿机工作台中的传动机构

(六) 实现结构紧凑的大功率传动

在周转轮系中,为了使转动时的惯性力平稳以及减轻轮齿上的载荷,常采用多个完全相同的行星轮的结构形式,各行星轮均匀地分布在中心轮四周同时转动,如图 3-12-10 所示。

这样,载荷由多对齿轮承受,可大大提高承载能力;又因多个行星轮均匀分布,可大大改善受力状况。此外,采用内啮合又有效地利用了空间,加之其输入轴与输出轴共线,可减小径向尺寸。因此可在结构紧凑的条件下,实现大功率传动。

如飞机涡轮螺旋桨发动机主减速器(图 3-12-26)就通过轴入齿轮 1 轴与输出齿轮 5 轴共线,同时采用外齿轮 4 与内齿轮 5 的啮合达到结构紧凑,实现大功率传动的效果。

(a) 螺旋桨实物图

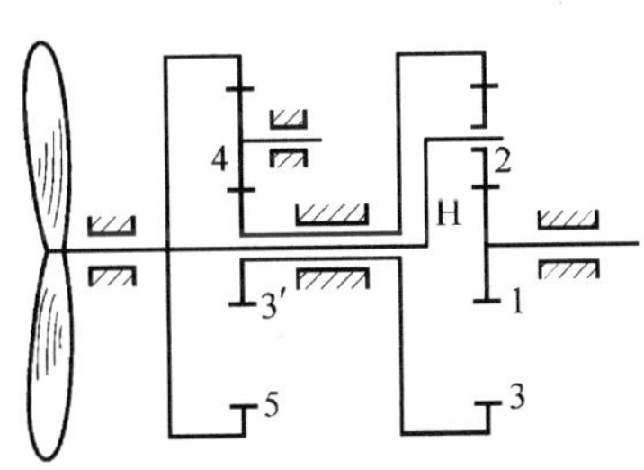

(b) 轮系结构图

图 3-12-26　飞机涡轮螺旋桨发动机主减速器

任务实施

桑塔纳轿车变速器是通过轮系中各齿轮传动改变齿数,从而实现速度的改变。

桑塔纳轿车发动机前置并前轮驱动,其变速器是两轴式,属于定轴轮系变速器。其结构原理如下。

如图 3-12-1 及图 3-12-2 所示，1 轴为输入轴，其上有与 1 轴上的 1 挡Ⅰ、2 挡Ⅱ、倒挡 R 三个与轴同转的固定主动轮，有与轴同转的 3、4 挡同步器和 5 挡同步器，还有 3 挡Ⅲ、4 挡Ⅳ、5 挡Ⅴ三个不与轴同转的齿轮，它们虽与 2 轴固定的被动齿轮相啮合，却只有与同步器结合，才能把运动和动力传给Ⅰ轴的齿轮。

2 轴为输出轴，其上有与 1 轴上的 1 挡Ⅰ、2 挡Ⅱ相啮合的 1、2 挡从动轮，有与 1 轴上的 3 挡Ⅲ、4 轴Ⅳ、5 挡Ⅴ相啮合与 2 轴同轴的 3、4、5 挡从动轮，还有与 2 轴同转可与 1、2 挡从动轮及倒挡滑动轮相结合的同步器。另外，2 轴的输出末端有锥齿轮与减速器锥齿轮啮合，以最终把运动和动力传递给驱动轮。

变速器传递运动和动力同样符合机构具有确定运动的条件，并且由齿轮的啮合确定，每次只允许拨动一个挡位使一对齿轮有效啮合，传出一个转速和一个转矩。具体过程如下。

(1) 发动机通过离合器把运动和动力传至 1 轴，带动Ⅰ、Ⅱ、R 和两个同步器旋转，Ⅰ、Ⅱ带动 2 轴上与之啮合的从动轮，R 带动倒挡轴上倒挡轮无效空转，其他轮不转。

(2) 当 2 轴上 1、2、倒挡同步器结合套向右与 1 挡从动轮结合，则输出 1 挡转速与转矩，即 1 轴→1 挡主动轮Ⅰ→1 挡从动轮→1、2、倒挡同步器→2 轴→减速器。

(3) 当 2 轴上 1、2、倒挡同步器结合套向左与 2 挡从动轮结合，则输出 2 挡转速与转矩，即 1 轴→2 挡主动轮Ⅱ→2 挡从动轮→1、2、倒挡同步器→2 轴→减速器。

(4) 当 1 轴上 3、4 挡同步器结合套向右与 3 挡主动轮结合，则输出 3 挡转速与转矩，即 1 轴→3、4 挡同步器→3 挡主动轮Ⅲ→2 轴 3 挡从动轮→2 轴→减速器。

(5) 当 1 轴上 3、4 挡同步器结合套向左与 4 挡主动轮结合，则输出 4 挡转速与转矩，即 1 轴→3、4 挡同步器→4 挡主动轮Ⅳ→2 轴 4 挡从动轮→2 轴→减速器。

(6) 当 1 轴上 5 挡同步器结合套向左与 5 挡主动轮结合，则输出 5 挡转速与转矩，即 1 轴→5 挡同步器→5 挡主动轮Ⅴ→2 轴 5 挡从动轮→2 轴→减速器。

(7) 当倒挡轴上倒挡轮被拨与 1 轴倒挡轮 R 和 2 轴 1、2、倒挡同步器同时啮合时，则输出倒挡转速与转矩，即 1 轴→1 轴倒挡主动轮 R→倒挡轴上倒挡轮→2 轴上 1、2、倒挡同步器(反向)→2 轴(反向)→减速器(反向)。

探索与发现

1. 生活中还有哪些轮系的运用？都属于什么类型？

2. 如图 3-12-21 所示的行星轮系，能否用于升速传动？

3. 根据图 3-12-17 的分析，试着分析一下如图 3-12-27 所示的六挡变速箱是如何实现六挡变速的？

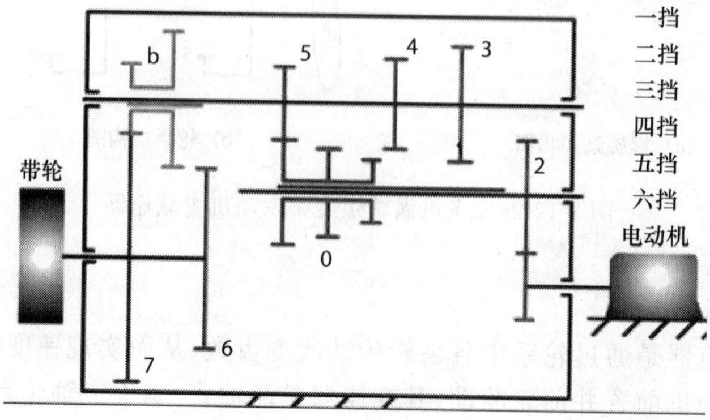

图 3-12-27　汽车变速箱

知识拓展

指南车

指南车据传说西周时就已发明，但最早的确切记载在三国时期，如图 3-12-28 所示为其实物图，如图 3-12-29 所示为其轮系结构图。

图 3-12-28　古代指南车

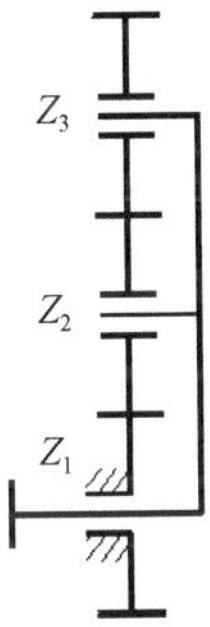

图 3-12-29　古代指南车轮系

指南针是利用了磁铁或磁石在地球磁场中的南北指极性而制成的指向仪器。

指南车是车上装有一套差动齿轮装置。

现代军事上的坦克、装甲车是钢铁外壳，行驶时又震动很大，磁性罗盘在车内难以正常工作，就要借助这种机械指向工具。

【例 3-12-5】　$z_1 = z_2 = z_3$

$$i_{31}^{\mathrm{H}} = \frac{n_3 - n_{\mathrm{H}}}{n_1 - n_{\mathrm{H}}} = \frac{z_1}{z_3} = 1$$

如

$$n_1 = 0 \rightarrow n_3 = 0$$

参考文献

[1] 陈良玉，王玉良，马星国，李力. 机械设计基础. 沈阳：东北大学出版社，2006.
[2] 巩云鹏，田万禄，张祖立，黄秋波. 机械设计课程设计. 沈阳：东北大学出版社，2000.
[3] 吴宗泽，罗圣国. 机械设计课程设计手册. 3 版. 北京：高等教育出版社，2009.
[4] 刘鸿文. 材料力学. 3 版. 北京：机械工业出版社，1992.
[5] 机械设计手册编委会. 机械设计手册. 新版. 北京：机械工业出版社，2004.
[6] 濮良贵，纪名刚. 机械设计. 8 版. 北京：高等教育出版社. 2006.
[7] 王英. 机械基础. 北京：机械工业出版社. 2013.
[8] 韩玉成，王少岩. 机械设计基础. 北京：电子工业出版社. 2012.
[9] 何克祥，张景学. 机械设计基础与实训. 北京：电子工业出版社. 2009.
[10] 郎内斯，讷耳桑. 四连杆机构分析图谱. 北京：机械工业出版社，1996.
[11] 王颖娴，宗一尼. 机械设计基础. 北京：北京理工大学出版社. 2010.
[12] 人力资源和社会保障部教材办公室. 机械基础. 北京：中国劳动社会保障出版社. 2012.
[13] 陆凤仪，钟守炎. 机械设计. 北京：机械工业出版社. 2011.
[14] 孙志礼，冷兴聚，魏延刚，曾海泉. 机械设计. 沈阳：东北大学出版社. 2009.
[15] 濮良贵. 机械零件(1982 年修订本). 北京：高等教育出版社. 1987.
[16] 曹仁政. 机械零件. 北京：冶金工业出版社. 1985.
[17] 邱丽芳，孟彩芳，等. 机械原理. 北京：机械工业出版社，2004.
[18] 刘跃南. 机械基础. 2 版. 北京：高等教育出版社，2007.
[19] 劳动和社会保障部教材办公室组织编写. 机械基础. 3 版. 北京：中国劳动社会保障出版社，2005.
[20] 孙桓，陈作模，葛文杰. 机械原理. 7 版. 北京：高等教育出版社，2008.